"十二五"普通高等教育本科国家级规划教材
国家精品课程主干教材
北京高等教育精品教材

# 材 料 力 学

秦 飞 编著

科学出版社

北 京

# 内 容 简 介

本书是国家精品课程"材料力学"的主干教材,也是教育部"卓越工程师教育培养计划"试点院校教材改革的最新成果。

全书共 16 章,包括绪论、轴向拉压应力与材料的力学性能、轴向拉压变形、连接件强度的实用计算、扭转、弯曲内力、弯曲应力、弯曲变形、应力状态分析与广义胡克定律、强度理论、组合变形、压杆的稳定性、疲劳强度、能量原理、惯性载荷问题和简单弹塑性问题。每章例题经过精心挑选,注意理论与实际问题结合,并配有解题分析和题后讨论;每章均安排思考题和习题,部分章节还安排了计算机作业。

本书基本概念论述简洁、清晰、准确,注重基本概念和基本分析方法,注重培养学生针对实际工程问题建立力学模型的能力和分析解决问题的能力。内容安排上兼顾传统内容并适当扩展,专业适用面宽,适合教学和自学。

本书可作为普通高等学校和成人高等教育机械工程、土木工程和工程力学等工程类专业的材料力学教材,也可作为各类自考人员、研究生入学备考人员和工程技术人员的参考书。

**图书在版编目(CIP)数据**

材料力学/秦飞编著. —北京:科学出版社,2012

"十二五"普通高等教育本科国家级规划教材·国家精品课程主干教材·北京高等教育精品教材

ISBN 978-7-03-033804-4

Ⅰ.①材… Ⅱ.①秦… Ⅲ.①材料力学-高等学校-教材 Ⅳ.①TB301

中国版本图书馆 CIP 数据核字(2012)第 041561 号

责任编辑:朱晓颖 匡 敏 / 责任校对:钟 洋
责任印制:赵 博 / 封面设计:迷底书装

**科 学 出 版 社** 出版
北京东黄城根北街 16 号
邮政编码:100717
http://www.sciencep.com
三河市骏杰印刷有限公司印刷
科学出版社发行 各地新华书店经销
\*
2012 年 6 月第 一 版 开本:787×1092 1/16
2025 年 6 月第五次印刷 印张:24 1/2
字数:610 000
**定价:79.00 元**
(如有印装质量问题,我社负责调换)

# 前　　言

　　本书是国家精品课程"材料力学"的主干教材,也是教育部"卓越工程师教育培养计划"试点院校教材改革的最新成果。

　　力学作为工程科学与技术的先导和基础,可以为新的工程领域提供概念和理论,为越来越复杂的工程设计与分析提供有效的方法。材料力学是固体力学的入门课,也是工程类各专业的技术基础课。材料力学对于培养学生的工程设计能力和工程创新能力,对于培养学生分析和解决实际工程中力学问题的能力,均有不可替代的作用。

　　基于上述认识和指导思想,本书在内容安排、表述方法以及例题习题选取上的主要特点如下:

　　(1) 强化基本概念。应力、应变、应力应变关系和变形协调的概念是变形体力学最基本的内容,牢固掌握和深刻理解这些基本概念是材料力学课程教学的首要目标,也是解决工程中强度设计、刚度计算等问题的基础。本书在绪论部分即引入应力、应变和变形协调的概念,并在后续章节通过其在拉压变形、扭转变形和弯曲变形问题中的应用,不断强化这些概念。

　　(2) 注重基本分析方法和知识的灵活运用。材料力学来自人类的工程实践活动,并在服务于工程实践中不断发展和完善。在这个过程中,材料力学形成了自身独特的分析和解决问题的方法,掌握了这些方法也就掌握了变形体力学的基本方法。材料力学分析解决问题的方法可以归纳为"一个基础、三大关系",即:以实验观察为基础,提出变形假设;然后通过建立问题的静力平衡关系、变形协调关系和物性关系,联立求解解决问题。本书在讨论拉压杆问题、扭转问题和弯曲问题时,均采用上述方法建立拉压杆应力、扭转应力和弯曲应力的计算公式,以期在传授知识的同时让学生领会材料力学的方法论,从而提高分析和解决问题的能力。

　　(3) 注重培养学生针对实际工程问题建立力学模型的能力。材料力学是直接面向工程应用的技术基础课,在工程设计、工程问题分析和工程创新中发挥着重要作用。目前的教材和教学中多采用极其简化的力学模型,学生缺乏从实际工程问题抽象出力学模型的训练。然而,在实际工程中,通过合理简化得到能反映问题实质的力学模型十分重要。因此,本书在较多的例题中采用工程实图,从分析问题、建立力学模型到完成计算分析,一步步展示材料力学解决问题的全过程,以培养学生解决实际工程问题的能力。

　　(4) 精选例题与习题。作为教材,例题和习题必不可少,也十分重要。本书各章的例题经过精心挑选,注重通过例题将所学内容灵活应用于解决实际问题。绝大多数例题配有解题分析,以训练学生分析问题的能力;例题后配有讨论,起到将所学知识融汇贯通、举一反三的作用。每章均安排有概念性、趣味性较强的四选一思考题,帮助学生掌握本章的基本内容。每章均配备了难易程度不同的习题,且习题按章节编排,以方便布置作业。例如习题编号"3.4-2"表示该习题与第3章第4节的内容对应。在习题选取上,也注意尽可能采用工程实例,锻炼学生建立力学模型的能力。

　　(5) 部分章节安排了计算机作业。在现代条件下,训练学生掌握计算机工具解决工程问题的能力显得更为重要。为此,本书在第2章、第3章、第5章、第9章和第12章习题后面各安排一道应用计算机编程求解的题目。学生需采用数值计算方法和计算机编程完成计算和分析,还需要撰写计算分析报告。该环节促进学生对所学内容的掌握和理解,训练其使用计算机解决问题的能力,同时训练学生撰写分析报告的能力。计算机作业带有研究性质,有一定难度,且比较耗时,教师可根据本校学生情况选择性布置,例如,可作为课程小论文的题目。

本书在兼顾传统讲授内容的基础上进行了适当扩展。全书共 16 章,依次为绪论、轴向拉压应力与材料的力学性能、轴向拉压变形、连接件强度的实用计算、扭转、弯曲内力、弯曲应力、弯曲变形、应力状态分析与广义胡克定律、强度理论、组合变形、压杆的稳定性、疲劳强度、能量原理、惯性载荷问题和简单弹塑性问题。第 1 章"绪论"到第 13 章"疲劳强度"是基本教学内容,需要 64 学时;第 14 章"能量原理"到第 16 章"简单弹塑性问题"是专题部分,属于提高性教学内容,需要 24 学时。带"*"号的章节为扩展教学内容,教师可根据需要选讲。全书插图采用双色印刷,图中外力、内力和应力均采用红色,以方便读者阅读。

本书可作为普通高等学校和成人高等教育机械工程、土木工程和工程力学等工程类专业的材料力学教材,也可作为各类自考人员、研究生入学备考人员和工程技术人员的参考书。

在本书编写过程中,得到隋允康教授等许多人的鼓励和帮助,在此向他们表示衷心感谢。特别要感谢西北工业大学苟文选教授,他对全书进行了认真细致的审阅,并提出宝贵意见和建议。

限于作者水平,书中难免会有错误和遗漏之处,希望读者批评指正。

作 者

2012 年 3 月

# 主要符号表

| | | | |
|---|---|---|---|
| $A$ | 面积 | $N_0$ | 疲劳寿命 |
| $A_S$ | 剪切面面积 | $p$ | 压强 |
| $A_{bs}$ | 挤压面面积 | $P$ | 功率,集中力 |
| $a$ | 间距 | $q$ | 分布载荷集度 |
| $b$ | 宽度 | $R,r$ | 半径 |
| $D,d$ | 直径 | $S_y,S_z$ | 平面图形对 $y$ 轴、$z$ 轴的静矩 |
| $E$ | 弹性模量,杨氏模量 | | （一次矩） |
| $E_k$ | 动能 | $s$ | 路程,弧长 |
| $E_p$ | 势能 | $T$ | 扭矩,周期,温度 |
| $F$ | 集中力 | $\overline{T}$ | 单位载荷引起的扭矩 |
| $F_{Ax},F_{Ay}$ | $A$ 点 $x$、$y$ 方向约束反力 | $u$ | 位移 |
| $F_N,F_{N,AB}$ | 轴力,$AB$ 杆的轴力 | $[u]$ | 许用位移 |
| $\overline{F}_N$ | 单位载荷引起的轴力 | $\upsilon_d$ | 畸变能密度 |
| $F_{cr}$ | 临界载荷 | $\upsilon_V$ | 体积改变能密度 |
| $F_S$ | 剪力 | $\upsilon_\varepsilon$ | 应变能密度 |
| $\overline{F}_S$ | 单位载荷引起的剪力 | $V_\varepsilon$ | 应变能 |
| $F_R$ | 合力,主矢 | $V$ | 剪力 |
| $F_e$ | 弹性极限载荷 | $W$ | 功,重量 |
| $F_p$ | 塑性极限载荷,极限载荷 | $w$ | 挠度 |
| $[F]$ | 许用载荷 | $W_i$ | 内力功 |
| $F_x,F_y,F_z$ | $x$、$y$、$z$ 方向力分量 | $W_e$ | 外力功 |
| $G$ | 剪切弹性模量,切变模量 | $W_z$ | 抗弯截面模量 |
| $h$ | 高度 | $W_p$ | 抗扭截面模量 |
| $I_y,I_z$ | 平面图形对 $y$ 轴、$z$ 轴的惯性矩 | $\alpha$ | 倾角,热膨胀系数 |
| $I_p$ | 平面图形的极惯性矩 | $\beta$ | 角度 |
| $I_{xy}$ | 平面图形的惯性积 | $\theta$ | 梁截面转角,单位长度相对扭 |
| $i$ | 平面图形的惯性半径 | | 转角,体积应变 |
| $k$ | 弹簧常量,刚度系数 | $\varphi$ | 相对扭转角 |
| $l,L$ | 长度,跨度 | $\gamma$ | 切应变 |
| $M_y,M_z$ | 对 $y$ 轴、$z$ 轴的弯矩 | $\Delta$ | 增量符号 |
| $\overline{M}$ | 单位载荷引起的弯矩 | $\Delta$ | 位移 |
| $M_e$ | 外力偶矩 | $\delta$ | 厚度,位移 |
| $n$ | 转速,个数,安全因数 | $\varepsilon$ | 正应变 |
| $n_{st}$ | 稳定安全因数 | $\varepsilon_e$ | 弹性应变 |
| $N$ | 循环次数 | $\varepsilon_p$ | 塑性应变 |

| | | | |
|---|---|---|---|
| $\lambda$ | 柔度,长细比,压杆轴向位移 | $[\sigma_t]$ | 许用拉应力 |
| $\mu$ | 长度因数 | $[\sigma_c]$ | 许用压应力 |
| $\nu$ | 泊松比 | $[\sigma_{bs}]$ | 许用挤压应力 |
| $\rho$ | 曲率半径,材料密度 | $\sigma_{cr}$ | 临界应力 |
| $g$ | 重力加速度($=9.8\mathrm{m/s^2}$) | $\sigma_p$ | 比例极限 |
| $\sigma$ | 正应力 | $\sigma_{0.2}$ | 名义屈服强度 |
| $\sigma_a$ | 应力幅值 | $\sigma_S$ | 屈服强度,屈服应力 |
| $\sigma_t$ | 拉应力 | $\sigma_r$ | 疲劳极限,持久极限 |
| $\sigma_c$ | 压应力 | $\sigma_{nom}$ | 名义应力 |
| $\sigma_m$ | 平均应力 | $\tau$ | 切应力 |
| $\sigma_b$ | 抗拉强度 | $\tau_u$ | 极限切应力 |
| $\sigma_{bs}$ | 挤压应力 | $[\tau]$ | 许用切应力 |
| $[\sigma]$ | 许用应力 | | |

# 目　　录

# 第1章 绪 论

材料力学是变形体力学的入门课程,是固体力学的基础。与理论力学研究质点和刚体运动不同,材料力学研究变形固体的力学行为。与刚体相比,变形固体是人类在生产实践活动中最早、最大量遇到的物体。在经典力学的奠基人牛顿(Isaac Newton,1642~1729)诞生之前,伽利略(Galileo Galilei,1564~1642)就已经在他的著作《关于两门新科学的对话》中讨论悬臂梁的变形和破坏问题了。材料力学从一开始就来自并服务于人类的生产实践。时至今日,材料力学的基本概念、基本理论和分析方法仍然在航空航天、机械工程、土木工程以及许多新兴技术领域得到广泛应用,甚至我们日常生活中遇到的许多现象都可以用材料力学的基本概念和理论来解释。正因为这些原因,材料力学成为工程类各专业的技术基础课程,在工程技术人才培养方面起着不可替代的作用。

本章明确材料力学的研究对象、研究内容和研究方法,介绍材料力学的基本假设,建立变形体力学应力、应变等基本概念,最后介绍简单应力状态下的应力应变关系——胡克定律。

## 1.1 材料力学的研究对象、内容和方法

### 1.1.1 构件与杆件

与牛顿时代相比,人类在科学技术领域有了飞跃进步,各种各样的技术和产品使得人类正在享受前所未有的物质文明。无论是探索宇宙的航天器,蓄水发电的三峡大坝,还是汽车、电脑、手机等消费产品,从力学角度看,它们首先都是一个**结构**。一个结构由许许多多形状、尺寸、材料各异的部分组成,这些组成结构的各个部分统称为**构件**。构件通常是由一种或多种材料制造的固体,具有一定形状和尺寸,在外力作用下会发生变形。按照形状和尺寸的特点可以把构件简化为**杆件**和**板件**。

(1) 杆件:一个方向上的尺寸远大于另外两个方向上尺寸的构件。杆件的形状与尺寸由其轴线和横截面确定。轴线与横截面垂直,并通过横截面形心。轴线为直线的杆件称为**直杆**,轴线为曲线的称为**曲杆**。杆件的横截面可以是任意形状,而且可以沿轴线变化。图 1-1(a)和(b)分别给出了一个矩形截面直杆和一个曲杆的示意图。

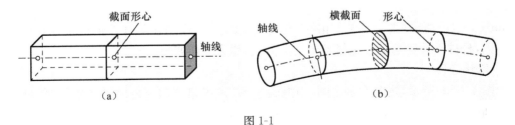

图 1-1

(2) 板件:一个方向上的尺寸远小于另外两个方向上尺寸的构件。中面为平面的板件称为**板**(图 1-2(a)),中面为曲面的板件称为**壳**(图 1-2(b))。

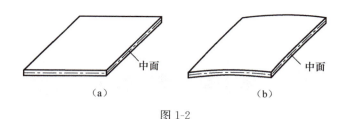

图 1-2

除了杆件和板件,三个方向上尺寸相差不大的构件称为**块体**。

杆件是工程中最常见、最基本的构件,也是材料力学的主要研究对象。

### 1.1.2 杆件的基本变形形式

杆件在外力作用下,其形状和尺寸的变化称为**变形**。变形分为两类:一类是在外力撤除后能消失的变形,称为**弹性变形**;另一类是在外力撤除后不能消失的变形,称为**塑性变形**或**残余变形**。

外力的作用方式不同,杆件的变形形式也不同,归纳起来,主要有四种基本变形形式:**轴向拉伸**或**压缩**、**剪切**、**扭转**和**弯曲**。

1) 轴向拉伸或压缩变形

如图 1-3(a)、(b)所示,当外力或外力合力作用线与杆件轴线重合,杆件在轴向产生伸长或缩短的变形方式,称为**轴向拉伸**或**轴向压缩变形**。

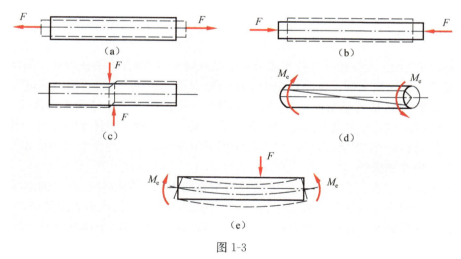

图 1-3

2) 剪切变形

如图 1-3(c)所示,当一对大小相等、方向相反的力 $F$ 作用在与杆件轴线垂直并相距很近的平面内,杆件沿着受剪面发生错动的变形方式,称为**剪切变形**。

3) 扭转变形

如图 1-3(d)所示,按照右手法则,当力偶矩 $M_e$ 的矢量方向与杆件轴线平行时,杆件横截面绕其轴线发生相对转动的变形方式,称为**扭转变形**。

4) 弯曲变形

如图 1-3(e)所示,当力偶矩 $M_e$ 的矢量方向与杆件轴线垂直或者力 $F$ 的作用方向与杆件轴线垂直,杆件的轴线变为曲线的变形方式,称为**弯曲变形**。

如果杆件受到几种不同形式力的共同作用,则杆件的变形是上述基本变形的组合,称为**组合变形**。

### 1.1.3　强度、刚度与稳定性

无论哪种变形方式,当外力足够大时,构件会发生破坏或者产生大的变形而失效,使得整个结构丧失其设计的功能。**失效**是指构件失去了其正常工作的能力。失效的形式包括构件破裂或断裂、发生大的变形以及发生了显著的塑性变形等。例如,起吊重物的绳索发生的是轴向拉伸变形,当起吊超出设计值的重物时,绳索可能发生断裂破坏;车床的车轴发生弯曲变形,当变形过大时影响加工精度;建筑物的柱子当载荷不太大时发生压缩变形,当载荷过大时会突然弯曲,发生垮塌。因此,工程师在设计时,为保证工程结构能安全、正常工作,对构件的设计要考虑以下三个方面:

(1) 具备足够的**强度**(即抵抗破坏的能力),以保证在设计的使用条件下不发生断裂或显著塑性变形。

(2) 具备足够的**刚度**(即抵抗变形的能力),以保证在设计的使用条件下不发生过分的变形。

(3) 具备足够的**稳定性**(即保持原有平衡形式的能力),以保证在设计的使用条件下不发生失稳。

构件的强度、刚度和稳定性与构件的尺寸、形状以及材料的力学性能有关。同时,不同的受力方式,构件变形形式不同,破坏方式也不同。因此,设计时需要首先分析构件的受力状态和可能的破坏方式,然后有针对性地合理选择材料、设计形状和尺寸,这样才能保证安全性和经济性之间的平衡。材料力学为工程师完成上述工作提供了最基本的理论和方法。

构件在各种载荷下的强度、刚度和稳定性问题是材料力学的主要研究内容。

### 1.1.4　材料力学的研究方法

材料力学具有独特的研究方法,可以归纳为"一个基础、三大关系"。

1)"一个基础":以实验观察为基础

材料力学是以实验为基础的学科。材料的主要力学性能参数是通过实验手段得到,这些参数是构件强度和变形计算的基础;通过实验观察材料的破坏方式特点,提出了适用于不同材料的强度理论;材料力学对杆件的轴向拉压变形、扭转变形和弯曲变形问题研究中,均是通过实验观察变形特点进而提出变形假设,然后建立强度和刚度计算的基本公式。

2)"三大关系"之一:静力平衡关系

在外力作用下,处于平衡状态的构件,其整体、其任意部分必然也是静力平衡的,均可以建立相应的静力平衡方程。例如,一个处于平衡状态的桁架,不仅可以列出整个桁架的静力平衡方程,而且可以列出每个节点的静力平衡方程。

静力平衡关系适用于刚体和变形体。

3)"三大关系"之二:变形协调关系

构件的变形是协调的。**协调**是指构件上所有的点在变形过程中不发生分离和重叠,原来相邻的点在变形过程中始终保持相邻,而且各点的变形量之间满足一定的数量关系。

如图 1-4 所示的构件,变形前在其表面画两条相邻的线 $AB$、$CD$(图 1-4(a)),变形后线段 $AB$、$CD$ 分别为 $A'B'$、$C'D'$。图 1-4(b)所示的变形是满足变形协调关系的;而在图 1-4(c)和

图 1-4(d)中,两个线段分别发生了重叠和分离,不满足变形协调关系。

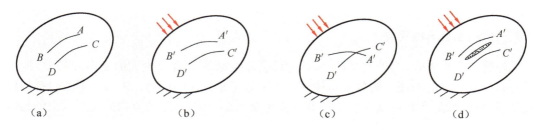

图 1-4

图 1-5 中,拉杆 $A$、$B$、$C$、$D$ 用于悬挂刚性重物 $W$。在 $W$ 作用下,拉杆伸长,设它们伸长量分别为 $\Delta l_A$、$\Delta l_B$、$\Delta l_C$ 和 $\Delta l_D$,显然它们之间满足一定比例关系。

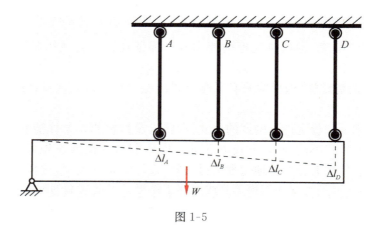

图 1-5

真实的变形必然满足变形协调关系。变形协调关系是变形体力学独有的重要关系。

4)"三大关系"之三:物性关系

静力平衡关系和变形协调关系均不涉及构件的材料性质,而构件的强度、刚度和稳定性与构件的材料性能又是密切相关的,因此,必须在分析过程引入描述材料力学性能的关系式,即材料的物性关系(物理关系)或应力应变关系。

上述四方面构成了材料力学研究问题的独特方法,在对构件的强度、刚度问题的研究中离不开这四方面;在学习材料力学过程中,重点关注这四方面能收到事半功倍的效果。

# 1.2 材料力学的基本假设

科学离不开假设,材料力学也一样。科学里的假设不是随意的,而是基于实验观察结果对真实世界的概念性升华和对复杂事物的合理简化,而且这种合理性是经过工程实践检验的。材料力学的基本假设包括连续性假设、均匀性假设和各向同性假设。

## 1.2.1 连续性假设

连续性假设认为构件所占据的空间被物质连续无间隙地充满,即认为构件是密实的。虽然真实材料的微观结构并非密实无空隙,但考虑到工程结构的构件都具有宏观尺寸,这些微观空隙的大小与构件尺寸相比极其微小,忽略其影响是合理的。基于**连续性假设**,构件内部的物理量如位移、应力、变形等均可以采用可微的连续函数表示,从而简化了对构件进行力学分析时所采用的数学描述方法。

连续性假设适用于构件变形前和变形后,是构件满足变形协调关系的前提条件。

### 1.2.2 均匀性假设

材料在外力作用下所表现的性能,称为材料的**力学性能**。均匀性假设认为材料的力学性能与其在构件中的位置无关。根据均匀性假设,从构件内任意位置取出的微小体积单元(简称**单元体**),其力学性能都能代表构件材料的力学性能。

从微观上看,实际的材料在不同位置的力学性能有所差异,但在研究具有宏观尺寸的构件时,均匀性假设是合理的。例如,多数金属材料为多晶材料,即由众多微观尺度的晶粒组成,各个晶粒之间的力学性能虽有差异,但整体平均后在宏观尺度上其力学性能仍然是均匀的。

### 1.2.3 各向同性假设

任意方向上的力学性能都相同的材料称为**各向同性材料**。不同方向上力学性能也不同的材料称为**各向异性材料**。严格地讲,所有真实材料均表现出不同程度的各向异性。例如,组成金属材料的各个晶粒,其力学性能是有方向性的,但由于宏观尺寸的构件包含数量巨大的、无规则排列的晶粒,整体平均后宏观上表现为各向同性。针对类似于金属材料的情况,提出了各向同性假设,即认为各个方向上的力学性能均相同,这样就可以把大多数金属归为各向同性材料。对于木材、复合材料等具有明显各向异性的材料,不适用各向同性假设。

材料力学主要研究各向同性材料。

## 1.3　外力和内力

### 1.3.1　外力

外力主要指作用在杆件上的**载荷**和**约束反力**。载荷包括机械载荷如力、力偶矩等,还包括温度载荷、电磁力等,材料力学主要考虑机械载荷。外力按其作用的方式可分为**体积力**和**表面力**。体积力作用在构件内部的每一个点上,一般用单位体积上力的大小来表示,所以其量度单位为 $N/m^3$ 或 $kN/m^3$。重力和惯性力都是体积力。表面力是作用在构件表面一个区域内连续分布的力,如作用在建筑物外墙上的风压、下雪后作用在屋顶上的雪的重力等。表面力的量度单位是 $N/m^2$ 或 $kN/m^2$。对于杆件,通常把体积力和表面力换算为沿杆件轴线分布的力,用单位长度上分布力的大小——**载荷集度** $q$ 来表示,量度单位为 $N/m$ 或 $kN/m$。

当分布力的作用面积与构件尺寸相比足够小时,可认为分布力作用在构件的一个点上,将分布力简化为**集中力**,量度单位为 N 或 kN。

按照是否随时间发生显著变化,载荷又分为**静载荷**和**动载荷**。静载荷是指缓慢地由零增加到一定数值后,保持不变或变动不明显的载荷。例如,水库中的水对坝体的压力、重物对匀速起吊的起重机绳索的作用力等,都是静载荷。动载荷是指随着时间变化使得构件受力状态发生明显变化的载荷。例如,行进中的火车作用在车轴上的力,因碰撞作用在汽车上的力等,都是动载荷。

### 1.3.2 内力与截面法

在外力作用下,构件内部各部分之间产生的相互作用力称为**内力**。构件的内力随着外力的作用而产生,也随着外力的撤除而消失。计算内力的方法是**截面法**,截面法有三个步骤。

(1) **截开**:即用假想平面将构件从需要计算内力的截面处截开,将构件一分为二,如图 1-6(a)所示。

(2) **代替**:从截开的两部分中任选一部分作为分析对象,在该部分被截开的截面上用内力代替另一部分的作用。如图 1-6(b)所示,选取左半部分为研究对象,并将右半部分构件的作用用合力 $F_R$ 和合力矩 $M_R$ 表示,或者如图 1-6(c)所示,用 $F_R$ 和 $M_R$ 的六个分量 $F_{Nx}$、$F_{Sy}$、$F_{Sz}$、$M_x$、$M_y$、$M_z$ 表示。

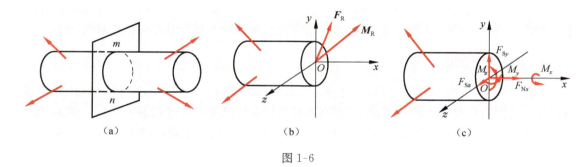

图 1-6

(3) **平衡**:列出所选取部分的静力平衡方程,并求解得到内力。空间任意力系的平衡方程有六个:

$$\sum F_x = 0, \quad \sum F_y = 0, \quad \sum F_z = 0, \quad \sum M_x = 0, \quad \sum M_y = 0, \quad \sum M_z = 0$$

六个内力分量 $F_{Nx}$、$F_{Sy}$、$F_{Sz}$ 和 $M_x$、$M_y$、$M_z$ 以不同的方式作用在截面上,并使杆件产生不同的变形。其中,$F_{Nx}$ 或 $F_N$ 称为**轴力**,它使杆件产生轴向拉压变形;$F_{Sy}$ 和 $F_{Sz}$ 称为**剪力**,它们使杆件产生剪切变形;$M_x$ 称为**扭矩**,它使杆件产生绕轴线的扭转变形;$M_y$ 和 $M_z$ 称为**弯矩**,它们使杆件产生弯曲变形。

图 1-6(c)中标出了杆件截面上所有可能出现的内力分量,是最复杂的一种情况。一般情况下,材料力学研究的杆件只有不超过三个内力分量。

**例题 1-1** 如图 1-7(a)所示圆截面杆件,两端承受大小相等、方向相反、力偶矩矢量沿轴线作用的外力偶矩 $M_e$,试求杆件 $m$-$n$ 截面上的内力。

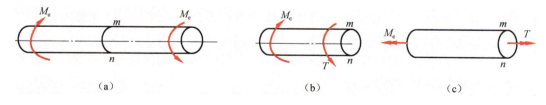

图 1-7

**解**:已知作用在杆件上的外力,需要计算指定截面上的内力。采用截面法,首先用假想平面将杆件在截面处截开,把 $m$-$n$ 截面暴露出来。取截开后杆件的左半段为研究对象,如图 1-7(b)所示,截面 $m$-$n$ 上存在来自杆件右半段的作用力,而且容易判定该作用力只可能是扭矩

$T$。列出所研究部分的静力平衡方程,得到该扭矩

$$T = M_e$$

**讨论**:①该题中外力比较简单,所以内力也只有扭矩一个内力分量。截开的截面上内力分量的种类和数量,可根据静力平衡关系判定。②外力偶矩、弯矩和扭矩除了用图 1-7(a)、(b)中常用的习惯表示法外,还可以采用图 1-7(c)中的双箭头矢量表示。

## 1.4  应  力

### 1.4.1  应力的概念

内力表明了作用在杆件某截面上总的力的大小和作用方式,但并不能给出这些力在截面上的分布情况。而要判断构件是否会破坏、如何破坏,仅仅知道内力是不够的。本节我们引入变形体力学非常重要的量——应力。

如图 1-8 所示,我们已经知道了截开的截面上的内力,为了研究该截面一点 $k$ 处的内力分布情况,包围 $k$ 点取一微小面积 $\Delta A$。设 $\Delta A$ 上内力的合力为 $\Delta F_R$,则 $\dfrac{\Delta F_R}{\Delta A}$ 为 $\Delta A$ 上内力的单位面积平均值。令 $\Delta A \to 0$,则下面的极限值表示了 $k$ 点处单位面积内力的大小

$$p = \lim_{\Delta A \to 0} \frac{\Delta F_R}{\Delta A} = \frac{\mathrm{d}F_R}{\mathrm{d}A} \tag{1-1}$$

式(1-1)中,$\Delta F_R$ 为矢量,所以 $p$ 也是矢量,称为 $k$ 点处的**应力矢量**或**总应力**。$p$ 的大小和方向不仅与 $k$ 点的位置有关,而且与 $k$ 点所在的截面有关。

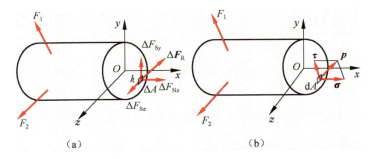

图 1-8

为了分析方便,通常将应力矢量 $p$ 沿截面的法向和切向分解为 $\sigma$ 和 $\tau$ 两个分量(图 1-8(b))。$\sigma$ 为垂直于截面的应力分量,称为**正应力**;$\tau$ 为相切于截面的应力分量,称为**切应力**。它们之间有如下数量关系

$$p^2 = \sigma^2 + \tau^2 \tag{1-2}$$

应力表示的是单位面积上内力的大小,量度单位为 Pa(1Pa=1N/m$^2$),工程上常用 MPa(1MPa=10$^6$Pa)。

应力的量纲是[力][长度]$^{-2}$,计量单位常用 MPa。考虑到工程中长度单位多采用毫米(mm),在计算时,力用牛顿(N)为单位,长度直接用毫米为单位,这样得到的应力单位即为 MPa。

目前工程中采用的计量单位系统有国际单位制和英制两种,英制主要在英国和美国采用。

国际单位制和英制之间的转换关系参见附录 F。

### 1.4.2 应力状态

分析表明,构件中一点的应力不仅与该点的空间位置有关,而且和该点所在的截面有关。构件中一点在给定方位截面上的应力称为该点的**应力状态**。由于过一点可以截出无穷多个截面,所以一点的应力状态实际上有无穷多个。所幸的是,只要知道一点在一些特定截面上的应力状态,其他任意截面上的应力状态都可以通过计算得到。

在图 1-9(a)所示的直角坐标系$(x,y,z)$下,考察构件中任一点 $k$ 的应力状态,为此我们选取过 $k$ 点的三个特殊截面,它们的外法线 $i$、$j$、$k$ 分别与 $x$ 轴、$y$ 轴和 $z$ 轴的正向相同,称为**正 $x$ 面、正 $y$ 面**和**正 $z$ 面**。这三个特殊截面上的应力矢量分别为 $p_{(1)}$、$p_{(2)}$ 和 $p_{(3)}$。将 $p_{(1)}$、$p_{(2)}$ 和 $p_{(3)}$ 分别在 $x$ 轴、$y$ 轴和 $z$ 轴分解,得到图 1-9(b)所示的九个应力分量:$\sigma_{xx}$、$\tau_{xy}$、$\tau_{xz}$;$\sigma_{yy}$、$\tau_{yx}$、$\tau_{yz}$;$\sigma_{zz}$、$\tau_{zx}$、$\tau_{zy}$。过 $k$ 点其他截面的应力完全可以由这九个应力分量计算得到。为了简洁,通常将 $\sigma_{xx}$、$\sigma_{yy}$ 和 $\sigma_{zz}$ 分别写为 $\sigma_x$、$\sigma_y$ 和 $\sigma_z$。

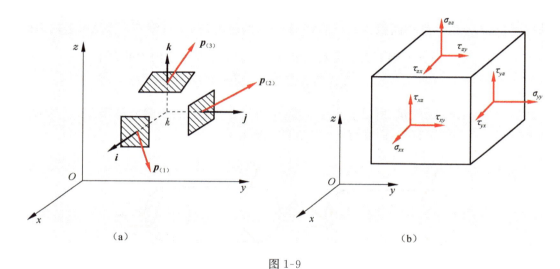

(a)                (b)

图 1-9

图 1-9(b)中是将前述三个特殊截面(即正 $x$ 面、正 $y$ 面和正 $z$ 面)再加上三个负面,即**负 $x$ 面**(外法线与 $x$ 轴负向相同的面)、**负 $y$ 面**(外法线与 $y$ 轴负向相同的面)、**负 $z$ 面**(外法线与 $z$ 轴负向相同的面),围合成一个六面体,可以理解为是从构件中截出的包含 $k$ 点的**单元体**,该单元体的应力就代表了 $k$ 点的应力状态。图 1-9(b)给出的是最复杂的应力情况,九个应力分量全不为零。而材料力学研究的问题中,往往只有两个应力分量不为零,其余应力分量均为零,所以要简单得多。最简单的是图 1-10 所示的两种应力状态。

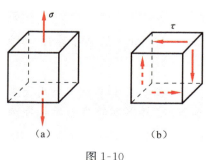

(a)        (b)

图 1-10

图 1-10(a)所示的单元体只在一对互相平行的截面上承受正应力,称为**单向应力状态**。当 $\sigma$ 为拉应力(图 1-10(a)中所示)时,称为**单向拉伸应力状态**;当 $\sigma$ 为压应力时,称为**单向压缩应力状态**。图 1-10(b)所示的单元体只承受切应力作用,称为**纯剪切应力状态**。

切应力具有独特的性质。图 1-11(a)中,设单元体的

三个边长分别为 $dx$、$dy$ 和 $dz$,并设作用在正 $x$ 面和正 $y$ 面上的切应力分别为 $\tau'$ 和 $\tau$。根据静力平衡关系,有

$$\sum M_z = 0: \quad \tau dx dz \cdot dy - \tau' dy dz \cdot dx = 0$$

得到 $\tau = \tau'$,表明在单元体互相垂直的截面上,垂直于截面交线的切应力大小相等、方向均指向或离开该交线。这种关系称为**切应力互等定理**。即使在截面上存在正应力(图 1-11(b)),切应力互等定理仍然成立。

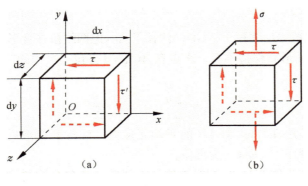

图 1-11

# 1.5　应　　变

在外力作用下,构件发生变形,同时在构件内部产生应力,而且应力的大小与变形程度密切相关。为了研究构件的变形和应力分布,需要对变形进行定量研究。

### 1.5.1　位移与变形

图 1-12 所示长度为 $l$ 的杆件,在 $A$ 端固定,在 $B$ 端作用竖直向上的集中力 $F$,则杆件发生变形,杆件的轴线由直线变为曲线(图中虚线所示)。$AB$ 杆变形量的大小可以用 $B$ 点的线位移 $\delta$ 和 $B$ 点所在杆横截面的角位移 $\theta$ 度量。材料力学主要研究**小变形**情况,即 $\delta$ 和 $\theta$ 都比较小的情况。一般情况下,当 $\delta/l \leqslant 1/100$ 和 $\theta \leqslant 5°$ 时,即认为发生的是小变形。

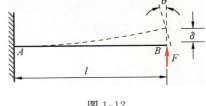

图 1-12

构件变形时一定有位移发生;反之,有位移发生不一定就有变形,如刚体位移情况。可见,虽然位移在某些情况下可以用来度量构件的变形程度,但位移并不能完全描述构件的变形情况。尤其当我们想知道构件上某一点的变形程度时,位移就无法给出精确描述。因此,我们需要引入新的概念——应变。

### 1.5.2　应变

考虑图 1-13(a)所示的变形体,为研究 $A$ 点的变形,变形前在 $A$ 点选取两条相互垂直的微小线段 $AB$ 和 $AC$,长度分别为 $\Delta y$ 和 $\Delta x$。变形后,$A$、$B$、$C$ 三个点分别变为 $A'$、$B'$、$C'$。现在研究变形后可能出现的两种特殊情况,分别如图 1-13(b)和图 1-13(c)所示。

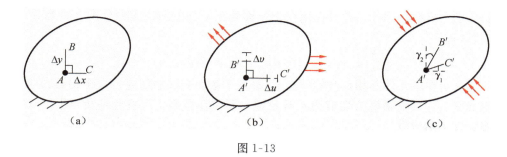

$$\begin{array}{ccc} (a) & (b) & (c) \end{array}$$

图 1-13

图 1-13(b)中,线段 $AB$ 缩短了 $\Delta v$,$AC$ 伸长了 $\Delta u$,但两线段在变形后仍然保持垂直,即 $A$ 点只发生了尺寸改变而形状保持不变。$A$ 点在 $AC$、$AB$ 方位上尺寸的改变程度可用下式定义的量度量

$$\bar{\varepsilon}_{AC} = \frac{\Delta u}{\Delta x}, \quad \bar{\varepsilon}_{AB} = \frac{\Delta v}{\Delta y} \tag{1-3}$$

$\bar{\varepsilon}_{AC}$ 和 $\bar{\varepsilon}_{AB}$ 分别称为线段 $AC$ 和 $AB$ 的**平均正应变**。注意到变形后线段 $AC$ 伸长、$AB$ 缩短,所以计算出的 $\bar{\varepsilon}_{AC}$ 为正值,而 $\bar{\varepsilon}_{AB}$ 为负值。

将线段 $AC$ 和 $AB$ 无限缩短,下列极限值可以度量 $A$ 点的变形情况

$$\varepsilon_{AC} = \lim_{\Delta x \to 0} \frac{\Delta u}{\Delta x} = \frac{\mathrm{d}u}{\mathrm{d}x}, \quad \varepsilon_{AB} = \lim_{\Delta y \to 0} \frac{\Delta v}{\Delta y} = \frac{\mathrm{d}v}{\mathrm{d}y} \tag{1-4}$$

$\varepsilon_{AC}$ 和 $\varepsilon_{AB}$ 分别称为 $A$ 点在 $AC$ 方位和 $AB$ 方位上的**正应变**。从式(1-4)看出,应变与位移的导数密切相关。另外还需指出,$A$ 点的正应变与所取的线段 $AB$、$AC$ 的方位有关,当 $AB$、$AC$ 的方位改变时,得到的 $A$ 点的正应变也不同。正应变是一个比值,因此没有量度单位。

图 1-13(c)中,线段 $AC$ 和 $AB$ 变形后长度没有发生变化,但不再保持垂直关系,$AC$、$AB$ 线段分别旋转了 $\gamma_1$ 和 $\gamma_2$ 的角度。表明 $A$ 点处的尺寸没发生变化,但形状发生了改变。形状改变的程度可以用 $AC$ 和 $AB$ 的直角角度改变量 $\gamma$ 计算

$$\gamma = \gamma_1 + \gamma_2$$

$\gamma$ 称为 $A$ 点处的**切应变**,其单位为弧度(rad)。

图 1-13(b)、(c)讨论的是两种特殊变形情况,只有正应变或者只有切应变。一般情况下,构件上点的变形既有正应变也有切应变,即尺寸改变和形状改变往往是同时发生的。

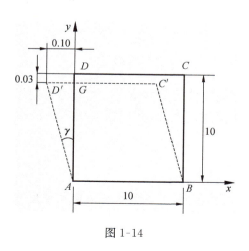

图 1-14

**例题 1-2** 为考察构件上一点 $A$ 的变形,变形前在 $A$ 点绘制图 1-14 所示的正方形 $ABCD$,变形后其形状如图中虚线所示。试求 $A$ 点在 $x$、$y$ 两个方向上的正应变和 $A$ 点处的切应变。

**解**:线段 $AB$ 的长度不变,说明 $A$ 点在 $x$ 方向没有发生尺寸改变,故其平均正应变为零,即

$$\bar{\varepsilon}_x = 0$$

线段 $AD$ 变形前后的长度改变量为

$$\begin{aligned} \Delta v &= \overline{AD'} - \overline{AD} \\ &= \sqrt{(10\text{mm} - 0.03\text{mm})^2 + (0.1\text{mm})^2} - 10\text{mm} \\ &= -0.0295\text{mm} \end{aligned}$$

所以,$A$ 点在 $y$ 方向的平均正应变为

$$\bar{\varepsilon}_y = \frac{\Delta v}{\overline{AD}} = \frac{-0.0295\text{mm}}{10\text{mm}} = -2.95 \times 10^{-3}$$

负号表示在该方向为缩短变形。

$A$ 点处的切应变等于直角 $BAD$ 变形前后的改变量 $\gamma$

$$\gamma = \arctan\left(\frac{\overline{D'G}}{\overline{AG}}\right) = \arctan\left(\frac{0.1\text{mm}}{10\text{mm} - 0.03\text{mm}}\right) = \arctan(0.01003) \approx 0.01003\text{rad}$$

在小变形情况下,正应变和切应变的计算可以采用简单的近似计算方法。变形后直线 $AD'$ 的长度与该直线在 $y$ 轴上的投影 $AG$ 的长度差别很小,因此,在计算正应变 $\bar{\varepsilon}_y$ 时,通常即以投影 $AG$ 的长度代替直线 $AD'$ 的长度,于是有

$$\bar{\varepsilon}_y = (\overline{AG} - \overline{AD})/\overline{AD} = [(10\text{mm} - 0.03\text{mm}) - 10\text{mm}]/10\text{mm} = -3 \times 10^{-3}$$

该值与前面计算结果的相对误差只有 $1.7\%$。

类似地,角度 $\gamma$ 也很小,所以

$$\gamma \approx \tan\gamma = \overline{D'G}/\overline{AG} = 0.1\text{mm}/(10\text{mm} - 0.03\text{mm}) = 0.01003\text{rad}$$

与前面的计算值几乎没有差别。

# 1.6 胡克定律

在外力作用下,构件发生变形,构件中的点或单元体在应力作用下产生应变。应力和应变之间是什么关系呢? 这个问题显然与构件的材料有关。

一般来说,作用在单元体上的正应力引起正应变,切应力引起切应变,两者互不干扰。因此,为简单起见,本节研究单向应力状态(图 1-15(a))和纯剪切应力状态(图 1-15(b))。

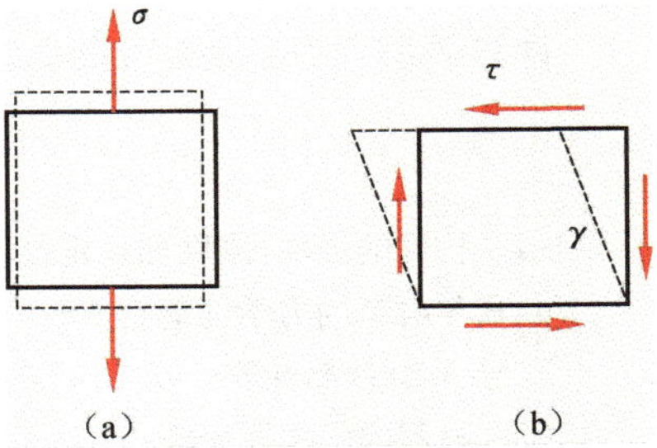

图 1-15(a)所示单元体在拉应力 $\sigma$ 作用下,在应力作用方向产生正应变 $\varepsilon$。英国科学家胡克(Robert Hooke,1635~1703)经过大量实验发现,对于许多材料,当正应力小于某一特定值时,材料的正应变与正应力成正比,即

$$\sigma = E\varepsilon \tag{1-5}$$

图 1-15

上述关系称为**胡克定律**。式中 $E$ 为比例常数,其大小与材料有关,称为材料的**弹性模量**。

图 1-15(b)所示的单元体,在切应力 $\tau$ 作用下发生切应变 $\gamma$,当切应力小于一定值时,切应变和切应力之间也成正比,即

$$\tau = G\gamma \tag{1-6}$$

上式称为**剪切胡克定律**。比例常数 $G$ 称为材料的**剪切弹性模量**或**切变模量**。

胡克定律和剪切胡克定律适用于绝大多数工程材料,是材料力学中描述材料物性关系的主要定律。

材料的弹性模量 $E$ 和剪切弹性模量 $G$ 是材料重要的力学性能参数,通常由实验测定。它们和应力有相同的量纲。钢材的弹性模量 $E = 190 \sim 220\text{GPa}$,剪切弹性模量 $G = 70 \sim 80\text{GPa}$;铝与铝合金的弹性模量 $E = 70 \sim 79\text{GPa}$,剪切弹性模量 $G = 26 \sim 33\text{GPa}$。更多材料的弹性模量可参见附录 C。

1678 年胡克发表了题为《弹簧》的论文,里面记录了胡克关于弹性体的实验结果。论文这

样描述他的实验："取一根长 20、30 或 40 英尺长的金属丝,上端用钉子固定,下端系一秤盘以承受砝码。用两脚规量取秤盘底至地面的距离,把这一距离记下来。再将若干砝码加到秤盘上,并按顺序记下金属丝的伸长量。最后比较这些伸长量便可以看到砝码与砝码引起的伸长量彼此之间存在着同样的比例。"

在中国古代,东汉经学家郑玄(127~200)在对《考工记·弓人》中的一句话"量其力,有三均"进行注释时写道"每加物一石,则张一尺",言简意赅地表达了力和变形的比例关系。因此,有人提出胡克定律应改为郑玄-胡克定律。

郑玄比胡克早了 1500 年提出弹性体力与变形间的比例关系,然而力学在中国几近荒芜,而在英国等欧洲国家却长足发展,并最终形成了牛顿经典力学。造成这种巨大落差的原因耐人寻味。

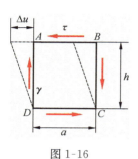

图 1-16

**例题 1-3** 图 1-16 所示单元体 $ABCD$ 边长分别为 $a$ 和 $h$,在切应力 $\tau$ 作用下发生图示小变形,$A$ 点向左移动了 $\Delta u = h/1000$,设材料切变模量 $G = 40\text{GPa}$,试计算直角 $ADC$ 的切应变和作用在该单元体上的切应力 $\tau$。

**解**:小变形情况下,直角 $ADC$ 的切应变

$$\gamma \approx \tan\gamma = \frac{\Delta u}{h} = 1.0 \times 10^{-3}\,\text{rad}$$

根据剪切胡克定律,得作用在单元体上的切应力为

$$\tau = G\gamma = (40 \times 10^{9}\,\text{Pa})(1.0 \times 10^{-3}) = 4.0 \times 10^{7}\,\text{Pa} = 40\text{MPa}$$

计算表明,切应变虽然很小,但由于剪切弹性模量较大,切应力并不小。

## 思 考 题

1-1 构件的强度、刚度和稳定性_____。
A. 只与材料的力学性能有关;
B. 只与构件的形状尺寸有关;
C. 与 A 和 B 都有关;
D. 与 A 和 B 都无关。

1-2 材料力学主要研究_____。
A. 各种材料的力学问题;
B. 各种材料的力学性能;
C. 杆件受力后变形与破坏的规律;
D. 各类杆中力与材料的关系。

1-3 各向同性假设认为,材料沿各个方向具有相同的_____。
A. 外力;
B. 变形;
C. 位移;
D. 力学性能。

1-4 小变形假设认为_____。
A. 构件不变形;
B. 构件不破坏;
C. 构件仅发生弹性变形;
D. 构件的变形远小于其原始尺寸。

1-5 在下列四种材料中,_____不适用各向同性假设。
A. 铸铁;
B. 松木;
C. 玻璃;
D. 铸铜。

1-6 构件的外力包括_____。
A. 集中载荷和分布载荷;
B. 静载荷和动载荷;
C. 载荷与约束反力;
D. 作用在物体的全部载荷。

1-7 关于内力与应力的关系中,说法_____是正确的。
A. 内力是应力的矢量和;
B. 内力是应力的代数和;
C. 应力是内力的平均值;
D. 应力是内力的分布集度。

1-8 思考题 1-8 图所示梁,若力偶矩 $M_e$ 在梁上移动时,则梁的_____。

A. 支反力变化,$B$ 端位移不变;

B. 支反力不变,$B$ 端位移变化;

C. 支反力和 $B$ 端位移都不变;

D. 支反力和 $B$ 端位移都变化。

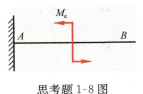

思考题 1-8 图

1-9 在下列关于内力的说法中,_____是正确的。

A. 内力随外力的改变而改变;　　B. 内力与外力无关;

C. 内力在任意截面上都均匀分布;　　D. 内力沿杆轴总是不变的。

1-10 构件截面上的内力通常可以简化为_____。

A. 一个主矢;　　B. 一个主矩;

C. 一个主矢和一个主矩;　　D. 一个标量。

1-11 在下列关于应变的说法中,_____是错误的。

A. 应变分正应变和切应变两种;　　B. 应变是变形的度量;

C. 应变是位移的度量;　　D. 应变是无量纲的量。

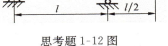

思考题 1-12 图

1-12 思考题 1-12 图所示发生弯曲变形的梁,$BC$ 梁段_____。

A. 有变形,无位移;　　B. 有位移,无变形;

C. 既有变形,又有位移;　　D. 既无变形,又无位移。

1-13 在下列结论中,_____是错误的。

A. 若物体产生位移,则必定同时产生变形;

B. 若物体各点均无位移,则必定无变形;

C. 物体的变形与位移取决于外力的大小和方向;

D. 位移的大小取决于物体的变形和约束。

1-14 计算内力主要采用截面法,截面法的适用范围是_____。

A. 只限于等截面直杆;　　B. 只限于直杆发生基本变形情况;

C. 只限于杆件发生弹性变形阶段;　　D. 适用于任何变形体。

1-15 下面关于内力的论述,错误的是_____。

A. 内力是由于构件变形后,其内部各部分间相互作用而产生的;

B. 内力随外力的改变而改变;

C. 内力是一个分布力系,可向截面上任一点简化为一个主矢和一个主矩;

D. 内力是截面上点位置的函数。

1-16 思考题 1-16 图所示拉杆,在采用截面法计算其内力时,分别采用横截平面、斜截平面、圆弧曲面和 S 形曲面将杆件截开。下面四种结果,正确的是_____。

A. 无论哪种形状的截面,所得内力均相等;

B. 横截平面所得内力最大,S 形曲面所得最小;

C. 横截平面和斜截平面所得内力相等,圆弧曲面所得最小;

D. 横截平面和斜截平面所得内力相等,S 形曲面所得最小。

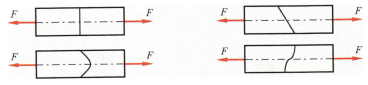

思考题 1-16 图

1-17 关于应力的概念,下面说法不正确的是_____。

A. 同一截面上不同点的应力一般不相同;

B. 同一点在不同截面上的应力一般也不相同；

C. 应力表征了内力在截面上各点的分布情况；

D. 两个具有同样大小和形状的截面，如果它们的内力完全相同，则其上各点的应力也相同。

1-18 思考题 1-18 图所示发生弯曲变形的杆件，变形前在其表面画两条平行线 1-1 和 2-2，则变形后满足变形协调关系的是_____。

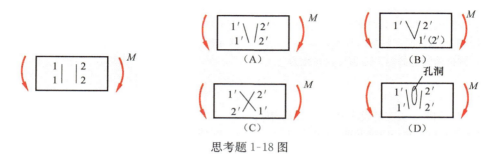

思考题 1-18 图

# 习 题

1.3-1 试求习题 1.3-1 图所示杆件 $m$-$n$ 截面的内力分量，并确定其大小。

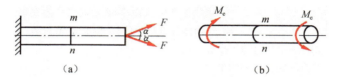

习题 1.3-1 图

1.4-1 习题 1.4-1 图所示圆截面等直杆，直径 $d=100\text{mm}$，已知正应力在横截面上均匀分布，大小为 $\sigma=100\text{MPa}$，试问横截面上存在何种内力分量，并确定其大小和作用点位置。

1.4-2 习题 1.4-2 图所示高 5m 混凝土立柱，横截面面积 $A=1.0\text{m}^2$。受 $F=6000\text{kN}$ 力作用后，共缩短了 1mm。（1）试求立柱的平均正应变；（2）设立柱横截面上无切应力，正应力均匀分布，试计算立柱横截面上正应力的大小；（3）根据胡克定律得到的混凝土的弹性模量是多少？

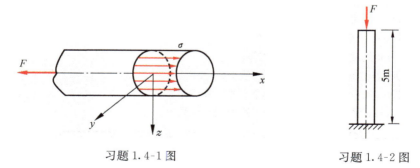

习题 1.4-1 图

习题 1.4-2 图

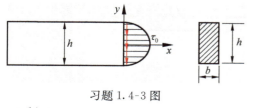

习题 1.4-3 图

1.4-3 已知习题 1.4-3 图所示矩形截面杆横截面上切应力大小沿截面高度方向分布为

$$\tau(y) = \tau_0(1-4y^2/h^2)$$

式中，$\tau_0$ 为 $y=0$ 处的切应力。试问该切应力对应何种内力？内力的大小是多少？

1.5-1　习题 1.5-1 图所示构件上一点 $A$ 处的两个线段 $AB$ 和 $AC$，变形前夹角为 $60°$，变形后夹角为 $59°$。试计算 $A$ 点处的切应变 $\gamma$。

1.5-2　方板的变形如习题 1.5-2 图中虚线所示，试求直角 $DAB$ 的切应变。

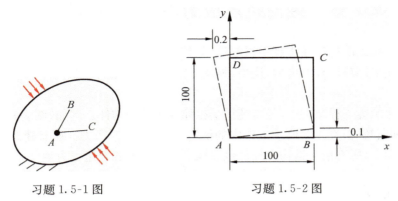

习题 1.5-1 图　　　　　　习题 1.5-2 图

1.5-3　构件上一点 $O$ 及其两个互垂线段 $OB$（长度 $\mathrm{d}x$）和 $OA$（长度 $\mathrm{d}y$），变形后分别变为 $O'B'$ 和 $O'A'$，如习题 1.5-3 图所示。已知 $O'$ 点在 $x$ 和 $y$ 方向的位移分别为 $u$ 和 $v$，$A'$ 点 $x$ 方向的位移为 $u+\dfrac{\partial u}{\partial x}\mathrm{d}x$，$y$ 方向的位移为 $v+\dfrac{\partial v}{\partial x}\mathrm{d}x$；$B'$ 点 $x$ 方向的位移为 $u+\dfrac{\partial u}{\partial y}\mathrm{d}y$，$y$ 方向的位移为 $v+\dfrac{\partial v}{\partial y}\mathrm{d}y$。试计算 $O$ 点在 $x$ 和 $y$ 方向的正应变和切应变。

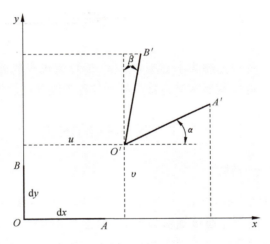

习题 1.5-3 图

# 第2章 轴向拉压应力与材料的力学性能

承受轴向拉压力的杆件在工程中很常见,对其强度和刚度的研究也是材料力学的基本内容。本章将阐述轴向拉压杆的内力、应力、强度等问题,并讨论材料的力学性能及其试验测量方法。

在机械和建筑等工程结构中,经常使用受拉伸或压缩的构件。例如,图 2-1 所示拧紧的螺栓,螺杆承受轴向拉力;图 2-2 所示工作中的活塞杆,承受轴向压力。所有建筑物的立柱都以承受轴向压力为主,所有桁架结构中杆件也以承受轴向拉力或者压力为主。

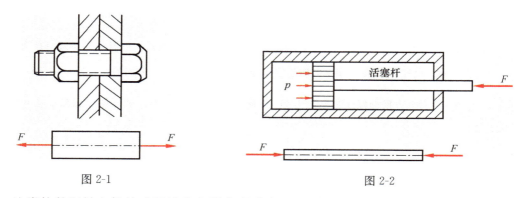

图 2-1                                     图 2-2

这类构件以轴向拉伸或压缩为主要变形形式,而且所承受的外力或外力合力的作用线与杆件的轴线重合。具有这些变形和受力特点的杆件称为**轴向拉压杆**或**拉压杆**。

## 2.1 拉压杆的内力

### 2.1.1 拉压杆的内力——轴力

如图 2-3(a)所示承受轴向外力 $F$ 作用的等直杆,$m\text{-}n$ 横截面上的唯一内力分量为**轴力** $F_N$,其作用线垂直于横截面并通过横截面形心,如图 2-3(b)所示。利用截面法可以确定 $F_N$ 的大小。利用平衡方程 $\sum F_x = 0$,得 $F_N = F$。通常规定 $F_N$ 为拉力时为正,压力时为负。

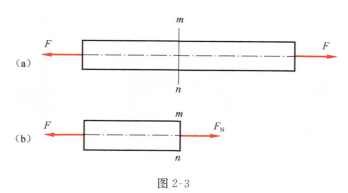

图 2-3

### 2.1.2 轴力图

为了表示轴力沿轴线变化的情况，以轴线为 $x$ 坐标，在垂直 $x$ 轴方向的坐标轴绘出轴力的分布图形，即为**轴力图**。轴力图中 $x$ 坐标表示了横截面的位置，对应的纵坐标则表示该横截面上轴力的大小和正负。

**例题 2-1**　等直杆受力情况如图 2-4(a)所示，试作杆的轴力图。

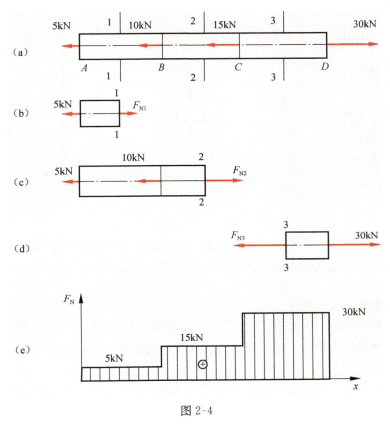

图 2-4

**解题分析**：杆在 $A$、$B$、$C$、$D$ 四个横截面均作用有外力，杆件每一段的轴力不同，需要分段计算。

**解**：(1) 计算 $AB$ 段轴力：用假想截面在 1-1 处截开（图 2-4(b)），设轴力 $F_N$ 为拉力，方向指向横截面面外，由平衡方程得

$$F_{N1} = 5\text{kN}$$

(2) 同理可求得 $BC$ 段轴力（图 2-4(c)）为

$$F_{N2} = 5\text{kN} + 10\text{kN} = 15\text{kN}$$

(3) 计算 $CD$ 段轴力：为简化计算，取截开后的右段为研究对象（图 2-4(d)），列平衡方程得

$$F_{N3} = 30\text{kN}$$

(4) 作出轴力图，如图 2-4(e)所示。

**讨论**：①在使用截面法时，一次只能截开一个截面，即把杆件一分为二，并选择最方便计算的那一半分析。②一般可以先假设所求的轴力为拉力，如果最后算出的为正值，说明假设正

确;如果是负值,说明真实轴力与假设相反,为压力,不需改变正负号可直接画在轴力图上。③轴力图应和构件位置相对应,这样可直观表示轴力沿杆轴线的分布情况,为计算杆中的最大应力提供依据。

**例题 2-2** 图 2-5(a)所示直杆,横截面为正方形,边长 $a=200$mm,杆长 $L=4$m,$F=10$kN,材料单位体积重力为 $\gamma=20$kN/m³。考虑杆的自重,计算 1-1 和 2-2 截面轴力,并画轴力图。

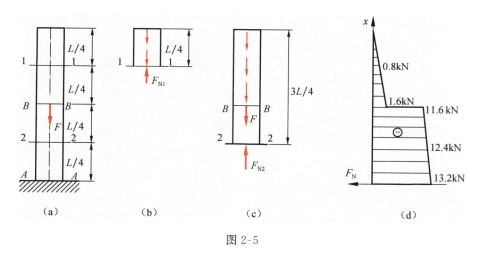

图 2-5

**解题分析**:杆的自重为体积力。当杆件重力与外载荷大小在同一数量级时,应考虑杆自重对内力、应力的影响。为画轴力图,要先计算一些特殊截面上的轴力,如集中力作用的截面和 $A$-$A$ 截面。

**解**:(1)计算 1-1 截面轴力。

从 1-1 截面将杆截成两段,研究上半段。设截面上轴力为 $F_{N1}$,为压力(图 2-5(b)),则 $F_{N1}$ 应与该杆段所受外力平衡。杆段所受外力为杆段的自重,大小为 $(L/4)a^2\gamma$,方向向下。于是由静力平衡条件 $\sum F_y = 0$,得

$$-F_{N1} + (L/4)a^2\gamma = 0, \quad F_{N1} = (L/4)a^2\gamma = (4\text{m}/4)(0.2\text{m})^2(20 \times 10^3 \text{N/m}^3) = 800\text{N}$$

(2)计算 2-2 截面轴力。

从 2-2 截面将杆截成两段,研究上半段,如图 2-5(c)所示。杆段所受外力为杆段的自重和集中力 $F$,杆段自重为 $(3L/4)a^2\gamma$,方向向下。于是由静力平衡条件 $\sum F_y = 0$,得

$$F_{N2} = F + \frac{3L}{4}a^2\gamma = 10 \times 10^3\text{N} + \frac{3(4\text{m})}{4}(0.2\text{m})^2(20 \times 10^3\text{N/m}^3) = 12.4\text{kN}$$

(3)计算集中力 $F$ 作用截面上的轴力。

首先将杆沿力 $F$ 作用截面($B$-$B$)上侧截开,设截面上轴力为压力 $F_{NB^+}$,研究上半部分杆段。由于只受本身重力作用,所以由静力平衡条件得 $F$ 作用截面上侧轴力为

$$F_{NB^+} = (L/2)a^2\gamma = (4\text{m}/2)(0.2\text{m})^2(20 \times 10^3\text{N/m}^3) = 1.6\text{kN}$$

然后将杆沿 $F$ 作用截面($B$-$B$)下侧截开,设截面上轴力为压力 $F_{NB^-}$,研究上半部分杆段。这时杆段受本身重力作用和集中力 $F$ 作用,所以由静力平衡条件得 $F$ 作用截面下侧轴力为

$$F_{NB^-} = \frac{L}{2}a^2\gamma + F = \frac{4\text{m}}{2}(0.2\text{m})^2(20 \times 10^3\text{N/m}^3) + 10 \times 10^3\text{N} = 11.6\text{kN}$$

(4)计算 $A$-$A$ 截面轴力。

从 $A$-$A$ 截面将杆截开,设截面上轴力为压力 $F_{NA}$,则 $F_{NA}$ 应与该杆上所有外力平衡。杆所受外力为杆的自重和集中力 $F$,杆段自重为 $La^2\gamma$,方向向下。于是由静力平衡条件 $\sum F_y = 0$,得

$$F_{NA} = F + La^2\gamma = 10 \times 10^3 \text{N} + (4\text{m})(0.2\text{m})^2(20 \times 10^3 \text{N/m}^3) = 13.2\text{kN}$$

(5)画轴力图。

在坐标轴上标出特殊截面(杆的顶截面、集中力 $F$ 作用截面的上下侧和 $A$-$A$ 截面)处的轴力值,用直线连接即得轴力图(图 2-5(d))。

**讨论**:①从轴力图看出,集中力作用的截面两侧轴力发生突变。突变值等于该集中力的大小。②计算各截面轴力时,得到的轴力均为正值,这只说明真实轴力的方向与事先的假设(本题均假设为压力)一致,并不意味着计算出的轴力为拉力。

## 2.2 拉压杆的应力

### 2.2.1 拉压杆横截面上的应力

轴力是拉压杆横截面上的唯一内力分量,但是,要研究拉压杆的强度,仅仅知道轴力的大小是不够的,还需要计算应力。下面建立拉压杆横截面上应力计算公式。

1)实验观察——拉压杆的平面假设

图 2-6(a)所示为矩形截面等直杆,加力前在杆件表面相距 $l$ 处画两条垂直于轴线的直线段 $m$-$m$ 和 $n$-$n$。实验时,在杆件两端缓慢施加轴向拉力 $F$,可以观察到线段 $m$-$m$ 和 $n$-$n$ 产生了相对位移 $\Delta l$,变为 $m'$-$m'$ 和 $n'$-$n'$,如图 2-6(b)所示。同时还可以观察到,变形后,$m'$-$m'$ 和 $n'$-$n'$ 仍为直线,并保持与轴线垂直。根据这些实验观察,可作以下假设:**受轴向拉伸的杆件,变形后横截面沿轴线发生平移,但仍保持为平面,且与轴线垂直。**这个假设称为拉压杆的**平面假设。**根据这个假设,可以推论线段 $m$-$m$ 和 $n$-$n$ 间所有的纵向(轴向)纤维的伸长量一样,均

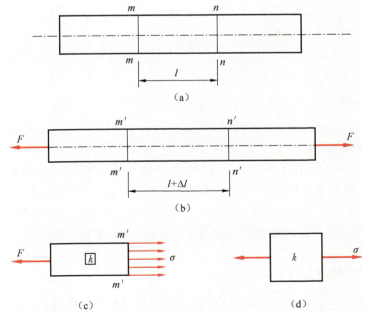

图 2-6

为 $\Delta l$。所以,沿轴线方向的平均正应变 $\varepsilon$ 也一样。又根据胡克定律(物性关系)和均匀性假设,$\sigma = E\varepsilon$,它们所受的正应力也必然一样。可见,轴向拉压等直杆横截面上的正应力均匀分布,如图 2-6(c)所示;杆中任意点 $k$ 的应力状态为图 2-6(d)所示的单向应力状态。

2)静力平衡关系

在杆件横截面上,无论正应力分布如何,将其在横截面上积分,所得到的力应等于该截面上的轴力,即

$$\int_A \sigma \mathrm{d}A = F_N \tag{2-1}$$

式中,$A$ 为杆件横截面面积。已知正应力 $\sigma$ 在横截面上均匀分布,所以有

$$\sigma = F_N / A \tag{2-2}$$

上式即为计算拉压杆横截面正应力的公式,适用于横截面为任意形状的轴向拉压等直杆。正应力与轴力有相同的正、负号,即**拉应力为正,压应力为负**。

**例题 2-3** 图 2-7(a)所示右端固定的阶梯形圆截面杆,同时承受轴向载荷 $F_1$ 和 $F_2$ 作用。试计算杆的轴力与横截面上的正应力。已知载荷 $F_1 = 10\mathrm{kN}$,$F_2 = 30\mathrm{kN}$,杆件 $AB$ 段与 $BC$ 段的直径分别为 $d_1 = 20\mathrm{mm}$,$d_2 = 30\mathrm{mm}$。

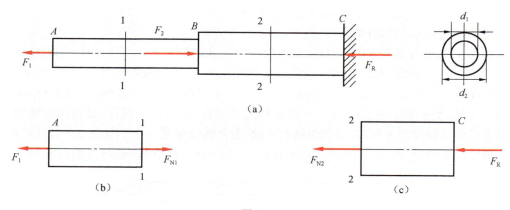

图 2-7

**解**:(1) 计算支反力。

设杆右端的支反力为 $F_R$,则由整个杆的平衡方程 $\sum F_x = 0$,得

$$F_R = F_2 - F_1 = 30 \times 10^3 \mathrm{N} - 10 \times 10^3 \mathrm{N} = 2.0 \times 10^4 \mathrm{N}$$

(2) 分段计算轴力。

由于在横截面 $B$ 处作用有外力,$AB$ 与 $BC$ 段的轴力将不相同,需分段利用截面法进行计算。设 $AB$ 与 $BC$ 段的轴力均为拉力,并分别用 $F_{N1}$ 与 $F_{N2}$ 表示,则由图 2-7(b)、(c)可知

$$F_{N1} = F_1 = 1.0 \times 10^4 \mathrm{N}, \quad F_{N2} = -F_R = -2.0 \times 10^4 \mathrm{N}$$

所得 $F_{N2}$ 为负,说明 $BC$ 段轴力的实际方向与所设方向相反,即应为压力。

(3) 应力计算。

$AB$ 段内任一横截面上的正应力为

$$\sigma_1 = \frac{F_{N1}}{A_1} = \frac{4F_{N1}}{\pi d_1^2} = \frac{4(1.0 \times 10^4 \mathrm{N})}{\pi (0.020\mathrm{m})^2} = 31.85\mathrm{MPa}(拉应力)$$

同理,得 $BC$ 段内任一横截面上的正应力为

$$\sigma_2 = \frac{F_{N2}}{A_2} = \frac{4F_{N2}}{\pi d_2^2} = \frac{4(-2.0 \times 10^4 N)}{\pi(0.030m)^2} = -28.27 MPa (压应力)$$

### 2.2.2 拉压杆斜截面上的应力

为了更全面地了解杆内的应力情况,现研究任意斜截面 $m\text{-}t$ 上的应力(图 2-8(a))。设斜截面 $m\text{-}t$ 外法线方向 $N$ 与轴线夹角为 $\alpha$,并定义方位角 $\alpha$ 以从 $x$ 轴的正方向逆时针转到斜截面外法线时为正,反之为负。

由前述可知,杆件横截面上的应力均匀分布,由此推论,斜截面 $m\text{-}t$ 上的应力 $p_\alpha$ 也为均匀分布(图 2-8(b)),其方向沿轴向。设横截面面积为 $A$,则斜截面面积为 $A/\cos\alpha$,所以

$$p_\alpha = \frac{F_N}{A/\cos\alpha} = \frac{F}{A} \cdot \cos\alpha = \sigma \cdot \cos\alpha$$

式中,$p_\alpha$ 代表斜截面上各点处的总应力;$\sigma = F/A$ 代表横截面上的正应力。

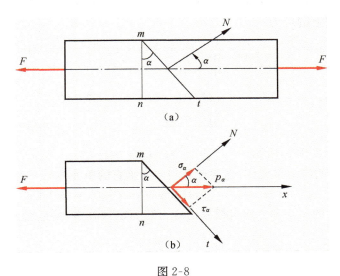

图 2-8

将总应力沿截面法向和切向分解(图 2-8(b)),得到斜截面上的正应力与切应力分别为

$$\sigma_\alpha = p_\alpha \cos\alpha = \sigma\cos^2\alpha \qquad (2\text{-}3a)$$

$$\tau_\alpha = p_\alpha \sin\alpha = \frac{\sigma}{2}\sin2\alpha \qquad (2\text{-}3b)$$

由式(2-3)可知,直杆在拉压时,斜截面上不但有正应力,而且还有切应力,其值随斜截面的方位角 $\alpha$ 而变化。当 $\alpha = 0$ 时,正应力最大,即最大正应力发生在横截面上,其值为

$$\sigma_{max} = \sigma \qquad (2\text{-}4)$$

当 $\alpha = \pm 45°$ 时,切应力最大,即最大切应力发生在与杆轴线成 $45°$ 的斜截面上,其值为

$$\tau_{max} = \sigma/2 \qquad (2\text{-}5)$$

以上结论对于轴向压缩杆也同样适用。注意到,在正应力达到最大的截面上,切应力为零;在切应力达到最大的截面上,正应力不为零。

**例题 2-4** 图 2-9(a)所示拉压杆受轴向拉力 $F = 10kN$ 作用,杆的横截面面积 $A = 100mm^2$。(1)试求图示斜截面上的正应力和切应力;(2)画出图 2-9(a)中 $k$ 点的应力单元体。

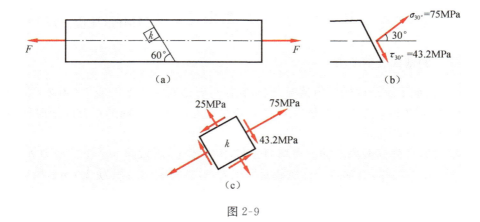

图 2-9

**解**:(1) 按照式(2-3)中对 $\alpha$ 的定义,本题中斜截面外法线与轴线夹角 $\alpha=30°$。
首先计算横截面上的应力

$$\sigma = \frac{F}{A} = \frac{10 \times 10^3\,\mathrm{N}}{100 \times 10^{-6}\,\mathrm{m}^2} = 100 \times 10^6\,\mathrm{Pa} = 100\mathrm{MPa}$$

代入式(2-3),得到

$$\sigma_{30°} = \sigma\cos^2\alpha = (100\mathrm{MPa}) \cdot \cos^2 30° = 75\mathrm{MPa}$$

$$\tau_{30°} = \frac{\sigma}{2}\sin2\alpha = \frac{(100\mathrm{MPa})}{2}\sin(2 \times 30°) = 43.3\mathrm{MPa}$$

它们的作用方向如图 2-9(b)所示。

(2) 为画出 $k$ 点的应力单元体,需要计算与斜面垂直的单元体另一面上的正应力

$$\sigma_{120°} = \sigma\cos^2\alpha = (100\mathrm{MPa}) \cdot \cos^2 120° = 25\mathrm{MPa}$$

该面上的切应力的大小和方向可根据切应力互等定理确定,最后画出 $k$ 点的单元体如图 2-9(c)所示。

### 2.2.3 圣维南原理

**圣维南**(Adhemar Jean Claude Barre de Saint-Venant,1797~1886)**原理**指出:静力作用于杆端方式的不同,只要是静力等效的,则不同的等效力系只引起影响区附近的应力分布有差别,而在影响区以外的应力分布则不受影响。**影响区**是指等效力系作用区及其附近区域,大小约为杆件的横向尺寸。圣维南原理又称为**局部影响原理**。该原理已被光弹实验证实。

如图 2-10 所示,由于力 $F$ 施加在杆件左端的某一点处,在过该点的横截面及其附近区域的影响区内正应力为非均匀分布,但根据圣维南原理,在影响区以外的横截面上,正应力仍然是均匀分布的。

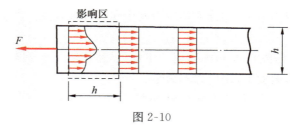

图 2-10

圣维南原理还告诉我们,承受轴向拉伸的杆件(图 2-11(a)),如果将 $F$ 改为图 2-11(b)、

(c)、(d)中的静力等效力系,则这种改变对杆中应力分布的影响仅限于图中虚线所示的影响区。将右端改为固定端约束(图 2-11(e)),则对应力的影响也仅限于小的范围,但对位移场的影响遍及整个杆件。

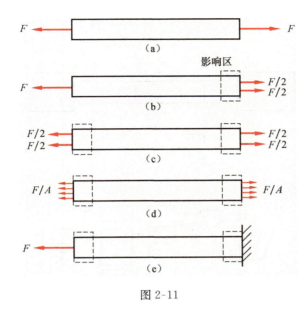

图 2-11

## 2.3 材料在拉伸与压缩时的力学性能

对构件进行强度设计时,必须首先了解构件材料的力学性能指标,这些指标由材料的力学性能试验测定。为了试验结果的准确性和一致性,国家参考国际标准制定并颁布了有关材料力学性能试验的一系列标准。例如,金属材料室温条件下的拉伸试验标准为 GB/T 228—2002。

### 2.3.1 材料拉伸试验的基本要求

1)标准试样

试样通常从产品、压制坯或铸锭切取样坯经机加工制成。试样的形状和尺寸对测试结果有一定影响,为使结果具有可比性,应按统一规定加工成标准试样。图 2-12(a)、(b)分别为横截面为圆形和矩形的拉伸试样,图中 $l_0$ 是用于测量试样变形的长度,称为**原始标距**。按现行国家标准 GB/T 228—2002 规定,对于圆截面试样,标准试样的原始标距 $l_0$ 与横截面直径 $d$ 的比例可为 $l_0=5d$ 或 $l_0=10d$ 两种。图中 $l_c$ 称为试样的平行长度,圆截面试样规定 $l_c \geqslant l_0+d/2$;矩形截面试样规定 $l_c \geqslant l_0+1.5\sqrt{ab}$。试样表面粗糙度应符合国标规定,并按国标加工。

2)试验设备

图 2-12(c)给出了试验装置示意图。试验机应按照 GB/T 16825 进行检验,并应为 1 级或优于 1 级准确度。引伸计的准确度级别应符合 GB/T 12160 的要求。按不同测试项目,不低于 1 级或 2 级准确度。

3)试验要求

试验时对加载的应力速率(即单位时间应力变化量)和应变速率(即单位时间应变的变化

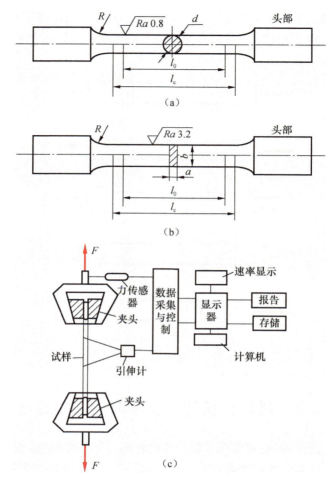

图 2-12

量)都有要求。从弹性范围到上屈服强度,应力速率应满足表 2-1 要求。测定下屈服强度,应变速率应为 0.00025/s~0.0025/s。在塑性范围直至规定强度,应变速率不应超过 0.0025/s。对夹持方式的要求是确保夹持的试样受轴向拉力作用。

表 2-1　应力速率表

| 材料弹性模量/GPa | 应力速率/(MPa/s) | |
| --- | --- | --- |
| | 最小 | 最大 |
| <150 | 2 | 20 |
| ≥150 | 6 | 60 |

### 2.3.2　低碳钢拉伸时的力学性能

低碳钢为常用工程材料,在拉伸试验中可得到拉力 $F$ 与试样伸长量 $\Delta l$ 之间的关系曲线图。但通常将力 $F$ 和变形量 $\Delta l$ 分别除以试样的初始面积 $A$ 和原始标距 $l_0$,得到表征应力 $\sigma$ 与应变 $\varepsilon$ 之间关系的**应力应变曲线**,如图 2-13 所示。低碳钢的应力应变曲线一般划分为四个阶段:弹性阶段、屈服阶段、强化阶段和局部变形阶段。

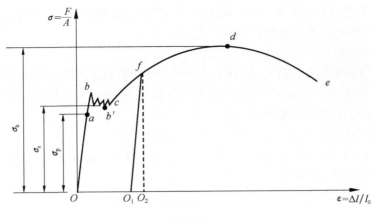

图 2-13

1) 弹性阶段（$Oa$ 段）

$Oa$ 段为直线段，$a$ 点对应的应力称为材料的**比例极限**，用 $\sigma_p$ 表示。在弹性变形阶段，应力和应变为线性比例关系，即遵循胡克定律，$\sigma = E\varepsilon$。设 $oa$ 段直线与横轴的倾角为 $\alpha$，则可得弹性模量 $E$ 和 $\alpha$ 的关系

$$\tan\alpha = \frac{\sigma}{\varepsilon} = E \tag{2-6}$$

如果试样在加载到比例极限 $a$ 点以前卸载，其应变值回到零点，无残余塑性变形。

2) 屈服阶段（$bc$ 段）

当试样中应力值超过比例极限，应力和应变之间不再保持线性比例关系。当应力超过 $b$ 点，应力变化不大，甚至发生小的回落，但应变继续增加，应力应变曲线沿水平方向发生微小波动。这种现象称为**屈服**。应力应变曲线上 $b$ 点对应的应力称为材料的**上屈服强度**或**上屈服极限**；水平波动段的最低点 $b'$ 对应的应力称为**下屈服强度**或**下屈服极限**。工程上常用下屈服强度代表材料的**屈服强度**，用 $\sigma_S$ 表示。材料屈服时，在光滑试样表面可以观察到与轴线成 $45°$ 的纹线，称为**滑移线**（图 2-14(a)），它是屈服时金属材料晶格发生相对错动造成的。

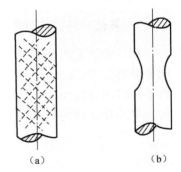

（a）　　　　（b）

图 2-14

3) 强化阶段（$cd$ 段）

经过屈服阶段，材料晶格相对错动达到一定程度，使得材料又增强了抵抗变形的能力，要使试样继续变形就必须施加更大的应力，这种现象称为**应变强化**或**应变硬化**。应力应变曲线最高点 $d$ 对应的应力，称为材料的**抗拉强度**或**强度极限**，用 $\sigma_b$ 表示。强度极限表示材料破坏前能承受的最大应力值。

在强化阶段某一点 $f$ 处（设对应的应力与应变值分别为 $\sigma$ 和 $\varepsilon$），缓慢卸载，则试样的应力应变曲线会沿着 $fO_1$ 回到 $O_1$ 点，从图上观察发现，直线 $fO_1$ 平行于直线 $Oa$。图中 $O_1O_2$ 表示卸载后恢复的弹性应变 $\varepsilon_e$，$OO_1$ 表示不可恢复的塑性应变 $\varepsilon_p$。于是，$f$ 点的总应变 $\varepsilon$ 为弹性应变 $\varepsilon_e$ 与塑性应变 $\varepsilon_p$ 之和，即

$$\varepsilon = \varepsilon_e + \varepsilon_p = \sigma/E + \varepsilon_p \tag{2-7}$$

如果卸载后重新加载，则应力应变曲线基本上沿着 $O_1f$ 线上升到 $f$ 点，然后仍按原来的应力应变曲线变化，直至试样断裂。

低碳钢加载到强化阶段后再卸载,可以使材料的比例极限提高,这种现象称为**冷作硬化**。工程中,常利用冷作硬化来提高材料的弹性范围。

4)局部变形阶段($de$ 段)

当应力达到材料的强度极限 $\sigma_b$ 后,试样的变形会集中到局部区域,使试样发生图 2-14(b)所示的**颈缩**现象。由于发生颈缩,横截面的面积快速变小,较小的应力即可使试样继续变形,因此,应力应变曲线自 $d$ 点后开始下降,直到断裂。

屈服强度 $\sigma_S$ 和抗拉强度 $\sigma_b$ 是材料的主要强度指标。

通过拉伸试验,还可以测得表征材料塑性变形能力的两个指标:**伸长率**和**断面收缩率**。伸长率也称为断后伸长率,定义为

$$\delta = \frac{l_1 - l_0}{l_0} \times 100\% \qquad (2\text{-}8)$$

式中,$l_0$ 为试验的原始标距,$l_1$ 为试样断裂后将试样在断口处接合量取的标距段长度。

低碳钢的伸长率范围为 $20\%\sim30\%$。工程上将伸长率 $\delta \geqslant 5\%$ 的材料称为**塑性材料**,将 $\delta < 5\%$ 的材料称为**脆性材料**。多数金属材料和高分子材料为塑性材料,如钢、铜、铝和塑料等;灰铸铁、玻璃、陶瓷等为脆性材料。脆性材料断裂后观察不到明显的塑性变形。

表征材料塑性变形能力的另一个指标是断面收缩率,定义为

$$\psi = \frac{A - A_1}{A} \times 100\% \qquad (2\text{-}9)$$

式中,$A$ 为试验前试样的横截面面积,$A_1$ 为断裂后量取的断口处的横截面面积。低碳钢的断面收缩率可达 $50\%\sim60\%$。

更多材料的强度指标和塑性指标可参见附录 C。

### 2.3.3 其他材料拉伸时的力学性能

灰口铸铁是典型的脆性材料,其应力应变曲线为微弯的曲线,如图 2-15 所示。图中没有明显的直线段,无屈服现象,拉断时变形很小,其伸长率 $\delta < 1\%$,强度指标只有抗拉强度 $\sigma_b$。由于灰口铸铁拉伸时没有明显的直线段,工程上常将原点 0 与 $\sigma_b/4$ 处 $A$ 点连成割线,以割线的斜率估算铸铁的弹性模量 $E$。

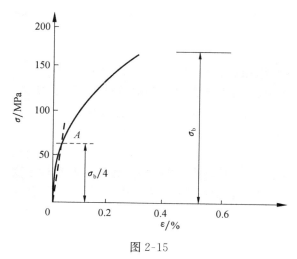

图 2-15

图 2-16 中是几种塑性材料的应力应变曲线。从图中可以看出,高强钢、合金钢、低强钢的

第一阶段相近,即这些材料的弹性模量 $E$ 相近。有些材料,如黄铜、高碳钢 T10A、20Cr 等无明显屈服阶段,只有弹性阶段、强化阶段和局部变形阶段。

对于没有明显屈服阶段的塑性材料,通常以产生 0.2% 的塑性应变所对应的应力值作为该材料的屈服强度(图 2-17),称为**名义屈服强度**,用 $\sigma_{0.2}$ 表示。

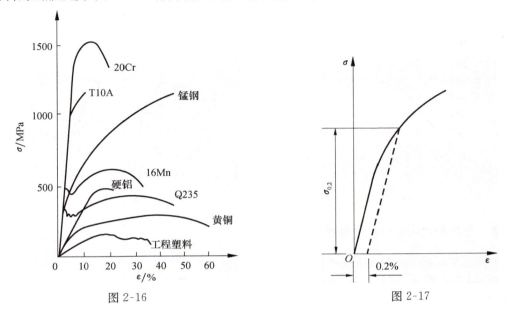

图 2-16　　　　　　　　　　　　图 2-17

### 2.3.4　材料压缩时的力学性能

金属材料的压缩试验按照 GB/T 7314—2005 标准执行,一般选用短圆柱形试样,圆柱的高度约为直径的 1.5~3 倍,对试样的上下平面平行度和光洁度均有要求。低碳钢是典型塑性材料,压缩时的应力应变曲线如图 2-18 所示。和拉伸时相比,屈服前与拉伸时的曲线基本重合,而且比例极限 $\sigma_p$、屈服应力 $\sigma_s$ 和弹性模量 $E$ 与拉伸时基本相同;屈服后随着压力的增大,试样被压成"鼓形",最后被压成"薄饼"而不发生断裂,所以低碳钢压缩时无抗压强度。

铸铁是脆性材料,压缩时的应力应变曲线如图 2-19 所示。压缩时,脆性材料试样在较小变形时突然破坏,破坏断面与横截面大致成 55°~60° 的倾角,根据应力分析,铸铁压缩破坏属于剪切破坏。脆性材料压缩时的强度远高于拉伸时的强度,约为抗拉强度的 3~6 倍;剪切强度小于抗压强度、大于抗拉强度。

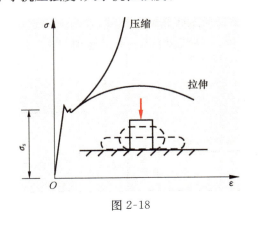

图 2-18

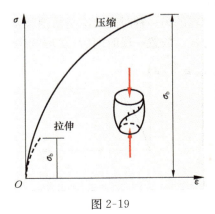

图 2-19

混凝土试样拉伸和压缩时的应力应变曲线如图 2-20 所示。可以看出,混凝土的抗压强度要比抗拉强度大 10 倍左右。混凝土试样压缩时的破坏模式与其两端面所受摩擦阻力有关。如果在混凝土试样的两个端面加上润滑剂,试样沿纵向开裂,如图 2-21(a)所示;不加润滑剂时,试样在中间位置发生剥落而形成两个锥截面,如图 2-21(b)所示。

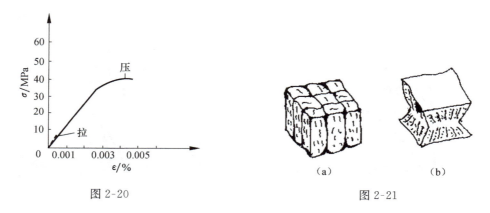

图 2-20         图 2-21

## \* 2.3.5  温度和时间对材料力学性能的影响

1)温度对材料力学性能的影响

实验结果表明,金属材料的力学性能,如屈服应力 $\sigma_s$、强度极限 $\sigma_b$、弹性模量 $E$、延伸率 $\delta$ 和断面收缩率 $\psi$ 均与温度密切相关。对于低碳钢在 250～300℃之前,温度升高,$\sigma_b$ 增高,塑性指标 $\delta$、$\psi$ 降低,材料变"脆"。当温度超过了 300℃以后,随着温度升高,$\sigma_b$ 降低,而塑性指标 $\delta$、$\psi$ 增高,材料开始变"软"。在零下低温情况下,绝大多数金属材料的塑性指标下降,表现出明显的脆性。

2)蠕变与松弛

前面在讨论材料的力学行为时,没有考虑时间因素的影响。实际上,长期受载的构件,即使载荷大小保持不变,也会产生附加变形,这种现象称为**蠕变**。如图 2-22(a)所示的杆件,在下端作用一集中力,当力达到给定值 $F$ 时,杆件产生伸长量 $\delta_0$,然后保持力值不变,则会发现随着时间增加,杆件会继续发生变形(图 2-22(b)),即发生了蠕变。大多数材料都有蠕变现象,只是有的材料(如低碳钢、混凝土等材料)在室温下蠕变不明显,可以忽略不计;而有的材料(如高分子材料)即使在室温下也会发生明显蠕变。高温工作条件下,材料的蠕变现象是必须考虑的问题。蠕变变形是不可恢复的塑性变形。

材料的另一种时间效应是**松弛**现象。如图 2-23(a)所示张紧的金属线,在两端固定后,线内应力为 $\sigma_0$。放置一段时间后,发现线内应力缓慢下降,并最后趋于一个稳定值(图 2-23(b))。

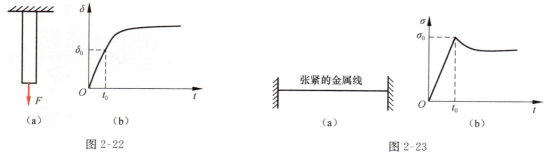

图 2-22          图 2-23

这种现象称为松弛或应力松弛。松弛现象会导致拧紧的螺栓在工作一段时间后松脱,造成零部件脱落或密封容器泄漏等工程事故。尤其在高温和高应力状态下工作的构件,松弛现象更加明显。

**例题 2-5** 直径 $d_0 = 13\text{mm}$ 的圆柱形试样,试验标距段长度 $l_0 = 52\text{mm}$,拉伸试验记录数据如表 2-2 所示,并测得拉断后标距段伸长量 $\Delta l = 3.05\text{mm}$,断口最小直径 $d = 10.67\text{mm}$。(1)试画出该材料的应力应变曲线;(2)确定该试样材料的比例极限、弹性模量、屈服应力和强度极限;(3)计算该材料的伸长率和断面收缩率。

**表 2-2　拉伸试验记录数据**

| 力/N | 变形量/mm | 力/N | 变形量/mm | 力/N | 变形量/mm |
|---|---|---|---|---|---|
| 4000 | 0.0051 | 53600 | 0.1194 | 67200 | 0.5842 |
| 8000 | 0.0152 | 54400 | 0.1372 | 73600 | 0.8534 |
| 24000 | 0.0483 | 55200 | 0.1600 | 80000 | 1.2878 |
| 40000 | 0.0838 | 56000 | 0.2286 | 89600 | 2.8143 |
| 48000 | 0.0991 | 57600 | 0.2591 | 90400 | 断裂 |
| 51600 | 0.1092 | 60800 | 0.3302 | | |

**解:**(1)画应力应变曲线。

将表 2-2 中的力值除以试样横截面面积 $A_0 = \pi d_0^2/4 = 132.7\text{mm}^2$,变形量除以标距段长度 $l_0 = 52\text{mm}$,得到应力和应变值,列于表 2-3 中。将表 2-3 数据绘出曲线如图 2-24 所示。

**表 2-3　应力和应变值**

| 应力/MPa | 应变 | 应力/MPa | 应变 | 应力/MPa | 应变 |
|---|---|---|---|---|---|
| 30.1 | 0.0001 | 403.9(C) | 0.0023(C) | 506.4 | 0.0112 |
| 60.3(A) | 0.0003(A) | 409.9 | 0.0026 | 554.6 | 0.0164 |
| 180.9 | 0.0009 | 416.0 | 0.0031 | 602.9 | 0.0248 |
| 301.4 | 0.0016 | 422.0 | 0.0044 | 675.2 | 0.0541 |
| 361.7 | 0.0019 | 434.1 | 0.0050 | 681.2 | 断裂 |
| 388.8(B) | 0.0021(B) | 458.2 | 0.0064 | | |

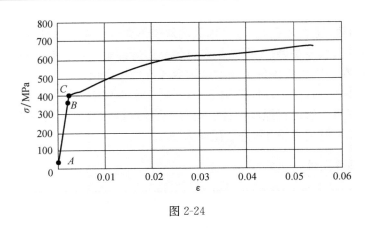

图 2-24

(2)确定该材料的比例极限、弹性模量、屈服应力和强度极限。

从图 2-24 看出,应力应变关系在 AB 为直线段,当应力超过 B 点,应力应变已不是线性比例关系,因此,B 点对应的应力值即为材料的比例极限 $\sigma_p$,其值为 388.8MPa。AB 段的斜率即为弹性模量,所以

$$E = \frac{388.8\text{MPa} - 60.3\text{MPa}}{0.0021 - 0.0003} = 182.5\text{GPa}$$

该材料存在明显的屈服点 $C$，所以屈服应力 $\sigma_s = 403.9\text{MPa}$。断裂前应力一直处于增大趋势，因此取断裂时的应力值为材料的强度极限，$\sigma_b = 681.2\text{MPa}$。

（3）计算该材料的伸长率和断面收缩率。

伸长率

$$\delta = \frac{\Delta l}{l_0} \times 100\% = \frac{3.05\text{mm}}{52\text{mm}} \times 100\% = 5.86\%$$

断面收缩率

$$\psi = \frac{A_0 - A}{A_0} \times 100\% = \left[1 - \left(\frac{d}{d_0}\right)^2\right] \times 100\% = \left[1 - \left(\frac{10.67\text{mm}}{13\text{mm}}\right)^2\right] \times 100\% = 32.6\%$$

# 2.4 安全因数、许用应力和强度条件

## 2.4.1 安全因数与许用应力

在力学性能试验中，我们测得了材料的两个重要强度指标：屈服强度 $\sigma_S$ 和抗拉强度 $\sigma_b$。对于塑性材料，当应力达到屈服强度时，认为构件已经**失效**，因此把屈服强度作为塑性材料的**极限应力**，即失效时的应力。对于脆性材料，断裂前无明显的塑性变形，断裂是失效的唯一标志，因而把抗拉强度作为脆性材料的极限应力。用 $\sigma_u$ 表示极限应力，则对于塑性材料 $\sigma_u = \sigma_S$；对于脆性材料 $\sigma_u = \sigma_b$。

理论上讲，只要构件的最大工作应力小于材料的极限应力，构件就是安全的。但在实际工程中，考虑到应力的计算误差、材料制造缺陷等因素，为了确保构件安全工作，通常把极限应力 $\sigma_u$ 除以一个大于 1 的因数，得到材料的**许用应力**，并采用许用应力进行设计。用 $[\sigma]$ 表示许用应力，则有

$$[\sigma] = \frac{\sigma_u}{n} \tag{2-10}$$

式中，$n$ 称为**安全因数**，其值大于 1。安全因数的取值需要综合考虑构件的重要性、计算应力所采用模型的精确程度、载荷类型、工况条件和材料品质等因素。从已有的行业规范和设计手册可以查到各种材料在不同工作条件下的安全因数或许用应力值。

对于多数塑性材料，其拉压性能差别不大，只有一个许用应力 $[\sigma]$，因此无论工作应力是拉应力或压应力，都按照该值进行强度设计。而对于脆性材料，其拉压力学性能差别较大，许用应力也有两个值：许用拉应力 $[\sigma_t]$ 和许用压应力 $[\sigma_c]$。

## 2.4.2 拉压杆的强度条件

根据上述分析，为了保障构件安全工作，构件内最大工作应力必须小于等于许用应力，即

$$\sigma_{max} = \left(\frac{F_N}{A}\right)_{max} \leqslant [\sigma] \tag{2-11}$$

上式为拉压杆的**强度条件**。对于等截面拉压杆，表示为

$$\sigma_{max} = \frac{F_{N,max}}{A} \leqslant [\sigma] \tag{2-12}$$

强度条件可用于解决以下三类问题。

1）强度校核

已知构件尺寸、许用应力和载荷,检验构件是否满足强度条件,即校核构件是否能安全工作。基本步骤是首先计算给定载荷下构件中的最大工作应力,然后与许用应力比较,满足式(2-11),则说明构件安全。

2）设计截面

已知构件所受的载荷和许用应力,设计满足强度条件的构件尺寸。根据式(2-11),拉压杆的截面面积应满足

$$A \geqslant \frac{F_{N,max}}{[\sigma]} \tag{2-13}$$

3）确定许用载荷

已知构件的尺寸和许用应力,计算构件所能承受的最大载荷。根据强度条件,拉压杆所能承受的最大轴力为

$$F_{N,max} \leqslant A[\sigma] \tag{2-14}$$

对于桁架结构,首先由上式确定出每根杆所能承受的最大轴力,然后确定桁架的许用载荷$[F]$。

**例题 2-6**　图 2-25 所示承受内压 $p$ 的圆柱罐,上端用盖板封闭,盖板与罐体用螺栓连接。已知压力 $p=1900\text{kPa}$,圆柱罐内径 $D=250\text{mm}$,螺栓直径 $d_B=12\text{mm}$,螺栓许用拉应力 $[\sigma_t]=70\text{MPa}$。试确定所用螺栓的数量 $n$。

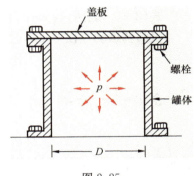

图 2-25

**解题分析**:螺栓承受轴向拉力,设每个螺栓的轴力相同,则 $n$ 个螺栓的总轴力与盖板上的总压力平衡。

**解**:(1) 计算盖板所受总压力 $P$。

$$P = p(\pi D^2/4) = (1900 \times 10^3 \text{Pa})[\pi(0.25\text{m})^2/4] = 93266\text{N}$$

(2) 确定最少螺栓数。

螺栓达到许用应力时,每个螺栓的轴力为

$$F_{N,B} = [\sigma_t](\pi d_B^2/4) = (70\text{MPa})[\pi(12\text{mm})^2/4] = 7916.8\text{N}$$

设 $n$ 为满足设计要求的最小螺栓数,则有

$$nF_{N,B} = P$$

$$n = P/F_{N,B} = 93266\text{N}/7916.8\text{N} = 11.78$$

所以,螺栓最小数目为 12 个。

**例题 2-7**　图 2-26(a)所示为发动机气缸与连杆机构。连杆 $AB$ 的横截面面积为 $A$,长为 $L$,与曲柄和气缸活塞铰接;曲柄 $BC$ 长为 $R$,绕 $C$ 轴转动,阻力矩为 $M$。假设活塞受常力 $P$ 作用,并推动活塞向右无摩擦运动。连杆的许用压应力为$[\sigma_c]$。(1) 试推导 $P$ 的许用值计算公式;(2) 如果已知 $P=91.6\text{kN}$,$[\sigma_c]=150\text{MPa}$,$R=0.28L$,试设计连杆的横截面面积。

**解题分析**:连杆两端 $AB$ 均为铰链连接,因此连杆只承受轴向压力。力 $P$ 在活塞向右运动过程中保持不变,但由于连杆与 $AC$ 连线(水平线)夹角变化,因此连杆中轴力是变化的,阻力矩 $M$ 也是变化的,以保证连杆两端的轴力平衡。本题的关键是找到连杆中的最大轴力,根据最大轴力确定力 $P$ 的许用值。

**解**:(1) 确定 $P$ 的许用值。

活塞的受力图如图 2-26(b)所示。设连杆与 $AC$ 连线夹角为 $\theta$,连杆轴力为 $F_{N,AB}$,考虑活塞水平方向力平衡得到

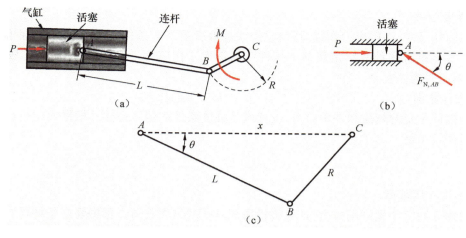

图 2-26

$$P = F_{N,AB}\cos\theta \quad \text{或} \quad F_{N,AB} = P/\cos\theta \tag{2-15a}$$

式(2-15a)表明,当 $\cos\theta$ 取最小值时,连杆轴力最大。

设活塞运动过程中,$AC$ 之间距离为 $x$,则由图 2-26(c)所示的几何关系,根据余弦定理得

$$\cos\theta = \frac{L^2 - R^2}{2xL} + \frac{x}{2L} \tag{2-15b}$$

令 $a^2 = \dfrac{L^2 - R^2}{2xL}$,$b^2 = \dfrac{x}{2L}$,由 $a^2 + b^2 \geqslant 2ab$,得

$$\cos\theta \geqslant 2\sqrt{\frac{L^2 - R^2}{2xL}}\sqrt{\frac{x}{2L}} = \sqrt{1 - \left(\frac{R}{L}\right)^2}$$

可见,$\cos\theta$ 的最小值为

$$(\cos\theta)_{\min} = \sqrt{1 - (R/L)^2} \tag{2-15c}$$

代入式(2-15a),得

$$(F_{N,AB})_{\max} = \frac{P}{(\cos\theta)_{\min}} = \frac{P}{\sqrt{1 - (R/L)^2}} \tag{2-15d}$$

连杆许用压应力为 $[\sigma_c]$,横截面面积为 $A$,其强度条件要求其最大轴力为 $(F_{N,AB})_{\max} = [\sigma_c]A$,代入式(2-15d),得 $P$ 的许用值

$$[P] = [\sigma_c]A\sqrt{1 - (R/L)^2} \tag{2-15e}$$

(2) 设计连杆的横截面面积。

由式(2-15e),得

$$A = \frac{P}{[\sigma_c]\sqrt{1 - (R/L)^2}} = \frac{91.6 \times 10^3\,\text{N}}{(150\text{MPa})\sqrt{1 - (0.28)^2}} = 63.61\text{mm}^2$$

**例题 2-8** 滑轮结构如图 2-27 所示,杆 $AB$ 为钢材,截面为圆形,直径 $d=20$mm,许用应力 $[\sigma]=160$MPa,杆 $BC$ 为木材,截面为方形,边长 $a=60$mm,许用压应力 $[\sigma_c]=12$MPa。试计算此结构的许用载荷 $[F]$。

**解题分析**:使各杆均满足强度条件的载荷即为该结构的许用载荷。首先计算 $F$ 作用下各杆轴力,然后利用各杆的强度条件确定许用载荷 $[F]$。两根杆确定出两个可能不同的 $[F]$,取其中的小值即为结构的许用载荷。

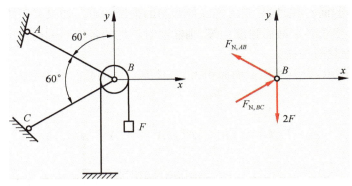

图 2-27

**解**：(1) 计算 $AB$ 和 $BC$ 两杆轴力 $F_{N,AB}$ 和 $F_{N,BC}$。

取图示坐标系，并设杆 $AB$ 受拉，杆 $BC$ 受压，则 $B$ 点的静力平衡方程为

$$\sum F_x = 0 \colon F_{N,BC} \cdot \cos 30° - F_{N,AB} \cdot \sin 60° = 0 \text{，即}$$

$$F_{N,AB} = F_{N,BC}$$

$$\sum F_y = 0 \colon F_{N,BC} \cdot \sin 30° + F_{N,AB} \cdot \cos 60° - 2F = 0 \text{，即}$$

$$F_{N,AB} = F_{N,BC} = 2F$$

(2) 确定杆 $AB$ 可以承担的载荷。

$$F_{N,AB} = 2F \leqslant [\sigma] \cdot A_{AB} = (160 \times 10^6 \text{Pa})[\pi(0.020\text{m})^2/4] = 50.3 \times 10^3 \text{N}$$

$$[F] = (50.3 \times 10^3 \text{N})/2 = 25.15 \times 10^3 \text{N} = 25.15 \text{kN}$$

(3) 确定杆 $BC$ 可以承担的载荷。

$$F_{N,BC} = 2F \leqslant [\sigma_c] \cdot A_{BC} = (12 \times 10^6 \text{Pa})(0.060\text{m})^2 = 43.2 \times 10^3 \text{N}$$

$$[F] = (43.2 \times 10^3 \text{N})/2 = 21.6 \times 10^3 \text{N} = 21.6 \text{kN}$$

两者取小值，所以结构的许用载荷 $[F]$ 为 21.6kN。

**例题 2-9**　图 2-28 所示石柱桥墩，压力 $F = 1000$kN，石料单位体积重力 $\gamma = 25$kN/m³，许用应力 $[\sigma] = 1$MPa。试比较下列三种情况下所需石料体积：(1) 等截面石柱（图 2-28(a)）；(2) 三段等长度的阶梯石柱（图 2-28(b)）；(3) 等强度石柱（图 2-28(c)，柱的每个截面的应力都等于许用应力 $[\sigma]$)。

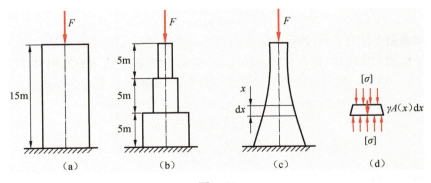

图 2-28

**解题分析**：设计这样的桥墩时，要考虑桥墩自重对强度的影响。可以想象，在桥墩顶截面只有压力 $F$ 作用，轴力最小；在桥墩底截面，除压力 $F$ 外，还承受桥墩本身重力，该处轴力最

大。当桥墩采用等截面石柱时,只要考虑底部截面的强度即可。如果采用阶梯形石柱,需考虑每段的强度。如果要求各个截面强度相等,则需要对石柱的各截面进行特别设计。

**解:**(1) 采用等截面石柱。

如图 2-28(a)所示,设石柱横截面面积为 $A$,长为 $l$,底部截面轴力最大,其值为

$$F_N = F + \gamma A l$$

强度条件为

$$\sigma = F_N/A = (F + \gamma A l)/A = F/A + \gamma l \leqslant [\sigma]$$

于是得

$$A = \frac{F}{[\sigma] - \gamma l} = \frac{1000 \times 10^3\,\text{N}}{(1 \times 10^6\,\text{Pa}) - (25 \times 10^3\,\text{N/m}^3)(15\text{m})} = 1.6\text{m}^2$$

所用石料体积为 $V_1 = Al = 1.6\text{m}^2 \times 15\text{m} = 24\text{m}^3$。

(2) 采用三段等长度的阶梯石柱。

结构如图 2-28(b)所示,按从上到下顺序,设各段横截面面积和长度分别为 $A_1$、$l_1$,$A_2$、$l_2$ 和 $A_3$、$l_3$。显然,各阶梯段下端截面轴力最大,分别为

$$F_{N1} = F + \gamma A_1 l_1, \quad F_{N2} = F + \gamma A_1 l_1 + \gamma A_2 l_2, \quad F_{N3} = F + \gamma A_1 l_1 + \gamma A_2 l_2 + \gamma A_3 l_3$$

石柱的各段均应满足强度条件,于是得

$$A_1 = \frac{F}{[\sigma] - \gamma l_1} = \frac{1000 \times 10^3\,\text{N}}{(1 \times 10^6\,\text{Pa}) - (25 \times 10^3\,\text{N/m}^3)(5\text{m})} = 1.14\text{m}^2$$

$$A_2 = \frac{F + \gamma A_1 l_1}{[\sigma] - \gamma l_2} = \frac{(1000 \times 10^3\,\text{N}) + (25 \times 10^3\,\text{N/m}^3)(1.14\text{m}^2)(5\text{m})}{(1 \times 10^6\,\text{Pa}) - (25 \times 10^3\,\text{N/m}^3)(5\text{m})} = 1.31\text{m}^2$$

$$A_3 = \frac{F + \gamma A_1 l_1 + \gamma A_2 l_2}{[\sigma] - \gamma l_3}$$

$$= \frac{(1000 \times 10^3\,\text{N}) + (25 \times 10^3\,\text{N/m}^3)(1.14\text{m}^2)(5\text{m}) + (25 \times 10^3\,\text{N/m}^3)(1.31\text{m}^2)(5\text{m})}{(1 \times 10^6\,\text{Pa}) - (25 \times 10^3\,\text{N/m}^3)(5\text{m})}$$

$$= 1.49\text{m}^2$$

所用总石料为 $V_2 = (A_1 + A_2 + A_3)l_1 = (1.14\text{m}^2 + 1.31\text{m}^2 + 1.49\text{m}^2) \times 5\text{m} = 19.7\text{m}^3$。

(3) 采用等强度石柱。

所谓等强度石柱,即要求每一个横截面上的应力都等于许用应力 $[\sigma]$。取 $x$ 坐标如图 2-28(c)所示,则根据等强度要求,有

$$\sigma(x) = \frac{F_N(x)}{A(x)} = [\sigma]$$

由于不同截面上轴力不同,因而横截面面积必须随 $x$ 坐标变化才能满足上式。为确定横截面面积随 $x$ 坐标的变化规律,在石柱中 $x$ 处取 $dx$ 微段,设微段上截面的面积为 $A(x)$,则下截面的面积为 $A(x) + dA(x)$,微段石柱的受力情况如图 2-28(d)所示。考虑微段的静力平衡,有

$$[A(x) + dA(x)] \cdot [\sigma] = A(x)[\sigma] + \gamma A(x)dx$$

$$dA(x)[\sigma] = \gamma A(x)dx$$

$$\frac{dA(x)}{A(x)} = \frac{\gamma}{[\sigma]}dx$$

设桥墩顶端截面($x = 0$)的面积为 $A_0$,对上式积分,得 $x$ 截面的面积为

$$A(x) = A_0 \exp\left(\frac{\gamma}{[\sigma]}x\right)$$

由于

$$A_0 = \frac{F}{[\sigma]} = \frac{1000 \times 10^3 \,\mathrm{N}}{1 \times 10^6 \,\mathrm{Pa}} = 1\mathrm{m}^2$$

石柱下端截面积为

$$A(l) = A_0 \exp\left(\frac{\gamma l}{[\sigma]}\right) = 1\mathrm{m}^2 \times \exp\left[\frac{(25 \times 10^3 \,\mathrm{N/m}^3)(15\mathrm{m})}{1 \times 10^6 \,\mathrm{Pa}}\right] = 1.45\mathrm{m}^2$$

石柱的体积可由积分求得。也可用下面的简便方法求解:石柱下端截面的轴力 $F_N(l) = F + G$,式中 $G$ 为石柱的自重,$G = \gamma V_3$。由石柱的下端截面强度条件得

$$\sigma = \frac{F + G}{A(l)} = [\sigma]$$

$$G = [\sigma]A(l) - F$$

所以石柱体积为

$$V_3 = \frac{G}{\gamma} = \frac{[\sigma]A(l) - F}{\gamma} = \frac{(1 \times 10^6 \,\mathrm{Pa})(1.45\mathrm{m}^2) - (1000 \times 10^3 \,\mathrm{N})}{25 \times 10^3 \,\mathrm{N/m}^3} = 18\mathrm{m}^3$$

三种情况下所需石料的体积比值为 24:19.7:18,或 1.33:1.09:1。

**讨论**:①计算结果表明,采用等强度石柱时最节省材料,这是因为这种设计使得各截面的正应力均达到许用应力,使材料得到充分利用。②实际工程中,材料成本是一方面,除此以外还应考虑技术难度和施工成本等因素。

## *2.5  应力集中的概念

轴向拉压杆件,在截面形状和尺寸发生突变处,例如油槽、轴肩、螺栓孔等处,会引起局部应力骤然增大的现象,称为**应力集中**。应力集中的程度用最大局部应力 $\sigma_{\max}$ 与该截面上的**名义应力** $\sigma_{\mathrm{nom}}$(不考虑应力集中计算得到的截面上的平均应力)的比值表示:

$$K = \frac{\sigma_{\max}}{\sigma_{\mathrm{nom}}} \tag{2-16}$$

比值 $K$ 称为**应力集中因数**。

图 2-29(a)所示的受拉薄板,由于存在直径为 $d$ 的圆孔,板横截面 $A$-$A$ 上的应力不再是均匀分布,且在孔边缘处的应力最大(图 2-29(b))。设板的厚度为 $t$,孔边缘到板边的最小距离为 $c/2$,则 $A$-$A$ 截面上的名义应力为

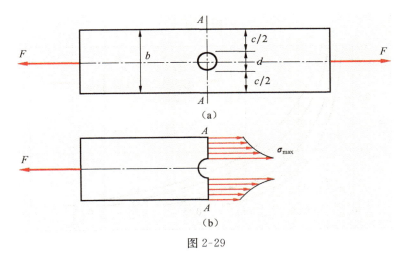

图 2-29

$$\sigma_{nom} = \frac{F}{ct}$$

如果知道应力集中因数 $K$，则可由式（2-16）计算孔边的最大应力。应力集中因数一般由理论分析、实验或数值计算方法得到。对于工程中常见的应力集中结构，设计手册已给出其应力集中因数。图 2-30、图 2-31 和图 2-32 分别给出了带圆孔薄板、带圆角薄板和轴肩处的应力集中因数。

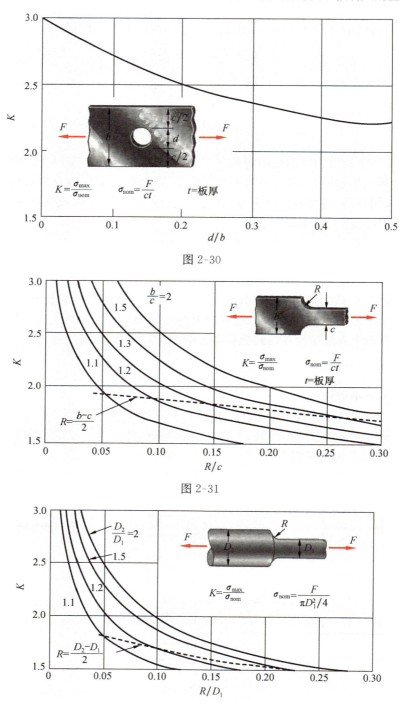

图 2-30

图 2-31

图 2-32

从图 2-30 看出,当板宽为无限大时,$d/b$ 趋近于零,这时的应力集中系数为 3,该值是弹性理论的精确解。图 2-31 和图 2-32 表明,当倒角半径 $R$ 为零,即不倒角情况,应力集中系数 $K$ 趋近于无穷大;尺寸差别越大,即 $b/c$ 和 $D_2/D_1$ 越大,应力集中系数越大。因此,在设计构件时,应尽量避免尺寸突变;如果避免不了,必须采用倒角降低应力集中因数。

对不同的材料和载荷,应力集中对构件强度的影响也不同。一般来说,静载荷作用下,应力集中对脆性材料构件影响较大,而对塑性材料构件的影响较小;在动载荷作用下,无论是塑性材料构件或脆性材料构件,应力集中的影响都不可忽视。

**思 考 题**

2-1 在推导拉压杆正应力公式 $\sigma = F_N/A$ 时,首先研究了杆的变形,目的是_____。

A. 为了计算变形的大小;  B. 为了检查杆件变形是否超出弹性变形范围;

C. 为了确定变形和外力的关系;  D. 为了得到 $\sigma$ 在杆件横截面上的分布规律。

2-2 若轴向拉伸等直杆选用同种材料,三种不同的截面形状:圆形、正方形、空心圆,比较三种情况的材料用量,则_____。

A. 正方形截面最省料;  B. 圆形截面最省料;  C. 空心圆截面最省料;  D. 三者用料相同。

2-3 思考题 2-3 图所示等厚矩形板一端固定一端施加均布拉力 $q$,加力前在板上画斜直线 $AB$,加力后变为 $A'B'$,则根据拉压杆的平面假设,以下说法正确的是:

A. $A'B'$ 仍为直线,$\alpha'=\alpha$;  B. $A'B'$ 仍为直线,$\alpha'<\alpha$;

C. $A'B'$ 仍为直线,$\alpha'>\alpha$;  D. $A'B'$ 不再是直线。

思考题 2-3 图

2-4 关于弹性模量 $E$,正确的论述是_____。

A. 根据胡克定律,$E=\sigma/\varepsilon$,所以当 $\varepsilon$ 一定时,材料的弹性模量随应力增大而增大;

B. 材料的弹性模量与试样的尺寸有关;

C. 低碳钢单向拉伸试验测得的弹性模量与压缩时不同;

D. 应力应变曲线开始直线段的斜率越大,弹性模量也越大。

2-5 关于铸铁力学性能有以下两个结论:①抗剪能力比抗拉能力差;②压缩强度比拉伸强度高。其中,_____。

A. ①正确、②不正确;  B. ①不正确、②正确;  C. ①、②都正确;  D. ①、②都不正确。

2-6 关于低碳钢力学性能有以下两个结论:①抗剪能力比抗拉能力差;②压缩强度比拉伸强度高。其中,_____。

A. ①正确、②不正确;  B. ①不正确、②正确;  C. ①、②都正确;  D. ①、②都不正确。

2-7 用三种不同材料制成尺寸相同的试件,在相同的试验条件下进行拉伸试验直到断裂,得到的应力-应变曲线如思考题 2-7 图所示。比较三条曲线,可知拉伸强度最高、弹性模量最大、塑性最好的材料分别是_____。

A. $a$、$b$、$c$;  B. $b$、$c$、$a$;  C. $b$、$a$、$c$;  D. $c$、$b$、$a$。

2-8 思考题 2-8 图所示为某材料单向拉伸时的应力应变关系曲线。已知曲线上一点 $A$ 的应力为 $\sigma_A$,应变为 $\varepsilon_A$,材料的弹性模量为 $E$,则当加载到 $A$ 点时的塑性应变为_____。

A. $\varepsilon_p = 0$; 　　　　 B. $\varepsilon_p = \varepsilon_A$; 　　　　 C. $\varepsilon_p = \sigma_A/E$; 　　　　 D. $\varepsilon_p = \varepsilon_A - \sigma_A/E$。

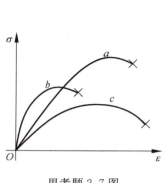

思考题 2-7 图　　　　　　　　　　　思考题 2-8 图

2-9　等直钢杆,$l = 300\text{mm}$,$E = 200\text{GPa}$,在轴向拉力的作用下,拉应力 $\sigma = 250\text{MPa}$,伸长量 $\Delta l = 6\text{mm}$,并发生塑性变形。将外力撤除后,杆的长度为_____。

A. 300mm; 　　　　 B. 300.375mm; 　　　　 C. 306mm; 　　　　 D. 305.625mm。

2-10　开有小圆孔的矩形截面拉杆如思考题 2-10 图所示。通过圆孔中心的 $m\text{-}m$ 横截面上的正应力分布应为图_____所示。

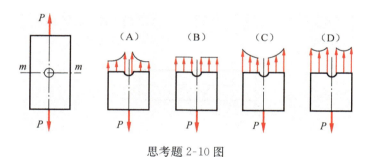

思考题 2-10 图

# 习　题

2.1-1　试作习题 2.1-1 图所示各杆的轴力图。

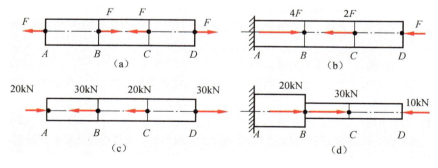

习题 2.1-1 图

2.1-2　图示等截面混凝土的吊柱和立柱,已知横截面面积 $A$ 和长度 $a$,材料单位体积重力为 $\rho g$,受力如习题 2.1-2 图所示,其中 $F = 10\rho g A a$。试按两种情况作轴力图,并求各段横截面上的应力:(1) 不考虑柱的自重;(2)考虑柱的自重。

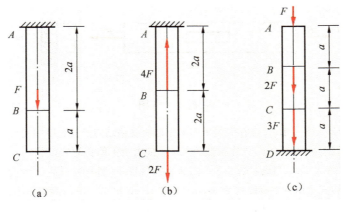

习题 2.1-2 图

2.2-1　习题 2.2-1 图所示为采用脚踏板推动气缸活塞动作的装置。已知脚踏板作用力 $P=45\text{N}$，作用线与气缸连杆平行，各部分尺寸标于图中。试计算活塞连杆中的压应力 $\sigma_c$。

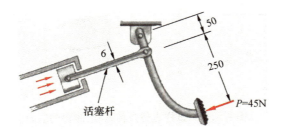

习题 2.2-1 图

2.2-2　习题 2.2-2 图所示直径 $d=18\text{mm}$ 的钢杆承受 $P=20\text{kN}$ 的拉力作用，试计算：(1) 杆中最大正应力；(2) 杆中最大切应力；(3) 绘出与杆轴线成 45° 角的应力单元体，并标出单元体各面上的应力大小。

2.2-3　习题 2.2-3 图所示为放置于测试设备上测试的直径 $d=25\text{mm}$ 的塑料杆，各部分尺寸标于图中。现在施加力 $P=110\text{N}$，试绘出塑料杆上方位角 $\theta$ 分别为 0°、22.5° 和 45° 单元体示意图，并标出单元体各面上的正应力和切应力。

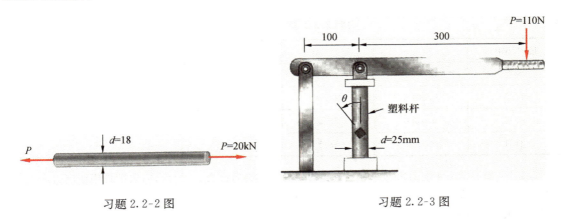

习题 2.2-2 图　　　　　　　　　习题 2.2-3 图

2.2-4　习题 2.2-4 图所示中段开槽的等厚度板，两端承受轴向拉力 $F$ 作用。已知 $F=14\text{kN}$，$b=20\text{mm}$，$b_0=6\text{mm}$，$t=10\text{mm}$。试计算板中最大应力 $\sigma_{\max}$。（不考虑应力集中）

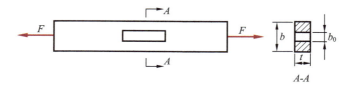

习题 2.2-4 图

2.2-5 如习题 2.2-5 图所示，设浇在混凝土内的钢筋所受粘结力沿其长度均匀分布，在杆端作用力 $F=20\text{kN}$，钢筋的横截面面积 $A=200\text{mm}^2$，试作横截面上的正应力沿钢筋长的分布图。

2.3-1 将三种材料 $A$、$B$、$C$ 制成习题 2.3-1 图所示圆柱形单向拉伸试样，试样直径均为 12mm，测量标距均为 50mm。拉断后，三个试样的标距变为 54.5mm、63.2mm 和 69.4mm；断口最小直径分别为 11.46mm、9.48mm 和 6.06mm。试确定三个试样的伸长率和断面收缩率，并根据计算结果判断三种材料是塑性材料还是脆性材料。

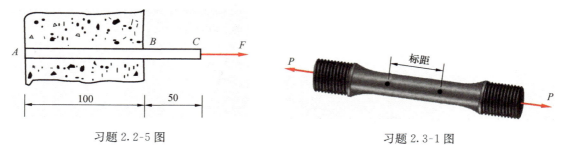

习题 2.2-5 图　　　　　　　　　　习题 2.3-1 图

2.3-2 室温下对习题 2.3-2 图所示塑料试样进行拉伸试验，测得的应力应变数据如习题 2.3-2 表所示。试确定材料的比例极限、弹性模量和 $\sigma_{0.2}$，并判断是脆性材料或塑性材料。

习题 2.3-2 图

**习题 2.3-2 表　应力应变数据**

| 应力/MPa | 应变 | 应力/MPa | 应变 | 应力/MPa | 应变 |
| --- | --- | --- | --- | --- | --- |
| 8.0 | 0.0032 | 39.8 | 0.0163 | 62.0 | 0.0429 |
| 17.5 | 0.0073 | 44.0 | 0.0184 | 62.1 | 断裂 |
| 25.6 | 0.0111 | 53.9 | 0.0260 | | |
| 31.1 | 0.0129 | 58.1 | 0.0331 | | |

2.4-1 如习题 2.4-1 图所示一竖直放置的铝管承受轴向压力 $P=240\text{kN}$，管的许用压应力为 $[\sigma_c]=80\text{MPa}$。为防止失稳，铝管外径 $d$ 与管壁厚 $t$ 的比值不得超过 12，而且设计要求尽可能降低管的总重。试确定管的最大许可外径 $d_{max}$。

2.4-2 如习题 2.4-2 图所示两根塑料杆在 $p\text{-}q$ 截面处用胶水粘结在一起。已知 $p\text{-}q$ 方位角 $\theta$ 为 $25°\sim45°$，粘结面的拉伸许用应力和剪切许用应力分别为 $[\sigma_t]=15\text{MPa}$ 和 $[\tau]=9\text{MPa}$。假设粘结面的强度最弱，

（1）试确定使得杆件承载能力最大的角度 $\theta$；（2）设杆横截面面积为 $900\text{mm}^2$，确定最大许用载荷 $P_{\max}$。

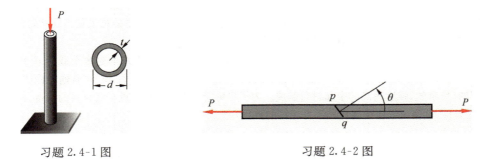

习题 2.4-1 图　　　　　　　　　　习题 2.4-2 图

2.4-3　用钢索起吊一钢管如习题 2.4-3 图所示，已知钢管重 $W=10\text{kN}$，钢索的直径 $d=40\text{mm}$，许用应力 $[\sigma]=10\text{MPa}$，试校核钢索的强度。

2.4-4　正方形截面的阶梯混凝土柱受力如习题 2.4-4 图所示。设混凝土单位体积重力 $\gamma=20\text{kN/m}^3$，载荷 $F=100\text{kN}$，许用应力 $[\sigma]=2\text{MPa}$。试根据强度选择截面尺寸 $a$ 和 $b$。

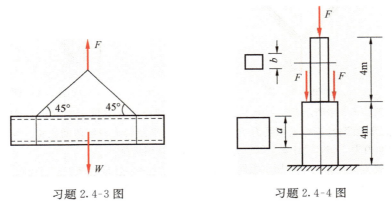

习题 2.4-3 图　　　　　　　习题 2.4-4 图

2.4-5　习题 2.4-5 图所示桁架，$\alpha=30°$，在 $A$ 点受载荷 $F=350\text{kN}$ 作用，杆 $AB$ 由两根槽钢构成，杆 $AC$ 由一根工字钢构成，钢的许用拉应力 $[\sigma_\text{t}]=160\text{MPa}$，许用压应力 $[\sigma_\text{c}]=100\text{MPa}$，试选择两杆型钢号。

2.4-6　习题 2.4-6 图所示滑轮由 $AB$、$AC$ 两圆截面杆支撑，起重绳索的一端绕在卷筒上。已知杆 $AB$ 为 Q235 钢制成，$[\sigma]=160\text{MPa}$，直径 $d_1=20\text{mm}$，杆 $AC$ 为铸铁制成，$[\sigma_\text{c}]=100\text{MPa}$，直径 $d_2=40\text{mm}$。试计算可吊起的最大重力 $F$。

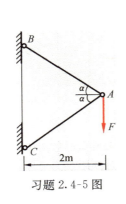
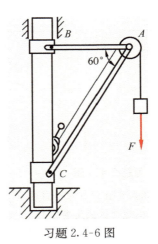

习题 2.4-5 图　　　　　　习题 2.4-6 图

2.4-7　习题 2.4-7 图所示结构由两个完全相同的杆 $AC$、$BC$ 组成,在 $C$ 点承受载荷 $P$。$A$、$B$、$C$ 均为铰接。设 $A$、$B$ 两个支座位置固定,间距为 $L$。当角度 $\theta$ 变小时,杆变短,但横截面面积变大,因为杆的轴力变大;当角度 $\theta$ 变大时,杆变长,但横截面面积变小,因为杆的轴力变小。可见,杆的总重是角度 $\theta$ 的函数。设杆的许用拉应力为 $[\sigma_t]$,试确定使得结构重力最小的角度 $\theta$。

2.4-8　如习题 2.4-8 图所示杆 $AB$ 和 $BC$ 长度相同,两杆在 $B$ 点铰接并承受水平载荷 $P$ 和竖直载荷 $2P$。支座 $A$、$C$ 之间距离固定,为 $H$。但是角度 $\theta$ 可通过调整杆的长度改变。杆 $BC$ 由普通结构钢制成,但杆 $AB$ 由稀有的、贵重的、强度极高的金属材料制成。为了尽可能减少杆 $AB$ 贵重金属材料的用量,同时满足杆的拉伸强度条件,试确定最佳角度 $\theta$。(不考虑杆的自重)

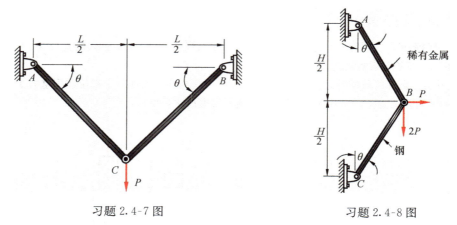

习题 2.4-7 图　　　　　　　　习题 2.4-8 图

2.4-9　如习题 2.4-9 图所示总长 $L_0 = 1.25\text{m}$ 的柔性弦线拴在 $A$、$B$ 两个支座上,$A$、$B$ 高度不同,$A$ 比 $B$ 高。弦线上放置无摩擦滚轮,滚轮上承受力 $P$。图中 $C$ 点为平衡后滚轮停留的位置。设 $A$、$B$ 间水平距离 $L = 1.0\text{m}$,弦线拉断力为 200N,设计安全因数为 3.0,试确定许用载荷 $P$。

2.5-1　如习题 2.5-1 图(a)、(b)所示板件承受拉力 $P = 2.5\text{kN}$,杆件厚度 $t = 5.0\text{mm}$。(1) 设图(a)中板宽度 $b = 60\text{mm}$,试计算圆孔直径 $d$ 分别为 12mm 和 20mm 时板中的最大应力;(2) 设图(b)中阶梯板的宽 $b = 60\text{mm}$,$c = 40\text{mm}$,试计算倒角半径 $R$ 分别为 6mm 和 10mm 时板中的最大应力。

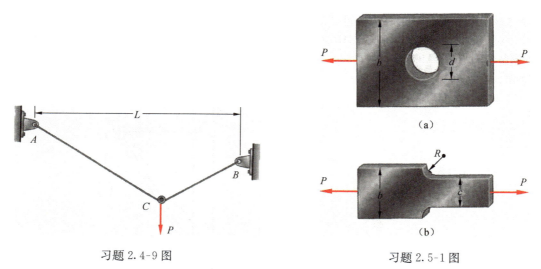

(a)

(b)

习题 2.4-9 图　　　　　　　　习题 2.5-1 图

2.5-2　如习题 2.5-2 图所示为一直径 $d_0 = 20\text{mm}$ 的等截面圆杆和阶梯形圆杆。阶梯形圆杆的直径 $d_1 = 20\text{mm}$,$d_2 = 25\text{mm}$,过渡区倒角半径为 2.0mm。设两杆材料相同,许用拉应力均为 $[\sigma_t] = 80\text{MPa}$。(1) 试计算两杆的最大许用载荷 $P_1$ 和 $P_2$,并通过比较评价两杆的强度;(2) 如果要使得两杆具有相同的承载能力,

等截面杆的直径 $d_0$ 应该取多少?

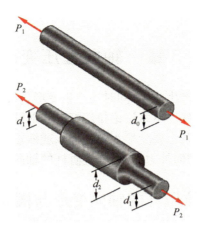

习题 2.5-2 图

# 计算机作业一

下面题目请采用数值方法并利用计算机完成,可用 MATLAB、FORTRAN 或 C 等语言编程计算。完成计算后,请撰写并提交分析报告。报告内容应包括对问题的分析过程、计算方法和过程、计算结果和讨论分析、结论和体会等;如有参考文献,请列出参考文献的详细信息。请尽可能使用图表表示结果。

图示桁架,在节点 B 承受载荷 $F=50kN$ 作用。两杆均用铝合金制成,材料密度 $\rho=2.85\times10^3\,kg/m^3$,许用拉应力 $[\sigma_t]=200MPa$,许用压应力 $[\sigma_c]=130MPa$。节点 C 的横坐标的取值范围为 $1m\leqslant x_C\leqslant2.4m$。试编程计算并绘制桁架总重力与 $x_C$ 间的变化关系曲线,并找出使得总重力最小的 C 的横坐标和各杆的横截面面积。

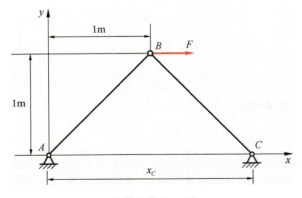

计算机作业一图

# 第 3 章　轴向拉压变形

在载荷作用下,拉压杆内部产生应力,同时还产生变形。第 2 章研究了如何计算拉压杆的应力,并建立了拉压杆的强度条件。本章讨论拉压杆的变形计算,并研究简单静不定问题。

等直杆在轴向外力作用下,其主要变形为轴向伸长或缩短,横向缩短或伸长。若规定伸长变形为正,缩短变形为负,则在轴向外力作用下,等直杆的轴向变形和横向变形总为异号。

## 3.1　拉压杆的轴向变形与横向变形

### 3.1.1　轴向变形

图 3-1 所示等直杆,长为 $l$。在力 $F$ 作用下,长度变为 $l_1$,沿轴向的变形量为 $\Delta l = l_1 - l$,则该杆在轴向的平均正应变为

$$\varepsilon = \frac{\Delta l}{l} \qquad (3\text{-}1)$$

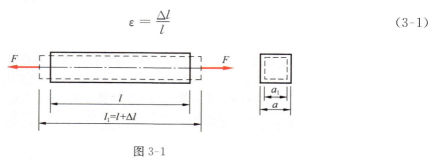

图 3-1

如果杆内的应力不超过材料的比例极限,胡克定律成立,有

$$\varepsilon = \frac{\sigma}{E} = \frac{F_N}{EA} \qquad (3\text{-}2)$$

将其代入式(3-1),得到杆轴向变形量

$$\Delta l = \frac{F_N l}{EA} \qquad (3\text{-}3)$$

式(3-3)为计算等直杆常轴力情况下变形量的基本公式,也称为**拉压杆胡克定律**。式(3-3)中,$EA$ 称为杆件的**拉压刚度**,表征拉压杆材料和横截面面积对变形的影响。拉压刚度越大,同样外力作用下的变形量越小。

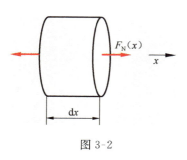

图 3-2

如果轴力 $F_N$ 和横截面面积 $A$ 沿杆的轴线是变化的,可在杆轴线坐标为 $x$ 处截取图 3-2 所示的微段 $dx$,并将该微段看作轴力为 $F_N(x)$ 的等截面直杆,其变形量为 $d(\Delta l) = \dfrac{F_N(x)dx}{EA(x)}$,将其沿杆长度积分即得到整个杆的变形

$$\Delta l = \int_0^l \frac{F_N(x)}{EA(x)} dx \qquad (3\text{-}4)$$

### 3.1.2 横向变形与泊松比

在轴向外力 $F$ 作用下,拉压杆在发生轴向变形的同时,在垂直于杆轴线方向的横向上也发生变形。设图 3-1 中杆的横截面为正方形,变形前边长为 $a$,变形后边长由 $a$ 变为 $a_1$,则横向变形量为 $\Delta a = a_1 - a$,横向正应变为

$$\varepsilon' = \frac{\Delta a}{a}$$

法国科学家泊松(Simon Denis Poisson,1781~1840)发现,在弹性变形范围内,横向应变 $\varepsilon'$ 与轴向应变 $\varepsilon$ 之间存在以下关系:

$$\varepsilon' = -\nu\varepsilon \tag{3-5}$$

式中,$\nu$ 为材料常数,称为**泊松比**;负号表示横向应变与轴向应变方向相反,即当轴向是拉伸变形时,杆的横向尺寸减小;当轴向是压缩变形时,杆的横向尺寸增大。一般材料的泊松比取值范围在 0~0.5 之间。例如,钢的泊松比为 0.24~0.30,有色金属为 0.33。附录 C 中的表 C-1 给出了常用材料的泊松比。

各向同性材料的弹性模量 $E$、剪切弹性模量 $G$ 和泊松比 $\nu$ 之间存在以下关系:

$$G = \frac{E}{2(1+\nu)} \tag{3-6}$$

**例题 3-1** 图 3-3(a)所示等直杆,长为 $l$,横截面面积为 $A$,材料密度为 $\rho$,弹性模量为 $E$。试计算下面三种情况下 $A$ 截面的位移:(1) 不考虑杆的自重,仅在 $A$ 端作用一集中力 $F$;(2) 仅考虑杆的自重(设重力加速度为 $g$);(3) 考虑杆的自重和 $A$ 端作用力 $F$。

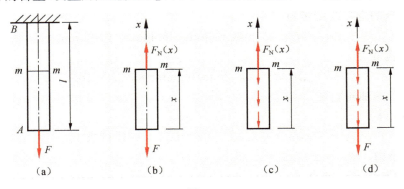

图 3-3

**解题分析**:杆在 $B$ 端固定,因此 $A$ 截面的位移就是杆的伸长量。

**解**:(1) 不考虑杆的自重,仅在 $A$ 端作用一集中力 $F$。

这种情况下,杆的轴力为常量(图 3-3(b)),即 $F_N = F$,代入式(3-3)得杆的伸长量为

$$\Delta l^{(1)} = \frac{F_N l}{EA} = \frac{Fl}{EA}$$

所以 $A$ 截面的位移为 $\dfrac{Fl}{EA}$,竖直向下。

(2) 仅考虑杆的自重。

这时杆的轴力沿轴线变化,在坐标 $x$ 处将杆件截开(图 3-3(c)),列出杆下半部分的平衡方程

$$\sum F_x = 0: \quad F_N(x) - \rho g A x = 0$$

$$F_N(x) = \rho g A x$$

代入式(3-4)积分得 $A$ 截面的位移为

$$\Delta l^{(2)} = \int_0^l \frac{F_N(x)}{EA} dx = \int_0^l \frac{\rho g A x}{EA} dx = \frac{\rho g l^2}{2E} = \frac{(W/2)l}{EA}$$

式中，$W = \rho g A l$ 为杆的自重。

（3）考虑杆的自重和 $A$ 端作用力 $F$ 共同作用（图 3-3(d)）。

这时杆的 $x$ 截面轴力 $F_N(x)$ 为

$$F_N(x) = F + \rho g A x$$

代入式(3-4)积分得 $A$ 截面的位移为

$$\Delta l^{(3)} = \int_0^l \frac{F_N(x)}{EA} dx = \int_0^l \frac{(F + \rho g A x)}{EA} dx = \frac{Fl}{EA} + \frac{\rho g l^2}{2E} = \frac{\left(F + \frac{W}{2}\right)l}{EA}$$

**讨论**：①杆自重引起的变形相当于将一半杆重作用在 $A$ 端产生的变形；②将第一种情况 $A$ 截面的位移 $\Delta l^{(1)}$ 与第二种情况的 $\Delta l^{(2)}$ 相加，正好等于 $\Delta l^{(3)}$。这是线弹性体发生小变形时的普遍规律，即多个载荷作用下的变形等于各个载荷单独作用时变形的叠加。

**例题 3-2**  高强钢制成的起重机圆形截面杆，主要承受轴向压力，其直径 $d = 60\text{mm}$，弹性模量 $E = 200\text{GPa}$，泊松比 $\nu = 0.30$。工作时要求杆的直径不能超过 60.02mm，试问允许的最大轴向压力 $F_{max}$ 是多少？

**解题分析**：本题相当于给出了杆的横向变形量，要确定轴力的大小。首先计算横向应变，再根据横向应变与轴向应变间的关系计算轴向应变，最后根据胡克定律计算轴力。

**解**：（1）计算杆的横向应变。

变形前后杆的直径改变量为

$$\Delta d = d_1 - d = 60.02\text{mm} - 60\text{mm} = 0.02\text{mm}$$

杆的横向应变为

$$\varepsilon' = \Delta d / d = 0.02\text{mm}/60\text{mm} = 3.33 \times 10^{-4}$$

（2）计算杆的轴向应变。

由式(3-6)得

$$\varepsilon = -\varepsilon'/\nu = -3.33 \times 10^{-4}/0.3 = -1.11 \times 10^{-3}$$

（3）计算轴力。

由胡克定律，得杆的轴力

$$F_N = \sigma \cdot A = E\varepsilon \cdot \frac{\pi d^2}{4} = 200 \times 10^3 \text{MPa} \times (-1.11 \times 10^{-3}) \times \frac{\pi(60\text{mm})^2}{4} = -627372\text{N}$$

所以，杆工作时的最大轴向压力不能超过 627.37kN，即 $F_{max} = 627.37\text{kN}$。

**讨论**：在计算杆的轴力时，也可以先由应变算出杆的轴向变形量，然后根据式(3-3)计算轴力。

## 3.2  变形计算的叠加原理

图 3-4(a)所示的杆 $AC$ 同时承受轴向载荷 $F_1$ 与 $F_2$ 的作用，现在计算杆的变形量 $\Delta l_{AC}$。

由于杆的 $AB$ 段和 $BC$ 段轴力不同，因此需要分两段计算。设 $AB$ 与 $BC$ 段的轴力分别为 $F_{N1}$ 与 $F_{N2}$，均为拉力，则由截面法得

$$F_{N1} = -F_2, \quad F_{N2} = F_1 - F_2$$

根据式(3-3)可知，$AB$ 与 $BC$ 段的轴向变形分别为

$$\Delta l_{AB} = \frac{F_{N1} l_1}{EA} = \frac{-F_2 l_1}{EA}, \quad \Delta l_{BC} = \frac{F_{N2} l_2}{EA} = \frac{(F_1 - F_2) l_2}{EA}$$

所以,杆 $AC$ 的总变形为

$$\Delta l_{AC} = \Delta l_{AB} + \Delta l_{BC} = \frac{(F_1 - F_2) l_2}{EA} - \frac{F_2 l_1}{EA} = \frac{F_1 l_2}{EA} - \frac{F_2 (l_1 + l_2)}{EA}$$

考查上式右端第一项,发现其值等于图 3-4(b)中 $F_1$ 单独作用时杆 $AC$ 的变形量 $\Delta l_{AC}^{(F_1)} = \frac{F_1 l_2}{EA}$;第二项等于 $F_2$ 单独作用时杆 $AC$ 的变形量 $\Delta l_{AC}^{(F_2)} = -\frac{F_2 (l_1 + l_2)}{EA}$。

由此可见,几个载荷同时作用所产生的总变形,等于各载荷单独作用产生的变形的代数和。这一规律适用于所有小变形并满足胡克定律的杆件,此原理称为**叠加原理**。

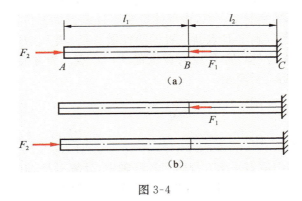

图 3-4

## 3.3　桁架的节点位移

图 3-5(a)所示的桁架结构,杆 $AB$ 和杆 $BC$ 拉压刚度 $EA$ 相同,在节点 $B$ 处承受集中力 $F$,现在讨论如何计算节点 $B$ 的水平位移和铅垂位移。

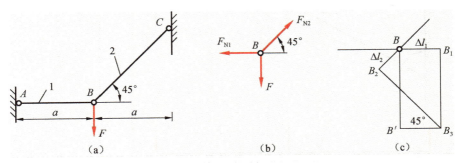

图 3-5

在 $F$ 作用下,各杆均发生轴向变形,同时节点 $B$ 的位置发生改变。计算节点 $B$ 位移的基本步骤如下。

(1)计算各杆的轴力。

设杆 $AB$ 和杆 $BC$ 轴力分别为 $F_{N1}$、$F_{N2}$,且均为拉力,则 $B$ 点的静力平衡方程为

$$\sum F_x = 0: \quad F_{N2}\cos 45° - F_{N1} = 0$$

$$\sum F_y = 0: \quad F_{N2}\sin 45° - F = 0$$

解得
$$F_{N1} = F, \quad F_{N2} = \sqrt{2}F$$

（2）计算各杆变形。

杆 $AB$ 变形： $\Delta l_1 = \dfrac{F_{N1}l_1}{EA} = \dfrac{Fa}{EA}$（伸长）

杆 $BC$ 变形： $\Delta l_2 = \dfrac{F_{N2}l_2}{EA} = \dfrac{(\sqrt{2}F)(\sqrt{2}a)}{EA} = \dfrac{2Fa}{EA}$（伸长）

（3）求节点 $B$ 的位移。

将 $AB$ 延长 $\Delta l_1$ 到 $B_1$ 点（图 3-5(c)），$CB$ 延长 $\Delta l_2$ 到 $B_2$ 点。分别以 $A$、$C$ 为圆心，$AB_1$、$CB_2$ 为半径画圆弧，两圆弧相交于一点，该点就是变形后 $B$ 点的新位置。但在小变形条件下，可以用切线代替圆弧。所以确定 $B$ 点新位置的简便做法是：从 $B_1$、$B_2$ 点分别作 $AB_1$、$CB_2$ 的垂线，两条垂线的交点就是变形后 $B$ 点的新位置，即 $B_3$ 点。为方便计算，另作辅助线 $BB'$。从图 3-5(c)的几何关系容易计算出

$B$ 点水平位移： $\Delta_{Bx} = \overline{BB_1} = \Delta l_1 = \dfrac{Fa}{EA}(\rightarrow)$

$B$ 点铅垂位移： $\Delta_{By} = \overline{BB'} = \dfrac{\Delta l_2}{\sin 45°} + \Delta l_1\tan 45° = \sqrt{2}\left(\dfrac{2Fa}{EA}\right) + \dfrac{Fa}{EA} = (1 + 2\sqrt{2})\dfrac{Fa}{EA}(\downarrow)$

上述步骤可归纳为：由静力平衡方程确定各杆轴力；计算各杆轴向变形；用"切线代圆弧"方法确定节点 $B$ 的新位置，并借助几何辅助线计算节点 $B$ 的水平及铅垂位移。

**例题 3-3** 图 3-6(a)所示托架，由横梁 $AB$ 与斜撑杆 $CD$ 所组成，并承受集中载荷 $F_1$ 与 $F_2$ 的作用。试求梁端 $A$ 点的铅垂位移 $\Delta_{Ay}$。已知：$F_1 = 5\text{kN}$，$F_2 = 10\text{kN}$，$l = 1\text{m}$；斜撑杆 $CD$ 为铝管，弹性模量 $E = 70\text{GPa}$，横截面积 $A = 440\text{mm}^2$。设横梁为刚体。

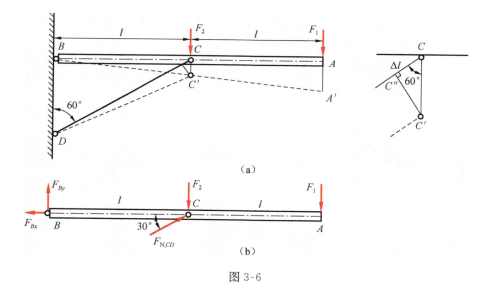

图 3-6

**解题分析：** 在外力作用下，横梁 $AB$ 绕 $B$ 点发生向下的刚体转动，小变形情况下，可以认为 $A$ 点向下竖直移动到 $A'$ 点；同时 $C$ 点移动到 $C'$ 点。$A$ 点的竖直位移与 $C$ 点的竖直位移存

在比例关系,因此,只要求出 $C$ 点的竖直位移即可得到 $A$ 点的铅垂位移 $\Delta_{Ay}$。

**解:**(1)计算杆 $CD$ 的轴向变形。

设杆 $CD$ 所受的压力为 $F_{N,CD}$,则梁 $AB$ 的受力如图 3-6(b)所示。由平衡方程

$$\sum M_B = 0: F_1 \cdot 2l + F_2 l - F_{N,CD} l \sin 30° = 0$$

得

$$F_{N,CD} = \frac{2F_1 + F_2}{\sin 30°} = \frac{2(5 \times 10^3 \text{N}) + 10 \times 10^3 \text{N}}{0.5} = 4 \times 10^4 \text{N}(压缩)$$

由此得杆 $CD$ 的轴向变形为

$$\Delta l = \frac{F_N l}{EA \cos 30°} = \frac{(4 \times 10^4 \text{N})(1.0\text{m})}{(7 \times 10^9 \text{Pa})(440 \times 10^{-6} \text{m}^2) \cos 30°} = 0.0015\text{m}(缩短)$$

(2)计算 $A$ 点的铅垂位移。

首先计算 $C$ 点的竖直位移。为此,从变形后 $C$ 点的位置 $C'$ 点向变形前杆 $CD$ 作垂线,与 $CD$ 交于 $C''$,则 $\overline{CC''} = \Delta l$(图 3-6(a)),由三角形 $\Delta CC'C''$ 得 $\overline{CC'} = \Delta l / \cos 60°$。$A$ 点的铅垂位移为

$$\Delta_{Ay} = \overline{AA'} = 2\,\overline{CC'} = 2\Delta l / \cos 60° = 2 \times (0.0015\text{m})/0.5 = 0.0060\text{m} = 6.0\text{mm}$$

## 3.4 拉压杆静不定问题

图 3-7 所示两杆桁架结构,两杆的轴力由静力平衡方程完全确定,这类问题称为**静定问题**。而图 3-8 所示的三杆桁架结构,有三个未知轴力,而在节点 $A$ 只能列出两个平衡方程,因此,仅由静力平衡方程不能确定轴力。这类问题称为**静不定问题**或**超静定问题**,这类结构称为**静不定结构**。未知轴力超过平衡方程数的个数,称为**静不定次(度)数**。图 3-8(a)中的桁架为一次静不定问题。

为求解静不定问题,需要根据各杆变形间的协调关系补充方程;几次的静不定问题,就需要补充几个变形协调方程。下面以图 3-8(a)所示的一次静不定桁架为例,讨论静不定问题的解法。

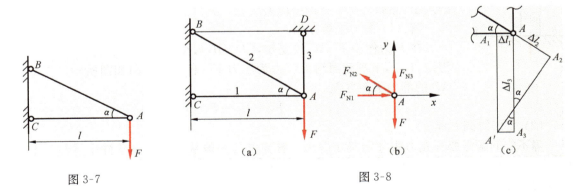

图 3-7          (a)          (b)          (c)          图 3-8

1)静力平衡方程

设杆 1、杆 2 和杆 3 的拉压刚度分别为 $E_1A_1$、$E_2A_2$ 和 $E_3A_3$,杆 1 长为 $l$,与杆 2 夹角为 $\alpha$。在 $F$ 力作用下各杆的真实变形并不清楚,因此先假设杆 2 和杆 3 伸长,杆 1 缩短,则杆 2 和杆 3 的轴力为拉力,杆 1 的轴力为压力。节点 $A$ 的受力情况如图 3-8(b)所示,其平衡方程为

$$\sum F_x = 0: \quad F_{N1} = F_{N2} \cos\alpha \tag{3-7a}$$

$$\sum F_y = 0: \quad F_{N2}\sin\alpha + F_{N3} = F \tag{3-7b}$$

2）补充方程——变形协调方程

对于本问题来说，变形协调关系要求变形后三根杆仍交汇于一点 $A'$。基于对各杆变形的假设，画出三杆的变形几何关系图，如图 3-8(c)所示。变形图的画法类似计算桁架节点位移时采用的方法，只不过现在各杆的变形量是未知的。根据变形图，可找到如下几何关系

$$\frac{\Delta l_1}{\tan\alpha} + \frac{\Delta l_2}{\sin\alpha} = \Delta l_3 \tag{3-7c}$$

上式称为**变形协调方程**，亦即我们要找的补充方程。

3）物性（物理）关系

静力平衡方程和变形协调方程是各自独立的，为了求解需要将两者联系起来。联系的"桥梁"就是物性关系，即力和变形之间的关系

$$\Delta l_1 = \frac{F_{N1}l_1}{E_1 A_1}, \quad \Delta l_2 = \frac{F_{N2}l_2}{E_2 A_2}, \quad \Delta l_3 = \frac{F_{N3}l_3}{E_3 A_3} \tag{3-7d}$$

注意到 $l_1 = l, l_2 = l/\cos\alpha, l_3 = l\tan\alpha$，将式(3-7d)代入式(3-7c)，得到用未知轴力表示的变形协调方程

$$\frac{F_{N1}}{E_1 A_1}\cos^2\alpha + \frac{F_{N2}}{E_2 A_2} = \frac{F_{N3}}{E_3 A_3}\sin^2\alpha \tag{3-7e}$$

4）联立求解

联立式(3-7a)、式(3-7b)、式(3-7e)即可求得各杆轴力。如果所得结果为正，说明杆的变形与一开始时的假设（拉或压）一致；结果为负，说明杆的真实变形与假设相反。

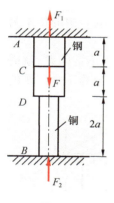

图 3-9

**例题 3-4** 图 3-9 所示结构 $AD$ 段为钢杆，横截面面积 $A_1 = 2 \times 10^4 \text{mm}^2$，弹性模量 $E_1 = 210\text{GPa}$，$DB$ 段为铜杆，横截面面积 $A_2 = 1 \times 10^4 \text{mm}^2$，弹性模量 $E_2 = 100\text{GPa}$，$F = 1000\text{kN}$，试求上、下端反力及各段横截面上的应力。

**解题分析**：本题有两个未知反力，有效平衡方程只有一个，为一次静不定问题。首先应列出静力平衡方程和变形协调方程，以确定各段轴力的大小，然后再计算各段中应力。

**解**：(1) 静力平衡方程。

在 $F$ 力作用下，$AC$ 段受拉，$CD$、$DB$ 段受压，可设上端截面约束反力为拉力 $F_1$，下端截面约束反力为压力 $F_2$，它们的方向如图所示。于是杆 $AB$ 的静力平衡方程

$$F_1 + F_2 - F = 0 \tag{3-8a}$$

(2) 变形协调方程。

静不定问题需要补充方程才能确定各力。补充方程一般从变形协调条件中寻找。本题中，由于 $A$、$B$ 两端的约束，$AB$ 段的总变形为零，此即变形协调条件。设 $AC$、$CD$、$DB$ 段变形分别为 $\Delta l_{AC}$，$\Delta l_{CD}$ 和 $\Delta l_{DB}$，则有

$$\Delta l_{AC} - \Delta l_{CD} - \Delta l_{DB} = 0 \tag{3-8b}$$

(3) 利用物性关系，用力表示变形协调方程。

容易确定 $AC$、$CD$、$DB$ 段的轴力分别等于 $F_1$、$F_2$、$F_2$。由胡克定律知

$$\Delta l_{AC} = \frac{F_1 a}{E_1 A_1}, \quad \Delta l_{CD} = \frac{F_2 a}{E_1 A_1}, \quad \Delta l_{DB} = \frac{F_2 2a}{E_2 A_2}$$

代入式(3-8b)，得到

$$\frac{F_1 \cdot a}{E_1 A_1} - \frac{F_2 \cdot a}{E_1 A_1} - \frac{F_2 \cdot 2a}{E_2 A_2} = 0 \qquad (3\text{-}8c)$$

将已知数值代入得

$$\frac{F_1 - F_2}{210 \times 10^9 \mathrm{Pa} \times 200 \times 10^{-4} \mathrm{m^2}} - \frac{2F_2}{100 \times 10^9 \mathrm{Pa} \times 100 \times 10^{-4} \mathrm{m^2}} = 0$$

整理得

$$F_1 = 9.4F_2 \qquad (3\text{-}8d)$$

（4）联立求解：联立式(3-8a)、式(3-8d)，解得

上端反力：$F_1 = 904\mathrm{kN}$(拉)；　下端反力：$F_2 = 96\mathrm{kN}$(压)

（5）计算各段杆中的应力：

$$\sigma_{AC} = \frac{F_1}{A_1} = \frac{904 \times 10^3 \mathrm{N}}{200 \times 10^{-4} \mathrm{m^2}} = 45.2 \times 10^6 \mathrm{Pa} = 45.2\mathrm{MPa}(拉)$$

$$\sigma_{CD} = \frac{F_2}{A_1} = \frac{96 \times 10^3 \mathrm{N}}{200 \times 10^{-4} \mathrm{m^2}} = 4.8 \times 10^6 \mathrm{Pa} = 4.8\mathrm{MPa}(压)$$

$$\sigma_{DB} = \frac{F_2}{A_2} = \frac{96 \times 10^3 \mathrm{N}}{100 \times 10^{-4} \mathrm{m^2}} = 9.6 \times 10^6 \mathrm{Pa} = 9.6\mathrm{MPa}(压)$$

**讨论**：如果开始时假设 $AC$、$CD$、$DB$ 段轴力均为拉力，则式(3-8a)变为 $F_1 - F_2 - F = 0$，式(3-8b)变为 $\Delta l_{AC} + \Delta l_{CD} + \Delta l_{DB} = 0$，求解后 $F_1 = 904\mathrm{kN}$，$F_2 = -96\mathrm{kN}$，与前面结果一致。所以，在列变形协调方程时，要注意变形与引起变形的力的性质一致，否则容易出错。

**例题 3-5**　图 3-10 所示支架承受载荷 $F = 10\mathrm{kN}$。杆 1～3 由同一种材料制成，其横截面面积分别为 $A_1 = 100\mathrm{mm^2}$，$A_2 = 150\mathrm{mm^2}$ 和 $A_3 = 200\mathrm{mm^2}$。试求各杆的轴力。

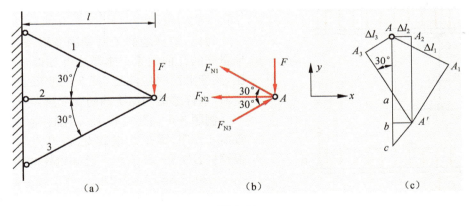

图 3-10

**解题分析**：本题未知力为三根杆的轴力，而有效平衡方程只有两个，为一次静不定问题，需要补充一个变形协调方程，才能确定各杆轴力。

**解**：（1）列静力平衡方程。

设杆 1、2 受拉，杆 3 受压，它们的轴力分别为 $F_{N1}$、$F_{N2}$ 和 $F_{N3}$，研究 $A$ 点平衡，得

$$\sum F_x = 0: \quad F_{N1}\cos 30° + F_{N2} = F_{N3}\cos 30° \quad 或 \quad \sqrt{3}F_{N1} + 2F_{N2} = \sqrt{3}F_{N3} \qquad (3\text{-}9a)$$

$$\sum F_y = 0: \quad F_{N1}\sin 30° + F_{N3}\sin 30° = F \quad 或 \quad F_{N1} + F_{N3} = 2F \qquad (3\text{-}9b)$$

（2）列变形协调方程。

为找到各杆变形之间的几何关系，关键是画出变形图。画法如下：首先根据直观判断画出

变形后 $A$ 点的位置 $A'$；画杆 1、2 的延长线（因为杆 1、2 受拉伸长）；从 $A'$ 点分别向杆 1、2 延长线和杆 3 作垂线，分别交于点 $A_1$、$A_2$ 和 $A_3$；则 $\overline{AA_1}=\Delta l_1$，$\overline{AA_2}=\Delta l_2$，$\overline{AA_3}=\Delta l_3$。另作辅助线 $abc$，则有 $\overline{ab}=\overline{Ac}-\overline{Aa}-\overline{bc}$，即

$$\frac{\Delta l_2}{\tan 30°}=\frac{\Delta l_1}{\sin 30°}-\frac{\Delta l_3}{\sin 30°}-\frac{\Delta l_2}{\tan 30°} \quad 或 \quad \sqrt{3}\Delta l_2=\Delta l_1-\Delta l_3 \qquad (3\text{-}9c)$$

（3）利用物性关系，用力表示变形协调方程：

$$\Delta l_1=\frac{F_{N1}\dfrac{2}{\sqrt{3}}l}{EA_1}, \quad \Delta l_2=\frac{F_{N2}\cdot l}{EA_2}, \quad \Delta l_3=\frac{F_{N3}\dfrac{2}{\sqrt{3}}l}{EA_3} \qquad (3\text{-}9d)$$

将式(3-9d)代入式(3-9c)得

$$\frac{\sqrt{3}F_{N2}}{A_2}=\frac{2F_{N1}}{\sqrt{3}A_1}-\frac{2F_{N3}}{\sqrt{3}A_3}$$

将各杆横截面面积值代入整理，得

$$2F_{N2}=2F_{N1}-F_{N3} \qquad (3\text{-}9e)$$

（4）联立求解：联立式(3-9a)、式(3-9b)、式(3-9e)解得

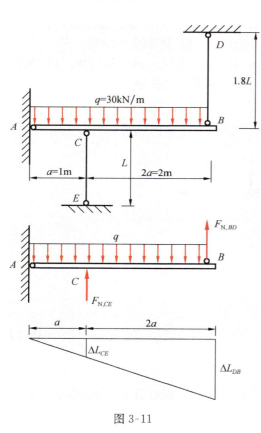

$$F_{N1}=\frac{2(1+\sqrt{3})}{3+2\sqrt{3}}F=0.845F=8.45\text{kN}(拉)$$

$$F_{N2}=\frac{\sqrt{3}}{3+2\sqrt{3}}F=0.268F=2.68\text{kN}(拉)$$

$$F_{N3}=\frac{2(2+\sqrt{3})}{3+2\sqrt{3}}F=1.153F=11.53\text{kN}(压)$$

**讨论**：解该题的关键是画变形图，找到各变形量间的几何关系。本题中开始时假设杆 3 受压，画变形图时应注意，杆 3 的变形必须是压缩变形，这样才能列出正确的变形协调方程。

**例题 3-6** 图 3-11 所示刚性梁 $AB$ 受均布载荷 $q$ 作用，梁在 $A$ 端铰支，在 $B$ 点和 $C$ 点由两根钢杆 $BD$ 和 $CE$ 支承。已知钢杆的横截面面积 $A_{DB}=200\text{mm}^2$，$A_{CE}=2A_{DB}=400\text{mm}^2$，其许用应力 $[\sigma]=170\text{MPa}$，$q=30\text{kN/m}$，$a=1\text{m}$，试校核钢杆的强度。

**解题分析**：该题未知力为：$A$ 点的两个约束反力，两杆的轴力，共四个，而有效平衡方程只有三个，所以为一次静不定问题。需要补充一个变形协调方程，才能确定各杆轴力。

**解**：（1）静力平衡方程。取 $AB$ 梁为研究对象。设杆 $CE$ 受压、杆 $DB$ 受拉，其轴力分别为 $F_{N,CE}$、$F_{N,BD}$。以 $A$ 点为中心取矩，则 $A$ 处的两个未知力 $F_{Ax}$ 和 $F_{Ay}$ 不出现在平衡方程中，可以简化计算。

$$\sum M_A=0: \quad F_{N,CE}\cdot a+F_{N,BD}\cdot 3a=q\cdot 3a\cdot 3a/2$$

图 3-11

$$F_{N,CE} + 3F_{N,BD} = 9qa/2 \tag{3-10a}$$

（2）变形协调方程。根据变形图有

$$\Delta L_{DB} = 3\Delta L_{CE} \tag{3-10b}$$

（3）用力表示变形协调方程：利用杆变形与轴力间的物性关系，式（3-10b）可写为

$$\frac{F_{N,BD} \cdot 1.8L}{EA_{DB}} = 3\frac{F_{N,CE}(L)}{EA_{CE}} \quad \text{或} \quad F_{N,BD} = \frac{5}{6}F_{N,CE} \tag{3-10c}$$

（4）联立式（3-10a）、式（3-10c）解得

$$F_{N,BD} = 32.2\text{kN}（拉），\quad F_{N,CE} = 38.4\text{kN}（压）$$

（5）校核杆强度

$$\sigma_{DB} = \frac{F_{N,BD}}{A_{DB}} = \frac{32.2 \times 10^3\text{N}}{200\text{mm}^2} = 161\text{MPa} < [\sigma]$$

$$\sigma_{CE} = \frac{F_{N,CE}}{A_{CE}} = \frac{38.4 \times 10^3\text{N}}{400\text{mm}^2} = 96\text{MPa} < [\sigma]$$

杆 $CE$、$DB$ 均满足强度要求。

**例题 3-7** 图 3-12（a）所示为高度为 $l$ 的圆柱体，中间为实心钢圆柱体，外圈为铜套筒，两者紧密配合在一起。将柱体放置在刚性基础上，在刚性端板施加压力 $F$。设钢柱和铜套筒的横截面面积分别为 $A_s$ 和 $A_c$（图 3-12（b）），钢和铜的弹性模量分别为 $E_s$ 和 $E_c$，试计算：（1）钢柱和铜套筒中的应力；（2）组合圆柱体的变形。

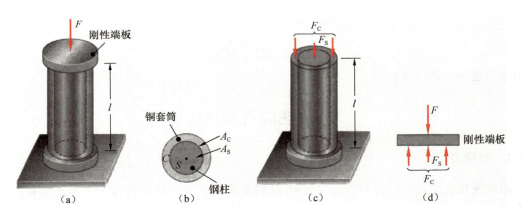

图 3-12

**解题分析**：要计算钢柱和铜套筒中的应力，需要知道它们各自承担的轴力大小。但由于受力圆对称，故为一共线力系只能列出一个力平衡方程，因此，是一次静不定问题。当施加压力 $F$ 时，钢柱和铜套筒一起变形，它们的横截面同步向下发生变形。

**解**：（1）静力平衡方程。设钢柱和铜套筒承担的轴力分别为 $F_s$ 和 $F_c$，如图 3-12（c）所示。刚性端板的受力如图 3-12（d）所示，则其静力平衡方程为

$$F_s + F_c = F \tag{3-11a}$$

（2）变形协调方程。设 $F$ 作用下，钢柱和铜套筒的轴向变形分别为 $\delta_s$ 和 $\delta_c$，钢柱和铜套筒同步向下变形，所以有

$$\delta_s = \delta_c \tag{3-11b}$$

（3）物性关系。在钢柱和铜套筒都满足胡克定律情况下，它们的变形与力之间关系为

$$\delta_s = \frac{F_s l}{E_s A_s}, \quad \delta_c = \frac{F_c l}{E_c A_c} \tag{3-11c}$$

（4）联立求解 $F_s$、$F_c$，计算应力。将式（3-11c）代入式（3-11b），得到 $F_s$ 和 $F_c$ 之间的关系，然后与式（3-11a）联立求解，得到

$$F_s = F\left(\frac{E_s A_s}{E_s A_s + E_c A_c}\right), \quad F_c = F\left(\frac{E_c A_c}{E_s A_s + E_c A_c}\right) \tag{3-11d}$$

进而得到钢柱和铜套筒中的应力分别为

$$\sigma_s = \frac{F_s}{A_s} = F\frac{E_s}{E_s A_s + E_c A_c}, \quad \sigma_c = \frac{F_c}{A_c} = F\frac{E_c}{E_s A_s + E_c A_c} \tag{3-11e}$$

（5）计算组合圆柱体的变形。组合圆柱体的轴向变形为

$$\delta = \delta_s = \delta_c = \frac{Fl}{E_s A_s + E_c A_c} \tag{3-11f}$$

**讨论**：①由式（3-11e）得出钢柱和铜套筒中的应力之比 $\sigma_s/\sigma_c = E_s/E_c$，表明多材料组合构件中弹性模量大的部分应力也大。②比较式（3-11f）和式（3-3），发现在计算类似的多材料组合拉压杆的变形量时，只需将式（3-3）中的拉压刚度换成各部分的拉压刚度之和即可。③本题联立求解时把轴力作为未知数，这种方法称为解静不定问题的**力法**。也可以把变形量（$\delta_s$ 和 $\delta_c$）作为未知数求解，这种方法称为**位移法**。具体做法是：将物性关系式（3-11c）改写为

$$P_s = \frac{E_s A_s}{l}\delta_s, \quad P_c = \frac{E_c A_c}{l}\delta_c \tag{3-11g}$$

由变形协调关系式（3-11b），可令 $\delta_s = \delta_c = \delta$，并将式（3-11g）代入力平衡方程（3-11a），求解得到

$$\delta = \frac{Fl}{E_s A_s + E_c A_c} \tag{3-11h}$$

与前面力法的计算结果相同。

# *3.5  热应力与预应力

### 3.5.1  热应力

温度变化会引起构件体积膨胀或收缩，这种膨胀或收缩在构件的各个方向产生相同的正应变，称为**温度应变**。设材料单位温度改变引起的应变为 $\alpha$（称为**热膨胀系数**，单位为 $1/℃$），则温度改变 $\Delta T$ 所产生的温度应变为

$$\varepsilon_T = \alpha \Delta T \tag{3-12}$$

当构件可以自由膨胀或收缩时，例如在静定结构中的杆件，温度变化不会在构件中产生应力。但是，当构件受到约束而不能自由膨胀或收缩时，例如静不定结构中的杆件，温度变化会在构件中产生应力。这种因温度变化而产生的应力称为**热应力**。热应力是工程中经常遇到的问题之一。

秦惠文王时期（公元前354年—前311年），秦将司马错率军征伐巴蜀之国。巴蜀多有山路，羊肠般蜿蜒曲折于崇山峻岭之间。一日，大军行至一峡谷，道路为一巨石阻断。司马错令士卒检柴架火于巨石周围，烧烤数时，再浇淋溪水。轰然间，巨石碎裂，大军得以通行。此乃热应力之妙用也。

由于热应力只出现在静不定结构中，因此其解法与求解一般静不定问题的方法相同。如图 3-13（a）所示两端固定的等直杆，安装后，当温度升高 $\Delta T$ 时，在杆件中即产生了热应力。

设杆件的弹性模量为 $E$、横截面面积为 $A$、热膨胀系数为 $\alpha$,现在计算杆中的轴向应力。

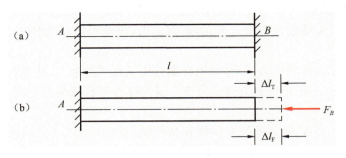

图 3-13

由于杆 $AB$ 两端固定,当温度升高时,不能自由膨胀,必然在 $A$、$B$ 端产生约束反力 $F_A$、$F_B$。静力平衡关系要求 $F_A = F_B$,因此只要求出任何一端的反力,就可以计算应力了。

现在将 $B$ 端约束解除(图 3-13(b)),在温度升高 $\Delta T$ 时,杆 $AB$ 的轴向变形量为 $\Delta l_T$,且

$$\Delta l_T = \varepsilon_T l = \alpha \Delta T l \tag{3-13}$$

考虑到实际上 $B$ 端固定,杆件并没有发生轴向变形,可设想杆件在 $B$ 端反力 $F_B$ 作用下使其产生压缩变形,迫使杆件恢复到原位。这样,$F_B$ 引起的杆件压缩变形 $\Delta l_F = F_B l/(EA)$ 应该和温度产生的伸长 $\Delta l_T$ 相等,即 $\Delta l_F = \Delta l_T$,这就是本问题的变形协调方程。进一步有

$$\frac{F_B l}{EA} = \alpha \Delta T l$$

解得

$$F_B = \alpha \Delta T E A\,(压力)$$

杆中热应力为

$$\sigma = F_B/A = \alpha \Delta T E\,(压应力)$$

上式表明,热应力除了与温度改变量有关外,主要与材料的热膨胀系数和弹性模量有关,而与杆件的长度和横截面面积无关。

图 3-13(a)给出的是固定端的示意图,并没有给出固定端的具体约束形式。实际上存在图 3-14(a)和(b)所示的两种约束形式。

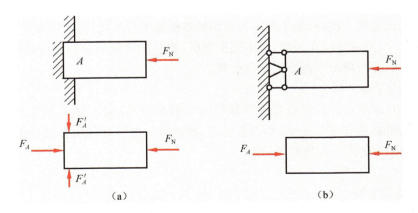

图 3-14

图 3-14(a)所示为插入式固定端,当温度升高时,杆件在所有方向上均匀膨胀,但在这种

约束方式下,杆件 $A$ 端不仅在轴向有约束反力 $F_A$,而且在横截面方向也产生约束反力 $F_A'$。受 $F_A'$ 的影响,$A$ 端实际的应力分布比较复杂,但由于 $F_A$ 和 $F_A'$ 组成的力系静力等效于 $F_A$,根据圣维南原理,在离开 $A$ 端较远的地方 $F_A'$ 的影响消失,仍然可以认为杆中只有轴向应力,且在横截面上均匀分布。

在图 3-14(b) 所示的约束方式下,无论在端部还是在其他地方,杆件在竖直方向可以自由膨胀,不存在图 3-14(a) 中的竖直方向反力 $F_A'$,因此杆件所有横截面上均只有轴向应力,且均匀分布。

**例题 3-8** 图 3-15(a) 所示组装好的螺栓和套筒,套筒长度为 $L$,螺栓和套筒材料不同、横截面积不同、热膨胀系数不同。设螺栓和套筒的弹性模量分别为 $E_B$ 和 $E_S$,横截面积分别为 $A_B$ 和 $A_S$,热膨胀系数分别为 $\alpha_B$ 和 $\alpha_S$,并假设 $\alpha_S > \alpha_B$。当温度升高 $\Delta T$ 时,试计算套筒和螺栓中的应力 $\sigma_B$ 和 $\sigma_S$。

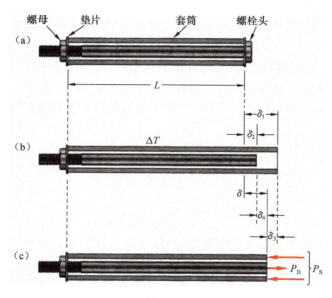

图 3-15

**解题分析**:当温度升高时,由于螺栓和套筒的热膨胀系数不同,它们的温度应变不同,轴向伸长量也不同。但两者连结在一起,必须同步变形,即它们实际的伸长量应该相等,据此可建立变形协调方程,并与静力平衡方程联立求解。

**解**:(1)静力平衡方程。

为分析受力,采用截面法将组合件在螺栓头处截开,并设套筒轴向力为 $P_S$,螺栓轴力为 $P_B$。当温度升高时,由于 $\alpha_S > \alpha_B$,套筒伸长的多,螺栓伸长的少,所以,套筒受压,螺栓受拉(图 3-15(c)),但两个力的大小应该相等,即

$$P_S = P_B \tag{3-14a}$$

(2)变形协调方程。

假想将组合件的右端约束去除,则当温度升高 $\Delta T$ 时,套筒和螺栓的伸长量分别为

$$\delta_1 = \alpha_S \Delta T L, \quad \delta_2 = \alpha_B \Delta T L \tag{3-14b}$$

由于 $\alpha_S > \alpha_B$,所以 $\delta_1 > \delta_2$。

在套筒和螺栓各自轴力作用下,设套筒被压回的变形量为$\delta_3$(图 3-15(b)),则套筒最后的变形量为$(\delta_1-\delta_3)$;设螺栓被拉长的变形量为$\delta_4$,则螺栓最后的变形量为$(\delta_2+\delta_4)$。设组合件最终比原来伸长了$\delta$,则有

$$\delta=(\delta_1-\delta_3)=(\delta_2+\delta_4) \tag{3-14c}$$

(3)物性关系。

轴力作用下,套筒和螺栓的变形量和轴力间的关系为

$$\delta_3=\frac{P_S L}{E_S A_S}, \quad \delta_4=\frac{P_B L}{E_B A_B} \tag{3-14d}$$

(4)联立求解$P_S$、$P_B$,并计算应力。

采用力法,将式(3-14b)和式(3-14d)代入式(3-14c),得到关于$P_S$和$P_B$的补充方程

$$\frac{P_S L}{E_S A_S}+\frac{P_B L}{E_B A_B}=\alpha_S \Delta TL-\alpha_B \Delta TL \tag{3-14e}$$

上式本质上是变形协调方程,只不过不是用位移而是用力表示的。

将式(3-14a)和式(3-14e)联立,求得

$$P_S=P_B=\frac{(\alpha_S-\alpha_B)\Delta T E_S A_S E_B A_B}{E_S A_S+E_B A_B} \tag{3-14f}$$

应力为

$$\sigma_S=\frac{P_S}{A_S}=\frac{(\alpha_S-\alpha_B)\Delta T E_S E_B A_B}{E_S A_S+E_B A_B}\text{(压应力)}, \quad \sigma_B=\frac{P_B}{A_B}=\frac{(\alpha_S-\alpha_B)\Delta T E_S A_S E_B}{E_S A_S+E_B A_B}\text{(拉应力)}$$
$$\tag{3-14g}$$

**讨论**:①由式(3-14g)可知,套筒与螺栓中的应力与长度无关,但与横截面面积密切相关。而且$\sigma_S/\sigma_B=A_B/A_S$,即套筒与螺栓中的应力之比与两者的横截面面积之比成反比,与例题 3-7 中的情况完全不同。②如果螺栓是刚性不变形的,即$\alpha_B=0$,$E_B\to\infty$,则由式(3-14g)得到$\sigma_S=\alpha_S \Delta T E_S$,与两端固定杆件中的热应力相同。③如果螺栓和套筒材料相同,即$\alpha_S=\alpha_B$,则有$\sigma_S=\sigma_B=0$,即不产生任何应力。④如果$\alpha_S<\alpha_B$会出现什么情况呢?请读者自己分析。

**例题 3-9** 图 3-16(a)所示结构中的三角形板可视为刚性板。杆 1 材料为钢,杆 2 材料为铜,两杆的横截面面积分别为$A_S=1000\text{mm}^2$,$A_C=2A_S=2000\text{mm}^2$。钢杆的弹性模量为$E_S=210\text{GPa}$,热膨胀系数$\alpha_S=12.5\times10^{-6}/℃$;铜杆的弹性模量$E_C=100\text{GPa}$,热膨胀系数$\alpha_C=16.5\times10^{-6}/℃$;$a=2\text{m}$,$L=1\text{m}$。试求当$F=200\text{kN}$且温度升高$\Delta T=20℃$时,杆 1、2 内的应力。

**解题分析**:$A$处有两个约束反力未知,另外杆 1 和杆 2 的轴力未知,共四个未知力,而平面任意力系有效平衡方程只有三个,所以是一次静不定问题。除力$F$的作用外,温度升高使杆件产生温度变形,所以杆的变形由外力$F$引起的变形和温度变形两部分组成。变形协调方程中的各杆变形量要使用总变形,这是本题的关键。

**解**:(1)静力平衡方程。设杆 1 受拉,轴力为$F_{N1}$;杆 2 受压,轴力为$F_{N2}$。以三角形刚性板为研究对象,受力图如图 3-16(b)所示,其静力平衡方程为

$$\sum M_A=0:(F-F_{N1})\cdot a=F_{N2}\cdot 2a \quad \text{或} \quad F_{N1}+2F_{N2}=F \tag{3-15a}$$

(2)变形协调方程。设杆 1 伸长$\Delta L_1$,杆 2 缩短$\Delta L_2$。杆变形后,如图 3-16(c)所示三角形刚性板绕$A$点转动角$\alpha$,于是有

$$\Delta L_1=a\alpha, \quad \Delta L_2=2a\alpha$$

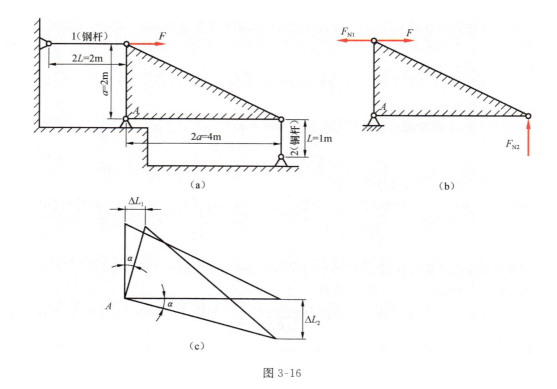

图 3-16

所以

$$\Delta L_2 = 2\Delta L_1 \tag{3-15b}$$

（3）物性关系。杆 1、2 的变形由外力 $F$ 引起的变形和温度升高引起的变形两部分组成，则有

$$\Delta L_1 = \frac{F_{N1}(2L)}{E_S A_S} + \alpha_S \Delta T(2L)（伸长），\quad \Delta L_2 = \frac{F_{N2}L}{E_C A_C} - \alpha_C \Delta TL（缩短） \tag{3-15c}$$

（4）用力表示变形协调方程。将式（3-15c）代入式（3-15b）得

$$-4\frac{F_{N1}}{E_S A_S} + \frac{F_{N2}}{E_C A_C} = (4\alpha_S + \alpha_S)\Delta T \tag{3-15d}$$

（5）联立式（3-15a）、式（3-15d），求解得

$$F_{N1} = \frac{E_S A_S[F - (8\alpha_S + 2\alpha_C)\Delta T E_C A_C]}{E_S A_S + 8E_C A_C}, \quad F_{N2} = \frac{E_C A_C[4F + (4\alpha_S + \alpha_C)\Delta T E_S A_S]}{E_S A_S + 8E_C A_C}$$

$$\tag{3-15e}$$

代入数值可求得

$$F_{N1} = -38.5\text{kN（压）}, \quad F_{N2} = 119.3\text{kN（压）} \tag{3-15f}$$

可见，实际上杆 1、2 均受压力。

（6）计算杆 1、2 中的正应力：

$$\sigma_1 = \frac{F_{N1}}{A_S} = \frac{-38.5 \times 10^3 \text{N}}{1000\text{mm}^2} = -38.5\text{MPa（压）}, \quad \sigma_2 = \frac{F_{N2}}{A_C} = \frac{119.3 \times 10^3 \text{N}}{2000\text{mm}^2} = 59.6\text{MPa（压）}$$

**讨论**：①在考虑有温度效应的静不定问题时，力和变形之间的物性关系中多了温度变形项，这是与没有温度效应静不定问题的主要区别。②式（3-15c）中，杆 2 的温度变形取负号，是因为 $\Delta L_2$ 本身假设为缩短（压缩）量，以缩短为正。③此题也可以用叠加法计算，即分别考虑

由于力 $F$ 和温度升高 $\Delta T$ 所产生的力或应力后,进行叠加。仅考虑外力 $F$ 时,两杆中的轴力分别为

$$F_{N1} = 23.2\text{kN}(\text{拉}), \quad F_{N2} = 88.4\text{kN}(\text{压}) \tag{3-15g}$$

仅考虑温度时,令 $F=0$,代入式(3-15e)得两杆中的轴力为

$$F_{N1} = 61.7\text{kN}(\text{压}), \quad F_{N2} = 30.9\text{kN}(\text{压}) \tag{3-15h}$$

可见,当无外力 $F$ 仅温度升高 20℃ 时,两杆中均为压力。将式(3-15g)与式(3-15h)叠加正好与式(3-15f)的值相等。

### 3.5.2 预应力

在工程中,构件的几何尺寸制造误差是难免的。在静定结构中,这种误差只会引起结构几何形状的微小改变,不会引起应力;在静不定结构中,由于必须采取强制方法才能装配,导致应力产生,这种在装配过程中产生的应力称为**装配应力**或**预应力**。由于在静不定结构中才产生预应力,所以,预应力问题的求解与静不定问题的求解方法相同。

**例题 3-10** 图 3-17(a)所示桁架,杆 3 的实际长度比设计长度 $l$ 稍短,制造误差为 $\delta$,试分析装配后各杆的轴力。已知杆 1 与杆 2 的拉压刚度均为 $E_1A_1$,杆 3 的拉压刚度为 $E_3A_3$。

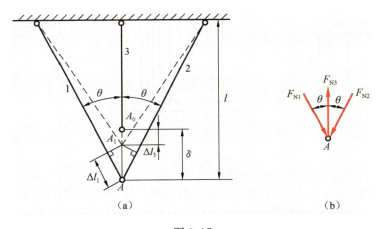

图 3-17

**解**:(1) 静力平衡方程。

装配后,各杆位于图示虚线位置。杆 3 伸长,受拉力;杆 1 与杆 2 缩短,受压力。分析节点 $A$ 的受力,如图 3-22(b)所示,其平衡方程为

$$\sum F_x = 0: \quad F_{N1}\sin\theta - F_{N2}\sin\theta = 0 \tag{3-16a}$$

$$\sum F_y = 0: \quad F_{N3} - F_{N1}\cos\theta - F_{N2}\cos\theta = 0 \tag{3-16b}$$

由式(3-16a)可知

$$F_{N1} = F_{N2}$$

将上式代入式(3-16b),得

$$F_{N3} - 2F_{N1}\cos\theta = 0 \tag{3-16c}$$

(2) 变形协调方程。

从变形图中可以看出,变形协调方程为

$$\Delta l_3 + \Delta l_1/\cos\theta = \delta$$

利用胡克定律,得补充方程为

$$\frac{F_{N3}l}{E_3A_3} + \frac{F_{N1}l}{E_1A_1\cos^2\theta} = \delta \qquad (3\text{-}16\text{d})$$

(3) 计算轴力。

联立求解平衡方程(3-16c)与补充方程(3-16d),得各杆轴力分别为

$$F_{N1} = F_{N2} = \frac{\delta}{l}\,\frac{E_1A_1\cos^2\theta}{1 + \dfrac{2E_1A_1}{E_3A_3}\cos^3\theta}, \quad F_{N3} = \frac{\delta}{l}\,\frac{2E_1A_1\cos^3\theta}{1 + \dfrac{2E_1A_1}{E_3A_3}\cos^3\theta}$$

从所得结果可以看出,制造不准确所引起的各杆轴力与误差 $\delta$ 成正比,并且与拉压刚度有关。

**例题 3-11**  由于杆 3 的制造误差,强行将杆 1、2、3 按图 3-18(a)所示结构装配后,三根杆内均有装配应力。现将杆 3 切断,则如图 3-18(b)所示,横梁 $AB$ 向上平移 $\Delta = 0.4\text{mm}$。已知三根杆的材料相同,$E = 200\text{GPa}$,三根杆横截面积 $A_1 = A_2 = 4000\text{mm}^2$,$A_3 = 8000\text{mm}^2$,杆 1 及杆 2 的长度 $l = 800\text{mm}$。横梁 $AB$,$CD$ 为刚性杆。试求:(1) 三根杆的装配应力;(2) 杆 3 的制造误差 $\delta$。

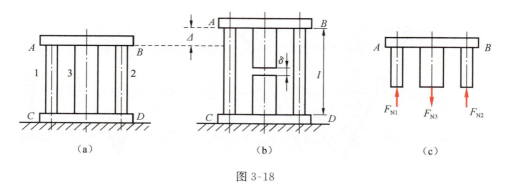

图 3-18

**解题分析**:考虑从图 3-18(b)到图 3-18(a)的装配过程,必然要对杆 3 施加拉力,这时杆 1 和杆 2 受到压缩,其压缩变形即是 $\Delta$,由此可计算出杆 1、杆 2 的轴力。杆 1、杆 2 的轴力算出后,再由静力平衡条件算出杆 3 的轴力。杆 3 的拉伸变形加上 $AB$ 横梁的下移量 $\Delta$ 即是杆 3 的制造误差 $\delta$。

**解**:(1) 计算杆 1、杆 2 的轴力。

设杆 1、杆 2 的轴力为 $F_{N1}$、$F_{N2}$,杆 3 的轴力(拉)为 $F_{N3}$。

由 $\Delta = \dfrac{F_{N1}l}{EA_1} = \dfrac{F_{N2}l}{EA_2}$ 得

$$F_{N1} = F_{N2} = \frac{EA_2}{l}\Delta = \frac{200 \times 10^9\text{Pa} \times 4000 \times 10^{-6}\text{m}^2}{800 \times 10^{-3}\text{m}} \times 0.4 \times 10^{-3}\text{m} = 400\text{kN}$$

(2) 计算杆 3 的轴力。由静力平衡方程得

$$F_{N3} = 2F_{N1} = 800\text{kN}$$

(3) 计算各杆的装配应力:

$$\sigma_1 = \sigma_2 = \frac{F_{N1}}{A_1} = \frac{400 \times 10^3\text{N}}{4000 \times 10^{-6}\text{m}^2} = 100 \times 10^6\text{Pa} = 100\text{MPa}(压)$$

$$\sigma_3 = \frac{F_{N3}}{A_3} = \frac{800 \times 10^3\text{N}}{8000 \times 10^{-6}\text{m}^2} = 100 \times 10^6\text{Pa} = 100\text{MPa}(拉)$$

（4）计算杆 3 的制造误差。

杆 3 的伸长量　$\Delta l_3 = \dfrac{F_{N3}l}{EA_3} = \dfrac{(800 \times 10^3\,\text{N})(800 \times 10^{-3}\,\text{m})}{(200 \times 10^9\,\text{Pa})(8000 \times 10^{-6}\,\text{m}^2)} = 0.4\,\text{mm}$

制造误差　$\delta = \Delta + \Delta l_3 = 0.4\,\text{mm} + 0.4\,\text{mm} = 0.8\,\text{mm}$

**例题 3-12**　工程中常用螺栓紧固或连接部件。螺栓在安装后即在螺栓和被连接件中产生预紧力。图 3-19 所示也是一种常用的紧固装置，称为螺旋扣。螺旋扣两端均有螺纹，而且两端的螺纹方向相反。设螺纹的螺距为 $p$，将螺旋扣旋转一圈，两端螺栓相对移动的距离为 $2p$；旋转 $n$ 圈，则移动的距离为 $2np$。

图 3-19

图 3-20(a)即为螺旋扣的应用。图中，配有螺旋扣的两根钢缆，两端连接在刚性端板上，旋紧螺旋扣将钢缆绷直后，使得端板正好与中间的铜管接触，此时钢缆与铜管中均无应力。现在将两个螺旋扣同时旋紧 $n$ 圈，试计算：(1)钢缆和铜管中的应力；(2)铜管的变形量。

**解题分析**：螺旋扣旋紧后，钢缆中产生拉应力，铜管中产生压应力。本题为静不定问题，需要补充变形协调方程。为得到各部分的变形关系，假想将右端端板去除，使得钢缆和铜管均可自由变形。则螺旋扣旋紧 $n$ 圈后，钢缆被缩短 $\delta_1 = 2np$，如图 3-20(b)所示。但实际上，钢缆的变形没有 $\delta_1$ 那么多，因为钢缆中轴向拉力 $P_\text{S}$ 同时使得钢缆伸长，设该伸长量为 $\delta_2$。如图 3-20(c)所示，设铜管中轴力为 $P_\text{C}$，在 $P_\text{C}$ 作用下铜管的缩短量为 $\delta_3$，则三个变形量间的关系为 $\delta_1 - \delta_2 = \delta_3$。

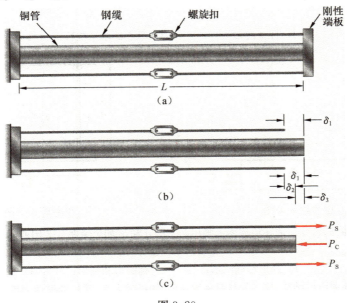

图 3-20

**解**:(1) 静力平衡关系。

$$2P_\text{s} = P_\text{c} \tag{3-17a}$$

(2) 变形协调关系。

$$\delta_1 - \delta_2 = \delta_3 \tag{3-17b}$$

$$\delta_1 = 2np, \quad \delta_2 = \frac{P_\text{s}L}{E_\text{s}A_\text{s}}, \quad \delta_3 = \frac{P_\text{c}L}{E_\text{c}A_\text{c}} \tag{3-17c}$$

式(3-17c)中,$E_\text{s}$ 和 $A_\text{s}$ 分别为钢缆的弹性模量和横截面面积;$E_\text{c}$ 和 $A_\text{c}$ 分别为铜管的弹性模量和横截面面积。

将式(3-17c)中各项代入式(3-17b),整理得

$$\frac{P_\text{s}L}{E_\text{s}A_\text{s}} + \frac{P_\text{c}L}{E_\text{c}A_\text{c}} = 2np \tag{3-17d}$$

将式(3-17d)与式(3-17a)联立求解,得

$$P_\text{s} = \frac{2npE_\text{c}A_\text{c}E_\text{s}A_\text{s}}{L(E_\text{c}A_\text{c} + 2E_\text{s}A_\text{s})}, \quad P_\text{c} = \frac{4npE_\text{c}A_\text{c}E_\text{s}A_\text{s}}{L(E_\text{c}A_\text{c} + 2E_\text{s}A_\text{s})} \tag{3-17e}$$

钢缆和铜管中的应力分别为

$$\sigma_\text{s} = \frac{2npE_\text{c}A_\text{c}E_\text{s}}{L(E_\text{c}A_\text{c} + 2E_\text{s}A_\text{s})}, \quad \sigma_\text{c} = \frac{4npE_\text{c}E_\text{s}A_\text{s}}{L(E_\text{c}A_\text{c} + 2E_\text{s}A_\text{s})} \tag{3-17f}$$

(3) 铜管的缩短量。

$$\delta_3 = \frac{P_\text{c}L}{E_\text{c}A_\text{c}} = \frac{4npE_\text{s}A_\text{s}}{E_\text{c}A_\text{c} + 2E_\text{s}A_\text{s}}$$

## 思　考　题

3-1　思考题 3-1 图所示单向均匀拉伸的板条。若受力前在其表面画上两个正方形 $a$ 和 $b$,则受力后正方形 $a$、$b$ 分别变为_____。

A. 正方形、正方形;　　　B. 正方形、菱形;　　　C. 矩形、菱形;　　　D. 矩形、正方形。

3-2　思考题 3-2 图所示结构,刚性杆 $AB$ 由三根材料、横截面面积均相同的杆支承。在结构中_____为零。

A. 杆 1 的轴力;　　　B. 杆 2 的轴力;　　　C. $C$ 点的水平位移;　　　D. $C$ 点的铅垂位移。

思考题 3-1 图

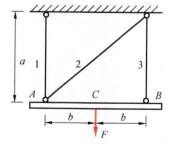

思考题 3-2 图

3-3　等直圆截面杆,若变形前在横截面上画出两个圆 $a$ 和 $b$(如思考题 3-3 图所示),则在轴向拉伸变形后,圆 $a$、$b$ 分别为_____。

A. 圆形和圆形;　　　B. 圆形和椭圆形;　　　C. 椭圆形和圆形;　　　D. 椭圆形和椭圆形。

3-4　思考题 3-4 图所示结构,杆 1 的材料是钢,杆 2 的材料为铝,两杆的横截面面积相等。在力 $F$ 作用下,节点 $A$ _____。

A. 向左下方位移；　　　B. 向铅垂方向位移；　　　C. 向右下方位移；　　　D. 不动。

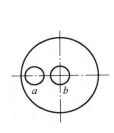

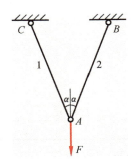

思考题 3-3 图　　　　　　　　　　　　　　　思考题 3-4 图

3-5　思考题 3-5 图所示等直拉杆，其左半段为钢，右半段为铝，并牢固连结。施加轴力 $F$ 后，则两段的_____。

A. 应力相同，应变相同；　　　　　　　B. 应力相同，应变不同；

C. 应力不同，应变相同；　　　　　　　D. 应力不同，应变不同。

3-6　思考题 3-6 图所示等直拉杆，由实心钢柱和紧密结合的铝套筒制成，在两端连接刚性端板，在端板上施加拉力 $F$，则在杆的横截面上_____。

A. 正应力和正应变都不均匀分布；　　　　B. 正应力不均匀分布，正应变均匀分布；

C. 正应力均匀分布，正应变不均匀分布；　　D. 正应力均匀分布，正应变均匀分布。

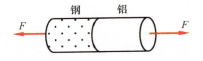

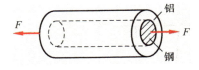

思考题 3-5 图　　　　　　　　　　　　　思考题 3-6 图

3-7　思考题 3-7 图所示空间桁架由四根等长杆组成，其拉压刚度 $(EA)_1 > (EA)_2 > (EA)_3 > (EA)_4$。在 $F$ 力作用下，杆_____的轴力最大。

A. 1；　　　　　　　　　　　　　　　B. 2；

C. 3；　　　　　　　　　　　　　　　D. 4。

3-8　关于静不定结构，下面说法正确的论述是_____。

A. 求解静不定问题必须建立变形协调方程，它是各杆变形之间的几何关系；

B. 无论静定结构还是静不定结构，各杆内力均与材料弹性模量、杆的横截面面积有关；

C. 无论静定结构还是静不定结构，若杆件温度变化，都将引起温度应力；

D. 无论静定结构还是静不定结构，若杆件尺寸有误差，装配后都将引起装配应力。

思考题 3-7 图

## 习　　题

3.1-1　习题 3.1-1 图所示硬铝试件，$h=2\text{mm}$，$b=20\text{mm}$，试验段长 $L_0=70\text{mm}$，在轴向拉力 $F=6\text{kN}$ 作用下，测得试验段伸长 $\Delta L_0=0.15\text{mm}$，板宽缩短 $\Delta b=0.014\text{mm}$，试计算硬铝的弹性模量 $E$ 和泊松比 $\nu$。

3.1-2　习题 3.1-2 图所示结构，$F$ 力施加在刚性平板上，钢管和铝杆的横截面面积相等，$A_\text{S}=A_\text{A}=20 \times 10^2\text{mm}^2$。欲使钢管与铝杆中产生的应力相等，载荷 $F$ 应等于多少？已知两种材料的弹性模量分别为 $E_\text{S}=$

210GPa，$E_A$＝66GPa。

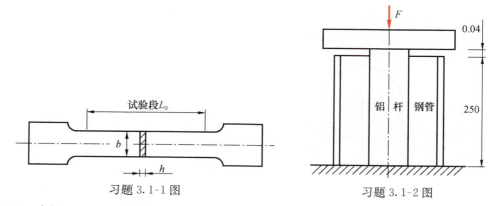

试验段$L_0$

习题 3.1-1 图

铝杆 钢管

习题 3.1-2 图

3.1-3　直径 $d$＝25mm 的圆杆，受轴向拉伸时，横截面上正应力 $\sigma$＝240MPa，材料的弹性模量 $E$＝210GPa，泊松比 $\nu$＝0.3。试求其直径改变 $\Delta d$。

3.1-4　习题 3.1-4 图所示梯形板受轴向拉力 $F$ 作用，已知板长 $l$，两底宽各为 $b_1$、$b_2$，厚度为 $\delta$，试求板的伸长量。

3.1-5　习题 3.1-5 图所示受轴向压缩力 $P$ 的铝制圆管，内径 $d$＝50mm，外径 $D$＝60mm，长 $L$＝500mm。一应变计贴于铝管外表面，以测量管的轴向伸长。（1）已测得应变 $\varepsilon$＝540×$10^{-6}$，试求管子的伸长量 $\delta$；（2）设管横截面压应力为 40MPa，轴向力 $P$ 为多少？

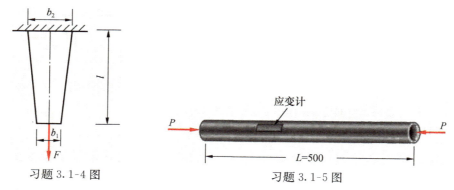

习题 3.1-4 图

应变计

$L$=500

习题 3.1-5 图

3.1-6　长为 0.8m 的钢制圆杆，其应力应变曲线如习题 3.1-6 图所示。已知屈服应力为 250MPa，应力应变曲线中初始直线部分斜率为 200GPa。将其轴向拉伸 2.5mm 后卸载，试问杆最后的长度是多少？

3.1-7　长 750mm 的镁合金圆杆，已知其应力应变关系曲线如习题 3.1-7 图所示。将其轴向拉伸，当伸长量达到 4.5mm 时卸载。试问：（1）该杆的最后长度是多少？（2）如果将该杆重新加载，比例极限是多少？

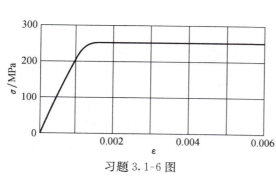

习题 3.1-6 图

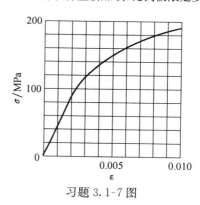

习题 3.1-7 图

3.1-8　如习题 3.1-8 图所示，直径 $d=30$mm、长度 $L=3.0$m 的圆杆承受轴向拉力 $P$ 的作用。杆由铝合金制成，弹性模量 $E=73$GPa，泊松比 $\nu=1/3$。如果杆伸长了 7.0mm，试问杆直径减小了多少？拉力 $P$ 多大？

3.1-9　直径为 3.0mm 的高强度钢丝，在 3.5kN 的拉力作用下，15m 长度的伸长量为 37.1mm，试计算：（1）钢丝所用钢材的弹性模量；（2）如果拉伸后钢丝直径减小了 0.0022mm，泊松比是多少？

3.1-10　习题 3.1-10 图所示长为 $L$，宽为 $b$，厚度为 $t$ 的平板，在两端承受均匀拉应力。已知材料的弹性模量为 $E$，泊松比为 $\nu$。试问：（1）加载前，板对角线 $OA$ 的斜率是 $b/L$，加力后是多少？（2）板的面积增加多少？（3）板的横截面面积减少多少？

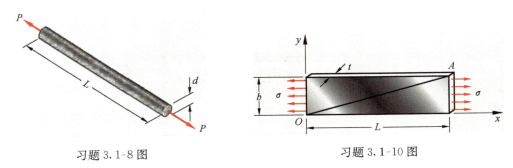

习题 3.1-8 图　　　　　　　　　　习题 3.1-10 图

3.1-11　习题 3.1-11 图所示木桩插入地下，并承受载荷 $P$。设木桩长为 $L$，横截面面积为 $A$，弹性模量为 $E$，并假设载荷 $P$ 完全由作用在木桩表面的摩擦力平衡，并认为单位长度摩擦力 $f$ 沿木桩表面均匀分布。（1）试问木桩的缩短量是多少？（2）试画出木桩中压应力的分布图。

3.1-12　习题 3.1-12 图所示矩形截面杆件，两端承受轴向拉力 $P$。杆长度为 $L$，厚度 $t$ 为常量，但宽度从左端的 $b_1$ 线性变化到右端 $b_2$。（1）试证明杆的伸长量为

$$\delta = \frac{PL}{Et(b_2 - b_1)} \ln \frac{b_2}{b_1}$$

（2）设 $L=1.5$m，$t=25$mm，$P=25$kN，$b_1=100$mm，$b_2=150$mm，$E=200$GPa，试计算杆的伸长量。

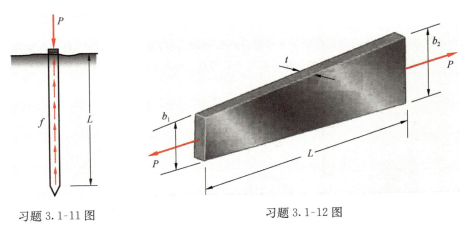

习题 3.1-11 图　　　　　　　　　　习题 3.1-12 图

3.2-1　习题 3.2-1 图所示中间开槽的矩形杆，弹性模量为 $E$，承受轴向拉力 $P$。试计算杆在 $P$ 作用下的总伸长量 $\delta$。

3.2-2　习题 3.2-2 图（a）所示悬索桥的主悬索可简化为图（b）所示的力学模型，其中 $q$ 为桥面面板对主悬索的作用力，可以认为沿水平方向均匀分布；在 $q$ 作用下，悬索的形状近似于抛物线。设悬索跨度为 $L$，下垂量为 $h$，拉压刚度为 $EA$，并取图（b）所示的坐标系，试证明悬索 $AOB$ 的伸长量为

$$\delta = \frac{qL^3}{8hEA}\left(1 + \frac{16h^2}{3L^2}\right)$$

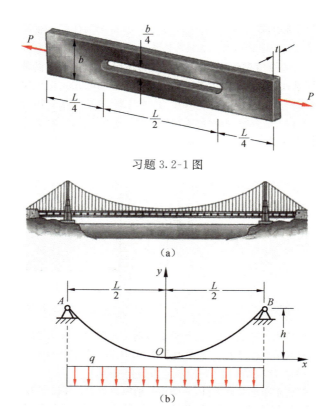

习题 3.2-1 图

习题 3.2-2 图

3.2-3 习题 3.2-3 图所示空心铝制锥形管，承受压力 $P$ 作用。设顶端截面外直径为 $d_A$，底端截面外直径为 $d_B$，管壁厚为 $t$，弹性模量为 $E$，试证明管的缩短量为

$$\delta = \frac{PL}{\pi E t (d_B - d_A)} \ln\left(\frac{d_B - t}{d_A - t}\right)$$

3.3-1 习题 3.3-1 图所示桁架在节点 $B$ 承受力 $F$ 作用，力 $F$ 与铅垂线成 $\theta$ 角。杆 $AB$ 和 $BC$ 的横截面面积分别为 $A_1$ 和 $A_2$。试求使节点 $B$ 的位移方向与力 $F$ 方向一致的 $\theta$ 角。

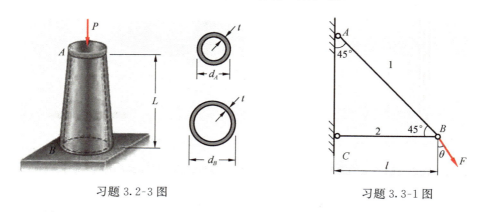

习题 3.2-3 图                                     习题 3.3-1 图

3.3-2 习题 3.3-2 图所示结构，各杆的拉压刚度 $EA$ 相同，试求节点 $A$ 的水平位移和铅垂位移。

3.3-3 习题 3.3-3 图所示重 $W=24\text{N}$ 的均匀杆 $AB$ 两端用弹簧悬挂，左边弹簧的弹簧常数 $k_1=4200\text{N/m}$，长度 $L_1=80\text{mm}$，右边弹簧的弹簧常数 $k_2=1200\text{N/m}$，长度 $L_2=60\text{mm}$。两根弹簧水平间距 $L=300\text{mm}$，上端支撑点高度相差 $h=10\text{mm}$。在距左端弹簧 $x$ 处施加载荷 $P=15\text{N}$，若要使杆 $AB$ 保持水平，试确定 $x$ 的大小。

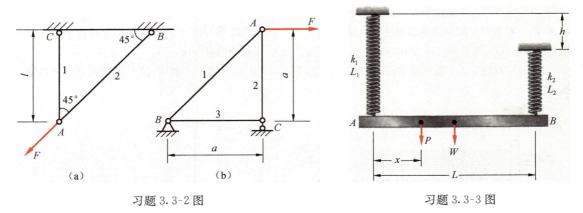

习题 3.3-2 图 习题 3.3-3 图

3.3-4 习题 3.3-4 图所示两个水平刚性杆用两竖杆 1、2 连接,杆 1、2 的拉压刚度分别是 $EA$ 和 $2EA$,$F$ 力作用线距左杆为 $x$。试求加力点 $B$、$C$ 的间距改变。

3.3-5 习题 3.3-5 图所示结构,已知杆 $AB$ 直径 $d=30\text{mm}$,$a=1\text{m}$,$E=210\text{GPa}$。试求:(1) 若测得杆 $AB$ 的应变 $\varepsilon=7.15\times10^{-4}$,试求载荷 $F$ 值。(2) 设杆 $CD$ 为刚性杆,若杆 $AB$ 的许用应力 $[\sigma]=160\text{MPa}$,试求许可载荷 $[F]$ 及对应的 $D$ 点铅垂位移。

3.4-1 习题 3.4-1 图所示铜和铝组成的组合圆柱承受载荷 $P$ 作用,铜芯直径 $25\text{mm}$,铝套外径 $40\text{mm}$,两部分紧密配合,长度都为 $350\text{mm}$。铝和铜的弹性模量分别为 $72\text{GPa}$ 和 $100\text{GPa}$。(1) 如果组合柱缩短 $0.1\%$,试问载荷 $P$ 为多少?(2) 如果铝和铜的许用应力分别是 $80\text{MPa}$ 和 $120\text{MPa}$,试问最大许用载荷是多少?

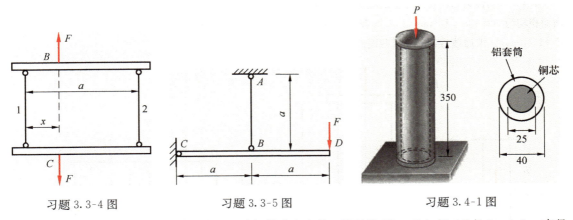

习题 3.3-4 图 习题 3.3-5 图 习题 3.4-1 图

3.4-2 习题 3.4-2 图所示塑料圆杆 $AB$ 中间部分套有另一塑料管 $CD$。已知杆 $AB$ 长 $L=0.5\text{m}$,直径 $d_1=30\text{mm}$,弹性模量 $E_1=3.1\text{GPa}$;管 $CD$ 长 $c=0.3\text{m}$,外径 $d_2=45\text{mm}$,弹性模量 $E_2=2.5\text{GPa}$。(1) 在杆 $AB$ 作用轴力 $P=15\text{kN}$,试计算杆 $AB$ 的伸长量;(2) 如果套管 $CD$ 和 $AB$ 一样长,伸长量又是多少?(3) 如果没有套管,伸长量为多少?

习题 3.4-2 图

3.4-3 习题 3.4-3 图所示为由两种不同金属杆件组成的复合杆,两杆尺寸完全相同,弹性模量分别为 $E_1$ 和 $E_2$。在复合杆的两端通过刚性端板施加压力 $P$,$P$ 的作用线偏心距为 $e$,以使两部分材料中的应力均匀。试确定:(1) 两杆中的轴力 $P_1$ 和 $P_2$;(2) 偏心距 $e$;(3) 两杆中的应力比 $\sigma_1/\sigma_2$。

3.4-4 习题 3.4-4 图所示结构,$AB$ 为刚性梁,杆 1、2 的拉压刚度 $EA$ 相同,试求在 $F$ 力作用下各杆的轴力。

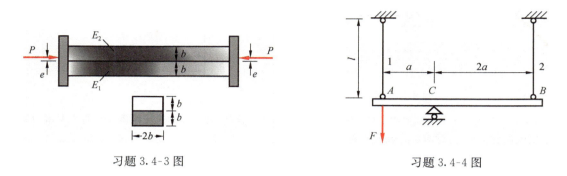

习题 3.4-3 图　　　　　　　　　　　　习题 3.4-4 图

3.4-5 习题 3.4-5 图所示阶梯形杆,其上端固定,下端与支座距离 $\delta=1$mm,已知 $AC$ 段和 $CD$ 段的横截面面积分别为 $A_1=600$mm²,$A_2=300$mm²,材料的弹性模量 $E=210$GPa,试求各段的轴力。

3.4-6 习题 3.4-6 图所示钢筋混凝土柱中,钢筋与混凝土的横截面面积之比为 1:40,而它们的弹性模量之比为 10:1,载荷 $F=300$kN,试计算钢筋和混凝土各承担多少载荷。

3.4-7 刚性梁 $AB$ 放在三根混凝土支柱上,如习题 3.4-7 图所示。承受载荷 $F=720$kN,各支柱的横截面面积均为 $A=400\times10^2$mm²。未加载时,中间支柱与刚性梁之间的间隙 $\Delta=1.5$mm,混凝土的弹性模量 $E=14$GPa。试求加载后各支柱横截面的应力。

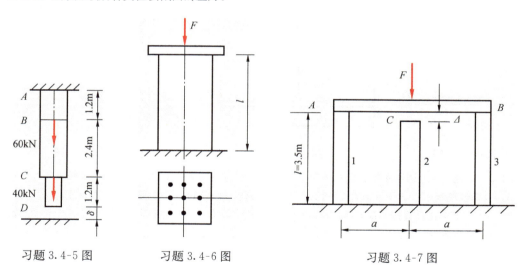

习题 3.4-5 图　　　　习题 3.4-6 图　　　　　习题 3.4-7 图

3.5-1 如习题 3.5-1 图所示,长为 $L$ 的杆件 $AB$ 置于刚性支撑之间,加热后,距 $A$ 端距离为 $x$ 处杆中温度升高值为 $\Delta T=\Delta T_1 x^2/L^2$,$\Delta T_1$ 为杆端 $B$ 的温度升高值。设杆材料的弹性模量为 $E$,热膨胀系数为 $\alpha$,试推导杆中压应力 $\sigma_c$ 的计算公式。

3.5-2 置于刚性支撑之间的圆杆 $ACB$ 由两段直径不同的圆杆组成,各部分尺寸如习题 3.5-2 图所示。设杆的弹性模量 $E=6.0$GPa,热膨胀系数为 $\alpha=100\times10^{-6}/℃$。均匀升温 30℃后,试计算:(1) 杆的轴力;(2) 杆中的最大压应力;(3) $C$ 截面的位移。

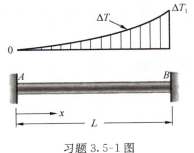

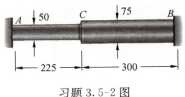

习题 3.5-1 图　　　　　　习题 3.5-2 图

3.5-3　预应力混凝土梁在工程中有广泛应用,其制作过程主要为:(1) 如习题 3.5-3 图(a)所示,施加拉力 $Q$,将高强度钢绞线拉伸;(2) 浇筑混凝土梁,如习题 3.5-3 图(b)所示;(3) 待混凝土梁凝固成型后,撤去拉力 $Q$,这时钢绞线处于受拉状态,混凝土处于受压状态。这样制作的梁在使用前已经存在应力,故称为预应力梁。设 $Q$ 作用下,钢绞线中应力 $\sigma_0$ 已知,且钢绞线弹性模量与混凝土弹性模量之比为 8：1,钢绞线总横截面面积与混凝土横截面面积之比为 1：30,试确定最后梁中钢绞线的应力 $\sigma_s$ 和混凝土的应力 $\sigma_c$。

3.5-4　习题 3.5-4 图所示矩形截面铜杆在无应力状态下夹持在两个刚性端之间,然后升温 60℃。设弹性模量 $E=120\text{GPa}$,热膨胀系数为 $\alpha=17.5\times10^{-6}/℃$,试确定图中应力单元体 $A$ 和 $B$ 所有面上的应力。

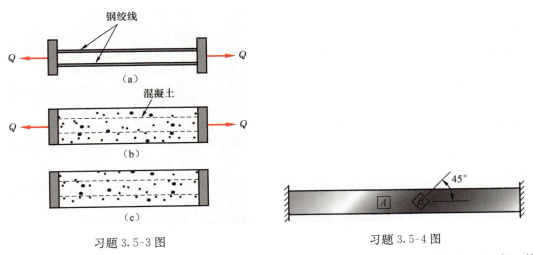

习题 3.5-3 图　　　　　　　　　　习题 3.5-4 图

3.5-5　习题 3.5-5 图所示结构中,杆 1、2 的拉压刚度相同,均为 $E_1A_1$,杆 3 拉压刚度为 $E_3A_3$,杆 3 的长度为 $l+\delta$,其中 $\delta$ 为加工误差,强行将杆 3 装入 $AC$ 位置后,试求各杆的轴力。

3.5-6　习题 3.5-6 图所示结构,$AB$ 为刚性杆。杆 1、2 材料相同,弹性模量 $E=200\text{GPa}$,许用应力 $[\sigma]=160\text{MPa}$,两杆的横截面面积比 $A_1/A_2=2$。杆 1 比设计长度短了 $\delta=0.1\text{mm}$,试求装配后再加载荷 $F=120\text{N}$ 时各杆所需的最小的横截面面积。

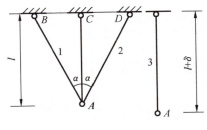

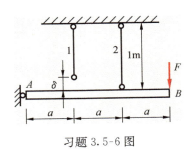

习题 3.5-5 图　　　　　　习题 3.5-6 图

3.5-7　习题 3.5-7 图所示结构,$AB$ 为刚体,杆 1、2 为相同材料制成,横截面面积均为 $A=200\text{mm}^2$,材料

的热膨胀系数 $\alpha = 12 \times 10^{-6}/℃$,弹性模量 $E = 200\text{GPa}$,载荷 $F = 20\text{kN}$,$l = 0.5\text{m}$,试求:(1) 杆横截面上的应力;(2) 当温度升高 $\Delta T = 20℃$ 时,杆横截面上的应力。

3.5-8 习题 3.5-8 图所示钢杆,材料弹性模量 $E = 200\text{GPa}$,热膨胀系数 $\alpha = 12.5 \times 10^{-6}/℃$,横截面面积 $A_1 = 10\text{mm}^2$,$A_2 = 20\text{mm}^2$。试求温度升高 $30℃$ 时杆横截面上的最大应力。

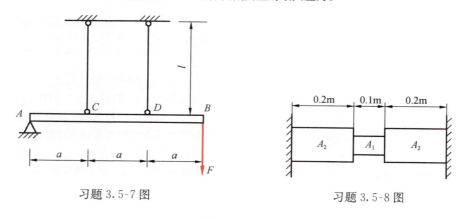

习题 3.5-7 图  习题 3.5-8 图

## 计算机作业二

下面题目请采用数值方法并利用计算机完成,可用 MATLAB、FORTRAN 或 C 等语言编程计算。完成计算后,请撰写并提交分析报告。报告内容应包括对问题的分析过程、计算方法和过程、计算结果和讨论分析、结论和体会等;如有参考文献,请列出参考文献的详细信息。请尽可能使用图表表示结果。

图示钟乳石状结构,由 30 块圆盘粘结组成,圆盘厚度均为 $10\text{mm}$,圆盘的直径 $D$ 从上往下依次减小,并可按函数 $D = e^{1/n}/10$ 计算(式中 $n$ 为从上往下数圆盘的层数)。圆盘采用三种材料,第一层用铝,第二层用铜,第三层用钢,第四层用铝,第五层用铜,第六层用钢;依次重复直到 30 层。已知铝、铜和钢的比重分别为 $26.6 \times 10^3 \text{N/m}^3$、$83.8 \times 10^3 \text{N/m}^3$ 和 $76.5 \times 10^3 \text{N/m}^3$;铝、铜和钢的弹性模量分别为 $71 \times 10^9 \text{Pa}$、$106 \times 10^9 \text{Pa}$ 和 $207 \times 10^9 \text{Pa}$。试编程计算该结构的总伸长量。

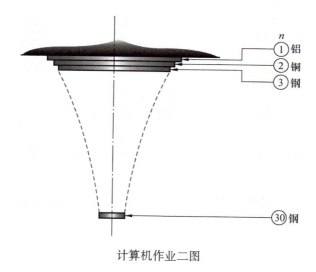

计算机作业二图

# 第4章 连接件强度的实用计算

工程结构是由构件通过某种形式互相连接组成的。例如,钢轨和枕木是利用高强螺栓连接,木结构是通过榫齿连接,钢结构中常用铆钉连接或焊接连接等。这些起连接作用的螺栓、铆钉、销轴、键块、榫头、焊缝等,统称为**连接件**。

连接件的几何形状、受力和变形复杂。在工程设计中,为简化计算,对连接件的受力根据实际破坏情况作了一些假设,再根据这些假设利用试验方法确定极限应力,从而建立强度条件。这种简化的计算方法称为**"实用计算法"**或**"假定计算法"**。这种计算方法,通过工程实践检验能保障结构的安全,所以广泛应用于连接件设计。

本章研究常用连接件的强度问题。

## 4.1 连接件的形式

连接件按其连接的方式,主要有以下几种。

1) 铆钉连接

铆钉连接是将一端带有预制钉头的铆钉,插入被连接构件的钉孔中,利用铆钉枪或压铆机将另一端压为封闭钉头,将被连接件连接在一起。如图 4-1 所示为用两个铆钉将三块板连接在一起。

2) 螺栓连接

主要用于连接可拆装的结构。如图 4-2 所示,用四个螺栓连接法兰,从而将两个旋转轴连接在一起。

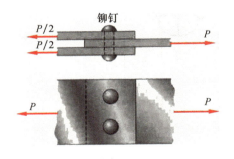

图 4-1

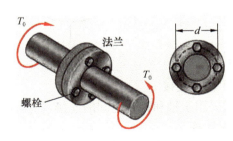

图 4-2

3) 焊接

焊接是钢结构采用的主要连接方式,它的优点是简单、效率高。图 4-3 所示为采用焊接方法将两块钢板连接在一起。

4) 榫齿连接

木结构中常采用榫齿连接。榫齿连接有平齿、单齿和双齿连接三种,分别如图 4-4(a)、(b)、(c)所示。

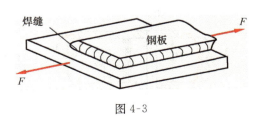

图 4-3

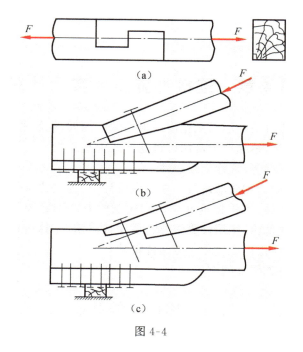

图 4-4

5）键连接

主要用于传动轴的连接，图 4-5 表示轴和凸缘连轴器通过键连接。

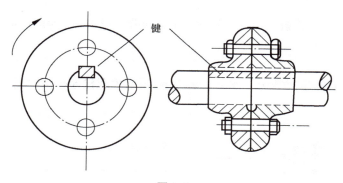

图 4-5

6）销轴连接

主要用于轴和轴套之间的连接，如图 4-6 所示。

7）粘接

粘接是简便的连接形式之一。为了使粘接面加大，常用斜截面粘接（图 4-7），粘接面上强度校核以切应力为主。

图 4-6　　　　　　　　　　　　　　　　　图 4-7

虽然工程结构中采用各种各样的连接件,但这些连接件主要承受**剪切**和**挤压变形**,如图 4-8 所示的失效螺栓。连接件上的应力也主要是剪切应力和挤压应力。因此,本章主要讨论连接件的**剪切强度**和**挤压强度**问题。

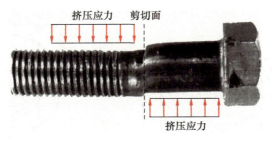

图 4-8

## 4.2  剪切强度实用计算

图 4-9(a)所示两块钢板通过铆钉连接,其中铆钉的受力如图 4-9(b)所示。在外力作用下,铆钉的 $m$-$n$ 截面将发生相对错动,称为**剪切面**。利用截面法,从 $m$-$n$ 截面截开,在剪切面上与截面相切的内力,如图 4-9(c)所示,称为**剪力**,用 $F_S$ 表示。

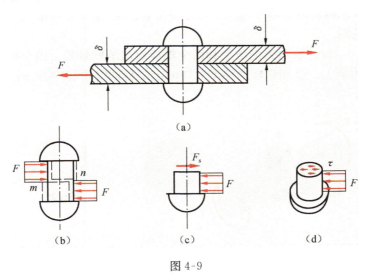

图 4-9

分析图 4-9(c)的力平衡,得

$$F_S = F$$

在剪切面上,假设切应力均匀分布,得到**名义切应力**

$$\tau = F_S/A \tag{4-1}$$

式中,$A$ 为剪切面面积。

通过材料的剪切破坏试验可测得材料剪断时的剪力值,然后按式(4-1)计算得到剪切极限应力 $\tau_u$,将 $\tau_u$ 除以安全因数即得材料的许用切应力 $[\tau]$。于是,剪切强度条件可表示为

$$\tau = F_S/A \leqslant [\tau] \tag{4-2}$$

**例题 4-1** 为使压力机在超过最大压力 $F=160\text{kN}$ 作用时,重要机件不发生破坏,在压力机冲头内装有保险器(压塌块),其结构如图 4-10 所示。设极限切应力 $\tau_u=360\text{MPa}$,已知保险器中的尺寸直径 $d_1=50\text{mm}$,$d_2=51\text{mm}$,$D=82\text{mm}$。试确定保险器的尺寸 $\delta$ 的大小。

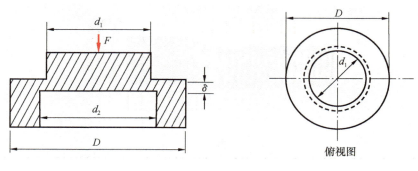

图 4-10

**解**:为了保障压力机安全运行,应使保险器达到最大冲压力时即破坏

$$\tau=\frac{F}{\pi d_1 \delta}\geqslant \tau_u$$

$$\delta \leqslant \frac{F}{\pi d_1 \tau_u}\leqslant \frac{160\times 10^3\,\text{N}}{\pi(0.050\text{m})(360\times 10^6\,\text{Pa})}=0.00283\text{m}=2.83\text{mm}$$

这种利用剪断保险器以保障主机安全运行的安全装置,在压力容器、电力输送及生活中的高压锅等均可以见到。

**例题 4-2** 图 4-11(a)所示为由法兰和四个螺栓组成的联轴器。四个螺栓均匀布置在直径 $d=150\text{mm}$ 的圆周上。已知螺栓直径 $D=20\text{mm}$,螺栓的许用切应力 $[\tau]=100\text{MPa}$,试确定最大许用扭矩 $T_0$。

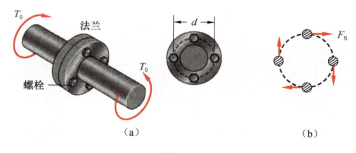

图 4-11

**解题分析**:联轴器通过螺栓传递扭矩。螺栓承受剪力,四个螺栓的剪力对轴心的力矩与 $T_0$ 平衡。

**解**:设螺栓横截面面积为 $A$,四个螺栓的剪切面所承受的剪力均为 $F_s$,如图 4-11(b)所示,则剪力与扭矩 $T_0$ 的关系为

$$4\left(F_s \cdot \frac{d}{2}\right)=T_0 \tag{4-3a}$$

当螺栓剪切面上切应力 $\tau$ 达到许用切应力 $[\tau]$ 时,对应的扭矩就是许用扭矩。因此,令

$$\tau=F_s/A=[\tau] \tag{4-3b}$$

于是得

$$T_0 = 2F_s d = 2[\tau]Ad = 2(100\text{MPa}) \times \frac{1}{4}\pi(20\text{mm})^2(150\text{mm})$$
$$= 9424777.8\text{N} \cdot \text{mm} = 9425\text{N} \cdot \text{m}$$

**例题 4-3** 图 4-12(a)所示为用于仪器设备的支撑垫,其基本结构是在尺寸为 $b \times a$ 的两层钢板之间粘连厚度为 $h$ 的线弹性橡胶材料。设钢板承受图示剪力 $F_s$,橡胶材料剪切弹性模量为 $G$,试推导小变形条件下橡胶层平均切应力 $\tau$ 的计算公式以及钢板的水平位移 $\delta$。

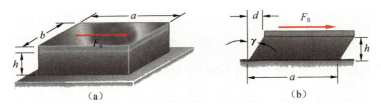

图 4-12

**解:** 假设剪力 $F_s$ 产生的切应力在整个橡胶层均匀分布,则橡胶层任一水平截面上的切应力 $\tau$ 的合力与作用在顶层钢板上的剪力 $F_s$ 平衡,所以有

$$\tau = \frac{F_s}{ab} \tag{4-4a}$$

在剪力 $F_s$ 作用下,支撑垫的变形如图 4-12(b)所示。根据剪切胡克定律可得到橡胶层的切应变为

$$\gamma = \frac{\tau}{G} = \frac{F_s}{Gab} \tag{4-4b}$$

小变形条件下,钢板的水平位移为

$$\delta = \gamma h = \frac{F_s h}{Gab} \tag{4-4c}$$

**讨论:** ①本题中假设橡胶层水平截面上切应力均匀分布,而实际上,由于在橡胶层竖直边上没有切应力,根据切应力互等定理,任一水平截面上切应力不可能均匀分布。因此,式(4-4a)给出的是平均切应力。②由于切应力在橡胶层并非均匀分布,因此,实际的变形情况要比图 4-12(b)复杂得多。但是,当橡胶层厚度 $h$ 与 $a$ 相比小得多的情况下,式(4-4b)和式(4-4c)给出的结果比较接近真实变形,可以满足设计需要。

## 4.3  挤压强度实用计算

连接件与被连接件在互相传递力时,接触表面是相互压紧的,接触表面上的总压紧力称为**挤压力**,用 $F_{bs}$ 表示;相应的应力称为**挤压应力**,用 $\sigma_{bs}$ 表示。当挤压应力过大时,引起连接件和被连接件发生塑性变形,导致结构连接松动而失效。实际挤压应力在连接件上分布很复杂。例如,圆柱形铆钉与钢板孔壁间接触面上的挤压应力,实际分布形式如图 4-13(a)所示。

工程上在确定挤压面时采用简化算法,这样得到的挤压面称为**计算挤压面**。对于铆钉、销轴、螺栓等圆柱形连接件,实际挤压面为半圆面,其计算挤压面面积 $A_{bs}$ 取为实际接触面在直径平面上的正投影面积,即图 4-13(b)、(c)中的阴影部分面积。对于钢板、型钢、轴套等被连接件,实际挤压面为半圆孔壁,计算挤压面面积 $A_{bs}$ 取为凹半圆面的正投影面作为计算挤压面(图 4-13(b))。对于键连接和榫齿连接,其挤压面为平面,计算挤压面面积取为实际挤压面。

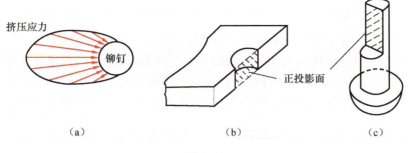

（a） （b） （c）

图 4-13

假定挤压应力在计算挤压面上均匀分布,于是有

$$\sigma_{bs} = F_{bs}/A_{bs} \tag{4-5}$$

按式(4-5)计算得到的应力称为**名义挤压应力**,名义挤压应力与实际挤压应力的最大值接近。

通过试验方法,按名义挤压应力公式得到材料的**极限挤压应力**,从而确定许用挤压应力 $[\sigma_{bs}]$。为保障连接件和被连接件不致因挤压而失效,其挤压强度条件为

$$\sigma_{bs} = F_{bs}/A_{bs} \leqslant [\sigma_{bs}] \tag{4-6}$$

对于钢材等塑性材料,许用挤压应力 $[\sigma_{bs}]$ 与许用拉应力 $[\sigma_t]$ 有如下关系

$$[\sigma_{bs}] = (1.7 \sim 2.0)[\sigma_t]$$

如果连接件和被连接件的材料不同,应按抵抗挤压能力较弱的构件为准进行强度计算。

连接件要同时满足剪切、挤压、拉伸等强度条件,因此在设计时要按照剪切、挤压强度条件等分别设计,然后选取安全的构件尺寸或许用载荷。

**例题 4-4** 图 4-14(a)所示的特制扳手用于扭动圆轴,轴的直径为 $d$。轴和扳手之间用一键块连接,键长度为 $c$,横截面为 $b \times b$ 的正方形,键块键入深度为 $b/2$。现在扳手上距轴心为 $L$ 的位置施加力 $P$,试推导键中名义挤压应力和平均切应力的计算公式。

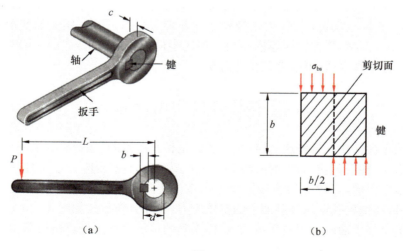

（a） （b）

图 4-14

**解:**设键所受挤压力为 $F_{bs}$,计算挤压面面积为 $A_{bs}$,剪力为 $F_s$,剪切面为 $A_s$。首先分析扳手的受力,对轴心列力矩平衡方程,得

$$PL = F_{bs}(d/2 + b/4) \quad 或 \quad F_{bs} = 4PL/(2d+b) \tag{4-7a}$$

分析键的受力(图 4-14(b))可知,键的计算挤压面面积 $A_{bs} = (b/2)c$,剪切面面积 $A_s = bc$;剪力与挤压力相等,即 $F_s = F_{bs}$,于是得键的挤压应力和剪切应力分别为

$$\sigma_{bs} = \frac{F_{bs}}{A_{bs}} = \frac{8PL}{bc(2d+b)} \tag{4-7b}$$

$$\tau = \frac{F_s}{A_s} = \frac{4PL}{bc(2d+b)} \tag{4-7c}$$

**例题 4-5** 两块钢板用直径 $d = 20$mm 铆钉搭接。采用两种搭接形式,分别如图 4-15(a)、(b)所示。已知 $F = 160$kN,两板尺寸相同,厚度 $\delta = 10$mm,宽度 $b = 120$mm,铆钉和钢板材料相同,许用切应力 $[\tau] = 140$MPa,许用挤压应力 $[\sigma_{bs}] = 320$MPa,许用拉应力 $[\sigma_t] = 160$MPa。试计算所需的铆钉数,并从强度角度比较两种搭接形式的优劣,校核板的拉伸强度。

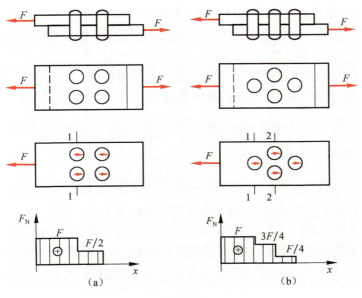

图 4-15

**解题分析**:本题需要考虑下面强度问题:铆钉的剪切强度和挤压强度,钢板的拉伸强度。一方面,较多数目的铆钉可以提高铆钉强度;另一方面,较多铆钉数意味着较多铆钉孔,可能会降低钢板的拉伸强度。而铆钉孔对钢板拉伸强度的影响,表现在铆钉孔减小了钢板的横截面面积。可以想象,如果将几个铆钉孔沿横向排成一排,对钢板强度最为不利。所以铆钉孔排列方式,也影响到钢板强度。

**解**:首先假设不论什么排列方式,各个铆钉承受相同的载荷。设所需铆钉数为 $n$,则每个铆钉所受剪力为 $F_s = F/n$,挤压力 $F_{bs} = F/n$。

(1) 按剪切强度条件确定铆钉数。

设铆钉横截面面积为 $A$,则铆钉的剪切强度条件为

$$\tau = F_s/A = 4F/(n\pi d^2) \leqslant [\tau]$$

于是得

$$n \geqslant \frac{4F}{\pi d^2 [\tau]} = \frac{4(160 \times 10^3 \text{N})}{\pi (20\text{mm})^2 (140\text{MPa})} = 3.64$$

（2）按挤压强度条件确定铆钉数。

挤压面面积 $A_{bs}=\delta d$，铆钉挤压强度条件为

$$\sigma_{bs}=\frac{F_{bs}}{A_{bs}}=\frac{F}{n\delta d}\leqslant[\sigma_{bs}]$$

得

$$n\geqslant\frac{F}{\delta d[\sigma_{bs}]}=\frac{160\times10^3\,\text{N}}{(10\text{mm})(20\text{mm})(320\text{MPa})}=2.5$$

两者取大值，最后确定铆钉数 $n=4$。

（3）钢板拉伸强度校核。

分别按图 4-15(a) 和图 4-15(b) 排列方式，画出钢板轴力图。

按图 4-15(a) 排列，1-1 截面为危险截面，拉应力为

$$\sigma_{1\text{-}1}=\frac{F}{A}=\frac{F}{(b-2d)\delta}=\frac{160\times10^3\,\text{N}}{(120\text{mm}-2\times20\text{mm})(10\text{mm})}=200\text{MPa}>[\sigma]$$

所以，按图 4-15(a) 方式排列铆钉时，不满足钢板拉伸强度要求。

若按图 4-15(b) 排列，则 1-1 截面的拉应力为

$$\sigma_{1\text{-}1}=\frac{F_1}{A_1}=\frac{F}{(b-d)\delta}=\frac{160\times10^3\,\text{N}}{(120\text{mm}-20\text{mm})(10\text{mm})}=160\text{MPa}=[\sigma]$$

2-2 截面上的拉应力为

$$\sigma_{2\text{-}2}=\frac{(3F/4)}{A_2}=\frac{3F}{4(b-2d)\delta}=\frac{3(160\times10^3\,\text{N})}{4(120\text{mm}-2\times20\text{mm})(10\text{mm})}=150\text{MPa}<[\sigma]$$

所以，按图 4-15(b) 方式排列铆钉时，满足钢板拉伸强度要求。

比较两种排列方式，图 4-15(b) 中的排列方式较合理，因为这种排列方式在轴力较大的截面配置较少的铆钉孔，在轴力较小的截面配置较多的铆钉孔，从而降低钢板的应力。

**讨论**：铆钉排列方式虽然对铆钉本身强度无影响，但却对钢板的拉伸强度影响较大。所以，在工程中，从被连接件的拉伸强度考虑，铆钉一般按菱形排列。

## 思 考 题

4-1 思考题 4-1 图中板和铆钉为同一材料，已知 $[\sigma_{bs}]=2[\tau]$。为了充分提高材料利用率，则铆钉的直径应该是_____。

    A. $d=2\delta$;              B. $d=4\delta$;              C. $d=4\delta/\pi$;          D. $d=8\delta/\pi$。

4-2 在连接件剪切强度的实用计算中，许用切应力 $[\tau]$ 是_____得到的。

    A. 精确计算;              B. 拉伸试验;              C. 剪切试验;          D. 扭转试验。

4-3 如思考题 4-3 图所示，在平板和受拉螺栓之间垫一个垫圈，可以提高_____强度。

    A. 螺栓的拉伸              B. 螺栓的剪切;              C. 螺栓的挤压;          D. 平板的挤压。

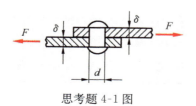

思考题 4-1 图

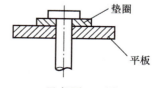

思考题 4-3 图

## 习 题

4.2-1 如习题 4.2-1 图所示,正方形截面混凝土柱,其横截面边长为 200mm,其基底为边长 $a=1$m 的方形混凝土板。柱受轴向压力 $F=100$kN,假设地基对混凝土板的支反力为均匀分布,混凝土的许用切应力 $[\tau]=1.5$MPa,试问使柱不致穿过混凝土板,板的最小厚度 $\delta$ 应是多少?

4.2-2 习题 4.2-2 图所示销钉式安全离合器,允许传递的外力偶矩 $M_e=300$N·m,销钉材料的极限应力 $[\tau_u]=360$MPa,轴的直径 $D=30$mm,为保证 $M_e>300$N·m 时销钉被剪断,试设计销钉的直径 $d$。

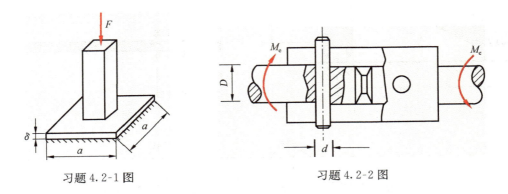

习题 4.2-1 图　　　　　　　　　习题 4.2-2 图

4.2-3 如习题 4.2-3 图所示矩形板通过 $A$、$B$ 处的铆钉与横梁连接,已知 $a=80$mm,$b=200$mm,水平力 $F=20$kN,铆钉 $A$、$B$ 的直径均为 20mm,求铆钉横截面上的名义切应力。

4.2-4 习题 4.2-4 图所示为工具钳的示意图,已知 $a=90$mm,$b=40$mm,直径为 6mm 销钉的极限剪切应力为 320MPa。设安全因数为 3.5,试确定能施加在钳柄上的最大载荷 $P$。

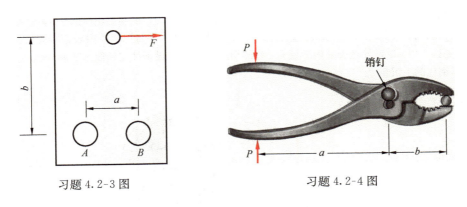

习题 4.2-3 图　　　　　　　　　习题 4.2-4 图

4.2-5 习题 4.2-5 图所示支架由竖管 $CD$ 和两根杆组合成的支杆 $AB$ 组成,$A$、$B$、$C$ 处均用螺栓连接。设 $D$ 点水平载荷 $P=15$kN,螺栓许用切应力为 55MPa,试确定 $A$ 处螺栓的最小直径。

4.2-6 习题 4.2-6 图所示宽度 $b=50$mm、厚度 $t=6$mm 的矩形截面杆在右端承受轴向拉力 $P$,左端通过直径为 $d$ 的销钉固定。设销钉孔到杆左端的距离 $h=25$mm,杆横截面 $ab$、$cd$ 上的许用拉应力 $[\sigma_1]=112$MPa,销钉的许用切应力 $[\tau_2]=64$MPa,杆件沿 $eb$、$fc$ 面的许用切应力 $[\tau_3]=43$MPa。试确定:(1) 承受最大载荷时销钉的直径;(2) 最大载荷值 $P_{max}$。

4.2-7 自行车链条的基本结构如习题 4.2-7 图所示,主要由连接钢片和销钉组成。设销钉直径为 2.5mm,相邻销钉间距为 12mm,试计算在一个脚蹬上施加 800N 力情况下:(1) 链条所受的拉力 $T$;(2) 销钉的平均切应力。为完成上述计算,需要首先测量:(1) 脚蹬到中轴的距离 $L$;(2) 链轮的半径 $R$。

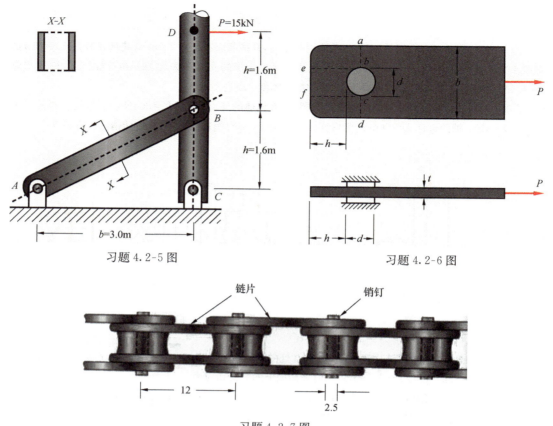

习题 4.2-5 图

习题 4.2-6 图

习题 4.2-7 图

**4.2-8** 精密仪器台采用如习题 4.2-8 图所示的减震装置,直径为 $d$ 的实心钢质圆柱,承受来自仪器台的载荷 $P$,钢柱插入高为 $h$ 的橡胶柱,橡胶柱置于内径为 $b$ 的钢套筒内,并与钢套筒内表面牢固粘结,钢筒与地面通过螺栓连接。(1) 试推导橡胶柱内半径为 $r$ 处的切应力;(2) 假设钢柱与钢筒不变形,橡胶材料的剪切模量为 $G$,计算钢柱的下沉量 $\delta$。

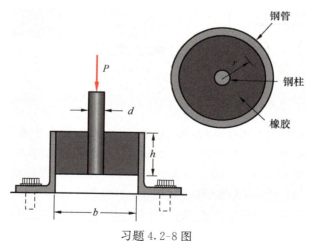

习题 4.2-8 图

**4.2-9** 习题 4.2-9 图所示为一阻尼装置,是由两块钢板中间粘接一块人造橡胶组成的三明治结构。已知钢板宽 $a=127\text{mm}$,长 $b=150\text{mm}$,橡胶层厚度 $t=38\text{mm}$。当图示方向的作用力 $V=5\text{kN}$ 时,顶部钢板相对底部钢板发生 6mm 的水平位移。试计算中间橡胶材料的剪切弹性模量 $G$。

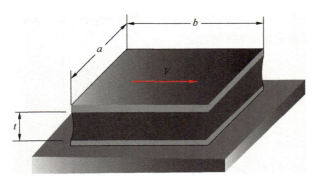

习题 4.2-9 图

4.2-10　一柔性连接件由三层钢板和二层橡胶垫粘结构成,如习题 4.2-10 图所示。橡胶垫厚度 $t=$ 12mm,长 200mm,宽 150mm。(1)设橡胶的剪切弹性模量 $G=830$ kPa,当力 $P=15$ kN 时,试计算橡胶层的平均切应变;(2)内层钢板和外层钢板的相对位移 $\delta$ 是多少?

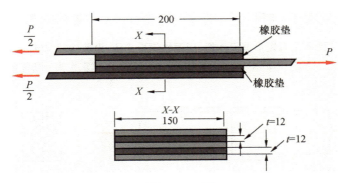

习题 4.2-10 图

4.3-1　习题 4.3-1 图所示拉杆头部的许用切应力 $[\tau]=90$ MPa,许用挤压应力 $[\sigma_{bs}]=240$ MPa,许用拉应力 $[\sigma_t]=120$ MPa,试计算拉杆的许用拉力 $[F]$。

4.3-2　习题 4.3-2 图所示木榫接头,截面为正方形,承受轴向拉力 $F=10$ kN,已知木材的顺纹许用切应力 $[\tau]=1$ MPa,许用挤压应力 $[\sigma_{bs}]=8$ MPa,截面边长 $b=114$ mm,试根据剪切与挤压强度确定尺寸 $a$ 及 $l$。

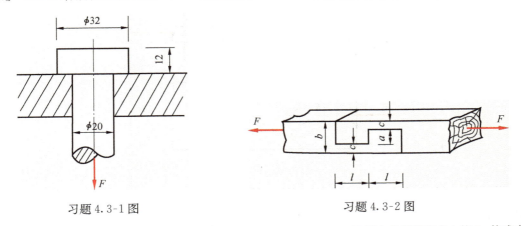

习题 4.3-1 图　　　　　　　习题 4.3-2 图

4.3-3　习题 4.3-3 图所示用两个铆钉将 140mm×140mm×12mm 的等边角钢铆接在立柱上,构成支托。若 $F=30$ kN,铆钉的直径 $d=21$ mm,试求铆钉的切应力和挤压应力。

4.3-4　习题 4.3-4 图所示角钢,用两个螺栓固定在工字型立柱上。已知角钢厚度 $t=12$ mm,螺栓直径

$d=15\text{mm}$,角钢上表面尺寸 $L=150\text{mm}$,$b=60\text{mm}$,承受均匀分布压力 $p=2.0\text{MPa}$。不考虑立柱与角钢间的摩擦,试计算螺栓的平均挤压应力 $\sigma_{bs}$ 和平均切应力 $\tau$。

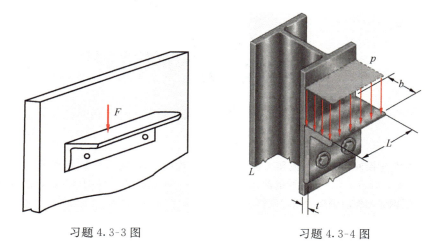

习题 4.3-3 图                    习题 4.3-4 图

4.3-5 习题 4.3-5 图所示两矩形截面木杆,用两块钢板连接,设截面的宽度 $b=150\text{mm}$,承受轴向拉力 $F=60\text{kN}$,木材的许用应力 $[\sigma]=8\text{MPa}$,$[\sigma_{bs}]=10\text{MPa}$,$[\tau]=1\text{MPa}$。试求接头处所需的尺寸 $\delta$、$l$、$h$。

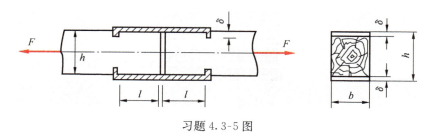

习题 4.3-5 图

4.3-6 习题 4.3-6 图所示铆接接头受轴向载荷 $F=80\text{kN}$ 作用,已知 $b=80\text{mm}$,$\delta=10\text{mm}$,铆钉的直径 $d=16\text{mm}$,材料的许用应力 $[\sigma]=160\text{MPa}$,$[\tau]=120\text{MPa}$,$[\sigma_{bs}]=320\text{MPa}$,试校核强度。

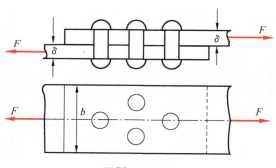

习题 4.3-6 图

4.3-7 习题 4.3-7 图所示三块板用两个铆钉连接。已知板的厚度 $t=16\text{mm}$,铆钉直径 $d=13\text{mm}$,不考虑板间摩擦力。(1) 如果载荷 $P=45\text{kN}$,试计算铆钉的挤压应力;(2) 如果铆钉最大能承受 $220\text{MPa}$ 的切应力,试确定该连接件能承受的最大载荷 $P$。

4.3-8 厚度为 $5\text{mm}$ 的五块钢板,用一根螺栓连接,螺栓直径为 $6\text{mm}$。各层板的受力如习题 4.3-8 图所示。试计算:(1) 螺栓的最大切应力(不考虑板间摩擦力);(2) 计算螺栓的最大挤压应力。

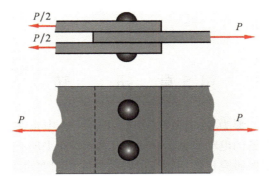

习题 4.3-7 图

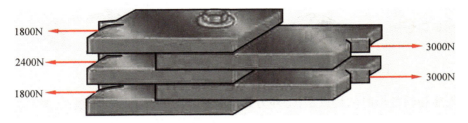

习题 4.3-8 图

4.3-9 水轮发电机组的卡环尺寸如习题 4.3-9 图所示。已知轴向载荷 $F=1450\text{kN}$,卡环材料的许用切应力$[\tau]=80\text{MPa}$,许用挤压应力$[\sigma_{bs}]=150\text{MPa}$。试对卡环进行强度校核。

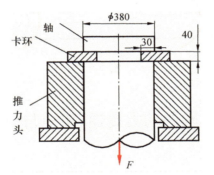

习题 4.3-9 图

# 第5章 扭 转

工程中有很多以扭转变形为主的杆件。例如,图示 5-1 中正在拧螺钉的螺丝刀杆;图 5-2 中正在传递动力给机器设备的电动机轴。在机械工业中,几乎所有的动力传递都是通过轴的扭转变形实现的。本章主要研究杆件扭转变形时的强度和刚度问题。

图 5-1             图 5-2

杆件发生扭转变形时的特点是:①外力偶矩矢量方向平行于杆件轴线;②变形后杆件各横截面绕轴线发生转动。两个截面间相对转动的角度称为**扭转角**,用 $\varphi$ 表示(图 5-3)。以扭转变形为主要变形形式的杆件统称为**轴**。

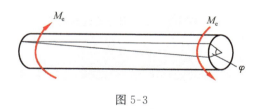

图 5-3

## 5.1 轴的动力传递、扭矩与扭矩图

### 5.1.1 传动轴和外力偶矩

传动轴是指通过扭转变形输出动力的杆件,如图 5-2 中的电动机轴。传动轴输出的动力大小一般用功率 $P$ 表示。功率 $P$ 与轴的角速度 $\omega$ 和作用在轴上的外力偶矩 $M_e$ 之间关系为

$$P = M_e\omega$$

考虑到工程中功率 $P$ 的常用单位为 kW,力偶矩的单位为 N·m,轴的转速习惯上用转速 $n$(r/min,rpm,转/分)表示,则外力偶矩大小为

$$\{M_e\}_{\text{N·m}} = \frac{\{P\}_{\text{kW}} \times 10^3 \times 60}{2\pi\{n\}_{\text{r/min}}} = 9549\frac{\{P\}_{\text{kW}}}{\{n\}_{\text{r/min}}} \tag{5-1}$$

已知功率和转速时,即可由上式计算电动机轴传递到轴上的外力偶矩的大小。

在动力传递轴系中,主动轮驱动轴转动,轴带动从动轮转动。因此,主动轮处的外力偶矩作用方向与轴的转动方向相同,而从动轮处的外力偶矩的作用方向与轴的转动方向相反。在匀速转动情况下,主动轮处的外力偶矩等于各个从动轮处的外力偶矩之和,如图 5-4 所示。

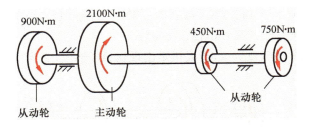

从动轮　　主动轮　　从动轮

图 5-4

### 5.1.2　轴的内力——扭矩与扭矩图

在外力偶矩作用下,轴发生扭转变形,同时在轴的横截面上存在唯一的内力——**扭矩**,一般用 $T$ 表示。扭矩的量度单位是 N·m 或 kN·m。利用截面法可以确定扭矩。

图 5-5(a)所示的圆轴,在两端作用外力偶矩 $M_e$,为计算距 $A$ 端 $x$ 处截面 $m$-$n$ 上的扭矩,在 $m$-$n$ 截面将圆轴截开,在截开的截面上存在扭矩 $T$,然后取截开后轴的左半部分为研究对象(图 5-5(b))。由力矩平衡条件 $\Sigma M_x = 0$,求得扭矩 $T = M_e$。

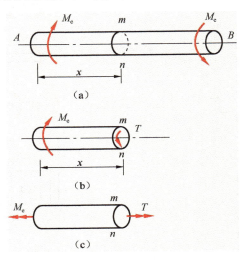

图 5-5

外力偶矩和扭矩也可以用图 5-5(c)所示的双箭头矢量符号表示。双箭头的方向根据右手法则确定。采用这种表示法后,扭矩的计算就和拉压杆轴力的计算方法完全相同。扭矩的正负号规定为:矢量方向(双箭头)指向截面外的为正,反之为负。在计算之前,可以先假设所求截面的扭矩为正;如果计算得到的为正,则说明实际的扭矩是正向;如果计算得到的为负,则实际的扭矩是负向。

类似于轴力图的作法,将计算得到的不同截面上的扭矩用图标示出,即得到**扭矩图**。

**例题 5-1**　图 5-6(a)所示传动轴,转速 $n = 300 \text{r/min}$,$A$ 轮为主动轮,输入功率 $P_A = 10\text{kW}$,$B$、$C$、$D$ 为从动轮,输出功率分别为 $P_B = 4.5\text{kW}$,$P_C = 3.5\text{kW}$,$P_D = 2.0\text{kW}$,试求各段扭矩,并作扭矩图。

**解:**(1)计算外力偶矩:

$$M_{eA} = 9549 \cdot \frac{P_A}{n} = 9549 \times \frac{10\text{kW}}{300\text{r/min}} = 318.3\text{N·m}$$

$$M_{eB} = 9549 \cdot \frac{P_B}{n} = 9549 \times \frac{4.5\text{kW}}{300\text{r/min}} = 143.2\text{N·m}$$

$$M_{eC} = 9549 \cdot \frac{P_C}{n} = 9549 \times \frac{3.5\text{kW}}{300\text{r/min}} = 111.4\text{N·m}$$

$$M_{eD} = 9549 \cdot \frac{P_D}{n} = 9549 \times \frac{2.0\text{kW}}{300\text{r/min}} = 63.7\text{N·m}$$

(2)分段计算扭矩,设各段扭矩为正,用矢量表示,分别为

$$T_1 = M_{eB} = 143.2\text{N·m}(图 5-6(c))$$

$$T_2 = M_{eB} - M_{eA} = 143.2 \text{N} \cdot \text{m} - 318.3 \text{N} \cdot \text{m} = -175 \text{N} \cdot \text{m} (图5\text{-}6(d))$$

$$T_3 = -M_{eD} = -63.7 \text{N} \cdot \text{m} (图5\text{-}6(e))$$

（3）作扭矩图，如图 5-6(f)所示，最大扭矩出现在 $AC$ 轴段，值为 $|T|_{max} = 175 \text{N} \cdot \text{m}$。

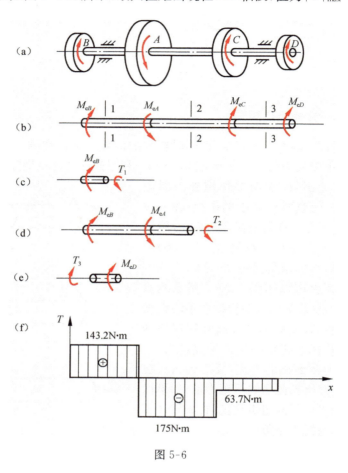

图 5-6

## 5.2 扭转圆轴的应力与强度条件

### 5.2.1 圆轴横截面上的应力

受扭杆件的强度与杆件中的应力分布和大小密切相关。下面采用材料力学典型研究方法研究圆轴横截面上的应力分布和大小。

1）实验观察

取一实心圆轴，在其表面等距离地画上圆周线和纵向线，如图 5-7(a)所示；然后在圆轴两端施加一对大小相等、方向相反的外力偶矩 $M_e$。在小变形范围内，从实验中可观察到圆轴表面上各圆周线的形状、大小和间距均未改变，仅是各圆周线作了相对转动；各纵向线均倾斜了一微小角度 $\gamma$，如图 5-7(b)所示。

根据上述观察到的现象，对圆轴扭转变形可作如下假设：①变形后，圆轴的横截面仍为平面，其形状、大小以及横截面间的距离均保持不变；②半径仍为直线。这就是圆轴扭转的**平面假设**。

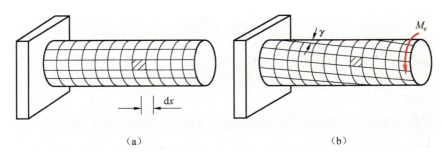

图 5-7

按照平面假设,可以把圆轴想象为由众多刚性圆片组成,每个圆片代表一个横截面。刚性圆片本身不变形,仅仅绕着轴线旋转。

2)静力平衡关系

采用截面法可以求出圆轴任一横截面上的扭矩 $T$。扭矩 $T$ 是该横截面上各点处应力对横截面形心的合力矩。假设该横截面任一点处都存在切应力 $\tau$ 和正应力 $\sigma$,切应力 $\tau$ 又可以分解为半径方向分量 $\tau_S$ 和垂直于半径方向分量 $\tau_\rho$(图 5-8)。

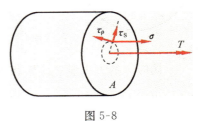

图 5-8

如果正应力 $\sigma$ 存在,则该截面必然存在轴力或弯矩,使得杆件发生轴向变形或弯曲变形,但这些变形在圆轴扭转实验中并没有发生。如果半径方向的切应力分量 $\tau_S$ 存在,根据剪切胡克定律,必然使得该横截面发生半径方向的变形,使得横截面尺寸发生改变,而这与平面假设相违背。由此推断,只有垂直于半径方向的分量 $\tau_\rho$ 不为零,而半径方向分量 $\tau_S$ 和正应力 $\sigma$ 均为零。

$\tau_\rho$ 的合力矩应该等于该截面的扭矩 $T$,所以有

$$\int_A \rho \tau_\rho \mathrm{d}A = T \tag{5-2}$$

式中,$A$ 为轴横截面的面积。由于 $\tau_\rho$ 在 $A$ 上的分布规律未知,因此不能由上式解出 $\tau_\rho$。

3)变形协调关系

静力平衡方程式(5-2)不能确定圆轴横截面上的切应力,需要补充变形协调方程。现在从半径为 $R$ 的圆轴中取出长度为 $\mathrm{d}x$ 的微段(图 5-9(a)),研究其变形。

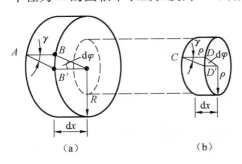

图 5-9

考察轴微段左右两个横截面的变形。根据平面假设,两个横截面只是绕轴线作相对转动,纵向线段 $\overline{AB}$ 变形后为 $\overline{AB'}$、$AB$ 和 $\overline{AB'}$ 的夹角为 $\gamma$,弧段 $\overparen{BB'}$ 对应的圆心角 $\mathrm{d}\varphi$ 就是右截面相对于左截面的相对扭转角。由几何关系得

$$\overparen{BB'} = \gamma \mathrm{d}x = R \cdot \mathrm{d}\varphi$$

$$\gamma = R\frac{\mathrm{d}\varphi}{\mathrm{d}x}$$

由切应变的定义可知,$\gamma$ 实际上是轴表面 $A$ 点处的切应变。式中的 $\dfrac{\mathrm{d}\varphi}{\mathrm{d}x}$ 表示扭转角沿轴线的变化程度,称为**单位长度扭转角**。

进一步,为了研究横截面上任意点的切应变,取半径为 $\rho$ 的微段(图 5-9(b)),可得

$$\gamma_{\rho} = \rho \frac{\mathrm{d}\varphi}{\mathrm{d}x} \tag{5-3}$$

式中,$\gamma_{\rho}$ 为轴横截面上半径为 $\rho$ 的点处的切应变。式(5-3)表明,横截面上任一点的切应变与该点的半径 $\rho$ 成正比。

4) 物性关系

根据剪切胡克定律,在比例极限范围内,切应力和切应变成正比关系,即 $\tau = G\gamma$。于是,由式(5-3)得到

$$\tau_{\rho} = G\gamma_{\rho} = G\rho \frac{\mathrm{d}\varphi}{\mathrm{d}x} \tag{5-4}$$

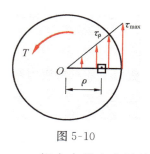

图 5-10

式中,$\tau_{\rho}$ 为横截面上半径为 $\rho$ 点处的切应力,$G$ 为材料的剪切弹性模量。式(5-4)表明,圆轴扭转时,横截面上任一点处的切应力 $\tau_{\rho}$ 与该点的半径 $\rho$ 成正比。$\tau_{\rho}$ 的分布规律如图 5-10 所示,沿半径线性分布;在圆心处的切应力为零,在靠近轴表面的点处最大。

虽然知道了圆轴横截面上切应力的分布规律,但由于式(5-4)中的 $\frac{\mathrm{d}\varphi}{\mathrm{d}x}$ 仍然未知,因此还不能计算切应力的大小。

切应力的大小显然应该和扭矩有关。将式(5-4)代入静力平衡关系式(5-2),得到

$$G \frac{\mathrm{d}\varphi}{\mathrm{d}x} \int_{A} \rho^{2} \mathrm{d}A = T$$

定义 $\int_{A} \rho^{2} \mathrm{d}A = I_{\mathrm{p}}$,整理上式,可求出

$$\frac{\mathrm{d}\varphi}{\mathrm{d}x} = \frac{T}{GI_{\mathrm{p}}} \tag{5-5}$$

式(5-5)中,$I_{\mathrm{p}}$ 称为截面的**极惯性矩**,是描述截面几何形状的参数;$GI_{\mathrm{p}}$ 称为轴的**扭转刚度**,与材料的剪切弹性模量和截面几何形状有关,表征了轴抵抗扭转变形的能力。式(5-5)表明,圆轴的单位长度扭转角与扭矩成正比、与轴的扭转刚度成反比。

将式(5-5)代入式(5-4),得到扭转圆轴横截面上任一点处的**切应力公式**

$$\tau_{\rho} = \frac{T}{I_{\mathrm{p}}} \rho \tag{5-6}$$

最大切应力发生在横截面上半径最大的点处,最大值为

$$\tau_{\max} = \frac{TR}{I_{\mathrm{p}}} = \frac{T}{I_{\mathrm{p}}/R} = \frac{T}{W_{\mathrm{p}}} \tag{5-7}$$

式中,$W_{\mathrm{p}}$ 称为**抗扭截面模量**,与圆轴横截面的形状和尺寸有关。

对于直径为 $d$ 的实心圆截面,其极惯性矩 $I_{\mathrm{p}} = \pi d^{4}/32$,抗扭截面模量 $W_{\mathrm{p}} = \pi d^{3}/16$;对于外径为 $D$,内径为 $d$ 的空心圆截面,其极惯性矩 $I_{\mathrm{p}} = \pi(D^{4} - d^{4})/32 = \pi D^{4}(1 - \alpha^{4})/32$,抗扭截面模量 $W_{\mathrm{p}} = \pi D^{3}(1 - \alpha^{4})/16$,其中 $\alpha$ 为内外径之比,即 $\alpha = d/D$。

### 5.2.2 圆轴扭转强度条件

圆轴扭转时的强度条件为

$$\tau_{\max} = \left(\frac{T}{W_p}\right)_{\max} \leqslant [\tau] \tag{5-8}$$

即圆轴中的最大切应力不得超过材料的许用切应力$[\tau]$。对于等截面圆轴,上式简化为

$$\tau_{\max} = \frac{T_{\max}}{W_p} \leqslant [\tau] \tag{5-9}$$

实验表明,材料扭转时的许用切应力$[\tau]$和许用拉应力$[\sigma]$有如下近似关系:对塑性材料,$[\tau] = (0.5 \sim 0.6)[\sigma]$;对脆性材料,$[\tau] = (0.8 \sim 1.0)[\sigma]$。

**例题 5-2** 汽车传动轴由无缝钢管制成,外径$D = 90\text{mm}$,壁厚$\delta = 2.5\text{mm}$,工作时的最大扭矩$T = 1.5\text{kN} \cdot \text{m}$。材料的许用切应力$[\tau] = 60\text{MPa}$,试校核轴的强度,并比较采用空心轴和实心轴两者的用料。

**解**:(1) 校核空心轴的强度。

传动轴的内外径之比为

$$\alpha = d/D = (90\text{mm} - 2 \times 2.5\text{mm})/90\text{mm} = 0.944$$

抗扭截面模量为

$$W_p = \frac{1}{16}\pi D^3(1 - \alpha^4) = \frac{1}{16}\pi(0.09\text{m})^3(1 - 0.994^4) = 295 \times 10^{-9}\text{m}^3$$

最大切应力

$$\tau_{\max} = \frac{T}{W_p} = \frac{1.5 \times 10^3\text{N} \cdot \text{m}}{295 \times 10^{-9}\text{m}^3} = 50.8 \times 10^6\text{Pa} = 50.8\text{MPa} < [\tau]$$

所以,该轴满足强度条件。

(2) 确定实心轴直径$d_1$。

如采用实心轴,要求它与原来的空心轴强度相同,即最大切应力为51MPa。由式(5-7)得$W_p = T/\tau_{\max}$,而实心圆轴$W_p = \pi d_1^3/16$,所以有

$$d_1 = \sqrt[3]{\frac{16T}{\pi \tau_{\max}}} = \sqrt[3]{\frac{16 \times (1.5 \times 10^3\text{N} \cdot \text{m})}{\pi(51 \times 10^6\text{Pa})}} = 53.1 \times 10^{-3}\text{m} = 53.1\text{mm}$$

(3) 用料比较。

在空心轴和实心轴长度相等、材料相同的情况下,它们重力之比等于它们横截面面积之比,两者的面积比为

$$\frac{A_{空}}{A_{实}} = \frac{\frac{\pi}{4}(D^2 - d^2)}{\frac{\pi}{4}d_1^2} = \frac{(90\text{mm})^2 - (85\text{mm})^2}{(53.1\text{mm})^2} = 0.31$$

计算结果表明,在满足同样强度要求情况下,空心轴的用材只是实心轴的31%,可明显节省材料。其原因是,对于实心圆轴,轴心附近的应力很小,轴心附近的材料对轴的强度贡献不大,即使挖除也不会对强度有太大影响。因此,空心轴比较合理地配置材料,在工程中应用较多。式(5-7)也表明,增大$I_p$或$W_p$即可提高轴的强度。在截面积相同情况下,空心轴的$I_p$或$W_p$均比实心轴大(参见附录 A)。

但是空心轴的壁厚也不能过薄,否则会影响轴的刚度,甚至发生局部皱折而丧失其承载能力。

### 5.2.3 薄壁圆筒横截面上的切应力

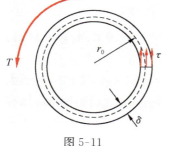

图 5-11

当空心轴的平均半径 $r_0$（图 5-11）和壁厚 $\delta$ 之比 $r_0/\delta \geqslant 10$ 时，称为**薄壁圆筒**。由于筒壁很薄，横截面上的切应力可以近似为沿筒壁厚度方向均匀分布。由静力学关系

$$\int_A r_0 \tau \mathrm{d}A = T$$

式中，$r_0$ 和 $\tau$ 均与面积微元 $\mathrm{d}A$ 无关，可以提到积分号外，而且 $\int_A \mathrm{d}A = A = 2\pi r_0 \delta$，所以有

$$\tau = \frac{T}{2\pi r_0^2 \delta} \tag{5-10}$$

这就是**薄壁圆筒扭转时的切应力计算公式**。在推导过程中，因为事先假设了切应力在截面上的分布规律，无需使用变形协调关系和物性关系，而只使用了静力平衡关系。因此，上式适用于任何材料制成的薄壁圆筒，也适用于发生塑性变形的薄壁圆筒。

**例题 5-3** 内径 $d=100\mathrm{mm}$ 的空心圆轴，已知圆轴受扭矩 $T=5\mathrm{kN \cdot m}$，许用切应力 $[\tau]=80\mathrm{MPa}$，试确定空心圆轴的壁厚。

**解题分析**：因为不知道壁厚，所以不能确定是不是薄壁圆筒。分别按薄壁圆筒和空心圆轴设计。

**解**：（1）按薄壁圆筒设计。

薄壁圆筒扭转时，假设切应力沿壁厚均匀分布，设壁厚为 $\delta$，平均半径为 $r_0=(d+\delta)/2$，则由式（5-10），扭转切应力为

$$\tau = T/(2\pi r_0^2 \delta)$$

强度条件为 $\tau \leqslant [\tau]$，于是得

$$\delta(d+\delta)^2 = \frac{2T}{\pi[\tau]}$$

$$\delta^3 + 2d\delta^2 + d^2\delta = \frac{2T}{\pi[\tau]}$$

$$\delta^3 + 2 \times (100 \times 10^{-3}\mathrm{m})\delta^2 + (100 \times 10^{-3}\mathrm{m})^2\delta = \frac{2 \times 5 \times 10^3 \mathrm{N \cdot m}}{\pi \times 80 \times 10^6 \mathrm{Pa}}$$

解得

$$\delta = 3.70 \times 10^{-3}\mathrm{m} = 3.70\mathrm{mm}$$

$r_0/\delta \approx 14 > 10$，因此采用薄壁圆筒扭转切应力公式（5-10）是合理的。

（2）按空心圆轴设计。

强度条件为

$$\tau_{\max} = T/W_\mathrm{p} \leqslant [\tau]$$

将 $W_\mathrm{p} = \frac{\pi}{16D}(D^4 - d^4)$，$D = d + 2\delta$ 代入，得

$$\frac{16DT}{\pi(D^4 - d^4)} \leqslant [\tau]$$

$$\pi D^4 [\tau] - 16TD - \pi d^4 [\tau] = 0$$

$$\pi(80 \times 10^6 \mathrm{Pa})D^4 - 16(5 \times 10^3 \mathrm{N \cdot m})D - \pi(0.1\mathrm{m})^4(8 \times 10^6 \mathrm{Pa}) = 0$$

解得

$$D = 107.7 \times 10^{-3} \mathrm{m} = 107.7\mathrm{mm}$$

$$\delta = (D-d)/2 = (107.7\mathrm{mm} - 100\mathrm{mm})/2 = 3.85\mathrm{mm}$$

比较可知,两种设计的结果非常接近。

**讨论**:当 $r_0/\delta \geqslant 10$ 时,即认为是薄壁圆筒,可以直接使用薄壁管扭转切应力公式(5-10)。

### 5.2.4　扭转圆轴斜截面上的应力

前面研究了扭转圆轴横截面上的应力,得到了扭转切应力的分布规律和计算公式。但是,仅仅知道横截面上的应力还不足以解释一些实验现象。例如,将低碳钢和铸铁制成标准扭转试样(图 5-12(a)),在扭转试验机上进行破坏性扭转实验。结果发现它们破坏时断口的形貌明显不同:低碳钢试样沿某个横截面断裂,破坏断口平齐,如图 5-12(b)所示;铸铁试样则沿着与轴线成 45°角的螺旋面断裂,破坏断口形状复杂,如图 5-12(c)所示。为什么存在这些差别呢?

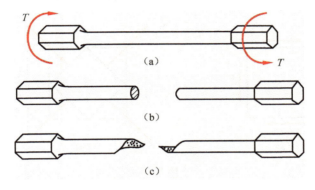

图 5-12

要回答这些问题,需要研究圆轴上一点 $k$ 的应力状态。在轴表层取包围 $k$ 点的微小单元体 $ABCD$,如图 5-13(a)所示;将其放大后,如图 5-13(b)所示。单元体的 $AB$、$CD$ 边表示轴的两个横截面,其上作用有切应力 $\tau$;单元体的 $AD$、$BC$ 边表示轴的纵剖面,根据切应力互等定理,$AD$、$BC$ 边上也作用有切应力,大小为 $\tau$,方向如图 5-13(c)所示。

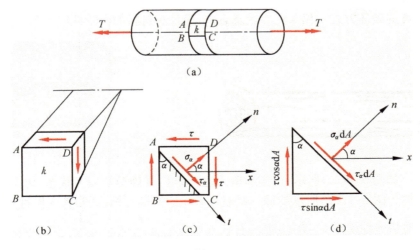

图 5-13

现在计算单元体任一斜截面上的应力。如图 5-13(c)所示，设斜截面的外法线与 $x$ 轴的夹角为 $\alpha$，斜截面上的正应力和切应力分别为 $\sigma_\alpha$ 和 $\tau_\alpha$，斜截面的面积为 $\mathrm{d}A$。沿斜截面法向和切向选取坐标轴 $n$ 和 $t$，列两个方向的力平衡方程，得到

$$\sum F_n = 0: \quad \sigma_\alpha \mathrm{d}A + \tau\cos\alpha \mathrm{d}A\sin\alpha + \tau\sin\alpha \mathrm{d}A\cos\alpha = 0$$

$$\sum F_t = 0: \quad \tau_\alpha \mathrm{d}A - \tau\cos\alpha \mathrm{d}A\cos\alpha + \tau\sin\alpha \mathrm{d}A\sin\alpha = 0$$

化简后得

$$\sigma_\alpha = -\tau\sin2\alpha, \quad \tau_\alpha = \tau\cos2\alpha \tag{5-11}$$

式(5-11)表明，斜截面上的正应力 $\sigma_\alpha$ 和切应力 $\tau_\alpha$ 与选取的斜截面的方位 $\alpha$ 有关。$\alpha = 0°$ 和 $180°$ 的截面表示过 $k$ 点的横截面，此时 $\sigma_\alpha = 0$、$\tau_\alpha = \tau$；在 $\alpha = 45°$ 和 $\alpha = -135°$ 的斜截面上，$\sigma_\alpha = -\tau$、$\tau_\alpha = 0$；在 $\alpha = -45°$ 和 $\alpha = 135°$ 的斜截面上，$\sigma_\alpha = \tau$、$\tau_\alpha = 0$。可见，在轴的横截面上，切应力最大($\tau_{\max} = \tau$)，正应力为零；在与轴线成 $-45°$ 的斜截面上，正应力为拉应力，且达到最大值 $\sigma_{\mathrm{t,max}} = \tau$，切应力为零。图 5-14 给出了这两种应力状态的单元体受力图。

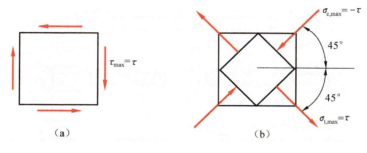

图 5-14

由于塑性材料的抗剪切能力低于其抗拉能力，而横截面上的切应力最大，所以低碳钢试样在扭转破坏时沿着横截面发生断裂；脆性材料的抗拉能力低于其抗剪能力，在 45° 斜面上的拉应力最大，所以铸铁试样扭转破坏时其断裂面与轴线成 45° 角。

还有一类材料在扭转时沿着轴的纵剖面开裂。如图 5-15 所示的一段树干，当受扭转时，是沿着树干方向开裂。这是因为木纤维之间的结合力较弱，在扭转时纵剖面上的切应力(图 5-16)使得木纤维间发生分离。

可见，构件的破坏方式不仅与受力状态有关，而且与材料的力学性能有关。

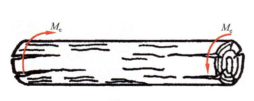

图 5-15

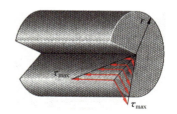

图 5-16

**例题 5-4** 如图 5-17(a)所示，正方形单元边长为 $h$，受纯剪切应力状态，切应力为 $\nu$。受力变形后，单元体为图 5-17(b)所示菱形。试通过单元的变形分析，证明各向同性线弹性材料的弹性模量 $E$、剪切弹性模量 $G$ 与泊松比 $\nu$ 存在关系 $G = \dfrac{E}{2(1+\nu)}$。

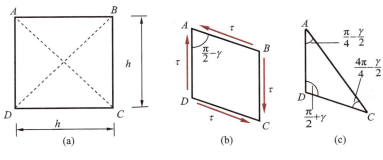

图 5-17

**解**：单元体变形后为菱形，纯剪切应力状态下，单元体边长不变，仍为 $h$，但对角线 $AC$ 变长、$BD$ 变短。设切应力 $\tau$ 产生的切应变为 $\gamma$，$\gamma = \dfrac{\tau}{G}$，则菱形 $ABCD$ 中角 $BAD$ 大小为 $\left(\dfrac{\pi}{2} - \gamma\right)$；设沿对角线 $AC$ 方向的正应变为 $\varepsilon_{AC}$，则变形后其长度为

$$L_{AC} = \sqrt{2}h(1 + \varepsilon_{AC})$$

沿对角线 $AC$ 取菱形的一半（如图 5-17(c) 所示），得三角形 $ACD$，由余弦定理得

$$L_{AC}^2 = h^2 + h^2 - 2h^2 \cos\left(\dfrac{\pi}{2} + \gamma\right)$$

综合以上两式得

$$(1 + \varepsilon_{AC})^2 = 1 - \cos\left(\dfrac{\pi}{2} + \gamma\right)$$

将上式整理后，有

$$1 + 2\varepsilon_{AC} + \varepsilon_{AC}^2 = 1 + \sin\gamma$$

小变形条件下，$\gamma$ 和 $\varepsilon_{AC}$ 都是小量，其大小远小于 1，略去高阶小量，得

$$\varepsilon_{AC} = \dfrac{\gamma}{2}$$

在纯切应力作用时，沿对角线 $AC$ 和 $BD$ 方向的正应力大小分别为

$$\sigma_{AC} = \tau, \quad \sigma_{BD} = -\tau$$

由胡克定律，$\sigma_{AC}$ 引起的 $AC$ 正应变为 $\sigma_{AC}/E = \tau/E$，同时，$\sigma_{BD} = -\tau$ 引起的 $AC$ 正应变为 $-\nu\sigma_{BD}/E = \nu\tau/E$，根据叠加原理得

$$\varepsilon_{AC} = \dfrac{\tau}{E} + \nu\,\dfrac{\tau}{E} = \dfrac{\tau(1 + \nu)}{E}$$

考虑到 $\varepsilon_{AC} = \dfrac{\gamma}{2}$ 以及 $\gamma = \dfrac{\tau}{G}$，可得

$$G = \dfrac{E}{2(1 + \nu)}$$

该式对所有线弹性各向同性材料均成立。

# 5.3　扭转圆轴的变形与刚度条件

### 5.3.1　扭转圆轴的变形

轴的扭转变形用两横截面间的**相对扭转角** $\varphi$ 表示。由式(5-5)得

$$\mathrm{d}\varphi = \frac{T}{GI_\mathrm{p}}\mathrm{d}x$$

沿轴长度 $l$ 积分,即得到该轴段的扭转角

$$\varphi = \int_l \frac{T}{GI_\mathrm{p}}\mathrm{d}x \tag{5-12}$$

当扭矩 $T$ 和 $GI_\mathrm{p}$ 在相距长度为 $l$ 的两横截面之间为常数时,式(5-12)简化为

$$\varphi = \frac{Tl}{GI_\mathrm{p}} \quad (\mathrm{rad}) \tag{5-13}$$

相对扭转角的正负号与扭矩的正负号一致,即正扭矩产生正扭转角,负扭矩产生负扭转角。

由 $n$ 段不同材料、不同截面组成的阶梯轴,可采用叠加法计算其总变形

$$\varphi = \sum_{i=1}^{n} \frac{T_i l_i}{G_i I_{\mathrm{p}i}} \tag{5-14}$$

式(5-14)中,$T_i$ 和 $G_i$ 分别为第 $i$ 段轴的扭矩和剪切弹性模量,$I_{\mathrm{p}i}$ 和 $l_i$ 分别为第 $i$ 段轴的极惯性矩和长度。

在工程中,单位长度扭转角习惯用 $\theta$ 表示,即

$$\theta = \frac{\mathrm{d}\varphi}{\mathrm{d}x} = \frac{T}{GI_\mathrm{p}} \tag{5-15}$$

### 5.3.2 扭转圆轴的刚度条件

受扭圆轴不但要满足强度条件,还要满足刚度要求,即其扭转变形不能超出一定限度。例如,车床传动轴扭转角过大,会降低加工精度。尤其对于精密机械,往往对刚度的要求比强度更严格。扭转圆轴的刚度条件可表示为

$$\theta_{\max} \leqslant [\theta] \tag{5-16}$$

即最大单位长度扭转角不能超过许用单位长度扭转角 $[\theta]$。在工程中,$[\theta]$ 的计量单位习惯用 $(°)/\mathrm{m}$(度/米)表示,将式(5-16)中的弧度换算为度,得

$$\theta_{\max} = \left(\frac{T}{GI_\mathrm{p}}\right)_{\max} \times \frac{180°}{\pi} \leqslant [\theta] \tag{5-17}$$

对于等截面圆轴,即为

$$\theta_{\max} = \frac{T_{\max}}{GI_\mathrm{p}} \times \frac{180°}{\pi} \leqslant [\theta] \tag{5-18}$$

许用扭转角 $[\theta]$ 的数值,根据轴的使用精密度、生产要求和工作条件等因素确定。对一般传动轴,$[\theta]$ 为 $0.5\sim1°/\mathrm{m}$;对于精密机器的轴,$[\theta]$ 为 $0.15\sim0.30°/\mathrm{m}$。

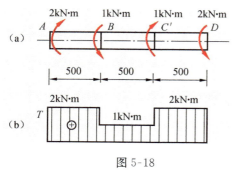

图 5-18

**例题 5-5** 图 5-18(a)所示轴的直径 $d=50\mathrm{mm}$,切变模量 $G=80\mathrm{GPa}$,试计算该轴两端面之间的扭转角。

**解**:(1) 作扭矩图,见图 5-18(b)。

(2) 分段求扭转角。

两端面之间扭转角 $\varphi_{AD}$ 为 $\varphi_{AD} = \varphi_{AB} + \varphi_{BC} + \varphi_{CD}$,所以

$$\varphi_{AD} = \frac{T_{AB}l}{GI_\mathrm{p}} + \frac{T_{BC}l}{GI_\mathrm{p}} + \frac{T_{CD}l}{GI_\mathrm{p}} = \frac{l}{GI_\mathrm{p}}(T_{AB} + T_{BC} + T_{CD})$$

$$I_p = \frac{\pi d^4}{32} = \frac{\pi}{32}(0.050\text{m})^4 = 61.36 \times 10^{-8}\text{m}^4$$

$$\varphi_{AD} = \frac{0.500\text{m}}{(80 \times 10^9\text{Pa})(61.36 \times 10^{-8}\text{m}^4)}(2 \times 10^3\text{N} \cdot \text{m} + 1 \times 10^3\text{N} \cdot \text{m} + 2 \times 10^3\text{N} \cdot \text{m})$$

$$= 0.051\text{rad}$$

**例题 5-6**　主传动轴传递的功率 $P = 60\text{kW}$，转速 $n = 250\text{r/min}$，传动轴的许用切应力 $[\tau] = 40\text{MPa}$，许用单位长度扭转角 $[\theta] = 0.5°/\text{m}$，切变模量 $G = 80\text{GPa}$，试计算传动轴所需的直径。

**解：**（1）计算轴的扭矩

$$T = 9549\frac{60\text{kW}}{250\text{r/min}} = 2292\text{N} \cdot \text{m}$$

（2）根据强度条件确定直径

$$\tau = \frac{T}{W_p} = \frac{16T}{\pi d^3} \leqslant [\tau]$$

$$d \geqslant \sqrt[3]{\frac{16T}{\pi[\tau]}} = \sqrt[3]{\frac{16(2292\text{N} \cdot \text{m})}{\pi(40 \times 10^6\text{Pa})}} = 66.3 \times 10^{-3}\text{m} = 66.3\text{mm}$$

（3）根据圆轴扭转的刚度条件确定直径

$$\theta = \frac{T}{GI_p} \times \frac{180°}{\pi} \leqslant [\theta]$$

$$d \geqslant \sqrt[4]{\frac{32T}{G\pi[\theta]}} = \sqrt[3]{\frac{32(2292\text{N} \cdot \text{m})}{(80 \times 10^9\text{Pa})\pi(0.5°/\text{m})\frac{\pi}{180°}}} = 76 \times 10^{-3}\text{m} = 76\text{mm}$$

综合考虑强度和刚度要求，取轴直径 $d = 76\text{mm}$。

**例题 5-7**　已知钻探机杆的外径 $D = 60\text{mm}$，内径 $d = 50\text{mm}$，功率 $P = 7.46\text{kW}$，转速 $n = 180\text{r/min}$，钻杆入土深度 $l = 40\text{m}$，$G = 80\text{GPa}$，$[\tau] = 40\text{MPa}$。设土壤对钻杆的阻力是沿长度均匀分布的（图 5-19(a)），试求：（1）单位长度上土壤对钻杆的阻力矩 $m$；（2）作钻杆的扭矩图，并进行强度校核；（3）$A$、$B$ 两截面相对扭转角。

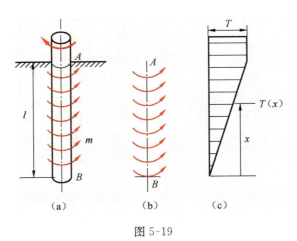

图 5-19

**解题分析：**根据题意，为圆轴扭转问题。土壤对钻杆的阻力形成扭力矩作用在钻杆上，并沿钻杆长度方向均匀分布。

**解**：(1) 求阻力矩集度 $m$。

设钻机输出的功率完全用于克服土壤阻力，则有

$$T = 9549\frac{P}{n} = 9549\frac{7.46\text{kW}}{180\text{r/min}} = 390\text{N} \cdot \text{m}$$

单位长度阻力矩 $m = \dfrac{T}{l} = \dfrac{390\text{N} \cdot \text{m}}{40\text{m}} = 9.75\text{N} \cdot \text{m/m}$

(2) 作扭矩图，进行强度校核。

钻杆的扭矩图如图 5-19(c) 所示。最大扭矩出现在 $A$ 截面，所以 $A$ 截面为危险截面。其上最大切应力为

$$\tau_{\max} = \frac{T_{\max}R}{I_p} = \frac{(390\text{N} \cdot \text{m})(0.030\text{m})}{\dfrac{\pi}{32}[(0.060\text{m})^4 - (0.050\text{m})^4]} = 17.7\text{MPa} < [\tau]$$

满足强度要求。

(3) 计算 $A$、$B$ 两截面相对扭转角 $\varphi_{AB}$。

$$\varphi_{AB} = \int_0^l \frac{T(x)}{GI_p}\text{d}x = \int_0^l \frac{T \cdot \dfrac{x}{l}}{GI_p}\text{d}x = \frac{Tl}{2GI_p} = \frac{32(390\text{N} \cdot \text{m})(40\text{m})}{2(80 \times 10^9\text{Pa})\pi[(0.060\text{m})^4 - (0.050\text{m})^4]}$$
$$= 0.148\text{rad} = 8.48°$$

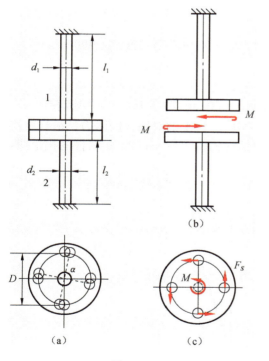

图 5-20

**例题 5-8** 图 5-20(a) 所示圆轴 1 和圆轴 2，由凸缘及螺栓相连接。设上、下凸缘上的螺栓孔存在 $\alpha = 2°$ 的方位偏差，试分析安装后轴与螺栓的应力。已知轴 1 与轴 2 的直径分别为 $d_1 = 60\text{mm}$，$d_2 = 50\text{mm}$，轴长分别为 $l_1 = 2.0\text{m}$，$l_2 = 1.5\text{m}$。螺栓的直径 $d = 15\text{mm}$，并位于直径 $D = 80\text{mm}$ 的圆周上，轴的切变模量 $G = 40\text{GPa}$。分析时凸缘的变形忽略不计，即视为刚体。

**解题分析**：由于上下凸缘螺栓孔不对中，安装时需要强制扭转凸缘，结果导致装配应力。安装后，轴 1 和轴 2 受相同扭力矩 $M$ 的作用(图 5-20(b))，这是本题的静力平衡条件，但由该静力平衡条件无法确定其大小，故为一次静不定问题。

**解**：(1) 计算扭力矩 $M$。

设轴 1 和轴 2 凸缘处的扭转角分别为 $\varphi_1$ 与 $\varphi_2$，则变形协调条件为

$$\varphi_1 + \varphi_2 = \alpha \qquad (5-19)$$

$M$ 作用下轴 1 和轴 2 的扭转角分别为

$$\varphi_1 = \frac{32Ml_1}{G\pi d_1^4}, \quad \varphi_2 = \frac{32Ml_2}{G\pi d_2^4}$$

将上述关系式代入式(5-19)，得

$$\frac{32Ml_1}{G\pi d_1^4} + \frac{32Ml_2}{G\pi d_2^4} = \alpha \qquad (5-20)$$

由此得

$$M = \frac{G\pi\alpha}{32} \frac{d_1^4 d_2^4}{l_1 d_2^4 + l_2 d_1^4} = \frac{(40 \times 10^9 \text{Pa})\pi}{32} \frac{2° \times \pi}{180°} \frac{(0.060\text{m})^4 (0.050\text{m})^4}{(2.0\text{m})(0.050\text{m})^4 + (1.5\text{m})(0.060\text{m})^4}$$

$$= 347.5\text{N} \cdot \text{m}$$

（2）计算轴的扭转应力。

轴 1 和轴 2 的最大扭转切应力则分别为

$$\tau_{1,\max} = \frac{16M}{\pi d_1^3} = \frac{16(347.5\text{N} \cdot \text{m})}{\pi(0.060\text{m})^3} = 8.195\text{MPa}$$

$$\tau_{1,\max} = \frac{16M}{\pi d_2^3} = \frac{16(347.5\text{N} \cdot \text{m})}{\pi(0.050\text{m})^3} = 14.15\text{MPa}$$

（3）计算螺栓的切应力。

设螺栓剪切面上的剪力为 $F_s$（图 5-20(c)），则由静力学关系可知

$$4 \times \frac{F_s D}{2} = M$$

由此得

$$F_s = \frac{M}{2D}$$

螺栓剪切面上的切应力则为

$$\tau = \frac{4F_s}{\pi d^2} = \frac{2M}{\pi D d^2} = \frac{2(347.5\text{N} \cdot \text{m})}{\pi(0.08\text{m})(0.015)^2} = 1.229 \times 10^7 \text{Pa} = 12.29\text{MPa}$$

# 5.4　非圆截面杆的扭转

工程中还会遇到非圆截面杆的扭转问题。实验表明，当如图 5-21(a)所示的矩形截面杆自由扭转时，其横截面将由原来的平面变为曲面，即截面发生了**翘曲**，如图 5-21(b)所示。这是非圆截面杆扭转的一个重要特征。因此，根据平面假设建立的计算圆轴扭转应力和变形的公式不再适用于非圆截面杆扭转。对于这种比较复杂的变形情况，用弹性力学的方法可以得到精确解答。本节只介绍一些有实用价值的结果。

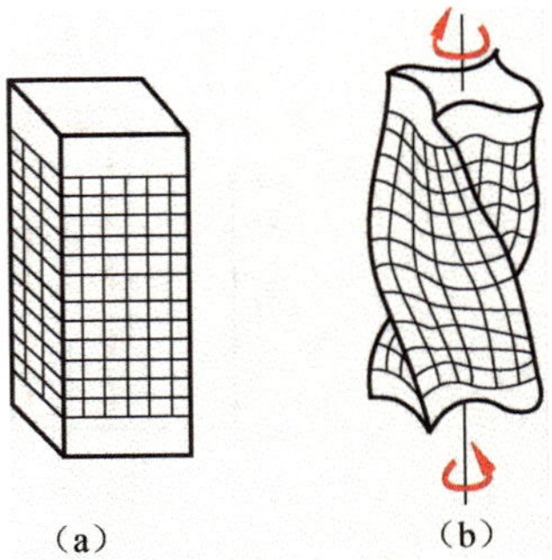

图 5-21

## 5.4.1　矩形截面杆的自由扭转

如果杆件扭转时，各横截面均可自由翘曲，则横截面只有切应力而无正应力，称为**自由扭转**。反之，如果杆件扭转时，各横截面的翘曲受到限制，则横截面上不仅有切应力，而且还有正应力，称为**约束扭转**。下面给出矩形截面杆自由扭转时应力分布的主要特点。

（1）截面周边各点处的切应力方向一定与周边平行。如图 5-22(a)所示，设周边上 $A$ 点单元体横截面侧切应力为 $\tau_A$，并设其方向与周边不平行，则必有与周边垂直的分量 $\tau_n$；又由切应力互等定理可知，在单元体杆表面一侧必有 $\tau_n' = \tau_n$。而实际上杆表面为不受力的自由表面，$\tau_n' = 0$，所以必有 $\tau_n = 0$。所以，截面周边上的切应力一定平行于周边。

（2）截面凸角处的切应力一定为零，如图 5-22(a)中的 $B$ 点所示。类似地，可由切应力互

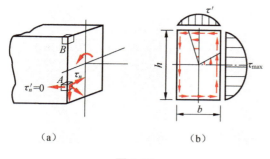

图 5-22

等定理导出。

（3）利用弹性力学方法，得出横截面上最大切应力发生在长边中点，切应力分布如图 5-22（b）所示。最大切应力 $\tau_{max}$、短边中点切应力 $\tau'$ 及单位长度扭转角 $\theta$ 可按下列公式计算。

$$\tau_{max} = \frac{T}{\alpha h b^2} \tag{5-21}$$

$$\tau' = \gamma \tau_{max} \tag{5-22}$$

$$\theta = \frac{T}{G \beta b^3 h} \tag{5-23}$$

式（5-21）～式（5-23）中，$T$ 为扭矩，$G$ 为切变模量；$\alpha$、$\beta$、$\gamma$ 是和边长比 $h/b$ 有关的系数，其值可查表 5-1。当 $h/b>10$，即为狭长矩形时，$\alpha \approx \beta \approx 1/3$，$\gamma = 0.74$。

表 5-1　矩形截面扭转计算系数

| $h/b$ | 1.00 | 1.20 | 1.50 | 1.75 | 2.00 | 2.50 | 3.00 | 4.00 | 5.00 | 6.00 | 8.00 | 10.00 | $\infty$ |
|---|---|---|---|---|---|---|---|---|---|---|---|---|---|
| $\alpha$ | 0.208 | 0.219 | 0.231 | 0.239 | 0.246 | 0.258 | 0.267 | 0.282 | 0.291 | 0.299 | 0.307 | 0.313 | 0.333 |
| $\beta$ | 0.141 | 0.166 | 0.196 | 0.214 | 0.229 | 0.249 | 0.263 | 0.281 | 0.291 | 0.299 | 0.307 | 0.313 | 0.333 |
| $\gamma$ | 1.00 | 0.93 | 0.86 | 0.82 | 0.80 | 0.77 | 0.75 | 0.74 | 0.74 | 0.74 | 0.74 | 0.74 | 0.74 |

### 5.4.2　开口薄壁截面杆的自由扭转

开口薄壁截面杆，如 L 形、工字形和槽形，可以看成几个狭长矩形组成。在扭转时，切应力沿截面周边形成"环流"（图 5-23），截面中心线两侧对称位置的微剪力 $\tau dA$ 构成力偶。但因杆壁薄，力偶臂小，所以开口薄壁截面杆的抗扭能力很差。

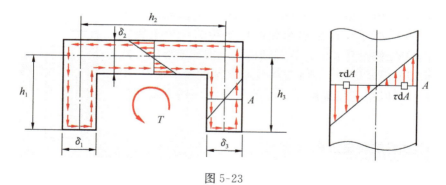

图 5-23

开口薄壁截面杆的最大切应力和单位长度扭转角可用下列公式计算。

$$\tau_{max} = \frac{T \delta_{max}}{\frac{1}{3} \sum_{i=1}^{n} h_i \delta_i^3} \tag{5-24}$$

$$\theta = \frac{T}{G \frac{1}{3} \sum_{i=1}^{n} h_i \delta_i^3} \tag{5-25}$$

式（5-24）和式（5-25）中，$h_i$ 和 $\delta_i$ 表示是第 $i$ 个矩形的长度和宽度，$\delta_{max}$ 是所有狭矩形中的最大宽度，$\tau_{\max}$ 就发生在这个矩形的长边处。

### 5.4.3 闭口薄壁截面杆的扭转

截面中心线为封闭曲线或折线的薄壁杆，称为**闭口薄壁杆**。一般闭口薄壁杆的切应力分布与薄壁圆筒的扭转切应力分布相似，即切应力沿壁厚接近均匀分布，横截面边缘各点处的切应力一定平行于该处的周边切线。如图 5-24 所示，从闭口薄壁截面杆中取微段 $dx$，在微段上切取单元体 $abcd$，设横截面 $a$ 点处的切应力为 $\tau_1$，壁厚为 $\delta_1$；$b$ 点处的切应力为 $\tau_2$，壁厚为 $\delta_2$。根据切应力互等定理，在纵向截面 $ad$ 和 $bc$ 截面上的切应力分别为 $\tau_1$ 和 $\tau_2$，剪力分别为 $\tau_1\delta_1 dx$ 和 $\tau_2\delta_2 dx$，由平衡条件

$$\sum F_x = 0: \quad \tau_1\delta_1 dx = \tau_2\delta_2 dx$$

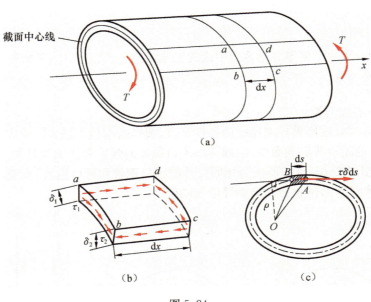

图 5-24

得

$$\tau_1\delta_1 = \tau_2\delta_2 \tag{5-26}$$

由于 $a$ 和 $b$ 是横截面上的任意点，这说明在横截面上的任意点，切应力 $\tau$ 与该点处壁厚 $\delta$ 的乘积为一常数，即

$$\tau\delta = C \tag{5-27}$$

$\tau\delta$ 称为**剪流**，是单位长度上的剪力。

式(5-27)说明，当闭口薄壁杆扭转时，截面中心线上各点处的剪流数值相等。对于等厚度闭口薄壁截面杆，截面上任意点的切应力相等。

切应力的分布方式确定后，可以利用切应力与扭矩间的静力学关系确定其大小。在图 5-24(c)中面积微元 $\delta ds$ 上的微剪力为 $\tau\delta ds$，它对横截面内任意点 $O$ 的矩为 $dT = \tau\delta ds \cdot \rho$，$\rho$ 为 $O$ 点到面积微元所在截面中心线切线的垂直距离。沿截面中心线积分得

$$T = \int_s \tau\delta ds \cdot \rho = \tau\delta \int_s \rho ds$$

式中，$\rho ds$ 等于图 5-24(c)中三角形 $OAB$ 面积的两倍,所以积分 $\int_s \rho ds$ 是截面中线所围面积 $A_0$ 的两倍,即

$$T = \tau\delta \cdot 2A_0$$

于是可求得

$$\tau = \frac{T}{2A_0\delta} \tag{5-28}$$

此即闭口薄壁截面杆扭转时,横截面上任一点的切应力计算公式。由上式可知,壁厚 $\delta$ 最小处的切应力最大,即

$$\tau_{\max} = \frac{T}{2A_0\delta_{\min}} \tag{5-29}$$

闭口薄壁截面杆的单位扭转角的公式为

$$\theta = \frac{T}{4GA_0^2}\int_s \frac{ds}{\delta} \tag{5-30}$$

式(5-30)中的积分取决于壁厚 $\delta$ 沿截面中线的变化规律。当壁厚 $\delta$ 为常数时,则得

$$\theta = \frac{Ts}{4GA_0^2\delta} \tag{5-31}$$

式中,$s$ 为截面中心线全长。

由高等数学可知,在周界长度相同的条件下,以圆形的面积为最大。所以在具有相同截面中线长度和壁厚的闭口薄壁截面中,以圆环形闭口截面的强度和刚度为最大。

**例题 5-9** 图 5-25(a)、(b)所示为相同尺寸的闭口钢管和开口钢管,承受相同扭矩 $T$。设平均直径为 $d$,壁厚为 $\delta$,试比较两者的强度和刚度。

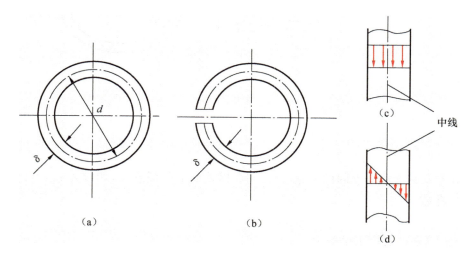

图 5-25

**解**:(1) 闭口薄壁圆环的切应力和单位扭转角。根据式(5-29)、式(5-31)得

$$\tau_a = \frac{T}{2A_0\delta} = \frac{T}{2 \times \frac{\pi d^2}{4}\delta} = \frac{2T}{\pi d^2\delta}, \quad \theta_a = \frac{Ts}{4GA_0^2\delta} = \frac{T\pi d}{4G\left(\frac{\pi d^2}{4}\right)^2\delta} = \frac{4T}{G\pi d^3\delta}$$

(2) 对于开口薄壁圆环,可将其展开成一长度为 $h=\pi d$,宽度为 $\delta$ 的狭长矩形,则由式(5-24)、

式(5-25)得

$$\tau_{b} = \frac{T\delta}{\frac{1}{3}\pi d\delta^{3}} = \frac{3T}{\pi d\delta^{2}}, \quad \theta_{b} = \frac{T}{G\frac{1}{3}\pi d\delta^{3}} = \frac{3T}{G\pi d\delta^{3}}$$

若取 $d=10\delta$,则 $\tau_{b}=15\tau_{a}$,$\theta_{b}=75\theta_{a}$。可见,开口钢管的切应力是闭口钢管的 15 倍,单位扭转角则是闭口钢管的 75 倍。这两种截面的扭转强度和扭转刚度相差如此之大,是因为截面上的切应力分布不同。在开口截面上,中线两侧的切应力方向相反(图 5-25(d)),力偶臂极小;而在闭口截面上,切应力沿壁厚均匀分布(图 5-25(c)),对截面中心的力臂较大。如果两种截面上作用相同的扭矩,则开口截面上的切应力必定大于闭口截面上的切应力。所以,工程上受扭杆件应尽量避免采用开口薄壁截面。

# *5.5　扭转应力集中

工程中的圆轴通常存在诸如销钉孔、槽、阶梯等几何突变的情况。当受到扭转时,在这些几何突变部位会产生应力集中。

图 5-26(a)所示阶梯圆轴,右边轴直径为 $D_{1}$,左边轴直径为 $D_{2}$。当受扭矩 $T$ 作用时,在直径过渡区(轴肩)产生应力集中。根据圣维南原理,应力集中存在于轴肩附近较小的区域。在离轴肩距离为 $D_{2}$ 的截面 A-A 上,其切应力分布如图 5-26(b)所示,已不受应力集中的影响,可按 5.2 节公式计算,最大切应力 $\tau_{2}=16T/(\pi D_{2}^{3})$。在离轴肩距离为 $D_{1}$ 的截面 C-C 上,其切应力分布也不受应力集中的影响(图 5-26(d)),最大切应力 $\tau_{1}=16T/(\pi D_{1}^{3})$。在轴肩附近的截面 B-B 上,由于应力集中作用,其切应力分布如图 5-26(c)所示,最大切应力可用应力集中因数 $K$ 表示为

$$\tau_{\max} = K\tau_{\text{nom}} = K\left(\frac{16T}{\pi D_{1}^{3}}\right) \tag{5-32}$$

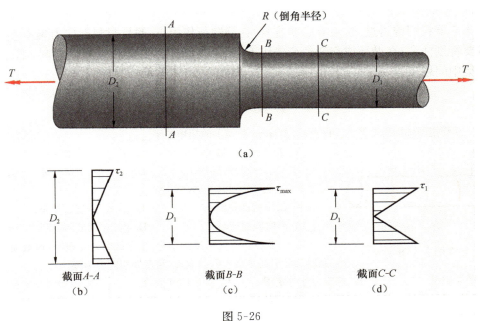

截面A-A
（b）

截面B-B
（c）

截面C-C
（d）

图 5-26

式(5-32)中,名义切应力 $\tau_{\text{nom}}$ 的值取 $\tau_1$、$\tau_2$ 中较大的那个计算。当已知应力集中因数 $K$ 和名义切应力后,即可用式(5-32)计算最大切应力,并用该切应力值进行强度设计。

应力集中因数 $K$ 的大小主要与倒角半径 $R$ 的大小有关,图 5-27 给出了 $K$ 随 $R/D_1$ 的变化情况。

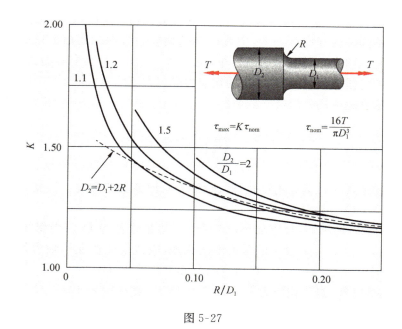

图 5-27

从图 5-27 看出,当 $R=0$,亦即不倒角情况下,$K$ 值很大(理论上是无穷大);当 $R$ 足够大时,$K$ 趋近于 1,亦即应力集中现象消失。因此,在设计类似阶梯轴的构件时,合理选取倒角半径十分重要。图 5-27 中虚线表示了 $D_2=D_1+2R$ 这种特别倒角情况下的应力集中因数。

在 2.5 节我们曾讲过,这里有必要重复:在静载荷作用下,脆性材料对应力集中十分敏感,设计时要特别注意;在循环或交变载荷作用下,无论是脆性材料或者是塑性材料,都应特别注意应力集中问题。

## 思 考 题

5-1 一受扭圆轴如思考题 5-1 图所示,其 $m$-$m$ 截面上的扭矩等于_____。

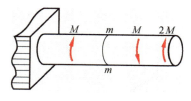

思考题 5-1 图

A. $T_{m\text{-}m}=M+M=2M$;　　　　B. $T_{m\text{-}m}=M-M=0$;

C. $T_{m\text{-}m}=2M-M=M$;　　　　D. $T_{m\text{-}m}=-2M+M=-M$。

5-2 低碳钢试件扭转破坏是_____。

A. 沿横截面拉断;　　　　　　B. 沿 45°螺旋面拉断;

C. 沿横截面剪断;　　　　　　D. 沿 45°螺旋面剪断。

5-3 根据_____可得出结论:矩形截面杆受扭时,横截面上边缘各点的切应力必平行于截面周边,角点处切应力为零。

A. 平面假设;　　B. 切应力互等定理;　　C. 各向同性假设;　　D. 剪切胡克定律。

5-4 从受扭圆轴内截取思考题 5-4 图中虚线所示形状的一部分,该部分_____上无切应力。

A. 横截面 1;　　B. 纵截面 2;　　C. 纵截面 3;　　D. 圆柱面 4。

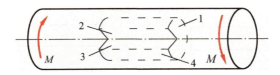

思考题 5-4 图

5-5 设钢、铝两根等直圆轴具有相等的最大扭矩和最大单位长度扭转角，则钢、铝轴的最大切应力 $\tau_{st}$ 和 $\tau_{al}$ 的大小关系是_____。

A. $\tau_{st} < \tau_{al}$；　　　　B. $\tau_{st} = \tau_{al}$；　　　　C. $\tau_{st} > \tau_{al}$；　　　　D. 不确定。

5-6 受扭圆轴上贴有三个应变片，如思考题 5-6 图所示，实测时应变片_____的读数几乎为零。

A. 1 和 2；　　　　B. 2 和 3；　　　　C. 1 和 3；　　　　D. 1、2 和 3。

5-7 在圆轴表面画出思考题 5-7 图所示的微正方形，受扭时该正方形_____。

A. 保持为正方形；　B. 变为矩形；　　C. 变为菱形；　　D. 变为平行四边形。

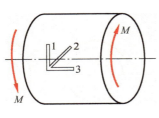

思考题 5-6 图

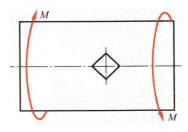

思考题 5-7 图

5-8 截面为圆环形的开口和闭口薄壁杆件的横截面如思考题 5-8 图(a)、(b)所示，设两杆具有相同的平均半径和壁厚，则二者_____。

A. 抗拉强度相同；抗扭强度不同；　　　　B. 抗拉强度不同，抗扭强度相同；

C. 抗拉、抗扭强度都相同；　　　　　　　D. 抗拉、抗扭强度都不同。

5-9 思考题 5-9 图所示薄壁受扭杆。截面上_____点处的切应力最大。

A. 1；　　　　B. 2；　　　　C. 3；　　　　D. 4。

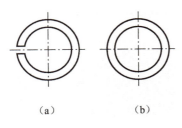

（a）　　　（b）

思考题 5-8 图

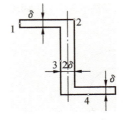

思考题 5-9 图

5-10 已知圆截面杆扭转时，横截面上最大切应力为 $\tau_{max}$，两端面间的相对扭转角为 $\phi$。如果将圆杆直径增大一倍，则最大切应力 $\tau'_{max}$ 与相对扭转角 $\phi'$ 之间的关系为_____。

A. $\tau'_{max}/\tau_{max} = 1/2, \phi'/\phi = 1/4$；　　　　B. $\tau'_{max}/\tau_{max} = 1/4, \phi'/\phi = 1/8$；

C. $\tau'_{max}/\tau_{max} = 1/8, \phi'/\phi = 1/8$；　　　　D. $\tau'_{max}/\tau_{max} = 1/8, \phi'/\phi = 1/16$。

# 习　　题

5.1-1 试作习题 5.1-1 图所示各轴的扭矩图。

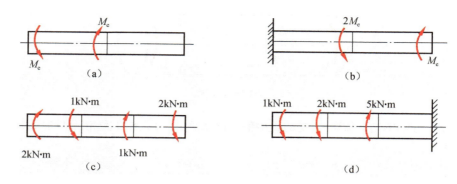

习题 5.1-1 图

5.1-2 习题 5.1-2 图所示传动轴,转速 $n=300\text{r/min}$,$A$ 轮为主动轮,输入功率 $P_A=50\text{kW}$,$B$、$C$、$D$ 为从动轮,输出功率分别为 $P_B=10\text{kW}$,$P_C=P_D=20\text{kW}$。(1)试作轴的扭矩图;(2)如果将轮 $A$ 和轮 $C$ 的位置对调,试分析对轴受力是否有利。

5.2-1 如习题 5.2-1 图所示,$T$ 为圆轴横截面上的扭矩,试画出截面上与 $T$ 对应的切应力分布图。

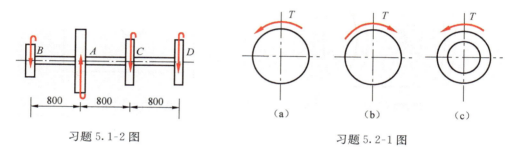

习题 5.1-2 图

习题 5.2-1 图

5.2-2 习题 5.2-2 图所示圆截面空心轴,外径 $D=40\text{mm}$,内径 $d=20\text{mm}$,扭矩 $T=1\text{kN}\cdot\text{m}$,试计算 $\rho=15\text{mm}$ 的 $A$ 点处的扭转切应力 $\tau_A$ 以及横截面上的最大和最小的扭转切应力。

5.2-3 一直径为 90mm 的圆截面轴,其转速为 45r/min,设横截面上的最大切应力为 50MPa,试求所传递的功率。

5.2-4 习题 5.2-4 图所示为电动机的驱动轴,转动频率 12Hz,输出功率 18kW。(1)如果轴直径 $d=30\text{mm}$,轴的最大切应力是多少?(2)如果轴的最大许用切应力为 40MPa,轴的直径是多少?

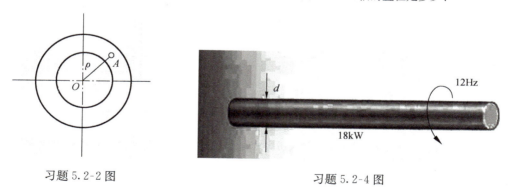

习题 5.2-2 图

习题 5.2-4 图

5.2-5 习题 5.2-5 图所示卡车驱动轴转速为 2500r/min,外径 60mm,内径 40mm。(1)如果轴的输出功率为 180kW,轴的最大切应力是多少?(2)如果轴的许用切应力为 35MPa,轴能输出多大功率?

5.2-6 习题 5.2-6 图所示为船用推进器的传动轴,该轴由两段直径为 $d$ 的实心轴在中间用外径为 $d_1$ 的同材料套筒接合而成。试问,为使接合轴与实心轴传递相同的动力,$d_1$ 应该取多少?

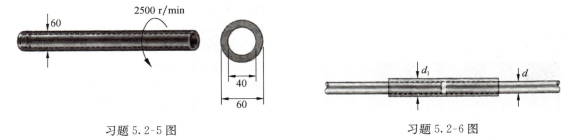

习题 5.2-5 图　　　　　　　　　　　　　习题 5.2-6 图

5.2-7　某传动轴,横截面上的最大扭矩 $T=1.5\text{kN}\cdot\text{m}$,许用切应力$[\tau]=50\text{MPa}$,试按下列两种方案确定截面直径:(1) 横截面为实心圆截面;(2) 横截面为内外径比值 $\alpha=0.9$ 的空心圆截面。

5.2-8　钢质实心轴和铝质空心轴(内外径比值 $\alpha=0.6$)的横截面面积相等,钢轴许用应力$[\tau_1]=80\text{MPa}$,铝轴许用应力$[\tau_2]=50\text{MPa}$,若仅从强度条件考虑,哪一根轴能承受较大的扭矩?

5.2-9　如习题 5.2-9 图所示,实心轴和空心轴通过牙嵌式离合器连接在一起,已知轴的转速 $n=100\text{r/}$ min,传递功率 $P=7.5\text{kW}$,材料的许用切应力$[\tau]=40\text{MPa}$,试选择实心轴直径 $d_1$ 和内外径比值 $\alpha=0.5$ 的空心轴外径 $D_2$。

5.2-10　如习题 5.2-10 图所示,已知传动轴的功率分别为 $P_A=300\text{kW}$、$P_B=200\text{kW}$、$P_C=500\text{kW}$,若 $AB$ 段和 $BC$ 段轴的最大切应力相同,试求此两段轴的直径之比。

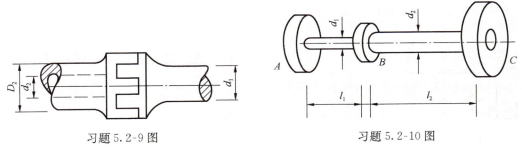

习题 5.2-9 图　　　　　　　　　　　习题 5.2-10 图

5.2-11　习题 5.2-11 图所示圆轴直径 $d=320\text{mm}$,用实验方法测得 $45°$方向的 $\sigma_{\max}=89\text{MPa}$,求轴所受的外力偶矩 $M_e$。

5.3-1　习题 5.3-1 图所示阶梯轴由三段材料相同、长度均为 0.5m 的实心圆轴组成,在 $B$、$C$ 和 $D$ 截面承受三个外力偶矩,大小分别为 $3000\text{N}\cdot\text{m}$,$2000\text{N}\cdot\text{m}$ 和 $800\text{N}\cdot\text{m}$。$AB$、$BC$ 和 $CD$ 三段的直径分别为 80mm、60mm 和 40mm。设剪切弹性模量为 $G=80\text{GPa}$,试:(1) 计算轴的最大切应力 $\tau_{\max}$;(2) 计算截面 $D$ 的扭转角。

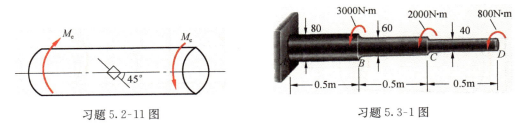

习题 5.2-11 图　　　　　　　　　　习题 5.3-1 图

5.3-2　习题 5.3-2 图所示三个齿轮用轴 $ABC$ 连接。轴的 $AB$ 段为直径为 $d$ 的实心轴,$BC$ 段为外径 $1.25d$,内径 $d$ 的空心轴。各齿轮上的外力偶矩以及轴的长度如图所示。设轴材料的剪切弹性模量 $G=80\text{GPa}$,试问:(1) 如果轴的许用切应力为 80MPa,最小直径 $d$ 为多少? (2) 如果要求任意两个齿轮的相对扭转角不超过 $4.0°$,最小直径 $d$ 为多少?

5.3-3　将直径 $d=2\text{mm}$,长 $l=4\text{m}$ 的钢丝一端嵌紧,另一端扭转一整圈,已知切变模量 $G=80\text{GPa}$,试求

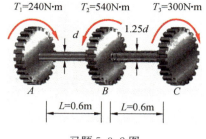

$T_1=240\text{N}\cdot\text{m}$  $T_2=540\text{N}\cdot\text{m}$  $T_3=300\text{N}\cdot\text{m}$

$d$  $1.25d$

$A$  $B$  $C$

$L=0.6\text{m}$  $L=0.6\text{m}$

习题 5.3-2 图

此时钢丝内的最大切应力 $\tau_{\max}$。

5.3-4 某钢轴直径 $d=80\text{mm}$,扭矩 $T=2.4\text{kN}\cdot\text{m}$,材料的许用切应力$[\tau]=45\text{MPa}$,单位长度许用扭转角$[\theta]=0.5°/\text{m}$,切变模量 $G=80\text{GPa}$,试校核此轴的强度和刚度。

5.3-5 一钢轴受扭矩 $T=1.2\text{kN}\cdot\text{m}$,许用切应力$[\tau]=50\text{MPa}$,许用扭转角$[\theta]=0.5°/\text{m}$,切变模量 $G=80\text{GPa}$,试选择轴的直径。

5.3-6 某空心钢轴,内外径之比 $\alpha=0.8$,转速 $n=250\text{r/min}$,传递功率 $P=60\text{kW}$,已知许用切应力$[\tau]=40\text{MPa}$,许用扭转角$[\theta]=0.8°/\text{m}$,切变模量 $G=80\text{GPa}$,试设计钢轴的内径和外径。

5.3-7 横截面面积相等的实心轴和空心轴,两轴材料相同,受同样的扭矩 $T$ 作用,已知实心轴直径 $d_1=30\text{mm}$,空心轴内外径之比值 $\alpha=d/D=0.8$。试求二者最大切应力之比及单位长度扭转角之比。

5.3-8 已知轴的许用切应力$[\tau]=21\text{MPa}$,切变模量 $G=80\text{GPa}$,许用单位扭转角$[\theta]=0.3°/\text{m}$,试问此轴的直径 $d$ 达到多大时,轴的直径应由强度条件决定,而刚度条件总可满足。

5.3-9 习题 5.3-9 图所示圆轴承受集度为 $m$ 的均匀分布的扭力矩作用,已知的抗扭刚度 $GI_p$ 和长度 $l$,试求 $B$ 截面的扭转角 $\varphi_B$。

5.3-10 习题 5.3-10 图所示传动轴外径 $D=50\text{mm}$,长度 $l=510\text{mm}$,$l_1$ 段内径 $d_1=25\text{mm}$,$l_2$ 段内径 $d_2=38\text{mm}$,欲使轴两段扭转角相等,则 $l_2$ 应是多长?

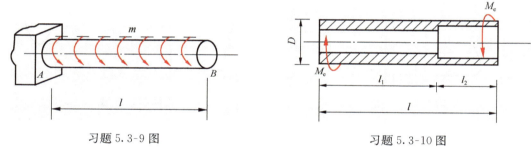

习题 5.3-9 图　　　　　　　　　习题 5.3-10 图

5.3-11 习题 5.3-11 图所示小锥度圆锥形杆,$d_1=1.2d_2$。已知材料切变模量 $G$,试求杆的最大相对扭转角。如按等截面(用平均直径)杆进行计算会引起多大的误差?

5.3-12 习题 5.3-12 图所示一薄壁钢管受外力偶 $M_e=2\text{kN}\cdot\text{m}$ 作用。已知外径 $D=60\text{mm}$,内径 $d=50\text{mm}$,材料的弹性模量 $E=210\text{GPa}$,现得管表面上相距 $l=200\text{mm}$ 的 $AB$ 两截面相对扭转角 $\varphi_{AB}=0.43°$,试求材料的泊松比。

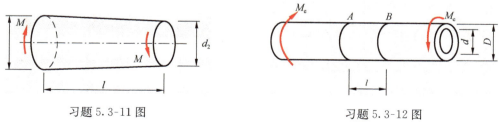

习题 5.3-11 图　　　　　　　　习题 5.3-12 图

5.3-13 习题 5.3-13 图所示传动轴,主动轮 $B$ 输入功率 $P_2=368\text{kW}$,从动轮 $A$、$C$ 输出功率分别为 $P_1=147\text{kW}$,$P_3=221\text{kW}$,轴的转速 $n=500\text{r/min}$,材料的 $G=80\text{GPa}$,许用切应力$[\tau]=70\text{MPa}$,许用单位长度扭转角$[\theta]=1.0°/\text{m}$。(1)画出轴的扭矩图;(2)设计轴的直径。

5.3-14 空心钢轴的外径 $D=100\text{mm}$,内径 $d=50\text{mm}$,剪切弹性模量 $G=80\text{GPa}$。若要求轴在 2m 内的

最大扭转角不超过 1.5°,试问它所能承受的最大扭矩是多少? 并求此时轴内的最大切应力。

5.3-15　习题 5.3-15 图所示空心圆轴外径 $D=100$mm,内径 $d=80$mm,$l=500$mm,外力偶 $M_1=6$kN·m,$M_2=4$kN·m,材料的 $G=80$GPa,试求:(1) 轴的最大切应力;(2) $C$ 截面对 $A$ 截面、$B$ 截面的相对扭转角。

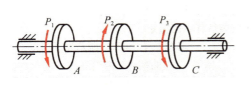

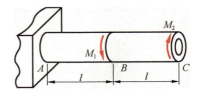

习题 5.3-13 图　　　　　　　　　习题 5.3-15 图

5.3-16　习题 5.3-16 图所示两端固定的钢圆轴,其直径 $d=60$mm。该轴在截面 $C$ 处受一外力偶 $M=3.8$kN·m 的作用,已知切变模量 $G=80$GPa,试求截面 $C$ 两侧轴内的最大切应力和截面 $C$ 的扭转角。

5.3-17　习题 5.3-17 图所示圆轴在 $AB$ 两端固定,轴总长度为 $L=1250$mm。轴一半为实心,一半为空心,两部分外径相同,均为 $d_2=100$mm;空心部分内径 $d_1=80$mm。如果在距 $A$ 端为 $x$ 的截面施加外力偶矩 $T_0$,试问 $x$ 为多少时正好使得两个端面的约束扭矩相等?

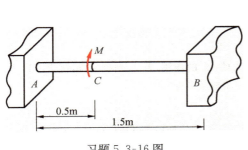

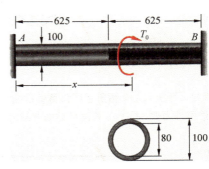

习题 5.3-16 图　　　　　　　　　习题 5.3-17 图

5.3-18　习题 5.3-18 图所示长 500mm、直径 30mm 的实心钢轴,外面套一内径 36mm、外径 45mm 的钢套筒。两者在 $A$ 端固定,在 $B$ 端用刚性端板连接,并在 $B$ 端施加 500N·m 的外力偶矩。(1) 试计算钢轴和套筒中的最大切应力;(2) 设钢的剪切弹性模量 $G=80$GPa,试计算端板的扭转角;(3) 试计算钢轴和套筒整体的扭转刚度。

5.3-19　习题 5.3-19 图所示为采用过盈配合方法制作的复合轴。轴芯为青铜,直径 $d_1=25$mm;轴套为钢,外径 $d_2=40$mm。设铜和钢的剪切弹性模量分别为 $G_b=39$GPa 和 $G_s=75$GPa,许用切应力分别为 $\tau_b=30$MPa 和 $\tau_s=50$MPa,试确定复合轴能承受的最大外力偶矩 $T_{max}$。

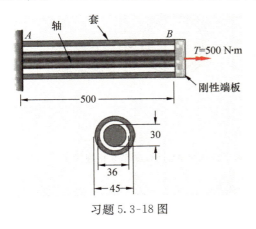

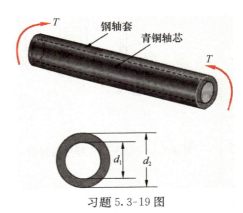

习题 5.3-18 图　　　　　　　　　习题 5.3-19 图

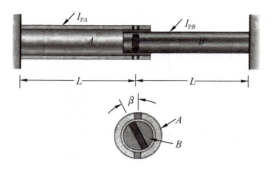

习题 5.3-20 图

5.3-20 习题 5.3-20 图所示空心管 $A$ 与实心圆杆 $B$ 在中间通过销钉连接。由于制造误差,实心轴的销钉孔中心线与空心管销钉孔中心线相差角度 $\beta$,安装时先扭转杆 $B$,待销钉孔对中后插入销钉,然后松开杆 $B$。设空心管和实心轴材料相同,极惯性矩分别为 $I_{pA}$ 和 $I_{pB}$,试计算安装后杆中的扭矩。

5.4-1 习题 5.4-1 图(a)所示发动机的曲轴,在连杆推力 $F$ 作用下,在曲柄 $AB$ 内引起扭矩 $T=300$N·m(习题 5.4-1 图(b)),已知曲柄横截面的尺寸 $b=20$mm,$h=100$mm。试求此曲柄的最大切应力 $\tau_{max}$。

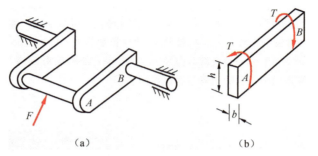

(a)                    (b)

习题 5.4-1 图

5.4-2 习题 5.4-2 图所示闭口薄壁截面杆受到外力偶 $M_e$ 的作用,若 $[\tau]=60$MPa,试求:(1) 按强度条件确定许可外力偶 $M_e$;(2) 若薄壁截面开缝后,许用扭矩将减至多少?

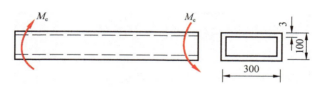

习题 5.4-2 图

5.4-3 一圆形截面杆和一矩形截面杆受相同扭矩 $T=400$N·m 作用,圆杆直径 $d=40$mm,矩形截面为 $60\times20$mm²,试比较这两杆内的最大切应力和横截面面积。

5.4-4 习题 5.4-4 图所示三种截面形状的闭口薄壁杆,若截面中心线的长度、壁厚、杆长、材料以及所受扭矩均相同,试计算最大扭转切应力之比和扭转角之比。

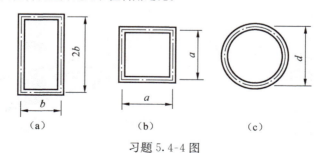

(a)            (b)            (c)

习题 5.4-4 图

5.4-5 习题 5.4-5 图所示变厚度薄壁管,壁厚中心线为半径为 $r$ 的圆形,壁厚变化规律为

$$t=t_0\left(1+\sin\frac{\theta}{2}\right)$$

式中,$t_0$ 为 $\theta=0$ 位置处的壁厚。试计算扭矩 $T$ 作用下薄壁管的最大切应力 $\tau_{max}$、最小切应力 $\tau_{min}$ 和扭转角 $\phi$。

5.5-1　习题 5.5-1 图所示阶梯轴，已知 $D_1 = 40\text{mm}, D_2 = 60\text{mm}$，扭矩 $T = 1100\text{N} \cdot \text{m}$，考虑应力集中情况下的许用切应力 $[\tau] = 120\text{MPa}$。试确定最小倒角半径 $R_{\min}$。

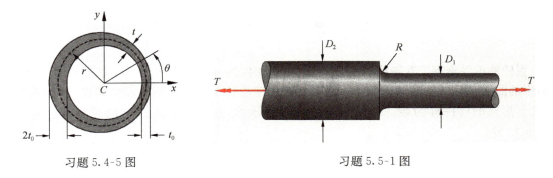

习题 5.4-5 图　　　　　　　　　　　　习题 5.5-1 图

## 计算机作业三

下面题目请采用数值方法并利用计算机完成，可用 MATLAB、FORTRAN 或 C 等语言编程计算。完成计算后，请撰写并提交分析报告。报告内容应包括对问题的分析过程、计算方法和过程、计算结果和讨论分析、结论和体会等；如有参考文献，请列出参考文献的详细信息。请尽可能使用图表表示结果。

图(a)所示长度为 $l$ 的变截面圆轴 $AB$，承受集度为 $m$ 的均布扭力偶作用。设 $x$ 截面的直径为

$$\text{d}(x) = d_0 \left[ 1 - \frac{1}{2} \left( \frac{x}{l} \right)^{4/3} \right]^{1/3}$$

试确定杆端截面 $B$ 的扭转角 $\varphi$。已知扭力偶矩集度 $m = 4.0\text{kN} \cdot \text{m/m}$，轴长 $l = 500\text{mm}$，剪切弹性模量 $G = 80\text{GPa}, d_0 = 50\text{mm}$。

**提示**：将上述变截面圆轴简化为由 $n$ 段等截面组成的阶梯形轴（图(b)），得轴端的扭转角为

$$\varphi = \sum_{i=1}^{n} \frac{T(x_i) \Delta x_i}{G I_{\text{p},i}} = \sum_{i=1}^{n} \frac{32 T(x_i) \Delta x_i}{G \pi \overline{d}_i^4}$$

式中，$\Delta x_i$ 与 $\overline{d}_i$ 分别代表轴段 $i$ 的长度与平均直径。划分不同段数 $n$ 进行计算，绘出扭转角与段数 $n$ 间的变化关系，并讨论 $n$ 对结果的影响。

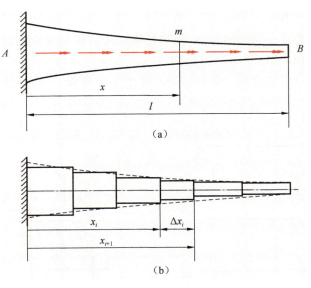

（a）

（b）

计算机作业三图

# 第6章 弯曲内力

当杆件承受垂直于其轴线的外力或外力偶矩时,其轴线由图 6-1(a)中的直线变为图 6-1(b)中的曲线(虚线)。以轴线变弯为主要特征的变形称为**弯曲变形**或简称**弯曲**;以弯曲为主要变形形式的杆件称为**梁**。通常用梁的轴线表示梁,在轴线上绘制梁的受力图和变形图(图 6-1(b))。

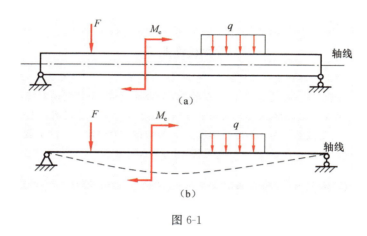

图 6-1

梁的支反力由静力平衡条件完全确定的梁,称为**静定梁**。根据支座形式,静定梁可分为 3 种常见形式:①简支梁:如图 6-2(a)所示,梁的右端为**固定铰支座**,左端为**可动铰支座**。②悬臂梁:如图 6-2(b)所示梁的左端为**固定端**,右端为**自由端**;③外伸梁:如图 6-2(c)所示简支梁的一端或两端伸出支座之外。

梁的横截面一般具有一竖向对称轴,该轴与梁轴线构成梁的**纵向对称面**。当梁上所有外力均作用在纵向对称面内时,变形后的梁轴线也仍在纵向对称平面内(图 6-3)。这种在弯曲后梁的轴线所在平面与外力作用面重合的变形称为**平面弯曲**。本章主要考虑梁的平面弯曲,并研究梁的内力。

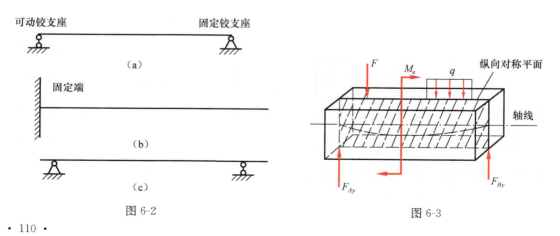

图 6-2

图 6-3

# 6.1 梁的内力——剪力和弯矩

梁在外力作用下,其任一横截面上的内力可用截面法来确定。图 6-4(a)所示简支梁在外力作用下处于平衡状态,现分析距 $A$ 端为 $x$ 处横截面 $m$-$m$ 上的内力。

按截面法在横截面 $m$-$m$ 处假想地将梁分为两段。原来处于平衡状态的梁,被截出的任意段也处于平衡状态。如果取左段为研究对象,则右段梁对左段梁的作用以截开面上的内力来代替。为使左段梁保持平衡,在其右端横截面 $m$-$m$ 上,必然存在两个内力分量:力 $F_S$ 和力偶矩 $M$。内力 $F_S$ 与截面相切,称为**剪力**;内力偶矩 $M$ 称为**弯矩**(图 6-4(b))。列出图 6-4(b)或图 6-4(c)的力平衡方程 $\sum F_y = 0$ 可确定剪力 $F_S$ 的大小;对截面 $m$-$m$ 的形心 $O$ 取力矩平衡 $\sum M_O = 0$,可确定弯矩 $M$ 的大小。

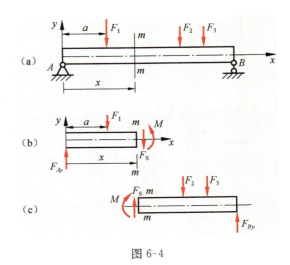

图 6-4

为方便起见,通常对剪力和弯矩的正负号作如下规定:①剪力:使得梁微段 $\mathrm{d}x$ 有发生顺时针转动趋势的剪力为正,反之为负。在图 6-5(a)中,微段两侧截面上的剪力均为正;在图 6-5(b)中,微段两侧截面上的剪力均为负。②弯矩:使得梁微段发生上凹下凸变形的弯矩为正(图 6-5(c)),反之为负(图 6-5(d))。按此规定,在图 6-4(b)中,横截面 $m$-$m$ 上的剪力 $F_S$ 和弯矩 $M$ 均为正值。

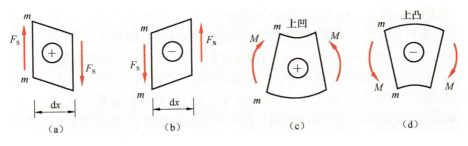

图 6-5

**例题 6-1** 外伸梁受载荷作用如图 6-6(a)所示。图中截面 1-1 和 2-2 都无限接近于支座 $A$,截面 3-3 和 4-4 也都无限接近于截面 $D$。试求截面 1-1、2-2、3-3 和 4-4 的剪力和弯矩。

**解:**(1) 计算支座反力。

先假设支座 $A$ 的反力为 $F_{Ay}$,向上;假设支座 $B$ 的反力为 $F_{By}$,向上。对支座 $B$ 所在截面形心取整个梁的力矩平衡,得 $F_{Ay} = 5F/4$;类似地,对支座 $A$ 所在截面形心取整个梁的力矩平衡,得 $F_{By} = -F/4$。$F_{Ay}$ 为正,说明先前的假设方向正确,$F_{Ay}$ 向上;$F_{By}$ 为负,说明支座 $B$ 的实

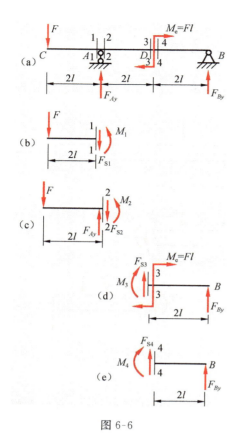

图 6-6

际反力向下。

（2）计算截面 1-1 的内力。

在截面 1-1 处将梁截开，并以左段梁为研究对象，其受力如图 6-6(b)所示。由静力平衡方程

$$\sum F_y = 0:\quad -F - F_{S1} = 0,得\ F_{S1} = -F$$

$$\sum M_O = 0:\quad 2Fl + M_1 = 0,得\ M_1 = -2Fl$$

（3）计算截面 2-2 的内力。

在截面 2-2 处将梁截开，取左段梁为研究对象，受力如图 6-6(c)所示。由静力平衡方程

$$\sum F_y = 0:\quad F_{Ay} - F - F_{S2} = 0,$$

$$得\ F_{S2} = F_{Ay} - F = F/4$$

$$\sum M_O = 0:\quad 2Fl + M_2 = 0,得\ M_2 = -2Fl$$

（4）计算截面 3-3 的内力。

在截面 3-3 处将梁截开，取右段梁为研究对象，如图 6-6(d)所示。

$$\sum F_y = 0:\quad F_{S3} + F_{By} = 0,得\ F_{S3} = -F_{By} = F/4$$

$$\sum M_O = 0:\quad -M_3 - M_e + F_{By}(2l) = 0,$$

$$得\ M_3 = -M_e + 2F_{By}l = -3Fl/2$$

（5）计算截面 4-4 的内力。

在截面 4-4 处将梁截开，取右段梁为研究对象，如图 6-6(e)所示。

$$\sum F_y = 0:\quad F_{S4} + F_{By} = 0,得\ F_{S4} = -F_{By} = F/4$$

$$\sum M_O = 0:\quad -M_4 + F_{By}(2l) = 0,得\ M_4 = 2F_{By}l = -Fl/2$$

**讨论**：①比较截面 1-1 和 2-2 上的内力发现，$F_{S2} - F_{S1} = F/4 - (-F) = 5F/4 = F_{Ay}$，$M_2 = M_1$。可见，在集中力左右两侧无限接近的横截面上弯矩相同，而剪力不同。剪力相差的数值等于该集中力的值。就是说在集中力的两侧截面剪力发生了突变，突变值等于该集中力的值。②比较截面 3-3 和 4-4 的内力，有 $F_{S4} = F_{S3}$，$M_4 - M_3 = -Fl/2 - (-3Fl/2) = Fl = M_e$。可见在集中力偶两侧横截面上剪力相同，而弯矩发生了突变，突变值就等于集中力偶的力偶矩。③本题中梁的两个端截面为自由截面，其上没有任何外力作用，剪力和弯矩都为零。

从上述例题计算过程中可以得到**计算剪力和弯矩的简便方法**：①梁某截面上的剪力 $F_S$ 等于截面左侧或右侧所有外力的代数和，外力的正负号遵照剪力的正负号约定。②梁某截面上的弯矩 $M$ 等于截面左侧或右侧梁上所有外力对该截面形心 $O$ 的力矩的代数和，这些力矩的正负号遵从弯矩的正负号约定。

利用上述方法，可以省去求解静力平衡方程的过程，从而简化计算过程。采用该方法时，注意将真实反力的方向和大小画在图上。下面通过例题说明。

**例题 6-2** 图 6-7 所示外伸梁，所受载荷如图所示，试求截面 $C$、支座 $B$ 左截面和右截面上的剪力和弯矩。

**解**：（1）计算约束反力。

$$F_{Ay} = 2\text{kN}(\uparrow), \quad F_{By} = 4\text{kN}(\uparrow)$$

（2）计算指定截面上的剪力和弯矩。

截面 $C$：选取 $C$ 左侧梁段计算。$C$ 左侧的
外力有 $F_{Ay}$ 和外力偶矩 $M_e$。按照剪力的正负号
约定，$F_{Ay}$ 使梁段有顺时针转动趋势，所以其值
取正；按照弯矩的正负号约定，$M_e$ 使梁段发生
上凸下凹变形，所以其值取负；同时，$C$ 左侧的

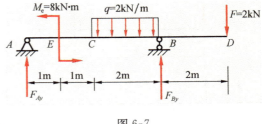

图 6-7

外力 $F_{Ay}$ 也对 $C$ 截面产生力矩，而且使梁发生上凹变形，所以取正值，为（$F_{Ay} \times 2\text{m}$）。于是，按照前述简便方法得

$$F_{SC} = \sum F_y = F_{Ay} = 2\text{kN}$$

$$M_C = \sum M_o = F_{Ay} \times 2\text{m} - M_e = 2\text{kN} \times 2\text{m} - 8\text{kN} \cdot \text{m} = -4\text{kN} \cdot \text{m}$$

截面 $B$ 左、$B$ 右：取右侧梁计算，类似地，得

$$F_{SB左} = F - F_{By} = 2\text{kN} - 4\text{kN} = -2\text{kN}$$

$$M_{B左} = -F(2\text{m}) = -(2\text{kN}) \cdot (2\text{m}) = -4\text{kN} \cdot \text{m}$$

$$F_{SB右} = F = 2\text{kN}$$

$$M_{B右} = -F(2\text{m}) = -(2\text{kN}) \cdot (2\text{m}) = -4\text{kN} \cdot \text{m}$$

**讨论**：①采用上述简便方法计算梁的内力，可以大大简化计算过程，避免了求解平衡方程过程中可能出现的错误。②在集中力作用截面处，应分左、右截面计算剪力；在集中力偶作用截面也应分左、右截面计算弯矩值。

## 6.2　剪力图和弯矩图

为了分析或解决梁的强度和刚度问题，除了要计算指定截面的剪力和弯矩外，还必须知道剪力和弯矩沿梁轴线的分布情况，从而找到内力最大的截面。

在一般情况下，梁横截面上的剪力和弯矩是随截面的位置而变化的。若横截面的位置用沿梁轴线的坐标 $x$ 表示，则各横截面上的剪力和弯矩都可以表示为坐标 $x$ 的函数，即

$$F_S = F_S(x), \quad M = M(x)$$

上述函数分别称为梁的**剪力方程**和**弯矩方程**。在列这些方程时，可根据方便原则，将坐标轴 $x$ 的原点取在梁的左端或右端。

为了直观表明剪力和弯矩沿梁轴线的变化情况，以梁横截面沿梁轴线的位置为横坐标，以垂直于梁轴线方向的剪力或弯矩为纵坐标，分别绘制表示 $F_S(x)$ 和 $M(x)$ 的图线，这种图线分别称为**剪力图**和**弯矩图**，简称 $F_S$ 图和 $M$ 图。绘图时一般规定正号的剪力和弯矩画在 $x$ 轴的上侧，负号的剪力和弯矩画在 $x$ 轴的下侧。

**例题 6-3**　图 6-8 所示悬臂梁受集中力 $F$ 作用，试写出梁的剪力方程和弯矩方程，并作剪力图和弯矩图。

**解**：（1）列剪力方程和弯矩方程。

以梁左端 $A$ 点为 $x$ 轴坐标原点。于是剪力方程和弯矩方程分别为

$$F_S(x) = -F \quad (0 < x < l) \tag{6-1a}$$

$$M(x) = -Fx \quad (0 \leqslant x < l) \tag{6-1b}$$

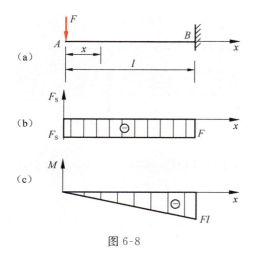

（a）

（b）

（c）

图 6-8

（2）作剪力图和弯矩图。

式（6-1a）表明，剪力图是一条平行于 $x$ 轴的直线，且位于 $x$ 轴下方，如图 6-1（b）所示；式（6-1b）表明，弯矩图是一条倾斜直线，只需确定梁上两点弯矩值，便可画出弯矩图。由式（6-1b），当 $x=0$ 时，$M_A=0$；当 $x=l$ 时，$M_{B左}=-Fl$。弯矩图如图 6-8（c）所示。

由剪力图和弯矩图可知，剪力在全梁各截面都相等，$|F_S|_{max}=F$；在梁右端的固定端截面上，弯矩的绝对值最大，$|M|_{max}=Fl$。

**讨论**：画图时应将剪力图、弯矩图与计算简图对齐，并注明图名（$F_S$ 图、$M$ 图）、峰值点值及正负号。

**例题 6-4** 图 6-9 所示简支梁受均布载荷作用，作此梁的剪力图和弯矩图。如果把均布载荷静力等效为一个集中力，对剪力图和弯矩图有什么影响？

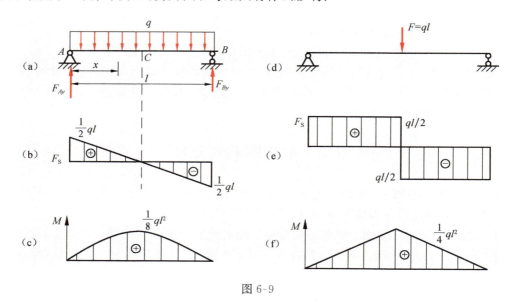

图 6-9

**解**：（1）求支座反力：由对称关系，可得

$$F_{Ay} = F_{By} = ql/2（\uparrow）$$

（2）列剪力方程和弯矩方程：以梁左端 $A$ 点为坐标原点，则

$$F_S(x) = F_{Ay} - qx = ql/2 - qx \quad (0 < x < l) \tag{6-2a}$$

$$M(x) = F_{Ay}x - \frac{1}{2}qx^2 = \frac{1}{2}qlx - \frac{1}{2}qx^2 \quad (0 \leqslant x \leqslant l) \tag{6-2b}$$

（3）作剪力图和弯矩图。

由式（6-2a）知，剪力图是一条倾斜直线，只需确定两点即可。当 $x=0$ 时，$F_{SA左}=ql/2$；当 $x=l$ 时，$F_{SB左}=-ql/2$。根据这两个截面的剪力值，画出剪力图，如图 6-9（b）所示。

由式（6-2b）知，弯矩图为抛物线，计算出 $x$ 和 $M$ 的一些对应值后，即可画出梁的弯矩图（图 6-9（c））。

由剪力图和弯矩图可以看出，最大剪力发生在梁端，其值为 $F_{S,\max}=ql/2$，而最大弯矩发生在跨中，它的数值为 $M_{\max}=ql^2/8$，而此截面上的剪力 $F_S=0$。

（4）将图 6-9（a）中的均布载荷静力等效为集中力 $F=ql$，如图 6-9（d）所示，这时梁的剪力、弯矩图分别为图 6-9（e）、（f）所示。与图 6-9（b）、（c）比较发现，等效后梁的剪力、弯矩图从形状到大小都明显不同。剪力图中，剪力最大值与原来相同，但剪力分布发生了较大改变；弯矩图中，弯矩沿轴线的分布从二次曲线变为线性分布，更重要的是，弯矩最大值增大了一倍。由此可见，在变形体力学中，不能随意对载荷进行静力等效处理。但是，在计算支座反力以及在用截面法计算内力时，可以把载荷静力等效处理。

**例题 6-5**　图 6-10 所示简支梁受集中力 $F$ 作用，作此梁的剪力图和弯矩图。如果力 $F$ 在梁上是可以移动的，试问当 $F$ 在什么位置时梁的弯矩最大？

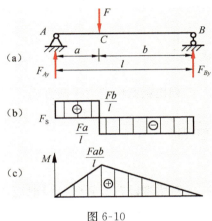

图 6-10

**解：**（1）求支座反力，得

$$F_{Ay}=Fb/l(\uparrow),\quad F_{By}=Fa/l(\uparrow)$$

（2）列剪力方程和弯矩方程。梁在 $C$ 处有集中力作用，故 $AC$ 段和 $CB$ 段的剪力方程和弯矩方程不相同，必须分段列出。$AC$ 段和 $BC$ 段均以 $A$ 处为坐标原点，分别在 $AC$ 段和 $BC$ 段距左端为 $x$ 处取一横截面，列出剪力方程和弯矩方程如下。

$AC$ 段：

$$F_S(x)=F_{Ay}=Fb/l \quad (0<x<a) \tag{6-3a}$$
$$M(x)=F_{Ay}x=Fbx/l \quad (0\leqslant x\leqslant a) \tag{6-3b}$$

$CB$ 段：

$$F_S(x)=F_{Ay}-F=-Fa/l \quad (a<x<l) \tag{6-3c}$$
$$M(x)=F_{Ay}x-F(x-a)=Fa(1-x/l) \quad (a\leqslant x\leqslant l) \tag{6-3d}$$

（3）作剪力图和弯矩图。由式（6-3a）、（6-3c）知，两段梁的剪力图均为平行于 $x$ 轴的直线，由式（6-3b）、（6-3d）知，两段梁的弯矩图都是倾斜直线。据方程绘出的剪力图和弯矩图如图 6-10（b）、（c）所示。最大弯矩为 $M_{\max}=Fab/l$，发生在 $C$ 截面；当 $a<b$ 时，最大剪力为 $Fb/l$。

（4）当 $F$ 从左向右移动时，最大剪力的位置也跟随 $F$ 从左向右移动；移动过程中，最大剪力为 $F$，发生在两个支座处。弯矩图的峰值也跟随 $F$ 从左向右移动；当 $F$ 移动到梁中点时，弯矩图的峰值达到最大，为 $Fl/4$。

# 6.3　剪力、弯矩与载荷集度之间的微分关系

### 6.3.1　剪力、弯矩与载荷集度之间的微分关系

在例题 6-4 中，若将弯矩方程式（6-2b）对变量 $x$ 求导，得 $\mathrm{d}M/\mathrm{d}x=ql/2-qx$，即剪力方程（6-2a）；若将剪力方程（6-2a）对 $x$ 求导，得 $\mathrm{d}F_S/\mathrm{d}x=-q$，即载荷集度 $q$。下面将证明这种关系是普遍适用的。

如图 6-11（a）所示的简支梁上作用有任意分布载荷，以梁的左端为坐标原点，取 $x$ 轴向右为正，$x$ 处的载荷集度为 $q(x)$，并规定向上的 $q(x)$ 为正。现用坐标 $x$ 和 $x+\mathrm{d}x$ 的两个相邻平

面 $m$-$m$、$n$-$n$ 由梁中截取微段 $\mathrm{d}x$。微段上的分布载荷 $q(x)$ 可视为均匀分布，左截面上内力为 $M(x)$ 和 $F_\mathrm{S}(x)$，右截面上则为 $M(x)+\mathrm{d}M(x)$ 和 $F_\mathrm{S}(x)+\mathrm{d}F_\mathrm{S}(x)$，并假设内力均为正值，如图 6-11(b) 所示。

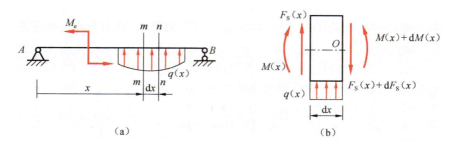

图 6-11

列出梁微段的力平衡方程

$$\Sigma F_y = 0：\quad F_\mathrm{S}(x)+q(x)\mathrm{d}x-[F_\mathrm{S}(x)+\mathrm{d}F_\mathrm{S}(x)]=0$$

整理得

$$\frac{\mathrm{d}F_\mathrm{S}(x)}{\mathrm{d}x}=q(x) \tag{6-4}$$

对梁微段右截面形心 $O$ 取矩，则力矩平衡方程为

$$\sum M_O = 0：\quad [M(x)+\mathrm{d}M(x)]-M(x)-F_\mathrm{S}(x)\mathrm{d}x-q(x)\mathrm{d}x\frac{\mathrm{d}x}{2}=0$$

略去高阶微量得

$$\frac{\mathrm{d}M(x)}{\mathrm{d}x}=F_\mathrm{S}(x) \tag{6-5}$$

将式(6-5)代入式(6-4)得

$$\frac{\mathrm{d}^2 M(x)}{\mathrm{d}x^2}=q(x) \tag{6-6}$$

式(6-4)、式(6-5)和式(6-6)称为弯矩 $M(x)$，剪力 $F_\mathrm{S}(x)$ 和载荷集度 $q(x)$ 间的**平衡微分关系**或**平衡方程**，它们是梁微段上内力与载荷间应满足的力平衡关系。式(6-4)表明，剪力图上某点的斜率等于梁上相应位置处的载荷集度；式(6-5)表明，弯矩图上某点的斜率等于相应截面上的剪力。二阶导数的正负可用来判定曲线的凹凸向，故由式(6-6)可知，若 $q(x)<0$，弯矩图为上凸曲线，若 $q(x)>0$，弯矩图为下凸曲线，因此弯矩图的凹凸方向与 $q(x)$ 指向相反。

### 6.3.2　剪力图、弯矩图的形状特征与载荷的关系

根据剪力、弯矩与载荷集度间的微分关系，如果已知载荷情况，可以帮助推断剪力图、弯矩图的形状，从而可以快速绘制剪力图和弯矩图。下面根据梁段上载荷情况，分别说明该梁段的剪力图、弯矩图所具有的形状特征。

1. 均布载荷 $q$ 作用下的梁段

**剪力图**：若均布载荷方向向下，则剪力图为下斜直线；若均布载荷方向向上，则剪力图为上斜直线。

**弯矩图**：若均布载荷方向向下，则弯矩图为开口向下抛物线；若均布载荷方向向上，则弯矩

图为开口向上抛物线。

### 2. 无任何载荷作用的梁段

**剪力图**：为水平线，即在该梁段剪力为常量。

**弯矩图**：直线。如果该梁段剪力为负，则弯矩图为下斜直线；如果该梁段剪力为正，则弯矩图为上斜直线；如果该梁段剪力为零，则弯矩图为水平线。

### 3. 在集中力作用的梁截面

**剪力图**：在该截面有"跳跃"，跳跃方向与集中力的方向一致，跳跃的数值等于该集中力的大小。

**弯矩图**：在该截面发生转折，即斜率发生改变。

### 4. 在力偶矩作用的梁截面

**剪力图**：无变化。

**弯矩图**：在该截面处有"跳跃"，顺时针方向的力偶矩向上跳，逆时针方向的力偶矩向下跳；跳跃的数值等于该力偶矩的大小。

剪力图、弯矩图的形状特征与载荷的关系汇总于表 6-1。

**表 6-1　梁的剪力图、弯矩图与载荷之间的关系**

| 序号 | 梁上荷载情况 | 剪力图 | 弯矩图 |
|---|---|---|---|
| 1 | 无分布载荷 $q=0$ | $F_S=0$；$F_S>0$；$F_S<0$　$F_S$ 图为水平直线 | $M>0$，$M=0$，$M<0$；上斜直线；下斜直线　$M$ 图为斜直线 |
| 2 | 均布载荷向上作用 $q>0$ | 上斜直线 | 开口向上抛物线 |
| 3 | 均布载荷向下作用 $q<0$ | 下斜直线 | 开口向下抛物直线 |

| 序号 | 梁上荷载情况 | 剪力图 | 弯矩图 |
|---|---|---|---|
| 4 | $F$<br>$C$<br>集中力作用 | $C$ 截面有突变 | $C$<br>$C$ 截面有转折 |
| 5 | $M$<br>$C$<br>集中力偶作用 | $C$ 截面无变化 | $M$<br>$C$<br>$C$ 截面有跳跃 |
| 6 | | $F_S=0$ 的截面处 | $M$ 有极值 |

**例题 6-6** 作图 6-12(a)所示简支梁的剪力图和弯矩图,并求出$|F_S|_{max}$和$|M|_{max}$。

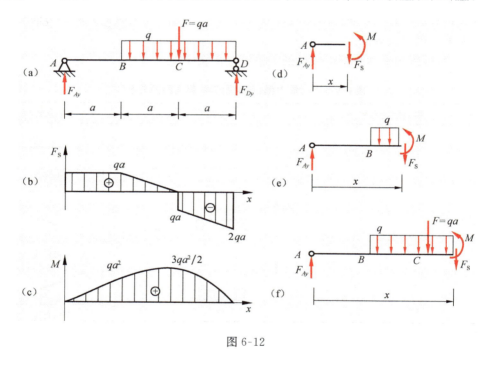

图 6-12

**解题分析**:作剪力、弯矩图的基本方法是写出每一段梁上的剪力、弯矩方程,根据方程描点作图。在能熟练地作剪力、弯矩图后,可采用如下简便作图法:在表中列出特殊截面(如有位移约束的截面、集中力作用截面等)的剪力、弯矩值,再根据载荷集度与剪力、弯矩之间的微分关系判断各区段的内力图形状,连线相邻特殊截面对应的点。下面按两种方法分别作图。

**解 I**:(1) 计算支反力:

$$F_{Ay} = qa(\uparrow), \quad F_{Dy} = 2qa(\uparrow)$$

(2) 将梁分成 $AB$、$BC$ 和 $CD$ 三个区段:以 $A$ 为原点,向右取 $x$ 坐标。

$AB$ 段(图 6-12(d)):

$$F_S = F_{Ay} = qa \quad (0 < x < a)$$
$$M = F_{Ay}x = qax \quad (0 \leqslant x \leqslant a)$$

BC 段(图 6-12(e)):
$$F_S = F_{Ay} - q(x-a) = q(2a-x) \quad (a < x < 2a)$$
$$M = F_{Ay}x - q(x-a)(x-a)/2 = 2qax - q(x^2+a^2)/2 \quad (a \leqslant x \leqslant 2a)$$

CD 段(图 6-12(f)):
$$F_S = F_{Ay} - q(x-a) - F = q(a-x) \quad (2a < x < 3a)$$
$$M = F_{Ay}x - q(x-a)(x-a)/2 - F(x-2a) = qax + q(3a^2-x^2)/2 \quad (2a \leqslant x \leqslant 3a)$$

(3) 按照步骤(2)所得各段梁的剪力、弯矩方程画出剪力图和弯矩图,如图 6-12(b)和图 6-12(c)。

(4) 计算剪力和弯矩的最大值:
$$|F_S|_{max} = 2qa, \quad |M|_{max} = \frac{3}{2}qa^2$$

**解 II**:(1) 计算支反力:
$$F_{Ay} = qa(\uparrow), \quad F_{Dy} = 2qa(\uparrow)$$

(2) 将梁分为 AB、BC、CD 三个区段,计算每个区段起点和终点的内力值(表 6-2)。

表 6-2    **AB、BC、CD 区段内力值**

| 力区 | AB | | BC | | CD | |
|---|---|---|---|---|---|---|
| 起终点 | $A_右$ | $B_左$ | $B_右$ | $C_左$ | $C_右$ | $D_左$ |
| $F_S$ | $qa$ | $qa$ | $qa$ | $0$ | $-qa$ | $-2qa$ |
| $M$ | $0$ | $qa^2$ | $qa^2$ | $\frac{3}{2}qa^2$ | $\frac{3}{2}qa^2$ | $0$ |

(3) 根据载荷情况及微分关系,判断各力区的内力图形状,并以相应的图线连接起来,得到剪力图和弯矩图(表 6-3)。

表 6-3    **各力区内力图形状**

| 力区 | A 截面 | AB | B 截面 | BC | C 截面 | CD | D 截面 |
|---|---|---|---|---|---|---|---|
| 载荷 | $F_{Ay}$ 向上 | $q=0$ | 无集中力 | $q=$负常数 | $F$ 向下 | $q=$负常数 | $F_{Dy}$ 向上 |
| $F_S$ | 突跳 $F_{Ay}$ | 水平(+) | 连续 | 下斜线(+) | 突减 $F$ | 下斜线(-) | 突跳 $F_{Dy}$ |
| $M$ | $0$ | 上斜线 | 相切 | 上凸抛物线 | 转折 | 上凸抛物线 | $0$ |

(4) 计算剪力弯矩最大值:
$$|F_S|_{max} = 2qa, \quad |M|_{max} = \frac{3}{2}qa^2$$

**讨论**:利用剪力、弯矩方程作图时,注意坐标轴 $x$ 的正向一般由左至右。

**例题 6-7**    作图 6-13(a)所示梁的剪力图和弯矩图。

**解题分析**:不分段列剪力、弯矩方程,只计算特殊截面处的剪力、弯矩值,根据表 6-1 中的规律连线作图。

**解**:(1) 计算支反力:
$$F_{Ay} = \frac{3}{4}qa(\uparrow), \quad F_{Cy} = \frac{5}{4}qa(\uparrow)$$

(2) 计算特殊截面剪力值:将梁分为三个区段计算每个截面的 $F_S$ 值。集中力作用截面的

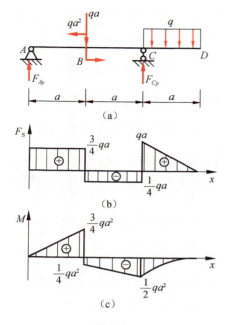

图 6-13

左、右两侧 $F_S$ 值不同。

$$F_{S,A左} = 0, \quad F_{S,A右} = \frac{3}{4}qa;$$

$$F_{S,B左} = \frac{3}{4}qa, \quad F_{S,B右} = -\frac{1}{4}qa;$$

$$F_{S,C左} = -\frac{1}{4}qa, \quad F_{S,C右} = qa; \quad F_{S,D} = 0$$

（3）计算特殊截面弯矩值：集中力偶作用截面的左、右两侧的 $M$ 值不同。

$$M_A = 0; \quad M_{B左} = \frac{3}{4}qa^2, M_{B右} = -\frac{1}{4}qa^2;$$

$$M_C = -\frac{1}{2}qa^2; \quad M_D = 0$$

$CD$ 段是上凸抛物线，抛物线上有极值时应求出。

（4）计算最大剪力和弯矩值：

$$|F_S|_{max} = qa, \quad |M|_{max} = \frac{3}{4}qa^2$$

**讨论**：采用上述作图法不能遗漏代表点，包括载荷变化点、约束点。计算极值弯矩时，可以先找出该区段剪力为零的截面，该截面处的弯矩即为极值弯矩。也可以借助该区段的弯矩方程计算极值。

**例题 6-8** 作图 6-14(a)所示梁的剪力图和弯矩图，并求出 $|F_S|_{max}$ 及 $|M|_{max}$，$B$ 处是中间铰。

**解题分析**：梁上有中间铰时，先自铰处将梁拆分。中间铰可以传递力，但不能传递弯矩，所以中间铰处弯矩一定为零。

**解**：（1）求支反力。在中间铰 $B$ 处将梁拆开两部分，铰处互相作用力用 $F_{By}$ 代替，如图 6-14(b)所示。

$$F_{Dy} = \frac{1}{4}qa, \quad F_{Ay} = F_{By} = \frac{7}{4}qa, \quad M_A = \frac{7}{4}qa^2$$

（2）将梁分为 $AB$、$BC$、$CD$ 三个区段，计算 $A$、$B$、$C$、$D$ 截面处的内力值。

（3）根据载荷集度与剪力、弯矩之间的微分关系，判断各区段的内力图形状，并用图线连接。

（4）$CD$ 段剪力有零点，根据左负右正，判断弯矩图有极小值。

令 $F_S(x) = \frac{1}{4}qa - qx = 0$，得 $x = \frac{1}{4}a$，计算该截面弯矩，得

$$M\left(\frac{1}{4}a\right) = -F_D \times \frac{1}{4}a + \frac{1}{2}q\left(\frac{a}{4}\right)^2 = -\frac{1}{32}qa^2$$

（5）计算最大剪力、弯矩值：

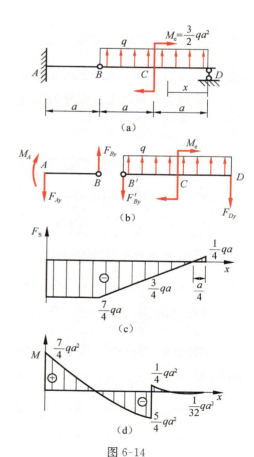

图 6-14

$$| F_S |_{max} = \frac{7}{4} qa, \quad | M |_{max} = \frac{7}{4} qa^2$$

## 6.4 静定平面刚架和曲杆的内力图

**刚架**是用**刚结点**将若干杆件连结而成的结构。刚结点的特性是在载荷作用下,汇交于同一结点上各杆之间的夹角在结构变形前后保持不变,即各杆件在连结处不能有相对转动,因此它不仅能传递力,而且能传递力矩。**曲杆**是轴线为一条曲线的杆件。当刚架或曲杆的轴线和外力都在同一平面内时,称为平面刚架或平面曲杆。由静力平衡条件可以求出全部支座反力和内力的平面刚架或曲杆称为静定平面刚架或曲杆。

前面所述作直梁剪力图和弯矩图的方法,同样适用于平面刚架和曲杆,只不过平面刚架或曲杆横截面上一般有轴力、剪力和弯矩三个内力。通常将刚架和曲杆的弯矩图画在杆件弯曲时受拉的一侧,而不必标注正负号,但在作剪力图和轴力图时,其正负号仍按以前的规定。下面举例说明。

**例题 6-9** 试作图 6-15(a)所示刚架的内力图。

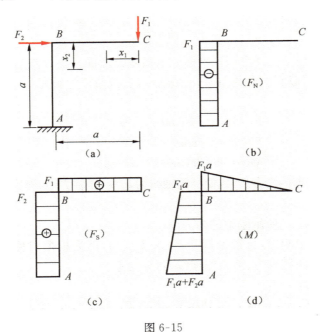

图 6-15

**解:**(1) 列内力方程。将 $BC$ 段和 $AB$ 段的坐标原点分别设在 $C$ 点和 $B$ 点,如图 6-15(a)所示。两段的轴力方程、剪力方程和弯矩方程分别为

杆 $BC$:
$$F_N(x_1) = 0 \quad (0 \leqslant x_1 \leqslant a)$$
$$F_S(x_1) = F_1 \quad (0 < x_1 < a)$$
$$M(x_1) = F_1 x_1 \quad (0 \leqslant x_1 \leqslant a)$$

杆 $AB$:
$$F_N(x_2) = -F_1 \quad (0 \leqslant x_2 \leqslant a)$$

$$F_S(x_2) = F_2 \quad (0 < x_2 < a)$$

$$M(x_2) = F_1 a + F_2 x_2 \quad (0 \leqslant x_2 \leqslant a)$$

（2）作内力图。根据内力方程，即可绘此刚架的轴力图、剪力图和弯矩图，如图 6-15(b)、(c)和(d)所示。各截面的弯矩使刚架外侧受拉，故将弯矩画在外侧。

**例题 6-10** 如图 6-16(a)所示半圆形曲杆，$A$ 点处固定。$B$ 点处有一水平载荷作用，试画出此曲杆的内力图。

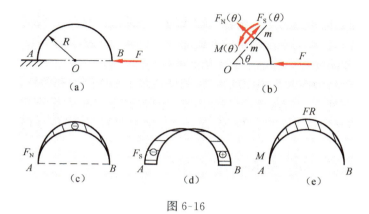

图 6-16

**解**：（1）列内力方程。曲杆可用极坐标表示横截面位置。设 $O$ 点为坐标原点，用 $\theta$ 表示任意横截面 $m\text{-}m$ 位置，用截面法沿截面 $m\text{-}m$ 截断，取右段曲杆为研究对象（图 6-16(b)），由平衡方程得

$$F_N(\theta) = -F\sin\theta \quad (0 \leqslant \theta \leqslant \pi)$$

$$F_S(\theta) = F\cos\theta \quad (0 < \theta < \pi)$$

$$M(\theta) = FR\sin\theta \quad (0 \leqslant \theta < \pi)$$

（2）作内力图。根据内力方程，以曲杆的轴线为基线，作轴力图、剪力图和弯矩图如图 6-16 (c)、(d)和(e)所示。

**例题 6-11** 作图 6-17 所示刚架的内力图。

**解题分析**：刚架有中间铰，自铰处拆开，先求支反力，然后根据对称规律作剪力、弯矩图。铰处无集中载荷时，铰两侧轴力、剪力图连续，弯矩为零。

**解**：（1）计算支反力。

由于对称，$F_{Ay} = F_{Ey} = qa$；在 $C$ 铰处拆开，求得 $F_{Ax} = qa/4 = F_{Ex}$。

（2）作 $F_N$ 图。

$AB$ 段：$F_N = -qa$，直线；$BC$、$CD$ 段：$F_N = -qa/4$，直线；$DE$ 段：$F_N = -qa$，直线。

（3）作 $F_S$ 图。

$AB$ 段：$q = 0$，$F_S = -qa/4$，直线；$BD$ 段：$q$ 等于负常数，$F_S$ 图为斜线，$|F_S|_{\max} = qa$；$DE$ 段：$q = 0$，$F_S = qa/4$，直线。

（4）作 $M$ 图。

$AB$ 段：$F_S$ 为负常数，$M$ 图为斜线。

$BC$ 段：$F_S$ 为斜线，正值，$M$ 图为二次抛物线，$C$ 处 $M$ 值等于零。

$CD$ 段：$F_S$ 为斜线，负值，$M$ 图为二次抛物线。

$DE$ 段：$F_S$ 为正常数，$M$ 图为斜线。$|M|_{\max} = qa^2/2$。

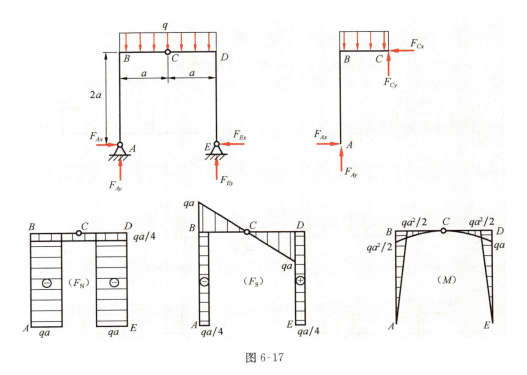

图 6-17

**讨论**：作刚架内力图时充分利用刚架的几何对称性、载荷的对称性或反对称性可以大大降低工作量。

# 思 考 题

6-1 思考题 6-1 图所示静定梁,在列其剪力、弯矩方程时,对梁的分段要求是_____。

A. 两段:$AC$、$CE$ 段;

B. 三段:$AC$、$CE$ 和 $DE$ 段;

C. 三段:$AB$、$BD$ 和 $DE$ 段;

D. 四段:$AB$、$BC$、$CD$ 和 $DE$ 段。

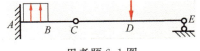

思考题 6-1 图

6-2 在利用剪力、弯矩和载荷集度之间微分关系作图时,下列说法正确的是_____。

A. 如果梁中某段剪力为零,则该段内弯矩为水平线;

B. 如果梁段作用有向下的均布载荷,则该段的剪力必为负值;

C. 如果梁段作用有向下的均布载荷,则该段的弯矩图向上凸,且弯矩必为正值;

D. 如果梁段既有均布载荷又有集中力,则剪力图和弯矩图都发生跳跃。

6-3 思考题 6-3 图所示简支梁承受向上的分布载荷 $q(x)$,如果取图示坐标系,则其平衡微分关系为_____。

A. $\dfrac{\mathrm{d}F_S(x)}{\mathrm{d}x}=q(x)$,$\dfrac{\mathrm{d}M(x)}{\mathrm{d}x}=F_S(x)$;

B. $\dfrac{\mathrm{d}F_S(x)}{\mathrm{d}x}=-q(x)$,$\dfrac{\mathrm{d}M(x)}{\mathrm{d}x}=F_S(x)$;

C. $\dfrac{\mathrm{d}F_S(x)}{\mathrm{d}x}=q(x)$,$\dfrac{\mathrm{d}M(x)}{\mathrm{d}x}=-F_S(x)$;

D. $\dfrac{\mathrm{d}F_S(x)}{\mathrm{d}x}=-q(x)$,$\dfrac{\mathrm{d}M(x)}{\mathrm{d}x}=-F_S(x)$。

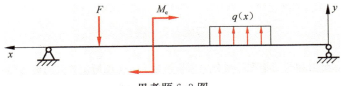

思考题 6-3 图

## 习　题

6.1-1　求习题 6.1-1 图所示各梁截面 1-1、2-2 和 3-3 上的剪力和弯矩。

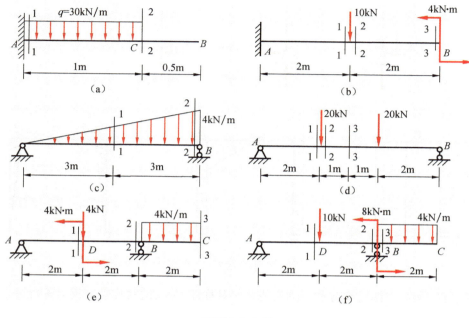

习题 6.1-1 图

6.2-1　试列出习题 6.2-1 图所示梁的剪力方程和弯矩方程，并作出剪力图和弯矩图。

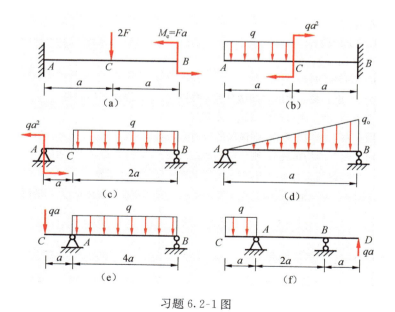

习题 6.2-1 图

6.3-1　根据弯矩、剪力和载荷集度的微分关系作习题 6.3-1 图所示各梁的剪力图和弯矩图。

6.3-2　已知简支梁的剪力图如习题 6.3-2 图所示，作梁的弯矩图及载荷图，梁上没有集中力偶作用。

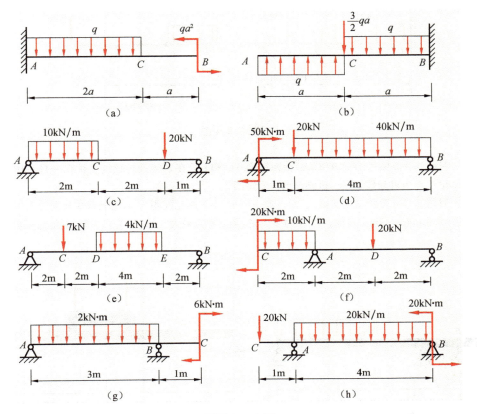

习题 6.3-1 图

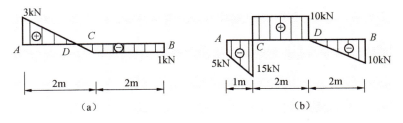

习题 6.3-2 图

6.3-3  习题 6.3-3 图所示为一简支梁的剪力图,设梁上没有外力偶矩作用,试画出该梁的弯矩图和载荷图。

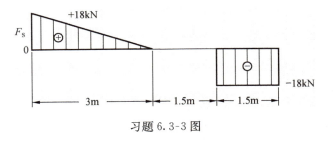

习题 6.3-3 图

6.3-4  试画出习题 6.3-4 图所示梁的剪力图和弯矩图。

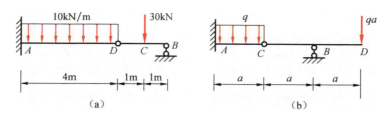

|（a）| |（b）|

习题 6.3-4 图

6.3-5　习题 6.3-5 图所示梁 $ABCDE$ 由两根梁 $AD$ 和 $DE$ 在 $D$ 点通过铰链连接在一起,图中 $B$ 点为固定铰支座,$C$ 和 $E$ 点为可动铰支座。试画出剪力弯矩图。

6.3-6　习题 6.3-6 图所示简支梁,上面行走一小车,小车两轮间距为 $d$,轮上载荷分别为 $P$ 和 $2P$。已知 $P=10\text{kN}$,$d=2.4\text{m}$,$L=12\text{m}$。试问:(1) $x$ 为多少时,梁的剪力最大?(2) $x$ 为多少时,梁的弯矩最大?

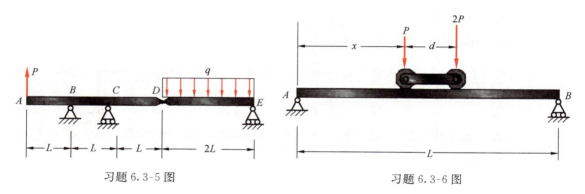

习题 6.3-5 图　　　　　　　　　习题 6.3-6 图

6.3-7　习题 6.3-7 图所示简支梁 $ABCD$,用绳索悬挂重物 $W$。绳索一端固定在 $E$ 点,另一端悬挂重物,中间经过滑轮 $B$。已知 $W=30\text{kN}$,不考虑滑轮摩擦力,试计算梁紧邻竖直杆 $CE$ 左侧截面上的轴力、剪力和弯矩。

6.3-8　习题 6.3-8 图所示简支梁 $ABC$,在支架 $BDE$ 的 $E$ 点作用集中力 $P$,试作梁 $ABC$ 的剪力弯矩图。

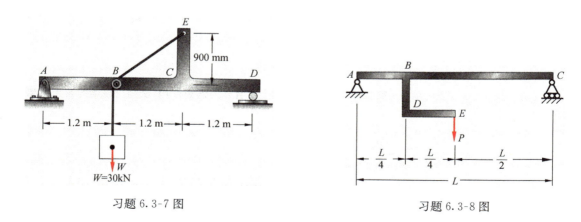

习题 6.3-7 图　　　　　　　　　习题 6.3-8 图

6.4-1　试画出习题 6.4-1 图所示刚架的内力图。

6.4-2　试画出习题 6.4-2 图所示斜梁和曲杆的内力图。

6.4-3　弓箭手拉满弓时在弓弦上施加的力为 150N,如习题 6.4-3 图所示。试确定弓中间截面上的弯矩大小。

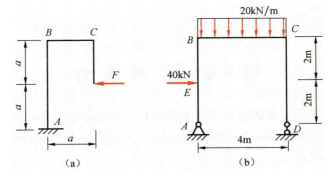

（a）　　　　　　　　　（b）

习题 6.4-1 图

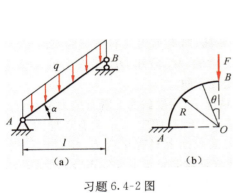

（a）　　　　　（b）

习题 6.4-2 图

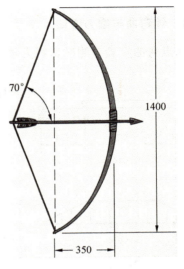

习题 6.4-3 图

# 第7章 弯曲应力

梁的剪力图和弯矩图直观表示了梁各个截面上内力的大小。计算内力的目的是为了计算应力,解决梁的强度问题。因此,本章研究在已知内力情况下,如何计算梁横截面上的应力,并建立梁弯曲问题的强度条件。

## 7.1 梁的弯曲正应力与强度条件

### 7.1.1 纯弯曲与横力弯曲

四点弯曲实验是测试材料力学性能的主要方法之一。四点弯曲实验装置可以简化为如图

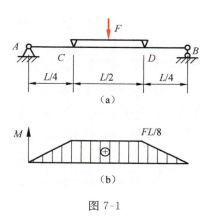

图 7-1

7-1(a)所示的梁模型,集中力 $F$ 被分成两个力作用在梁试样 $AB$ 的 $C$ 点和 $D$ 点。梁的弯矩图如图 7-1(b)所示,梁的 $CD$ 段剪力为零、弯矩为常量。剪力为零,弯矩为常量的弯曲变形称为**纯弯曲**;既有剪力又有弯矩的弯曲变形称为**横力弯曲**。可见,梁的 $AC$ 段和 $DB$ 段发生的是横力弯曲, $CD$ 段发生的是纯弯曲。

横力弯曲情况下,梁横截面上既有剪力又有弯矩,相应地,在梁的横截面上既有切应力 $\tau$,又有正应力 $\sigma$。而纯弯曲情况下,梁的横截面上只有正应力,相对比较简单。因此,本节首先建立纯弯曲情况下梁的正应力计算公式,然后将其推广到横力弯曲情况。

### 7.1.2 纯弯曲时梁横截面上的正应力

类似于研究圆轴扭转应力问题时采用的方法,我们仍然从实验观察、静力平衡关系、变形协调关系和物性关系四个方面入手,建立梁弯曲时的正应力计算公式。

1) 实验观察

发生纯弯曲变形的矩形截面梁,截面宽为 $b$、高为 $h$。变形前在其侧面画两条相邻的横向线 $mm$、$nn$,并在两横向线间靠近顶面和底面处分别画上与梁轴线平行的纵线 $aa$、$bb$,如图 7-2(a)所示。

变形后,这些线段的变化如图 7-2(b)所示。观察发现:①变形前与梁轴线垂直的横向线 $mm$、$nn$,在变形后仍为直线并保持与梁轴线垂直,只是相对旋转了一个角度。②变形后的纵线 $a'a'$ 和 $b'b'$ 仍与变形后的横向线保持正交,但已从直线变为曲线,而且在靠近底面的纵向线 $b'b'$ 伸长了,而靠近顶面的纵向线 $a'a'$ 缩短了。③在纵向线伸长区,梁的宽度缩小,而在纵向线缩短区,梁的宽度则增大。

根据上面所观察到的现象,对梁的变形与受力作出如下假设:①梁的横截面在变形后仍然保持为平面,且仍与纵向线垂直;②梁的纵向纤维为单向拉伸或单向压缩应力状态,互无挤压。此即梁弯曲的**平面假设**。

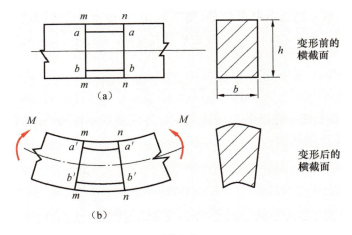

图 7-2

梁变形后,其下部纵向纤维伸长了,上部纵向纤维缩短了。由于变形的连续性,在梁内一定有一层纤维既不伸长也不缩短,这层纤维层称为**中性层**。中性层与横截面的交线,称为**中性轴**,如图 7-3(a)所示。梁弯曲时,横截面绕中性轴转动。

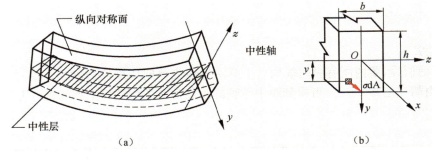

图 7-3

2) 静力平衡关系

图 7-3(b)表示梁的某一横截面,$y$ 轴为横截面的纵向对称轴,$z$ 轴为中性轴。根据平面假设,在横截面上只有正应力 $\sigma$,则在距中性轴为 $y$ 处的面积微元 $\mathrm{d}A$ 上的力为 $\sigma\mathrm{d}A$,该力对 $z$ 轴的力矩为 $(\sigma\mathrm{d}A)y$,对 $y$ 轴的力矩为 $(\sigma\mathrm{d}A)z$。纯弯曲情况下,梁横截面上的内力只有 $M_z=M$ 不为零,而轴力和 $M_y$ 等其他内力均为零,所以有

$$\int_A \sigma\mathrm{d}A = 0 \tag{7-1}$$

$$\int_A z\sigma\mathrm{d}A = 0 \tag{7-2}$$

$$\int_A y\sigma\mathrm{d}A = M \tag{7-3}$$

但由于不知道正应力 $\sigma$ 在横截面上的分布情况,还不能由上面式子计算应力。

3) 变形协调关系

为了研究纵向"纤维"正应变沿横截面高度变化的规律,取图 7-4(a)中两个相邻的横截面 $m$-$m$ 和 $n$-$n$ 之间的微段 $\mathrm{d}x$,研究距中性层 $O_1O_2$ 的距离为 $y$ 的纵向纤维 $bb$ 的变形情况。由平面假设可知,梁变形后,横截面 $m$-$m$ 和 $n$-$n$ 仍保持为平面,只是相对转动了一个角度 $\mathrm{d}\theta$,并相

交于变形后中性层 $O_1O_2$ 的曲率中心 $O'$ 处(图 7-4(b))。设变形后中性层 $O_1O_2$ 的曲率半径为 $\rho$,纵向纤维的原长 $\overline{bb}=\mathrm{d}x=O_1O_2=\rho\mathrm{d}\theta$,变形后的长度 $\widehat{b'b'}=(\rho+y)\mathrm{d}\theta$,则纵向纤维 $bb$ 的正应变为

$$\varepsilon = \frac{\widehat{b'b'} - \mathrm{d}x}{\mathrm{d}x} = \frac{(\rho+y)\mathrm{d}\theta - \rho\mathrm{d}\theta}{\rho\mathrm{d}\theta} = \frac{y}{\rho} \tag{7-4}$$

式(7-4)表明,横截面上任一点处的纵向正应变 $\varepsilon$ 与该点到中性轴的距离 $y$ 成正比。换句话说,离中性轴越远,正应变越大。

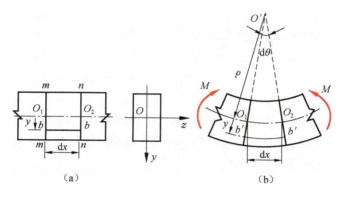

图 7-4

4)物性关系

根据平面假设,梁内所有纵向线均处于单向拉伸或单向压缩应力状态。当材料处于线弹性范围内,由胡克定律 $\sigma=E\varepsilon$ 可得到距中性轴的距离为 $y$ 的横截面上点的正应力为

$$\sigma = E\varepsilon = E\frac{y}{\rho} \tag{7-5}$$

式(7-5)表明,梁横截面上的弯曲正应力只与到中性层的距离 $y$ 有关,且沿截面高度线性分布。在 $y=0$,即在中性层上各点的正应力为零;在靠近梁的上下表面的点处,$y$ 最大,弯曲正应力也最大。图 7-5(a)给出了横截面上正应力的分布规律。

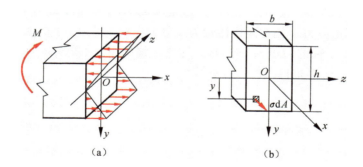

图 7-5

到目前为止,中性轴的位置及中性层曲率半径 $\rho$ 均为未知,故尚不能由式(7-5)计算弯曲正应力。为此,还必须将应力与横截面上的内力建立联系。将式(7-5)代入式(7-1),得

$$\int_A E\frac{y}{\rho}\mathrm{d}A = \frac{E}{\rho}\int_A y\mathrm{d}A = 0$$

式中,积分 $\int_A y\,dA = S_z$,是截面对中性轴 $z$ 的静矩(见附录 A)。对于给定截面,$E/\rho$ 是不为零的常数,为使上式成立,必须有

$$S_z = \int_A y\,dA = 0$$

上式表明,**中性轴 $z$ 必通过横截面的形心**。

将式(7-5)代入式(7-2),得

$$\int_A z\sigma\,dA = \frac{E}{\rho}\int_A yz\,dA = 0$$

式中,积分 $\int_A yz\,dA = I_{yz}$,是横截面对 $y$ 轴和 $z$ 轴的惯性积。$I_{yz}=0$ 表明 $y$、$z$ 轴是横截面的主形心惯性轴。当 $y$ 轴为截面对称轴时,上式恒定成立。

将式(7-5)代入式(7-3),得

$$\frac{E}{\rho}\int_A y^2\,dA = M$$

式中,积分 $\int_A y^2\,dA = I_z$,是横截面面积对中性轴 $z$ 的惯性矩。于是得

$$\frac{1}{\rho} = \frac{M}{EI_z} \tag{7-6}$$

式(7-6)为用曲率表示的梁变形的基本公式。由此式可知,梁中性层的曲率 $1/\rho$ 与弯矩成正比,与 $EI_z$ 成反比。乘积 $EI_z$ 称为梁的**弯曲刚度**,它表征了梁抵抗弯曲变形的能力。

将式(7-6)代入式(7-5),得

$$\sigma = My/I_z \tag{7-7}$$

式(7-7)为梁纯弯曲时横截面上任一点处正应力的计算公式,称为**弯曲正应力公式**。式中,$M$ 为横截面上的弯矩,$I_z$ 为截面对中性轴 $z$ 的惯性矩,$y$ 为所求应力点的纵坐标。从弯曲正应力公式看出,梁横截面上的弯矩 $M$ 越大,弯曲正应力也越大;梁横截面对中性轴($z$ 轴)的惯性矩 $I_z$ 越大,弯曲正应力越小;梁横截面上离中性层越远的点,其弯曲正应力越大。

在应用弯曲正应力公式时,应该将弯矩 $M$ 和坐标 $y$ 按规定的正负号代入,如果得出的 $\sigma$ 是正值,即为拉应力,如果为负值则为压应力。但通常在具体计算中,将 $M$ 和 $y$ 以绝对值代入,所求的正应力 $\sigma$ 是拉应力还是压应力,可根据梁变形的情况来判断:以中性层为界,在弯曲凸出边的应力必为拉应力,而在凹入边的应力则为压应力。

弯曲正应力公式虽然是由矩形截面梁在纯弯曲的情况下推导出来的,但它也适用于所有横截面具有纵向对称轴的梁,如图 7-6 所示的圆形截面、工字形截面和 T 形截面。

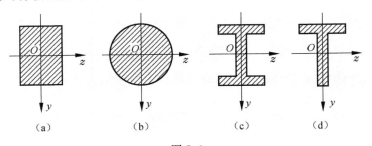

图 7-6

在推导弯曲正应力公式过程中,我们使用了胡克定律,因此式(7-7)仅适用于应力小于材

料比例极限的情况。

由式(7-7)可知,在横截面上离中性轴最远的各点处,正应力最大,其值为

$$\sigma = My_{max}/I_z$$

定义 $W_z = I_z/y_{max}$,则有

$$\sigma_{max} = M/W_z \qquad (7\text{-}8)$$

式(7-8)中,$W_z$ 仅与截面的形状与尺寸有关,称为**抗弯截面模量**。对于宽为 $b$、高为 $h$ 的矩形截面

$$I_z = bh^3/12, \quad y_{max} = h/2, \quad W_z = bh^2/6$$

对于直径为 $D$ 的实心圆形截面

$$I_z = \pi D^4/64, \quad y_{max} = D/2, \quad W_z = \pi D^3/32$$

至于各种型钢的 $I_z$、$W_z$ 值均可以从附录 E 的型钢规格表中查到。

梁弯曲时,其横截面上既有拉应力也有压应力。对于中性轴为对称轴的横截面,例如矩形、圆形和工字形等截面,其上、下边缘点到中性轴的距离相等,故最大拉应力和最大压应力在数值上相等,可按式(7-8)求得。对于中性轴不是对称轴的横截面,例如 T 字形截面,则应分别求出横截面上的最大拉应力和最大压应力。

在材料力学发展史上,1638 年伽利略在他的著作《关于两门新科学的对话》中认为梁的中性层在梁的下表面,所以他的梁横截面上全是拉应力,这显然是不对的。后来又有许多著名数学力学家研究梁的问题,但都没有正确给出中性层的位置。直到 1826 年,法国力学家纳维(Claude Louis Marie Henri Navier,1785~1836)在其著作《力学在机械与结构方面的应用》一书中,才准确确定中性层的位置。其间经历了 188 年。"真理一旦被发现后,都是易于理解的,重要的是去发现它们。"

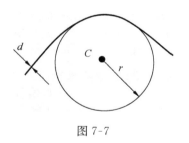

图 7-7

**例题 7-1** 图 7-7 所示直径为 $d$ 的圆截面钢丝绕在半径为 $r$ 的圆柱体上。已知 $d=4\text{mm}$,$r=0.5\text{m}$,钢线弹性模量 $E=200\text{GPa}$,比例极限 $\sigma_p = 1200\text{MPa}$。试计算钢丝中的弯矩和最大弯曲正应力 $\sigma_{max}$。

**解题分析**:本题的关键是找到弯曲后钢线的曲率半径 $\rho$,知道了 $\rho$ 就可以用式(7-6)得到钢丝中的弯矩。

**解**:(1) 计算钢丝的弯矩。

弯曲后钢丝的曲率半径 $\rho$ 等于钢丝中性轴到圆柱体圆心 $C$ 的距离,即

$$\rho = r + d/2 \qquad (7\text{-}9\text{a})$$

根据式(7-6),得

$$M = \frac{EI}{\rho} = \frac{2EI}{2r+d} \qquad (7\text{-}9\text{b})$$

式中,$E$ 为钢丝的弹性模量,$I = \pi d^4/64$,为钢丝横截面惯性矩。代入式(7-9b),得钢丝中弯矩为

$$M = \frac{\pi E d^4}{32(2r+d)} \qquad (7\text{-}9\text{c})$$

(2) 计算钢丝中最大弯曲应力。

钢丝中最大弯曲拉应力和压应力相等;钢丝的抗弯截面模量 $W_z = \pi d^3/32$,代入式(7-8)得

$$\sigma_{max} = \frac{M}{W_z} = \frac{Ed}{2r+d} \tag{7-9d}$$

将已知数据分别代入式(7-9c)和式(7-9d),得钢丝中弯矩和最大应力分别为

$$M = \frac{\pi Ed^4}{32(2r+d)} = \frac{\pi(200 \times 10^3 \text{MPa})(4\text{mm})^4}{32[2(500\text{mm})+4\text{mm}]} = 5.01 \times 10^3 \text{N} \cdot \text{mm} = 5.01\text{N} \cdot \text{m}$$

$$\sigma_{max} = \frac{Ed}{2r+d} = \frac{(200 \times 10^3 \text{MPa})(4\text{mm})}{2(500\text{mm})+4\text{mm}} = 797\text{MPa}$$

**讨论:**①钢丝中最大应力 $\sigma_{max}$ 小于钢丝的比例极限,钢丝仍处于线弹性变形范围,上述计算结果是有效的;②由于钢丝直径 $d$ 远小于圆柱体半径 $r$,可将式(7-9c)和式(7-9d)中分母上的 $d$ 忽略不计,则有 $M=5.03\text{N} \cdot \text{m}$,$\sigma_{max}=800\text{MPa}$,与前面的精确结果相差不到1%。

### 7.1.3　弯曲正应力公式在横力弯曲中的推广

工程中常见的平面弯曲一般不是纯弯曲,而是横力弯曲。梁在横力弯曲时,横截面上既有弯矩又有剪力;相应地,在梁的横截面上既有正应力,也有切应力。由于切应力的存在,梁的横截面将发生翘曲而不再是平面。此时,在与中性层平行的纵向截面上还会出现由横向外力引起的挤压应力。因此,梁在纯弯曲时所作的平面假设和纵向纤维间互不挤压的假设均不能成立。但是,弹性理论的研究结果表明,对于**细长梁**,即梁的跨度 $L$ 与横截面高度 $h$ 之比 $L/h>5$ 时,横截面上的正应力分布规律与纯弯曲时几乎相同,其最大的正应力按纯弯曲公式计算,误差不超过1%。梁的跨高比越大,误差越小。因此,应用纯弯曲正应力公式得到的正应力足以满足工程需要。

在横力弯曲情况下,由于弯矩沿梁轴线是变化的,所以每个截面的最大弯曲正应力也不同。

### 7.1.4　弯曲正应力强度条件

对于工程上常见的细长梁,主要通过控制弯曲正应力来满足强度要求。弯曲正应力强度条件为

$$\sigma_{max} = (M/W_z)_{max} \leqslant [\sigma] \tag{7-10}$$

对于等截面直梁,上式可简化为

$$\sigma_{max} = M_{max}/W_z \leqslant [\sigma] \tag{7-11}$$

式(7-11)中,$[\sigma]$ 为材料的许用弯曲正应力,一般以材料的许用拉应力作为其许用弯曲正应力。事实上,材料在弯曲与轴向拉伸时的强度并不相同,因而在某些设计规范中所规定的许用弯曲正应力都比其许用拉应力略高。一些常用工程材料的许用弯曲正应力 $[\sigma]$,在有关的工程设计规范中均有具体规定。

式(7-11)中,$\sigma_{max}$ 与式(7-8)中的 $\sigma_{max}$ 含义略有不同。式(7-11)中指的是整个梁的最大弯曲正应力,是所有梁截面的最大弯曲正应力中的最大者。

根据弯曲正应力强度条件,可以对梁进行强度校核、设计梁的截面尺寸和确定梁的许用载荷。

由脆性材料制成的梁,其中性轴往往不是梁横截面的对称轴,所以同一截面上的最大拉应力和最大压应力的绝对值不相等。因此,在应用弯曲正应力强度条件时,要求梁的最大拉应力 $\sigma_{t,max}$ 和最大压应力 $\sigma_{c,max}$ 分别不超过材料的许用拉应力 $[\sigma_t]$ 和许用压应力 $[\sigma_c]$。

**例题 7-2**　图 7-8(a)所示简支梁由 50a 号工字钢制成,跨中作用一集中力 $F=140\text{kN}$。试

确定梁的危险截面,并计算危险截面上的最大弯曲正应力 $\sigma_{max}$ 以及该截面上翼缘与腹板交界处 $a$ 点的正应力。

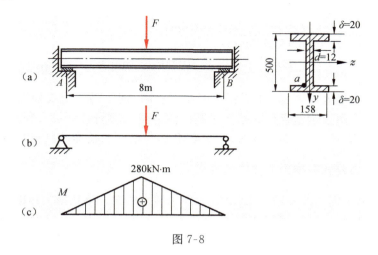

图 7-8

**解:** 由于梁的两端允许有稍微转动及伸缩的可能,故计算简图可取为简支梁,如图 7-8(b)所示。作梁的弯矩图如图 7-8(c)所示,确定梁的最大弯矩值发生在中间截面,所以梁跨中截面为危险截面。其弯矩大小为

$$M_{max} = 280 \text{kN} \cdot \text{m}$$

由型钢规格表(附录 E)查得,50a 工字钢截面的 $I_z = 46470 \text{cm}^4$ 和 $W_z = 1860 \text{cm}^3$。危险截面上的最大正应力为

$$\sigma_{max} = \frac{M_{max}}{W_z} = \frac{280 \times 10^3 \text{N} \cdot \text{m}}{1860 \times 10^{-6} \text{m}^3} = 150.5 \times 10^6 \text{Pa} = 150.5 \text{MPa}$$

对于危险截面上点 $a$ 处的正应力,采用式(7-7)计算。代入 $M_{max}$、$I_z$ 和 $y_a$,得

$$\sigma_a = \frac{M_{max}}{I_z} y_a = \frac{(280 \times 10^3 \text{N} \cdot \text{m})}{46470 \times 10^{-8} \text{m}^4} \left( \frac{0.5 \text{m}}{2} - 0.02 \text{m} \right) = 137.7 \times 10^6 \text{Pa} = 137.7 \text{MPa}$$

等直梁横截面上的正应力沿截面高度呈线性分布,当求得横截面上的 $\sigma_{max}$ 应力后,同一截面上的正应力 $\sigma_a$ 也可以按比例求得

$$\sigma_a = \frac{y_a}{y_{max}} \sigma_{max} = \frac{(0.5 \text{m}/2) - 0.02 \text{m}}{0.5 \text{m}/2} (150.5 \text{MPa}) = 137.7 \text{MPa}$$

**例题 7-3** 一外伸铸铁梁受力如图 7-9(a)所示,梁的横截面为 T 形,尺寸如图 7-9(b)所示。材料的许用拉应力为 $[\sigma_t] = 40 \text{MPa}$,许用压应力为 $[\sigma_c] = 100 \text{MPa}$,试按正应力强度条件校核梁的强度。

**解:**(1) 作梁的弯矩图。

由弯矩图 7-8(c)可知,最大负弯矩发生在截面 $B$,其值为 $M_B = 20 \text{kN} \cdot \text{m}$;最大正弯矩发生在截面 $E$,其值为 $M_E = 10 \text{kN} \cdot \text{m}$。

(2) 确定中性轴的位置,并计算截面对中性轴的惯性矩 $I_z$。

T 形截面有一个竖直方向对称轴 $y$,横截面形心 $C$ 位于对称轴 $y$ 上。为确定形心 $C$ 的位置,建立图 7-9(b)中的参考坐标系 $y$-$z'$,并将截面看做两个矩形 $A_1$ 和 $A_2$ 的组合图形,则 $C$ 点到截面下边缘距离为

$$y_C = \frac{S_z}{A} = \frac{A_1 y_{1C} + A_2 y_{2C}}{A_1 + A_2} = \frac{(200\text{mm} \times 30\text{mm}) \times 185\text{mm} + (30\text{mm} \times 170\text{mm}) \times 85\text{mm}}{200\text{mm} \times 30\text{mm} + 30\text{mm} \times 170\text{mm}}$$

$$= 139\text{mm}$$

故中性轴距离底边 139mm,如图 7-9(b)所示。对中性轴 $z$ 的惯性矩,可以利用附录§A-4 平行移轴公式 $I_{z1} = I_z + a^2 A$ 计算,有

$$I_z = \frac{(200\text{mm})(30\text{mm})^3}{12} + (46\text{mm})^2 (200\text{mm} \times 30\text{mm})$$

$$+ \frac{(30\text{mm})(170\text{mm})^3}{12} + (54\text{mm})^2 (30\text{mm} \times 170\text{mm}) = 40.3 \times 10^{-6}\text{m}^4$$

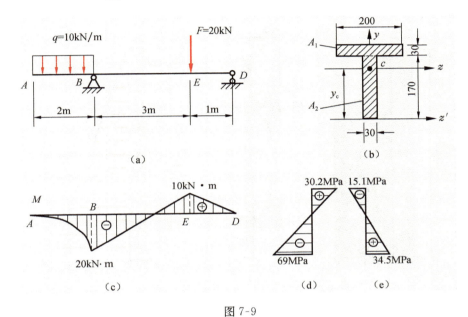

图 7-9

(3) 校核梁的强度。

由于梁的截面对中性轴不对称,且正、负弯矩的数值均较大,故截面 $B$ 与 $E$ 都可能是危险截面,须分别算出这两个截面上的最大拉、压应力,然后校核强度。

截面 $B$ 上的弯矩 $M_B$ 为负弯矩,故截面 $B$ 上的最大拉、压应力分别发生在上、下边缘,如图 7-9(d)所示,其大小为

$$\sigma_{t,\max,B} = \frac{M_B}{I_z} y_2 = \frac{20 \times 10^3 \text{N} \cdot \text{m}}{40.3 \times 10^{-6} \text{m}^4}(0.061\text{m}) = 30.3 \times 10^6 \text{Pa} = 30.3\text{MPa}$$

$$\sigma_{c,\max,B} = \frac{M_B}{I_z} y_1 = \frac{20 \times 10^3 \text{N} \cdot \text{m}}{40.3 \times 10^{-6} \text{m}^4}(0.139\text{m}) = 69.0 \times 10^6 \text{Pa} = 69.0\text{MPa}$$

截面 $E$ 上的弯矩 $M_E$ 为正弯矩,故截面 $E$ 上的最大拉、压应力分别发生在下、上边缘,如图 7-9(e)所示,其大小为

$$\sigma_{t,\max,E} = \frac{M_E}{I_z} y_1 = \frac{10 \times 10^3 \text{N} \cdot \text{m}}{40.3 \times 10^{-6} \text{m}^4}(0.139\text{m}) = 34.5 \times 10^6 \text{Pa} = 34.5\text{MPa}$$

$$\sigma_{c,\max,E} = \frac{M_E}{I_z} y_2 = \frac{10 \times 10^3 \text{N} \cdot \text{m}}{40.3 \times 10^{-6} \text{m}^4}(0.061\text{m}) = 15.1 \times 10^6 \text{Pa} = 15.1\text{MPa}$$

比较以上计算结果可知,该梁的最大拉应力发生在截面 $E$ 下边缘各点,$\sigma_{t,\max} = 34.5\text{MPa} <$

$[\sigma_t]=40\text{MPa}$；最大压应力发生在截面 $B$ 下边缘各点，$\sigma_{c,\max}=69\text{MPa}<[\sigma_c]=90\text{MPa}$，所以，该梁的抗拉和抗压强度都是足够的。

**讨论**：对于抗拉、抗压性能不同，截面上下又不对称的梁进行强度计算时，一般来说，对最大正弯矩所在截面和最大负弯矩所在截面均需进行强度校核。计算时，分别绘出最大正弯矩所在截面的正应力分布图和最大负弯矩所在截面的正应力分布图，然后寻找最大拉应力和最大压应力，并分别进行强度校核。

**例题 7-4**　图 7-10(a)所示为木制简易水坝，其中 $A$ 为水平布置的薄木板，$B$ 为正方形截面的立柱，用于支撑木板。图 7-10(b)为坝体的俯视图。已知相邻两立柱间距 $s=0.8\text{m}$，水位与坝高 $h$ 相等，$h=2\text{m}$，立柱的许用弯曲应力$[\sigma]=8.0\text{MPa}$，试确定立柱边长 $b$。

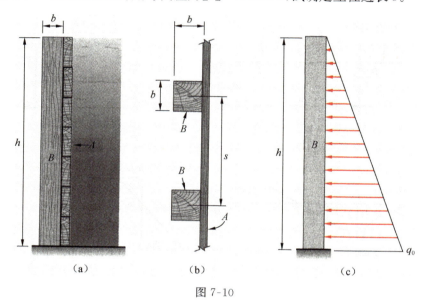

图 7-10

**解题分析**：水对坝体的压力通过木板传递到立柱上，立柱的力学模型可简化为受分布载荷作用的悬臂梁。立柱的间距越大，每个立柱承受的载荷越大，因此，应合理设计立柱间距使得立柱有足够的强度。如果立柱间距确定，则需设计立柱截面尺寸，以使立柱具有足够的强度。

**解**：立柱的受力图如图 7-10(c)所示，设水的比重为 $\gamma$，则一根立柱在一个间距内所承受水压的最大值发生在根部，其值为

$$q_0 = \gamma h s \tag{7-12a}$$

$q_0$ 的量纲为$[\text{力}][\text{单位长度}]^{-1}$。

立柱的最大弯矩也发生在根部，其值为

$$M_{\max} = \frac{q_0 h}{2}\left(\frac{h}{3}\right) = \frac{\gamma h^3 s}{6} \tag{7-12b}$$

根据强度条件式(7-11)，立柱的抗弯截面模量为

$$W_z \geqslant \frac{M_{\max}}{[\sigma]} = \frac{\gamma h^3 s}{6[\sigma]} \tag{7-12c}$$

而对于边长为 $b$ 的正方形截面，抗弯截面模量为 $W_z = \dfrac{b^3}{6}$，于是得

$$b \geqslant h\sqrt[3]{\frac{\gamma s}{[\sigma]}} = 2000\text{mm}\sqrt[3]{\frac{(9.8\times10^{-6}\text{N/mm}^3)(800\text{mm})}{8.0\text{MPa}}} = 199\text{mm}$$

因此,应选取边长大于 199mm 的正方形截面立柱。

**例题 7-5**  材料相同,宽度相等,厚度 $h_1/h_2=1/2$ 的两板叠放在一起组成一简支梁,梁上承受均布载荷 $q$,如图 7-11 所示。(1)若两板简单叠放在一起,且忽略接触面上的摩擦力,试计算此时两板内最大正应力;(2)若两板胶合在一起不能相互滑动,则此时的最大正应力比前种情况减少了多少?

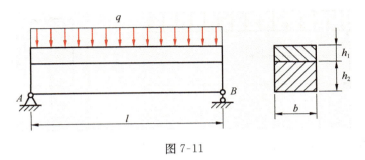

图 7-11

**解题分析**:两板叠放在一起,在均布载荷 $q$ 作用下,两梁一起变形,在任一截面上,两者弯曲时接触面的曲率相等。小变形情况下,近似认为两者中性层的曲率相等。根据该条件,可计算出各梁分别承担的弯矩。然后再分别计算两梁的最大应力。两板胶合在一起时,按一个梁计算。

**解**:(1)计算两板简单叠放在一起时的最大应力。

设变形后任一截面处两梁中性层曲率半径分别为 $\rho_1$ 和 $\rho_2$,两梁承担的弯矩分别为 $M_1$ 和 $M_2$,截面惯性矩分别为 $I_1$ 和 $I_2$。则由前面分析知 $\rho_1=\rho_2$。由于

$$\frac{1}{\rho_1}=\frac{M_1}{EI_1},\quad \frac{1}{\rho_2}=\frac{M_2}{EI_2}$$

所以

$$\frac{M_1}{EI_1}=\frac{M_2}{EI_2},\quad M_1=\frac{I_1}{I_2}M_2=\left(\frac{h_1}{h_2}\right)^3 M_2=\frac{1}{8}M_2$$

梁中间截面弯矩为

$$M=M_1+M_2=ql^2/8$$

于是

$$M_1=ql^2/72,\quad M_2=ql^2/9$$

两板最大弯曲正应力分别为

$$\sigma_{1,\max}=\frac{M_1}{W_1}=\frac{6M_1}{bh_1^2}=\frac{ql^2}{12bh_1^2}$$

$$\sigma_{2,\max}=\frac{M_2}{W_2}=\frac{6M_2}{bh_2^2}=\frac{2ql^2}{3bh_2^2}$$

$$\frac{\sigma_{1,\max}}{\sigma_{2,\max}}=\frac{1}{8}\frac{h_2^2}{h_1^2}=\frac{1}{2}$$

(2)计算两板胶合在一起时的最大正应力。

这时,按一个梁计算,于是梁中最大弯曲正应力为

$$\sigma_{\max}=\frac{M_{\max}}{W}=\frac{\dfrac{1}{8}ql^2}{\dfrac{b(h_1+h_2)^2}{6}}=\frac{ql^2}{3bh_2^2}$$

胶合前后最大正应力之比

$$\sigma_{max}/\sigma_{2,max} = 1/2$$

亦即，两板胶合后最大正应力是未胶合时最大正应力的一半。

**例题 7-6** 如图 7-12 所示简支梁，试求梁的最底层纤维的总伸长。

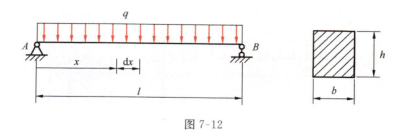

图 7-12

**解题分析**：梁弯曲时，截面上、下边缘上各点处为单向应力状态。利用弯曲正应力公式计算应力，再由胡克定律求应变。在下表面取微段，可由该微段处应变计算其伸长，然后进行积分可求出梁下边的总伸长。

**解**：（1）计算梁底层微段的伸长量。

在距左端为 $x$ 处，取梁底层上一微段 $dx$ 来研究。由弯曲正应力公式，有

$$\sigma(x) = M(x)/W$$

由胡克定律 $\sigma(x) = E \cdot \varepsilon(x)$ 得

$$\varepsilon(x) = \frac{M(x)}{EW} = \frac{\dfrac{1}{2}qlx - \dfrac{1}{2}qx^2}{E\dfrac{bh^2}{6}} = \frac{3q}{Ebh^2}(lx - x^2)$$

而 $\varepsilon(x) = \dfrac{\Delta(dx)}{dx}$，所以

$$\Delta(dx) = \frac{3q}{Ebh^2}(lx - x^2) \cdot dx$$

（2）梁的最底层纤维的总伸长。

沿梁全长积分得

$$\Delta l = \int_0^l \Delta(dx) = \frac{3q}{Ebh^2}\left(\frac{1}{2}x^2 - \frac{l}{3}x^3\right)\Big|_0^l = \frac{ql^3}{2Ebh^2}$$

## 7.2  梁的弯曲切应力与强度条件

梁在横力弯曲的情况下，梁的横截面上既有弯矩也有剪力，相应地，横截面上既有正应力也有切应力。本节讨论弯曲切应力的计算公式。

### 7.2.1  矩形截面梁的切应力

图 7-13(a)所示矩形截面梁，在梁的纵向对称面内受任意横向载荷作用。假想地用 $m$-$m$ 和 $n$-$n$ 截面从梁中截出长为 $dx$ 的微段，则截面 $m$-$m$ 上的弯矩为 $M$，截面 $n$-$n$ 上的弯矩为 $M + dM$（图 7-13(b)），因此两截面上同一个坐标处的正应力也不相等（图 7-13(c)）。

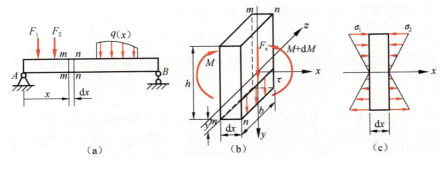

图 7-13

现对矩形截面上的弯曲切应力作以下两个假设：①横截面上各点处切应力的方向与该截面上的剪力方向平行；②横截面上切应力沿横截面宽度均匀分布，如图 7-13(b)所示。

根据上述假设所求得的切应力与弹性理论的结果比较发现，对狭长矩形截面梁，上述假设合理；对于一般高度大于宽度的矩形截面梁在工程计算中也是适用的。基于上述假设，仅由静力平衡方程即可推出**弯曲切应力**计算公式。

设图 7-13(b)中横截面上距中性轴坐标为 $y$ 处的切应力为 $\tau(y)$，为计算 $\tau(y)$ 的大小，现用一个平行于中性层的纵向平面 $ABCD$ 将微段截开，并取下半部分为研究对象(图 7-14(a))。在研究对象的左侧面和右侧面上作用有弯曲正应力 $\sigma_1$ 和 $\sigma_2$，设它们的合力分别为 $F_{N1}^*$ 和 $F_{N2}^*$，则有

$$F_{N1}^* = \int_{A^*} \sigma_1 dA = \int_{A^*} \frac{My_1}{I_z} dA = \frac{M}{I_z}\int_{A^*} y_1 dA = \frac{M}{I_z}S_z^* \tag{7-13a}$$

$$F_{N2}^* = \int_{A^*} \sigma_2 dA = \int_{A^*} \frac{(M+dM)y_1}{I_z} dA = \frac{M+dM}{I_z}\int_{A^*} y_1 dA = \frac{M+dM}{I_z}S_z^* \tag{7-13b}$$

式中，$A^*$ 为研究对象左侧面或右侧面的面积，也是所研究横截面上距中性轴为 $y$ 的横线以外部分的面积；$S_z^* = \int_{A^*} y_1 dA$ 为面积 $A^*$ 对横截面中性轴的静矩。

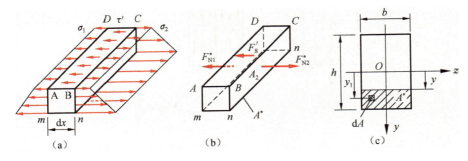

图 7-14

在研究对象的左侧面和右侧面上还作用有切应力。在右侧面的 $BC$ 边的切应力就是 $\tau(y)$，根据切应力互等定理，则在 $ABCD$ 面上的 $BC$ 边的切应力也是 $\tau(y)$；又由于 $ABCD$ 面的 $AB$ 边很小($dx$)，因此可假设整个 $ABCD$ 面上切应力均匀分布，即为 $\tau(y)$。设 $ABCD$ 面上切应力的合力为 $F_s'$，则有

$$F_s' = \int_A \tau(y) dA = \tau(y)\int_A dA = \tau(y)bdx \tag{7-13c}$$

建立研究对象(图 7-14(b))的轴向力平衡方程,有

$$F_{N2}^* - F_{N1}^* - F_S' = 0 \qquad (7\text{-}13d)$$

将 $F_{N1}^*$、$F_{N2}^*$ 和 $F_S'$ 的表达式(7-13a)~(7-13c)代入上式,并利用微分关系 $dM/dx = F_S$,可得

$$\tau(y) = \frac{F_S S_z^*}{I_z b} \qquad (7\text{-}14)$$

式(7-14)即为矩形截面上弯曲切应力的计算公式,称为**弯曲切应力公式**。式中,$F_S$ 为横截面上的剪力,$I_z$ 为整个横截面对中性轴的惯性矩;$S_z^*$ 为横截面上距中性轴为 $y$ 的横线以外部分的面积对中性轴的静矩(图 7-14(c));$b$ 为矩形截面的宽度。

式(7-14)中的 $F_S$、$I_z$ 和 $b$ 对某一横截面而言均为常量,因此,横截面上的切应力沿截面高度的变化情况,由静矩 $S_z^*$ 与坐标 $y$ 之间的关系来反映。图 7-14(c)中,

$$S_z^* = \int_{A^*} y_1 dA = A^* \times \bar{y} = \left[ b\left(\frac{h}{2} - y\right) \right] \times \left[ y + \frac{1}{2} \times \left(\frac{h}{2} - y\right) \right] = \frac{1}{2} b\left(\frac{h^2}{4} - y^2\right)$$

$$(7\text{-}15)$$

将式(7-15)代入公式(7-14)可得

$$\tau(y) = \frac{1}{2} \frac{F_s}{I_z} \left(\frac{h^2}{4} - y^2\right) \qquad (7\text{-}16)$$

由上式可知,矩形截面梁的切应力 $\tau$ 沿截面高度是按抛物线规律变化的(图 7-15)。当 $y$ 等于 $\pm h/2$ 时,即在横截面上距中性轴最远处,切应力 $\tau = 0$;当 $y = 0$ 时,即在中性轴上各点处切应力达到最大值。

$$\tau_{max} = \frac{F_S}{2I_z} \frac{h^2}{4} = \frac{3}{2} \frac{F_S}{bh} = \frac{3}{2} \frac{F_S}{A} \qquad (7\text{-}17)$$

式(7-17)中,$A = bh$,为矩形截面的面积。式(7-17)表明,矩形截面梁横截面上的最大切应力为平均切应力的 1.5 倍。

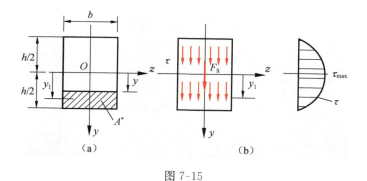

图 7-15

### 7.2.2　工字形截面梁与组合梁的切应力

1) 工字形截面梁

如图 7-16 所示工字形截面由腹板和上、下翼缘组成。在横力弯曲条件下,翼缘和腹板上均有切应力存在,切应力的分布如图 7-16(b)所示。图中截面受竖直向下的剪力,因此截面上向下的切应力的合力与剪力相等;水平方向上的切应力的合力为零,而且它们像水流那样,从上翼缘两侧流入、从下翼缘的两侧流出。

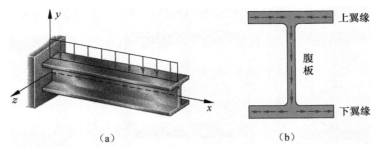

图 7-16

先研究工字形截面腹板上任一点处的切应力 $\tau$。由于腹板是狭长矩形,可以直接由公式(7-14)计算腹板上距中性轴为 $y$ 处各点的切应力,即

$$\tau(y) = \frac{F_S S_z^*}{I_z d} \tag{7-18}$$

式(7-18)中,$d$ 为腹板厚度;$S_z^*$ 为距中性轴为 $y$ 的横线以外部分的横截面面积(图 7-17(a)中阴影部分面积)对中性轴的静矩。容易计算

$$S_z^* = \left[ d\left(\frac{h}{2} - y\right) \right]\left[ y + \frac{1}{2}\left(\frac{h}{2} - y\right) \right] + (b\delta)\left(\frac{h}{2} + \frac{\delta}{2}\right) = \frac{d}{8}(h^2 - 4y^2) + \frac{b\delta}{2}(h + \delta) \tag{7-19}$$

式(7-19)表明,腹板内切应力大小沿腹板高度按抛物线规律变化(图 7-17(b)),其最大切应力也发生在中性轴上,值为

$$\tau_{\max} = \frac{F_S S_{z,\max}^*}{I_z d} \tag{7-20}$$

式(7-20)中,$S_{z,\max}^*$ 为中性轴一侧的半个工字形截面面积对中性轴的静矩。在式(7-19)中取 $y=0$ 即得

$$S_{z,\max}^* = \frac{d}{8}h^2 + \frac{b\delta}{2}(h + \delta) \tag{7-21}$$

对于工字形截面,在具体计算 $\tau_{\max}$ 时,可

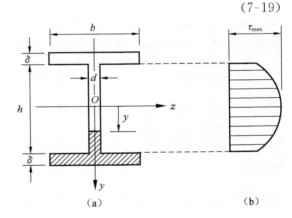

图 7-17

以直接利用型钢规格表中给出的比值 $I_z/S_z^*$,此比值就是式(7-20)中的 $I_z/S_{z,\max}^*$。

至于工字形截面翼缘上的切应力,情况一般比较复杂。除了有平行于 $y$ 轴的切应力 $\tau_y$ 以外,还有与翼缘长边平行的水平方向的切应力 $\tau_z$。因翼缘厚度很薄,切应力 $\tau_y$ 很小可忽略不计,故水平切应力 $\tau_z$ 是翼缘上的主要切应力。后者也可以仿照求矩形截面上切应力的方法来求得。由于翼缘上的最大切应力较小,一般情况下不必计算。

计算表明,工字形截面的上、下翼缘主要承担弯矩,而腹板则主要承担剪力。

T 形、槽形等截面也是由几个矩形组成,它们的腹板也是狭长矩形,因此,切应力的分布规律和计算方法和工字形截面类似。

2)组合梁

工程中经常用到组合梁。如图 7-18(a)所示,为由三块钢板焊接而成的工字形截面组合梁;图 7-18(b)为由一个工字形梁在上下翼缘用铆钉连接了两个槽钢组成的组合梁;图 7-18(c)为由四块木板用钉子或木螺丝组合成的箱型梁。

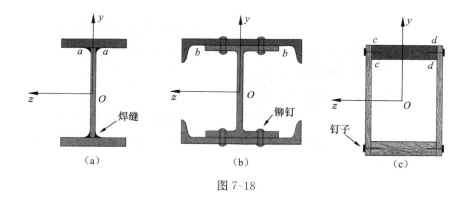

图 7-18

在设计组合梁时,除了要考虑弯曲正应力和切应力强度条件,还应考虑连接部分的强度。如图 7-18(a)中焊缝的强度、图 7-18(b)中铆钉的强度以及图 7-18(c)中钉的强度。这些连接件主要承受由于弯曲产生的平行于梁轴线的水平剪力的作用。

在推导弯曲切应力时,曾计算过弯曲引起的水平剪力 $F'_s$。回顾图 7-14(b)和式(7-13c)、式(7-14),可得

$$F'_s = \tau(y)b\mathrm{d}x = \frac{F_S S_z^*}{I_z}\mathrm{d}x \tag{7-22}$$

式(7-22)中各项含义与式(7-14)中相同,即 $F_S$ 为横截面上的剪力,$I_z$ 为整个横截面对中性轴的惯性矩,$S_z^*$ 为横截面上距中性轴为 $y$ 的横线以外部分的面积对中性轴的静矩。

定义沿梁轴线方向单位长度上的水平剪力大小为**剪流** $f$,则有

$$f = \frac{F'_s}{\mathrm{d}x} = \frac{F_S S_z^*}{I_z} \tag{7-23}$$

在考虑组合梁连接部分的强度时,可首先计算剪流,然后得到水平剪力,根据水平剪力设计连接件的强度。采用式(7-23)计算剪流时应分别取图 7-18(a)、(b)、(c)中阴影部分计算静矩 $S_z^*$。

**例题 7-7** 图 7-19(a)所示为木板组合成的箱型梁的横截面及各部分尺寸,图 7-19(b)为左视图。木板之间用木螺丝连接,螺丝钉间距为 $s$。已知螺丝钉许用剪力 $[F_s]=800\mathrm{N}$,梁横截面上剪力 $F_s=10.5\mathrm{kN}$,试确定螺丝钉的间距 $s$。

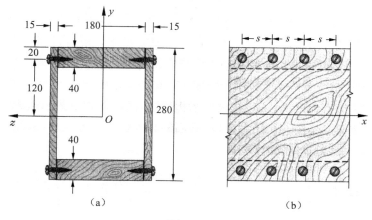

图 7-19

**解:**（1）计算剪流 $f$。

首先计算截面惯性矩 $I_z$ 和静矩 $S_z^*$。将梁横截面看做两个矩形组成的组合截面,用负面积法,则有

$$I_z = \frac{1}{12}(210\text{mm})(280\text{mm})^3 - \frac{1}{12}(180\text{mm})(200\text{mm})^3 = 264.2 \times 10^6 \text{mm}^4$$

取图 7-19(a)中上部水平板面积计算静矩,有

$$S_z^* = (40\text{mm} \times 180\text{mm})(120\text{mm}) = 864 \times 10^3 \text{mm}^3$$

由式(7-23)计算剪流

$$f = \frac{F_S S_z^*}{I_z} = \frac{(10500\text{N})(864 \times 10^3 \text{mm}^3)}{264.2 \times 10^6 \text{mm}^4} = 34.3\text{N/mm}$$

可见,沿梁轴线每毫米长度内,水平板和竖板间要传递 34.3N 的水平剪力。

（2）确定螺钉间距。

一个螺钉间距内,水平板的水平剪力为 $fs$,该力由板两侧的两个螺钉承担,所以有 $2[F_S] = fs$,于是得

$$s = \frac{2[F_S]}{f} = \frac{2(800\text{N})}{34.3\text{N/mm}} = 46.6\text{mm}$$

46.6mm 是螺钉许用的最大间距,从方便制造和安全考虑,可选 46mm 作为螺钉间距。

### 7.2.3　圆形及薄壁圆环截面梁的切应力

研究结果表明,圆截面的最大切应力仍发生在中性轴上,最大切应力沿中性轴均匀分布,方向平行于剪力 $F_S$ 的方向(图 7-20(a))。在式(7-14)中,取 $b = 2R$,$I_z = \pi D^4/64$,$S_{z,\max}^*$ 为半圆面积对中性轴的静矩,其值为 $S_z^* = (\pi R^2/2)(4R/3\pi)$,得中性轴上切应力

$$\tau_{\max} = \frac{4}{3}\frac{F_S}{A} \tag{7-24}$$

式中,$A = \pi R^2$ 为圆截面的面积。可见,圆形截面的最大弯曲切应力是平均切应力的 4/3 倍。

对于图 7-21(a)所示的圆环形截面,其最大切应力 $\tau_{\max}$ 仍发生在中性轴上。在公式(7-14)中取 $b = 2\delta$,$S_{z,\max}^* = (\pi R_0 \delta)(2R_0/\pi) = 2R_0^2 \delta$,$I_z = \pi R_0^3 \delta$,可以求得

$$\tau_{\max} = \frac{F_S S_{z,\max}^*}{I_z b} = \frac{F_S 2 R_0^2 \delta}{2\pi R_0^3 \delta^3} = 2\frac{F_S}{A} \tag{7-25}$$

式中,$A = \pi[(2R_0 + \delta)^2 - (2R_0 - \delta)^2]/4 = 2\pi R_0 \delta$,代表环形截面的面积。可见,薄壁圆环截面梁横截面上的最大切应力是其平均切应力的两倍。

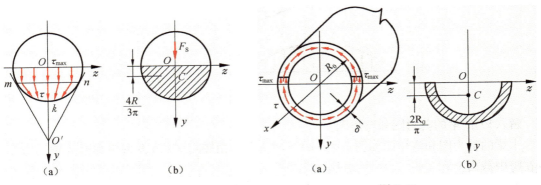

图 7-20　　　　　　　　　　　　　　图 7-21

### 7.2.4 梁的切应力强度条件

在横力弯曲情况下,梁的弯曲正应力和弯曲切应力都要满足强度要求。梁的最大切应力出现在剪力最大的横截面上的中性轴处,而中性轴处弯曲正应力 $\sigma=0$,所以中性轴处各点的应力状态为纯剪切应力状态。其强度条件可表示为

$$\tau_{\max} \leqslant [\tau]$$

利用式(7-14),上式可改写为

$$\tau_{\max} = \frac{F_{S,\max}S_{z,\max}^*}{I_z b} \leqslant [\tau] \tag{7-26}$$

式中,$[\tau]$ 为材料在横力弯曲时的许用切应力;$F_{S,\max}$ 为梁的最大剪力;$S_{z,\max}^*$ 为剪力最大横截面的最大静矩。

对于非薄壁截面的细长梁,梁的强度主要取决于正应力,按正应力强度条件选择截面或确定许用载荷后,一般不再需要进行切应力强度校核。但在下列几种情况下,需要校核梁的切应力强度:

(1)梁的跨度较短,或在支座附近有较大的载荷作用。在此情况下,梁的弯矩较小,而剪力却很大。

(2)铆接或焊接的组合截面(如工字形)钢梁,腹板的切应力较大,须进行切应力强度校核。

(3)木材在顺纹方向抗剪强度较差,木梁在横力弯曲时可能因中性层上的切应力过大而使梁沿中性层发生剪切破坏。

**例题 7-8** 图 7-22(a)所示两端铰支矩形截面木梁,长度 $l=3\text{m}$,受均布载荷作用,载荷集度 $q=10\text{kN/m}$。已知木材的许用正应力 $[\sigma]=12\text{MPa}$,顺纹许用切应力 $[\tau]=1.5\text{MPa}$,设 $h/b=3/2$。试选择木梁截面尺寸,并进行切应力强度校核。

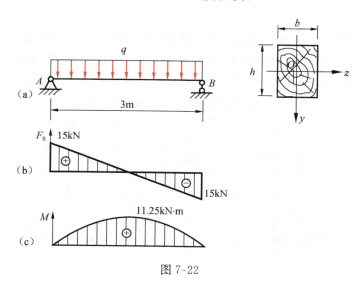

图 7-22

**解:**(1)作梁的剪力图和弯矩图。

木梁的剪力图和弯矩图如图 7-22(b)、(c)所示。由图可知,最大弯矩和最大剪力分别发生在跨中截面上和支座 $A$、$B$ 处,分别为

$$M_{\max} = 11.25\text{kN}\cdot\text{m}, \quad F_{S,\max} = 15\text{kN}$$

（2）按正应力强度条件选择截面。

由弯曲正应力强度条件得

$$W_z \geqslant \frac{M_{max}}{[\sigma]} = \frac{11.25 \times 10^3 \text{N} \cdot \text{m}}{12 \times 10^6 \text{Pa}} = 94 \times 10^{-5} \text{m}^3$$

又因 $h = 3b/2$，则有

$$W_z = bh^2/6 = 9b^3/24$$

故可求得

$$b = \sqrt[3]{24W_z/9} = \sqrt[3]{24(94 \times 10^{-5} \text{m}^3)/9} = 0.135\text{m} = 135\text{mm}$$

$$h = 3b/2 = 202.5\text{mm}$$

（3）校核梁的切应力强度。

梁的最大剪力 $F_{S,max} = 15\text{kN}$，发生在支座处的横截面上；最大切应力发生在该横截面的中性层，值为

$$\tau_{max} = \frac{3}{2} \frac{F_{S,max}}{A} = \frac{3}{2} \frac{15 \times 10^3 \text{N}}{(135\text{mm})(202.5\text{mm})} = 0.82\text{MPa} < [\tau] = 1.5\text{MPa}$$

所选木梁截面尺寸满足切应力强度要求。

**讨论**：①本题中的梁如果是金属材料制成，无需校核切应力强度。②本题中梁的最大弯曲正应力为 $\sigma_{max} = 3ql^2/(4bh^2)$，最大切应力为 $\tau_{max} = 3ql/(4bh)$，两者之比 $\sigma_{max}/\tau_{max} = l/h$，即最大弯曲正应力与最大弯曲切应力之比等于梁的跨高比。本题中梁的跨高比约为 15∶1，因此，最大弯曲正应力是切应力的 15 倍。

# 7.3  提高梁弯曲强度的措施

在不减小外载荷、不增加材料的前提下，提高梁的强度就是想办法降低梁的最大工作应力。由梁的正应力强度条件 $\sigma_{max} = M_{max}/W_z \leqslant [\sigma]$ 可知，降低最大弯矩、提高抗弯截面模量是两个最主要的途径。

### 7.3.1  降低梁的最大弯矩

1）合理配置梁的载荷

例如，图 7-23（a）所示简支梁在跨中承受集中力 $F$ 时，梁在跨中最大弯矩 $M_{max} = FL/4$。若使集中力 $F$ 通过辅梁再作用到梁上（图 7-23（b）），则梁在同一截面处的弯矩就降低为 $M_{max} = FL/8$。

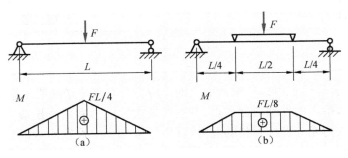

图 7-23

2）合理设置支座

如图 7-24(a)所示的简支梁,在同样截面和均布载荷情况下,将简支梁两端支座向跨中移动 $a$,变为外伸梁,则梁的弯矩如图 7-24(b)所示。使得弯矩最小的最优移动距离为 $a=L/\sqrt{8}$,此时梁内最大弯矩为 $qL^2/16$,为原梁最大弯矩的 $1/3$。

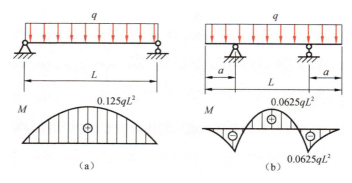

图 7-24

3）采用静不定梁

增加支座,将静定梁改为静不定梁,可以降低梁的最大弯矩。

### 7.3.2 选择合理的截面形状

当梁所受外力不变时,横截面上的最大正应力与抗弯截面模量成反比,因此,增大抗弯截面模量能有效降低应力。在梁的横截面面积保持不变的条件下,抗弯截面模量愈大的梁,其承载能力愈高。例如,矩形截面梁,有两个对称轴,显然竖放时的抗弯截面模量大于平放时的值,所以竖放比平放具有较大的抗弯能力,且更为合理。房屋、桥梁及厂房建筑物中的矩形梁,一般都是竖放,就是这个道理。

考虑到用材经济性,一般把梁的抗弯截面模量 $W_z$ 与其横截面面积 $A$ 之比 $W_z/A$ 作为选择合理截面的一个指标。一般来说,该比值越大越合理。

对于矩形截面梁,$W_z/A\approx0.167h$。表 7-1 列出了几种常见截面的 $W_z/A$ 值。从表中可知,工字形截面或槽形截面比矩形截面合理,而矩形截面比圆形截面合理。

**表 7-1　几种常见截面的 $W_z/A$ 值**

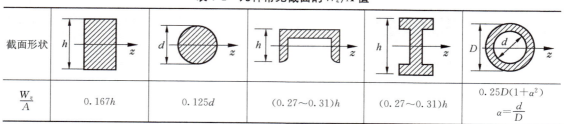

| 截面形状 | | | | | |
|---|---|---|---|---|---|
| $\dfrac{W_z}{A}$ | $0.167h$ | $0.125d$ | $(0.27\sim0.31)h$ | $(0.27\sim0.31)h$ | $0.25D(1+\alpha^2)$ $\alpha=\dfrac{d}{D}$ |

工字形截面的合理性也可以从梁截面上的正应力分布规律来说明。梁横截面上正应力沿截面高度线性分布,距离中性轴最远各点,分别有最大拉应力和最大压应力,而在中性轴附近各点,正应力较小。为充分发挥材料的潜力,就应尽量减少中性轴附近的材料,把材料布置在距中性轴较远的地方。

选取截面形状,还要考虑到材料因素。对于拉、压许用应力相等的材料(如钢材)制成的梁,其横截面应以中性轴为其对称轴,如工程实际中经常采用的工字形、箱形、矩形、圆环形等截面形式。对于在土建、水利、桥梁工程中常用的混凝土等脆性材料,因其抗压强度远高于抗拉强度,宜采用 T 形、槽型截面,并使离中性轴近的一侧承受拉应力。

### 7.3.3 合理设计梁的形状——变截面梁

梁的弯矩图形象地反映了弯矩沿梁轴线的变化情况。由于梁内不同横截面上最大正应力是随弯矩值的变化而变化的,因此,在等直梁设计中,只要危险截面上的最大正应力满足强度要求,其余各截面自然满足,并有裕量。从节约材料或减轻自重考虑,可以在弯矩较大的梁段采用较大的截面,在弯矩较小的梁段采用较小的截面。这种横截面尺寸沿梁轴线变化的梁称为**变截面梁**。如果梁各个截面上的最大正应力都相等,且均达到材料的许用应力,这种变截面梁是最理想的形式,称为**等强度梁**或**满应力梁**。由强度条件

$$\sigma = \frac{M(x)}{W(x)} \leqslant [\sigma]$$

可得到等强度梁各截面的抗弯截面模量为

$$W(x) = \frac{M(x)}{[\sigma]} \tag{7-27}$$

式中,$M(x)$ 是等强度梁横截面上的弯矩,$[\sigma]$ 为许用应力。

工程实际中,可以固定截面的某个尺寸,根据式(7-27)得到各截面的抗弯截面模量,然后确定另一个尺寸。例如,图 7-25(a)所示的矩形截面简支梁,令其宽度不变而让高度变化,则高度 $h=h(x)$ 沿梁轴线变化的规律为

$$h(x) = \sqrt{\frac{3Fx}{b[\sigma]}}$$

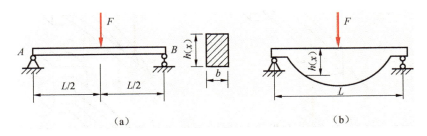

图 7-25

由上式可知,当 $x=0$ 时,$h(x)=0$。显然两端处的梁截面高度不能为零,须应用该处的切应力强度条件确定该处的最小高度 $h_{\min}$。由切应力强度条件

$$\tau_{\max} = \frac{3F_{\text{S,max}}}{2bh_{\min}} \leqslant [\tau]$$

得

$$h_{\min} = \frac{3F}{4b[\tau]}$$

如此设计出的等强度梁形式如图 7-25(b)所示,其形如鱼肚,故称"鱼腹梁",在厂房建筑中较常见。

等强度梁可以最合理地使用材料,这是它的优点。但当外载荷比较复杂时,虽然理论上讲

存在等强度梁，但由于其形状复杂，给制造加工带来很大的困难。所以，在工程实际中，通常用等强度梁的设计思想，并结合具体情况，将其修正成为易于加工制造的形状。如图 7-26 所示的阳台挑梁、车辆底座下面叠板弹簧等。

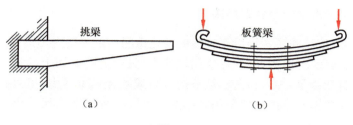

图 7-26

## 7.4 弯 曲 中 心

开口薄壁截面梁，在外力作用下除发生弯曲外，通常还会发生扭转。如图 7-27(a)所示槽形截面悬臂梁，其横截面的形心为 $O$，$z$ 轴为横截面的对称轴，$y$ 轴通过形心并与 $z$ 轴垂直。若在梁的自由端沿截面的非对称轴 $y$ 作用一集中力 $F$，则梁不仅产生弯曲，同时还会发生扭转变形(图 7-27(b))。在第 5 章曾讨论过，开口薄壁截面杆在扭转时，其扭转角和切应力比闭口截面杆大许多。因此，在工程中应尽可能避免开口薄壁截面杆的扭转。

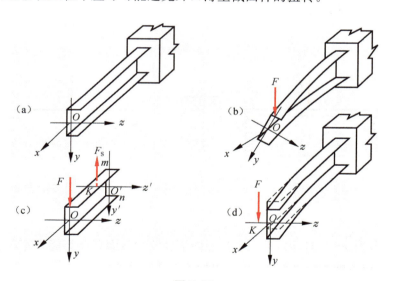

图 7-27

下面讨论发生这种扭转变形的原因，并讨论如何避免这种现象。在 $F$ 作用下，薄壁梁横截面 $m$-$n$ 上的弯曲切应力分布如图 7-28(a)所示。设槽钢上、下翼缘和腹板上的切应力分别为 $\tau_y$ 和 $\tau_z$，$\tau_y$ 和 $\tau_z$ 分别形成合力 $F_{Sy}$ 和 $F_{Sz}$(图 7-28(b))，$F_{Sy}=F_S$。将 $F_{Sy}$ 和 $F_{Sz}$ 向腹板形心 $C$ 处简化，得到一个主矢 $F_{Sy}$ 和一个大小为 $F_{Sz}h$ 的主矩(图 7-28(c))，该力偶矩引起梁的扭转变形。为消除扭转变形，必须使简化后的力偶矩为零。如果向某一点简化所得主矢不为零主矩为零，则这一点称为**弯曲中心**或**剪切中心**。

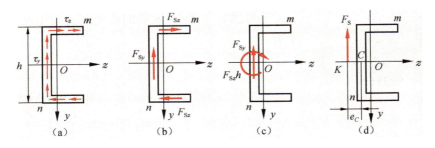

图 7-28

设想将力 $F$ 的作用点向 $y$ 轴左侧移动到 $K$ 点(图 7-27(d)),$K$ 点距腹板形心 $C$ 的距离为 $e_C$,见图 7-28(d)。然后将腹板和翼缘上的切应力合力 $F_{Sy}$ 和 $F_{Sz}$ 向 $K$ 点简化,得到主矢 $F_S$ 和一个大小为 $M=F_{Sz}h-F_Se_C$ 的力偶矩,令该力偶矩为零,从而得到

$$e_C = F_{Sz}h/F_S \tag{7-28}$$

按式(7-28)确定的 $K$ 点即为弯曲中心,当外力 $F$ 作用点为 $K$ 时,槽形截面梁只发生弯曲变形而无扭转变形。弯曲中心只与截面的几何形状和尺寸有关,与剪力的大小无关。

将开口薄壁截面梁各横截面的弯曲中心 $K$ 点相连,得到一条与梁轴线平行的直线,称为**弯曲中心轴**。只有当作用于梁上的横向载荷均通过弯曲中心轴时,才能使梁只发生弯曲而不发生扭转。

以下几条简单规则可用来确定各种薄壁截面梁的弯曲中心的具体位置:

(1) 具有两个对称轴或反对称轴的截面,弯曲中心与截面形心重合;

(2) 有一个对称轴的截面,其弯曲中心必在此对称轴上;

(3) 若薄壁截面的中心线是由若干相交于一点的直线段所组成,则此交点就是截面的弯曲中心。表 7-2 列举了几种常见的开口薄壁截面的弯曲中心位置,可供计算时查用。

表 7-2　几种薄壁截面的弯曲中心位置

| 项次 | 1 | 2 | 3 | 4 | 5 | 6 | 7 |
|---|---|---|---|---|---|---|---|
| 截面形状 | (工字形) | (槽形) | (圆环缺口) | (T形) | (V形) | (V形) | (Z形) |
| 弯曲中心的位置 | 与形心重合 | $e=\dfrac{b^2h^2t}{4I_z}$ | $e=r_0$ | 在两个狭长矩形中线的交点 | | | 与形心重合 |

## $^*$7.5　弯曲应力集中

应力集中现象存在于所有构件中尺寸和形状突然改变的区域,梁也不例外。考虑图 7-29 所示的两侧带缺口梁的纯弯曲问题,设梁为矩形截面,高为 $h$,厚度为 $b$,减去缺口后梁的净高为 $h_1$,缺口底部圆弧半径为 $R$。

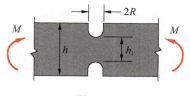

图 7-29

不考虑应力集中,该梁的最大应力发生在缺口底部,大小为

$$\sigma = \frac{M}{W_z} = \frac{6M}{bh_1^2} \tag{7-29}$$

考虑应力集中,最大应力仍然发生在缺口底部,其值为

$$\sigma_{\max} = K\sigma_{\text{nom}} = K\left(\frac{6M}{bh_1^2}\right) \tag{7-30}$$

式(7-30)中,名义应力 $\sigma_{\text{nom}}$ 取式(7-29)计算得到的应力。式(7-30)表明,缺口处最大应力与应力集中因数 $K$ 密切相关,当 $K$ 较大时,缺口处最大应力将比名义应力大许多。

$K$ 的取值主要与比值 $R/h_1$ 有关,图 7-30 给出了 $K$ 随 $R/h_1$ 的变化关系。从图中看出,比值 $R/h_1$ 越小,缺口越"尖锐",$K$ 越大。

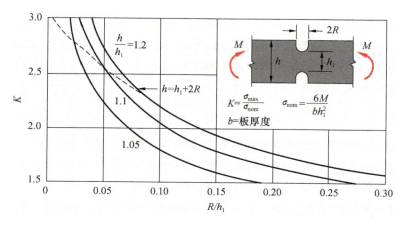

图 7-30

应力集中对应力分布的影响局限于缺口附件,在离缺口距离为 $h$ 或更远的梁截面,可不考虑应力集中的影响。

图 7-31 所示为在梁中性轴存在直径为 $d$ 的圆孔情况。图中虚斜线表示不考虑应力集中时梁净截面上的应力分布。应力集中主要影响圆孔边缘 $B$ 点的应力大小,而对于离 $B$ 点较远的 $A$ 点的应力几乎没有影响。

不考虑应力集中时 $B$ 点的名义应力为

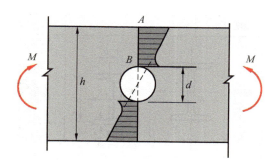

图 7-31

$$\sigma_{\text{nom}} = \frac{M(d/2)}{I_z} = \frac{6Md}{b(h^3 - d^3)} \tag{7-31}$$

考虑应力集中时 $B$ 点的应力约为 2 倍的名义应力,即

$$\sigma_B \approx 2\sigma_{\text{nom}} = \frac{12Md}{b(h^3 - d^3)} \tag{7-32}$$

## 思 考 题

7-1 一悬臂梁及其⊥形截面如思考题 7-1 图所示,其中 $C$ 为截面形心,该梁横截面的_____。

A. 中性轴为 $z_1$，最大拉应力在上边缘处；　　B. 中性轴为 $z_1$，最大拉应力在下边缘处；

C. 中性轴为 $z_0$，最大拉应力在上边缘处；　　D. 中性轴为 $z_0$，最大拉应力在下边缘处。

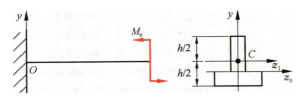

思考题 7-1 图

7-2　梁的横截面为思考题 7-2 图所示 T 形，欲求截面上 $m\text{-}m$ 线上的切应力，则公式 $\tau = \dfrac{F_S S_z^*}{I_z b}$ 中的 $S_z^*$ 为截面的 $m\text{-}m$ 线_____静矩。

A. 以外部分对形心轴 $z_C$ 轴；　　B. 以外部分对 $z_1$ 轴；

C. 以外部分对 $z_2$ 轴；　　D. 整个截面对 $z_C$ 轴。

7-3　矩形截面杆受力情况如思考题 7-3 图所示，其横截面上_____点的正应力最大。

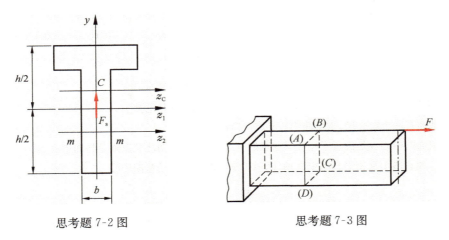

思考题 7-2 图　　　　　　思考题 7-3 图

7-4　由两根槽钢背靠背（两者之间未作任何固定连接）叠加起来放置，构成如思考题 7-4 图所示的悬臂梁。在载荷 $F$ 作用下，横截面上的正应力分布如图_____所示。

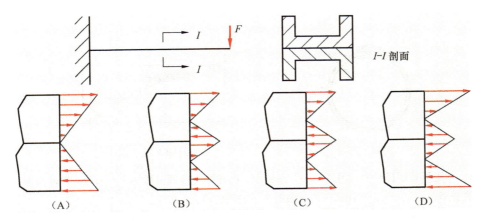

思考题 7-4 图

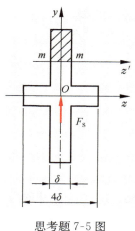

思考题 7-5 图

7-5 在思考题 7-5 图所示十字形截面上，剪力为 $F_S$，欲求 $m\text{-}m$ 线上的切应力，则公式 $\tau = \dfrac{F_S S_z^*}{I_z b}$ 中，_____。

A. $S_z^*$ 为截面的阴影部分对 $z'$ 轴的静矩，$b = 4\delta$；

B. $S_z^*$ 为截面的阴影部分对 $z'$ 轴的静矩，$b = \delta$；

C. $S_z^*$ 为截面的阴影部分对 $z$ 轴的静矩，$b = 4\delta$；

D. $S_z^*$ 为截面的阴影部分对 $z$ 轴的静矩，$b = \delta$。

7-6 若对称纯弯曲直梁的弯曲刚度 $EI$ 沿杆轴线为常量，其变形后梁轴线_____。

A. 为圆弧线，且长度不变； B. 为圆弧线，而长度改变；

C. 不为圆弧线，但长度不变； D. 不为圆弧线，且长度改变。

7-7 思考题 7-7 图所示 T 形截面铸铁梁承受均布载荷，最合理的摆放方式是_____。

思考题 7-7 图

7-8 薄壁截面梁弯曲中心可以根据下面规则判断，其中不正确的是_____。

A. 如果截面具有两个对称轴或反对称轴，则弯曲中心与截面形心重合；

B. 如果截面有一个对称轴，则弯曲中心必在此对称轴上；

C. 如果截面的中心线是由若干相交于一点的直线段所组成，则此交点就是弯曲中心；

D. 如果截面有两个互相垂直的中性轴，则两中性轴的交点就是弯曲中心。

## 习　题

7.1-1 直径 $d = 3\text{mm}$ 的铜线弯曲成习题 7.1-1 图所示圆环状，为保证环内最大应变不超过 0.004，试问最短的铜线长度应为多少？

7.1-2 习题 7.1-2 图所示悬臂梁，在自由端作用外力偶矩 $M_0$。已知梁的长度 $L = 1.2\text{m}$，梁上表面纵向正应变为 0.0008，梁上表面到中性层距离为 50mm。试计算梁的曲率半径 $\rho$、曲率 $\kappa$ 以及自由端的竖直位移 $\delta$。

习题 7.1-1 图

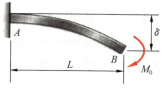

习题 7.1-2 图

7.1-3 一矩形截面杆受力如习题 7.1-3 图所示。已知两支座间的距离 $L = 1.5\text{m}$，杆件高度 $h = 20\text{mm}$，杆件中点的变形 $\delta = 2.5\text{mm}$。试计算杆件上表面和下表面的最大正应变。

7.1-4 长度 $L = 2\text{m}$、厚度 $t = 2\text{mm}$ 的薄铜条带被弯成习题 7.1-4 图所示圆环状，已知弹性模量 $E = 113\text{GPa}$。（1）试计算条带中最大弯曲正应力 $\sigma_{\max}$；（2）如果增加条带的厚度，$\sigma_{\max}$ 是增大还是减小？

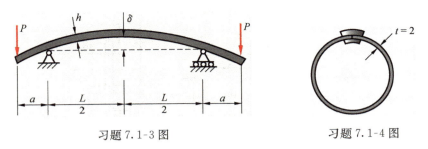

习题 7.1-3 图                     习题 7.1-4 图

7.1-5 习题 7.1-5 图所示外伸梁,其截面为宽 140mm,高 240mm 的矩形,所受载荷如图所示,试求最大正应力的数值和位置。

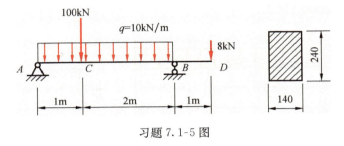

习题 7.1-5 图

7.1-6 矩形截面的悬臂梁,受集中力和集中力偶作用,如习题 7.1-6 图所示。试求 $I$-$I$ 截面和固定端 $II$-$II$ 截面处 $A,B,C,D$ 共四点的正应力数值,并说明应力的性质。

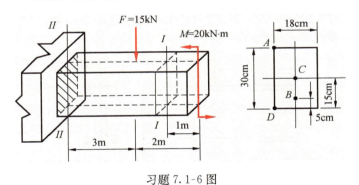

习题 7.1-6 图

7.1-7 22a 工字钢梁全跨受均布载荷 $q$ 作用,如习题 7.1-7 图所示,梁的上下用钢板加强,钢板厚度 $\delta=10mm$,宽度 $b=75mm$。若 $l=6m$,$[\sigma]=160MPa$,试求许用均布载荷 $[q]$。

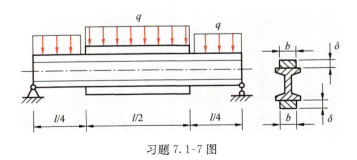

习题 7.1-7 图

7.1-8 已知习题 7.1-8 图所示铸铁简支梁的 $I_z=645.6\times10^6 \ mm^4$,$E=120GPa$,许用拉应力 $[\sigma_t]=30MPa$,许用压应力 $[\sigma_c]=90MPa$。试求:(1) 许用载荷 $[F]$;(2) 在许用载荷作用下,梁下边缘的总伸长量。

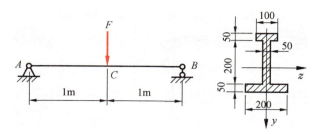

习题 7.1-8 图

7.1-9 一正方形截面的悬臂木梁,其尺寸及所受载荷如习题 7.1-9 图所示,$q=2$kN/m,$F=5$kN,木材的许用应力$[\sigma]=10$MPa。若在 C 截面的高度中间钻一直径为 $d$ 的圆孔,在保证该梁的正应力强度条件下,不考虑应力集中,试求圆孔的最大直径 $d$。

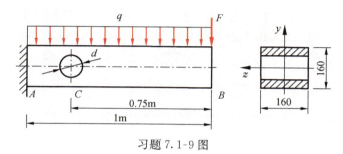

习题 7.1-9 图

7.1-10 习题 7.1-10 图所示 16 号工字钢制成的简支梁上作用集中力 $F$,在 C-C 截面离中性轴距离为 $y=80$mm 的外层纤维上,用标距 $s=20$mm 的应变计量得轴向伸长 $\Delta s=0.008$mm。若梁的跨度 $L=1.5$m,弹性模量 $E=2\times10^5$MPa,试求力 $F$ 的大小。

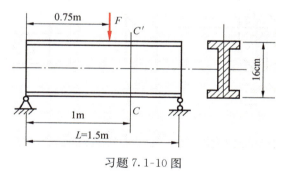

习题 7.1-10 图

7.1-11 梁的受力情况及截面尺寸如习题 7.1-11 图所示。若惯性矩 $I_z=102\times10^{-6}$ m$^4$,试求最大拉应力和最大压应力的数值,并指出产生最大拉应力和最大压应力的截面上的位置。

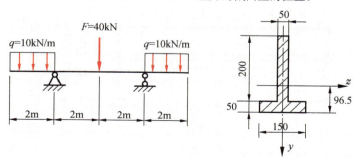

习题 7.1-11 图

7.1-12　铸铁外伸梁受力情况和截面的形状尺寸如习题 7.1-12 图所示。材料的许用拉应力$[\sigma_t]=$30MPa。许用压应力$[\sigma_c]=$80MPa。试按正应力强度条件校核梁的强度$(I_z=254.7\times10^{-6}\,\text{m}^4)$。

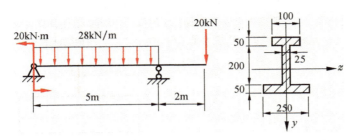

习题 7.1-12 图

7.1-13　习题 7.1-13 图所示矩形截面悬臂梁，在纵向钻有直径为 10mm 的孔，孔的位置标于图中。设梁横截面 25mm 宽、50mm 高，载荷 $P=600$N。试计算梁的上表面、孔的上表面以及梁下表面的弯曲应力。

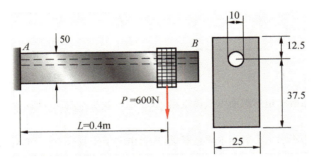

习题 7.1-13 图

7.1-14　习题 7.1-14 图所示斜板 $ABC$ 为某水池调节闸门。当水位 $d$ 较低时，斜板 $ABC$ 在水压作用下发挥闸门作用；当水位超过最大值 $d_{\max}$ 时，由于斜板 $ABC$ 可以绕 $B$ 点转动，斜板向右倾斜，闸门打开，使得池水泻出。设斜板厚度为 $t$，与水平面倾角为 $\alpha$，斜板许用弯曲应力为$[\sigma]$，水的单位体积重力为 $\gamma$，忽略斜板重力。试证明斜板的最小厚度应为

$$t_{\min}=\sqrt{\frac{8\gamma h^3}{[\sigma]\sin^2\alpha}}$$

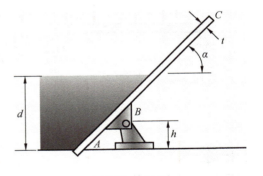

习题 7.1-14 图

7.1-15　习题 7.1-15 图所示受均布载荷 $q=3.5$kN/m 的矩形截面外伸梁，$BC$ 段长度 $L=150$mm。已知许用弯曲应力$[\sigma]=60$MPa，梁本身单位体积重力 $\gamma=77.0$kN/m$^3$。
(1) 忽略梁本身的重力，试确定梁截面宽度 $b$；(2) 考虑梁本身的重力，确定梁截面宽度 $b$。

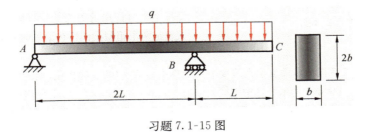

习题 7.1-15 图

7.1-16　当载荷 $F$ 直接作用在跨长为 $L=6\text{m}$ 的简支梁 $AB$ 之中点时,梁内最大正应力超过许可值 30%。为了消除过载现象,配置了如习题 7.1-16 图所示的辅助梁 $CD$,试求辅助梁的最小跨长 $a$。

7.1-17　习题 7.1-17 图所示两根材料相同、横截面面积相等的简支梁,一根为整体矩形截面梁,另一根为高度相等的矩形截面叠合梁。当在跨度中央分别受集中力 $F$ 和 $F'$ 作用时,若不计叠合梁之间摩擦力的影响,而考虑为光滑接触,试问:(1) 这种梁的截面上正应力是怎样分布的?(2) 两种梁能承担的载荷 $F$ 相差多少?

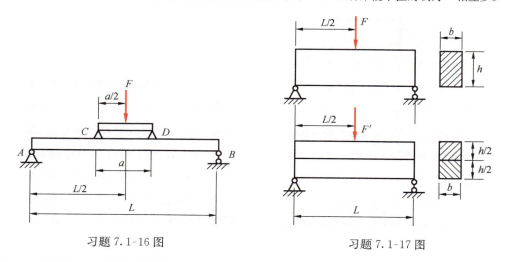

习题 7.1-16 图　　　　　　习题 7.1-17 图

7.2-1　习题 7.2-1 图所示矩形截面木质简支梁,承受均布载荷作用,试计算梁中的最大切应力 $\tau_{max}$ 和最大弯曲正应力 $\sigma_{max}$。

7.2-2　习题 7.2-2 图所示矩形截面木质悬臂梁,在自由端承受载荷 $P=10\text{kN}$。试计算载荷 $P$ 引起的横截面上距梁顶面 25mm、50mm、75mm 和 100mm 处的切应力,并绘出切应力沿截面高度方向的分布图。

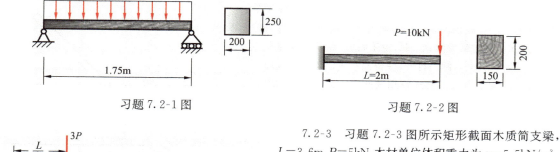

习题 7.2-1 图　　　　　　　　　习题 7.2-2 图

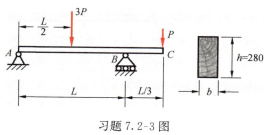

习题 7.2-3 图

7.2-3　习题 7.2-3 图所示矩形截面木质简支梁, $L=3.6\text{m}$, $P=5\text{kN}$,木材单位体积重力为 $\gamma=5.5\text{kN/m}^3$。(1) 设梁的许用应力为 8.2MPa,试确定梁截面宽度 $b$;(2) 设木材许用切应力为 0.7MPa,试确定梁截面宽度 $b$。

7.2-4　习题 7.2-4 图所示两个木质箱型截面梁 $A$ 和 $B$,外形尺寸和壁厚完全形同,只是铁钉的方向不同。设每个铁钉许用剪力为 250N,梁承受 3.2kN 的剪力。试确定两个箱型梁铁钉在梁纵向的最大间距,并说明哪个梁抗剪效果好。

7.2-5　如习题 7.2-5 图所示简支梁在跨度中央受集中力 $F=40\text{kN}$ 的作用,梁的跨度为 $l=4\text{m}$,此梁系由两根截面为 150mm×200mm 的木杆在中间插入横键 50mm×100mm×200mm 所组成,已知横键许用切应力 $[\tau]=1\text{MPa}$,试计算:(1) 所需横键的个数;(2) 横键所受的挤压应力的数值。(假定螺栓对剪切的抵抗作用是可忽略不计的。)

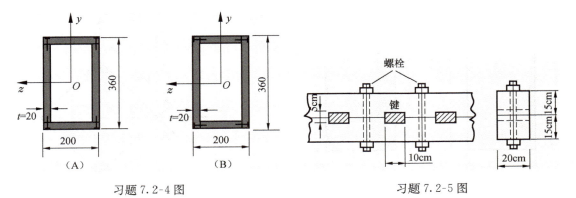

（A）　　　　　　　（B）

习题 7.2-4 图　　　　　　　　　　习题 7.2-5 图

7.2-6　习题7.2-6图所示外伸梁,$q=10$kN/m,$M_e=10$kN·m,截面形心距离底边为$y_1=55.4$mm。试求:(1)梁的剪力图和弯矩图;(2)梁横截面上最大拉应力和最大压应力;(3)梁横截面上最大切应力。

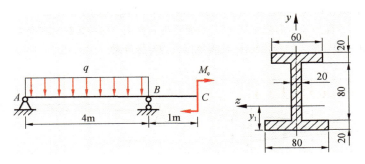

习题 7.2-6 图

7.3-1　从我国晋朝的营造方式中,已可以看出梁截面的高宽比约为$h/b=3/2$。试从理论上证明这是由直径为$d$的圆木中锯出一个强度最大的矩形截面梁的最佳比值(习题7.3-1图)。

7.3-2　挤压成型的铝型材横截面如习题7.3-2图(a)所示,有两个对称轴1-1和2-2。忽略倒角,图(a)可用图(b)代替,以方便弯曲强度计算。已知各部分尺寸为:$b=220$mm,$h=200$mm,$h_1=80$mm,$t_1=t_2=10$mm,$t_3=20$mm。(1)为提高弯曲强度,应该使用1-1轴还是2-2轴作为中性轴?(2)两种情况的抗弯截面模量之比为多少?

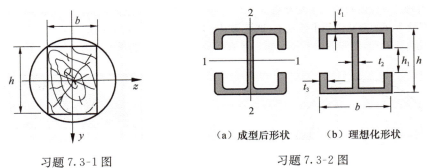

习题 7.3-1 图　　　　　　　　习题 7.3-2 图

7.3-3　习题7.3-3图(a)所示矩形截面梁,由于某种原因将其设计成习题7.3-3图(b)所示的截面形状。试分析尺寸$d$对梁弯曲强度的影响。

7.3-4　边长为$a$的方形截面梁,当以对角线为中性轴承受弯曲载荷时,如果削去如习题7.3-4图所示上下顶点处部分材料,可以提高梁的弯曲强度。(1)试确定图中$\beta$值,使得梁的强度最高;(2)当削去材料后,梁的抗弯截面系数增加多少?

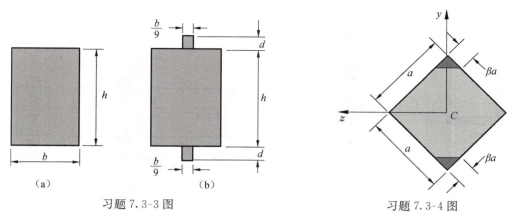

习题 7.3-3 图 习题 7.3-4 图

7.3-5 习题 7.3-5 图所示矩形截面悬臂梁承受均布载荷 $q$。已知梁横截面宽度 $b$ 为常数,在 $B$ 端截面高度为 $h_B$。如果将该梁设计为等强度梁,试确定梁截面高度 $h$ 沿轴线的变化规律。

7.3-6 习题 7.3-6 图所示矩形截面简支梁,承受载荷 $P$ 作用。保持梁截面高度为 $h$ 不变,并给定截面 $B$ 的宽度为 $b_B$,试设计截面宽度 $b$ 的变化规律,使得该梁成为等强度梁。

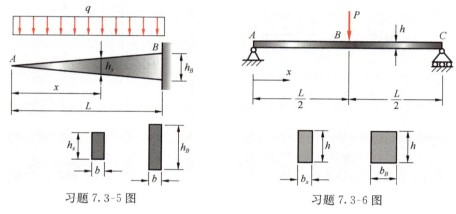

习题 7.3-5 图 习题 7.3-6 图

7.4-1 开口薄壁圆环形截面如习题 7.4-1 图所示。已知横截面上剪力 $F_S$ 的作用线平行于截面的 $y$ 轴,试推导截面上弯曲切应力的计算公式,并利用该公式求弯曲中心的位置即 $e_z$ 的值。

7.5-1 习题 7.5-1 图所示梁承受弯矩 $M=250\mathrm{N}\cdot\mathrm{m}$,均为矩形截面,已知 $h=44\mathrm{mm}$,厚度 $b=10\mathrm{mm}$。(1) 图(a)中直径为 $d$ 的圆孔位于中性轴上,试计算 $d=10$、$16$、$22$、$28\mathrm{mm}$ 时的最大应力;(2) 图(b)中两个缺口完全相同,均为半圆形,已知 $h_1=40\mathrm{mm}$,试计算 $R=2$、$4$、$6$、$8\mathrm{mm}$ 时的最大应力。

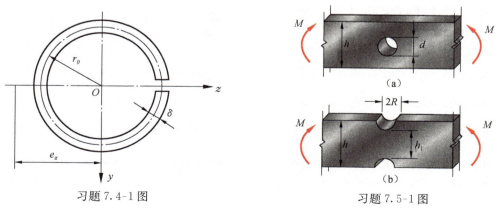

习题 7.4-1 图 习题 7.5-1 图

# 第8章 弯曲变形

在实际工程设计中,梁不但要满足强度条件,而且对梁的刚度也有要求。例如,精密机械加工设备中的刀具和车轴在工作时,对其弯曲变形有严格要求,否则难以保证加工精度;大型厂房中的吊车梁,如果变形过大,会妨碍吊车的正常运行,甚至发生安全事故。所以,在设计梁时,不但要保证足够的强度,还必须限制梁的变形在一定范围之内。本章研究梁的变形计算方法和刚度条件。

## 8.1 梁变形的基本方程

### 8.1.1 挠度和转角间的关系

如图 8-1 所示悬臂梁,在 $B$ 端作用集中力 $F$。在 $F$ 作用下,梁发生弯曲变形,梁的轴线由原来的直线变为曲线,如图中的虚线所示。变弯后的轴线称为**挠曲轴**。挠曲轴是一条光滑连续的平面曲线。

为定量描述梁的变形,建立图 8-1 所示的 $xOw$ 坐标系,其中 $x$ 轴与变形前梁的轴线重合,$w$ 轴与 $x$ 轴正交,并规定以向上为正。于是,梁轴线上坐标为 $x$ 的点变形后在垂直于梁轴线方向的线位移可表示为 $w(x)$,称为该点的**挠度**。除此以外,该点所在的梁横截面(其变形前方位为 $cc$,变形后为 $c'c'$)也转动了一个角度 $\theta(x)$,称为该截面的**转角**。显然,梁的每个横截面都有各自的挠度和转角。挠度和转角完全确定了梁某一横截面的弯曲变形。

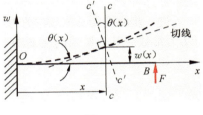

图 8-1

根据平面假设,梁弯曲变形后,各个横截面仍然保持为平面,并仍与挠曲轴保持垂直,即图 8-1 中虚线 $c'c'$ 与该点挠曲轴的切线垂直。因此,切线与 $x$ 轴的夹角必为 $\theta(x)$。所以,坐标为 $x$ 处梁的挠度和转角间存在如下关系

$$\tan\theta(x) = \frac{\mathrm{d}w(x)}{\mathrm{d}x} = w'(x)$$

在小变形情况下,有

$$\theta(x) \approx \tan\theta(x) = \frac{\mathrm{d}w(x)}{\mathrm{d}x} = w'(x) \tag{8-1}$$

式(8-1)称为梁的**转角方程**。它表明,变形后梁横截面的转角等于挠曲轴在该截面处的斜率。

在图 8-1 所示坐标系中,**向上的挠度为正,向下为负;逆时针转动的转角为正,顺时针为负**。

### 8.1.2 挠曲轴近似微分方程

在建立弯曲正应力公式时曾得到中性层曲率半径 $\rho$ 和弯矩 $M$ 之间的关系为 $1/\rho = M/EI$(见式(7-6))。一般工程上常用的梁跨长 $l$ 往往大于截面高度的 10 倍,故在横力弯曲时,剪力对梁变形的影响很小,可以忽略不计。所以式(7-6)对非纯弯曲情况也适用。但这时的 $M$ 和 $\rho$

都是 $x$ 的函数, 即

$$\frac{1}{\rho(x)} = \frac{M(x)}{EI}$$

另外, 由高等数学可知, 挠曲轴 $w = w(x)$ 上任一点曲率为

$$\frac{1}{\rho(x)} = \pm \frac{\mathrm{d}^2 w / \mathrm{d}x^2}{\left[1 + (\mathrm{d}w/\mathrm{d}x)^2\right]^{3/2}}$$

于是得

$$\frac{\mathrm{d}^2 w / \mathrm{d}x^2}{\left[1 + (\mathrm{d}w/\mathrm{d}x)^2\right]^{3/2}} = \pm \frac{M(x)}{EI}$$

在小变形情况下, $\dfrac{\mathrm{d}w}{\mathrm{d}x}$ 是一个很小的量, $\left(\dfrac{\mathrm{d}w}{\mathrm{d}x}\right)^2$ 是更高阶小量, 可近似取 $1 + \left(\dfrac{\mathrm{d}w}{\mathrm{d}x}\right)^2 \approx 1$。于是有

$$\frac{\mathrm{d}^2 w}{\mathrm{d}x^2} = \pm \frac{M(x)}{EI} \tag{8-2}$$

式(8-2)称为**挠曲轴近似微分方程**。当规定 $w$ 向上为正, 弯矩仍采用第 6 章中的正负号规定, 则不论 $x$ 坐标轴向左或是向右, 式(8-2)中均取正号, 即

$$\frac{\mathrm{d}^2 w}{\mathrm{d}x^2} = \frac{M(x)}{EI} \tag{8-3a}$$

进一步将弯矩 $M(x)$ 与剪力 $F_\mathrm{s}$、载荷集度 $q(x)$ 间的微分关系式(6-6)代入, 得到弯曲刚度 $EI$ 为常数时其他形式的挠曲轴近似微分方程

$$\frac{\mathrm{d}^3 w}{\mathrm{d}x^3} = \frac{F_\mathrm{s}(x)}{EI} \tag{8-3b}$$

$$\frac{\mathrm{d}^4 w}{\mathrm{d}x^4} = \frac{q(x)}{EI} \tag{8-3c}$$

式(8-3c)也称为**载荷方程**。

## 8.2　计算梁变形的积分法

将挠曲轴的近似微分方程式(8-3a)进行积分, 即可得到**转角方程**式(8-4)和**挠度方程**式(8-5)

$$\theta(x) = \frac{\mathrm{d}w(x)}{\mathrm{d}x} = \int \frac{1}{EI} M(x) \mathrm{d}x + C \tag{8-4}$$

$$w(x) = \iint \frac{1}{EI} M(x) \mathrm{d}x \mathrm{d}x + Cx + D \tag{8-5}$$

这种通过积分求梁变形的方法称为**积分法**。式(8-4)和式(8-5)中, $C$ 和 $D$ 为积分常数, 可由梁的位移边界条件和连续条件确定, 下面举例说明。

**例题 8-1**　图 8-2 所示悬臂梁, 在自由端受集中力 $F$ 的作用。已知梁的弯曲刚度 $EI$ 为常数, 试求梁的最大挠度和最大转角。

**解**: (1) 采用积分法时, 先列梁的弯矩方程。在图示 $x$ 横截面的弯矩为

$$M(x) = -F(L - x)$$

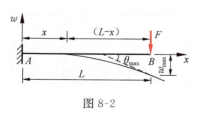

图 8-2

（2）积分得到转角方程和挠度方程。由式(8-4)、式(8-5)得

$$\theta(x) = \frac{\mathrm{d}w(x)}{\mathrm{d}x} = \frac{1}{EI}\left(\frac{1}{2}Fx^2 - FLx + C\right) \tag{8-6a}$$

$$w(x) = \frac{1}{EI}\left(\frac{1}{6}Fx^3 - \frac{1}{2}FLx^2 + Cx + D\right) \tag{8-6b}$$

（3）确定积分常数。在悬臂梁的固定端，梁的挠度和转角都等于0，即位移边界条件为 $x=0:w=0,\theta=0$。代入式(8-6a)、式(8-6b)，可确定 $C=0$ 和 $D=0$。于是得到转角方程和挠度方程分别为

$$\theta(x) = \frac{\mathrm{d}w(x)}{\mathrm{d}x} = \frac{1}{EI}\left(\frac{1}{2}Fx^2 - FLx\right) \tag{8-6c}$$

$$w(x) = \frac{1}{EI}\left(\frac{1}{6}Fx^3 - \frac{1}{2}FLx^2\right) \tag{8-6d}$$

式(8-6c)和式(8-6d)表明，在集中力作用下，梁的转角沿轴线按抛物线形式变化，梁的挠度则是三次曲线。最大转角和最大挠度均发生在自由端，即 $x=L$ 处，分别为

$$\theta_{\max} = \theta_B = -\frac{FL^2}{2EI}, \quad w_{\max} = w_B = -\frac{FL^3}{3EI}$$

式中转角为负号表示梁的 $B$ 截面顺时针方向转动，挠度为负表示 $B$ 截面向下移动。转角和挠度的最大值也可以只用绝对值表示，但需指明其方向：

$$\theta_{\max} = \frac{FL^2}{2EI}(顺时针), \quad w_{\max} = \frac{FL^3}{3EI}(向下)$$

**例题 8-2** 承受集中载荷作用的简支梁如图 8-3(a)所示，$EI$ 为常数，试求此梁挠度方程和转角方程，并确定其最大挠度和最大转角。

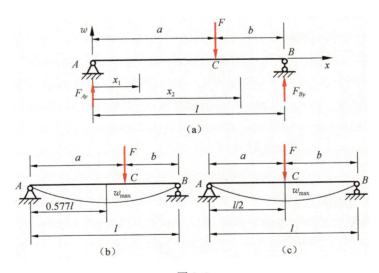

图 8-3

**解**：（1）列弯矩方程。

用平衡方程求得反力 $F_{Ay}=Fb/l$，$F_{Ay}=Fa/l$。因集中载荷 $F$ 将梁分为两段，各段的弯矩方程不同，故需分段写出它们的弯矩方程。为方便起见，设 $AC$ 段坐标为 $x_1$，$CB$ 段坐标为 $x_2$，则它们的弯矩方程分别为

$$M_1(x) = \frac{Fb}{l} x_1 \quad (0 \leqslant x_1 \leqslant a)$$

$$M_2(x) = \frac{Fb}{l} x_2 - F(x_2 - a) \quad (a \leqslant x_2 \leqslant l)$$

（2）列挠曲轴近似微分方程并积分，得 $AC$ 段的转角和挠度

$$\theta_1 = w_1' = \frac{1}{EI} \left( \frac{Fb}{2l} x_1^2 + C_1 \right) \tag{8-7a}$$

$$w_1 = \frac{1}{EI} \left( \frac{Fb}{6l} x_1^3 + C_1 x_1 + D_1 \right) \tag{8-7b}$$

以及 $CB$ 段的转角和挠度

$$\theta_2 = w_2' = \frac{1}{EI} \left[ \frac{Fb}{2l} x_2^2 - \frac{F}{2} (x_2 - a)^2 + C_2 \right] \tag{8-7c}$$

$$w_2 = \frac{1}{EI} \left[ \frac{Fb}{6l} x_2^3 - \frac{F}{6} (x_2 - a)^3 + C_2 x_2 + D_2 \right] \tag{8-7d}$$

（3）确定积分常数。

式（8-7a）～式（8-7d）共有四个积分常数需要确定。对简支梁，其位移边界条件为

$$x_1 = 0: \quad w_1 = 0; \quad x_2 = l: \quad w_2 = 0 \tag{8-7e}$$

只能得到两个方程，还需要两个条件才能完全确定积分常数。在梁 $AC$ 段和 $CB$ 段的交接处，左右两段应有相同的挠度和转角，于是有

$$x_1 = x_2 = a: \quad \theta_1 = \theta_2, \quad w_1 = w_2 \tag{8-7f}$$

式（8-7f）称为梁的**位移连续条件**或简称**连续条件**。根据式（8-7e）和式（8-7f）可完全确定四个积分常数

$$D_1 = D_2 = 0, \quad C_1 = C_2 = \frac{Fb}{6l} (l^2 - b^2)$$

代入式（8-7a）～式（8-7d）得到

$$\theta_1 = \frac{Fb}{6EIl} (3x_1^2 + b^2 - l^2) \tag{8-7g}$$

$$w_1 = \frac{Fbx_1}{6EIl} (x_1^2 + b^2 - l^2) \tag{8-7h}$$

$$\theta_2 = \frac{Fa}{6EIl} (6lx_2 - 3x_2^2 - a^2 - 2l^2) \tag{8-7i}$$

$$w_2 = \frac{Fa(l - x_2)}{6EIl} (x_2^2 + a^2 - 2lx_2) \tag{8-7j}$$

（4）求最大转角和最大挠度。

梁的最大转角发生在两个端截面。将 $x_1 = 0$ 和 $x_2 = l$ 分别代入式（8-7g）和式（8-7i），得

$$\theta_A = \theta_1 \mid_{x_1 = 0} = -\frac{Fb(l^2 - b^2)}{6EIl} = -\frac{Fab(l + b)}{6EIl}, \quad \theta_B = \theta_2 \mid_{x_2 = l} = \frac{Fab(l + a)}{6EIl}$$

梁的最大挠度发生在转角 $\theta = 0$ 处。在本例中，设 $a > b$。当 $x_1 = 0$ 时，$\theta_1 > 0$，当 $x = a$ 时，则 $\theta_1 < 0$，即 $\theta = 0$ 处的位置必定在 $AC$ 段内。令 $w_1' = \theta_1 = 0$，可解得

$$x_1 = \sqrt{(l^2 - b^2)/3} \tag{8-7k}$$

将上式代入式（8-7h），得最大挠度为

$$w_{\max} = \frac{Fb}{9\sqrt{3}EIl} \sqrt{(l^2 - b^2)^3} \tag{8-7l}$$

**讨论**：根据式(8-7k)，当 $b \to 0$ 时，$x_1 = l/\sqrt{3} = 0.577l$，当 $b = l/2$ 时，$x_1 = 0.5l$。可见，集中载荷 $F$ 的位置对于最大挠度的位置影响并不大，因此，工程中为了计算简便，可不考虑集中载荷 $F$ 的位置，以梁跨中点的挠度作为梁的最大挠度。

**例题 8-3**　试用积分法写出图 8-4 所示梁的挠曲轴方程，说明用什么条件决定方程中积分常数，画出挠曲轴大致形状。图中 $C$ 为中间铰，$EI$ 为已知。

**解题分析**：梁上中间铰处，左、右挠度相等，转角不相等。

**解**：设支反力为 $F_{Ay}$、$M_A$、$F_{By}$，如图 8-4 所示。

（1）建立各段挠曲轴近似微分方程并积分。

将梁分为 $AC$、$CB$、$BD$ 段。

$AC$ 段：$0 \leqslant x_1 \leqslant a$

由挠曲轴近似微分方程

$$EIw_1'' = M_A - F_{Ay} \cdot x_1$$

积分得转角方程和挠度方程

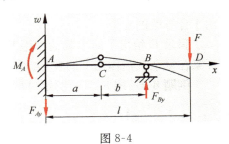

图 8-4

$$EIw_1' = M_A x_1 - \frac{F_{Ay} x_1^2}{2} + C_1 \tag{8-8a}$$

$$EIw_1 = \frac{M_A x_1^2}{2} - \frac{F_{Ay} x_1^3}{6} + C_1 x_1 + D_1 \tag{8-8b}$$

$CB$ 段：$a \leqslant x_2 \leqslant (a+b)$

由挠曲轴近似微分方程 $EIw_2'' = M_A - F_{Ay} \cdot x_2$ 积分得转角方程和挠度方程

$$EIw_2' = M_A x_2 - \frac{F_{Ay} x_2^2}{2} + C_2 \tag{8-8c}$$

$$EIw_2 = \frac{M_A x_2^2}{2} - \frac{F_{Ay} x_2^3}{6} + C_2 x_2 + D_2 \tag{8-8d}$$

$BD$ 段：$(a+b) \leqslant x_3 \leqslant l$

由挠曲轴近似微分方程 $EIw_3'' = M_A - F_{Ay} x_3 + F_{By}[x_3 - (a+b)]$ 积分得转角方程和挠度方程

$$EIw_3' = M_A x_3 - \frac{F_{Ay} x_3^2}{2} + \frac{F_{By}[x_3 - (a+b)]^2}{2} + C_3 \tag{8-8e}$$

$$EIw_3 = \frac{M_A x_3^2}{2} - \frac{F_{Ay} x_3^3}{6} + \frac{F_{By}[x_3 - (a+b)]^3}{6} + C_3 x_3 + D_3 \tag{8-8f}$$

（2）确定积分常数。

共有 $C_1$、$D_1$、$C_2$、$D_2$、$C_3$、$D_3$ 六个积分常数。需要六个位移边界条件和位移连续条件。

将位移边界条件 $x_1 = 0$：$w_1 = 0$，$w_1' = 0$ 分别代入式(8-8b)和式(8-8a)得

$$D_1 = 0, \quad C_1 = 0 \tag{8-8g}$$

另外，还有位移边界条件

$$x_2 = a + b: \quad w_2 = 0 \tag{8-8h}$$

和连续条件

$$x_1 = x_2 = a: \quad w_1 = w_2 \tag{8-8i}$$

$$x_2 = x_3 = a + b: \quad w_2' = w_3', \quad w_2 = w_3 \tag{8-8j}$$

将式(8-8b)～式(8-8f)代入式(8-8h)～式(8-8j)，并联立求解可求出 $C_2$、$D_2$、$C_3$、$D_3$。

（3）画挠曲轴大致形状。

$C$ 为中间铰，挠曲轴在 $C$ 处必有拐点，$A$ 处弯矩为正，$AC$ 段为下凸上凹曲线，$CD$ 段在 $D$ 处

有向下的力,对梁段产生负弯矩,$CD$ 段为上凸下凹的曲线。挠曲轴大致形状如图 8-4 所示。

## 8.3　计算梁变形的叠加法

挠曲轴近似微分方程的适用条件是:变形为小变形且材料服从胡克定律。在同样条件下,梁的挠度和转角与载荷之间是线性关系。所以,当梁上同时作用多个载荷时,某一截面上的挠度和转角,就等于各个载荷单独作用下该截面的挠度与转角的代数和。也就是说,**叠加法**也适用于计算梁的变形。

附录 D 给出了简单载荷作用下梁的挠度和转角。利用表中的结果和叠加法,可以方便计算梁在复杂载荷作用下的变形。

**例题 8-4**　图 8-5(a)所示 $AB$ 梁的 $EI$ 为已知。试用叠加法计算梁中间截面 $C$ 的挠度。

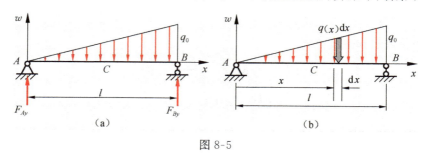

图 8-5

**解法 I**:将三角形分布载荷看成载荷集度为 $q_0$ 的均布载荷的一半,$C$ 点的挠度也是均布载荷时的一半。查附录 D 知均布载荷中间截面挠度为 $\dfrac{5q_0l^4}{384EI}$,所以三角形载荷梁中间挠度为

$$w_C = -\frac{1}{2} \times \frac{5q_0l^4}{384EI} = -\frac{5q_0l^4}{768EI}(\downarrow)$$

**解法 II**:取微梁段 $dx$,则该微段上载荷为 $dF = q(x)dx = q_0\left(\dfrac{x}{l}\right)dx$,如图 8-5(b)所示。将 $dF$ 看做集中力,则查附录 D 可知,$dF$ 引起 $C$ 点的挠度为

$$dw_C = \frac{dF\,x(l-l/2)}{6lEI}\left[\left(\frac{l}{2}\right)^2 + x^2 - 2l\left(\frac{l}{2}\right)\right] = \frac{q_0}{12lEI}\left(x^4 - \frac{3}{4}l^2x^2\right)dx \quad \left(0 \leqslant x \leqslant \frac{l}{2}\right)$$

$$dw_C = \frac{dF(l-x)(l/2)}{6lEI}\left[\left(\frac{l}{2}\right)^2 - l^2 + (l-x)^2\right]$$

$$= \frac{q_0}{12lEI}\left(\frac{1}{4}l^3x - \frac{9}{4}l^2x^2 + 3lx^3 - x^4\right)dx \quad \left(\frac{l}{2} \leqslant x \leqslant l\right)$$

积分得

$$w_C = \int_0^{\frac{l}{2}} \frac{q_0}{12lEI}\left(x^4 - \frac{3}{4}l^2x^2\right)dx + \int_{\frac{l}{2}}^{l} \frac{q_0}{12lEI}\left(\frac{1}{4}l^3x - \frac{9}{4}l^2x^2 + 3lx^3 - x^4\right)dx = -\frac{5q_0l^4}{768EI}(\downarrow)$$

**例题 8-5**　试用叠加法求图 8-6(a)所示梁 $C$ 截面挠度,$EI$ 为已知。

**解题分析**:首先将外伸端上的分布力简化到支座 $B$,得到一等效集中力 $F = ql/4$ 和力偶矩 $M_B = ql^2/16$,如图 8-6(b)所示。集中力 $F$ 作用在支座上,不会引起 $AB$ 梁段的变形。将图 8-6(b)中的均布力 $q$ 看做为图 8-6(c)和图 8-6(d)所示两种情况的叠加。在图 8-6(c)中,$C$ 点挠度向上,查附录 D 可得其大小;在图 8-6(d)中,$C$ 点挠度向下,大小为承受大小为 $q$ 的均布载荷简支梁中点挠度的一半。

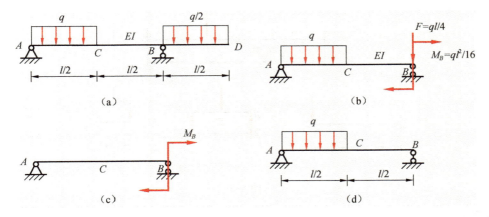

图 8-6

**解**：查附录 D，叠加可得 C 截面挠度为

$$w_C = w_C^{(c)} + w_C^{(b)} = \frac{(ql^2/16)l^2}{16EI} - \frac{1}{2}\left(\frac{5ql^4}{384EI}\right) = -\frac{ql^4}{384EI} \ (\downarrow)$$

**例题 8-6** 变截面悬臂梁如图 8-7(a)所示，试用叠加法求自由端的挠度 $w_C$。

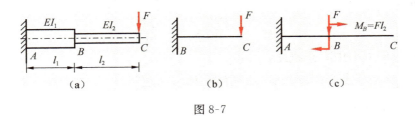

图 8-7

**解题分析**：此题用**逐段刚化法**求解。逐段刚化法是将梁分为几段，在计算其中一段的变形时，把另外部分看做刚体，被刚化的梁段只有刚体位移而无变形。

**解**：(1) 首先将 $AB$ 梁段刚化，$BC$ 段看做变形弹性体。此时 $B$ 处的转角和挠度为零，如图 8-7(b)所示。则 $w_{C1} = -\dfrac{Fl_2^3}{3EI_2}$。

(2) 将 $BC$ 段刚化，$AB$ 段看做弹性体，把力简化到 $B$ 截面，其等效力为集中力 $F$ 和力偶矩 $M = Fl_2$，如图 8-7(c)所示。在 $F$ 力作用下，考虑 $AB$ 段变形，$B$ 截面挠度、转角为

$$w_{BF} = -\frac{Fl_1^3}{3EI_1}, \quad \theta_{BF} = -\frac{Fl_1^2}{2EI_1}$$

在 $M$ 作用下，考虑 $AB$ 段变形，$B$ 截面挠度、转角为

$$w_{BM} = -\frac{(Fl_2)l_1^2}{2EI_1}, \quad \theta_{BM} = -\frac{(Fl_2)l_1}{EI_1}$$

由于 $BC$ 段为刚体，所以在 $F$、$M$ 作用下引起 $C$ 处的挠度为

$$w_{C2} = w_{BF} + w_{BM} \text{ 以及 } w_{C3} = (\theta_{BF} + \theta_{BM})l_2$$

(3) 叠加计算 $w_C$：

$$w_C = w_{C1} + w_{C2} + w_{C3} = -\frac{Fl_2^3}{3EI_2} - \frac{Fl_1^3}{3EI_1} - \frac{Fl_1^2 l_2}{EI_1} - \frac{Fl_1 l_2^2}{EI_1}$$

**例题 8-7** 多跨静定梁如图 8-8(a)所示，试求力作用点 $E$ 处的挠度 $w_E$。

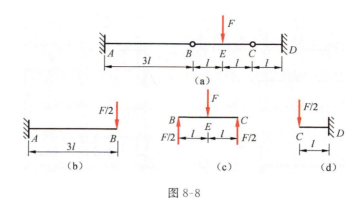

图 8-8

**解题分析:** 此题用梁分解方法求解。将结构拆成三部分,分析每部分受力情况,研究其变形,最后用叠加法求解。中间铰处拆开后,对左段梁和右段梁的作用力和反作用力按外力处理。

**解:** (1) 计算图 8-8(b)中 $B$ 点挠度 $w_B$:

$$w_B = -\frac{(F/2)(3l)^3}{3EI} = -\frac{9Fl^3}{2EI}$$

(2) 计算图 8-8(c)中 $E$ 点挠度 $w_{E1}$(将 $BC$ 段视为简支梁):

$$w_{E1} = -\frac{F(2l)^3}{48EI} = -\frac{Fl^3}{6EI}$$

(3) 计算图 8-8(d)中 $C$ 点挠度 $w_C$:

$$w_C = -\frac{(F/2)l^3}{3EI} = -\frac{Fl^3}{6EI}$$

(4) 计算 $E$ 点总挠度:

$$w_E = \frac{1}{2}(w_B + w_C) + w_{E1} = -\frac{5Fl^3}{2EI}$$

**例题 8-8** 图 8-9(a)所示等截面刚架,自由端承受集中载荷 $F$ 作用,试求自由端的铅垂位移。设弯曲刚度 $EI$ 与扭转刚度 $GI_p$ 均分别为已知常数。

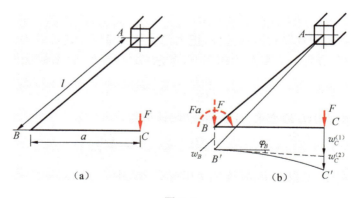

图 8-9

**解题分析:** 整个刚架由 $AB$ 与 $BC$ 段组成。在 $F$ 作用下,$BC$ 段发生弯曲变形,$AB$ 段发生弯曲和扭转变形;同时,$AB$ 段的弯曲和扭转变形又引起 $BC$ 段整体向下平移和绕 $AB$ 的刚体转动。采用逐段刚化法可计算自由端 $C$ 的铅垂位移。

**解**:为了分析 $AB$ 段的受力,将载荷 $F$ 平移到截面 $B$(图 8-9(b)),得作用在该截面的集中力 $F$ 与 $Fa$ 的附加力偶,可见,$AB$ 段处于弯扭组合受力状态。

先将 $BC$ 段刚化处理。当 $AB$ 段变形时,截面 $B$ 发生铅垂位移($w_B$)及角位移($\varphi_B$),从而使截面 $C$ 铅垂下移,大小为

$$w_C^{(1)} = w_B + a\varphi_B \tag{8-9a}$$

而在载荷 $F$ 作用下,$AB$ 段截面 $B$ 的铅垂位移为

$$w_B = \frac{Fl^3}{3EI}(\downarrow) \tag{8-9b}$$

在力偶矩 $Fa$ 作用下,$AB$ 段 $B$ 截面的扭转角为

$$\varphi_B = \frac{Fal}{GI_p} \quad (顺时针) \tag{8-9c}$$

将式(8-9b)和式(8-9c)代入式(8-9a)得

$$w_C^{(1)} = \frac{Fl^3}{3EI} + \frac{Fa^2 l}{GI_p} \tag{8-9d}$$

将 $AB$ 段刚化处理。在载荷 $F$ 作用下,$BC$ 段如同一"悬臂梁"发生弯曲变形,这时,截面 $C$ 的铅垂位移为

$$w_C^{(2)} = \frac{Fa^3}{3EI}(\downarrow) \tag{8-9e}$$

于是得截面 $C$ 沿铅垂方向的总位移为

$$w_C = w_C^{(1)} + w_C^{(2)} = \frac{Fl^3}{3EI} + \frac{Fa^2 l}{GI_p} + \frac{Fa^3}{3EI}(\downarrow)$$

## 8.4 梁的刚度条件与合理刚度设计

### 8.4.1 梁的刚度条件

梁的变形过大影响梁的正常工作,故按强度条件设计好的梁,还需要进一步检查梁的变形是否在许用的范围内;若变形超过了许用值,还应按刚度条件重新设计。

用 $[\delta]$ 表示许用挠度,$[\theta]$ 表示许用转角,则梁的刚度条件为

$$|w|_{max} \leqslant [\delta] \tag{8-10}$$

$$|\theta|_{max} \leqslant [\theta] \tag{8-11}$$

在不同工程领域,对梁变形的许用值规定差别较大。例如,对跨度为 $l$ 的桥式起重机梁,其许用挠度为

$$[\delta] = l/750 \sim l/500$$

在土建工程中,梁的许用挠度为

$$[\delta] = l/800 \sim l/200$$

对一般用途的轴,其许用挠度为

$$[\delta] = 3l/10000 \sim 5l/10000$$

在安装齿轮或滑动轴承处,轴的许用转角则为

$$[\theta] = 0.001 \text{rad}$$

其他梁或轴的许用位移值,可根据设计需要从有关规范或手册中查得。

### 8.4.2 梁的合理刚度设计

1）合理选择截面形状

由式(8-4)和式(8-5)可知，梁的变形随截面惯性矩的增大而减小，所以如果在不增加材料的情况下，选择对中性轴惯性矩较大的截面形状将提高梁的刚度。

2）合理设计梁的跨度

简支梁的最大挠度在均布载荷作用下与跨度的四次方成正比，在集中载荷作用下与跨度的三次方成正比。例如，在均布载荷作用下，简支梁跨度缩短 10%，最大挠度将减少 34%。所以，如果条件允许，尽量减小梁的跨度将能显著提高其刚度。

3）合理安排梁的位移约束与加载方式

梁的约束情况和加载方式对弯矩也有较大影响。例如，图 8-10(a)所示跨度为 $l$ 的简支梁，承受均布载荷 $q$ 作用，如果将梁两端的支座各向内移动 $l/4$（图 8-10(b)），则最大挠度仅为前者的 8.75%。

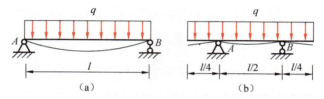

图 8-10

又如，对于跨中点承受集中载荷的简支梁（图 8-11(a)），如果将该载荷改为均布载荷施加在同一梁上，则梁的最大挠度为前者的 62.5%。

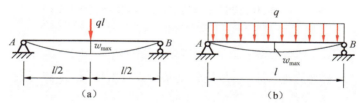

图 8-11

增加支座也能减少梁的挠度，如图 8-12(a)所示，简支梁跨中增加一个支座 $C$，就能使梁的挠度显著减小（图 8-12(b)）。但采取这种措施后，原来的静定梁 $AB$ 就变成了静不定梁。

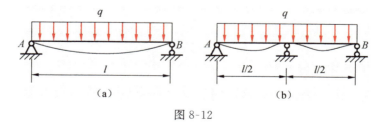

图 8-12

## 8.5　简单静不定梁

图 8-13 所示的悬臂梁，为了提高梁的强度与刚度，在自由端 $B$ 增加一个可动支座。从限制

梁刚体位移所必需的最小约束个数来说,这个支座是多余的,通常把这种增加的约束称为**多余约束**。多余约束的约束反力称为**多余约束反力**,有多余约束的梁称为**静不定梁**。多余约束的个数为静不定梁的**静不定次数**,图 8-13 所示为一次静不定梁。

图 8-13

所有静不定问题的解题思路相同,即通过变形分析,列出变形协调方程作为补充方程,然后与静力平衡方程联立求解。对于简单静不定梁,常采用**变形比较法**求解。

用变形比较法计算静不定梁时,第一步是解除多余约束并代以约束反力,从而使静不定梁变为静定梁,这样得到的静定梁称为原结构的**相当系统**。相当系统在载荷和约束反力共同作用下,其变形情况应和原静不定梁的变形情况相同。利用该条件,可以建立补充方程,并解出多余约束反力。然后再根据静力平衡方程求出其他的支座反力。这种方法是将相当系统的变形和原静不定梁的变形进行比较来建立补充方程,故称为变形比较法。下面通过例题说明这种方法的解题过程。

**例题 8-9** 试求图 8-14(a)所示一端固定一端简支的梁在均布载荷作用下的支座反力。

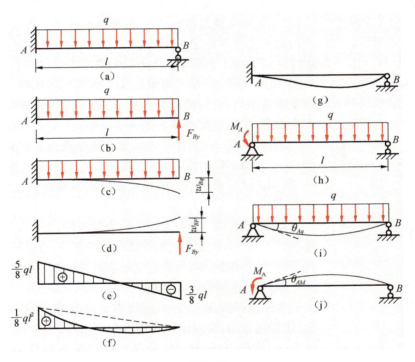

图 8-14

**解**:该题为一次静不定问题,以支座 $B$ 处的铅垂方向位移约束作为静不定梁的多余约束,将其解除后,并代以约束反力 $F_{By}$,如图 8-14(b)所示。

(1) 静力平衡方程。

设 $A$ 端反力偶矩为 $M_A$,竖直方向反力为 $F_{Ay}$,则可列出解除约束后相当系统的静力平衡方程

$$\sum M_A = 0: \quad \frac{ql^2}{2} - F_{By}l + M_A = 0 \tag{8-12a}$$

$$\sum F_y = 0: \quad F_{Ay} + F_{By} = ql \tag{8-12b}$$

（2）变形协调方程。

在 $q$ 和 $F_{By}$ 共同作用下，为保证基本梁的变形与原静不定梁完全相同，$B$ 点的挠度必须为零。设 $q$ 和 $F_{By}$ 单独作用时引起的 $B$ 点挠度分别为 $w_{Bq}$（图 8-14(c)）和 $w_{BF}$（图 8-14(d)），则根据叠加法有

$$w_B = w_{Bq} + w_{BF} = 0 \tag{8-12c}$$

又知 $w_{Bq} = -ql^4/(8EI)$，$w_{BF} = F_{By}l^3/(3EI)$，代入式(8-12c)得

$$F_{By} = \frac{5ql}{8} \tag{8-12d}$$

求得的 $F_{By}$ 为正，说明求解前假设的 $F_{By}$ 的方向与实际方向一致，为向上的反力。将式(8-12d)代入静力平衡方程式(8-12a)和式(8-12b)，可解得

$$M_A = \frac{ql^2}{8}, \quad F_{Ay} = \frac{3ql}{8}(\uparrow)$$

**讨论**：①知道所有反力后，即可画出梁的剪力图（图 8-14(e)）和弯矩图（图 8-14(f)），并可计算梁的强度和变形。静不定梁的最大弯矩值和剪力值，均比在 $B$ 端没有支座的静定梁小；图 8-14(g)给出了梁的变形示意图，其最大挠度值也比原静定梁小很多。这也是工程中大多采用静不定梁的原因。②多余约束的选择并非唯一。例如，本题也可以把限制 $A$ 端转角的约束（约束反力为 $M_A$）作为多余约束。该约束去除后，梁就变成了简支梁，如图 8-14(h)所示。此时的变形协调方程为 $\theta_A = 0$，即 $\theta_{Aq} + \theta_{AM} = 0$，从而可解出 $M_A$，所得结果相同。但应注意，解除多余约束后的相当系统必须是静定结构，在任何载荷作用下，都不发生刚体位移，并且能维持其静力平衡。恰当地选择多余约束，可以简化计算工作。

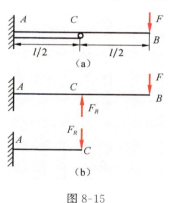

图 8-15

**例题 8-10**　一悬臂梁 $AB$，承受集中载荷 $F$ 作用，因其刚度不够，用一短梁 $AC$ 加固，两梁之间在 $C$ 点用一滚珠支承，如图 8-15(a)所示。试计算梁 $AB$ 的最大挠度的减少量。设梁的弯曲刚度均为 $EI$。

**解题分析**：梁 $AB$ 与梁 $AC$ 均为静定梁，但由于在截面 $C$ 处相连，增加一约束，因而由它们组成的结构属于一度静不定结构，需要按照静不定问题求解，即建立变形协调方程作为补充方程。

**解**：（1）求解静不定问题。

如果选择滚珠 $C$ 为多余约束予以解除，并以相应多余反力 $F_R$ 代替其作用，则原结构的相当系统如图 8-15(b)所示。在多余反力 $F_R$ 作用下，设梁 $AC$ 的截面 $C$ 的铅垂位移为 $w_1$；在载荷 $F$ 与多余力 $F_R$ 作用下，设梁 $AB$ 的截面 $C$ 的铅垂为 $w_2$，则变形协调条件为

$$w_1 = w_2 \tag{8-13a}$$

由附录 D 查得

$$w_1 = \frac{F_R(l/2)^3}{3EI} = \frac{F_R l^3}{24EI} \tag{8-13b}$$

根据附录 D 并利用叠加法，得

$$w_2 = \frac{(5F - 2F_R)l^3}{48EI} \tag{8-13c}$$

将式(8-13b)和(8-13c)代入式(8-13a)，得变形协调方程为

$$\frac{F_R l^3}{3EI} = \frac{(5F - 2F_R)l^3}{48EI}$$

由此得

$$F_R = 5F/4$$

（2）刚度比较。

未加固时，梁 $AB$ 的端点挠度即最大挠度为

$$\Delta = \frac{Fl^3}{3EI}$$

加固后，该截面的挠度变为

$$\Delta' = \frac{Fl^3}{3EI} - \frac{5F_R l^3}{48EI} = \frac{13Fl^3}{64EI}$$

仅为前者的 $60.9\%$。由此可见，经加固后，梁 $AB$ 的最大挠度显著减小。

**例题 8-11**  图 8-16（a）所示为临时搭建的木制灌溉水渠，水渠的底面和侧面均用木板，侧板下端插入地下，上端用螺杆连接以防止变形。图（b）为水渠的断面图，并给出了水的深度 $d$、侧板厚度 $t$ 和尺寸 $h$。已知 $d=1\mathrm{m}$，$t=40\mathrm{mm}$，$h=1.2\mathrm{m}$，试计算侧板中的最大弯曲应力。

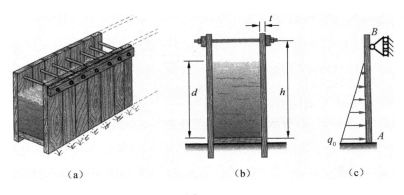

（a）　　　　　　　　　（b）　　　　　　　　　（c）

图 8-16

**解题分析**：本题关键在建立侧板的力学模型。侧板下端插入地下，可简化为固定端；上端用螺杆约束不能发生侧向位移，可简化为可动铰支座；板内侧受水压力作用，水压在底部最大，沿侧板高度线性分布。因此，可建立侧板的力学模型如图 8-16（c）所示。该模型为一次静不定的悬臂梁模型，且图 8-16（c）中各部分尺寸已知。由于水渠侧壁在水流方向各处受力完全相同，图 8-16（c）中的梁可取单位宽度进行分析。

**解**：（1）确定分布载荷。

设水的比重为 $\gamma$（$9.8\mathrm{kN/m^3}$），则在悬臂梁固定端的水压最大，为

$$q_0 = \gamma d \cdot 1 = \gamma d = 9.8\mathrm{kN/m} \tag{8-14a}$$

（2）求解静不定问题，确定 $B$ 点反力。

将图 8-16（c）中 $B$ 点多余约束解除，代以向右的约束反力 $F_{Bx}$，如图 8-17（a）所示，采用类似例题 8-9 中的变形比较法可求得 $F_{Bx}$。

水压力载荷沿梁高度呈三角形分布，取图 8-17（b）所示坐标系，则坐标为 $x$ 梁截面处梁微段 $\mathrm{d}x$ 上的力为 $q(x)\mathrm{d}x = q_0(1-x/d)\mathrm{d}x$，将其看做集中力，查附录 D 并利用叠加法可计算分布载荷引起的 $B$ 点水平变形为

$$\Delta_{Bx}^{(1)} = \int_0^d \frac{q_0(1-x/d)x^2}{6EI}(3h-x)\mathrm{d}x = \frac{q_0 d^3(5h-d)}{120EI} \quad （向右） \tag{8-14b}$$

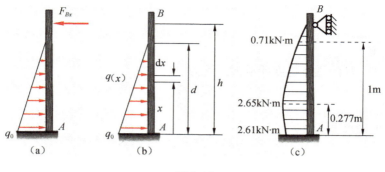

图 8-17

式中 $EI$ 为悬臂梁的弯曲刚度。

$F_{Bx}$ 引起 $B$ 点的水平位移为

$$\Delta_{Bx}^{(2)} = \frac{F_{Bx}h^3}{3EI} \quad (\text{向左}) \tag{8-14c}$$

变形协调方程为 $\Delta_{Bx}^{(1)} = \Delta_{Bx}^{(2)}$，于是得

$$F_{Bx} = \frac{q_0 d^3 (5h - d)}{40 h^3} \tag{8-14d}$$

代入数值，得 $F_{Bx} = 3.54\text{kN}$。

（3）计算侧板中最大弯曲应力。

侧板的弯矩图如图 8-17(c)所示，最大弯矩发生在 $x = 0.277\text{m}$ 的截面，$M_{max} = 2.65\text{kN} \cdot \text{m}$。因此，侧板中最大应力为

$$\sigma_{max} = \frac{M_{max}}{W_z} = \frac{2.65 \times 10^3 \text{N} \cdot \text{m}}{\frac{1}{6}(1\text{m})(0.04\text{m})^2} = 9937.5 \times 10^3 \text{Pa} = 9.94\text{MPa}$$

## *8.6　温度引起的梁变形

前面讨论的是机械载荷作用下梁的变形问题。本节讨论温度作用下梁的变形问题。如图 8-18(a)所示简支梁，跨度为 $l$，梁高为 $h$。设梁不受任何外力，只是从初始温度 $t_0$ 开始升温。如果整个梁均匀升温，则该梁只是向右伸长，并不发生弯曲变形，也不会在梁内产生应力；如果升温不均匀，例如，梁上表面温度从 $t_0$ 升至 $t_1$，下表面温度升至 $t_2$，且 $t_2 > t_1$，则该梁将发生图 8-18(b)所示的弯曲变形。现在计算这种由于温度不均匀变化引起的梁的挠度 $w$。

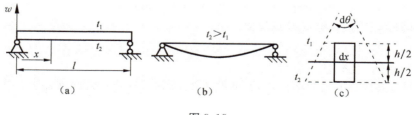

图 8-18

由于梁的下表面温度高于上表面，致使下表面伸长量大于上表面，所以梁发生下凸弯曲变形。截取微梁段 $dx$，设梁的热膨胀系数为 $\alpha$，则微梁段下表面伸长量为 $\alpha(t_2 - t_0)dx$，上表面伸

长量为 $\alpha(t_1-t_0)\mathrm{d}x$。假设温度沿梁高度方向线性变化,则变形后梁微段两个侧面仍然保持为平面。设升温后微梁段两侧原来平行的两个边形成夹角 $\mathrm{d}\theta$,则从图 8-18(c)所示的几何关系可知

$$\frac{\mathrm{d}\theta}{\mathrm{d}x}=\frac{\alpha(t_2-t_1)}{h} \tag{8-15}$$

式(8-15)中,$\dfrac{\mathrm{d}\theta}{\mathrm{d}x}$ 是梁变形后的曲率,所以有 $\dfrac{\mathrm{d}\theta}{\mathrm{d}x}=\dfrac{\mathrm{d}^2w}{\mathrm{d}x^2}$。代入式(8-15),得

$$\frac{\mathrm{d}^2w}{\mathrm{d}x^2}=\frac{\alpha(t_2-t_1)}{h} \tag{8-16}$$

式(8-16)为计算温度引起梁变形的挠曲轴微分方程。采用类似 8.2 节的积分法,即可求出梁的变形。

## 思 考 题

8-1 用积分法求思考题 8-1 图所示梁的挠曲轴方程时,确定积分常数的四个条件,除 $w_A=0$,$\theta_A=0$ 外,另外两个条件是_____。

 A. $w_{C左}=w_{C右}$,$\theta_{C左}=\theta_{C右}$;   B. $w_{C左}=w_{C右}$,$w_B=0$;   C. $w_C=0$,$w_B=0$;   D. $w_B=0$,$\theta_C=0$。

8-2 思考题 8-2 图所示圆截面悬臂梁,若直径 $d$ 增大 1 倍(其他条件不变),则梁的最大正应力、最大挠度分别降至原来的_____。

 A. 1/2,1/4;    B. 1/4,1/8;    C. 1/8,1/8;    D. 1/8,1/16。

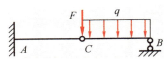
思考题 8-1 图

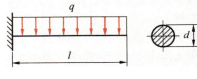
思考题 8-2 图

8-3 梁变形前的轴线为 $x$ 轴,若取思考题 8-3 图(a)、思考题 8-3 图(b)两个坐标系,则其挠曲轴近似微分方程分别为_____。

 A. $EIw_a''=M$ 和 $EIw_b''=-M$;

 B. $EIw_a''=M$ 和 $EIw_b''=M$;

 C. $EIw_a''=-M$ 和 $EIw_b''=-M$;

 D. $EIw_a''=-M$ 和 $EIw_b''=M$。

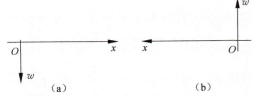
思考题 8-3 图

8-4 设思考题 8-4 图所示悬臂梁的挠曲轴方程为 $EIw=\iint M(x)\mathrm{d}x\mathrm{d}x+Cx+D$,则积分常数_____。

 A. $C=0$,$D\neq0$;    B. $C=0$,$D=0$;    C. $C\neq0$,$D\neq0$;    D. $C\neq0$,$D=0$。

8-5 思考题 8-5 图所示圆截面悬臂梁,若梁长 $l$ 减小一半(其他条件不变),则梁的最大正应力、最大挠度分别降至原来的_____。

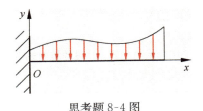
思考题 8-4 图

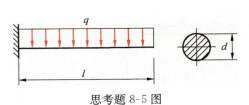
思考题 8-5 图

A. $1/2, 1/4$；　　　　　B. $1/4, 1/8$；　　　　　C. $1/4, 1/16$；　　　　　D. $1/8, 1/16$。

8-6　等截面直梁在弯曲变形时,挠曲轴曲率在最大_____处一定最大。

A. 挠度；　　　　　B. 转角；　　　　　C. 剪力；　　　　　D. 弯矩。

8-7　思考题 8-7 图所示两梁完全相同,图(b)中梁的载荷是图(a)中载荷的静力等效,两梁的位移之间关系为_____。

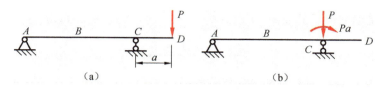

思考题 8-7 图

A. $\theta_A^{(a)}=\theta_A^{(b)}, w_B^{(a)}=w_B^{(b)}, \theta_C^{(a)}=\theta_C^{(b)}, w_D^{(a)}=w_D^{(b)}$；

B. $\theta_A^{(a)}=\theta_A^{(b)}, w_B^{(a)}=w_B^{(b)}, \theta_C^{(a)}=\theta_C^{(b)}, w_D^{(a)}\neq w_D^{(b)}$；

C. $\theta_A^{(a)}=\theta_A^{(b)}, w_B^{(a)}=w_B^{(b)}, \theta_C^{(a)}\neq\theta_C^{(b)}, w_D^{(a)}\neq w_D^{(b)}$；

D. $\theta_A^{(a)}\neq\theta_A^{(b)}, w_B^{(a)}\neq w_B^{(b)}, \theta_C^{(a)}\neq\theta_C^{(b)}, w_D^{(a)}\neq w_D^{(b)}$。

8-8　采用叠加原理计算梁的变形时,需要满足的前提条件是_____。

A. 必须是等截面梁；　　　　　　　　　　B. 梁发生的是小变形,且材料满足胡克定律；

C. 梁发生的必须是平面弯曲；　　　　　D. 必须是静定梁。

8-9　如果梁的支座发生下沉,将导致_____。

A. 无论是静定梁还是静不定梁,都将引起初位移和初应力；

B. 无论是静定梁还是静不定梁,都只引起初位移、不引起初应力；

C. 对于静定梁,将引起初应力,对于静不定梁,只引起初位移；

D. 对于静定梁,将引起初位移,对于静不定梁,将引起初应力。

8-10　思考题 8-10 图所示静不定梁及其解除约束后的四个相当系统,其中错误的是_____。

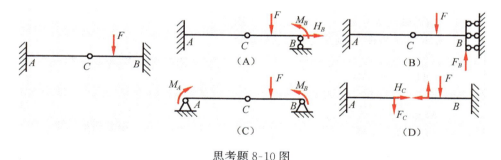

思考题 8-10 图

## 习　　题

8.1-1　习题 8.1-1 图所示简支梁的挠曲轴方程为

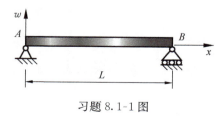

习题 8.1-1 图

$$w=-\frac{q_0 x}{360 LEI}(7L^4-10L^2 x^2+3x^4)$$

试标出梁上所受的载荷。

8.1-2　习题 8.1-2 图所示简支梁 $AB$ 段的挠曲轴方程为

$$w=-\frac{Px}{6EI}(L-x)^2$$

式中,$P$ 为力的单位。试用 $P, L$ 和 $d$ 表示图中 $P_A$ 和 $P_B$。

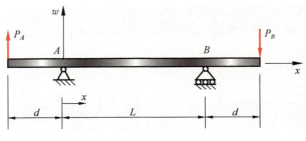

习题 8.1-2 图

8.2-1　习题 8.2-1 图所示承受均布载荷 $q$ 的梁,在 $B$ 端只能发生竖直位移,不能水平运动也不能转动。试用积分法写出梁的挠曲轴方程,并计算 $B$ 端挠度。

8.2-2　习题 8.2-2 图所示简支梁 $AB$ 承受分布载荷作用,载荷集度 $q$ 可表示为

$$q = q_0 \sin(\pi x / L)$$

试用载荷方程积分得到梁的挠曲轴方程,并计算最大挠度。

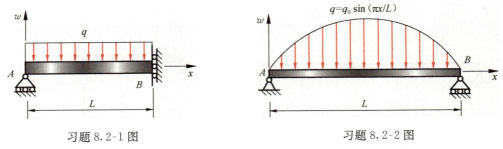

习题 8.2-1 图　　　　　　　　　　习题 8.2-2 图

8.2-3　矩形截面悬臂梁承受如习题 8.2-3 图所示载荷,已知梁的上下面载荷集度(单位面积上力的大小)均为 $q$,弹性模量为 $E$,试计算梁的自由端 $B$ 的挠度。

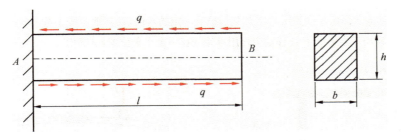

习题 8.2-3 图

8.3-1　试用叠加法计算习题 8.3-1 图所示梁 $C$ 截面的转角和挠度。已知 $EI$ 为常数。

8.3-2　试用叠加法计算习题 8.3-2 图所示阶梯形梁的最大挠度,设 $I_2 = 2I_1$,$E$ 为常数。

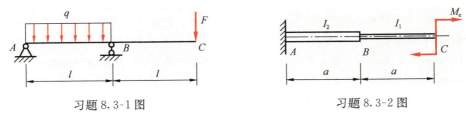

习题 8.3-1 图　　　　　　　　　　习题 8.3-2 图

8.3-3　习题 8.3-3 图所示外伸梁,两端受 $F$ 作用,$EI$ 为常数,试问:(1) $x/l$ 为何值时,梁跨度中点的挠度与自由端的挠度数值相等? (2) $x/l$ 为何值时,梁跨度中点挠度最大?

8.3-4　习题 8.3-4 图所示为连接在硅晶圆上的金合金微悬臂梁。已知梁的长度 $L=25\mu m$,横截面为矩形,$b=25\mu m$,$t=0.87\mu m$。梁上的总载荷为 $44\mu N$。已测得梁自由端的挠度为 $1.3\mu m$,试问金合金的弹性模量 $E_g$ 为多少?

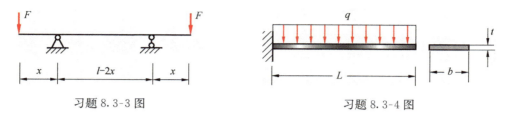

习题 8.3-3 图　　　　　　　　　习题 8.3-4 图

8.3-5　习题 8.3-5 图所示简支梁承受五个等间距分布的集中力 $P$。(1) 试用叠加法计算梁中点的挠度 $\delta_1$;(2) 如果将五个力($5P$)均匀分布在梁上,梁中点的挠度 $\delta_2$ 又是多少? 并与 $\delta_1$ 比较。

8.3-6　习题 8.3-6 图所示结构,$A$ 端固定,在 $D$ 施加集中力 $P$。(1) 试确定合适的 $a/L$,使得 $B$ 处的挠度正好为零;(2) 确定合适的 $a/L$,使得 $B$ 处的转角正好为零。

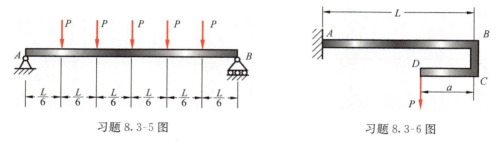

习题 8.3-5 图　　　　　　　　　习题 8.3-6 图

8.3-7　习题 8.3-7 图所示梁 $ACB$ 悬挂于两根弹簧上,弹簧上端固定,在梁的中点施加集中力 $P$。已知梁的弯曲刚度 $EI=216kN \cdot m^2$,其他数值标于图中,试计算 $C$ 点的向下位移。

8.3-8　习题 8.3-8 图所示简支梁 $AB$,加载前已有一定的弯曲,设其轴曲线函数为 $y=f(x)$。施加集中力 $P$,并使 $P$ 沿梁移动。为保证 $P$ 在移动中作用点始终在一个水平位置,试确定 $y=f(x)$ 的具体形式。

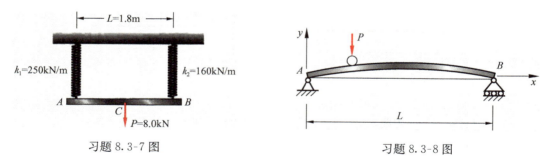

习题 8.3-7 图　　　　　　　　　习题 8.3-8 图

8.3-9　习题 8.3-9 图所示框架结构 $ABC$,在 $C$ 处作用水平方向集中力 $P$,设 $AB$、$BC$ 段的弯曲刚度均为 $EI$。(1) 试计算 $C$ 点在水平方向的位移 $\delta_C$;(2) 计算 $AB$ 段的最大向上位移 $\delta_{max}$。

8.3-10　习题 8.3-10 图所示重为 $W$,长为 $L$ 的金属条带放置在工作台上,设其弯曲刚度为 $EI$,试确定 $\delta$ 的大小。

8.3-11　习题 8.3-11 图所示具有初始曲率的梁 $ABCD$,$A$ 端比支座高 15mm,$D$ 端比支座高 10mm。已知梁的弯曲刚度 $EI=5.0\times10^6 N \cdot m^2$,试确定力 $P$ 和 $Q$ 的大小,使得受力后 $A$ 端和 $D$ 端正好和支座处于同一水平面上。

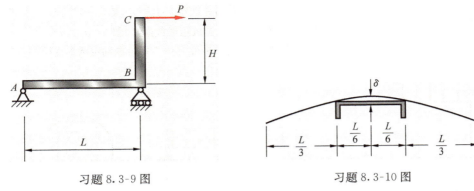

习题 8.3-9 图                    习题 8.3-10 图

8.3-12　习题 8.3-12 所示简支梁 $ABCDE$ 受均布载荷 $q$ 作用。试确定 $b/L$ 的值,使得梁中点 $C$ 的挠度 $\delta_C$ 正好等于 $A$ 点和 $E$ 点的挠度 $\delta_A$ 和 $\delta_E$,并计算此时 $C$ 点的挠度。

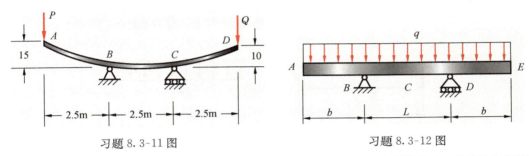

习题 8.3-11 图                    习题 8.3-12 图

8.3-13　习题 8.3-13 图所示轮距为 $L/4$ 的小车在简支梁 $AB$ 上从左往右缓慢移动。设梁的弯曲刚度为 $EI$,小车左轮距 $A$ 点的距离为 $x$,试绘出梁中点的挠度随 $x$ 的变化曲线,并确定其最大值。

8.3-14　习题 8.3-14 图所示框架 $ABCD$ 受两个共线集中力 $P$ 作用。设梁各段的弯曲刚度 $EI$ 均相同,试计算 $A$、$D$ 两点移动的距离。(忽略轴力作用。)

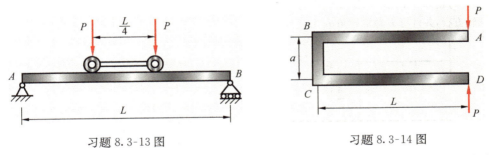

习题 8.3-13 图                    习题 8.3-14 图

8.3-15　习题 8.3-15 图所示有一具有初曲率的钢条 $AB$,当两端加力后成一直线,刚性平面的反力均匀分布如图 b 所示,已知钢条的弹性模量 $E=200\text{GPa}$,$l=0.5\text{m}$,钢条的横截面为 $25\text{mm}\times25\text{mm}$ 的正方形,试求使钢条呈一直线时的压力 $F$。

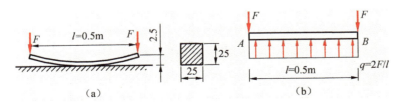

(a)                    (b)

习题 8.3-15 图

8.3-16　试求习题 8.3-16 图所示中刚架 $C$ 端线位移的竖直分量，$EI$ 为常数（不考虑轴向变形的影响）。

8.4-1　习题 8.4-1 图所示简支梁拟用直径为 $d$ 的圆木制成矩形截面，如图 $b=d/2,h=\sqrt{3}d/2$，已知 $q=1\mathrm{kN/m}$，$[\sigma]=10\mathrm{MPa}$，$[\tau]=1\mathrm{MPa}$，$E=1\times10^4\mathrm{MPa}$，梁的许用挠度 $[\delta]=l/250$，试确定圆木直径。

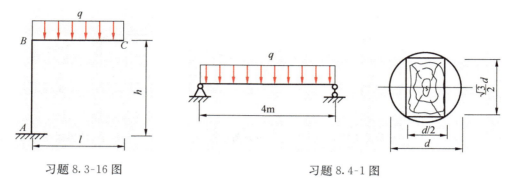

习题 8.3-16 图　　　　　　　　　习题 8.4-1 图

8.5-1　试用变形比较法求解习题 8.5-1 图所示静不定梁的反力。$EI$ 为常数。

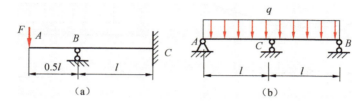

（a）　　　　　　　　（b）

习题 8.5-1 图

8.5-2　习题 8.5-2 图所示结构，悬臂梁 $AB$ 与简支梁 $DG$ 均用 No.18 工字钢制成，$BC$ 为圆截面钢杆，直径 $d=20\mathrm{mm}$，梁与杆的弹性模量均为 $E=200\mathrm{GPa}$，$F=30\mathrm{kN}$，试计算梁内最大弯曲正应力与杆内最大正应力以及 $C$ 截面的竖直位移。

8.6-1　习题 8.6-1 图所示长为 $L$、高为 $h$ 的悬臂梁，上表面和下表面温度变化分别为 $T_1$ 和 $T_2$，试写出梁的挠曲轴方程，并计算 $B$ 截面转角 $\theta_B$ 和挠度 $\delta_B$。

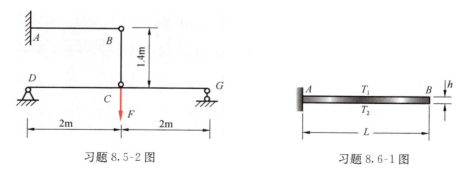

习题 8.5-2 图　　　　　　　　　习题 8.6-1 图

# 第 9 章　应力状态分析与广义胡克定律

由应力的定义可知,构件内任一点处在通过该点不同截面上的应力一般是不相同的,我们把该点在所有截面上的应力状况称为该点的**应力状态**,并用包围该点的正六面体——单元体的各个面上的应力表示该点的应力状态。本章首先研究应力状态的分析方法,然后给出复杂应力状态下的应力应变关系——广义胡克定律。

## 9.1　应　力　状　态

### 9.1.1　单元体与应力状态

为了表示构件上一点的应力状态,取包围该点的边长无限小的正六面体为**单元体**,单元体六个面上的应力状况就代表了该点的应力状态。单元体面的方位可以任意选取,因此,包围该点可以画出无穷多个单元体。为方便起见,通常取互相垂直而且应力容易计算的面组成单元体。后面将要证明,一旦知道包围某点的一个单元体的应力,则该点的任一其他方位单元体上的应力都可以通过计算得到。

由于单元体无限小,因此认为在单元体各面上应力是均匀分布的;在单元体的两个相对平行面上的应力大小相等,方向相反;在两个相互垂直的邻面上,切应力满足切应力互等定理。

下面通过例子说明单元体的取法以及单元体各面上应力的确定方法。

**例题 9-1**　图 9-1(a)所示简支梁上的 $A$、$B$ 点位于跨中截面左侧,$C$ 点位于跨中截面右侧,试用单元体表示 $A$、$B$、$C$ 三点的应力状态。

**解**:为方便计,选取图 9-1(a)所示坐标系。梁的剪力图和弯矩图分别如图 9-1(b)、(c)所示。

为表示 $A$ 点的应力状态,包围 $A$ 点取正六面体,该六面体的六个面由两个梁的横截面、两个垂直 $y$ 轴的面和两个垂直 $z$ 轴的面组成,其示意图如图 9-1(d)所示。图中,$A$ 点单元体的左右两个面代表梁的横截面,因此,这两个面上只有弯曲正应力,其大小为

$$\sigma_A = M/W_z = 3Fl/(bh^2)$$

在单元体的其他面上不受力。

类似地,取 $B$ 点处的单元体如图 9-1(e)所示,在单元体左右两个面上,除了弯曲正应力 $\sigma_B$ 还有弯曲切应力 $\tau_B$。由切应力互等定理,在单元体的上下两个面上也必有切应力,而且大小与 $\tau_B$ 相等。在单元体的前后两个面上不受力。根据弯曲正应力和弯曲切应力公式,容易计算

$$\sigma_B = 0.5\sigma_A = \frac{3Fl}{2bh^2}, \quad \tau_B = \frac{F_S S_z}{I_z b} = \frac{9F}{16hb}$$

同样方法,可取 $C$ 点处的单元体如图 9-1(f)所示。由于 $C$ 点位于中性轴上,所以只在单元体的左右和上下四个面上存在切应力,大小为

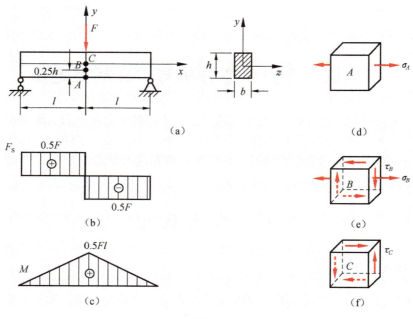

图 9-1

$$\tau_C = \frac{F_S S_z}{I_z b} = \frac{3F}{4hb}$$

**例题 9-2** 横截面直径为 $d$ 的悬臂梁受力如图 9-2(a)所示,试用单元体表示 $A$、$B$ 两点处的应力状态。

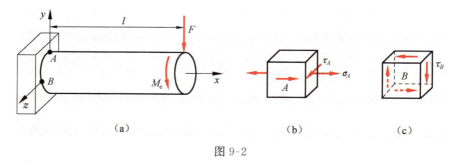

图 9-2

**解:**该悬臂梁承受弯矩、扭矩和剪力共同作用。根据内力图,容易判断梁的固定端截面为危险截面,该截面上的扭矩、剪力和弯矩分别为

$$T = M_e, \quad F_S = -F, \quad M = -Fl$$

该截面的 $A$、$B$ 两点为危险点。取 $A$ 点处的单元体如图 9-2(b)所示,其左右两个面表示轴的横截面,作用有弯曲正应力和扭转切应力;上下两个面为垂直 $y$ 轴的面,无应力;前后两个为垂直 $z$ 轴的面,其上应力由切应力互等定理确定。该单元体上各应力的大小为

$$\sigma_A = \frac{M}{W_z} = \frac{32Fl}{\pi d^3}, \quad \tau_A = \frac{T}{W_p} = \frac{16M_e}{\pi d^3}$$

取 $B$ 点处的单元体如图 9-2(c)所示,其各面的方位与 $A$ 点单元体相同。由于 $B$ 点位于中性轴上,所以在左右两个面作用有扭转切应力和弯曲切应力,两个切应力方向一致,合起来其值为

$$\tau_B = \frac{T}{W_p} + \frac{4F_S}{3A} = \frac{16M_e}{\pi d^3} + \frac{16F}{3\pi d^2} = \frac{16}{\pi d^2}\left(\frac{M_e}{d} + \frac{F}{3}\right)$$

**例题 9-3** 薄壁圆筒壁厚为 $\delta$，内径为 $D$（当 $\delta \leqslant D/20$ 时，称为薄壁圆筒），受内压 $p$ 作用，如图 9-3(a)所示。设 $A$ 为筒体外表面上的点，$B$ 为筒体内表面上的点，试用单元体表示 $A$、$B$ 两点处的应力状态（不考虑大气压力作用）。

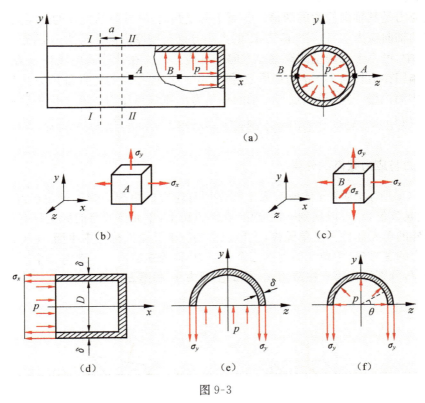

图 9-3

**解**：取 $A$、$B$ 两点处的单元体分别如图 9-3(b)、(c)所示。两个单元体的左右两个面为垂直于 $x$ 轴的面，也就是筒体的横截面，其上只有拉应力 $\sigma_x$；上下两个面为垂直于 $y$ 轴的面，其上作用有拉应力 $\sigma_y$。对于 $A$ 点的单元体（图 9-3(b)），其前面表示筒体外表面，后面表示无限接近且平行于外表面的面，因此，其上没有应力作用（不考虑大气压力），$\sigma_z = 0$；而 $B$ 点的单元体（图 9-3(c)），其前面表示筒体内表面，后面表示无限接近且平行于内表面的面，其上有压应力，因此，$\sigma_z = -p$。

无论 $A$ 点或 $B$ 点，它们 $x$ 方向和 $y$ 方向的拉应力是相同的，下面计算 $\sigma_x$ 和 $\sigma_y$ 的大小。

$\sigma_x$ 为薄壁筒横截面上的应力。在任一横截面处将筒体截开，考虑右半部分，如图 9-3(d)所示。横截面上轴力为

$$F_N = \pi D^2 p / 4$$

由于壁厚远小于直径，其横截面面积近似为 $A = \pi D \delta$，则横截面上的正应力

$$\sigma_x = \frac{F_N}{A} = \frac{pD}{4\delta} \tag{9-1}$$

$\sigma_y$ 为筒壁在周向所受的应力。由对称性可知，所有过圆筒轴线的纵截面都是对称面，其上切应力均为零；由于壁厚远小于直径，可认为正应力沿壁厚均匀分布。现用相距为 $a$ 的任意两个横截面（图 9-3(a)）和一个 $x$-$z$ 纵平面截开筒体，得到如图 9-3(e)所示的半圆环（在垂直

纸面方向上长度为 $a$）。筒内压力的作用效果相当于作用在边长为 $D\times a$ 的矩形上,则由力平衡关系 $\sum F_y = 0$ 得

$$pDa - 2\sigma_y\delta a = 0 \quad \text{或} \quad \sigma_y = \frac{pD}{2\delta} \tag{9-2}$$

**讨论**：①筒壁上的点在轴向和周（环）向均受拉应力；比较式(9-1)和式(9-2)发现,受内压圆筒的周向应力是其轴向应力的两倍。②对于薄壁圆筒,其壁厚与内径的关系为 $\delta \leqslant D/20$,所以筒壁上点的轴向应力 $\sigma_x$ 和周向应力 $\sigma_y$ 的大小分别是壁厚方向压应力 $p$ 的五倍和十倍。因此,工程设计中,可不考虑薄壁圆筒壁厚方向的压应力。③在计算筒内压在 $y$ 方向合力时,认为筒内压力作用在边长为 $D\times a$ 的矩形上(图 9-3(e)),现在证明这种处理方法是精确的。考虑图 9-3(f)中筒内壁一点,设该点与 $z$ 轴的夹角为 $\theta$,则该点压力 $p$ 在 $y$ 向的分量为 $p\sin\theta$,力分量为 $p\sin\theta\left(\frac{D}{2}\mathrm{d}\theta \cdot a\right)$,将其沿内壁半圆弧上积分得 $\int_0^\pi p\sin\theta \frac{D}{2}a\mathrm{d}\theta = pDa$。

### 9.1.2　主应力与应力状态的分类

如图 9-4(a)所示,为单元体所有面上都作用有应力的情况。弹性理论已经证明,将单元体旋转,改变其方位,总可以找到一组方位,在该方位上,单元体所有的面上只有正应力而没有切应力。这样的单元体称为**主单元体**,主单元体的三个互垂面称为**主平面**;主平面的法线方向称为该点应力的**主方向**;主单元体上的三个正应力,称为**主应力**。一般将三个主应力按代数值从大到小排序,分别称为**第一主应力** $\sigma_1$、**第二主应力** $\sigma_2$ 和**第三主应力** $\sigma_3$,且

$$\sigma_1 \geqslant \sigma_2 \geqslant \sigma_3$$

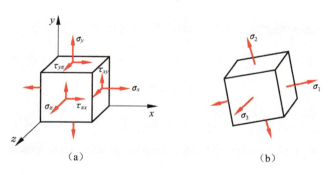

图 9-4

按三个主应力的取值情况,可将应力状态进行分类。

(1) 如果三个主应力中仅有一个不为零,则称为**单向应力状态**。单向应力状态是一种**简单应力状态**。轴向拉压杆内各点的应力状态均为单向应力状态,例题 9-1 中 $A$ 点的应力状态也是单向应力状态。根据该非零主应力是拉应力或者是压应力,单向应力状态又分为单向拉伸应力状态(三个主应力是：$\sigma_1 > 0$, $\sigma_2 = 0$, $\sigma_3 = 0$)和单向压缩应力状态(三个主应力是：$\sigma_1 = 0$, $\sigma_2 = 0$, $\sigma_3 < 0$)。

(2) 如果三个主应力中有两个非零,称为**二向应力状态**。例题 9-1 中的 $B$ 点和 $C$ 点,以及例题 9-2 中的 $A$ 点和 $B$ 点,都是二向应力状态。

(3) 如果三个主应力均非零,称为**三向应力状态**或**空间应力状态**。例题 9-3 中,薄壁圆筒内表面上 $B$ 点的应力状态是三向应力状态,三个主应力分别是 $\sigma_1 = \sigma_y = pD/(2\delta)$, $\sigma_2 = \sigma_x =$

$pD/(4\delta)$,$\sigma_3=\sigma_z=-p$。

如果三个主应力相等且均为拉应力,即 $\sigma_1=\sigma_2=\sigma_3>0$,这种应力状态称为**三向等拉应力状态**。例如,将一球状物丢入热水中,球体靠近外表面的材料遇热膨胀,对球心处材料产生拉应力,在球心点处的应力状态即为三向等拉应力状态。三向等拉应力状态是最容易造成材料破坏的应力状态。

如果三个主应力相等且均为压应力,即 $\sigma_1=\sigma_2=\sigma_3<0$,这种应力状态称为**三向等压应力状态**。将一球状物丢入深水中,球受到水的压力,在球内任一点处的应力状态均为三向等压应力状态。三向等压应力状态是最不容易造成材料破坏的应力状态。钢轨受压表面上点的应力状态近似于三向等压应力状态。

二向应力状态和三向应力状态又归类于**复杂应力状态**。

## 9.2 二向应力状态分析

材料力学里遇到较多的是二向应力状态。本节首先讨论二向应力状态分析的解析法,然后介绍图解法即应力圆法。

### 9.2.1 解析法

1) 由已知应力状态计算任意斜截面上的应力

设构件中一点的应力状态如图 9-5(a)所示,各个应力分量的大小已知。由于在单元体 $z$ 向不受力,所以是二向应力状态。现在讨论如何计算过该点其他方位截面上的应力。

为了表述方便,将单元体上法线与 $x$ 轴、$y$ 轴、$z$ 轴平行的截面分别称为 **$x$ 截面**、**$y$ 截面**、**$z$ 截面**。因为 $z$ 截面上的应力为零,为方便计,将单元体改用平面图表示(图 9-5(b)),并规定:正应力以指向截面外法线方向为正,切应力以使单元体有顺时针转动趋势的指向为正。按照这个正负号规定,图 9-5(b)中的 $\sigma_x$、$\sigma_y$ 和 $\tau_{xy}$ 均为正,而 $\tau_{yx}$ 为负。

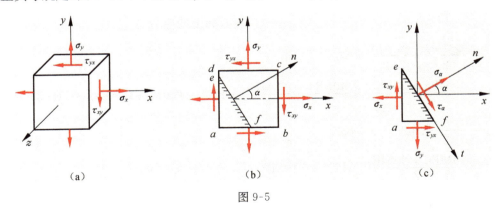

图 9-5

现在研究平行于 $z$ 轴的任一斜截面上 $ef$ 上的应力。设斜截面的外法线 $n$ 与 $x$ 轴的夹角为 $\alpha$,并规定,从 $x$ 轴正向逆时针旋转到斜截面外法线方向所转过的角度为正。因此,图 9-5(b)中的 $\alpha$ 为正值。该斜截面称为 **$\alpha$ 截面**或 **$n$ 截面**。

设 $\alpha$ 截面上的正应力为 $\sigma_\alpha$,切应力为 $\tau_\alpha$,把它们按正向画在斜截面上(图 9-5(c))。为计算它们的大小,用假想截面 $ef$ 将图 9-5(b)中的单元体截开,并取三角块 $eaf$ 为研究对象(图 9-5(c))。设 $\alpha$ 截面面积为 $dA$,则 $ea$ 截面和 $af$ 截面的面积分别为 $dA\cos\alpha$ 和 $dA\sin\alpha$。建立三角

块 $eaf$ 沿 $\alpha$ 截面的法线 $n$ 方向的力平衡方程 $\sum F_n = 0$，得

$$\sigma_\alpha \mathrm{d}A + \tau_{xy}\mathrm{d}A\cos\alpha\sin\alpha - \sigma_x \mathrm{d}A\cos\alpha\cos\alpha + \tau_{yx}\mathrm{d}A\sin\alpha\cos\alpha - \sigma_y \mathrm{d}A\sin\alpha\sin\alpha = 0$$

注意到 $\tau_{xy}$ 与 $\tau_{yx}$ 大小相等，得到

$$\sigma_\alpha = \sigma_x\cos^2\alpha + \sigma_y\sin^2\alpha - 2\tau_{xy}\cos\alpha\sin\alpha$$

利用三角函数关系，上式可改写成

$$\sigma_\alpha = \frac{\sigma_x + \sigma_y}{2} + \frac{\sigma_x - \sigma_y}{2}\cos2\alpha - \tau_{xy}\sin2\alpha \tag{9-3}$$

类似地，沿 $\alpha$ 截面的切线 $t$ 方向建立力平衡方程，可得

$$\tau_\alpha = \frac{\sigma_x - \sigma_y}{2}\sin2\alpha + \tau_{xy}\cos2\alpha \tag{9-4}$$

式(9-3)和式(9-2)完全确定了 $\alpha$ 截面上的应力，它们统称为**斜截面应力公式**。

由式(9-3)可知，法线与 $x$ 轴的夹角为 $\beta = \alpha + 90^\circ$ 的斜截面上的正应力为

$$\sigma_{\alpha+90^\circ} = \frac{\sigma_x + \sigma_y}{2} - \frac{\sigma_x - \sigma_y}{2}\cos2\alpha + \tau_{xy}\sin2\alpha \tag{9-5}$$

将式(9-3)和式(9-5)相加，得

$$\sigma_\alpha + \sigma_{\alpha+90^\circ} = \sigma_x + \sigma_y \tag{9-6}$$

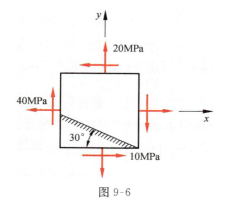

图 9-6

可见，相互垂直的两个斜截面的正应力之和为一常量，称为**应力不变量**。

**例题 9-4** 试求图 9-6 所示斜截面上的应力。

**解题分析**：所要计算的斜截面外法线与 $x$ 轴的夹角 $\alpha$ 为正 $60^\circ$。斜截面应力计算公式中，$\alpha$ 角正负号规定为自 $x$ 轴正向逆时针转向外法线为正。

**解**：选取图示 $x$-$y$ 坐标系，则该单元体各应力为

$$\sigma_x = 40\mathrm{MPa}, \quad \sigma_y = 20\mathrm{MPa}, \quad \tau_{xy} = 10\mathrm{MPa}$$

$\alpha = 60^\circ$ 斜截面上的应力为

$$\sigma_\alpha = \frac{\sigma_x + \sigma_y}{2} + \frac{\sigma_x - \sigma_y}{2}\cos2\alpha - \tau_{xy}\sin2\alpha$$

$$= \frac{40\mathrm{MPa} + 20\mathrm{MPa}}{2} + \frac{40\mathrm{MPa} - 20\mathrm{MPa}}{2}\cos120^\circ - (10\mathrm{MPa})\sin120^\circ = 16.3\mathrm{MPa}$$

$$\tau_\alpha = \frac{\sigma_x - \sigma_y}{2}\sin2\alpha + \tau_{xy}\cos2\alpha$$

$$= \frac{40\mathrm{MPa} - 20\mathrm{MPa}}{2}\sin120^\circ + (10\mathrm{MPa})\cos120^\circ = 3.66\mathrm{MPa}$$

可见，该斜面上作用有 16.3MPa 的拉应力和 3.66MPa(顺时针方向)的切应力。无论坐标系 $x$-$y$ 如何选取，都不会影响计算结果。

2) 二向应力状态的主方向和主应力

当 $\alpha$ 取不同的值时，由斜截面应力公式可以得到不同方位斜截面上的应力。现在我们找出这样一个斜截面，其上只有正应力而切应力为零。根据主方向和主应力的定义，该斜截面的外法线方向就是主方向，其上的正应力就是主应力。

令 $\tau_\alpha = 0$，由式(9-4)得到

$$\tan 2\alpha_0 = \frac{-2\tau_{xy}}{\sigma_x - \sigma_y} \tag{9-7}$$

由式(9-7)可出求两个相差 $90°$的 $\alpha_0$，表示存在两个相互垂直的斜截面，其上的切应力均为零；两个 $\alpha_0$ 代表的斜截面的外法线方向就是主方向。

进一步，将式(9-7)代入式(9-3)，并利用三角函数关系得到两个主方向上的主应力

$$\left.\begin{array}{c}\sigma_{\max}\\\sigma_{\min}\end{array}\right\} = \frac{\sigma_x + \sigma_y}{2} \pm \sqrt{\left(\frac{\sigma_x - \sigma_y}{2}\right)^2 + \tau_{xy}^2} \tag{9-8}$$

由式(9-8)得到 $\sigma_{\max}$ 和 $\sigma_{\min}$ 后，与 $z$ 方向的主应力(二向应力状态下，其值为零)按代数值大小排序即可得到该应力状态的三个主应力 $\sigma_1 \geqslant \sigma_2 \geqslant \sigma_3$。

由式(9-8)还可以得到

$$\sigma_{\max} + \sigma_{\min} = \sigma_x + \sigma_y \tag{9-9}$$

式(9-9)说明，主应力之和也是一个常量。

$\sigma_{\max}$ 所对应的截面方位角 $\alpha_0$ 可根据下面方法确定：式(9-7)中，将右端项的分子($-2\tau_{xy}$)看做 $\sin 2\alpha_0$，分母($\sigma_x - \sigma_y$)看做 $\cos 2\alpha_0$，则可由 $\sin 2\alpha_0$ 和 $\cos 2\alpha_0$ 的正负号判断 $\sigma_{\max}$ 对应的角 $2\alpha_0$ 所在的象限。例如，如果式(9-7)分子($-2\tau_x$)为正，分母($\sigma_x - \sigma_y$)为负，按上述方法，认为 $\sin 2\alpha_0$ 为正、$\cos 2\alpha_0$ 为负，可确定 $2\alpha_0$ 位于第 II 象限。

**例题 9-5** 试求图 9-7(a)所示二向应力状态的主应力和主方向。

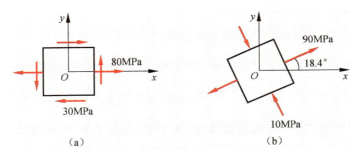

图 9-7

**解**：由应力状态图 9-7(a)，可知 $\sigma_x = 80\text{MPa}$，$\sigma_y = 0$，$\tau_{xy} = -30\text{MPa}$。代入式(9-8)得

$$\left.\begin{array}{c}\sigma_{\max}\\\sigma_{\min}\end{array}\right\} = \frac{\sigma_x + \sigma_y}{2} \pm \sqrt{\left(\frac{\sigma_x - \sigma_y}{2}\right)^2 + \tau_{xy}^2} = \frac{80\text{MPa}}{2} \pm \sqrt{\left(\frac{80\text{MPa}}{2}\right)^2 + (-30\text{MPa})^2} = \left.\begin{array}{c}90\\-10\end{array}\right\}\text{MPa}$$

所以三个主应力分别为：$\sigma_1 = \sigma_{\max} = 90\text{MPa}$，$\sigma_2 = 0$，$\sigma_3 = \sigma_{\min} = -10\text{MPa}$。

由式(9-7)得

$$\tan 2\alpha_0 = \frac{-2\tau_{xy}}{\sigma_x - \sigma_y} = \frac{-2\times(-30\text{MPa})}{80\text{MPa}} = 0.75$$

观察上式，发现分子($\sin 2\alpha_0$)和分母($\cos 2\alpha_0$)均为正号，所以 $2\alpha_0$ 应在第一象限，故取

$$2\alpha_0 = 36.87° \quad \text{或} \quad \alpha_0 = 18.4°$$

$\alpha_0 = 18.4°$ 即为 $\sigma_{\max}$(也是 $\sigma_1$)所在截面的方位角，与它相差 $90°$的方位就是 $\sigma_{\min}$(也是 $\sigma_3$)所在截面。画出 $\sigma_1$ 和 $\sigma_3$ 的方向如图 9-7(b)所示。

本题也可以由式(9-7)先计算主方向

$$\tan 2\alpha = \frac{-2\tau_{xy}}{\sigma_x - \sigma_y} = \frac{-2\times(-30\text{MPa})}{80\text{MPa}} = 0.75$$

在 $-90°\sim 90°$范围内，上式的两个解是

$$\alpha' = 18.4°, \quad \alpha'' = -71.6°$$

即一个主方向与 $x$ 轴的夹角为 $18.4°$ 或 $(18.4° + 180°)$，另一主方向与 $x$ 轴的夹角为 $-71.6°$ 或 $(-71.6° + 180°)$。将它们分别代入式(9-8)得

$$\sigma' = \frac{\sigma_x + \sigma_y}{2} + \frac{\sigma_x - \sigma_y}{2}\cos 2\alpha' - \tau_{xy}\sin 2\alpha'$$

$$= \frac{80\text{MPa}}{2} + \frac{80\text{MPa}}{2}\cos(2 \times 18.4°) - (-30\text{MPa})\sin(2 \times 18.4°) = 90\text{MPa}$$

$$\sigma'' = -10\text{MPa}$$

同样得到三个主应力为：$\sigma_1 = \sigma' = 90\text{MPa}$，它与 $x$ 轴的夹角为 $18.4°$（或 $198.4°$）；$\sigma_3 = \sigma'' = -10\text{MPa}$，它与 $x$ 轴的夹角为 $-71.6°$（或 $108.4°$）；$\sigma_2 = 0$。

这种方法计算量较大，但主应力与主方向的对应关系比较清晰。

### 9.2.2 应力圆法

1）应力圆

式(9-3)可改写成

$$\sigma_\alpha - \frac{\sigma_x + \sigma_y}{2} = \frac{\sigma_x - \sigma_y}{2}\cos 2\alpha - \tau_{xy}\sin 2\alpha$$

将上式与式(9-4)各自平方再相加，得到

$$\left(\sigma_\alpha - \frac{\sigma_x + \sigma_y}{2}\right)^2 + \tau_\alpha^2 = \left(\frac{\sigma_x - \sigma_y}{2}\right)^2 + \tau_{xy}^2 \tag{9-10}$$

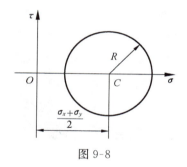

该式在 $\sigma$-$\tau$ 坐标系表示的是一个圆，如图 9-8 所示，其圆心坐标为 $\left(\frac{\sigma_x + \sigma_y}{2}, 0\right)$，半径为 $R = \sqrt{\left(\frac{\sigma_x - \sigma_y}{2}\right)^2 + \tau_{xy}^2}$。该圆称为**应力圆**或**莫尔圆**，是德国著名土木工程师莫尔（Christian Otto Mohr，$1835 \sim 1918$）发现的。

2）应力圆的作法

设已知二向应力状态（图 9-9(a)）的应力分量 $\sigma_x$、$\sigma_y$ 和 $\tau_{xy}$，现在作该应力状态的应力圆。作法如下。

图 9-8

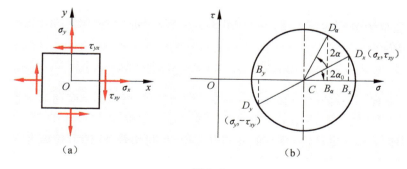

图 9-9

**第 1 步**：建立带有比例刻度的 $\sigma$-$\tau$ 坐标系，如图 9-9(b)所示。

**第 2 步**：根据 $x$ 截面上的应力 $(\sigma_x, \tau_{xy})$ 在 $\sigma$-$\tau$ 坐标系中定出一点 $D_x$；根据 $y$ 截面上的应力 $(\sigma_y, -\tau_{xy})$ 定出点 $D_y$（不失一般性，这里作图时假设 $\sigma_x > \sigma_y > 0$，$\tau_{xy} > 0$）；连接点 $D_x$ 和 $D_y$，交 $\sigma$

轴于 $C$ 点。

**第3步**：以 $C$ 点为圆心，$CD_x$ 为半径作圆，即得应力圆。

容易证明，所作应力圆的圆心坐标和半径分别为

$$C\left(\frac{\sigma_x + \sigma_y}{2}, 0\right), \quad R = \overline{CD_x} = \sqrt{\left(\frac{\sigma_x - \sigma_y}{2}\right)^2 + \tau_{xy}^2}$$

3）根据应力圆确定斜截面上的应力

从上述应力圆的制作过程看出，应力圆上的点 $D_x$ 和 $D_y$ 分别代表了单元体 $x$ 截面和 $y$ 截面上的应力。对于任意 $\alpha$ 斜截面，其上的应力很容易从应力圆上量取。如果 $\alpha$ 为正，将应力圆上的点 $D_x$ 沿圆周逆时针旋转 $2\alpha$ 角，所得到的点 $D_\alpha$ 的坐标即是该截面上的应力 $\sigma_\alpha$、$\tau_\alpha$，见图 9-9(b)；如果 $\alpha$ 为负，则将应力圆上的点 $D_x$ 沿圆周顺时针旋转 $2\alpha$ 角即可。

事实上，设图 9-9(b)中 $\angle D_x C B_x$ 为 $2\alpha_0$，则线段

$$\overline{CB_\alpha} = \overline{CD_\alpha}\cos(2\alpha_0 + 2\alpha) = \overline{CD_x}\cos 2\alpha_0 \cos 2\alpha - \overline{CD_x}\sin 2\alpha_0 \sin 2\alpha$$

$$= \overline{CB_x}\cos 2\alpha - \overline{B_x D_x}\sin 2\alpha = \frac{\sigma_x - \sigma_y}{2}\cos 2\alpha - \tau_{xy}\sin 2\alpha$$

$$\overline{OB_\alpha} = \overline{OC} + \overline{CB_\alpha} = \frac{\sigma_x + \sigma_y}{2} + \frac{\sigma_x - \sigma_y}{2}\cos 2\alpha - \tau_{xy}\sin 2\alpha = \sigma_\alpha$$

$$\overline{B_\alpha D_\alpha} = \tau_\alpha$$

可见，$D_\alpha$ 的坐标的确就是 $\alpha$ 斜截面上的应力。

在作应力圆和确定斜截面上的应力时，可利用应力圆的下面特点：①应力圆的圆心总在 $\sigma$ 轴上；②单元体上任意两个相互垂直的截面所对应的应力圆上两点的连线与 $\sigma$ 轴的交点即是圆心；③单元体上任意两个斜交的截面所对应的应力圆上两点连线的垂直平分线和 $\sigma$ 轴的交点是圆心；④应力圆上两点之间的角度是单元体上两个相应斜截面之间的角度的二倍，且转角方向一致。

4）由应力圆确定极值应力及主应力

应力圆的圆心总是在 $\sigma$ 轴上，应力圆也必然与 $\sigma$ 轴交于两点，如图 9-10(a)中两个交点 $S_1$、$S_2$。显然交点 $S_1$、$S_2$ 的横坐标就是单元体的两个主应力，也是正应力的极值

$$\left.\begin{array}{c}\sigma_{\max} \\ \sigma_{\min}\end{array}\right\} = \left.\begin{array}{c}\overline{OS_1} \\ \overline{OS_2}\end{array}\right\} = \overline{OC} \pm \overline{CS_1} = \frac{\sigma_x + \sigma_y}{2} \pm \sqrt{\left(\frac{\sigma_x - \sigma_y}{2}\right)^2 + \tau_{xy}^2} \tag{9-11}$$

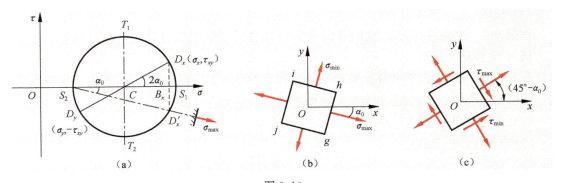

图 9-10

式(9-11)与解析法得到的正应力极值公式(9-8)完全相同。而且，因为在应力圆上由点 $S_1$ 到点 $S_2$ 要转过 $180°$，故在单元体上 $\sigma_{\max}$ 所在的截面与 $\sigma_{\min}$ 所在的截面相互垂直，如图 9-10

（b）所示。

在图 9-10（a）中，由点 $D_x$ 到点 $S_1$，需顺时针转过 $2\alpha_0$，因此单元体上 $\sigma_{\max}$ 所在截面的外法线方向为把 $x$ 轴正向顺时针转过 $\alpha_0$ 后得到的方向；与该方向垂直的方向即为 $\sigma_{\min}$ 所在截面的方位，如图 9-10（b）所示。

将 $\sigma_{\max}$、$\sigma_{\min}$ 和 0 按代数值从大到小排序，即可得到主应力 $\sigma_1$、$\sigma_2$ 和 $\sigma_3$。

在图 9-10（a）中，应力圆的两个最高、最低点代表了切应力取得极值的斜截面，显然

$$\left.\begin{array}{l}\tau_{\max}\\\tau_{\min}\end{array}\right\}=\pm R=\pm\sqrt{\left(\frac{\sigma_x-\sigma_y}{2}\right)^2+\tau_{xy}^2}=\frac{\sigma_{\max}-\sigma_{\min}}{2} \tag{9-12}$$

$\tau_{\max}$、$\tau_{\min}$ 所在截面分别与 $\sigma_{\max}$ 截面成 $\pm45°$ 角，所以，$\tau_{\max}$、$\tau_{\min}$ 所在的截面可由 $\sigma_{\max}$、$\sigma_{\min}$ 所在的截面旋转 $45°$ 得到，如图 9-10（c）所示。在切应力取得极值的斜截面上正应力一般不为零。

**例题 9-6** 构件中某点 $A$ 为二向应力状态，两斜截面上的应力如图 9-11（a）所示。试用应力圆求主应力和最大切应力。

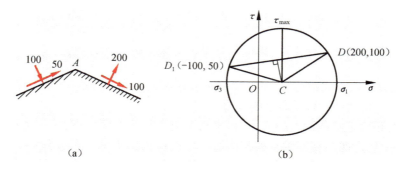

（a）　　　　　　　　　　　　　　（b）

图 9-11

**解题分析**：本题应理解为已知了 $A$ 点处单元体两个斜截面上的应力，或者说已知了应力圆上的两个点。当这两个点位于 $\sigma$ 轴同一侧时，需要利用应力圆的特点③来确定圆心的位置。

**解**：（1）建立 $\sigma$、$\tau$ 坐标系（见图 9-11（b））。

（2）在坐标图上确定点 $D(200,100)$ 和点 $D_1(-100,50)$，连接 $D$、$D_1$，作 $DD_1$ 线的中垂线，交于 $\sigma$ 轴上 $C$ 点。以 $C$ 点为圆心，$CD$ 为半径作圆，即为所求之应力圆。

（3）在应力圆上量取得：$\sigma_1=235\text{MPa}$，$\sigma_3=-110\text{MPa}$，$\sigma_2=0$。

（4）量取 $\tau_{\max}=172.5\text{MPa}$。

**例题 9-7** 试作纯剪切应力状态（图 9-12（aized)）的应力圆，并以此确定主应力和主方向。

**解**：（1）作应力圆。

在 $\sigma$-$\tau$ 坐标系中，由单元体 $x$ 截面和 $y$ 截面上的应力定出相应的点 $D_x$ 和 $D_y$，这两点连线与 $\sigma$ 轴的交点为原点 $O$，以原点为圆心，$\overline{OD_x}=\tau$ 为半径作应力圆。

（2）主应力和主方向。

$x$-$y$ 平面内的主应力

$$\left.\begin{array}{l}\sigma_1\\\sigma_3\end{array}\right\}=\left.\begin{array}{l}\sigma_{\max}\\\sigma_{\min}\end{array}\right\}=\left.\begin{array}{l}\overline{OA_1}\\\overline{OA_3}\end{array}\right\}=\pm\tau$$

三个主应力为 $\sigma_1=\tau$，$\sigma_2=0$，$\sigma_3=-\tau$。

$\sigma_1$、$\sigma_3$ 与 $x$ 轴的夹角

$$\left.\begin{array}{c}\alpha_1 \\ \alpha_3\end{array}\right\}=\left.\begin{array}{c}\dfrac{1}{2}\angle D_xOA_1 \\ \dfrac{1}{2}\angle D_xOA_3\end{array}\right\}=\mp 45°$$

主单元体如图 9-12(c)所示。

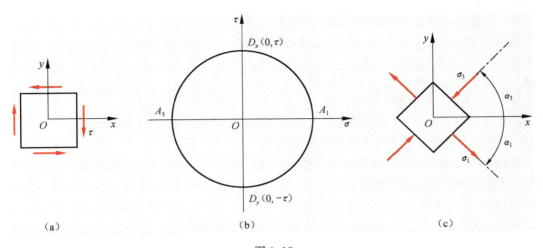

图 9-12

**例题 9-8**　试分析矩形截面梁(图 9-13(a))中的主应力。

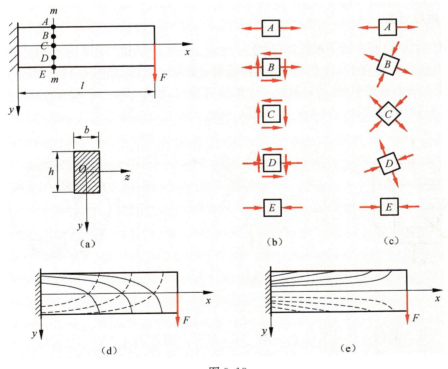

图 9-13

**解**:(1) 主应力。

考虑任一横截面 $mm$ 上 $A$、$B$、$C$、$D$、$E$ 五个点,如图 9-13(a)所示。其中,点 $A$、$E$ 分别位

于梁的上、下表面,点 $C$ 位于中性层上。取各点处的单元体如图 9-13(b)所示。

利用应力圆法作应力状态分析,可确定各点的主应力,其方向如图 9-13(c)所示。比较各点的主应力,可知其沿横截面高度的变化规律:从梁的上表面($A$ 点)到下表面($E$ 点),主拉应力的方向由水平逐渐变化到竖直、其值由最大逐渐变化到零;而主压应力,方向由竖直变到水平,其值由零变到最大。

(2) 全梁上主应力方向的变化图——**主应力迹线**

为表示主应力的变化规律,在梁的纵剖面上绘制两组曲线:一组曲线上各点的切向与主拉应力方向重合,称**主拉应力迹线**;另一组曲线上各点的切向与主压应力方向重合,称**主压应力迹线**。根据主拉应力与主压应力相互垂直的特点,可知这两组应力迹线在交点处是正交的。如图 9-13(d)所示,其中虚线和实线分别表示主压应力和主拉应力迹线。

在钢筋混凝土梁中,主钢筋的走向大致与主拉应力迹线一致,以承受拉力。

(3) 主应力值的变化图——**主应力的等值线**

可用主应力的等值线来表示主应力值的变化。如图 9-13(e)所示,其中虚线和实线分别表示主压应力和主拉应力等值线。

# 9.3 三向应力状态分析简介

用任意单元体进行空间应力状态分析已经超出了本书所涉及的范围,本节仅介绍由主单元体绘制应力圆及其确定极值应力的方法。

### 9.3.1 三向应力圆

考虑图 9-14(a)所示的主单元体,设主应力 $\sigma_1$、$\sigma_2$ 和 $\sigma_3$ 已知。首先考察与 $\sigma_3$ 平行的任意斜截面 $n$(其法线 $n$ 垂直于 $\sigma_3$)上的应力。用截面 $n$ 截取分离体,如图 9-14(b)所示,因为 $\sigma_3$ 所在的两截面上的力自相平衡,所以截面 $n$ 上的应力与 $\sigma_3$ 无关,由 $\sigma_1$、$\sigma_2$ 按二向应力状态作应力圆,即图 9-14(c)中过点($\sigma_1$,0)、($\sigma_2$,0)的圆。

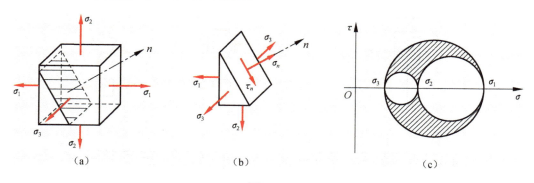

图 9-14

同理,当任意截面 $n$ 总是平行于 $\sigma_1$ 时,相应的应力圆为图 9-14(c)中过点($\sigma_2$,0)、($\sigma_3$,0)的圆;当任意截面 $n$ 总是平行于 $\sigma_2$ 时,相应的应力圆为图 9-14(c)中过点($\sigma_1$,0)、($\sigma_3$,0)的圆。

这三个应力圆统称为**三向应力圆**。

进一步的研究证明,如果截面 $n$ 与三个主应力均为斜交,则截面对应的点必定落在三个应力圆所围的区域,即图 9-14(c)中的阴影区内。

综上所述,单元体任一斜截面在 $\sigma$-$\tau$ 坐标系中对应的点,必定在三个应力圆所围的闭合区域上。

一般情况下,空间应力状态的三向应力圆由三个圆构成,但要注意两种特殊情况:当有两个主应力相等的时候,如单向应力状态时,其三向应力圆退化为一个圆;当三个主应力都相等时,其三向应力圆退化为一个点,称为**点圆**。

### 9.3.2 最大应力

上述结果表明,单元体内的**最大**、最小正应力分别为
$$\sigma_{\max} = \sigma_1, \quad \sigma_{\min} = \sigma_3 \tag{9-13}$$

**最大切应力**
$$\tau_{\max} = \frac{\sigma_1 - \sigma_3}{2} \tag{9-14}$$

其所在截面的法线与 $\sigma_1$、$\sigma_2$、$\sigma_3$ 的夹角分别为 $45°$、$90°$、$45°$。

需要指出,在求二向应力状态的最大切应力时,应视其为特殊的空间应力状态,用公式 (9-14) 求取。

**例题 9-9** 已知图 9-15(a)所示应力状态中的应力 $\tau_{xy} = 40\mathrm{MPa}$,$\sigma_y = -60\mathrm{MPa}$,$\sigma_z = 60\mathrm{MPa}$,试作三向应力圆,并求主应力和最大切应力。

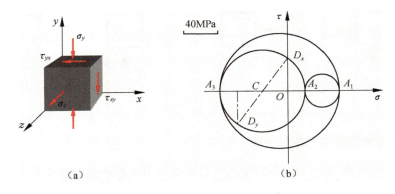

图 9-15

**解**:(1) 作三向应力圆。

单元体上的 $\sigma_z$ 是主应力,由 $(\sigma_z, 0)$ 在 $\sigma$-$\tau$ 坐标系中确定一点 $A_1$。

与 $\sigma_z$ 平行的斜截面上的应力和 $\sigma_z$ 无关,故可由 $x$ 截面的应力和 $y$ 截面上的应力按二向应力状态的方法作应力圆,即可得图 9-15(b)中过点 $D_x$、$D_y$ 的圆。该圆与 $\sigma$ 轴的交点为 $A_2$、$A_3$。

过点 $A_1$、$A_2$ 作应力圆,再过 $A_1$、$A_3$ 作应力圆,即得三向应力圆。

(2) 确定主应力、最大正应力。

$\sigma_1$、$\sigma_2$、$\sigma_3$ 分别为点 $A_1$、$A_2$、$A_3$ 的横坐标,从图 9-15(b)量得
$$\sigma_{\max} = \sigma_1 = \sigma_z = 60\mathrm{MPa}, \quad \sigma_2 = 20\mathrm{MPa}, \quad \sigma_3 = -80\mathrm{MPa}$$

(3) 确定最大切应力。
$$\tau_{\max} = (\sigma_1 - \sigma_3)/2 = [60\mathrm{MPa} - (-80\mathrm{MPa})]/2 = 70\mathrm{MPa}$$

也可通过量取最大应力圆的半径得到。

## 9.4 广义胡克定律

本节将前面学习过的单向应力状态下的胡克定律推广到复杂应力状态。

### 9.4.1 二向应力状态的广义胡克定律

图 9-16(a)所示为二向应力状态。对于各向同性材料，在线弹性和小变形条件下，可以采用叠加法。将图 9-16(a)单元体的受力情况看做是图 9-16(b)、(c)、(d)三种情况的叠加。则根据叠加法，图 9-16(a)单元体在 $x$ 方向的正应变 $\varepsilon_x = \varepsilon_x^{(b)} + \varepsilon_x^{(c)} + \varepsilon_x^{(d)}$。其中，$\varepsilon_x^{(b)} = \sigma_x/E$，为 $\sigma_x$ 单独作用下在 $x$ 方向引起的正应变；$\varepsilon_x^{(c)} = -\nu\sigma_y/E$，为 $\sigma_y$ 单独作用下在 $x$ 方向引起的正应变；$\varepsilon_x^{(d)} = 0$，$\tau_{xy}$ 不引起正应变。所以有 $\varepsilon_x = (\sigma_x - \nu\sigma_y)/E$。类似地，可得到 $y$ 方向的正应变。由于切应力只引起切应变，所以图 9-16(a)单元体的切应变 $\gamma_{xy} = \tau_{xy}/G$ 可由剪切胡克定律得到。综合以上分析，可得二向应力状态下的应力应变关系为

$$\varepsilon_x = \frac{1}{E}(\sigma_x - \nu\sigma_y), \quad \varepsilon_y = \frac{1}{E}(\sigma_y - \nu\sigma_x), \quad \gamma_{xy} = \frac{1}{G}\tau_{xy} \tag{9-15}$$

式(9-15)称为二向应力状态下的**广义胡克定律**。

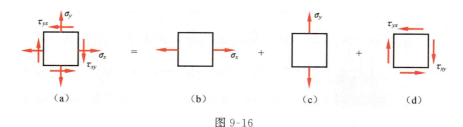

图 9-16

### 9.4.2 三向应力状态的广义胡克定律

对于各向同性材料，图 9-17(a)所示的一般三向应力状态的应力应变关系为

$$\varepsilon_x = \frac{1}{E}[\sigma_x - \nu(\sigma_y + \sigma_z)], \quad \varepsilon_y = \frac{1}{E}[\sigma_y - \nu(\sigma_z + \sigma_x)], \quad \varepsilon_z = \frac{1}{E}[\sigma_z - \nu(\sigma_x + \sigma_y)]$$

$$\tag{9-16a}$$

$$\gamma_{xy} = \frac{1}{G}\tau_{xy}, \quad \gamma_{yz} = \frac{1}{G}\tau_{yz}, \quad \gamma_{zx} = \frac{1}{G}\tau_{zx} \tag{9-16b}$$

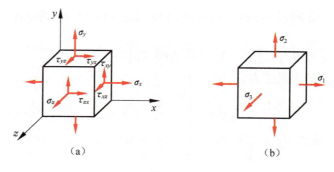

图 9-17

当单元体在某一方向上不受力或不发生应变时,三向应力状态可简化为二向应力状态。如果单元体在某一方向上不受力,例如在 $z$ 方向不受力,即 $\sigma_z = \tau_{yz} = \tau_{zx} = 0$,这样的二向应力状态称为**平面应力状态**。对于平面应力状态,$\sigma_z = 0$,$\varepsilon_z = -\dfrac{\nu}{E}(\sigma_x + \sigma_y)$。如果单元体在某一方向上没有应变,例如 $\varepsilon_z = 0$,这样的二向应力状态称为**平面应变状态**。对于平面应变状态,$\varepsilon_z = 0$,$\sigma_z = -\nu(\sigma_x + \sigma_y)$。

如果是主单元体,如图 9-17(b)所示,应力应变关系为

$$\varepsilon_1 = \frac{1}{E}[\sigma_1 - \nu(\sigma_2 + \sigma_3)], \quad \varepsilon_2 = \frac{1}{E}[\sigma_2 - \nu(\sigma_3 + \sigma_1)], \quad \varepsilon_3 = \frac{1}{E}[\sigma_3 - \nu(\sigma_1 + \sigma_2)]$$

$$(9\text{-}17)$$

由式(9-17)定出的正应变称为**主应变**。可以证明,主应变 $\varepsilon_1$、$\varepsilon_2$、$\varepsilon_3$ 的方向与主应力 $\sigma_1$、$\sigma_2$、$\sigma_3$ 的方向一致,且 $\varepsilon_1 \geqslant \varepsilon_2 \geqslant \varepsilon_3$。

式(9-15)、式(9-16)和式(9-17)统称为广义胡克定律,它们适用于发生小变形的各向同性线弹性材料。

### 9.4.3  体积应变

物体内一点处单位体积的改变量,称为该点处的**体积应变**,用 $\theta$ 表示。对于图 9-17(b)所示的主单元体,设变形前各边长度分别为 $dx$、$dy$ 和 $dz$,则变形后分别为 $(1+\varepsilon_1)dx$、$(1+\varepsilon_2)dy$ 和 $(1+\varepsilon_3)dz$。变形前后的体积分别为

$$dV = dxdydz, \quad dV' = (1+\varepsilon_1)dx(1+\varepsilon_2)dy(1+\varepsilon_3)dz$$

体积应变

$$\theta = \frac{dV' - dV}{dV} = \frac{(1+\varepsilon_1)dx(1+\varepsilon_2)dy(1+\varepsilon_3)dz - dxdydz}{dxdydz}$$
$$= \varepsilon_1 + \varepsilon_2 + \varepsilon_3 + \varepsilon_1\varepsilon_2 + \varepsilon_2\varepsilon_3 + \varepsilon_3\varepsilon_1 + \varepsilon_1\varepsilon_2\varepsilon_3$$

在小变形条件下可略去高阶小量,得

$$\theta = \varepsilon_1 + \varepsilon_2 + \varepsilon_3 \tag{9-18}$$

将广义胡克定律式(9-17)代入上式,得

$$\theta = \frac{1 - 2\nu}{E}(\sigma_1 + \sigma_2 + \sigma_3) \tag{9-19}$$

**例题 9-10**  试求纯剪切应力状态的体积应变。

**解**:在例题 9-7 中已经求出纯剪切应力状态的主应力为

$$\sigma_1 = \tau, \quad \sigma_2 = 0, \quad \sigma_3 = -\tau$$

代入式(9-19)得

$$\theta = \frac{1 - 2\nu}{E}(\sigma_1 + \sigma_2 + \sigma_3) = \frac{1 - 2\nu}{E}(\tau + 0 - \tau) = 0$$

该结果表明,切应力不产生体积应变。换句话说,体积应变只与正应力有关,因此,图 9-17(a)所示单元体的体积应变计算公式为

$$\theta = \frac{1 - 2\nu}{E}(\sigma_x + \sigma_y + \sigma_z) \tag{9-20}$$

式(9-20)为计算体积应变的一般公式,适用条件与广义胡克定律的适用条件相同。

**例题 9-11**  图 9-18(a)所示钢拉杆的横截面直径 $d = 20\text{mm}$,材料的弹性模量 $E =$

200GPa,泊松比 $\nu = 0.3$。现测得 $C$ 点处与水平线成 $60°$ 方向的正应变 $\varepsilon_{60°} = 410 \times 10^{-6}$。试求轴向拉力 $F$。

**解题分析**：本题中钢拉杆受轴向拉力作用，杆中任一点的应力状态为单向拉伸应力状态。只要知道杆横截面上的应力 $\sigma_y$，便可求出轴向拉力 $F$。为计算应力 $\sigma_y$，现在取 $C$ 点的两个单元体，分别如图 9-18(b)、(c)所示，并由斜截面应力公式和二向应力状态广义胡克定律建立 $\sigma_y$ 与已知应变 $\varepsilon_{60°}$ 之间的关系。

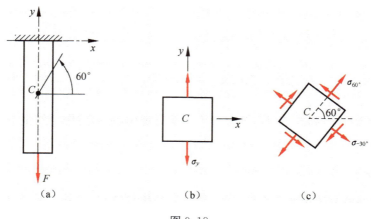

图 9-18

**解**：图 9-18(b)中单元体的应力分量为 $\sigma_x = 0$，$\sigma_y$ 未知，$\tau_{xy} = 0$。代入斜截面应力公式(9-3)，可计算图 9-18(c)所示单元体两个互垂面上的正应力，得

$$\sigma_{60°} = \frac{\sigma_y}{2} - \frac{\sigma_y}{2}\cos(2 \times 60°) = \frac{3}{4}\sigma_y, \quad \sigma_{-30°} = \frac{\sigma_y}{2} - \frac{\sigma_y}{2}\cos[2 \times (-30°)] = \frac{1}{4}\sigma_y$$

则由广义胡克定律式(9-15)，得

$$\varepsilon_{60°} = \frac{1}{E}(\sigma_{60°} - \nu\sigma_{-30°}) = \frac{1}{E}\left(\frac{3}{4}\sigma_y - \nu\frac{1}{4}\sigma_y\right) = \frac{3-\nu}{4E}\sigma_y$$

所以有

$$\sigma_y = \frac{4E}{3-\nu}\varepsilon_{60°}$$

钢杆所承受的轴向拉力 $F$ 为

$$F = \sigma_y \frac{\pi d^2}{4} = \frac{\pi E d^2}{3-\nu}\varepsilon_{60°}$$

$$= \frac{\pi(200 \times 10^3 \text{MPa})(20\text{mm})^2}{3-0.3} \times 410 \times 10^{-6} = 38.2 \times 10^3 \text{N} = 38.2\text{kN}$$

**讨论**：广义胡克定律式(9-15)中的 $x$、$y$ 仅表示两个互垂的方向。因此，本题直接将式(9-15)中的 $x$、$y$ 换为 $60°$、$-30°$ 进行计算。

**例题 9-12** 边长为 20mm 的立方体置于钢模中(图 9-19)，在顶面上受力 $F = 14\text{kN}$ 作用。已知立方体泊松比 $\nu = 0.3$，假设钢模的变形以及立方体与钢模之间的摩擦力可以忽略不计。试计算立方体各个面上的正应力。

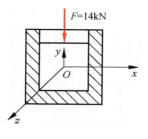

图 9-19

**解题分析**：立方体置于钢模中，在 $y$ 方向有应力，$x$、$z$ 方向限制立方体变形，即 $\varepsilon_x = 0$、$\varepsilon_z = 0$，以此可求出 $\sigma_x$ 和 $\sigma_z$。

**解:**(1) $\sigma_y = -\dfrac{F}{A} = -\dfrac{14 \times 10^3\,\text{N}}{(20\text{mm})(20\text{mm})} = -35\text{MPa}$

（2）因有钢模限制，所以 $x$、$z$ 方向的应变均为零。

$$\varepsilon_x = \frac{1}{E}\big[\sigma_x - \nu(\sigma_y + \sigma_z)\big] = 0, \quad \sigma_x - 0.3 \times (-35\text{MPa} + \sigma_z) = 0 \tag{9-21a}$$

$$\varepsilon_z = \frac{1}{E}\big[\sigma_z - \nu(\sigma_y + \sigma_x)\big] = 0, \quad \sigma_z - 0.3 \times (-35\text{MPa} + \sigma_x) = 0 \tag{9-21b}$$

联立式(9-21a)、式(9-21b)，得

$$\sigma_z = \sigma_x = -15\text{MPa} \quad \text{（压应力）}$$

# *9.5 由测点处的正应变确定应力状态

    工程中广泛应用电阻应变测量法确定构件表面的应力状态。基本做法是，首先在关心的构件区域粘贴应变计，然后施加载荷，即可测量出某些方向上的正应变。已知一点处某些方向的正应变后，借助广义胡克定律即可确定测量点的应力状态。

    构件表面上的点一般是二向应力状态。如果该处的主方向未知，要确定一点的应力状态，需要知道三个不同方向上的正应变。设已测得构件表面一点 $O$ 处与 $x$ 轴夹角为 $\beta_1$、$\beta_2$、$\beta_3$ 三个方向（图 9-20）的正应变 $\varepsilon_{\beta 1}$、$\varepsilon_{\beta 2}$、$\varepsilon_{\beta 3}$。则由广义胡克定律式(9-15)有

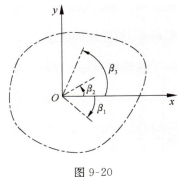

$$\varepsilon_{\beta i} = \frac{1}{E}\big(\sigma_{\beta i} - \nu\sigma_{\beta i + 90^\circ}\big) \quad (i = 1, 2, 3) \tag{9-22}$$

式中，$\sigma_{\beta i}$ 和 $\sigma_{\beta i + 90^\circ}$ 分别为与 $\varepsilon_{\beta i}$ 测量方向垂直和平行的两个斜截面上的正应力，它们与该点应力分量 $\sigma_x$、$\sigma_y$、$\sigma_x$ 间的关系为

图 9-20

$$\left.\begin{array}{c}\sigma_{\beta i}\\[4pt]\sigma_{\beta i + 90^\circ}\end{array}\right\} = \frac{\sigma_x + \sigma_y}{2} \pm \frac{\sigma_x - \sigma_y}{2}\cos 2\beta_i \mp \tau_{xy}\sin 2\beta_i \quad (i = 1, 2, 3) \tag{9-23}$$

将这些应力代入方程组(9-22)，联立解出 $\sigma_x$、$\sigma_y$、$\sigma_{xy}$，该点的应力状态即被确定。

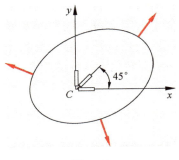

    **例题 9-13** 用三栅 45°应变花可以测定图 9-21 中一点 $C$ 处三个方向的正应变 $\varepsilon_x$、$\varepsilon_y$、$\varepsilon_{45^\circ}$，试确定该点的主应力。

    **解:**(1) 确定 $\sigma_x$、$\sigma_y$、$\sigma_{xy}$。

    由斜截面应力公式(9-3)，得

$$\left.\begin{array}{c}\sigma_{45^\circ}\\[4pt]\sigma_{135^\circ}\end{array}\right\} = \frac{\sigma_x + \sigma_y}{2} \mp \tau_{xy}$$

代入广义胡克定律 $\varepsilon_{45^\circ} = \dfrac{1}{E}(\sigma_{45^\circ} - \nu\sigma_{135^\circ})$，得

图 9-21

$$\varepsilon_{45^\circ} = \frac{1}{E}\left[\frac{1-\nu}{2}(\sigma_x + \sigma_y) - (1+\nu)\tau_{xy}\right] \tag{9-24a}$$

另有

$$\varepsilon_x = \frac{1}{E}(\sigma_x - \nu\sigma_y) \tag{9-24b}$$

$$\varepsilon_y = \frac{1}{E}(\sigma_y - \nu\sigma_x) \tag{9-24c}$$

联立式(9-24a~c),解得

$$\sigma_x = \frac{E}{1-\nu^2}(\varepsilon_x + \nu\varepsilon_y), \quad \sigma_y = \frac{E}{1-\nu^2}(\varepsilon_y + \nu\varepsilon_x), \quad \tau_{xy} = \frac{E}{1+\nu}\left(\frac{\varepsilon_x + \varepsilon_y}{2} - \nu\varepsilon_{45°}\right)$$

$$(9\text{-}24\text{d})$$

（2）确定主应力。

位于 $x\text{-}y$ 平面内的主应力

$$\left.\begin{array}{c}\sigma_{\max}\\\sigma_{\min}\end{array}\right\} = \frac{\sigma_x + \sigma_y}{2} \pm \sqrt{\left(\frac{\sigma_x - \sigma_y}{2}\right)^2 + \tau_{xy}^2} = \frac{E}{2}\left(\frac{\varepsilon_x + \varepsilon_y}{1-\nu} \pm \frac{1}{1+\nu}\sqrt{(\varepsilon_x - \varepsilon_y)^2 + (\varepsilon_x + \varepsilon_y - 2\varepsilon_{45°})^2}\right)$$

$$(9\text{-}24\text{e})$$

主方向为

$$\alpha_0 = \frac{1}{2}\arctan\frac{-2\tau_{xy}}{\sigma_x - \sigma_y} = \frac{1}{2}\arctan\frac{-(\varepsilon_x + \varepsilon_y - 2\varepsilon_{45°})}{\varepsilon_x - \varepsilon_y}$$

$$(9\text{-}24\text{f})$$

# *9.6 应 变 能

## 9.6.1 应变能的概念

弹性体受外力作用时要发生变形。在变形过程中,外力在相应位移上所做的功称为**外力功**,用 $W$ 表示。对于发生小变形的线弹性体,外力 $F$ 与对应的位移 $\Delta$ 也成线性关系,如图 9-22 所示。当 $F = F_1$ 时,外力做的功为图中的阴影部分的面积,即

$$W = \frac{1}{2}F_1\Delta_1 \tag{9-25}$$

如果弹性体受 $n$ 个外力作用,每个外力 $F_i$ 同时在对应位移 $\Delta_i$ 上做功,则总功为

$$W = \frac{1}{2}\sum_{i=1}^{n}F_i\Delta_i \tag{9-26}$$

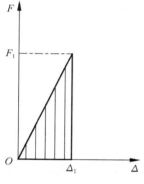

图 9-22

在外力作用下,构件发生变形;当外力撤除后,构件恢复其原来形状,可见,构件在外力作用下自身积蓄了一定能量。这种因变形而积蓄的能量称为**应变能**,用 $V_\varepsilon$ 表示。根据能量守恒原理,在常温(绝热过程)、静平衡状态(静载荷作用)情况下,可认为弹性变形过程中外力对构件所做的功全部转化为构件的应变能,即

$$V_\varepsilon = W \tag{9-27}$$

该式称为弹性体的**应变能原理**或**功能原理**。

一般来说,弹性体内各点处的变形不同,因此,弹性体内各部分积蓄的应变能也将不同。我们把弹性体内一点处单位体积的应变能称为该点处的**应变能密度**,用 $\upsilon_\varepsilon$ 表示。应变能密度是一个空间分布函数,可用于描述弹性体内应变能的分布。

## 9.6.2 空间应力状态下的应变能密度

在弹性体内一点处取一主单元体,沿主方向选取坐标轴,如图 9-23(a)所示。设单元体的三个主应力为 $\sigma_1$、$\sigma_2$ 和 $\sigma_3$,边长分别为 $\mathrm{d}x$,$\mathrm{d}y$ 和 $\mathrm{d}z$。

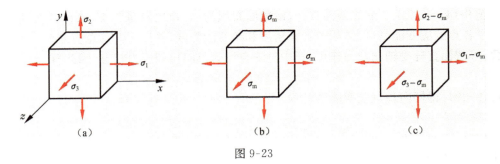

图 9-23

把三个主应力看做外力，现在计算它们对单元体所做的功。三个主应力在单元体的 $x$、$y$、$z$ 截面上的作用力分别为 $\sigma_1\mathrm{d}y\mathrm{d}z$、$\sigma_2\mathrm{d}x\mathrm{d}z$、$\sigma_3\mathrm{d}x\mathrm{d}y$，对应的位移分别为 $\varepsilon_1\mathrm{d}x$、$\varepsilon_2\mathrm{d}y$、$\varepsilon_3\mathrm{d}z$，则单元体上总的外力功为

$$\mathrm{d}W = \frac{1}{2}\sigma_1\varepsilon_1\mathrm{d}x\mathrm{d}y\mathrm{d}z + \frac{1}{2}\sigma_2\varepsilon_2\mathrm{d}x\mathrm{d}y\mathrm{d}z + \frac{1}{2}\sigma_3\varepsilon_3\mathrm{d}x\mathrm{d}y\mathrm{d}z = \frac{1}{2}(\sigma_1\varepsilon_1 + \sigma_2\varepsilon_2 + \sigma_3\varepsilon_3)\mathrm{d}x\mathrm{d}y\mathrm{d}z$$

由式(9-27)，单元体内积蓄的应变能为

$$\mathrm{d}V_\varepsilon = \mathrm{d}W = \frac{1}{2}(\sigma_1\varepsilon_1 + \sigma_2\varepsilon_2 + \sigma_3\varepsilon_3)\mathrm{d}x\mathrm{d}y\mathrm{d}z$$

则应变能密度

$$\upsilon_\varepsilon = \frac{\mathrm{d}V_\varepsilon}{\mathrm{d}x\mathrm{d}y\mathrm{d}z} = \frac{1}{2}(\sigma_1\varepsilon_1 + \sigma_2\varepsilon_2 + \sigma_3\varepsilon_3) \tag{9-28}$$

将应力应变关系式(9-17)代入，得

$$\upsilon_\varepsilon = \frac{1}{2E}\left[\sigma_1^2 + \sigma_2^2 + \sigma_3^2 - 2\nu(\sigma_1\sigma_2 + \sigma_2\sigma_3 + \sigma_3\sigma_1)\right] \tag{9-29}$$

进一步，图 9-23(a)所示的应力状态可以分解为图 9-23(b)、(c)所示的两个应力状态。其中，图 9-23(b)中单元体的三个主应力相同，均为 $\sigma_\mathrm{m}$，是三向等拉或等压应力状态。$\sigma_\mathrm{m}$ 称为**平均应力**或**静水应力**，为图 9-23(a)中单元体三个主应力的算术平均值，即

$$\sigma_\mathrm{m} = \frac{1}{3}(\sigma_1 + \sigma_2 + \sigma_3) \tag{9-30}$$

在平均应力作用下，单元体只发生体积改变而不发生形状改变。因此，这种情况下的应变能密度称为**体积改变能密度**，用 $\upsilon_\mathrm{V}$ 表示。令 $\sigma_1 = \sigma_2 = \sigma_3 = \sigma_\mathrm{m}$，并代入式(9-29)得

$$\upsilon_\mathrm{V} = \frac{3(1-2\nu)}{2E}\sigma_\mathrm{m}^2 = \frac{1-2\nu}{6E}(\sigma_1 + \sigma_2 + \sigma_3)^2 \tag{9-31}$$

图 9-23(c)所示单元体的三个主应力由图 9-23(a)中单元体的三个主应力分别减去平均应力得到，称为**偏斜应力**或**应力偏量**。用 $\sigma_1' = \sigma_1 - \sigma_\mathrm{m}$、$\sigma_2' = \sigma_2 - \sigma_\mathrm{m}$ 和 $\sigma_3' = \sigma_3 - \sigma_\mathrm{m}$ 表示三个偏斜应力，则容易计算，$\sigma_1' + \sigma_2' + \sigma_3' = 0$，即三个偏斜应力之和为零。由式(9-19)可知，其体积应变为零。也就是说，偏斜应力只引起单元体形状改变而不引起体积变化。这种情况下的应变能密度称为**畸变能密度**或**形状改变能密度**，用 $\upsilon_\mathrm{d}$ 表示。将三个偏斜应力代入式(9-29)得

$$\upsilon_\mathrm{d} = \frac{1+\nu}{6E}\left[(\sigma_1 - \sigma_2)^2 + (\sigma_2 - \sigma_3)^2 + (\sigma_3 - \sigma_1)^2\right] \tag{9-32}$$

将式(9-31)和(9-32)相加可得到式(9-29)，即

$$\upsilon_\varepsilon = \upsilon_\mathrm{V} + \upsilon_\mathrm{d} \tag{9-33}$$

式(9-33)表明，一点的应变能密度总可以分解为体积改变能密度与畸变能密度之和。因此，式(9-33)称为**应变能密度分解式**。

**例题 9-14** 长度为 $l$ 的等截面直杆,横截面面积为 $A$,弹性模量为 $E$,试计算在轴力 $F$ 作用下杆中各点的应变能密度、体积改变能密度和畸变能密度,并计算杆的总应变能。

**解:**等截面直杆受轴向拉力作用,杆中每一点均为单向拉伸应力状态,因此有

$$\sigma_1 = \sigma = F/A, \quad \sigma_2 = \sigma_3 = 0 \tag{9-34a}$$

代入式(9-29),得杆内各点应变能密度为

$$\upsilon_\varepsilon = \frac{1}{2E}\sigma_1^2 = \frac{1}{2E}\left(\frac{F}{A}\right)^2 = \frac{1}{2}\frac{F^2}{EA^2} \tag{9-34b}$$

体积改变能密度为

$$\upsilon_V = \frac{1-2\nu}{6E}(\sigma_1+\sigma_2+\sigma_3)^2 = \frac{1-2\nu}{6E}\frac{F^2}{A^2} \tag{9-34c}$$

畸变能密度为

$$\upsilon_d = \frac{1+\nu}{6E}\left[(\sigma_1-\sigma_2)^2+(\sigma_2-\sigma_3)^2+(\sigma_3-\sigma_1)^2\right] = \frac{1+\nu}{3E}\frac{F^2}{A^2} \tag{9-34d}$$

将式(9-34c)和式(9-34d)相加,正好等于 $\upsilon_\varepsilon$,即式(9-34b)。

将式(9-34b)对整个杆积分,得到杆的总应变能

$$V_\varepsilon = \int_V \upsilon_\varepsilon \mathrm{d}V = \int_0^l \frac{1}{2}\frac{F^2}{EA^2}A\mathrm{d}x = \frac{F^2 l}{2EA} = \frac{1}{2}F\left(\frac{Fl}{EA}\right) = \frac{1}{2}F(\Delta l) \tag{9-34e}$$

式(9-34e)中,右端项正好等于外力 $F$ 对杆件做的外力功。

## 思 考 题

9-1 在单元体上,可以认为_____。

A. 每个面上的应力是均匀分布的,一对平行面上的应力数值相等;

B. 每个面上的应力是均匀分布的,一对平行面上的应力数值不等;

C. 每个面上的应力是非均匀分布的,一对平行面上的应力相等;

D. 每个面上的应力是非均匀分布的,一对平行面上的应力不等。

9-2 在滚珠轴承中,滚珠与外圆接触点处的应力状态是_____应力状态。

A. 纯剪切; B. 单向; C. 二向; D. 三向。

9-3 思考题9-3图所示等腰直角三角形单元体体,已知两直角边表示的截面上只有切应力,且等于 $\tau_0$,则斜边表示的截面上的正应力 $\sigma$ 和切应力 $\tau$ 分别为_____。

A. $\sigma=\tau_0$,$\tau=\tau_0$; B. $\sigma=\tau_0$,$\tau=0$;

C. $\sigma=\sqrt{\tau_0^2+\tau_0^2}=\sqrt{2}\tau_0$,$\tau=\tau_0$; D. $\sigma=\sqrt{2}\tau_0$,$\tau=0$。

9-4 思考题9-4图所示三角形单元体。已知 $ab$、$ca$ 两斜面上的正应力为 $\sigma$,切应力为零。在竖直面 $bc$ 上,_____。

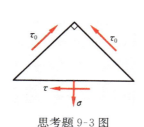

思考题 9-3 图

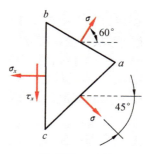

思考题 9-4 图

A. $\sigma_x=\sigma,\tau_x=0$；    B. $\sigma_x=\sigma,\tau_x=\sigma\sin60°-\sigma\sin45°$；

C. $\sigma_x=\sigma\cos60°+\sigma\cos45°,\tau_x=0$；    D. $\sigma_x=\sigma\cos60°+\sigma\cos45°,\tau_x=\sigma\sin60°-\sigma\sin45°$。

9-5  思考题 9-5 图所示单元体，$\alpha+\beta=90°$，若 $\sigma_\alpha=50$MPa，则 $\sigma_\beta=$_____。

A. 150MPa；    B. 100MPa；    C. 50MPa；    D. 0。

9-6  二向应力状态如思考题 9-6 图所示，其最大主应力 $\sigma_1=$_____。

A. $\sigma$；    B. $2\sigma$；    C. $3\sigma$；    D. $4\sigma$。

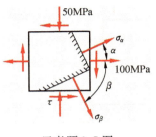    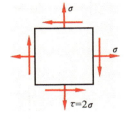

思考题 9-5 图                         思考题 9-6 图

9-7  体积应变_____。

A. 只与三个主应力之和有关，而与其比例无关；

B. 只与三个主应力的比例有关，而与它们之和无关；

C. 与三个主应力之和及其比例均有关；

D. 与三个主应力之和及其比例均无关。

9-8  在思考题 9-8 图所示四种应力状态中，体积改变能密度为零的是_____。

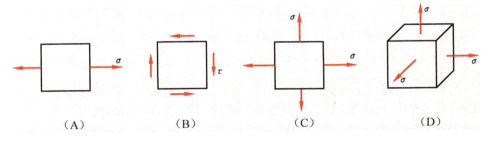

（A）          （B）          （C）          （D）

思考题 9-8 图

9-9  单元体上的_____与材料无关。

A. 最大切应力；    B. 体积应变；    C. 体积改变能密度；    D. 畸变能密度。

9-10  关于一点的应力状态，下列论述正确的是_____。

A. 正应力为零的截面上，切应力一定是最大值或最小值；

B. 切应力为零的截面上，正应力一定是最大值或最小值；

C. 切应力为最大和最小的截面上，其正应力总是大小相等、正负号相反；

D. 切应力为最大和最小的截面上，正应力必为零。

## 习  题

9.1-1  试绘出习题 9.1-1 图所示梁上 $A$、$B$、$C$、$D$ 和 $E$ 各点处的单元体图，准确地标出各应力的实际方向，并写出计算应力的公式。

9.1-2  一根横截面面积 $A=400\text{mm}^2$ 的矩形等直杆，受轴向压力 $F=50$kN 的作用，如习题 9.1-2 图所示。试绘 $B$ 点处按习题 9.1-2 图所示方位取出的单元体，并标出应力的数值。

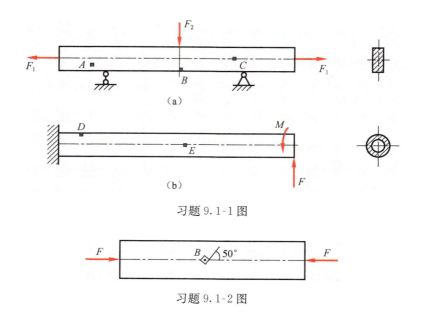

习题 9.1-1 图

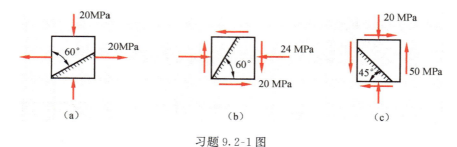

习题 9.1-2 图

9.2-1 试求习题 9.2-1 图所示单元体指定截面上的应力。

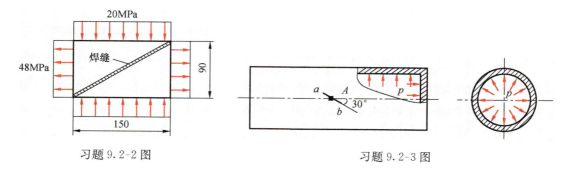

习题 9.2-1 图

9.2-2 习题 9.2-2 图所示矩形板由两块相同的三角形钢板焊接而成,分别在长度方向和宽度方向受均布拉、压载荷作用。大小方向如图所示。试确定垂直于焊缝的正应力和平行于焊缝的切应力。

9.2-3 如习题 9.2-3 图所示,圆筒内直径 $D=1$m,壁厚 $\delta=10$mm,内受气体压力 $p=3$MPa。试求:(1) 壁内 $A$ 处主应力 $\sigma_1$、$\sigma_2$ 及最大切应力 $\tau_{max}$;(2) $A$ 点处斜截面 $ab$ 上的正应力及切应力。

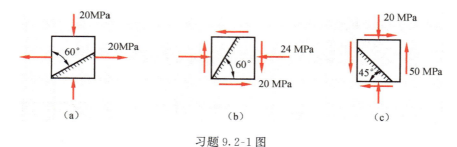

习题 9.2-2 图

习题 9.2-3 图

9.2-4 如习题 9.2-4 图所示,开口薄壁钢管由钢板焊接而成。钢管平均直径 $D=500$mm,壁厚 $\delta=8$mm,螺旋状焊缝与横截面成 45°角。钢板材料的许用应力 $[\sigma]=84$MPa,垂直于焊缝的正应力的许可值为 $[\sigma_w]=65$MPa,平行于焊缝的切应力的许可值为 $[\tau_w]=44$MPa。管内壁承受径向压力 $p$ 作用(不考虑管的轴向力)。试求径向压力的许可值。并回答该钢管的强度是否因为接缝的存在而降低?

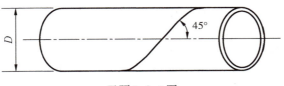

习题 9.2-4 图

9.2-5 各单元体如习题 9.2-5 图所示,试求:(1) 主应力;(2) 绘出主应力的作用面及主应力的方向。

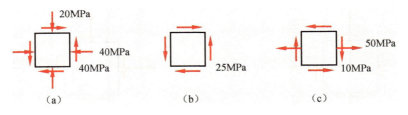

习题 9.2-5 图

9.2-6 混凝土挡水墙承受水压力和自身重力的作用,如习题 9.2-6 图(a)所示。在墙内点 $A$ 处取一单元体,单元体上平行于横截面的应力如习题 9.2-6 图(b)所示。试求:(1) 面内的主应力和主方向,并用图示出;(2) 面内的最大切应力及其作用的截面,并用图示出。

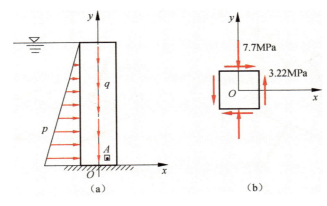

习题 9.2-6 图

9.2-7 习题 9.2-7 图所示矩形板由两块板焊接而成,板的尺寸和受力情况标于图中。试计算焊缝上的正应力 $\sigma_w$ 和切应力 $\tau_w$。

9.2-8 在构件表面一点的应力状态为二向应力状态,该点单元体的受力如习题 9.2-8 图所示。试在 $-90°$ 到 $90°$ 范围内确定角度 $\theta$,使得 $aa$ 面上的正应力为零,并绘出每个 $\theta$ 对应单元体的受力情况。

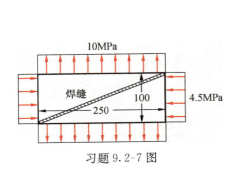

习题 9.2-7 图

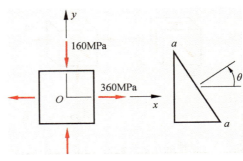

习题 9.2-8 图

9.2-9　火箭圆柱体表面一点的应力状态如习题 9.2-9 图所示。已知单元体 $x$ 方向正应力为 100MPa，将 $x$ 轴逆时针旋转 30°后得到截面上的正应力为 35MPa（拉应力），将 $x$ 轴逆时针旋转 50°后得到截面上的正应力为 10MPa（压应力）。试确定图示单元体的另外两个应力分量 $\sigma_y$ 和 $\tau_{xy}$。

9.2-10　二向应力状态如习题 9.2-10 图所示，已知 $\sigma_x = -68.5$MPa 和 $\tau_{xy} = -39.2$MPa，并已知一主应力为拉应力，大小为 26.1MPa。试确定应力分量 $\sigma_y$ 和其他主应力，并绘出主单元体。

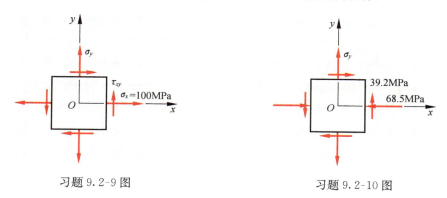

习题 9.2-9 图　　　　　　　　　习题 9.2-10 图

9.2-11　一点处两个斜面上应力的大小和方向如习题 9.2-11 图所示，试用应力圆法确定该点主应力的大小和方向，并用图示出。

9.2-12　一菱形单元体如习题 9.2-12 图所示，试用应力圆法确定截面 $ba$ 和 $ad$ 的夹角 $\alpha$。

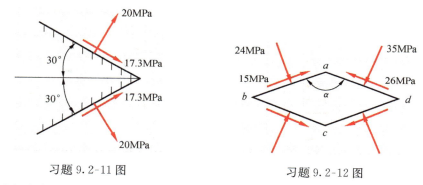

习题 9.2-11 图　　　　　　　　　习题 9.2-12 图

9.3-1　空间应力状态的单元体如习题 9.3-1 图所示，试求主应力、主方向及最大切应力。（图中单位：MPa）

9.3-2　一个半径为 $R$，壁厚为 $\delta(\delta \leqslant R/10)$ 的薄壁球，球内压强为 $p$，试求球壁上任一点处的应力状态（习题 9.3-2 图）。

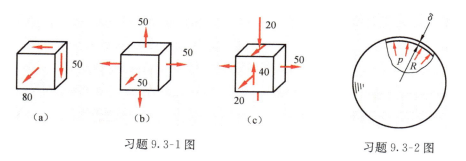

习题 9.3-1 图　　　　　　　　　习题 9.3-2 图

9.4-1　拉伸试件如习题 9.4-1 图所示，已知横截面上的正应力 $\sigma$，材料的常数 $E,\nu$。试求与轴线成 45°方向和 135°方向的应变 $\varepsilon_{45°}$、$\varepsilon_{135°}$。

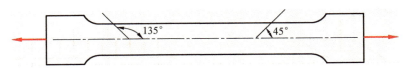

习题 9.4-1 图

9.4-2　习题 9.4-2 图所示薄壁容器的中间部分为圆筒,平均直径与厚度的比为 100,在筒表面沿圆周方向贴有一枚应变计 $K$。当容器充入高压气体后,由应变计测得的应变为 $\varepsilon_K = 510 \times 10^{-6}$。已知材料仍在线弹性范围内工作,$E = 200\text{GPa}, \nu = 0.3$。试求气体的压力 $p$。

9.4-3　今测得习题 9.4-3 图所示钢拉杆 $C$ 点与水平线夹角为 $30°$ 方向的正应变 $\varepsilon_{30°} = 270 \times 10^{-6}$。已知 $E = 200\text{GPa}, \nu = 0.3$。试求最大正应变。

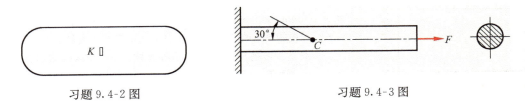

习题 9.4-2 图　　　　　　　　　　习题 9.4-3 图

9.4-4　习题 9.4-4 图所示圆筒外径 $D = 120\text{mm}$,内径 $d = 80\text{mm}$,在轴的表面沿与轴线成 $45°$ 方向贴了一枚应变计 $K$。当两端的扭转外力偶矩有一增量 $\Delta M_e = 9\text{kN} \cdot \text{m}$ 时,由应变计测得的应变增量 $\Delta \varepsilon = 2 \times 10^{-4}$。试确定材料的切变模量 $G$。

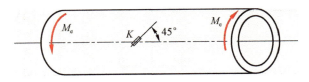

习题 9.4-4 图

9.4-5　习题 9.4-5 图所示简支梁由 No.18 工字钢制成,在中性层上 $K$ 点处沿与轴线成 $45°$ 方向贴有一枚应变计,在跨中施加载荷 $F$ 后,测得应变 $\varepsilon_{45°} = -2.6 \times 10^{-4}$。已知材料的弹性模量 $E = 210\text{GPa}$,泊松比 $\nu = 0.28$。试求载荷 $F$。

9.4-6　习题 9.4-6 图所示钢板厚度 $t = 10\text{mm}$,已知应变计读数 $\varepsilon_x = 350 \times 10^{-6}$,$\varepsilon_y = 85 \times 10^{-6}$,弹性模量 $E = 200\text{GPa}$,泊松比 $\nu = 0.30$。试计算 $\sigma_x$ 和 $\sigma_y$,以及板厚度的改变量 $\Delta t$。

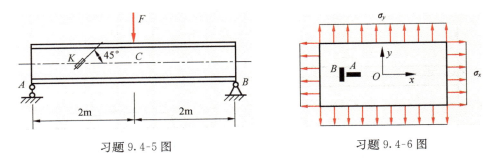

习题 9.4-5 图　　　　　　　　　　习题 9.4-6 图

9.4-7　已测得习题 9.4-7 图所示单元体的正应变 $\varepsilon_x$ 和 $\varepsilon_y$,已知泊松比为 $\nu$。(1) 试推导 $\varepsilon_z$ 的计算公式;(2) 推导单元体体应变 $\theta$ 的计算公式。

9.4-8　习题 9.4-8 图所示镁板受双向拉伸应力。已知 $\sigma_x = 30\text{MPa}$ 和 $\sigma_y = 15\text{MPa}$,应变 $\varepsilon_x = 550 \times 10^{-6}$,$\varepsilon_y = 100 \times 10^{-6}$。试计算材料的弹性模量 $E$ 和泊松比 $\nu$。

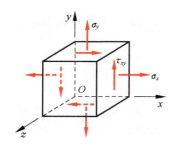

习题 9.4-7 图

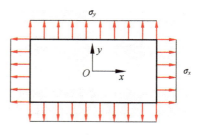

习题 9.4-8 图

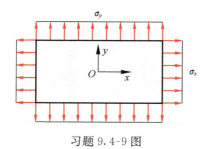

习题 9.4-9 图

9.4-9 习题 9.4-9 图所示矩形铝板，受双向应力。已知 $\sigma_x=65\text{MPa}$ 和 $\sigma_y=-20\text{MPa}$，弹性模量 $E=75\text{GPa}$，泊松比 $\nu=0.33$；板的尺寸为 $200\text{mm}\times300\text{mm}\times15\text{mm}$。（1）试计算板中的最大切应变 $\gamma_{\max}$；（2）计算板的厚度改变量 $\Delta t$；（3）计算板的体积改变量 $\Delta V$。

9.4-10 习题 9.4-10 图所示等直圆杆，$l=2\text{m}$，横截面直径 $d=80\text{mm}$，承受轴向拉力 $F=500\text{kN}$，同时在杆的周围受到均匀压力 $p=50\text{MPa}$，若已知 $E=200\text{GPa}$、$\nu=0.3$，试求：（1）圆杆的轴向与径向的绝对变形；（2）圆杆的体积变化。

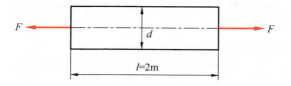

习题 9.4-10 图

9.4-11 有一直径为 25mm 的实心钢球承受静水压力，压强为 14MPa。设钢球的 $E=210\text{GPa}$，$\nu=0.30$。试问其体积减小多少？

9.4-12 习题 9.4-12 图所示长为 $L$ 的矩形截面悬臂梁，在自由端承受集中力 $P$ 的作用。已知材料的弹性模量 $E$ 和泊松比 $\nu$。试计算：（1）梁受拉部分的体积改变 $\Delta V_t$；（2）梁受压部分的体积改变 $\Delta V_c$；（3）全梁的体积改变了多少？

9.5-1 如习题 9.5-1 图所示，在受力钢构件的表面上，由直角应变花测量得到应变值为：$\varepsilon_{0°}=450\times10^{-6}$，$\varepsilon_{45°}=200\times10^{-6}$ 及 $\varepsilon_{90°}=-200\times10^{-6}$。试求：主应力、最大主应力的方向以及面内最大切应力的大小。已知材料的 $E=210\text{GPa}$，$\nu=0.28$。

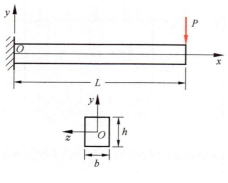

习题 9.4-12 图

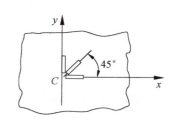

习题 9.5-1 图

9.6-1 如习题 9.6-1 图所示，有一橡胶立方体被紧密但无初应力地约束在刚性槽内，在顶端承受均匀分

布的压力 $p_0$。已知橡胶材料的弹性模量 $E$ 和泊松比 $\nu$，不计橡胶块与刚性槽之间的摩擦力，试求：(1) 橡胶块铅垂面所受刚性槽的压力 $p$；(2) 橡胶的应变能密度 $v_\varepsilon$；(3) 泊松比 $\nu$ 接近 0.5 的材料称为不可压缩材料，将橡胶的泊松比取为 0.5，试计算橡胶的体积改变能密度和畸变能密度。

9.6-2　试证明：(1) 纯剪切的二向应力状态其体积应变等于零；(2) 三向均匀受压时畸变能密度等于零。

9.6-3　习题 9.6-3 图所示边长为 40mm 的铜立方体在两个方向受压力 $P=120$kN 作用。已知材料的弹性模量 $E=100$GPa，泊松比 $\nu=0.34$。试计算立方体的体积变化 $\Delta V$ 和存储在立方体中的应变能。

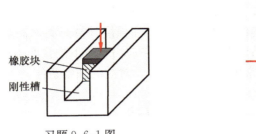
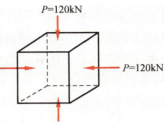

习题 9.6-1 图　　　　　　　　习题 9.6-3 图

9.6-4　习题 9.6-4 图所示边长为 $b$，厚度为 $t$ 的方板受拉力 $P_x$、$P_y$ 和剪力 $V$ 的作用，并假设这些力在相应面上均产生均匀的应力分布。已知 $P_x=450$kN、$P_y=150$kN 和剪力 $V=110$kN；材料的弹性模量 $E=45$GPa，泊松比 $\nu=0.35$，板的尺寸 $b=500$mm，$t=40$mm。试计算板的体积变化 $\Delta V$ 和存储在板中的应变能。

9.6-5　习题 9.6-5 图所示矩形板，在其表面蚀刻出直径 $d=200$mm 的圆 $abcd$。已知板的尺寸为 400mm×400mm×20mm，材料的弹性模量 $E=100$GPa，泊松比 $\nu=0.34$，$\sigma_x=42$MPa，$\sigma_y=14$MPa。试计算：(1) 直径 $ac$ 的改变量 $\Delta ac$；(2) 直径 $bd$ 的改变量 $\Delta bd$；(3) 板厚度的改变量 $\Delta t$；(4) 板的体积变化 $\Delta V$；(5) 板的应变能。

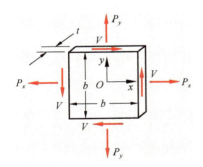
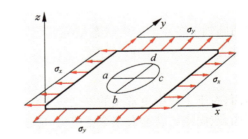

习题 9.6-4 图　　　　　　　　习题 9.6-5 图

## 计算机作业四

下面题目请采用数值方法并利用计算机完成，可用 MATLAB、FORTRAN 或 C 等语言编程计算。完成计算后，请撰写并提交分析报告。报告内容应包括对问题的分析过程、计算方法和过程、计算结果和讨论分析、结论和体会等；如有参考文献，请列出参考文献的详细信息。请尽可能使用图表表示结果。

已知二向应力状态的应力分量可用该点的 $x$、$y$ 坐标表示为

$$\sigma_x = (0.35x^{3/2}/y^{1/2})\text{MPa}$$

$$\sigma_y = (0.14e^{2x} + 6.9\ln\sqrt{5}y)\text{MPa}$$

$$\tau_{xy} = 6.9\sqrt{3x^{1/2} + y^{3/2}}\text{MPa}$$

坐标 $(x, y)$ 的取值范围为 $(0 < x < 3.3\text{m}, 0 < y < 3.3\text{m})$，试编程计算在该区域内各点的主应力 $\sigma_1$ 和 $\sigma_2$，并在 $x$-$y$ 平面内用图形表示出主应力的变化情况。（提示：可将区域分为 $10 \times 10$ 的网格点，计算网格点上的主应力，然后绘图。）

# 第 10 章　强 度 理 论

在前面章节给出了轴向拉压杆、连接件、扭转以及弯曲问题的强度条件,利用这些强度条件可以对构件进行强度校核和强度设计。但是,这些强度条件都是针对简单应力状态提出的,不适用于复杂应力状态。大多数工程构件受力情况复杂,在强度计算时必然面对复杂应力状态,因此,建立复杂应力状态下的强度条件十分必要。复杂应力状态下的强度条件是以强度理论为基础的,因此本章介绍几种工程中常用的强度理论以及对应的强度条件。

## 10.1　强度理论概述

强度是构件抵抗破坏的能力。在载荷作用下,构件不能满足强度条件的情况可统称为**强度失效**。前面章节曾讨论过,轴向拉压杆和梁的上下表面各点的应力状态都是单向应力状态。单向应力状态下,塑性材料的强度失效形式是**塑性屈服**,即认为当构件中的工作应力 $\sigma = \sigma_s$ 时即失效。据此建立的相应强度条件为

$$\sigma \leqslant [\sigma] = \sigma_s / n \tag{10-1}$$

如果是脆性材料,其强度失效形式是**脆性断裂**,即认为 $\sigma = \sigma_b$ 时即失效,强度条件为

$$\sigma \leqslant [\sigma] = \sigma_b / n \tag{10-2}$$

受扭圆轴上各点的应力状态是纯剪切应力状态,对于塑性材料,认为 $\tau = \tau_s$ 时发生失效,强度条件为

$$\tau \leqslant [\tau] = \tau_s / n \tag{10-3}$$

然而,对于工程中更常见的复杂应力状态,式(10-1)~式(10-3)给出的强度条件已无法使用。例如,三向应力状态有三个主应力,应该用哪个主应力代入式(10-1)或式(10-2)呢?

在载荷作用下,构件的强度和破坏方式不但与材料本身的力学性能有关,而且与应力状态有关。因此,复杂应力状态下的强度失效准则可一般性表示为

$$f(\sigma_1, \sigma_2, \sigma_3; k_1, k_2, k_3 \cdots) = 0 \tag{10-4}$$

式(10-4)中,$\sigma_1, \sigma_2, \sigma_3$ 为描述应力状态的三个主应力;$k_1, k_2, k_3 \cdots$ 为由简单试验测得的材料常数和力学性能参数;而函数 $f$ 的数学形式是建立强度失效准则的关键。

如何选取 $f$ 的数学形式呢? 一种思路是从研究材料强度失效的微观机理出发,考虑材料的成分、微观和细观结构、杂质和缺陷等的影响,由这些微观或细观参数建立相应的失效准则。虽然经过材料学家和力学家的大量努力取得了一些成效,但由于材料微观结构和失效机理的复杂性,根据这种方法所建立的强度理论离实际工程需要还有距离。

另一种思路是根据尽可能多的宏观实验结果,对材料强度失效的主要力学因素进行假设,进而建立主要力学量之间的数学关系,确定函数 $f$ 的数学形式,而不过多关注材料失效时的微观机制。这种方法称为**唯象学方法**,是近代工程学广泛采用的研究方法。

目前工程中常用的几种强度理论都是基于唯象学方法建立起来的。

## 10.2　适用于脆性断裂的强度理论

适用于脆性断裂破坏方式的强度理论包括最大拉应力理论和最大拉应变理论。这两个强度理论提出得最早，又分别称为第一强度理论和第二强度理论。

1）最大拉应力理论（第一强度理论）

17世纪，意大利力学家伽利略基于对石料等脆性材料拉伸和弯曲破坏现象的观察，已经意识到最大拉应力是导致这些材料破坏的主要力学因素。到了19世纪，英国的兰金（Rankine, W. J. M, 1820～1872）正式提出了这一理论。

对铸铁、石料等脆性材料单向拉伸时的破坏实验发现，断裂面总是垂直于最大拉应力的方向。正是基于这个基本的实验结果，提出了最大拉应力是引起材料破坏的主要因素的假说，这就是最大拉应力理论或称为第一强度理论。较完整的表述为：无论材料处于何种应力状态，只要最大拉应力 $\sigma_1$ 达到材料单向拉伸时的强度极限 $\sigma_b$，材料即发生脆性断裂。相应地，可提出依据最大拉应力理论的强度条件

$$\sigma_1 \leqslant [\sigma] = \sigma_b / n \tag{10-5}$$

将式（10-5）与式（10-2）比较发现，两者形式相同，把式（10-2）中的应力换为第一主应力即得到式（10-5）。

实验表明，对于铸铁、石料、玻璃等脆性材料，当应力状态以拉为主时（即 $\sigma_1 > 0$，$\sigma_2$、$\sigma_3$ 不为压；或者虽然 $\sigma_2$、$\sigma_3$ 为压应力，但和 $\sigma_1$ 相比绝对值较小的情况），采用最大拉应力理论是合理的。

2）最大拉应变理论（第二强度理论）

17世纪，法国科学家马略特（Mariotte E, 1620～1684）对木材拉伸强度的研究中，已萌发了最大拉应变理论的基本思想，19世纪法国的圣维南正式提出了这一理论。

对石料等材料单向压缩时的破坏观察发现，断裂面总是垂直于最大拉应变方向。基于此，提出最大拉应变是引起材料破坏的主要因素的假说，这就是最大拉应变理论或称为第二强度理论。该理论的失效准则可表述为：无论材料处于何种应力状态，只要最大拉应变 $\varepsilon_1$ 达到材料单向拉伸断裂时的最大拉应变 $\varepsilon_u$，即 $\varepsilon_1 = \varepsilon_u$，材料即发生脆性断裂。

注意到单向拉伸断裂时的应变 $\varepsilon_u = \varepsilon_1 = \sigma_b / E$，由式（9-17）第一式有 $\varepsilon_1 = [\sigma_1 - \nu(\sigma_2 + \sigma_3)] / E$，于是，最大拉应变理论的失效准则可写为 $\sigma_1 - \nu(\sigma_2 + \sigma_3) = \sigma_b$，强度条件为

$$\sigma_1 - \nu(\sigma_2 + \sigma_3) \leqslant [\sigma] = \sigma_b / n \tag{10-6}$$

和最大拉应力理论相比，最大拉应变理论不仅考虑了第一主应力、而且考虑了第二、第三主应力对强度的影响。

实验表明，对于石料、混凝土、铸铁等脆性材料，应力状态以受压为主时（即 $\sigma_3 < 0$，$\sigma_1$、$\sigma_2$ 不为拉；或者虽然 $\sigma_1$、$\sigma_2$ 为拉应力，但和 $\sigma_3$ 相比绝对值较小的情况）时，该理论的适用性较好。

第一、第二强度理论都是适用于以脆性断裂为主要破坏模式的强度理论。它们的主要区别是：第一强度理论适用于以拉为主的应力状态；第二强度理论适用于以压为主的应力状态。

## 10.3　适用于塑性屈服的强度理论

适用于塑性屈服的强度理论主要有最大切应力理论和畸变能密度理论，它们又分别称为第三、第四强度理论。

1) 最大切应力理论(第三强度理论)

1773 年,法国科学家库仑(Coulomb, C. A. de, 1736~1806)发表了土体的最大切应力准则,1864 年特雷斯卡(Tresca H. E., 1814~1885)提出了金属的最大切应力屈服准则。

实验发现,低碳钢等塑性材料在单向拉伸屈服时,滑移线总是沿着最大切应力所在的 45°斜面。受到该实验现象的启发,提出了最大切应力是引起材料屈服的主要因素的假说,这就是最大切应力理论。其失效准则表述为:无论材料处于何种应力状态,只要最大切应力 $\tau_{max}$ 达到材料单向拉伸屈服时的最大切应力 $\tau_u$,材料即发生塑性屈服。

复杂应力状态下,最大切应力与主应力的关系为式(9-14)

$$\tau_{max} = (\sigma_1 - \sigma_3)/2$$

而单向拉伸屈服时

$$\tau_u = \tau_{max} = (\sigma_1 - \sigma_3)/2 = \sigma_S/2$$

于是,失效准则成为 $\sigma_1 - \sigma_3 = \sigma_S$,强度条件为

$$\sigma_1 - \sigma_3 \leqslant [\sigma] = \sigma_S/n \tag{10-7}$$

从式(10-7)看出,最大切应力理论没有考虑第二主应力对强度的影响。

最大切应力理论是基于对金属材料屈服行为的实验研究提出的,因此较适用于多数金属类塑性材料。

2) 畸变能理论(第四强度理论)

米泽斯(von Mises, R., 1883~1953)对最大切应力理论进行了改进,提出了能考虑第二主应力对塑性屈服影响的畸变能理论或称为第四强度理论。

对金属材料的实验表明,在塑性屈服阶段,材料的体积几乎不发生改变,而只发生形状改变。第 9 章曾讨论过,引起单元体形状改变的是应力偏量,与应力偏量对应的是畸变能密度。因此,畸变能密度可以用来判断材料是否进入屈服。基于这样的认识,提出畸变能是引起材料屈服的主要因素的假说,即畸变能理论。

畸变能理论的屈服准则可表述为:无论材料处于何种应力状态,只要畸变能密度 $\upsilon_d$ 达到材料单向拉伸屈服时的畸变能密度 $\upsilon_{du}$,即 $\upsilon_d = \upsilon_{du}$,材料即发生塑性屈服。

根据式(9-32),单向拉伸屈服时的畸变能密度为

$$\upsilon_{du} = \upsilon_d = \frac{1+\nu}{6E}(2\sigma_1^2) = \frac{1+\nu}{3E}\sigma_S^2$$

复杂应力状态下的畸变能密度为

$$\upsilon_d = \frac{1+\nu}{6E}[(\sigma_1 - \sigma_2)^2 + (\sigma_2 - \sigma_3)^2 + (\sigma_3 - \sigma_1)^2]$$

令 $\upsilon_d = \upsilon_{du}$,得到第四强度理论的屈服准则

$$\sqrt{\frac{1}{2}[(\sigma_1 - \sigma_2)^2 + (\sigma_2 - \sigma_3)^2 + (\sigma_3 - \sigma_1)^2]} = \sigma_S \tag{10-8}$$

强度条件为

$$\sqrt{\frac{1}{2}[(\sigma_1 - \sigma_2)^2 + (\sigma_2 - \sigma_3)^2 + (\sigma_3 - \sigma_1)^2]} \leqslant [\sigma] = \sigma_S/n \tag{10-9}$$

第四强度理论与第三强度理论适用条件完全相同,在进行强度分析和设计时,两个理论的结果差别也不大。但是,由于考虑了中间主应力的影响,再加上在数学形式上第四强度理论使用更方便,因此,第四强度理论在数值计算中(如有限单元法)得到广泛采用。式(10-9)左端项又称为 Mises 应力。

# *10.4 莫尔强度理论

库仑于1773年提出了该理论的雏形,德国土木工程师莫尔进行了发展和完善,1900年发表了**莫尔强度理论**,故又称为**莫尔—库仑强度理论**。

砂岩、铸铁等脆性材料单向压缩破坏时,破坏面的法线与轴线夹角 $\beta > 45°$,而并非最大切应力所在的45°截面,如图10-1所示。库仑认为,这是由于正应力使破坏时两错动面之间产生的摩擦力影响的结果。他提出截面上的切应力 $\tau$ 与摩擦力 $f\sigma$(正应力与摩擦因数之积)的差达到某极限值时材料沿该截面破坏。用公式表示为

$$\tau - f\sigma = C \qquad (10\text{-}10)$$

在不同的应力状态下,破坏面上的正应力 $\sigma$ 与切应力 $\tau$ 在 $\sigma$-$\tau$ 坐标系中确定了一条曲线,称为**极限曲线**。

根据式(10-10),当 $\sigma$ 一定时,$\tau$ 越大越容易破坏,即极限曲线上的点必为破坏时三向应力圆中外圆上的点。

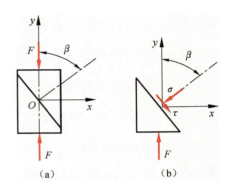

图 10-1

一点处材料破坏时的最大应力圆称为**极限应力圆**。莫尔提出,材料在各种不同的应力状态下发生破坏时的所有极限应力圆的包络线为材料的极限曲线,如图10-2所示。因此莫尔强度理论的失效准则为:无论一点处的应力状态如何,只要最大应力圆与极限曲线相切,材料就发生强度失效。

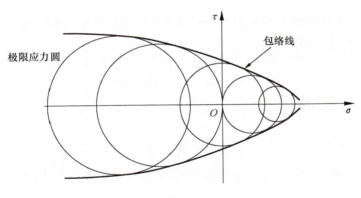

图 10-2

可见,只要确定了极限曲线,我们即可判断任一应力状态下材料是否破坏。为简便计,通常只测定材料的单向拉伸极限应力 $\sigma_{tu}$ 和单向压缩极限应力 $\sigma_{cu}$,用这两个应力状态的极限应力圆的公切线代替极限应力圆的包络线作为极限曲线。如图10-3所示,圆 $O_1$ 和 $O_2$ 分别为单向拉伸试验和单向压缩试验破坏时对应的应力圆,将它们的公切线 $B_1B_2$ 和 $B_1'B_2'$ 近似取为极限曲线。图中圆 $O_3$ 为工作应力状态的应力圆,设在该应力状态下材料发生强度失效,即圆 $O_3$ 与极限曲线 $B_1B_2$ 相切于 $B_3$ 点,则由图10-3中所示的几何关系可知

$$\frac{\overline{O_3D_3}}{\overline{O_2D_2}} = \frac{\overline{O_3O_1}}{\overline{O_2O_1}} \qquad (10\text{-}11)$$

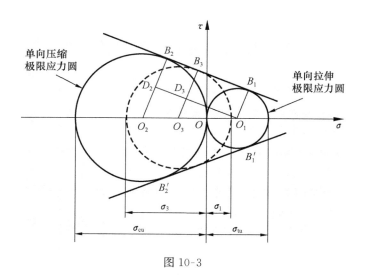

图 10-3

又

$$\overline{O_3D_3} = \overline{O_3B_3} - \overline{O_1B_1} = (\sigma_1 - \sigma_3)/2 - \sigma_{tu}/2$$

$$\overline{O_2D_2} = \overline{O_2B_2} - \overline{O_1B_1} = \sigma_{cu}/2 - \sigma_{tu}/2$$

$$\overline{O_3O_1} = \overline{OO_1} + \overline{O_3O} = \sigma_{tu}/2 - (\sigma_1 + \sigma_3)/2$$

$$\overline{O_2O_1} = \overline{O_2O} + \overline{OO_1} = \sigma_{cu}/2 + \sigma_{tu}/2$$

将上面各项代入式(10-11),得到莫尔失效准则的数学表达式

$$\sigma_1 - \frac{\sigma_{tu}}{\sigma_{cu}}\sigma_3 = \sigma_{tu} \tag{10-12}$$

式(10-12)中,$\sigma_{tu}$和$\sigma_{cu}$分别为单向拉伸试验和单向压缩试验测定出的材料的极限应力,对于铸铁等脆性材料,就是抗拉强度$\sigma_{tb}$和抗压强度$\sigma_{cb}$。

将失效准则式(10-12)中的拉压极限应力$\sigma_{tu}$和$\sigma_{cu}$分别用拉压许用应力

$$[\sigma_t] = \sigma_{tu}/n, \quad [\sigma_c] = \sigma_{cu}/n$$

代入,得到莫尔强度理论的强度条件

$$\sigma_1 - \frac{[\sigma_t]}{[\sigma_c]}\sigma_3 \leqslant [\sigma_t] \tag{10-13}$$

由式(10-13)可知,当$\sigma_3 = 0$时,莫尔强度理论与最大拉应力理论相同;当$\sigma_1 = 0$时,即为单向压缩强度条件;若$[\sigma_t] = [\sigma_c] = [\sigma]$,莫尔强度理论与最大切应力理论形式相同。

对于拉、压强度不同的脆性材料,在以压为主的应力状态下,莫尔强度理论与实验结果符合较好。莫尔强度理论与第三强度理论一样,没有考虑中间主应力$\sigma_2$的影响。

我国学者在强度理论研究方面也作出卓越贡献,代表人物是西安交通大学的俞茂宏教授(1934～)。他提出的双剪强度理论,不但可以考虑中间主应力效应,而且说明了这一效应的区间性。他提出的广义双剪强度理论体系,统一了强度理论的数学表达式。有兴趣的读者可参阅其著作《强度理论新体系》。

## 10.5　强度理论的选用

为便于表述和应用,把各种强度理论的强度条件写成如下统一形式:

$$\sigma_r \leqslant [\sigma] \tag{10-14}$$

式中,$[\sigma]$为许用拉应力;$\sigma_r$ 为**等效应力**或**相当应力**,是把复杂应力状态下的主应力按照强度理论折算为单向应力后的应力值。对于第一、二、三、四和莫尔强度理论,$\sigma_r$ 分别为

$$\sigma_{r1} = \sigma_1 \tag{10-15}$$

$$\sigma_{r2} = \sigma_1 - \nu(\sigma_2 + \sigma_3) \tag{10-16}$$

$$\sigma_{r3} = \sigma_1 - \sigma_3 \tag{10-17}$$

$$\sigma_{r4} = \sqrt{\frac{1}{2}\left[(\sigma_1 - \sigma_2)^2 + (\sigma_2 - \sigma_3)^2 + (\sigma_3 - \sigma_1)^2\right]} \tag{10-18}$$

$$\sigma_{rM} = \sigma_1 - \frac{[\sigma_t]}{[\sigma_c]}\sigma_3 \tag{10-19}$$

其中,$\sigma_{r4}$即为 Mises 应力,在工程结构分析中有广泛应用。

虽然已经建立了许多强度理论,但每种强度理论都有其适用范围,因此在对构件作强度计算时,要根据其应力状态特点、材料特性等因素选用适合的强度理论。综合前面的讨论,可按照下面几条原则选用强度理论:

(1) 在常温、静载、复杂应力状态条件下,对于拉、压屈服强度相等的塑性材料,如低碳钢、铜、铝等,一般选择第三或第四强度理论。

(2) 对于拉、压强度不等的脆性材料,如铸铁、石料等,以拉应力为主时,选用第一强度理论;以压应力为主时,选用第二强度理论或者莫尔强度理论。

(3) 在三向等拉或接近三向等拉应力状态下,无论是脆性材料或是塑性材料,均选用第一强度理论;在三向等压或接近于三向等压应力状态下,无论是脆性材料或是塑性材料,均选用第三或者第四强度理论。

工程实际中,由于问题的复杂性,可参照行业规范(如《机械工程手册》)选用强度理论。

**例题 10-1** 构件上危险点的应力状态如图 10-4 所示。设材料为塑性材料,试写出第三和第四强度理论的等效应力 $\sigma_{r3}$ 和 $\sigma_{r4}$。

**解**:(1) 计算主应力。

将单元体上的应力分量代入极值应力公式(9-8),得到

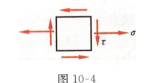

图 10-4

$$\left.\begin{array}{c}\sigma_{max}\\\sigma_{min}\end{array}\right\} = \frac{\sigma}{2} \pm \sqrt{\left(\frac{\sigma}{2}\right)^2 + \tau^2}$$

考虑到 $z$ 向主应力为零,于是有

$$\sigma_1 = \frac{\sigma}{2} + \sqrt{\left(\frac{\sigma}{2}\right)^2 + \tau^2}, \quad \sigma_2 = 0, \quad \sigma_3 = \frac{\sigma}{2} - \sqrt{\left(\frac{\sigma}{2}\right)^2 + \tau^2}$$

(2) 计算等效应力。

将主应力代入式(10-17)得

$$\sigma_{r3} = \sigma_1 - \sigma_3 = \sqrt{\sigma^2 + 4\tau^2} \tag{10-20}$$

将主应力代入式(10-18)得

$$\sigma_{r4} = \sqrt{\frac{1}{2}\left[(\sigma_1 - \sigma_2)^2 + (\sigma_2 - \sigma_3)^2 + (\sigma_3 - \sigma_1)^2\right]} = \sqrt{\sigma^2 + 3\tau^2} \tag{10-21}$$

**讨论**:①本例题中的应力状态是材料力学遇到的最复杂的一种二向应力状态了。今后在遇到类似的应力状态时,可直接采用式(10-20)和式(10-21)计算其第三、第四强度理论的等效应力。②比较式(10-20)和式(10-21)发现,根据第三、第四强度理论计算的等效应力差别不

大。③令式(10-20)、式(10-21)中的正应力 $\sigma=0$，即得纯剪切应力状态的等效应力

$$\sigma_{r3} = 2\,|\,\tau\,| \tag{10-22}$$

$$\sigma_{r4} = \sqrt{3}\,|\,\tau\,| \tag{10-23}$$

利用式(10-22)或式(10-23)可以得到材料剪切屈服应力 $\tau_S$ 和拉伸屈服应力 $\sigma_S$ 之间的关系。令 $\sigma_{r3}=\sigma_S$，则由式(10-22)得到 $\tau_S=\sigma_S/2=0.5\sigma_S$；令 $\sigma_{r4}=\sigma_S$，则由式(10-23)得到 $\tau_S=\sigma_S/\sqrt{3}=0.577\sigma_S$。因此，塑性材料的剪切屈服应力 $\tau_S$ 和拉伸屈服应力 $\sigma_S$ 之间的关系为

$$\tau_S = (0.5 \sim 0.577)\sigma_S$$

**例题 10-2**　有一铸铁构件，其危险点处的应力状态如图 10-4 所示，$\sigma=20\text{MPa}$，$\tau=20\text{MPa}$；材料许用应力 $[\sigma_t]=35\text{MPa}$，$[\sigma_c]=120\text{MPa}$，试校核此构件的强度。

**解**：(1) 计算主应力。

由式(9-8)得

$$\begin{cases} \sigma_{\max} \\ \sigma_{\min} \end{cases} = \frac{\sigma}{2} \pm \sqrt{\left(\frac{\sigma}{2}\right)^2 + \tau^2} = \frac{20\text{MPa}}{2} \pm \sqrt{\left(\frac{20\text{MPa}}{2}\right)^2 + (20\text{MPa})^2} = \begin{cases} 32.4\text{MPa} \\ -12.4\text{MPa} \end{cases}$$

主应力为

$$\sigma_1 = 32.4\text{MPa}, \quad \sigma_2 = 0, \quad \sigma_3 = -12.4\text{MPa}$$

(2) 选强度理论校核强度。

虽然第三主应力为压应力，但 $|\sigma_1| > |\sigma_3|$，说明该点的应力状态以受拉为主，可选用第一强度理论。由式(10-15)得

$$\sigma_{r1} = \sigma_1 = 32.4\text{MPa} < [\sigma_t]$$

满足强度要求。

**例题 10-3**　已知铸铁的拉伸许用应力 $[\sigma_t]=30\text{MPa}$，压缩许用应力 $[\sigma_c]=90\text{MPa}$，泊松比 $\nu=0.30$，试对铸铁零件进行强度校核，危险点的主应力为 (1) $\sigma_1=30\text{MPa}$，$\sigma_2=20\text{MPa}$，$\sigma_3=15\text{MPa}$；(2) $\sigma_1=-20\text{MPa}$，$\sigma_2=-30\text{MPa}$，$\sigma_3=-40\text{MPa}$；(3) $\sigma_1=10\text{MPa}$，$\sigma_2=-20\text{MPa}$，$\sigma_3=-30\text{MPa}$。

**解题分析**：选用强度理论时，不但要考虑材料是脆性或是塑性，还要考虑危险点处的应力状态。

**解**：(1) $\sigma_1=30\text{MPa}$，$\sigma_2=20\text{MPa}$，$\sigma_3=15\text{MPa}$，危险点处于三向拉伸应力状态，不论材料本身是塑性材料或是脆性材料，均采用第一强度理论，即

$$\sigma_{r1} = \sigma_1 = 30\text{MPa} = [\sigma_t], \quad 满足强度条件。$$

(2) $\sigma_1=-20\text{MPa}$，$\sigma_2=-30\text{MPa}$，$\sigma_3=-40\text{MPa}$，危险点处于三向压缩应力状态，即使是脆性材料，也应采用第三或第四强度理论，即

$$\sigma_{r3} = \sigma_1 - \sigma_3 = -20\text{MPa} - (-40\text{MPa}) = 20\text{MPa} < [\sigma_t], \quad 满足强度条件。$$

$$\sigma_{r4} = \sqrt{\frac{1}{2}\left[(-20\text{MPa}+30\text{MPa})^2 + (-30\text{MPa}+40\text{MPa})^2 + (-40\text{MPa}+20\text{MPa})^2\right]}$$

$$= 17.3\text{MPa} < [\sigma_t], \quad 满足强度条件。$$

(3) $\sigma_1=10\text{MPa}$，$\sigma_2=-20\text{MPa}$，$\sigma_3=-30\text{MPa}$，脆性材料的危险点处于以压应力为主的应力状态，且许用拉应力与许用压应力不等，宜采用莫尔强度理论，即：

$$\sigma_{rM} = \sigma_1 - \frac{[\sigma_t]}{[\sigma_c]} \cdot \sigma_3 = 10\text{MPa} - \frac{30\text{MPa}}{90\text{MPa}}(-30\text{MPa}) = 20\text{MPa} < [\sigma_t], \quad 满足强度条件。$$

**例题 10-4**　钢制薄壁圆筒壁厚为 $\delta$，内径为 $D$，受内压 $p$ 作用，如图 10-5(a)所示。试采用第三和第四强度理论建立其强度条件。(不考虑大气压力作用。)

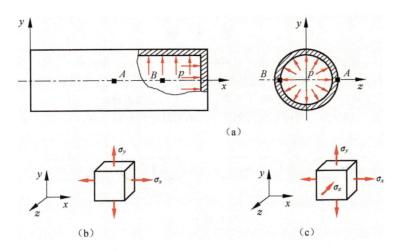

图 10-5

**解**:在例题 9-3 中曾讨论过,在薄壁圆筒外表面一点 $A$ 的应力状态如图 10-5(b)所示;内表面一点处 $B$ 的应力状态如图 10-5(c)所示。外表面上点的主应力为

$$\sigma_1 = \sigma_y = \frac{pD}{2\delta}, \quad \sigma_2 = \sigma_x = \frac{pD}{4\delta}, \quad \sigma_3 = 0 \tag{10-24}$$

内表面上点的主应力为

$$\sigma_1 = \sigma_y = \frac{pD}{2\delta}, \quad \sigma_2 = \sigma_x = \frac{pD}{4\delta}, \quad \sigma_3 = -p \tag{10-25}$$

对于薄壁圆筒,$p$ 与 $\frac{pD}{2\delta}$ 和 $\frac{pD}{4\delta}$ 相比很小,可忽略不计。因此,只考虑外表面的应力状态即可。

采用第三强度理论,将式(10-24)代入式(10-17)得 $\sigma_{r3} = \sigma_1 - \sigma_3 = \frac{pD}{2\delta}$,因此强度条件为

$$\frac{pD}{2\delta} \leqslant [\sigma] \tag{10-26}$$

采用第四强度理论,将式(10-24)代入式(10-18)得

$$\sigma_{r4} = \sqrt{\frac{1}{2}\left[(\sigma_1 - \sigma_2)^2 + (\sigma_2 - \sigma_3)^2 + (\sigma_3 - \sigma_1)^2\right]} = \frac{\sqrt{3}\,pD}{4\delta}$$

强度条件为

$$\frac{\sqrt{3}\,pD}{4\delta} \leqslant [\sigma] \tag{10-27}$$

比较式(10-26)和式(10-27),两者只是系数略有差别。

事实上,受内压薄壁圆筒的应力状态接近双向拉伸,采用第一强度理论更为合理。由于 $\sigma_{r1} = \sigma_1 = pD/(2\delta)$,所以,按第一强度理论的强度条件为

$$\frac{pD}{2\delta} \leqslant [\sigma] \tag{10-28}$$

与式(10-26)比较可知,按第一强度理论和第三强度理论设计时,结果相同,而且比第四强度理论偏于安全。

## 思 考 题

**10-1** 现有两种说法:①塑性材料中若某点的最大拉应力 $\sigma_{\max}=\sigma_s$,则该点一定会产生屈服;②脆性材料中若某点的最大拉应力 $\sigma_{\max}=\sigma_b$,则该点一定会产生断裂,根据第一、第四强度理论可知,说法_____。

A.①正确、②不正确;    B.①不正确、②正确;    C.①、②都正确;    D.①、②都不正确。

**10-2** 思考题 10-2 图所示承受内压的两端封闭的钢制薄壁圆筒破坏时,图示破坏裂缝形式中_____是正确的。

(A)        (B)        (C)        (D)

思考题 10-2 图

**10-3** 铸铁水管冬天结冰时会因冰膨胀而被胀裂,而管内的冰却不会破坏。这是因为_____。

A. 冰的强度较铸铁高;                 B. 冰处于三向受压应力状态;

C. 冰的温度较铸铁高;                  D. 冰的应力等于零。

**10-4** 若构件内危险点的应力状态为二向等拉,则除_____强度理论以外,利用其他三个强度理论得到的等效应力是相等的。

A. 第一;        B. 第二;        C. 第三;        D. 第四。

**10-5** 将一钢球放入热油中,它的_____。

A. 心部会因拉应力而脆裂;          B. 心部会因拉应力而屈服;

C. 表层会因拉应力而脆裂;          D. 表层会因压应力而脆裂。

**10-6** 厚壁玻璃杯因沸水倒入而发生破裂,裂纹起始于_____。

A. 内壁;        B. 外壁;        C. 壁厚中间;        D. 内、外壁(同时)。

**10-7** 树木被锯下后,放置一段时间,在锯口截面会出现纵向裂纹。出现裂纹的原因可以由第_____强度理论解释(思考题 10-7 图)。

A. 一;        B. 二;        C. 三或四;        D. 莫尔。

思考题 10-7 图

## 习 题

**10.2-1** 习题 10.2-1 图所示两端受扭矩作用的铸铁圆轴,直径为 $d$,材料的抗拉强度为 $\sigma_b$,试根据第一强度理论确定不发生强度失效的极限力偶矩值,并指出发生断裂时破坏面的方位。

**10.2-2** 从一点处取出的单元体如习题 10.2-2 图所示。若材料的抗拉强度 $\sigma_b=300\text{MPa}$,试按第一强度理论校核它能否发生破坏,若能,试确定断裂面的方位。

**10.2-3** 试对铸铁构件进行强度校核。已知 $[\sigma_t]=55\text{MPa}$,$\nu=0.3$,危险点主应力分别为

(1) $\sigma_1=50\text{MPa}$,$\sigma_2=45\text{MPa}$,$\sigma_3=10\text{MPa}$;(2) $\sigma_1=-5\text{MPa}$,$\sigma_2=-80\text{MPa}$,$\sigma_3=-120\text{MPa}$。

**10.2-4** 如习题 10.2-4 图所示,一脆性材料制成的圆管,其外径 $D=0.16\text{m}$,内径 $d=0.12\text{m}$,承受扭转力偶 $M_e=20\text{kN}\cdot\text{m}$ 和轴向拉力 $F$。已知材料的 $[\sigma_t]=100\text{MPa}$,$[\sigma_c]=300\text{MPa}$。试用第一强度理论确定许用拉力 $[F]$。

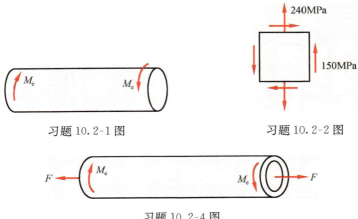

习题 10.2-1 图　　　　　　　习题 10.2-2 图

习题 10.2-4 图

10.3-1　试对低碳钢构件进行强度校核。已知$[\sigma]=100$MPa,危险点主应力分别为

(1) $\sigma_1=80$MPa,$\sigma_2=45$MPa,$\sigma_3=-20$MPa;(2) $\sigma_1=-26$MPa,$\sigma_2=-50$MPa,$\sigma_3=-120$MPa。

10.3-2　焊接工字形梁简支梁的尺寸及所受的载荷,如习题 10.3-2 图所示。材料为低碳钢,$[\sigma]=$170MPa,$[\tau]=100$MPa。试校核梁的强度。

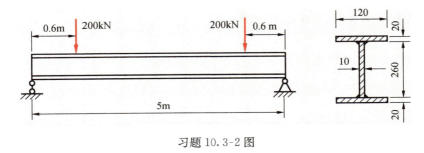

习题 10.3-2 图

10.3-3　低碳钢构件危险点处的单元体如习题 10.3-3 图所示。已知 $\tau_a=20$MPa,$\sigma_x+\sigma_y=100$MPa,材料的许用应力$[\sigma]=100$MPa。试分别用第三和第四强度理论校核危险点的强度。

10.3-4　习题 10.3-4 图所示由低碳钢材料制成的圆管,其外径 $D=0.16$m,内径 $d=0.12$m,承受扭转力偶 $M_e=20$kN·m 和轴向拉力 $F$。已知材料的$[\sigma]=150$MPa。试分别用第三和第四强度理论确定许用拉力$[F]$。

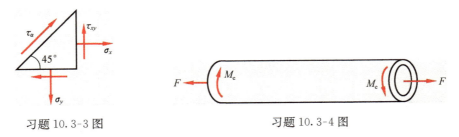

习题 10.3-3 图　　　　　　　　　习题 10.3-4 图

10.4-1　构件一危险点处为平面应力状态,取出的单元体如习题 10.4-1 图所示。已知材料的抗拉强度 $\sigma_{tb}=300$MPa,抗压强度 $\sigma_{cb}=900$MPa,$\sigma_x+\sigma_y=-300$MPa。试用莫尔强度理论确定材料发生屈服破坏时的主应力值。

10.4-2　有一铸铁零件,其危险点处单元体的应力状态如习题 10.4-2 图所示。已知材料的许用应力$[\sigma_t]=35$MPa、$[\sigma_c]=105$MPa,泊松比 $\nu=0.3$。试用第二强度理论和莫尔强度理论校核其强度。

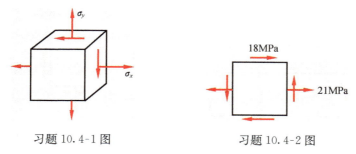

习题 10.4-1 图　　　　　　　　　习题 10.4-2 图

10.5-1　习题 10.5-1 图所示应力单元体,材料的泊松比 $\nu=0.3$,求出四个强度理论的等效应力。

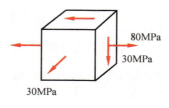

习题 10.5-1 图

10.5-2　由低碳钢制成的圆筒形薄壁容器,平均直径 $D=2\text{m}$,其许用应力$[\sigma]=125\text{MPa}$。该容器承受内压 $p=1\text{MPa}$。试按第三强度理论设计容器的壁厚 $\delta$。

# 第11章 组合变形

工程构件往往同时承受不同类型的载荷,发生两种或两种以上的基本变形,而且每种基本变形所对应的应力或变形处于同一数量级,这时我们称构件发生了**组合变形**。本章介绍工程构件常见的几种组合变形形式,并讨论组合变形的强度分析方法。

组合变形的强度计算方法可大致分为三个步骤:①计算不同类型载荷的内力,通过内力图找到危险截面。组合变形构件的内力包括轴力、弯矩、剪力和扭矩,当两种或两种以上的内力共同作用在构件上时,危险截面的判断比较复杂,但一般发生在内力取得极值的截面。如果危险截面不容易一下子判断出来,可以把内力达到极值的截面都作为危险截面处理。②找到危险截面后,分析危险截面应力分布情况,找到危险截面的危险点,绘出危险点的应力单元体,并计算单元体的 $\sigma_x$、$\sigma_y$ 和 $\tau_{xy}$(以二向应力状态为例)。③计算危险点的主应力,并选用合适的强度理论进行强度分析。

## 11.1 轴向拉压与弯曲的组合变形

### 11.1.1 轴向拉压与弯曲的组合变形

图 11-1(a)所示矩形截面杆件,同时承受均布横向力 $q$ 和轴向拉力 $F$ 的作用,杆件在发生轴向伸长变形的同时,在 $q$ 作用下还发生弯曲变形。

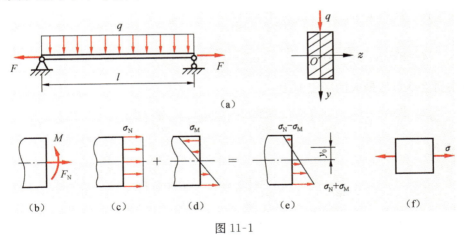

图 11-1

在 $F$ 力作用下,杆件各横截面的轴力均为 $F_N = F$;在 $q$ 作用下,梁跨中截面处的弯矩最大,为危险截面,弯矩值为 $M_{max} = ql^2/8$。梁跨中截面上的内力如图 11-1(b)所示。

在危险截面上,轴力引起均匀分布的正应力(图 11-1(c)),大小为 $\sigma_N = F_N/A$;弯矩 $M_{max}$ 引起的正应力沿截面高度线性分布(图 11-1(d)),其计算公式为 $\sigma_M = M_{max}y/I_z$。则组合变形下,危险截面上任一点的正应力为

$$\sigma = \sigma_N + \sigma_M = \frac{F_N}{A} + \frac{M_{max}y}{I_z} \tag{11-1}$$

式(11-1)表明,正应力沿截面高度也是直线分布(图 11-1(e)),且最大正应力发生在横截面的下边缘各点,这些点为危险点,其应力状态如图 11-1(f)所示,为单向拉伸应力状态。所以,拉弯组合变形的强度条件为

$$\sigma_{\max} = \frac{F_N}{A} + \frac{M_{\max}}{W_z} \leqslant [\sigma] \tag{11-2}$$

在式(11-1)中令 $\sigma=0$,可确定中性轴的位置 $y_0$

$$0 = \frac{F_N}{A} + \frac{M_{\max} y_0}{I_z} \quad \text{或} \quad y_0 = -\frac{I_z F_N}{A M_{\max}} \tag{11-3}$$

式(11-3)表明,当杆件的截面尺寸固定时,$F_N$ 和 $M_{\max}$ 的比值决定了中性轴的位置 $y_0$。中性轴可能在截面内,也可以在截面之外,或者刚好与截面边界相切。

**例题 11-1** 图 11-2 所示直径为 $d$ 的均质圆杆 $AB$ 承受自重,$B$ 端为铰链支撑,$A$ 端靠在光滑的铅垂墙上。试确定杆内出现最大压应力的截面到 $A$ 端的距离。

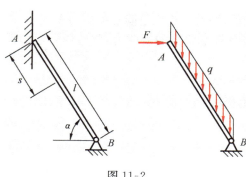

图 11-2

**解题分析**:杆 $AB$ 的自重可看做方向竖直向下的均布载荷 $q$。它在杆轴向和垂直轴线方向产生两个分量。加上点 $A$ 支反力 $F$ 也在轴向有分量,所以杆发生弯曲和轴向压缩的组合变形。

**解**:设杆的单位长度的重力为 $q$,墙对杆的水平支反力为 $F$,考虑杆 $AB$ 的平衡,有

$$\sum M_B = 0: \quad Fl\sin\alpha = ql \cdot \frac{l}{2}\cos\alpha, \quad F = \frac{ql}{2}\cot\alpha$$

考虑到 $A$ 点的距离为 $s$ 的横截面,该截面上的内力分量为

轴力(压): $F_N = F\cos\alpha + qs\sin\alpha = \dfrac{ql}{2} \cdot \dfrac{\cos^2\alpha}{\sin\alpha} + qs\sin\alpha$

弯矩: $M = Fs\sin\alpha - \dfrac{qs^2}{2}\cos\alpha = \dfrac{qls}{2} \cdot \cos\alpha - \dfrac{qs^2}{2}\cos\alpha$

$s$ 横截面上绝对值最大的压应力为

$$\sigma = \frac{F_N}{A} + \frac{M}{W} = \frac{4}{\pi d^2}\left(\frac{ql}{2} \cdot \frac{\cos^2\alpha}{\sin\alpha} + qs\sin\alpha\right) + \frac{32}{\pi d^3}\left(\frac{qls}{2}\cos\alpha - \frac{qs^2}{2}\cos\alpha\right)$$

令 $\dfrac{d\sigma}{ds}=0$,得到

$$\frac{4}{\pi d^2}q\sin\alpha + \frac{32}{\pi d^3}\left(\frac{ql}{2}\cos\alpha - qs\cos\alpha\right) = 0$$

求得 $s = \dfrac{1}{2} + \dfrac{d}{8}\tan\alpha$。此即最大压应力截面到 $A$ 端的距离。

## 11.1.2 偏心拉伸与偏心压缩

当外力作用线平行于杆的轴线,但不通过杆件横截面形心时,杆件将发生**偏心拉伸**或**偏心压缩变形**。偏心拉伸或偏心压缩变形实际上是轴向拉压与弯曲的组合变形。下面以偏心压缩为例说明这类问题的强度计算方法。

考虑图 11-3(a)所示的矩形截面杆,在其顶端作用一偏心压力 $F$。设 $F$ 作用点 $B$ 到截面形心 $C$ 的距离为 $e$,$e$ 称为 $F$ 的**偏心距**。

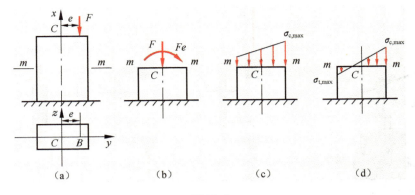

图 11-3

为了分析杆件 $mm$ 截面上的应力分布，将力 $F$ 向截面形心简化，得到轴向力 $F$ 和力偶矩 $M=Fe$。可见该杆件受到轴力和弯矩的共同作用，杆件发生轴向压缩与弯曲组合变形。由式 (11-1)，横截面上任一点的正应力为

$$\sigma = \sigma_N + \sigma_M = -\frac{F}{A} - \frac{Fey}{I_z} \tag{11-4}$$

中性轴的位置为

$$y_0 = -\frac{I_z}{Ae} \tag{11-5}$$

式 (11-5) 表明，当偏心距 $e$ 较小时，$y_0$ 绝对值较大，中性轴将位于截面外，横截面上各点均受压（图 11-3(c)），这时，强度条件为

$$\sigma_{c,max} = -\frac{F}{A} - \frac{Fe}{W_z} \leqslant [\sigma_c] \tag{11-6}$$

当偏心距 $e$ 较大时，横截面部分区域受压，部分区域受拉（图 11-3(d)）。对于脆性材料，除了校核压缩强度外，还应校核其拉伸强度。拉伸强度条件为

$$\sigma_{t,max} = -\frac{F}{A} + \frac{Fe}{W_z} \leqslant [\sigma_t] \tag{11-7}$$

**例题 11-2** 图 11-4(a) 为风景区常见的观光缆车，缆车由顶部两根弯曲的圆截面钢制缆车臂悬挂在缆线上。图 11-4(b) 为缆车臂的力学模型。已知缆车重力 $W=6kN$，缆车重力作用线与缆车臂轴线偏离尺寸 $b=180mm$，缆车臂的许用应力为 $[\sigma]=100MPa$，试设计缆车臂的直径 $d$。

**解**：缆车臂承受偏心拉伸载荷。两个缆车臂各承担缆车重力的一半，如图 11-4(c) 所示。因此，可计算出缆车臂竖直段轴力 $F_N = W/2 = 3kN$，弯矩 $M = Wb/2 = 540N \cdot m$。缆车臂的危险截面发生在缆车臂竖直段，左侧靠近表面的点拉应力最大，为危险点，危险点应力状态为单向拉伸，如图 11-4(c) 所示。为满足强度要求，最大拉应力应小于许用应力，即

$$\sigma_{t,max} = \frac{F_N}{A} + \frac{M}{W_z} \leqslant [\sigma] \quad \text{或} \quad \frac{4F_N}{\pi d^2} + \frac{32M}{\pi d^3} \leqslant [\sigma]$$

代入数值，并求解一元三次方程可求得实根 $d=38.34mm$，设计时可取缆车臂直径 $d=39mm$ 或 $40mm$。

**例题 11-3** 截面为 $40mm \times 5mm$ 的矩形截面直杆，受轴向拉力 $F=12kN$ 作用，现将杆件一侧开一切口，如图 11-5(a) 所示。已知材料的许用应力 $[\sigma]=100MPa$。（1）试计算切口许可

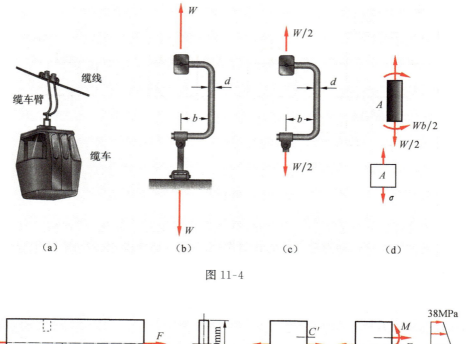

图 11-4

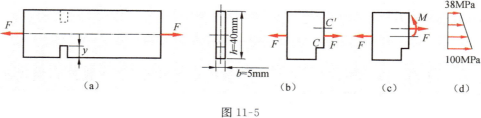

图 11-5

的最大深度,并画出切口处截面的应力分布图;(2)如在杆的另一侧切出同样的切口,正应力有何变化?

**解题分析**:此题为偏心拉伸问题,可利用弯曲与拉伸组合变形的强度条件求出切口的允许深度。若另一侧开同样深度切口,偏心拉伸问题变为轴向拉伸问题。

**解**:(1) 计算切口许可的最大深度。

设切口深度为 $y$。如图 11-5(b)所示,切口截面形心在 $C'$ 点,显然,杆在切口处截面承受偏心拉伸,偏心距 $e=y/2$。切口截面的内力如图 11-5(c)所示。轴力 $F_N=F$,弯矩 $M=Fy/2$。切口的许可最大深度 $y$ 由杆的强度条件确定。强度条件为

$$\sigma_{\max} = F_N/A + M/W_z \leqslant [\sigma]$$

式中切口截面的面积 $A=b(h-y)$,抗弯截面模量 $W_z=\dfrac{b(h-y)^2}{6}$,代入强度条件得

$$\sigma_{\max} = \frac{F}{b(h-y)} + \frac{3Fy}{b(h-y)^2} \leqslant [\sigma]$$

$$y^2 - 128y\,\text{mm} + 640\,\text{mm}^2 = 0$$

解方程后得到两个解:$y_1=122.8\text{mm}$,$y_2=5.2\text{mm}$。显然 $y_1=122.8\text{mm}$ 不合理,所以切口最大深度不得超过 5.2mm。

(2) 计算切口截面的最大正应力和最小正应力,画应力分布图。

$$\sigma_{\max} = \frac{F_N}{A} + \frac{M}{W_z} = \frac{12 \times 10^3\,\text{N}}{(5\text{mm})(40\text{mm} - 5.2\text{mm})} + \frac{6(12 \times 10^3\,\text{N})(5.2\text{mm}/2)}{(5\text{mm})(40\text{mm} - 5.2\text{mm})^2} = 100\text{MPa}$$

$$\sigma_{min} = \frac{F_N}{A} - \frac{M}{W_z} = \frac{12 \times 10^3 \, N}{(5mm)(40mm - 5.2mm)} - \frac{6(12 \times 10^3 \, N)(5.2mm/2)}{(5mm)(40mm - 5.2mm)^2} = 38MPa$$

切口截面上的应力分布如图 11-5(d)所示。

（3）在杆另一侧切出同样的切口情况。

由于没有偏心，切口截面只承受轴向拉力 $F$，正应力在截面上均匀分布，其大小为

$$\sigma = \frac{F_N}{A} = \frac{F}{b(h-2y)} = \frac{12 \times 10^3 \, N}{(5mm)(40mm - 2 \times 5.2mm)} = 81.1MPa$$

**讨论**：从计算结果可以看出，杆的两侧有切口虽然截面面积减少，但正应力却比一侧切口时的最大正应力为小，可见弯矩明显增大构件中的应力。这也是工程上尽可能避免或减小结构中弯矩的原因。

### *11.1.3　截面核心的概念

前面讨论的偏心压缩问题中，力的作用点总位于横截面的一个对称轴上，现在讨论更一般的情况。如图 11-6 所示，$y$、$z$ 轴为杆件横截面的主形心惯性轴，偏心压力 $F$ 的作用点 $K$ 位于截面任意位置，设其坐标为 $(e_y, e_z)$。

将偏心载荷 $F$ 平移到截面形心后，横截面上将有三个内力分量，即轴力 $F_N = F$、弯矩 $M_y = Fe_z$ 和弯矩 $M_z = Fe_y$，于是横截面上任一点的正应力为

$$\sigma = -\frac{F}{A} - \frac{M_z y}{I_z} - \frac{M_y z}{I_y} \tag{11-8}$$

令 $\sigma = 0$，可得中性轴方程为

$$\frac{1}{A} + \frac{e_z y}{I_z} + \frac{e_y z}{I_y} = 0 \tag{11-9}$$

式(11-9)表明，中性轴是一条不通过横截面形心的直线，其截距为

$$y^* = -\frac{I_z}{Ae_y} = -\frac{i_z^2}{e_y}, \quad z^* = -\frac{I_y}{Ae_z} = -\frac{i_y^2}{e_z} \tag{11-10}$$

式(11-10)中，$i_z = \sqrt{I_z/A}$，$i_y = \sqrt{I_y/A}$，分别为横截面对主形心惯性轴 $z$ 和 $y$ 的**惯性半径**。式(11-10)表明，中性轴与坐标轴的截距($y^*$、$z^*$)与 $e_y$、$e_z$ 异号，即中性轴与外力作用点总是位于相对的两个坐标象限内。

工程中常用的脆性材料如混凝土、砖石或铸铁等，抗拉强度远低于抗压强度，设计时应尽可能避免出现拉应力。当中性轴不穿过横截面时，可以确保横截面上只有压应力。由式(11-10)可知，载荷作用点离截面形心越近，$e_y$、$e_z$ 值越小，则 $y^*$、$z^*$ 值越大，即中性轴距形心越远。因此，当载荷作用点位于截面形心附近某一个区域内时，就可保证中性轴不穿过横截面，这个区域称为**截面核心**。当载荷作用在截面核心的边界上时，中性轴应该正好与截面的周边相切。根据这一特点，可以利用公式(11-10)确定截面核心边界的位置。

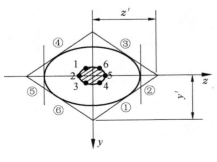

图 11-7

图 11-7 所示为任意形状截面，为确定其截面核心，可将与截面周边相切的任一直线①看做是中性轴，它在 $y$、$z$ 两个形心主惯性轴上的截距分别为 $y^*$、$z^*$。根据这两个值，就可以从公式(11-10)算出与该中性轴对应

的载荷作用点的坐标 $e_y$、$e_z$

$$e_y = -\frac{i_z^2}{y^*}, \quad e_z = -\frac{i_y^2}{z^*} \tag{11-11}$$

坐标 $e_y$、$e_z$ 可确定截面核心边界点 1。同理,可将与截面周边相切的其他直线②、③……看做是中性轴,并按上述方法求得与它们对应的截面核心边界上的点 2、3……的坐标。连接这些点可以得到一条封闭曲线,它就是所求的截面核心边界。下面以矩形截面为例说明。

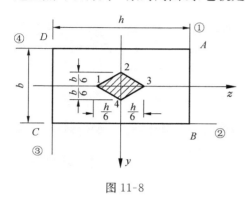

图 11-8

图 11-8 所示为边长为 $h$ 和 $b$ 的矩形截面,$y$、$z$ 为主形心惯性轴。先将与 $AB$ 边相切的直线①看做是中性轴,它在 $y$、$z$ 两轴上的截距分别为

$$y^* = \infty, \quad z^* = +h/2$$

该截面惯性半径的平方为

$$i_y^2 = I_y/A = h^2/12, \quad i_z^2 = I_z/A = b^2/12$$

将以上各几何量代入式(11-11),可得到与中性轴①对应的核心边界上点 1 的坐标为

$$e_{y1} = -i_z^2/y^* = 0, \quad e_{z1} = -i_y^2/z^* = -h/6$$

同理,将分别与 $BC$、$CD$ 和 $DA$ 边相切的直线②、③、④看做是中性轴,按上述方法可求得与它们对应的核心边界上的点 2、3、4,其坐标依次为

$$e_{y2} = -b/6, \quad e_{z2} = 0; \quad e_{y3} = 0, \quad e_{z3} = -h/6; \quad e_{y4} = b/6, \quad e_{z4} = 0$$

这样,就得到了核心边界上的四个点。为了确定这四个点中相邻两点之间的核心边界,应该研究中性轴从截面的一个边绕截面的顶点旋转到其相邻边时,相应的载荷作用点的移动轨迹。例如当中性轴绕顶点 $B$ 从直线①旋转到直线②时,将得到一系列通过 $B$ 点但斜率不同的中性轴,$B$ 点的坐标 $y_B$、$z_B$ 是这一系列中性轴上所共有的,将此坐标代入中性轴方程的公式(11-9),经改写后即得

$$1 + e_y y_B/i_z^2 + e_z z_B/i_y^2 = 0$$

由于式中的 $y_B$、$z_B$ 为常数,因此该式就是表示载荷作用点坐标 $e_y$、$e_z$ 间关系的直线方程。由此可知,当中性轴绕 $B$ 点旋转时,相应的载荷作用点的轨迹是直线。所以截面核心在 1、2 两点间的边界为直线。同理可知,截面核心在 2、3、4、1 各相邻两点之间的边界也是直线。只需将上述四个点中各相邻两点用直线连接起来,就得到截面核心的边界。矩形截面的截面核心是位于截面中央的菱形,其对角线长度分别为 $h/3$ 和 $b/3$(图 11-8)。

**例题 11-4** 试确定图 11-9 所示圆截面的截面核心边界,已知直径为 $d$。

**解:**对于圆形截面,其截面核心边界也必是圆形的。设截面核心边界是直径为 $d_0$ 的圆,现确定 $d_0$ 的数值。为此,将一条与截面周边相切的直线①看做是中性轴,它在形心主惯性轴上的截距分别为

$$y^* = \infty, \quad z^* = +d/2$$

圆截面惯性半径的平方为

$$i_y^2 = i_z^2 = d^2/16$$

于是由式(11-11)可得与中性轴①对应的截面核心边界上点 1 的坐标为

$$e_{y1} = -i_z^2/y^* = 0, \quad e_{z1} = -i_y^2/z^* = -d/8$$

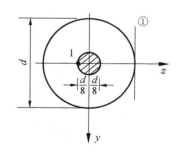

图 11-9

从而可知，截面核心边界圆的直径 $d_0 = d/4$。

## 11.2 轴向拉压与扭转的组合变形

通过例题说明轴向拉压与扭转组合变形时的强度计算问题。

**例题 11-5** 图 11-10(a)所示实心圆轴受轴向外力 $F$ 和外力偶 $M$ 作用。已知圆轴直径 $d = 10\text{mm}$，$M = Fd/10$。（1）材料为钢时，许用应力 $[\sigma] = 160\text{MPa}$，试确定圆轴的许可载荷 $[F]$；（2）材料为铸铁时，许用应力 $[\sigma_t] = 30\text{MPa}$，圆轴的许可载荷 $[F]$ 又为多少？（3）材料为铸铁，且 $F = 2\text{kN}$、$E = 100\text{GPa}$、$\nu = 0.25$，计算圆轴表面上与轴线成 $30°$ 方位上的正应变。

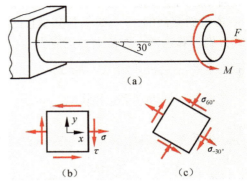

图 11-10

**解题分析**：本题中，轴为拉伸和扭转组合变形。轴的各个横截面上的扭矩、轴力均相同，所以可以任取一截面作为危险截面。在危险截面上，轴力引起的拉伸正应力处处相等，扭矩引起的切应力在靠近轴外表面的各点处最大，所以危险点为靠近轴表面的各点。危险点的应力状态如图 11-10(b)所示。

**解**：（1）计算危险点的主应力。

轴力引起的正应力 $\sigma = \dfrac{F_N}{A} = \dfrac{4F}{\pi d^2}$

扭矩引起的切应力 $\tau = \dfrac{T}{W_p} = \dfrac{M}{W_p} = \dfrac{8F}{5\pi d^2}$

危险点处的主应力为

$$\sigma_1 = \frac{\sigma}{2} + \sqrt{\left(\frac{\sigma}{2}\right)^2 + (\tau)^2} = \left(1 + \frac{\sqrt{41}}{5}\right)\frac{2F}{\pi d^2}, \quad \sigma_2 = 0,$$

$$\sigma_3 = \frac{\sigma}{2} - \sqrt{\left(\frac{\sigma}{2}\right)^2 + (\tau)^2} = \left(1 - \frac{\sqrt{41}}{5}\right)\frac{2F}{\pi d^2}$$

（2）材料为钢材时，确定轴的许用载荷。

根据第三强度理论，有

$$\sigma_{r3} = \sigma_1 - \sigma_3 = \sqrt{\sigma^2 + 4\tau^2} = \frac{\sqrt{41}}{5}\frac{4F}{\pi d^2} \leqslant [\sigma] = 160\text{MPa}$$

代入数值得

$$[F] = 9.82\text{kN}$$

该轴用钢材制造时，许可载荷 $[F] = 9.82\text{kN}$。

（3）材料为铸铁时，确定轴的许可载荷。

按第一强度理论，有

$$\sigma_{r1} = \sigma_1 = \left(1 + \frac{\sqrt{41}}{5}\right)\frac{2F}{\pi d^2} \leqslant [\sigma_t] = 30\text{MPa}$$

得许可载荷 $[F] = 2\text{kN}$。

（4）计算铸铁轴表面与轴线成 $30°$ 方位上的正应变。

与轴线平行方向上的正应力、切应力分别为

$$\sigma = \frac{F_N}{A} = \frac{4F}{\pi d^2} = \frac{4(2 \times 10^3 \text{N})}{\pi (10\text{mm})^2} = 25.4\text{MPa}, \quad \tau = \frac{T}{W_p} = \frac{8F}{5\pi d^2} = \frac{8(2 \times 10^3 \text{N})}{5\pi (10\text{mm})^2} = 10.18\text{MPa}$$

根据广义胡克定律公式，要计算与轴线成 $30°$ 方位上的正应变，必须知道该方向的正应力和与该方向垂直的方向上的正应力。取图 11-10(b)所示的 $x$-$y$ 坐标系，则要计算的与轴线成 $30°$ 方位斜截面的 $\alpha = -30°$，与其垂直的方位角为 $60°$，如图 11-10(c)所示。采用斜截面应力公式分别计算这两个方位上的正应力

$$\sigma_{-30°} = \frac{\sigma}{2} + \frac{\sigma}{2}\cos[2 \times (-30°)] - \tau\sin[2 \times (-30°)]$$

$$= \frac{25.4\text{MPa}}{2} + \frac{25.4\text{MPa}}{2}\cos[2 \times (-30°)] - (10.18\text{MPa})\sin[2 \times (-30°)] = 27.87\text{MPa}$$

$$\sigma_{60°} = \frac{\sigma}{2} + \frac{\sigma}{2}\cos(2 \times 60°) - \tau\sin(2 \times 60°)$$

$$= \frac{25.4\text{MPa}}{2} + \frac{25.4\text{MPa}}{2}\cos(2 \times 60°) - (10.18\text{MPa})\sin(2 \times 60°) = -2.47\text{MPa}$$

由广义胡克定律，轴表面与轴线成 $30°$ 方位上的正应变为

$$\varepsilon_{-30°} = \frac{1}{E}(\sigma_{-30°} - \nu\sigma_{60°}) = \frac{1}{(100 \times 10^3 \text{MPa})}[27.87\text{MPa} - 0.25 \times (-2.47\text{MPa})]$$

$$= 285 \times 10^{-6}$$

# 11.3　斜　弯　曲

前面章节主要讨论平面弯曲变形，平面弯曲是指弯曲后梁的轴线与外力作用平面（即梁的纵向对称面）位于同一平面的情况。当梁分别在横向对称平面和纵向对称面同时发生弯曲时，变形后梁的轴线与外力作用面不在一个平面上，这种弯曲变形称为**斜弯曲**。斜弯曲是两个互相垂直方向的平面弯曲的组合变形。

### 11.3.1　斜弯曲的正应力与强度条件

图 11-11(a)所示的矩形截面悬臂梁，设 $y$、$z$ 轴为横截面的主形心惯性轴。设在梁的自由端受一集中力 $F$ 的作用，力 $F$ 作用线垂直于梁轴线，且与纵向对称轴 $y$ 夹角 $\varphi$。现在讨论梁任一横截面 $m$-$m$ 上任一点 $C$ 处的应力（图 11-11(b)）。

将力 $F$ 沿主形心惯性轴分解，得

$$F_y = F\cos\varphi, \quad F_z = F\sin\varphi$$

$F_y$ 和 $F_z$ 在截面 $m$-$m$ 上产生的弯矩为

$$M_z = F_y(l-x) = F(l-x)\cos\varphi = M\cos\varphi$$

$$M_y = F_z(l-x) = F(l-x)\sin\varphi = M\sin\varphi$$

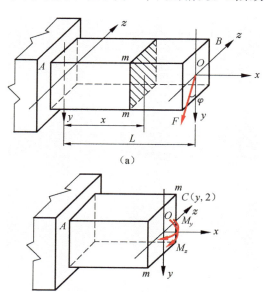

图 11-11

$$\tag{11-12}$$

横截面 $m$-$m$ 上任一点 $C(y,z)$ 处由弯矩 $M_z$ 和 $M_y$ 引起的正应力分别为

$$\sigma' = \frac{M_z}{I_z}y = \frac{M\cos\varphi}{I_z}y, \quad \sigma'' = \frac{M_y}{I_y}z = \frac{M\sin\varphi}{I_y}z$$

$C$ 点的正应力是 $\sigma'$ 和 $\sigma''$ 的代数和,即

$$\sigma = \sigma' + \sigma'' = M\left(\frac{\cos\varphi}{I_z}y + \frac{\sin\varphi}{I_y}z\right) \tag{11-13}$$

式(11-13)是梁在斜弯曲情况下计算任一横截面上正应力的一般公式。在应用此公式时,$\sigma'$ 和 $\sigma''$ 的正负号可根据杆件弯曲变形情况确定,拉应力取正号;压应力取负号。

梁在斜弯曲情况下,首先确定危险截面和危险点的位置。图 11-11(a)所示的悬臂梁固定端截面 $A$ 处的弯矩 $M_z$ 和 $M_y$ 均达到最大值,故该截面是危险截面。但要确定此截面上最大正应力所在点的位置,就必须确定该截面的中性轴位置。设 $y_o$、$z_o$ 为中性轴上任一点的坐标,将其代入公式(11-13),并令 $\sigma=0$,得

$$\sigma = M\left(\frac{\cos\varphi}{I_z}y_o + \frac{\sin\varphi}{I_y}z_o\right) = 0 \quad \text{或} \quad \frac{y_o}{I_z}\cos\varphi + \frac{z_o}{I_y}\sin\varphi = 0 \tag{11-14}$$

式(11-14)表示中性轴是一条通过横截面形心的直线,利用该直线的斜率(或倾角 $\theta$),就可以决定中性轴的位置(图 11-12(a))

$$\tan\theta = \frac{y_o}{z_o} = \frac{-I_z}{I_y}\tan\varphi \tag{11-15}$$

在一般情况下,梁截面的两个主惯性矩并不相等,即 $I_z \neq I_y$,故 $\theta \neq \varphi$,因而中性轴与外力作用平面并不相互垂直,变形后的梁轴线一般也不在外力作用平面内。

对于圆形、正方形、正三角形或正多边形等 $I_z = I_y$ 的截面,所有通过形心的坐标轴都是主轴,这时 $\theta = \varphi$,中性轴总是与外力作用面相垂直,因此,变形后的梁轴线总位于外力作用平面内,总是发生平面弯曲。

斜弯曲时,最大正应力依然发生在最大弯矩所在截面上离中性轴最远的点。作平行于中性轴的两直线,分别与横截面周边相切于 $D_1$、$D_2$ 两点(图 11-12(a)),该两点即是最大拉应力和最大压应力发生的位置。截面上的正应力分布如图 11-12(b)所示。

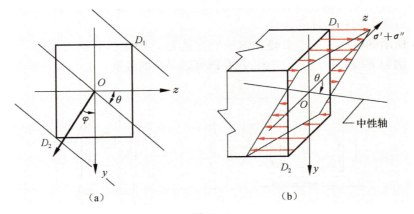

图 11-12

将最大弯矩 $M_{\max}$ 和 $D_1$、$D_2$ 两点的坐标 $(y,z)$ 代入式(11-13),可以得到

$$\sigma_{\max} = M_{\max}\left(\frac{\cos\varphi}{I_z}y_1 + \frac{\sin\varphi}{I_y}z_1\right), \quad \sigma_{\min} = M_{\max}\left(\frac{\cos\varphi}{I_z}y_2 + \frac{\sin\varphi}{I_y}z_2\right)$$

对于工程中常用的,具有棱角的横截面(如矩形、工字形、槽形等),在计算最大正应力时,可以不必先确定中性轴的位置,而直接根据两个相互垂直的平面弯曲的正应力分布情况,直观判断正应力最大点的位置,并根据叠加原理计算出最大正应力的值。例如,在图 11-12(a)的 $D_1$ 点,弯矩 $M_z$ 和 $M_y$ 引起的弯曲拉应力均达到最大,因此可得

$$\sigma_{\max} = \frac{M_{z,\max}}{I_z} y_{\max} + \frac{M_{y,\max}}{I_y} z_{\max} = \frac{M_{z,\max}}{W_z} + \frac{M_{y,\max}}{W_y} \tag{11-16}$$

而且,$D_1$ 点处于单向应力状态,故强度条件为

$$\sigma_{\max} \leqslant [\sigma] \tag{11-17}$$

式(11-16)中,$W_z = I_z / y_{\max}$,$W_y = I_y / z_{\max}$。

### 11.3.2 斜弯曲的变形计算

斜弯曲时,可按叠加原理计算其变形。图 11-11(a)中,悬臂梁自由端的挠度等于力 $F_y$ 和 $F_z$ 在各自弯曲平面内的挠度的矢量和,即

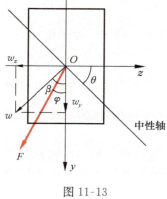

$$w_y = \frac{F_y l^3}{3EI_z} = \frac{Fl^3}{3EI_z}\cos\varphi, \quad w_z = \frac{F_z l^3}{3EI_y} = \frac{Fl^3}{3EI_y}\sin\varphi,$$

$$w = \sqrt{w_y^2 + w_z^2} \tag{11-18}$$

设总挠度 $w$ 的方向线与 $y$ 轴的夹角为 $\beta$,则

$$\tan\beta = \frac{w_z}{w_y} = \frac{I_z \sin\varphi}{I_y \cos\varphi} = \frac{I_z}{I_y}\tan\varphi \tag{11-19}$$

若 $\theta = \beta$,则表明梁在斜弯曲时其总挠度的方向与中性轴垂直(图 11-13)。一般情况下,$\beta \neq \varphi$,即挠曲线所在平面与外力 $F$ 的作用平面不重合,这是斜弯曲与平面弯曲的根本区别。

图 11-13

## 11.4 扭转与弯曲的组合变形

机械工程中的传动轴和曲柄轴等构件工作时多数发生弯曲与扭转的组合变形。本节讨论扭转与弯曲组合变形问题的强度计算。

图 11-14 所示的电动机通过安装在轴端的直径为 $D$ 的皮带轮输出动力。设皮带紧边和松边的张力分别为 $F_1$ 和 $F_2$,且 $F_1 > F_2$,现在研究轴 $AB$ 的强度。

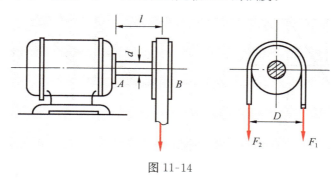

图 11-14

将皮带张力向 $AB$ 轴的轴心简化,得到图 11-15(a)所示的作用于轴线的横向力 $F$ 和作用于轴 $B$ 截面的力偶矩 $M_e$,其值分别为

$$F = F_1 + F_2, \quad M_e = (F_1 - F_2)\frac{D}{2} \tag{11-20}$$

横向力 $F$ 使轴发生弯曲变形,而力偶矩 $M_e$ 使轴发生扭转,所以 $AB$ 轴发生弯曲和扭转的组合变形。轴的扭矩图和弯矩图分别如图 11-15(b)、(c) 所示,容易判断轴的横截面 $A$ 为危险截面。

在危险截面上弯矩为 $M = Fl$,扭矩为 $T = M_e$,直径线 $ab$ 上各点的应力分布情况如图 11-15(d) 所示。在 $a$、$b$ 点处,同时作用有最大弯曲正应力和最大扭转切应力,为危险截面的危险点。危险点 $a$ 的应力状态如图 11-15(e) 所示,应力分量分别为

$$\sigma = \frac{M}{W_z}, \quad \tau = \frac{T}{W_p} \tag{11-21}$$

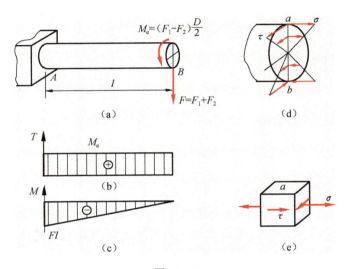

图 11-15

容易计算 $a$ 点单元体的三个主应力为

$$\sigma_1 = \frac{\sigma}{2} + \sqrt{\left(\frac{\sigma}{2}\right)^2 + \tau^2}, \quad \sigma_2 = 0, \quad \sigma_3 = \frac{\sigma}{2} - \sqrt{\left(\frac{\sigma}{2}\right)^2 + \tau^2} \tag{11-22}$$

考虑到轴类零件多用钢材类塑性材料制成,可选用第三或第四强度理论,则相应的强度条件为

$$\sigma_{r3} = \sigma_1 - \sigma_3 = \sqrt{\sigma^2 + 4\tau^2} \leqslant [\sigma] \tag{11-23}$$

$$\sigma_{r4} = \sqrt{\frac{1}{2}\left[(\sigma_1 - \sigma_2)^2 + (\sigma_2 - \sigma_3)^2 + (\sigma_3 - \sigma_1)^2\right]} = \sqrt{\sigma^2 + 3\tau^2} \leqslant [\sigma] \tag{11-24}$$

将式(11-21)分别代入式(11-23)和式(11-24),并注意到对圆截面来说 $W_p = 2W_z$,于是得到圆轴弯扭组合变形下的第三、第四强度理论的强度条件分别为

$$\frac{1}{W_z}\sqrt{M^2 + T^2} \leqslant [\sigma] \tag{11-25}$$

$$\frac{1}{W_z}\sqrt{M^2 + 0.75T^2} \leqslant [\sigma] \tag{11-26}$$

比较式(11-25)和式(11-26),两者的差别在于扭矩 $T$ 的系数稍有不同。

如果发生弯扭组合变形的杆件横截面并非圆形,则截面上危险点的扭转切应力 $\tau$ 应按非

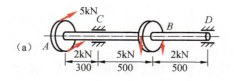

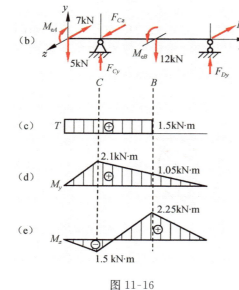

图 11-16

圆截面杆扭转时的切应力公式计算。

**例题 11-6** 图 11-16(a)所示钢轴有两个皮带轮 $A$ 和 $B$,两轮的直径 $D=1$m,轮的自重均为 $Q=5$kN,轴的许用应力$[\sigma]=80$MPa。试确定轴的直径 $d$。

**解题分析**:本题轮轴为弯扭组合变形。首先要将所有外力向轴线上简化,并绘制内力图,以便寻找危险截面。找到危险截面和危险点后,即可按强度条件设计轴直径。

**解**:(1) 计算轴上的载荷。

取如图 11-16(b)所示坐标系,则

外力偶矩

$$M_{eA} = M_{eB} = (5\text{kN} - 2\text{kN})\frac{D}{2}$$

$$= (5\text{kN} - 2\text{kN}) \times \frac{1\text{m}}{2} = 1.5\text{kN} \cdot \text{m}$$

$x$-$y$ 平面支反力

$$F_{Cy} = 12.5\text{kN}, \quad F_{Dy} = 4.5\text{kN}$$

$x$-$z$ 平面支反力

$$F_{Cz} = 9.1\text{kN}, \quad F_{Dz} = 2.1\text{kN}$$

(2) 画内力图,确定危险截面。

轴 $AB$ 段的扭矩为 $T=1.5$kN·m(图 11-16(c)),弯矩 $M_y$ 和 $M_z$ 如图 11-16(d)、(e)所示。从内力图看出,危险截面是 $C$ 或 $B$ 截面。分别计算 $C$、$B$ 两截面的总弯矩

$$\overline{M}_C = \sqrt{(2.1 \times 10^3 \text{N} \cdot \text{m})^2 + (1.5 \times 10^3 \text{N} \cdot \text{m})^2} = 2.58 \times 10^3 \text{N} \cdot \text{m} = 2.58\text{kN} \cdot \text{m}$$

$$\overline{M}_B = \sqrt{(1.05 \times 10^3 \text{N} \cdot \text{m})^2 + (2.25 \times 10^3 \text{N} \cdot \text{m})^2} = 2.49 \times 10^3 \text{N} \cdot \text{m} = 2.49\text{kN} \cdot \text{m}$$

比较两者大小,可知危险截面为 $C$ 截面。

(3) 确定轴的直径。

按第三强度理论设计轴的直径。直接采用圆轴弯扭组合情况下的强度条件,即式(11-25),得

$$\sigma_{r3} = \frac{\sqrt{M^2 + T^2}}{W_z} \leqslant [\sigma]$$

$$d \geqslant \sqrt[3]{\frac{32\sqrt{M^2 + T^2}}{\pi[\sigma]}} = \sqrt[3]{\frac{32\sqrt{(2.58 \times 10^3 \text{N} \cdot \text{m})^2 + (1.5 \times 10^3 \text{N} \cdot \text{m})^2}}{\pi(80 \times 10^6 \text{Pa})}}$$

$$= 72.4 \times 10^{-3}\text{m} = 72.4\text{mm}$$

如果按第四强度理论设计轴的直径,则

$$\sigma_{r4} = \frac{\sqrt{M^2 + 0.75T^2}}{W_z} \leqslant [\sigma]$$

$$d \geqslant \sqrt[3]{\frac{32\sqrt{M^2 + 0.75T^2}}{\pi[\sigma]}} = \sqrt[3]{\frac{32\sqrt{(2.58 \times 10^3 \text{N} \cdot \text{m})^2 + 0.75 \times (1.5 \times 10^3 \text{N} \cdot \text{m})^2}}{\pi(80 \times 10^6 \text{Pa})}}$$

$$= 71.6 \times 10^{-3}\text{m} = 71.6\text{mm}$$

比较可得按第三强度理论设计的轴径比按第四强度理论设计的轴径略大,可取 $d=73$mm。

**例题 11-7** 图 11-17(a)所示传动轴左端伞形齿轮上所受的轴向力 $F_1 = 16.5\text{kN}$,周向力 $F_2 = 4.55\text{kN}$,径向力 $F_3 = 0.414\text{kN}$;右端齿轮所受的周向力 $F_2' = 14.49\text{kN}$,径向力 $F_3' = 5.28\text{kN}$,轴直径 $d = 40\text{mm}$,许用应力 $[\sigma] = 300\text{MPa}$,试按第四强度理论对轴进行强度校核。

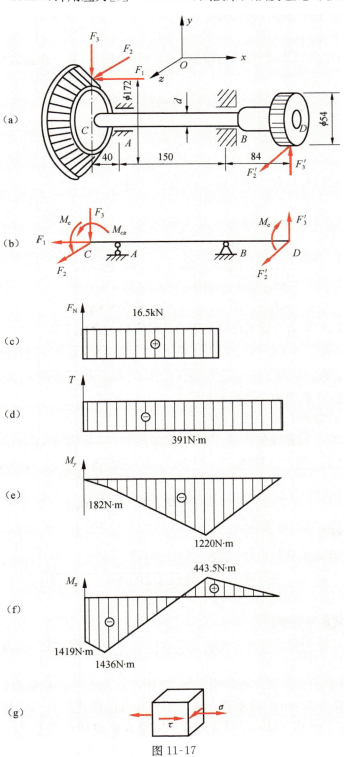

图 11-17

**解题分析**:本题传动轴发生的是轴向拉伸、扭转和弯曲的组合变形。轴向力 $F_1$ 由安装在 $B$ 截面处的止推轴承平衡,因此 $B$ 截面处可简化为固定铰支,而将 $A$ 处简化为可移动铰支。首先将所有外力向轴线上简化,绘制受力图,然后绘制内力图以便寻找危险截面。找到危险截面和危险点后,即可按强度条件校核轴的强度。

**解**:(1)计算外力。

将所有外力简化到轴线,所得受力图如图 11-17(b)所示,其中在轴的 $C$ 截面和 $D$ 截面上扭矩均为

$$M_e = F_2(0.172\text{m}/2) = 391\text{N} \cdot \text{m}$$

$C$ 截面处弯矩为

$$M_{Cz} = F_1(0.172\text{m}/2) = 1419\text{N} \cdot \text{m}$$

(2)计算内力。

轴的内力图如图 11-17(c)、(d)、(e)、(f)所示,其中

$$T = M_e = 391\text{N} \cdot \text{m}$$
$$F_N = F_1 = 16.5 \times 10^3 \text{N}$$
$$M_{Az} = M_{Cz} + F_3(0.04\text{m}) = 1436\text{N} \cdot \text{m}$$
$$M_{Bz} = F_3'(0.084\text{m}) = 443.5\text{N} \cdot \text{m}$$
$$M_{Ay} = F_2(0.04\text{m}) = 182\text{N} \cdot \text{m}$$
$$M_{By} = F_2'(0.084\text{m}) = 1220\text{N} \cdot \text{m}$$

从内力图看出,$A$、$B$ 为可能的危险截面。比较它们的合成弯矩

$$M_A = \sqrt{M_{Ay}^2 + M_{Az}^2} = \sqrt{(182\text{N} \cdot \text{m})^2 + (1436\text{N} \cdot \text{m})^2} = 1447\text{N} \cdot \text{m}$$
$$M_B = \sqrt{M_{By}^2 + M_{Bz}^2} = \sqrt{(1220\text{N} \cdot \text{m})^2 + (443.5\text{N} \cdot \text{m})^2} = 1296\text{N} \cdot \text{m}$$

$M_A > M_B$,可见,$A$ 截面为危险截面。

(3)计算危险点应力。

$A$ 截面危险点位于横截面的边缘,应力状态如图 11-17(g)所示,正应力和切应力分别为

$$\sigma = \frac{F_N}{A} + \frac{M_A}{W} = \frac{4(16.5 \times 10^3 \text{N})}{\pi(40\text{mm})^2} + \frac{32(1447\text{N} \cdot \text{m})}{\pi(40\text{mm})^3} = 243.4\text{MPa},$$

$$\tau = \frac{T}{W_p} = \frac{16(391\text{N} \cdot \text{m})}{\pi(40\text{mm})^3} = 31.1\text{MPa}$$

(4)校核轴的强度。

根据第四强度理论和式(10-19)或者式(11-24)得

$$\sigma_{r4} = \sqrt{\sigma^2 + 3\tau^2} = \sqrt{(243.4\text{MPa})^2 + 3(31.3\text{MPa})^2}$$
$$= 249\text{MPa} < [\sigma]$$

所以,传动轴满足强度条件。

**讨论**:本题在计算等效应力时,采用了式(11-24)。应注意,当存在轴力时,不能使用式(11-26)。

**例题 11-8** 图 11-18 所示为道路指示牌,由固定在地面上的钢管支撑。已知钢管外径 $d_1 = 220\text{mm}$,内径 $d_2 = 180\text{mm}$,指示牌左边到钢管轴线的距离为 $0.5\text{m}$,其他尺寸标于图中。设指示牌正面风压为 $p = 2.0\text{kPa}$,试计算钢管固定端 $A$ 点和 $B$ 点的主应力。

**解题分析**:指示牌所受风压可用一个合力 $W$ 代替,$W$ 垂直于指示牌,并作用在指示牌形

心处;将 $W$ 向钢管轴线上简化,得到一个集中力 $W$ 和一个扭矩 $T$,$W$ 使得钢管发生弯曲变形,$T$ 使钢管发生扭转变形,因此本题为弯扭组合变形问题。

**解**:(1) 计算 $A$、$B$ 所在截面的内力。

作用在指示牌上风压的合力为

$$W = pA = (2.0\text{kPa})(2.0\text{m} \times 1.2\text{m}) = 4.8\text{kN}$$

$W$ 作用在指示牌形心处,如图 11-19(a)所示。将 $W$ 向钢管轴线简化后,得到作用在钢管 6.6m 高处截面上集中力 $W$ 和扭矩 $T$(图 11-19(b)):

$$T = Wb = (4.8\text{kN})(1.5\text{m}) = 7.2\text{kN} \cdot \text{m}$$

$A$、$B$ 点所在钢管根部截面上的内力为弯矩 $M$、扭矩 $T$ 和剪力 $F_S$(图 11-19(c))

$$M = Wh = (4.8\text{kN})(6.6\text{m}) = 31.68\text{kN} \cdot \text{m}$$

$$T = 7.2\text{kN} \cdot \text{m}, \quad F_S = W = 4.8\text{kN}$$

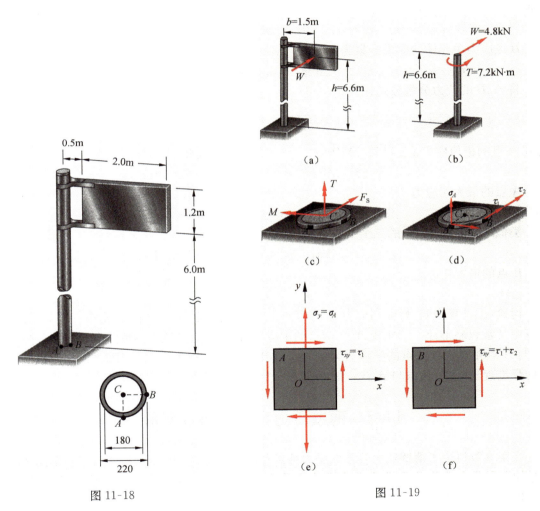

图 11-18          图 11-19

(2) 确定 $A$、$B$ 点的应力状态。

钢管任一截面的扭矩和剪力均相同,钢管根部,即 $A$、$B$ 所在的截面弯矩最大,因此,钢管根部截面为危险截面。在危险截面上,$A$ 点作用有弯曲正应力 $\sigma_A$ 和扭转切应力 $\tau_1$,如图 11-19(d)所示;$B$ 点作用有扭转切应力 $\tau_1$ 和弯曲切应力 $\tau_2$。它们的大小分别为

$$\sigma_A = \frac{M}{W_z} = \frac{32M}{\pi d_1^3\left[1-\left(\frac{d_2}{d_1}\right)^4\right]} = \frac{32(31.68\times10^3\,\mathrm{N\cdot m})}{\pi(0.22\mathrm{m})^3\left[1-\left(\frac{0.18\mathrm{m}}{0.22\mathrm{m}}\right)^4\right]} = 54.91\times10^6\,\mathrm{Pa} = 54.91\mathrm{MPa}$$

$$\tau_1 = \frac{T}{W_p} = \frac{16T}{\pi d_1^3\left[1-\left(\frac{d_2}{d_1}\right)^4\right]} = \frac{16(7.2\times10^3\,\mathrm{N\cdot m})}{\pi(0.22\mathrm{m})^3\left[1-\left(\frac{0.18\mathrm{m}}{0.22\mathrm{m}}\right)^4\right]} = 6.24\times10^6\,\mathrm{Pa} = 6.24\mathrm{MPa}$$

由于钢管壁厚 $\delta$ 与外径之比 $\delta/d_1$ 小于 $1/10$,可直接使用薄壁管最大弯曲切应力公式(7-25)计算 $\tau_2$

$$\tau_2 = 2\frac{F_s}{A} = 2\frac{4F_s}{\pi(d_1^2-d_2^2)} = \frac{8(4.8\times10^3\,\mathrm{N})}{\pi\left[(0.22\mathrm{m})^2-(0.18\mathrm{m})^2\right]} = 0.76\times10^6\,\mathrm{Pa} = 0.76\mathrm{MPa}$$

(3)计算 $A$、$B$ 点主应力。

$A$、$B$ 点的应力单元体如图 11-19(e)、(f)所示,$y$ 坐标轴与钢管轴线平行,$x$ 坐标为 $A$、$B$ 点所在圆周的切线方向。于是,$A$ 点应力单元体的应力分量为

$$\sigma_x = 0,\quad \sigma_y = \sigma_A = 54.91\mathrm{MPa},\quad \tau_{xy} = \tau_1 = 6.24\mathrm{MPa}$$

$B$ 点应力单元体的应力分量为

$$\sigma_x = \sigma_y = 0,\quad \tau_{xy} = \tau_1 + \tau_2 = 6.24\mathrm{MPa} + 0.76\mathrm{MPa} = 7.00\mathrm{MPa}$$

将 $A$、$B$ 的应力分量分别代入式(9-8)

$$\left.\begin{array}{r}\sigma_{max}\\\sigma_{min}\end{array}\right\} = \frac{\sigma_x+\sigma_y}{2} \pm \sqrt{\left(\frac{\sigma_x-\sigma_y}{2}\right)^2 + \tau_{xy}^2}$$

得到 $A$ 点的极值应力 $\sigma_{max} = 55.7\mathrm{MPa}$,$\sigma_{min} = -0.7\mathrm{MPa}$。因此,$A$ 点的三个主应力为

$$\sigma_1 = 55.7\mathrm{MPa},\quad \sigma_2 = 0,\quad \sigma_3 = -0.7\mathrm{MPa}$$

$A$ 点的最大切应力

$$\tau_{max} = (\sigma_1-\sigma_3)/2 = 28.2\mathrm{MPa}$$

类似地,可得到 $B$ 点的三个主应力为

$$\sigma_1 = 7.0\mathrm{MPa},\quad \sigma_2 = 0,\quad \sigma_3 = -7.0\mathrm{MPa}$$

$B$ 点的最大切应力

$$\tau_{max} = (\sigma_1-\sigma_3)/2 = 7.0\mathrm{MPa}$$

**讨论**:①计算表明,弯曲切应力 $\tau_2$ 与弯曲正应力 $\sigma_A$、扭转切应力 $\tau_1$ 相比小一个数量级,故计算中常常忽略不计。②比较 $A$、$B$ 两点的主应力可知,$A$ 点是截面的危险点。③在危险截面上,与 $A$ 点相对位置的点的主应力为 $\sigma_1 = 0.7\mathrm{MPa}$、$\sigma_2 = 0$、$\sigma_3 = -55.7\mathrm{MPa}$。无论用第三还是第四强度理论判断,该点与 $A$ 点一样危险。

# 11.5 薄壁压力容器的组合变形

在第 9 章讨论了薄壁压力容器的受力特点和应力状态,第 10 章又根据第三和第四强度理论给出了其强度条件。本节通过例题,讨论薄壁压力容器发生组合变形时的强度计算问题。

**例题 11-9** 图 11-20(a)所示的薄壁圆筒,内径 $D = 75\mathrm{mm}$,壁厚 $\delta = 2.5\mathrm{mm}$,内压 $p = 7\mathrm{MPa}$,圆筒受外力偶矩 $M_e = 200\mathrm{N\cdot m}$ 作用。薄壁圆筒材料的许用应力为 $[\sigma] = 160\mathrm{MPa}$,试用第三强度理论校核圆筒的强度。

**解**:(1)确定筒壁上点的应力状态并计算应力分量大小。

在第 9 章曾指出,当筒体不承受扭矩时,筒壁任一点为二向拉伸应力状态;叠加扭矩后,筒

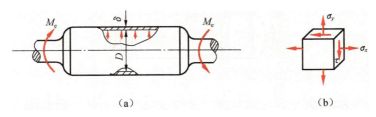

（a）　　　　　　　　　　（b）

图 11-20

壁任一点的应力状态如图 11-20(b)所示，其中 $\sigma_x$ 为轴向应力，$\sigma_y$ 为周向应力，$\tau$ 为扭矩引起的扭转切应力，它们的大小分别为

$$\sigma_x = \frac{pD}{4\delta} = \frac{(7\text{MPa})(75\text{mm})}{4(2.5\text{mm})} = 52.5\text{MPa}$$

$$\sigma_y = \frac{pD}{2\delta} = \frac{(7\text{MPa})(75\text{mm})}{2(2.5\text{mm})} = 105\text{MPa}$$

$$\tau = \frac{T}{2\pi(D/2)^2\delta} = \frac{200 \times 10^3 \text{N} \cdot \text{mm}}{2\pi(75\text{mm}/2)^2(2.5\text{mm})} = 9.05\text{MPa}$$

（2）计算主应力。

由式(9-8)先计算极值应力

$$\left.\begin{array}{l}\sigma_{\max} \\ \sigma_{\min}\end{array}\right\} = \frac{\sigma_x + \sigma_y}{2} \pm \sqrt{\left(\frac{\sigma_x - \sigma_y}{2}\right)^2 + \tau^2} = \left.\begin{array}{l}106.5\text{MPa} \\ 51.0\text{MPa}\end{array}\right\}$$

所以三个主应力分别为

$$\sigma_1 = 106.5\text{MPa}, \quad \sigma_2 = 51.0\text{MPa}, \quad \sigma_3 = 0$$

（3）强度校核。

采用第三强度理论，有

$$\sigma_{r3} = \sigma_1 - \sigma_3 = 106.5\text{MPa} - 0 = 106.5\text{MPa} < [\sigma] = 160\text{MPa}$$

所以，该薄壁圆筒满足强度条件。

## 思 考 题

11-1　杆件在_____变形时，其危险点的应力状态为思考题 11-1 图所示应力状态。

A. 斜弯曲；　　　　　　B. 偏心拉伸；　　　　　　C. 拉弯组合；　　　　　　D. 弯扭组合。

11-2　思考题 11-2 图所示正方形截面等直杆，抗弯截面模量为 $W$。在危险截面上，弯矩为 $M$，扭矩为 $T$，$A$ 点处有最大正应力 $\sigma$ 和最大切应力 $\tau$。若材料为低碳钢，则其强度条件为_____。

A. $\sigma \leqslant [\sigma], \tau \leqslant [\tau]$；

B. $\dfrac{\sqrt{M^2 + T^2}}{W} \leqslant [\sigma]$；

C. $\dfrac{\sqrt{M^2 + 0.75T^2}}{W} \leqslant [\sigma]$；

D. $\sqrt{\sigma^2 + 4\tau^2} \leqslant [\sigma]$。

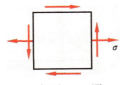

思考题 11-1 图　　　　　　　　思考题 11-2 图

11-3　思考题 11-3 图所示两端封闭的薄壁圆筒，受内压和扭矩的作用，其表面上 $A$ 点的应力状态为

_____。

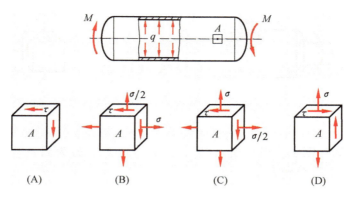

(A)      (B)      (C)      (D)

思考题 11-3 图

11-4 思考题 11-4 图所示矩形和圆形截面直杆的弯矩为 $M_y$ 和 $M_z$,在计算它们的最大正应力时,关于公式 $\sigma_{max} = M_z/W_z + M_y/W_y$ 的适用性:_____。

A. (a)、(b)均适用;　　　　　　　　　　B. (a)、(b)均不适用;

C. (a)适用、(b)不适用;　　　　　　　　D. (a)不适用、(b)适用。

11-5 判断下面两种说法对错:①由于正方形截面对于过形心的任一对正交轴的惯性积都等于零,所以只要横向力通过形心,它就产生平面弯曲而永远不会产生斜弯曲;②于是,对思考题 11-5 图所示梁可以仿效圆截面梁采用 $\sigma_{max} = \sqrt{(M_{y,max})^2 + (M_{z,max})^2}/W \leqslant [\sigma]$ 作为强度条件。正确答案是_____。

A. ①对,②对;　　　　B. ①不对,②不对;　　　　C. ①不对,②对;　　　　D. ①对,②不对。

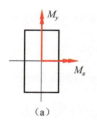
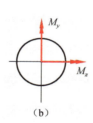
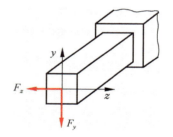

思考题 11-4 图　　　　　　　　　　思考题 11-5 图

11-6 圆截面杆受力如思考题 11-6 图所示。按第三强度理论列出下面两种形式的强度条件:

$$① \frac{F_N}{A} + \sqrt{\left(\frac{M}{W_z}\right)^2 + 4\left(\frac{T}{W_p}\right)^2} \leqslant [\sigma]; \qquad ② \sqrt{\left(\frac{F_N}{A} + \frac{M}{W_z}\right)^2 + 4\left(\frac{T}{W_p}\right)^2} \leqslant [\sigma]$$

关于这两个强度条件:_____。

A. ①和②都正确;　　B. ①和②都不正确;　　C. ①不正确,②正确;　　D. ①正确,②不正确。

11-7 思考题 11-7 图所示偏心压缩杆件,力 $F$ 作用在顶面对称轴的 $K$ 点上。已知 $\sigma_a = 20$MPa(拉),$\sigma_b = 0$,图中 $c$ 点的正应力为_____。

A. 20MPa(压);　　　　B. 40MPa(压);　　　　C. 60MPa(拉);　　　　D. 60MPa(压)。

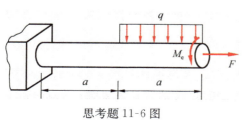
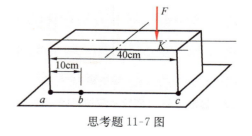

思考题 11-6 图　　　　　　　　　　思考题 11-7 图

# 习　　题

11.1-1　习题 11.1-1 图所示斜梁 AB 的横截面是 100mm×100mm 的正方形,若 F＝3kN,试作轴力图和弯矩图,并求最大拉应力和最大压应力。

11.1-2　习题 11.1-2 图所示钢板,在一侧切去宽 40mm 的缺口,试求 AB 截面的最大正应力。若两侧都切去宽 40mm 的缺口,此时 $\sigma_{max}$ 是多少?

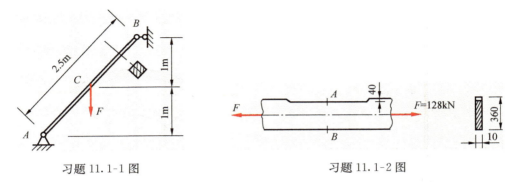

习题 11.1-1 图　　　　　　　　　　　习题 11.1-2 图

11.1-3　习题 11.1-3 图所示矩形截面钢杆,用应变片测得杆件上、下表面的轴向正应变分别为 $\varepsilon_a＝1×10^{-3}$, $\varepsilon_b＝0.4×10^{-3}$,材料的弹性模量 $E＝210$GPa,泊松比 $\nu＝0.3$。(1) 试作横截面上的正应力分布图;(2) 试求拉力 F 及偏心距 $\delta$ 的数值。

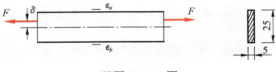

习题 11.1-3 图

11.1-4　习题 11.1-4 图所示为两座水坝的截面,一为矩形,一为三角形。水深均为 $l$,混凝土密度 $\rho＝2.2×10^3$ kg/m³。试问当坝底截面上不出现拉应力时 $h$ 各等于多少 $l$?

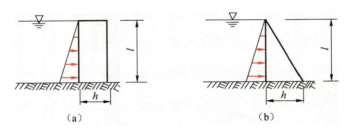

(a)　　　　　　　　　　　(b)

习题 11.1-4 图

11.1-5　习题 11.1-5 图(a)所示一圆截面环链,受拉力 F 作用。已知:$F＝2$kN,$a＝40$mm,直径 $d＝20$mm。试求:(1) 横截面上的正应力;(2) 当截面 A 处由于没有焊好而分离时(习题 11.1-5 图(b))环截面上的最大拉应力,并与(1)项结果相比,求其应力增加的百分数。

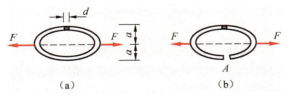

(a)　　　　　　　　　　　(b)

习题 11.1-5 图

11.1-6 习题 11.1-6 图所示铝制路灯柱,重 2300N,灯臂重 330N。试计算灯柱中的最大拉应力和最大压应力。

11.1-7 习题 11.1-7 图所示矩形截面曲杆 $ABC$,在两端点受力 $P$ 作用。已知曲杆半径 $r=300\text{mm}$,$P=1.6\text{kN}$,截面高 $h=30\text{mm}$,杆的许用拉应力为 80MPa。试确定曲杆的最小厚度 $t_{\min}$。

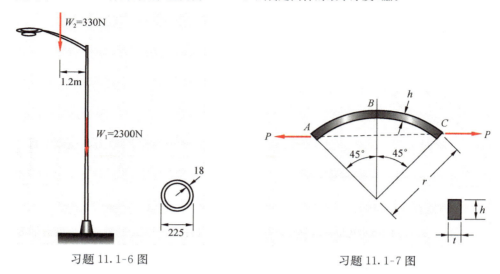

习题 11.1-6 图            习题 11.1-7 图

11.1-8 习题 11.1-8 图所示固定在地面上的铝管受拉力 $T$ 作用,$T$ 的作用点位于管的外表面,作用线与管壁成 $\alpha$ 角。已知 $\alpha=28°$,$L=2.0\text{m}$,$d_2=250\text{mm}$,$d_1=200\text{mm}$,铝管许用压应力为 $[\sigma_c]=80\text{MPa}$。试确定许用载荷 $[T]$。

11.1-9 习题 11.1-9 图所示杆件 $AB$,上端固定,在下端截面形心作用拉力 $P$。在杆的中间部位挖去一半,试确定以下两种情况下截面 $mn$ 上的最大拉应力和最大压应力:(1) 杆横截面为边长为 $b$ 的方形;(2) 杆横截面为直径为 $b$ 的圆形。

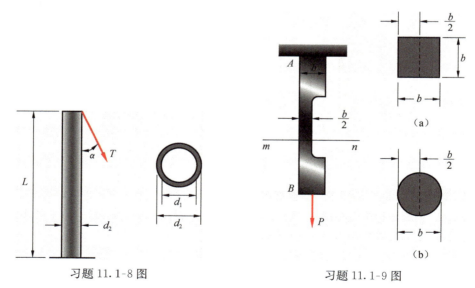

习题 11.1-8 图            习题 11.1-9 图

11.1-10 习题 11.1-10 图所示矩形截面悬臂梁,横截面宽 $b=25\text{mm}$,高 $h=100\text{mm}$。在自由端截面形心处作用集中力 $P$,$P$ 与截面夹角为 $\alpha$。在梁表面一半高度的 $C$ 点粘贴两个应变计 $A$ 和 $B$,$A$ 沿着梁轴线方向,$B$ 与 $A$ 夹角为 $\beta$。已知 $\beta=60°$,两个应变计读数分别为 $\varepsilon_A=125\times10^{-6}$,$\varepsilon_B=-375\times10^{-6}$,材料的弹性模量 $E=200\text{GPa}$,泊松比 $\nu=1/3$。试计算力 $P$ 和角 $\alpha$ 的大小。

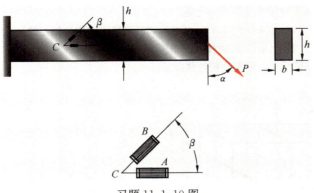

习题 11.1-10 图

11.2-1　习题 11.2-1 图所示直升机的螺旋桨轴在驱动螺旋桨旋转的同时,还承受机身的重力作用,因此该轴发生扭转和轴向拉伸组合变形。设轴直径 $D=50\text{mm}$,扭矩 $T=2.4\text{kN·m}$,轴向拉力 $P=125\text{kN}$,试确定危险点,并计算轴的主应力。

习题 11.2-1 图

11.2-2　习题 11.2-2 图所示实心圆截面轴承受轴向拉力 $P=80\text{kN}$,扭矩 $T=1.1\text{kN·m}$,轴的许用应力 $[\sigma]=60\text{MPa}$,试采用第三强度理论确定轴的直径。

习题 11.2-2 图

11.2-3　习题 11.2-3 图所示扭摆,钢丝直径 $d=4\text{mm}$,长度 $L=1\text{m}$,摆的质量 $M=50\text{kg}$。已知钢丝剪切弹性模量 $G=80\text{GPa}$,许用应力 $[\sigma]=80\text{MPa}$,试用第三强度理论确定摆的许用扭转角 $\phi_{\max}$。

11.3-1　习题 11.3-1 图所示矩形截面檩条梁长 $l=3\text{m}$,受集度为 $q=800\text{N/m}$ 的均布载荷作用,檩条材料为杉木,$[\sigma]=12\text{MPa}$。试选择其截面尺寸(设高宽比 $h/b=1.5$)。

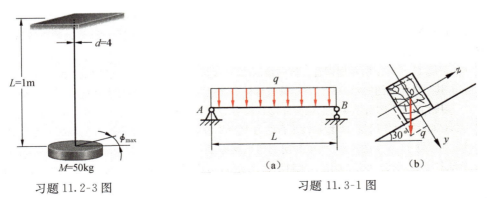

习题 11.2-3 图　　　　　　习题 11.3-1 图

11.3-2 矩形截面的悬臂梁承受载荷如习题 11.3-2 图所示。已知材料的许用应力 $[\sigma]=10$MPa。试求:
(1) 矩形截面的尺寸 $b,h$(设 $h/b=2$);(2) 左半段和右半段梁的中性轴位置。

11.4-1 习题 11.4-1 图所示圆截面杆,已知 $F_1=500$N,$F_2=15$kN,$M_e=1.2$kN·m,$d=50$mm,$l=900$mm,$[\sigma]=120$MPa,试按第三强度理论校核强度。

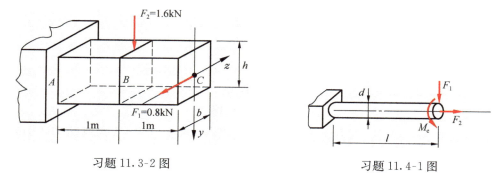

习题 11.3-2 图　　　　　　　　　　　习题 11.4-1 图

11.4-2 习题 11.4-2 图所示轴上安装有两个轮子,两轮上分别作用有 $F=3$kN 及 $Q$,该轴处于平衡状态。若$[\sigma]=60$MPa。试分别按第三及第四强度理论选定轴的直径。

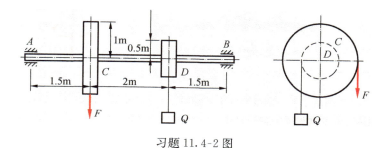

习题 11.4-2 图

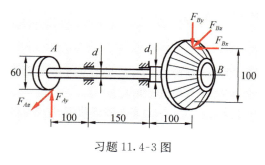

习题 11.4-3 图

11.4-3 习题 11.4-3 图所示齿轮轴 $B$ 端装有锥形齿轮,其上作用有轴向力 $F_{Bx}=0.4$kN,径向力 $F_{By}=0.2$kN,切向力 $F_{Bz}=1.2$kN。$A$ 端装有齿轮,其上作用有径向力 $F_{Ay}=0.5$kN,切向力 $F_{Az}=2$kN。轴的直径 $d=30$mm,$d_1=40$mm,许用应力$[\sigma]=80$MPa。试按第三强度理论校核轴的强度。

11.4-4 习题 11.4-4 图所示钢质拐轴,承受铅垂载荷 $F$ 作用,试用第三强度理论确定轴 $AB$ 的直径。已知载荷 $F=1$kN,许用应力$[\sigma]=160$MPa。

11.4-5 曲柄轴的直径 $d=20$mm,其他尺寸和受力如习题 11.4-5 图所示,试计算轴固定端 $A$ 点的主应力。$A$ 点位于轴外表面与 $z_0$ 相交的位置。

11.4-6 习题 11.4-6 图所示用钢管支撑的指示牌,承受风压 $p=1.8$kPa。已知钢管外径 $d_1=100$mm,内径 $d_2=80$mm,其余尺寸如图所示。试计算钢管根部外表面点 $A$、$B$ 和 $C$ 处的最大切应力。

11.4-7 习题 11.4-7 图所示实心圆截面杆,$AB$ 段与 $BC$ 段垂直,$AB$ 段直径 $d=60$mm。在 $C$ 点作用竖直向下力 $P_1=2.02$kN,同时作用与 $AB$ 段轴线平行的力 $P_2=3.07$kN。试计算固定端 $A$ 处截面 $p$ 点的主应力。

11.5-1 如习题 11.5-1 图所示,两端封闭的铸铁薄壁圆筒,内径 $D=200$mm,厚度 $\delta=4$mm,承受内压 $p=3$MPa 及轴向压力 $F=200$kN 的作用,材料泊松比 $\nu=0.3$,许用拉应力$[\sigma_t]=40$MPa。试用第二强度理论校核圆筒的强度。

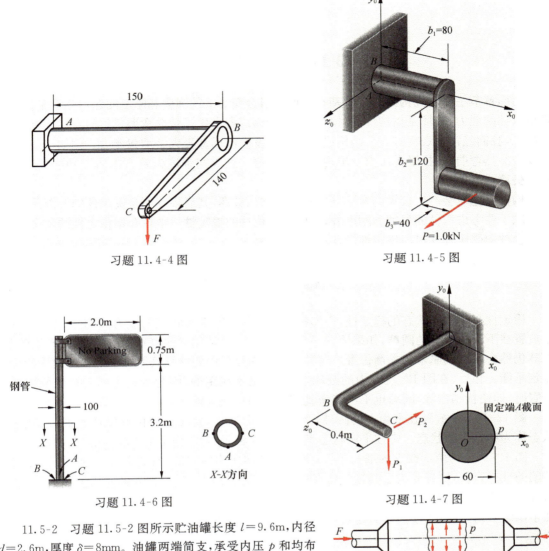

习题 11.4-4 图

习题 11.4-5 图

习题 11.4-6 图

习题 11.4-7 图

11.5-2　习题 11.5-2 图所示贮油罐长度 $l=9.6\text{m}$，内径 $d=2.6\text{m}$，厚度 $\delta=8\text{mm}$。油罐两端简支，承受内压 $p$ 和均布载荷 $q$ 作用。已知 $p=0.6\text{MPa}$，$[\sigma]=160\text{MPa}$。试求许可分布载荷集度 $[q]$。

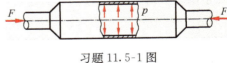

习题 11.5-1 图

11.5-3　习题 11.5-3 图所示压力容器承受内压 $p=3.5\text{MPa}$，两端承受扭矩 $T=500\text{N}\cdot\text{m}$ 以及拉力 $P$。已知容器半径 $r=50\text{mm}$，壁厚 $t=3\text{mm}$，许用应力 $[\sigma]=70\text{MPa}$，试采用第三强度理论确定许用轴向载荷 $P$。

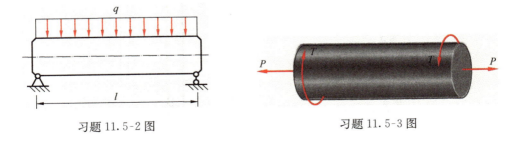

习题 11.5-2 图

习题 11.5-3 图

# 第 12 章　压杆的稳定性

前面章节主要研究构件在 3 种基本变形和组合变形下的强度和刚度问题。强度是指构件抵抗破坏的能力,破坏是指构件的材料发生了分离或者发生了塑性变形。然而,在实际生活和工程中,我们经常会观察到有些结构或构件没有发生破坏却丧失了承载能力。例如,受压的杆件发生突然弯曲,易拉罐在压力下出现局部皱褶等。这类与强度失效有本质不同的失效现象称为**失稳**或**屈曲**。

构件失稳后会产生较大的变形并导致整个结构破坏,其后果往往是灾难性的。因此,在设计中除了要考虑构件的强度和刚度外,还应考虑构件的**稳定性**。本章介绍稳定性的基本概念,并结合轴向受压杆件讨论稳定性设计的基本方法。

## 12.1　稳定性的基本概念

稳定性是指平衡状态的稳定性,亦即物体保持其当前平衡状态的能力。例如,图 12-1(a)中放置在下凹曲面上的圆球,如果给它一个微小扰动,使其稍微偏离平衡位置,当扰动撤除后,圆球仍然会回到其原来的平衡位置。这种在干扰撤除后即能恢复其原有平衡状态的平衡称为**稳定平衡**。相反,在图 12-1(b)中的圆球,其平衡是**不稳定**的,因为当它受到干扰而偏离平衡位置时,即使扰动撤除,圆球也不可能恢复其原来的平衡位置。

图 12-1(c)中放置在平面上的圆球,当它受到干扰时,会在新的位置保持平衡,这种平衡状态称为**中性平衡状态**。中性平衡状态是一个临界状态,处于稳定与不稳定的"分岔口"。

图 12-2(a)为两端铰支的细长压杆,当受到轴向压力时,如果杆件是不存在材料、几何等缺陷的理想直杆,则杆受力后其轴线将保持直线形状(图 12-2(b))。当轴向压力较小时,如果给杆一个侧向干扰使其稍微弯曲,则当干扰去除后,杆仍会恢复其原来的直线形状,说明压杆处于稳定平衡状态;当轴向压力超过某一值时,当干扰去除后压杆不但不会恢复原来的直线形

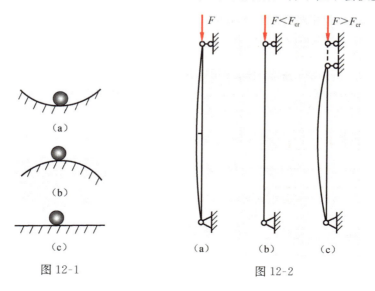

图 12-1　　　　　　　　　图 12-2

状,而且会继续弯曲,产生显著的弯曲变形甚至破坏(图 12-2(c))。可见,在轴向压力逐渐增大过程中,压杆从稳定的直线平衡状态转变为不稳定的直线平衡状态。使压杆直线形式的平衡由稳定转变为不稳定的轴向压力值,称为压杆的**临界力**或**临界载荷**,用 $F_{cr}$ 表示。在临界载荷作用下,压杆既可以保持直线形式平衡,也可以在微弯状态下保持平衡,即处于中性平衡状态。当轴向压力超过临界载荷时,压杆从中性平衡状态转为不稳定平衡状态,产生失稳现象。

压杆是工程中广泛使用的构件。压杆的失稳,轻则引起构件失效,重则引起整个结构的破坏,造成严重的事故。如何避免失稳,是压杆设计时必须考虑的问题。前面的分析表明,解决压杆稳定问题的关键是确定其临界载荷。如果将压杆的工作压力控制在临界载荷以下,则压杆不会失稳,因此,如何确定压杆的临界载荷是解决压杆稳定性问题的关键。

## 12.2　两端铰支细长压杆的临界载荷

图 12-3(a)所示为两端球形铰支的细长等直杆,承受轴向压力 $F$。当压力 $F$ 增大到某一临界值 $F_{cr}$ 时,杆由轴线为直线的平衡状态变为轴线发生微小弯曲变形的微弯平衡状态。

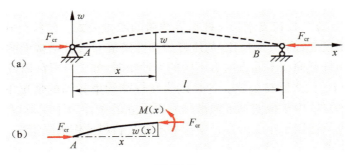

图 12-3

选取图 12-3(a)所示的 $x$-$w$ 坐标系,从处于微弯平衡状态的杆中取出图 12-3(b)所示的一段,该段必然也处于平衡状态。设该段右截面(距 $A$ 端坐标为 $x$)挠度为 $w$,考虑到静力平衡条件,则该截面上必有一弯矩,其值为

$$M(x) = - F_{cr}w(x) \tag{12-1}$$

设杆的弯曲刚度为 $EI$,将上式代入挠曲轴近似微分方程式(8-3a),得

$$\frac{\mathrm{d}^2 w}{\mathrm{d}x^2} = \frac{M(x)}{EI} = -\frac{F_{cr}w}{EI} \tag{12-2}$$

为方便起见,设

$$k^2 = \frac{F_{cr}}{EI} \tag{12-3}$$

于是,式(12-2)可写为

$$\frac{\mathrm{d}^2 w}{\mathrm{d}x^2} + k^2 w = 0 \tag{12-4}$$

式(12-4)为二阶齐次常微分方程,其通解为

$$w = a\sin kx + b\cos kx \tag{12-5}$$

式中,$a$、$b$ 和 $k$ 均为待定常数。为确定这些常数,可以利用杆两端的位移约束条件。

在杆的 $A$ 端，$x=0$，$w=0$。将其代入式(12-5)，得 $b=0$。于是，式(12-5)变为

$$w = a\sin kx \qquad (12\text{-}6)$$

杆 $B$ 端的位移约束条件为：$x=l$，$w=0$。将其代入式(12-6)，得

$$a\sin kl = 0$$

上式成立的条件是 $a=0$ 或者 $\sin kl=0$。当取 $a=0$ 时，$w(x)=0$，即杆的挠度处处为零，表示压杆处于直线平衡状态，与所考虑的微弯状态不符。当取 $\sin kl=0$ 时，待定常数 $k$ 必须满足条件

$$kl = n\pi \quad \text{或} \quad k = \frac{n\pi}{l} \quad (n=0,1,2,3,\cdots) \qquad (12\text{-}7)$$

代回式(12-3)，得

$$F_{cr} = \frac{n^2\pi^2 EI}{l^2} \qquad (12\text{-}8)$$

式(12-8)表明，使杆处于微弯平衡状态的临界载荷有无穷多个。工程上通常取其中不为零的最小值作为压杆的临界载荷。取 $n=1$，式(12-8)成为

$$F_{cr} = \frac{\pi^2 EI}{l^2} \qquad (12\text{-}9)$$

式(12-9)称为计算两端铰支细长压杆临界载荷的**欧拉公式**。欧拉公式表明，压杆的临界载荷 $F_{cr}$ 与压杆的长度 $l$ 的平方成反比，与压杆的弹性模量 $E$ 和杆横截面的惯性矩 $I$ 成正比。

值得指出，当压杆截面在不同方向有不同的惯性矩时(如工字形截面或矩形截面等)，应取其中最小的惯性矩 $I_{min}$ 代入欧拉公式。这是因为在杆端约束相同的情况下，失稳发生在惯性矩最小的方向上。另外，由于挠曲轴近似微分方程成立的条件为小变形以及材料符合胡克定律，所以欧拉公式也只适用于小变形和杆中应力不超过材料比例极限情况。

取 $n=1$，将式(12-7)代入式(12-6)，得到

$$w = a\sin\left(\frac{\pi x}{l}\right) \qquad (12\text{-}10)$$

可见，在临界载荷作用下，两端铰支压杆的微弯状态为半波正弦曲线，其幅值为 $a$，亦即杆中点($x=l/2$ 处)的挠度值。

## 12.3　不同杆端约束下细长压杆的临界载荷

上节导出了两端铰支细长压杆临界载荷的计算公式，本节讨论几种不同杆端约束下压杆临界载荷的计算方法。

图 12-4(a)所示为两端固定约束的压杆，当轴向力 $F$ 达到临界力 $F_{cr}$ 时，杆处于微弯平衡

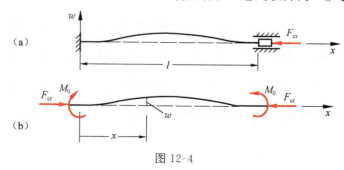

图 12-4

状态。由于对称性,可设杆两端的约束力偶矩均为 $M_0$,则杆的受力情况如图 12-4(b)所示。将杆从坐标为 $x$ 的截面截开,并考虑左半部分的静力平衡,可得到 $x$ 截面处的弯矩为

$$M(x) = -F_{cr}w + M_0 \tag{12-11}$$

代入挠曲轴近似微分方程式(8-3a)得

$$\frac{\mathrm{d}^2 w}{\mathrm{d}x^2} = -\frac{F_{cr}w}{EI} + \frac{M_0}{EI} \tag{12-12}$$

令 $k^2 = F_{cr}/(EI)$,式(12-12)可写为

$$\frac{\mathrm{d}^2 w}{\mathrm{d}x^2} + k^2 w = \frac{M_0}{EI} \tag{12-13}$$

该微分方程的通解为

$$w = a\sin kx + b\cos kx + \frac{M_0}{F_{cr}} \tag{12-14}$$

一阶导数为

$$w' = ak\cos kx - bk\sin kx \tag{12-15}$$

考虑到压杆两端的位移约束条件分别为

$$x = 0: \quad w = 0, \quad w' = 0$$
$$x = l: \quad w = 0, \quad w' = 0$$

将上述条件代入式(12-14)和式(12-15),得到联立方程

$$\begin{cases} b + \dfrac{M_0}{F_{cr}} = 0 \\ ak = 0 \\ a\sin kl + b\cos kl + \dfrac{M_0}{F_{cr}} = 0 \\ ak\cos kl - bk\sin kl = 0 \end{cases} \tag{12-16}$$

由上面四个方程解出

$$a = 0, \quad b = -\frac{M_0}{F_{cr}}, \quad \cos kl = 1, \quad \sin kl = 0 \tag{12-17}$$

满足上式的非零最小根为 $kl = 2\pi$ 或 $k = 2\pi/l$,于是得

$$F_{cr} = k^2 EI = \frac{4\pi^2 EI}{l^2} = \frac{\pi^2 EI}{(0.5l)^2} \tag{12-18}$$

比较式(12-18)和式(12-9)发现,两端固定压杆的临界载荷与两端铰支情况的临界载荷只在分母上相差一个长度系数 0.5。若用 $\mu$ 表示反映不同杆端约束情况的**长度因数**,则不同杆端约束情况下细长压杆临界载荷计算公式可统一表示为

$$F_{cr} = \frac{\pi^2 EI}{(\mu l)^2} \tag{12-19}$$

式(12-19)仍然称为欧拉公式。式中,乘积 $(\mu l)$ 称为压杆的**等效长度**或**相当长度**。

表 12-1 给出了不同杆端约束情况下长度因数 $\mu$ 的大小。值得指出,表中给出的都是理想约束情况。实际工程问题中,杆端约束多种多样,要根据具体约束情况和相关设计规范选定 $\mu$ 值的大小。

表 12-1　不同杆端约束情况下的长度因数值

| 约束条件 | 两端铰支 | 一端自由<br>一端固定 | 两端固定 | 一端铰支<br>一端固定 |
|---|---|---|---|---|
| 挠曲线形状 | | | | |
| $F_{cr}$ | $\dfrac{\pi^2 EI}{l^2}$ | $\dfrac{\pi^2 EI}{(2l)^2}$ | $\dfrac{\pi^2 EI}{(0.5l)^2}$ | $\dfrac{\pi^2 EI}{(0.7l)^2}$ |
| $\mu$ | 1.0 | 2.0 | 0.5 | 0.7 |

**例题 12-1**　图 12-5 所示压杆均为细长杆,其横截面形状、尺寸均相同,材料一样。试判断哪根杆最先失稳,哪根杆最后失稳。

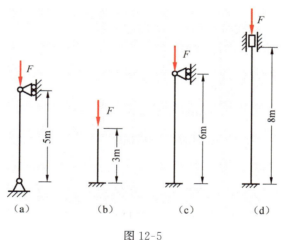

图 12-5

**解**:临界力最小的杆最先失稳,临界力最大的杆最后失稳。四根杆的 $EI$ 均相同,根据欧拉公式,只要比较它们的等效长度 $\mu l$ 即可。$\mu l$ 最大的杆,其临界力最小,最先失稳。

杆(a):　　$\mu l = 1.0 \times 5\text{m} = 5\text{m}$

杆(b):　　$\mu l = 2.0 \times 3\text{m} = 6\text{m}$

杆(c):　　$\mu l = 0.7 \times 6\text{m} = 4.2\text{m}$

杆(d):　　$\mu l = 0.5 \times 8\text{m} = 4\text{m}$

比较可知,杆(b)先失稳,杆(d)最后失稳。

**例题 12-2**　图 12-6 所示结构中,$AB$ 及 $AC$ 均为圆截面细长杆,直径 $d = 80\text{mm}$,材料为 Q235 钢,试求此结构的临界载荷 $F_{cr}$。

**解**:分别计算各杆可承担的临界载荷,取其中的最小值。

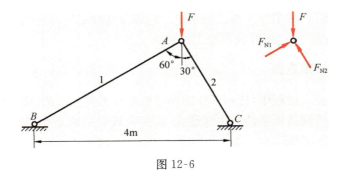

图 12-6

（1）计算在 $F$ 力作用下各杆的轴力。

由 $A$ 点的静力平衡方程得

$$F_{N1} = F\cos 60° = F/2, \quad F = 2F_{N1}$$

$$F_{N2} = F\sin 60° = \sqrt{3}F/2, \quad F = 2F_{N2}/\sqrt{3} = 1.15F_{N2}$$

（2）用欧拉公式计算各杆的临界力，确定结构的临界载荷。

$$F_{N1} = \frac{\pi^2 EI}{(\mu l_1)^2} = \frac{\pi^2 (200 \times 10^9 \text{Pa}) \dfrac{\pi(0.080\text{m})^4}{64}}{(1 \times 4\text{m} \times \cos 30°)^2} = 330.7 \times 10^3 \text{N} = 330.7\text{kN}$$

$$F_{cr1} = 2F_{N1} = 661.4\text{kN}$$

$$F_{N2} = \frac{\pi^2 EI}{(\mu l_2)^2} = \frac{\pi^2 (200 \times 10^9 \text{Pa}) \times \dfrac{\pi(0.080\text{m})^4}{64}}{(1 \times 4\text{m} \times \sin 30°)^2} = 990 \times 10^3 \text{N} = 990\text{kN}$$

$$F_{cr2} = 1.15F_{N2} = 1139\text{kN}$$

该结构的临界载荷取两者中较小者，即 $F_{cr}=661.4\text{kN}$。

# 12.4 欧拉公式的适用范围与临界应力总图

### 12.4.1 临界应力和柔度

将压杆的临界力 $F_{cr}$ 除以压杆的横截面面积 $A$，所得到的应力称为压杆的**临界应力**，用 $\sigma_{cr}$ 表示。显然

$$\sigma_{cr} = \frac{F_{cr}}{A} = \frac{\pi^2 E}{(\mu l)^2} \frac{I}{A} \tag{12-20}$$

杆横截面的惯性半径 $i$ 为

$$i^2 = \frac{I}{A}, \quad \text{或} \ i = \sqrt{\frac{I}{A}} \tag{12-21}$$

定义杆的**柔度**或**长细比**为

$$\lambda = \frac{\mu l}{i} \tag{12-22}$$

则式（12-20）可表示为

$$\sigma_{cr} = \frac{\pi^2 E}{\lambda^2} \tag{12-23}$$

式（12-23）表明，当压杆的材料确定后，压杆的临界应力只与其柔度 $\lambda$ 有关，且与 $\lambda$ 的平方成反比。公式（12-23）称为**欧拉临界应力公式**。

由式(12-22)看出,杆的柔度 $\lambda$ 为无量纲量。它综合反映了压杆的约束条件($\mu$)、压杆长度($l$)和压杆截面几何性质($i$)对压杆临界应力的影响。

### 12.4.2 欧拉公式的适用范围

在前面建立欧拉公式过程中,使用了挠曲轴近似微分方程。因此,挠曲轴近似微分方程的适用条件就是欧拉公式的适用条件。也就是说,欧拉公式只适用于小变形且压杆应力不超过材料比例极限 $\sigma_p$ 情况。亦即

$$\sigma_{cr} \leqslant \sigma_p$$

将式(12-23)代入,得

$$\frac{\pi^2 E}{\lambda^2} \leqslant \sigma_p \text{ 或 } \lambda \geqslant \pi \sqrt{\frac{E}{\sigma_p}} \tag{12-24}$$

上式右端为只与压杆材料力学性能有关的量,为一材料常数。令

$$\lambda_p = \pi \sqrt{\frac{E}{\sigma_p}} \tag{12-25}$$

则欧拉公式的适用条件可简写为

$$\lambda \geqslant \lambda_p \tag{12-26}$$

满足式(12-26)条件的压杆称为**大柔度杆**或**细长压杆**。

根据公式(12-25)可计算各种材料压杆的 $\lambda_p$ 值。以 Q235 钢为例,其弹性模量 $E = 200\text{GPa}$,比例极限 $\sigma_p = 200\text{MPa}$,则由公式(12-25)得 Q235 钢的 $\lambda_p$ 值为

$$\lambda_p = \pi \sqrt{\frac{E}{\sigma_p}} = \pi \sqrt{\frac{200 \times 10^9 \text{Pa}}{200 \times 10^6 \text{Pa}}} \approx 100$$

因此,对于由 Q235 钢制成的压杆,只有当其柔度 $\lambda \geqslant 100$ 时,才能应用欧拉公式(12-19)或(12-23)计算其临界力或临界应力。

### 12.4.3 临界应力总图

当压杆柔度 $\lambda < \lambda_p$ 时,杆的临界应力大于材料的比例极限,这时欧拉公式(12-19)或式(12-23)不再适用。对这样的压杆,目前设计中多采用经验公式确定临界应力。常用的经验公式有**直线公式**和**抛物线公式**。

1) 直线公式

对于柔度 $\lambda < \lambda_p$ 的压杆,通过试验发现,其临界应力 $\sigma_{cr}$ 与柔度 $\lambda$ 之间的关系可近似用如下直线公式表示

$$\sigma_{cr} = a - b\lambda \tag{12-27}$$

式中,$a$、$b$ 为与压杆材料力学性能有关的常数。

事实上,当压杆柔度小于某一值 $\lambda_0$ 时,不论施加多大的轴向压力,压杆都不会因发生弯曲变形而失稳。例如,压缩试验中的低碳钢短圆柱形试件,就是这种情况。这时只要考虑压杆的强度问题即可。

一般将 $\lambda < \lambda_0$ 的压杆称为**小柔度杆**或短压杆;将 $\lambda_0 < \lambda < \lambda_p$ 的压杆称为**中柔度杆**。

对于由塑性材料制成的小柔度杆,当其临界应力达到材料的屈服强度 $\sigma_S$ 时即认为失效,所以有

$$\sigma_{cr} = \sigma_S$$

将式(12-23)代入,可确定 $\lambda_0$ 的大小

$$\lambda_0 = \frac{a - \sigma_S}{b} \qquad (12\text{-}28)$$

如果将式(12-28)中的 $\sigma_S$ 换成脆性材料的抗拉强度 $\sigma_b$,即得到由脆性材料制成压杆的 $\lambda_0$ 值。上述分析表明,直线公式的适用范围为 $\lambda_0 < \lambda < \lambda_p$ 的中柔度杆。

表 12-2 列出了不同材料的 $a$、$b$ 值以及 $\lambda_0$、$\lambda_p$ 的值。例如,由 Q235 钢制成的压杆,其 $\lambda_0 = 60$。

**表 12-2 直线公式系数 $a$、$b$ 和柔度值 $\lambda_0$、$\lambda_p$**

| 材料($\sigma_S$、$\sigma_b$ 单位为 MPa) | $a$/MPa | $b$/MPa | $\lambda_p$ | $\lambda_0$ |
|---|---|---|---|---|
| Q235 钢($\sigma_S=235$,$\sigma_b \geq 372$) | 304 | 1.12 | 100 | 60 |
| 优质碳钢($\sigma_S=306$,$\sigma_b \geq 470$) | 460 | 2.57 | 100 | 60 |
| 硅钢($\sigma_S=353$,$\sigma_b=510$) | 577 | 3.74 | 100 | 60 |
| 铬钼钢 | 980 | 5.29 | 55 | |
| 硬铝 | 392 | 3.26 | 50 | |
| 铸铁 | 332 | 1.45 | 80 | |
| 松木 | 28.7 | 0.2 | 59 | |

综上所述,根据柔度值的大小可将压杆分为三类:$\lambda < \lambda_0$ 为小柔度杆;$\lambda_0 < \lambda < \lambda_p$ 为中柔度杆;$\lambda \geq \lambda_p$ 为大柔度杆。对小柔度杆,应按强度问题计算;对中柔度杆,用直线公式(12-27)计算压杆临界应力;对大柔度杆,用欧拉公式(12-23)计算临界应力。

以柔度 $\lambda$ 为横坐标,临界应力 $\sigma_{cr}$ 为纵坐标,将临界应力与柔度的关系曲线绘于图中,即得到全面反映大、中、小柔度压杆的临界应力随柔度 $\lambda$ 变化情况的**临界应力总图**,如图 12-7 所示。

2) 抛物线公式

我国钢结构规范中,对于临界应力超出材料比例极限的中、小柔度杆,采用如下形式的抛物线公式

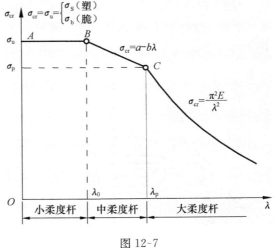

图 12-7

$$\sigma_{cr} = \sigma_S \left[ 1 - 0.43 \left( \frac{\lambda}{\lambda_c} \right)^2 \right] \quad (\lambda \leq \lambda_c) \qquad (12\text{-}29)$$

式中

$$\lambda_c = \pi \sqrt{\frac{E}{0.57\sigma_S}} \qquad (12\text{-}30)$$

比较式(12-30)和式(12-25)可知,$\lambda_c$ 与 $\lambda_p$ 稍有差别。以 Q235 钢为例,$\lambda_c=123$。Q235 钢的抛物线公式为

$$\sigma_{cr} = 235 - 0.00668\lambda^2 \quad (\lambda \leq 123) \qquad (12\text{-}31)$$

## 12.5 压杆的稳定性校核

类似于强度条件,可以建立压杆的稳定性条件,以便于工程设计中校核压杆的稳定性。设

压杆的工作压力为 $F$，由欧拉公式或经验公式算出的临界力为 $F_{cr}$，则压杆的**稳定性条件**为

$$F \leqslant F_{cr}/n_{st} \tag{12-32}$$

式(12-32)中，$n_{st}$ 为压杆的**稳定安全因数**，其值一般比强度安全因数大。这是因为，杆件的初弯曲、压力偏心、材料不均匀和支座缺陷等因素对压杆稳定性的影响比对强度的影响严重。

表 12-3 列出了几种常用钢制压杆的稳定安全因数。在进行实际工程结构设计时，可从相应的专业设计手册或规范中查找稳定安全因数。

表 12-3　常见压杆的稳定安全因数

| 实际压杆 | 稳定安全因数 $n_{st}$ | 实际压杆 | 稳定安全因数 $n_{st}$ |
|---|---|---|---|
| 金属结构中的压杆 | 1.8～3.0 | 高速发动机挺杆 | 2.5～5 |
| 矿山和冶金设备中的压杆 | 4～8 | 拖拉机转向机构的推杆 | ≥5 |
| 机床的走刀丝杠 | 2.5～4 | 起重螺旋 | 3.5～5 |
| 磨床油缸活塞杆 | 4～6 | | |

与强度条件类似，压杆的稳定条件同样可以解决三类问题，即压杆的稳定性校核、设计压杆尺寸和确定许用载荷。下面通过例题说明稳定条件的应用。

**例题 12-3**　图 12-8(a)所示为两端用柱状铰连接的由硅钢制成的连杆，轴销轴线垂直于 $x$-$y$ 平面。连杆横截面为工字形，面积 $A = 720\text{mm}^2$，惯性矩 $I_z = 6.5 \times 10^4\text{mm}^4$，$I_y = 3.8 \times 10^4\text{mm}^4$，稳定安全因数 $n_{st} = 2.5$。试确定连杆的许用压力 $[F]$。

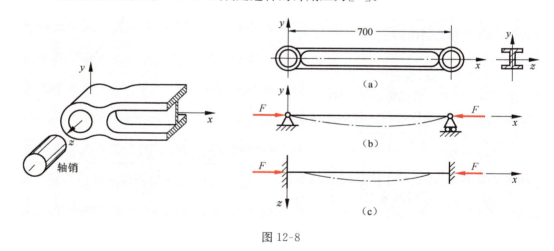

图 12-8

**解题分析**：连杆可能在 $x$-$y$ 平面内发生失稳(即失稳后弯曲的轴线位于 $x$-$y$ 平面内)，也可能在 $x$-$z$ 平面内发生失稳，首先需要判断最容易失稳平面，并根据其临界载荷大小确定连杆的许用压力值。可通过计算比较压杆在两个平面内的柔度大小，确定失稳平面。显然失稳先发生在柔度大的平面内。对于柱状铰，在垂直于轴销的平面内($x$-$y$ 平面)，轴销对于连杆的约束相当于铰支；而在轴销平面内($x$-$z$ 平面)，轴销对连杆的约束接近于固定端。

**解**：(1) 确定失稳平面。

假设连杆在 $x$-$y$ 平面内失稳(即弯曲时绕 $z$ 轴转动)，连杆两端可视为铰支，计算模型如图 12-8(b)所示。这种约束下的长度因数 $\mu = 1$，于是连杆的柔度为

$$\lambda_z = \frac{(\mu l)_z}{\sqrt{\dfrac{I_z}{A}}} = \frac{1 \times 700\text{mm}}{\sqrt{\dfrac{6.5 \times 10^4\text{mm}^4}{720\text{mm}^2}}} = 73.7$$

假设连杆在 $x$-$z$ 平面内失稳（即弯曲时绕 $y$ 轴转动），连杆两端近似于固定端，计算模型如图 12-8(c)所示。这种约束下的长度因数 $\mu=0.7$，于是连杆的柔度为

$$\lambda_y = \frac{(\mu l)_y}{\sqrt{\dfrac{I_y}{A}}} = \frac{0.7 \times 700\text{mm}}{\sqrt{\dfrac{3.8 \times 10^4 \text{ mm}^4}{720 \text{ mm}^2}}} = 67.4 < \lambda_z$$

可见，连杆将在 $x$-$y$ 平面内失稳。

（2）确定许用压力 $[F]$。

查表 12-2 知，硅钢的 $\lambda_p=100$，$\lambda_0=60$，$a=577\text{MPa}$，$b=3.74\text{MPa}$。由于 $\lambda_0<\lambda_z<\lambda_p$，连杆为中柔度杆，应采用直线公式计算其临界应力，然后将临界应力乘以横截面面积得到临界力。

$$F_{cr} = A(a - b\lambda_z) = (720\text{mm}^2)[577\text{MPa} - (3.74\text{MPa})(73.7)] = 217\text{kN}$$

所以，连杆的许用压力为

$$[F] \leqslant F_{cr}/n_{st} = 217\text{kN}/2.5 = 86.8\text{kN}$$

**例题 12-4**  图 12-9(a)所示结构中，分布载荷 $q=20\text{kN/m}$。梁的截面为矩形，$b=90\text{mm}$，$h=130\text{mm}$。柱的截面为圆形，直径 $d=80\text{mm}$。梁和柱均为 Q235 钢，$[\sigma]=160\text{MPa}$，稳定安全因数 $n_{st}=3$。试校核结构的安全。

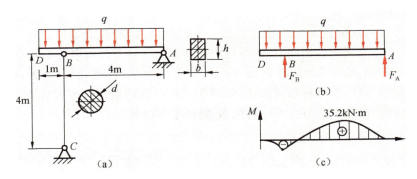

图 12-9

**解**：本题结构中，应校核梁的强度和柱的稳定性，两者分别符合强度、稳定性条件才能保障结构的安全。

（1）校核梁的强度。

根据梁的受力图 12-9(b)，建立力矩平衡方程 $\sum M_A = 0$，得

$$F_B = 62.5\text{kN}$$

作梁的弯矩图，如图 12-9(c)所示，可得 $M_{max}=35.2\text{kN} \cdot \text{m}$

梁的最大弯曲正应力为

$$\sigma_{max} = \frac{M_{max}}{W} = \frac{6M_{max}}{bh^2} = \frac{6(35.2 \times 10^3 \text{N} \cdot \text{m})}{(0.090\text{m})(0.130\text{m})^2} = 138.9 \times 10^6 \text{Pa} = 138.9\text{MPa} < [\sigma]$$

所以梁的强度满足要求。

（2）柱的稳定性校核。

柱的轴向压力为 $F=F_B=62.5\text{kN}$，柱两端铰支，故取长度因数 $\mu=1$，计算得

$$i = \frac{d}{4} = \frac{80\text{mm}}{4} = 20\text{mm}, \quad \lambda = \frac{\mu l}{i} = \frac{4000\text{mm}}{20\text{mm}} = 200$$

$\lambda>\lambda_p$，故杆 $BC$ 是大柔度杆，可采用欧拉公式计算其临界载荷

$$F_{cr} = \frac{\pi^2 EI}{(\mu l)^2} = \frac{\pi^2 (200 \times 10^9\,\mathrm{Pa})}{(1 \times 4\mathrm{m})^2} \times \frac{\pi(0.080\mathrm{m})^4}{64} = 248 \times 10^3\,\mathrm{N} = 248\mathrm{kN}$$

稳定校核

$$F_B = 62.5\mathrm{kN} < F_{cr}/n_{st} = 248\mathrm{kN}/3 = 82.7\mathrm{kN}$$

柱的稳定性满足要求，所以结构安全。

## 12.6　提高压杆稳定性的措施

提高压杆的稳定性，就是要提高压杆的临界载荷。由计算临界载荷的欧拉公式(12-19)可知，临界力的大小取决于压杆的截面形状和尺寸、压杆的长度、杆端约束条件以及材料的弹性模量。所以，提高压杆稳定性的措施可从以上几个方面入手。下面分别加以讨论。

1) 减小压杆长度

欧拉公式表明，临界力与压杆长度的平方成反比。所以，在设计时，应尽量减小压杆的长度，或设置中间约束，以提高压杆的稳定性。细长压杆的长度减小一半，其临界力可以提高到原来的四倍。

2) 合理选择截面形状

压杆的临界力与其横截面的惯性矩成正比。因此，应选择截面惯性矩较大的截面形状。而且，当杆端各方向约束条件相同时，应尽可能使杆截面在各方向的惯性矩相等。

如图 12-10 中所示的两种压杆截面，截面(b)比截面(a)合理，因为截面(b)的惯性矩较大。由槽钢制成的压杆，有两种布置方式，如图 12-11(a)、(b)所示。方式(b)比(a)合理，因为(a)中截面对竖轴的惯性矩比另一方向小很多，降低了杆的临界力。

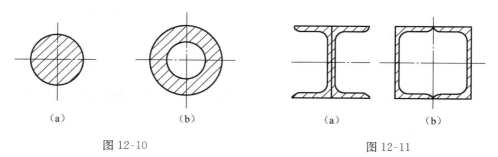

|  |  |
|---|---|
| （a）　　　　　　　（b） | （a）　　　　　　　（b） |
| 图 12-10 | 图 12-11 |

3) 改善杆端约束

对细长压杆来说，临界力与反映杆端约束条件的长度因数 $\mu$ 的平方成反比。通过加强杆端约束的紧固程度可以降低 $\mu$ 值，从而提高压杆的临界力。例如，将两端铰支的压杆改为两端固定后，长度因数 $\mu$ 从 1 降为 0.5，临界力可以提高到原来的四倍。

4) 合理选择材料

欧拉公式表明，临界力与压杆材料的弹性模量成正比。弹性模量高的材料制成的压杆，其稳定性好。钢材的弹性模量比铸铁、铜、铝等的弹性模量大，故压杆通常选用钢材。合金钢等优质钢材虽然强度指标比普通低碳钢高，但其弹性模量与低碳钢相差无几。所以，大柔度杆选用优质钢材对提高压杆的稳定性作用不大。而对中小柔度杆，其临界力与材料的强度指标有关，强度高的材料，其临界力也高，所以选择高强度材料对提高中小柔度杆的稳定性有一定作用。

# 思 考 题

12-1 思考题 12-1 图所示两端铰支压杆的截面为矩形。当其失稳时，_____。

A. 临界压力 $F_{cr} = \pi^2 EI_y/l^2$，挠曲轴位于 $x$-$y$ 面内；　B. 临界压力 $F_{cr} = \pi^2 EI_y/l^2$，挠曲轴位于 $x$-$z$ 面内；

C. 临界压力 $F_{cr} = \pi^2 EI_z/l^2$，挠曲轴位于 $x$-$y$ 面内；　D. 临界压力 $F_{cr} = \pi^2 EI_z/l^2$，挠曲轴位于 $x$-$z$ 面内。

12-2 思考题 12-2 图所示三根压杆，横截面面积及材料各不相同，但它们的_____相同。

A. 长度因数；　　　　B. 等效长度；　　　　C. 柔度；　　　　D. 临界压力。

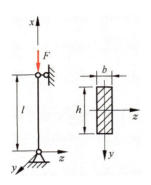

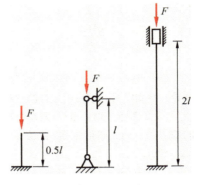

思考题 12-1 图　　　　　　　　　　思考题 12-2 图

12-3 两根细长压杆 $a$、$b$ 的长度，横截面面积、约束状态及材料均相同，若其横截面形状分别为正方形和圆形，则二压杆的临界压力 $F_{a,cr}$ 和 $F_{b,cr}$ 的关系为_____。

A. $F_{a,cr} = F_{b,cr}$；　　B. $F_{a,cr} < F_{b,cr}$；　　C. $F_{a,cr} > F_{b,cr}$；　　D. 不可确定。

12-4 材料和柔度都相同的两根压杆_____。

A. 临界应力一定相等，临界压力不一定相等；　　B. 临界应力不一定相等，临界压力一定相等；

C. 临界应力和压力都一定相等；　　D. 临界压力和压力都不一定相等。

12-5 在下列有关压杆临界应力 $\sigma_{cr}$ 的结论中，_____是正确的。

A. 细长杆的 $\sigma_{cr}$ 值与杆的材料无关；　　B. 中长杆的 $\sigma_{cr}$ 值与杆的柔度无关；

C. 中长杆的 $\sigma_{cr}$ 值与杆的材料无关；　　D. 短粗杆的 $\sigma_{cr}$ 值与杆的柔度无关。

12-6 由四根相同的等边角钢组成一组合截面压杆。若组合截面的形状分别如思考题 12-6 图(a)、(b)所示，则两种情况下其_____。

A. 稳定性不同，强度相同；

B. 稳定性相同，强度不同；

C. 稳定性和强度都不同；

D. 稳定性和强度都相同。

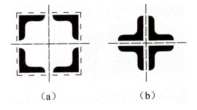

（a）　　　　　　（b）

思考题 12-6 图

12-7 思考题 12-7 图所示各杆横截面面积相等，在其他条件均相同的条件下，压杆采用图_____所示截面形状，其稳定性最好。

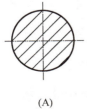

（A）

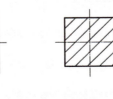

（B）

（C）

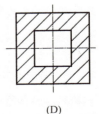

（D）

思考题 12-7 图

12-8  将低碳钢改为优质高强度钢后,并不能提高_____压杆的承压能力。

　　A. 细长;　　　　　　　　B. 中长;　　　　　　　C. 短粗;　　　　　　　D. 非短粗。

12-9  由低碳钢制成的细长压杆,经冷作硬化后,其_____。

　　A. 稳定性提高,强度不变;　　B. 稳定性不变,强度提高;

　　C. 稳定性和强度都提高;　　　D. 稳定性和强度都不变。

12-10  思考题 12-10 图所示桁架,$AB$、$BC$ 为两个细长杆,若 $EI_1 > EI_2$,则临界载荷 $F_{cr} =$ _____。

　　A. $\dfrac{\pi^2 EI_1}{l^2}$;　　　　　　　　　　B. $\dfrac{\pi^2 EI_2}{l^2}$;

　　C. $\dfrac{\pi^2 EI_1}{l^2}\cos\alpha$;　　　　　　　D. $\dfrac{\pi^2 EI_2}{l^2}\cos\alpha$。

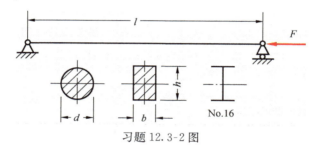

思考题 12-10 图

# 习　题

12.3-1  试推导一端固定另一端自由压杆的欧拉公式。

12.3-2  习题 12.3-2 图所示细长压杆,两端为球形铰支,压杆材料的弹性模量均为 $E = 200\text{GPa}$,试计算不同截面形状时的临界力。(1) 圆形截面,直径 $d = 25\text{mm}$,$l = 1\text{m}$;(2) 矩形截面,$h = 2b = 40\text{mm}$,$l = 1\text{m}$;(3) 工字钢 No.16,$l = 2\text{m}$。

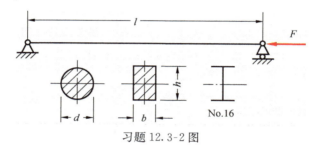

习题 12.3-2 图

12.3-3  习题 12.3-3 图所示两端球形铰支压杆,用两根 No.10 槽钢(Q235 钢)按图示方式组合而成。已知 $l = 4\text{m}$,试确定两根槽钢间距 $a$ 为多少时组合杆的临界力最大,并计算此临界力。

12.3-4  习题 12.3-4 图所示正方形桁架,由五根相同直径的圆截面杆组成,已知杆直径 $d = 50\text{mm}$,杆长 $a = 1\text{m}$,材料为 Q235 钢,弹性模量 $E = 200\text{GPa}$,试求桁架的临界力。若将载荷 $F$ 方向反向,桁架的临界力又为何值?

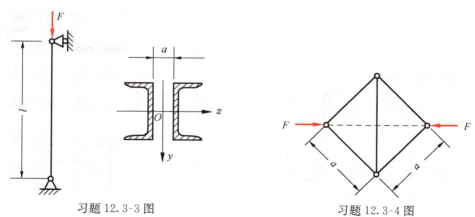

习题 12.3-3 图　　　　　　　　　　　　习题 12.3-4 图

12.3-5  习题 12.3-5 图所示结构中,$AB$ 横梁可视为刚体。$CD$ 为圆截面钢杆,直径 $d_1 = 50\text{mm}$,材料为 Q235 钢,$[\sigma] = 160\text{MPa}$,$E = 200\text{GPa}$,$EF$ 为圆截面铸铁杆,直径 $d_2 = 100\text{mm}$,$[\sigma] = 120\text{MPa}$,$E = 120\text{GPa}$,试求载荷 $P$ 的许可值。

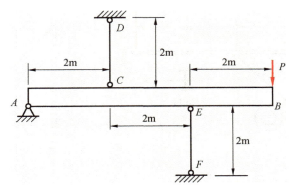

习题 12.3-5 图

12.3-6 习题 12.3-6 图所示由杆 AB 和杆 BC 组成的桁架,在节点 B 作用集中力 P,P 的作用线与杆 AB 延长线的夹角为 $\theta$,且 $\theta$ 可以在 0 到 90°范围内变化。AB 杆与水平线夹角为 $\beta$,并假设两杆均为细长杆。试推导使得 P 最大的角度 $\theta$ 与 $\beta$ 的关系式,并计算 $\beta=60°$ 时的 $\theta$ 是多少。

12.4-1 已知某钢材的比例极限为 $\sigma_p=230$MPa,屈服强度 $\sigma_s=274$MPa,弹性模量 $E=200$GPa,计算临界应力的经验公式为 $\sigma_{cr}=338-1.22\lambda$。试计算该钢材的 $\lambda_p$ 和 $\lambda_0$ 值,并绘制其临界应力总图(柔度从 0 到 150 范围内)。

12.4-2 如习题 12.4-2 图所示,长度 $l=1$m,直径 $d=16$mm,两端铰支的细长钢杆 AB 在 15℃ 时装配,装配后 A 端刚性滑块与刚性槽之间有空隙 $\delta=0.25$mm,杆材料的 $E=200$GPa,$\sigma_p=200$MPa,热膨胀系数 $\alpha=11.2\times10^{-6}/℃$,试求温度升高多少时杆失稳。

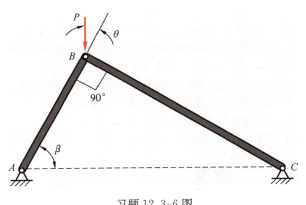

习题 12.3-6 图

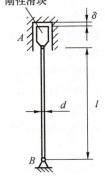

习题 12.4-2 图

12.4-3 习题 12.4-3 图所示两端固定空心圆柱形压杆,材料为 Q235 钢,$E=200$GPa,$\lambda_p=100$,外径与内径之比 $D/d=1.2$。试确定能用欧拉公式时,压杆长度与外径的最小比值,并计算这时压杆的临界力。

12.5-1 习题 12.5-1 图所示结构,已知 $F=12$kN,AB 横梁用 No. 14 工字钢制成,许用应力 $[\sigma]=160$MPa,CD 杆由圆环形截面 Q235 钢制成,外径 $D=36$mm,内径 $d=26$mm,$E=200$GPa,稳定安全因数 $n_{st}=2.5$。试检查结构能否安全工作。

12.5-2 习题 12.5-2 图所示三角桁架,两杆均为由 Q235 钢制成的圆截面杆。已知杆直径 $d=20$mm,$F=15$kN,材料的 $\sigma_s=240$MPa,$E=200$GPa,强度安全因数 $n=2.0$,稳定安全因数 $n_{st}=2.5$。试检查结构能否安全工作。

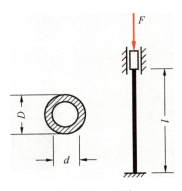

习题 12.4-3 图

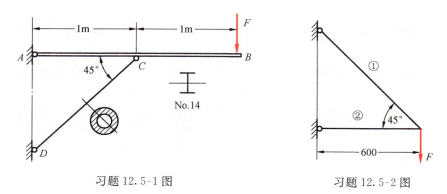

习题 12.5-1 图 · 习题 12.5-2 图

12.5-3 习题 12.5-3 图所示一端固定,一端铰支的圆截面杆 $AB$,直径 $d=100$mm。已知杆材料为 Q235 钢,稳定安全因数 $n_{st}=2.5$。试求:(1) 许可载荷;(2) 为提高承载能力,在杆 $AB$ 的 $C$ 处增加中间球铰链支承,把杆 $AB$ 分成 $AC$、$CB$ 两段,如图(b)所示。试问增加中间球铰链支承后,结构的承载能力是原结构的多少倍?

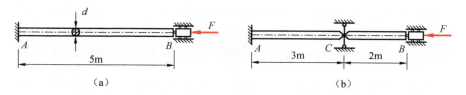

习题 12.5-3 图

## 计算机作业五

下面题目请采用数值方法并利用计算机完成,可用 MATLAB、FORTRAN 或 C 等语言编程计算。完成计算后,请撰写并提交分析报告。报告内容应包括对问题的分析过程、计算方法和过程、计算结果和讨论分析、结论和体会等;如有参考文献,请列出参考文献的详细信息。请尽可能使用图表表示结果。

图示为简易碎石机的结构图。上端的活塞驱动竖直杆向下运动,杆 $AB$ 向左运动压碎石块。杆 $BC$ 在 $C$ 点固定铰支。设气缸直径 $D=130$mm,杆 $AB$ 和杆 $BC$ 的长度均为 1.5m,杆 $AB$ 横截面为矩形,$b=50$mm,$h=75$mm,弹性模量 $E=207$GPa。试编程计算不同 $\alpha$ 角度下导致压杆 $AB$ 失稳的气缸压力 $p$,并绘制 $\alpha$ 从 $5°$ 到 $45°$ 变化范围内与 $p$ 之间的关系曲线(每隔 $1°$ 计算一次)。

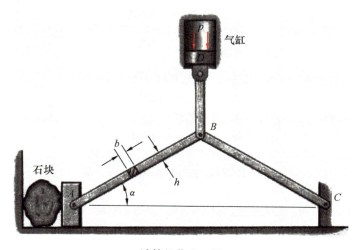

计算机作业五图

# 第 13 章 疲 劳 强 度

通过规范的设计,构件的静强度一般情况下可以得到满足。如果构件静强度由于设计、选材或制造工艺等缺陷得不到满足,在试验阶段或安装使用后不久即发生破坏,容易被及时发现,所以其危害性相对较小。工程实际中经常发生的构件破坏属于疲劳破坏。由于疲劳破坏发生的原因复杂,且许多因素具有不确定性,再加上疲劳破坏发生的时间难于预测,使得疲劳破坏的危害性较大。所以,疲劳破坏成为构件设计与失效分析中重点关注的问题。本章讨论构件疲劳破坏的特点以及抗疲劳设计的基本方法。

## 13.1 疲劳破坏与循环应力

在 19 世纪 30 年代铁路发展初期,机车车轴是根据静强度条件进行设计的。然而,火车在投入运行一段时间后,便不断发生车轴断裂事故,以致有的铁路局长和工程师被判成杀人罪。由于当时对于破坏的原因无法解释,因此简单地归因于材料的承载能力被不断重复作用的载荷"消耗"掉了。1839 年法国的彭赛列(Poncelent,J. V.,1788~1867)在巴黎大学演讲时首先使用"疲劳"一词来描述这种新的破坏现象。1843 年,英国工程师兰金(Rankine,W. J. M.,1820~1872)的论文第一次系统讨论了疲劳问题。

美国试验与材料协会标准 ASTM E206—1972 中对"疲劳"所作的定义为:承受循环应力的点或某些点,在足够多次的循环作用后形成裂纹或完全断裂;在材料中发生的这种局部的永久性的结构变化的发展过程,称为**疲劳**。该定义清楚地说明了疲劳破坏的主要特点。

### 13.1.1 疲劳破坏的特点

构件的疲劳破坏与载荷的性质密切相关,破坏后的断口具有明显的特征。归纳起来有下面几个方面。

1) 疲劳破坏发生的条件

只有在循环应力作用下,才会发生疲劳破坏。所谓**循环应力**或**交变应力**,是指随时间变化的应力。例如,转动的列车轮轴表面上任一点的弯曲正应力是时间的周期函数;桥梁构件的应力随车流、风力风向的改变而反复变化。循环应力是由循环载荷引起的,循环载荷是指随时间变化的载荷,其种类可以是力、应力、应变、位移、温度等;循环载荷随时间的变化可以是规则的,也可以是不规则的,甚至是随机的。描述载荷-时间变化关系的图或表,称为**载荷谱**。由应力表示的载荷谱称为**应力谱**。类似地,还有应变谱、位移谱、加速度谱等。

与静载荷情况相比,当循环应力的最大值 $\sigma_{max}$ 远小于材料的强度极限 $\sigma_b$,甚至比屈服应力 $\sigma_S$ 还要小得多的情况下,即可导致构件发生疲劳破坏。

2) 疲劳断口的基本特征与形成机理

疲劳断口都有一些明显特征。如图 13-1 所示为承受轴向拉压循环应力的圆截面构件的疲劳断口,断口的宏观形貌可分为三个区域:疲劳源区、疲劳裂纹稳定扩展区和瞬间断裂区。**疲劳源**是引发疲劳裂纹的起始位置,一般发生在由于表面缺陷或材料缺陷造成的局部高应力区。裂纹稳定扩展区较光滑、平整,通常可见类似于海滩上的带状条纹或贝壳状花纹,有腐蚀痕迹,这些条纹称为**疲劳弧线**。当疲劳裂纹稳定扩展到一定程度,构件已无法承受载荷,这时构件发生瞬间断裂,形成粗糙的最后断裂区。

图 13-1

疲劳断裂过程和断口形貌的形成特征可通过图 13-2 加以说明。承受轴向拉压循环应力作用的圆截面构件,在构件表面或内部缺陷(如凹坑、加工刀痕、气孔等)处,由于应力集中使得局部应力较大,致使该处材料达到屈服,并逐渐形成微裂纹,微裂纹进一步汇集形成宏观裂纹——疲劳源。这一阶段称为**裂纹萌生阶段**。

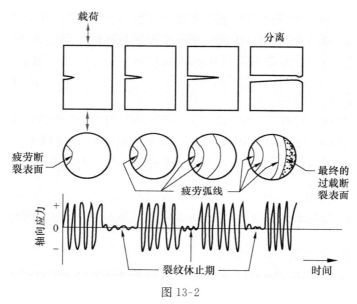

图 13-2

疲劳源形成之后,在循环应力的作用下,裂纹开始缓慢、稳定地扩展。这一阶段称为**裂纹(稳定)扩展阶段**。由于裂纹反复地开闭,两裂纹面反复相互研磨,因而形成光滑面。

在裂纹稳定扩展阶段,当载荷发生变化时,例如减小或者停止加载,扩展过程也暂时停止,称为**裂纹休止期**。在裂纹休止期,断口上会形成疲劳弧线。可见,疲劳弧线的数量与较大的载荷变化有关。例如,汽轮机动叶片的疲劳试验中,启动-停机 25 次,在疲劳断口上就发现了 25条疲劳弧线。疲劳弧线的清晰度与材料、载荷情况和环境介质有关。一般情况下,强度高或较"硬"的材料不易出现疲劳弧线,而较软的材料易出现疲劳弧线。恒幅载荷或载荷变化不大,疲劳弧线不清晰;真空环境介质下,疲劳弧线不清晰;而高湿、高温条件下,疲劳弧线变得明显。

当裂纹稳定扩展到某一临界尺寸时,由于剩余的横截面面积不足以承受载荷,裂纹发生快速扩展(又称**失稳扩展**)而断裂。这一阶段持续时间极短,称为**断裂阶段**,对应断口上的粗糙区。通过比较粗糙区和光滑区的面积大小,可以粗略判断断裂时构件的载荷水平。一般来说,如果断口的粗糙区面积较小,说明载荷水平总体较低;如果粗糙区的面积较大,则说明载荷水平较高。

可见,疲劳破坏要经历裂纹萌生、裂纹稳定扩展和裂纹失稳扩展三个阶段。因此,构件的疲劳寿命等于三阶段所经历的时间或应力循环次数之和。但是,由于裂纹失稳扩展是相对快速过程,在总寿命中所占比例较小,通常估算寿命时不予考虑。所以,构件的疲劳寿命一般只考虑裂纹萌生和裂纹稳定扩展两部分。

兰金在他的关于铁路机车车轴疲劳破坏的论文里描述道:"裂口的出现是从一个光滑的、形状规则的、细小的裂纹开始,在轴颈周围逐渐扩大,其穿入深度的平均值达到半英寸。它们好像从表面逐渐向中心穿入,直到中心处的好铁的厚度不够支持所经受的振动,在这种情况下,轴颈的破裂端是凸出的,而轴身的破裂端是凹入的。"

### 13.1.2 应力谱

循环应力的作用是疲劳破坏发生的基本条件,因此讨论循环应力的特征和描述方法是十分必要的。

循环应力随时间变化的过程,称为应力-时间历程或应力谱。如果应力与时间之间有确定的函数关系式,且能用这一关系式确定未来任一瞬时的应力,这种应力-时间历程称为**确定性的应力-时间历程**;否则,称为**随机性应力-时间历程**。

确定性应力-时间历程又分为周期性应力-时间历程(应力是时间的周期函数)和非周期性应力-时间历程两类。本章主要研究具有周期性应力-时间历程的疲劳问题。

图 13-3 所示为一个应力循环周期为 $T$ 的应力-时间历程,可以用下面几个参数描述其基本特征。

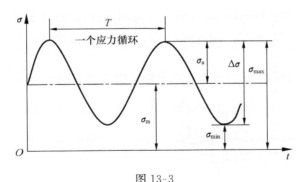

图 13-3

**最大应力**:一个应力循环中代数值最大的应力,用 $\sigma_{\max}$ 表示。

**最小应力**:一个应力循环中代数值最小的应力,用 $\sigma_{\min}$ 表示。

**平均应力**:最大应力与最小应力的算术平均值,用 $\sigma_{\mathrm{m}}$ 表示,即

$$\sigma_{\mathrm{m}} = \frac{\sigma_{\max} + \sigma_{\min}}{2} \tag{13-1}$$

**应力幅**:由平均应力到最大或最小应力的变化量幅,用 $\sigma_{\mathrm{a}}$ 表示,即

$$\sigma_{\mathrm{a}} = \frac{\sigma_{\max} - \sigma_{\min}}{2} \tag{13-2}$$

应力的变动幅度还可用**应力范围**来描述,用 $\Delta\sigma$ 表示为

$$\Delta\sigma = 2\sigma_{\mathrm{a}} \tag{13-3}$$

**应力比（应力循环特征）**：用于描述应力变化不对称程度的量，用 $r$ 表示为

$$r = \sigma_{\min}/\sigma_{\max}$$

(13-4)

应力比的取值范围为 $-\infty < r < +\infty$。

周期性应力谱的五个特征量 $\sigma_{\max}$、$\sigma_{\min}$、$\sigma_m$、$\sigma_a$（或 $\Delta\sigma$）和 $r$ 中，只有两个是独立的，即只要已知其中的任意两个，可求出其他三个量。

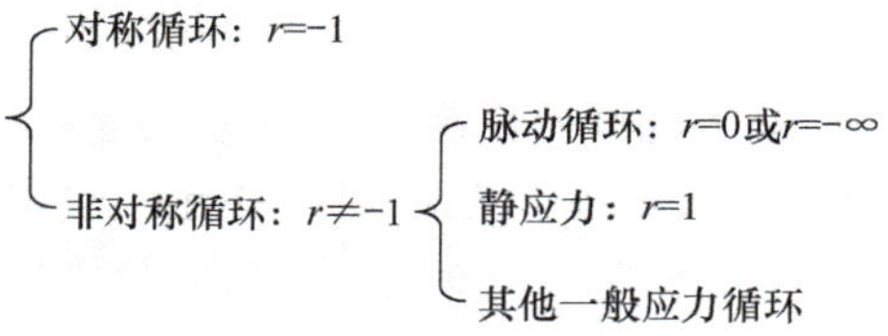

以上各式中的应力可以是正应力 $\sigma$，也可以换成切应力 $\tau$。

应力循环按应力幅是否恒为常量，分为**常幅应力循环**和**变幅应力循环**。按应力比的取值又可以分为**对称循环**和**非对称循环**，如图 13-4 所示。

对称循环：$r=-1$

非对称循环：$r \neq -1$ ┬ 脉动循环：$r=0$ 或 $r=-\infty$
　　　　　　　　　　├ 静应力：$r=1$
　　　　　　　　　　└ 其他一般应力循环

图 13-4

**例题 13-1**　判断图 13-5 所示应力谱的种类，并写出它们的应力比。

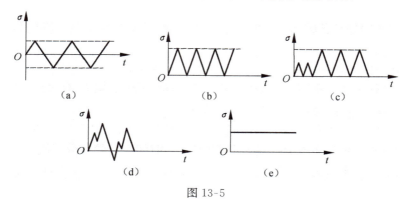

图 13-5

**解**：(a) 对称循环应力，应力比 $r=-1$；(b) 脉动循环应力，应力比 $r=0$；(c) 变幅循环应力，由两级脉动循环应力组成，第一级循环数为 2，第二级循环数为 3；(d) 随机应力谱；(e) 静载荷，应力比 $r=1$。

**例题 13-2**　试绘出图 13-6(a) 所示火车车轴危险点的应力谱，并判断应力谱的种类。

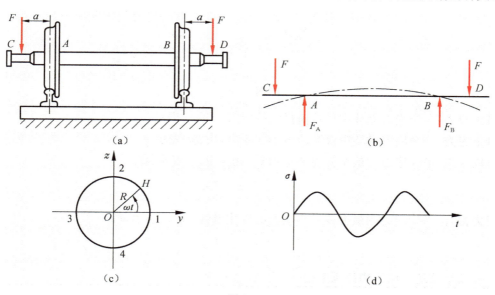

图 13-6

**解**：火车轴的受力简图如图 13-6(b)所示，并容易作出车轴的弯矩图，从弯矩图可以判定车轴 $A$、$B$ 截面上的弯矩为 $M=Fa$，为危险截面，截面边缘各点均为危险点。建立图 13-6(c)所示车轴横截面的坐标系 $y$-$z$，现在考察边缘一点 $H$ 的受力。

设车轴半径为 $R$，转动角速度为 $\omega$，设零时刻 $H$ 位于位置 1，则 $t$ 时刻后，$H$ 的坐标为 $(R\cos\omega t, R\sin\omega t)$，则 $H$ 点的弯曲正应力为

$$\sigma = \frac{Mz}{I_y} = \frac{Fa}{I_y}R\sin\omega t \tag{13-5}$$

式(13-5)表明，$H$ 点的弯曲正应力是时间 $t$ 的周期函数。当 $H$ 点位于图 13-6(c)中的位置 1 时，应力为零；旋转到位置 2 时，为拉应力，且达到最大值 $\sigma_{max}=FaR/I_y$；到位置 3 时，应力又回到零；到位置 4 时，为压应力，$\sigma_{min}=-FaR/I_y$；然后再回到位置 1。如此往复循环。图 13-6(d)给出了应力谱，为一正弦曲线；应力比 $r=-1$，为对称循环应力。

# 13.2 材料的 S-N 曲线和疲劳极限

在循环应力作用下，材料的破坏行为与静应力下完全不同，因此需要通过实验得到材料在循环应力作用下的力学性能。德国铁路工程师沃勒(August Wöhler, 1819～1914)最早开展了系统的疲劳试验研究，并发明了旋转弯曲疲劳试验机。本节介绍疲劳试验的基本方法和疲劳极限的概念。

### 13.2.1 S-N 曲线和疲劳极限

测定材料的疲劳性能指标，应按照国家标准规定的方法制作试样和进行试验。试验时，通常需要一组 $n$ 个同批次加工的试样，并按照相同的应力比及设定的最大应力，对每个试样逐一进行疲劳试验，记录每个试样的最大应力 $S_{max}$ 和破坏时的应力循环次数 $N$(即疲劳寿命)，然后建立以疲劳寿命 $N$ 或者其对数 $\lg N$ 为横坐标、最大应力 $S_{max}$ 为纵坐标的坐标系，并将试验测得的 $n$ 组数据$(S_{max}, N)$利用描点作图法或数理统计拟合法做出 $S_{max}$-$N$ 曲线，即 $S$-$N$ 曲线。

图 13-7 给出了低碳钢和铝合金在对称弯曲循环应力下的 $S$-$N$ 曲线示意图。

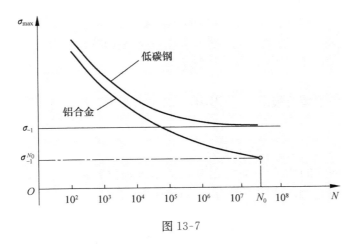

图 13-7

大量试验表明，低碳钢、铸铁等金属材料的 $S$-$N$ 曲线存在一条水平渐近线，这条渐近线的纵坐标所对应的应力值称为材料的**疲劳极限**，用 $\sigma_{-1}$ 表示。显然，当最大应力低于该值时，材

料不会发生疲劳破坏。

试验发现,钢材的疲劳极限与其静强度极限 $\sigma_b$ 之间存在下述关系

$$\left. \begin{array}{l} \sigma_{-1}^{弯} \approx (0.4 \sim 0.5)\sigma_b \\ \sigma_{-1}^{拉-压} \approx (0.33 \sim 0.59)\sigma_b \\ \tau_{-1}^{扭} \approx (0.23 \sim 0.29)\sigma_b \end{array} \right\} \tag{13-6}$$

式(13-6)表明,循环应力作用下,材料抵抗破坏的能力显著下降。

铝合金等有色金属材料的 $S$-$N$ 曲线没有水平渐近线,不存在疲劳极限。工程中通常用一个指定的寿命 $N_0$ 所对应的最大应力作为这类材料的疲劳极限,称为**条件疲劳极限**,用 $\sigma_{-1}^{N_0}$ 表示,如图 13-7 所示。$N_0$ 的取值范围一般为 $N_0 = 5 \times 10^5 \sim 10^7$(次)。

一般来说,应力越低,寿命越高。寿命 $N$ 大于 $10^4$ 的疲劳问题称为**高周疲劳**;寿命低于 $10^4$ 的疲劳问题称为**低周疲劳**。

### 13.2.2　$S$-$N$ 曲线的数学描述

试验得到的 $S$-$N$ 曲线可以采用数学函数加以拟合,常用的函数形式有幂函数、指数函数和三参数式。

1)幂函数

描述材料 $S$-$N$ 曲线最常用的形式是幂函数,即

$$S^m \cdot N = C \tag{13-7}$$

式中,$m$、$C$ 是与材料、应力比和加载方式等有关的参数。将上式两边取对数,得

$$\lg S = A + B\lg N \tag{13-8}$$

式中,$A = (\lg C)/m$,$B = -1/m$。式(13-8)表明应力 $S$ 与寿命 $N$ 之间为对数线性关系。

2)指数函数

指数形式的 $S$-$N$ 曲线表达式为

$$e^{mS} \cdot N = C \tag{13-9}$$

两边取对数得到

$$S = A + B\lg N \tag{13-10}$$

式中,$A = (\lg C)/(m\lg e)$,$B = (\lg e)/m$。满足上式的 $S$-$N$ 曲线为半对数线性关系,即在寿命取对数、应力不取对数的图中,$S$-$N$ 之间为线性关系。

3)三参数式

在 $S$-$N$ 曲线中考虑疲劳极限 $S_f$ 的影响,这时可将幂函数形式写成

$$(S - S_f)^m \cdot N = C \tag{13-11}$$

由上式可知,当 $S \to S_f$ 时,$N$ 趋于无穷大。

以上三种 $S$-$N$ 曲线的数学表达式,最常用的是幂函数形式。由于 $S$-$N$ 曲线本身描述的是高周应力疲劳,所以它们的使用下限为 $N = 10^3 \sim 10^4$。

## 13.3　影响构件疲劳极限的主要因素

构件的疲劳极限与制成构件的材料的疲劳极限明显不同。构件的疲劳极限与材料的疲劳

极限密切相关,但同时又与构件的形状、尺寸以及表面光滑程度等因素相关。下面分别讨论。

### 13.3.1 构件形状的影响

构件上的槽、孔、轴肩等处均存在应力集中,引起构件局部高应力区,而在高应力区极易形成疲劳裂纹,因此,应力集中对构件的疲劳强度有显著影响。

工程中,用**有效应力集中因数**或**疲劳缺口因数** $K_\sigma$(或 $K_\tau$)表示应力集中对构件疲劳极限的影响。有效应力集中因数定义为光滑试样的疲劳极限与同样尺寸但存在应力集中的试样的疲劳极限之比值。设对称循环应力下光滑试样的疲劳极限(即材料的疲劳极限)为 $\sigma_{-1}$ 或 $\tau_{-1}$,同尺寸但存在应力集中试样的疲劳极限为$(\sigma_{-1})$或$(\tau_{-1})$,则有

$$(\sigma_{-1}) = \sigma_{-1}/K_\sigma, \quad (\tau_{-1}) = \tau_{-1}/K_\tau \tag{13-12}$$

应力集中总是降低构件的疲劳强度,即$(\sigma_{-1})$或$(\tau_{-1})$总是小于 $\sigma_{-1}$ 或 $\tau_{-1}$,所以 $K_\sigma$(或 $K_\tau$)是大于1的数。图13-8、图13-9和图13-10分别给出了阶梯形圆截面钢轴在对称循环弯曲、拉-压和扭转时的有效应力集中因数。

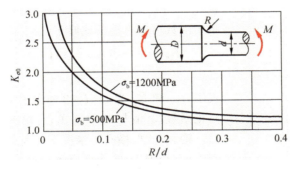

图 13-8

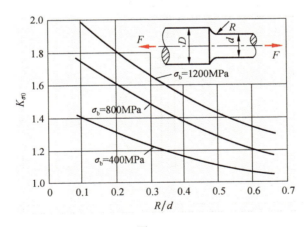

图 13-9

由图13-8、图13-9和图13-10可以看出,圆角半径 $R$ 越小,有效应力集中因数 $K_{\sigma 0}$ 和 $K_{\tau 0}$ 越大;材料的静强度极限 $\sigma_b$ 越高,应力集中对疲劳强度的影响也越显著。因此,对于在循环应力下工作的构件,尤其是用高强度材料制成的零构件,设计时应尽量减小应力集中。

工程中减小应力集中的主要措施有:增大圆角半径;减小相邻轴段横截面的粗细差别;采用凹槽结构(图13-11(a));设置卸荷槽(图13-11(b));将必要的孔或沟槽配置在构件的低应力区等。这些措施均能显著提高构件的疲劳强度。

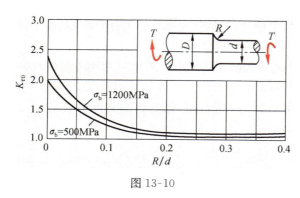

图 13-10

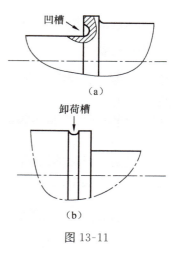

（a）

（b）

图 13-11

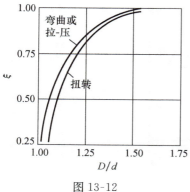

图 13-12

图 13-8、图 13-9 和图 13-10 中的曲线都是在 $D/d=2$ 且 $d=30\sim50$mm 的条件下测得的。当 $D/d<2$，有效应力集中因数可用下述公式修正

$$K_\sigma = 1 + \xi(K_{\sigma 0} - 1), \quad K_\tau = 1 + \xi(K_{\tau 0} - 1)$$

（13-13）

式中，$K_{\sigma 0}$ 和 $K_{\tau 0}$ 为 $D/d=2$ 时的有效应力集中因数值；$\xi$ 为修正系数，其值与 $D/d$ 有关，可由图 13-12 查得。

键和花键、横孔等情况下的有效应力集中因数，可查阅表 13-1 和表 13-2 或者有关设计手册。

**表 13-1　有贯穿圆孔圆截面的有效应力集中系数**

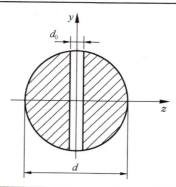

| $\sigma_b$/MPa | $k_\sigma$ | | $k_\tau$ |
|---|---|---|---|
| | $d_0/d=0.05\sim0.15$ | $d_0/d=0.15\sim0.25$ | $d_0/d=0.05\sim0.15$ |
| 400 | 1.90 | 1.70 | 1.70 |
| 500 | 1.95 | 1.75 | 1.75 |
| 600 | 2.00 | 1.80 | 1.80 |
| 700 | 2.05 | 1.85 | 1.80 |
| 800 | 2.10 | 1.90 | 1.85 |
| 900 | 2.15 | 1.95 | 1.90 |
| 1000 | 2.20 | 2.00 | 1.90 |
| 1200 | 2.30 | 2.10 | 2.00 |

表 13-2　螺纹和键槽有效应力集中系数（$k_\sigma$-弯曲，$k_\tau$-扭转）

| 材料强度 $\sigma_b$/MPa | 螺纹($k_\tau=1$) $k_\sigma$ | 端铣刀切制 | | 盘铣刀切制 | | 直齿花键 | |
|---|---|---|---|---|---|---|---|
| | | $k_\sigma$ | $k_\tau$ | $k_\sigma$ | $k_\tau$ | $k_\sigma$ | $k_\tau$ |
| 400 | 1.45 | 1.51 | 1.20 | 1.30 | 1.20 | 1.35 | 2.10 |
| 500 | 1.78 | 1.64 | 1.37 | 1.38 | 1.37 | 1.45 | 2.25 |
| 600 | 1.96 | 1.76 | 1.54 | 1.48 | 1.54 | 1.55 | 2.35 |
| 700 | 2.20 | 1.89 | 1.71 | 1.54 | 1.71 | 1.60 | 2.45 |
| 800 | 2.32 | 2.01 | 1.88 | 1.62 | 1.88 | 1.65 | 2.55 |
| 900 | 2.47 | 2.14 | 2.05 | 1.69 | 2.05 | 1.70 | 2.65 |
| 1000 | 2.61 | 2.26 | 2.22 | 1.77 | 2.22 | 1.72 | 2.70 |
| 1200 | 2.90 | 2.50 | 2.39 | 1.92 | 2.39 | 1.75 | 2.80 |

有效应力集中因数也可通过材料对应力集中的**敏感系数** $q$ 求得，其定义为

$$q_\sigma = \frac{K_\sigma - 1}{K_{t\sigma} - 1}, \quad q_\tau = \frac{K_\tau - 1}{K_{t\tau} - 1} \tag{13-14}$$

式中，$K_{t\sigma}$ 与 $K_{t\tau}$ 代表理论应力集中因数，计算方法参见本书 2.4 节。于是，由上式得

$$K_\sigma = 1 + q_\sigma(K_{t\sigma} - 1), \quad K_\tau = 1 + q_\tau(K_{t\tau} - 1) \tag{13-15}$$

由式(13-15)可知，如果 $q_\sigma = 0$ 和 $q_\tau = 0$，则 $K_\sigma = 1$ 和 $K_\tau = 1$，说明材料对应力集中不敏感；如果 $q_\sigma = 1$ 和 $q_\tau = 1$，则 $K_\sigma = K_{t\sigma}$ 和 $K_\tau = K_{t\tau}$，材料对应力集中十分敏感。

对于钢材，敏感系数可采用下述经验公式确定

$$q = \frac{1}{1 + \sqrt{A/R}} \tag{13-16}$$

式中，$R$ 为缺口（如沟槽及圆孔）的曲率半径；$\sqrt{A}$ 为材料常数，与材料的强度极限 $\sigma_b$ 以及屈服应力与强度极限的比值（屈强比）$\sigma_S/\sigma_b$ 有关，其值可由图 13-13 查得。

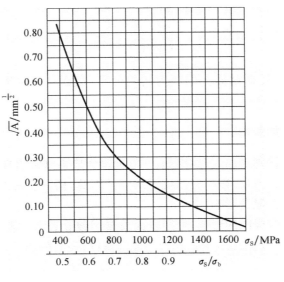

图 13-13

图 13-13 中有两个横坐标，一个为强度极限 $\sigma_b$，另一为屈强比 $\sigma_s/\sigma_b$。当需要计算 $q_\sigma$ 时，可分别根据强度极限与屈强比由该图求出两个 $\sqrt{A}$ 值，然后将二者的平均值代入式（13-16）即可确定 $q_\sigma$。当计算 $q_\tau$ 时，则只需根据屈强比求出 $\sqrt{A}$ 值，并代入（13-16）式即可。

虽然已经给出了一些计算敏感系数的经验公式，但相关的研究还不充分。因此，工程中确定有效应力集中因数最可靠的方法是直接进行实验。

### 13.3.2 构件截面尺寸的影响

弯曲和扭转疲劳试验均表明，构件的疲劳极限随构件横截面尺寸的增大而降低。

截面尺寸对疲劳极限的影响，用**尺寸因数** $\varepsilon_\sigma$ 或 $\varepsilon_\tau$ 表示。尺寸因数定义为光滑大尺寸试样的疲劳极限 $(\sigma_{-1})$ 或 $(\tau_{-1})$ 与光滑小尺寸试样的疲劳极限之比值，即

$$(\sigma_{-1}) = \varepsilon_\sigma \sigma_{-1}, \quad (\tau_{-1}) = \varepsilon_\tau \tau_{-1} \tag{13-17}$$

显然尺寸因数是小于 1 的数。图 13-14 给出了圆截面钢轴对称循环弯曲与扭转时的尺寸因数。从图中看出，试样的直径 $d$ 越大，疲劳极限降低越多；材料的静强度越高，截面尺寸的大小对构件疲劳极限的影响越显著。以弯曲疲劳极限为例，设两根直径不同的试样所承受的最大弯曲正应力相同，则大试样的高应力区肯定比小试样的高应力区大，因而处于高应力状态的金属晶粒也多，更容易产生疲劳裂纹，疲劳极限因而降低。另一方面，高强度钢的晶粒尺寸较小，在相同大小的高应力区所包含的晶粒数量较多，也容易产生疲劳裂纹。

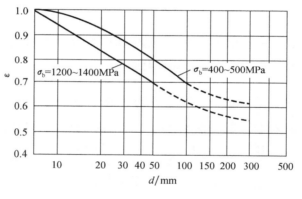

图 13-14

轴向加载时，光滑试样横截面上的应力均匀分布，截面尺寸的影响不大，可取尺寸因数 $\varepsilon_\sigma \approx 1$。

### 13.3.3 构件表面质量的影响

疲劳源一般发生在构件表面，其原因是，一方面最大应力常常出现在构件表层；另一方面，构件表层也最容易出现如刀痕、擦伤和凹坑等缺陷。因此，构件表面的加工质量和表面状况，对构件的疲劳强度也存在显著影响。

表面质量对构件疲劳极限的影响，可用**表面质量因数** $\beta$ 表示。表面质量因数定义为用某种方法加工的构件的疲劳极限 $(\sigma_{-1})$ 或 $(\tau_{-1})$ 与光滑试样（经磨削加工）的疲劳极限之比值，即

$$(\sigma_{-1}) = \beta \sigma_{-1}, \quad (\tau_{-1}) = \beta \tau_{-1} \tag{13-18}$$

表面质量因数 $\beta$ 与加工方法的关系如图 13-15 所示。

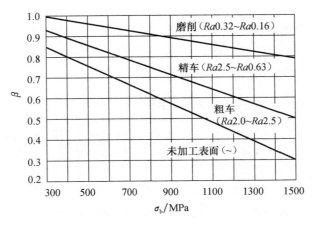

图 13-15

从图 13-15 可以看出,表面加工质量越低,构件的疲劳极限也越低;材料的静强度越高,构件的疲劳极限对表面加工质量越敏感。所以,在存在应力集中的部位,应当提高表面加工质量;对于高强度材料,更应注意表面加工方法。

工程中还采用渗碳、渗氮、高频淬火、表层滚压和喷丸等措施改善构件表面质量,以提高构件的疲劳强度。

## 13.4 构件的疲劳强度计算

### 13.4.1 对称循环应力下构件的疲劳强度条件

考虑到应力集中、截面尺寸和表面质量等因素对构件疲劳强度的影响,对称循环应力下拉压杆或梁的许用应力可修正为

$$[\sigma_{-1}] = \frac{\sigma_{-1}}{n_f} = \frac{\varepsilon_\sigma \beta}{n_f K_\sigma} \sigma_{-1} \tag{13-19}$$

式中,$n_f$ 为疲劳安全因数,取值范围为 1.4~1.7。所以,拉压杆或梁在对称循环应力下的强度条件为

$$\sigma_{max} \leqslant [\sigma_{-1}] = \frac{\varepsilon_\sigma \beta}{n_f K_\sigma} \sigma_{-1} \tag{13-20}$$

式中,$\sigma_{max}$ 代表拉压杆或梁横截面上的最大工作应力。

机械设计中,通常用比较安全因数的形式判断构件是否满足疲劳强度条件。定义**安全裕度**或**工作安全因数**为

$$n_\sigma = \frac{\sigma_{-1}}{\sigma_{max}} = \frac{\varepsilon_\sigma \beta \sigma_{-1}}{K_\sigma \sigma_{max}} \tag{13-21}$$

构件的疲劳强度条件可改写为

$$n_\sigma = \frac{\varepsilon_\sigma \beta \sigma_{-1}}{K_\sigma \sigma_{max}} \geqslant n_f \tag{13-22}$$

同理,轴在对称循环扭转切应力下的疲劳强度条件为

$$\tau_{max} \leqslant [\tau_{-1}] = \frac{\varepsilon_\tau \beta}{n_f K_\tau} \tau_{-1} \tag{13-23}$$

或

$$n_\tau = \frac{\varepsilon_\tau \beta \tau_{-1}}{K_\tau \tau_{\max}} \geqslant n_f \tag{13-24}$$

式中, $\tau_{\max}$ 代表横截面上的最大扭转切应力。

### 13.4.2 非对称循环应力下构件的疲劳强度条件

在非对称循环应力下,除了要考虑应力集中、截面尺寸和表面加工质量对构件疲劳强度的影响外,还要考虑平均应力 $\sigma_m$(或 $\tau_m$)与应力幅 $\sigma_a$(或 $\tau_a$)的影响。在应力比保持不变条件下,拉压杆和梁的疲劳强度条件为

$$n_\sigma = \frac{\sigma_{-1}}{\sigma_a \dfrac{K_\sigma}{\varepsilon_\sigma \beta} + \sigma_m \psi_\sigma} \geqslant n_f \tag{13-25}$$

受扭轴的疲劳强度条件则为

$$n_\tau = \frac{\tau_{-1}}{\tau_a \dfrac{K_\tau}{\varepsilon_\tau \beta} + \tau_m \psi_\tau} \geqslant n_f \tag{13-26}$$

式(13-25)和式(13-26)中, $\psi_\sigma$ 与 $\psi_\tau$ 代表材料对应力循环非对称性的敏感因数,其值分别为

$$\psi_\sigma = \frac{2\sigma_{-1} - \sigma_0}{\sigma_0}, \quad \psi_\tau = \frac{2\tau_{-1} - \tau_0}{\tau_0} \tag{13-27}$$

式中, $\sigma_0$ 与 $\tau_0$ 表示材料在脉动循环应力下的疲劳极限。 $\psi_\sigma$ 与 $\psi_\tau$ 之值也可从有关手册中查到。

### 13.4.3 弯扭组合变形下构件的疲劳强度条件

按照第三强度理论,构件在弯扭组合变形时的静强度条件为

$$\sqrt{\sigma_{\max}^2 + 4\tau_{\max}^2} \leqslant \frac{\sigma_S}{n} \tag{13-28}$$

将上式两边平方后同除以 $\sigma_S^2$ ,并将 $\tau_S = \sigma_S/2$ (参见例题 10-1 讨论部分内容)代入,则上式变为

$$\frac{1}{(\sigma_S/\sigma_{\max})^2} + \frac{1}{(\tau_S/\tau_{\max})^2} \leqslant \frac{1}{n^2} \tag{13-29}$$

式中,比值 $\sigma_S/\sigma_{\max}$ 和 $\tau_S/\tau_{\max}$ 可分别理解为仅考虑弯曲正应力和扭转切应力时的工作安全因数,并分别用 $n_\sigma$ 和 $n_\tau$ 表示。于是,式(13-29)又可改写为

$$\frac{1}{n_\sigma^2} + \frac{1}{n_\tau^2} \leqslant \frac{1}{n^2} \text{ 或} \frac{n_\sigma n_\tau}{\sqrt{n_\sigma^2 + n_\tau^2}} \geqslant n \tag{13-30}$$

式(13-30)本质上仍然是静强度条件,但可以将其推广应用于弯扭组合交变应力下的构件。作法是:将式(13-30)中的 $n_\sigma$ 和 $n_\tau$ 分别按式(13-21)、式(13-24)或式(13-25)、式(13-26)进行计算,将静强度安全因数用疲劳安全因数 $n_f$ 代替,于是,构件在弯扭交变应力下的疲劳强度条件可写为

$$n_{\sigma\tau} = \frac{n_\sigma n_\tau}{\sqrt{n_\sigma^2 + n_\tau^2}} \geqslant n_f \tag{13-31}$$

式中, $n_{\sigma\tau}$ 代表构件在弯扭组合交变应力下的工作安全因数。

**例题 13-3** 图 13-16 所示阶梯形钢轴,已知轴径 $D = 60\text{mm}$ , $d = 50\text{mm}$ ,圆角半径 $R = 5\text{mm}$ ,强度极限 $\sigma_b = 1100\text{MPa}$ ,材料的弯曲疲劳极限 $\sigma_{-1} = 540\text{MPa}$ ,扭转疲劳极限 $\tau_{-1} = $

310MPa,轴表面经磨削加工。在危险截面 $A$-$A$ 上承受同相位对称循环交变弯矩和交变扭矩,最大值分别为 $M_{max}=1.5\text{kN}\cdot\text{m}$ 和 $T_{max}=2.0\text{kN}\cdot\text{m}$。设规定的疲劳安全因数 $n_f=1.5$,试校核轴的疲劳强度。

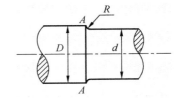

图 13-16

**解**:(1) 计算工作应力。

在对称循环的交变弯矩和交变扭矩作用下,$A$-$A$ 截面上的最大弯曲正应力和最大扭转切应力分别为

$$\sigma_{max}=\frac{32M}{\pi d^3}=\frac{32(1.5\times10^3\text{N}\cdot\text{m})}{\pi(0.050\text{m})^3}=1.22\times10^8\text{Pa}=122\text{MPa}$$

$$\tau_{max}=\frac{16T}{\pi d^3}=\frac{16(2.0\times10^3\text{N}\cdot\text{m})}{\pi(0.050\text{m})^3}=8.15\times10^7\text{Pa}=81.5\text{MPa}$$

(2) 计算影响因数。

根据 $D/d=1.2$、$R/d=0.10$ 和 $\sigma_b=1100\text{MPa}$,由图 13-8、图 13-10 及图 13-12,由式(13-13)得有效应力集中因数为

$$K_\sigma=1+0.80(1.70-1)=1.56,\quad K_\tau=1+0.74(1.35-1)=1.26$$

由图 13-14 和图 13-15,得尺寸因数和表面质量因数分别为

$$\varepsilon\approx0.70,\quad\beta=1.0$$

(3) 校核疲劳强度。

将以上数据分别代入式(13-21)和式(13-24),得

$$n_\sigma=\frac{\varepsilon_\sigma\beta\sigma_{-1}}{K_\sigma\sigma_{max}}=\frac{(0.70)(1.0)(540\times10^6\text{Pa})}{(1.56)(1.22\times10^8\text{Pa})}=1.99$$

$$n_\tau=\frac{\varepsilon_\tau\beta\tau_{-1}}{K_\tau\tau_{max}}=\frac{(0.70)(1.0)(310\times10^6\text{Pa})}{(1.26)(8.15\times10^7\text{Pa})}=2.11$$

代入式(13-31),于是得截面 $A$-$A$ 在弯扭组合交变应力下的工作安全因数为

$$n_{\sigma\tau}=\frac{n_\sigma n_\tau}{\sqrt{n_\sigma^2+n_\tau^2}}=\frac{1.99\times2.11}{\sqrt{1.99^2+2.11^2}}=1.45$$

$n_{\sigma\tau}$ 略小于 $n_f$,但其差值仍小于 $n_f$ 值的 5%,所以,轴的疲劳强度符合要求。

# *13.5　变幅循环应力与累积损伤理论

前面讨论的是常幅循环应力情况下的疲劳强度计算。常幅循环应力情况下,只要保证构件的最大应力小于构件的疲劳极限,构件将不会发生疲劳破坏。然而,工程中许多构件经历的是变幅循环应力。例如,在不平坦公路上行驶的汽车,车轴即承受变幅循环应力作用。变幅循环应力作用下,不同幅值的循环应力都可能对构件的疲劳寿命产生影响,因此,这时仍然采用最大应力计算构件的疲劳寿命显然是不合理的。本节讨论变幅循环应力下构件疲劳寿命的计算方法,并重点介绍线性累积损伤理论。

多数变幅应力循环可以简化为由 $k$ 级常幅应力循环构成,如图 13-17 所示,其中,$\sigma_i$ 和 $n_i$ 为第 $i$ 级常幅循环应力的应力幅和循环次数,$i=1,2,\cdots,k$。

当构件承受高于疲劳极限的应力时,每个循环都将使构件受到损伤;当损伤累积到一定程度时,构件将发生破坏;而各级循环应力所造成的损伤可以线性相加。这就是著名的迈因纳(Miner,M. A.)**线性累积损伤理论**。

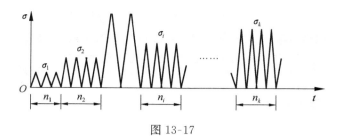

图 13-17

设在某一幅值应力循环下,构件的疲劳寿命为 $N$ 次,并假设每次循环对构件造成的损伤都相同,则每次应力循环造成的损伤为 $1/N$,$n$ 次循环累积损伤则为

$$D = n/N \tag{13-32}$$

式中,$D$ 为表示损伤程度的量。显然,当 $n=0$ 时,$D=0$,构件不发生损伤;当 $n=N$ 时,$D=1$,构件发生疲劳破坏。因为累积损伤与循环次数 $n$ 成线性关系,所以这种计算损伤的方法称为**线性累积损伤法则**。

设构件在应力水平 $\sigma_1$、$\sigma_2$、$\cdots$、$\sigma_i$、$\cdots$、$\sigma_k$ 下的疲劳寿命分别为 $N_1$、$N_2$、$\cdots$、$N_i$、$\cdots$、$N_k$,并设构件在图 13-17 所示的变幅循环应力谱下,第 $i$ 级常幅循环应力次数为 $n_i$,则构件在第 $i$ 级常幅应力循环作用下的累积损伤为 $D_i = n_i/N_i$,所有 $k$ 组常幅应力循环对构件造成的总累积损伤则为

$$D = \sum_{1}^{k} D_i = \sum_{i=1}^{k} \frac{n_i}{N_i} \tag{13-33}$$

如果构件达到破坏时图 13-17 所示的应力谱共循环 $\lambda$ 个周期,则构件发生疲劳破坏的条件为

$$\lambda \sum_{i=1}^{k} \frac{n_i}{N_i} = 1 \tag{13-34}$$

归纳起来,利用线性累积损伤理论进行疲劳分析的一般步骤为:

(1) 确定构件在设计寿命期的载荷谱,选取拟用的设计载荷或应力水平。

(2) 考虑构件的具体情况,通过修正材料的 $S$-$N$ 曲线,选用适合构件的 $S$-$N$ 曲线。

(3) 由 $S$-$N$ 曲线计算 $D_i = n_i/N_i$,再由 $D = \lambda \sum_{i=1}^{k} \frac{n_i}{N_i}$ 计算总损伤。

(4) 根据 $D$ 值判断是否满足疲劳设计要求。若在设计寿命内 $D < 1$,构件是安全的;若 $D > 1$,则构件将发生疲劳破坏,应降低应力水平或缩短使用寿命。

对于一般的变幅应力循环,如随机载荷谱,需要采用雨流计数法等方法先处理载荷谱,变换成与图 13-17 类似的多级常幅应力循环问题,再用上述方法进行疲劳强度计算。关于雨流计数法请参见有关的专著。

**例题 13-4** 某构件的 $S$-$N$ 曲线可用方程描述为 $\sigma^2 N = 2.5 \times 10^{10}$(应力单位为 MPa);设其一年内所承受的典型应力谱由 4 级常幅循环应力构成,第一级 $\sigma_1 = 150$MPa,循环次数 $n_1 = 0.01 \times 10^6$;第二级 $\sigma_2 = 120$MPa,循环次数 $n_2 = 0.05 \times 10^6$;第三级 $\sigma_3 = 90$MPa,循环次数 $n_3 = 0.10 \times 10^6$;第四级 $\sigma_4 = 60$MPa,循环次数 $n_4 = 0.35 \times 10^6$。试用线性累积损伤理论确定其寿命。

**解题分析**:设一年为一个典型周期,则一个周期内 $n_i (i=1,2,3,4)$ 已知,$N_i$ 可通过 $S$-$N$ 曲线方程确定。代入线性损伤理论公式即可确定典型周期数 $\lambda$。

**解**:(1) 根据构件的 $S$-$N$ 曲线方程计算各级常幅应力循环对应的疲劳寿命:

$$N_1 = 1.111 \times 10^6, \quad N_2 = 1.736 \times 10^6, \quad N_3 = 3.086 \times 10^6, \quad N_4 = 6.944 \times 10^6$$

（2）估算寿命：将一年当做一个典型周期，则一年内该构件损伤为 $\sum_{i=1}^{4} \dfrac{n_i}{N_i}$。设构件寿命为 $\lambda$ 年，则根据线性累积损伤理论有

$$\lambda \sum_{i=1}^{4} \frac{n_i}{N_i} = 1, \quad \lambda = \left( \sum_{i=1}^{4} \frac{n_i}{N_i} \right)^{-1} = 8.27 \text{ 年。}$$

## 思 考 题

13-1 材料和表面加工质量相同的四根圆轴如思考题 13-1 图所示。在相同的对称循环交变载荷的作用下，轴_____的疲劳极限最高。

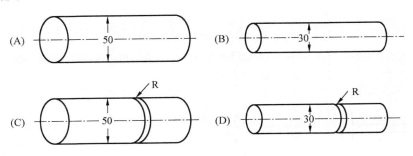

思考题 13-1 图

13-2 材料的疲劳极限与试件的_____无关。

A. 材料；　　　　　　B. 变形形式；　　　　　C. 循环特征；　　　　　D. 最大应力。

13-3 已知构件危险点的最大工作应力为 $\sigma_{max}$，材料和构件的疲劳极限分别为 $\sigma_r$ 和 $(\sigma_r)$，则构件的工作安全因数为_____。

A. $n_\sigma = \sigma_r / \sigma_{max}$；　　B. $n_\sigma = (\sigma_r) / \sigma_{max}$；　　C. $n_\sigma = \sigma_{max} / \sigma_r$；　　D. $n_\sigma = \sigma_{max} / (\sigma_r)$。

13-4 在材料、变形形式相同，且构件表面不作强化处理的条件下，比较材料的疲劳极限 $\sigma_r$ 和构件的疲劳极限 $(\sigma_r)$，可知二者的大小关系是_____。

A. $\sigma_r > (\sigma_r)$；　　B. $\sigma_r = (\sigma_r)$；　　C. $\sigma_r < (\sigma_r)$；　　D. 以上三种情况都可能。

13-5 在以下措施中，_____将会降低构件的疲劳极限。

A. 降低构件表面粗糙度；　　　　　　　　　B. 增强构件表层硬度；

C. 加大构件的几何尺寸；　　　　　　　　　D. 减缓构件的应力集中。

13-6 齿轮传动时，齿根部某点弯曲正应力的循环特征_____。

A. $-1$；　　　　　　　B. 0；　　　　　　　C. $1/2$；　　　　　　　D. 1。

13-7 在非对称循环应力下，材料的疲劳极限为 $\sigma_r = \sigma_m + \sigma_a$，若构件的应力集中、表面质量和尺寸的综合影响因数为 $\alpha$，则构件的疲劳极限 $(\sigma_r) =$_____。

A. $\sigma_m + \sigma_a$；　　B. $\alpha(\sigma_m + \sigma_a)$；　　C. $\sigma_m + \alpha\sigma_a$；　　D. $\alpha\sigma_m + \sigma_a$。

## 习 题

13.1-1 循环应力的应力变化曲线如习题 13.1-1 图所示，则平均应力 $\sigma_m$、应力幅值 $\sigma_a$ 和应力比 $r$ 分别为多少？

13.1-2 已知循环应力的平均应力 $\sigma_m = 10\text{MPa}$，应力幅值 $\sigma_a = 40\text{MPa}$，则其循环应力的极值 $\sigma_{max}$、$\sigma_{min}$ 和应力比 $r$ 分别为多少？

13.1-3 传动轴如习题 13.1-3 图所示。试定性绘出在匀速转动过程中危险点处的弯曲正应力和扭转切应力的应力循环曲线，并求应力比 $r_\sigma$ 和 $r_\tau$。

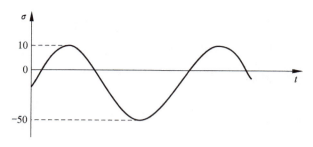

习题 13.1-1 图

13.1-4 某发动机连杆的直径 $d=10\text{mm}$,工作时承受的最大拉力 $F_{max}=10\text{kN}$,最小拉力 $F_{min}=8\text{kN}$,试确定连杆的循环特征 $r$,并做出循环应力曲线。

13.1-5 已知应力循环的应力幅为 $\sigma_a$,应力比为 $r$,试求最大应力。

13.1-6 如习题 13.1-6 图所示,矩形截面悬臂梁自由端安装了一部有偏心转子的电动机。已知,梁的长度 $l=1\text{m}$,抗弯截面模量 $W=20\times10^3\text{mm}^3$;电动机重力 $F=1\text{kN}$,电动机匀速转动,其偏心转子的离心惯性力为 $F_I=200\text{N}$。试求梁表面危险点处的最大弯曲正应力和应力比。

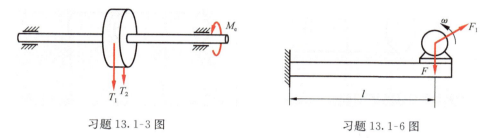

习题 13.1-3 图          习题 13.1-6 图

13.1-7 习题 13.1-7 图所示直径为 $d$ 的圆轴在匀速旋转中,所受外力的大小和空间位置保持不变。试求危险点的应力比。

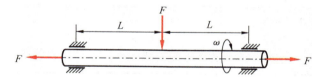

习题 13.1-7 图

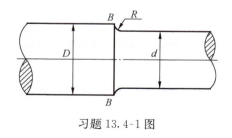

习题 13.4-1 图

13.2-1 若疲劳试验频率选取为 $f=20\text{Hz}$,试估算施加 $10^6$ 循环需要多少小时。

13.4-1 习题 13.4-1 图所示表面经精车加工的阶梯形圆截面钢杆,承受非对称循环的轴向载荷 $F$ 作用,其最大值和最小值分别为 $F_{max}=100\text{kN}$ 和 $F_{min}=10\text{kN}$,设规定的疲劳安全因数 $n_f=2$,试校核杆的疲劳强度。已知:$D=50\text{mm}$,$d=40\text{mm}$,$R=5\text{mm}$,$\sigma_b=600\text{MPa}$,$\sigma_{-1}^{拉-压}=170\text{MPa}$,$\psi_\sigma=0.05$。

13.4-2 习题 13.4-2 图所示带横孔的圆截面钢杆,承受非对称循环的轴向外力作用,设该力的最大值为 $F$,最小值为 $0.2F$,材料的强度极限 $\sigma_b=500\text{MPa}$,对称循环下拉压疲劳极限 $\sigma_{-1}^{拉-压}=150\text{MPa}$,敏感因数 $\psi_\sigma=0.05$,疲劳安全因数 $n_f=1.7$,试计算外力 $F$ 的许用值。杆表面经磨削加工。

13.4-3 一阶梯形圆截面轴,粗、细两段的直径分别为 $D=60\text{mm}$ 和 $d=50\text{mm}$,过渡处的圆角半径 $R=5\text{mm}$,危险截面上的内力为同相位的对称循环交变弯矩和交变扭矩,其最大值分别为 $M_{max}=1.0\text{kN·m}$ 和

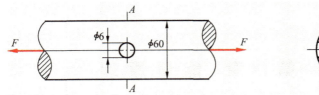

习题 13.4-2 图

$T_{max}=1.5$ kN·m,试计算该截面的工作安全因数。材料的强度极限 $\sigma_b=800$MPa,弯曲疲劳极限 $\sigma_{-1}=350$MPa,扭转疲劳极限 $\tau_{-1}=200$MPa,轴表面经精车加工。

13.4-4 一阶梯形圆截面轴,粗、细两段的直径分别为 $D=50$mm 和 $d=40$mm,过渡处的圆角半径 $R=2$mm,危险截面上的内力为同相位的交变弯矩和交变扭矩,弯矩的最大值为 $M_{max}=200$N·m、最小值为 $M_{min}=-200$N·m,扭矩的最大值为 $T_{max}=500$N·m,最小值为 $T_{min}=250$N·m。试校核危险截面的疲劳强度。轴用碳钢制成,其强度极限 $\sigma_b=500$MPa,弯曲疲劳极限 $\sigma_{-1}=200$MPa,扭转疲劳极限 $\tau_{-1}=115$MPa,疲劳安全因数 $n_f=2$。轴表面经磨削加工。

13.5-1 若起重杆承受脉冲循环载荷作用,每年作用载荷谱统计如习题 13.5-1 表所示,$S$-$N$ 曲线可用 $\sigma^3 N=2.9\times10^{13}$(其中应力单位为 MPa)表示。(1)试估算拉杆的寿命为多少年?(2)若要求使用寿命为五年,试确定许用的 $\sigma_{max}$。

**习题 13.5-1 表**

| $\sigma_{maxi}$/MPa | 500 | 400 | 300 | 200 |
|---|---|---|---|---|
| 每年工作循环 $n_i/10^6$ 次 | 0.01 | 0.03 | 0.1 | 0.5 |

# 第 14 章  能 量 原 理

通过计算结构系统的总能量并利用能量原理计算结构的变形是变形体力学的重要方法之一。本章介绍常用的几个能量原理,讨论如何从能量原理出发求解构件的变形问题。

## 14.1  杆件的应变能

在 9.6 节我们讨论了外力功、应变能以及应变能原理。由应变能原理可知,弹性体的外力功 $W$ 和总应变能 $V_\varepsilon$ 之间存在如下关系

$$V_\varepsilon = W \tag{14-1}$$

对于满足胡克定律且变形很小的线弹性体,当有多个外力 $F_i (i=1,2,\cdots,n)$ 作用时,若设每个外力作用点处的位移为 $\Delta_i$,则不论按何种次序加载,外力所做的功总可以按下式计算

$$W = \frac{1}{2} \sum_{i=1}^{n} F_i \Delta_i \tag{14-2}$$

换句话说,线弹性体的外力功与加载次序无关,这就是**克拉比隆**(Clapeyron, B. P. E., 1799~1864)**定理**。

式(14-2)中,外力 $F_i$ 应理解为**广义力**,即可以是集中力、力偶矩,或者是一对大小相等、方向相反的力或力偶矩等;位移 $\Delta_i$ 是指与广义力对应的**广义位移**。例如,当广义力为集中力时,相应的广义位移为在该力方向上的线位移;当广义力为集中力偶时,相应的广义位移为角位移;当广义力为一对大小相等、方向相反的力时,相应的广义位移为两个力作用点之间的相对线位移,等等。

由式(14-1)和式(14-2),可以计算杆件的应变能。

1) 拉压杆的应变能

长为 $l$,轴力为 $F_N$ 的直杆,将轴力看做外力,则由式(14-2)得外力功为

$$W = \frac{1}{2} F_N \Delta = \frac{1}{2} F_N \cdot \frac{F_N l}{EA} = \frac{F_N^2 l}{2EA}$$

又由应变能原理式(14-1),杆中的应变能为

$$V_\varepsilon = \frac{F_N^2 l}{2EA} \tag{14-3}$$

若轴力 $F_N$ 沿杆轴线变化,则杆中应变能用下式计算

$$V_\varepsilon = \int_0^l \frac{F_N^2(x)}{2EA} \mathrm{d}x \tag{14-4}$$

对于由 $n$ 根直杆组成的桁架结构,整个结构的应变能为

$$V_\varepsilon = \sum_{i=1}^{n} \frac{F_{Ni}^2 l_i}{2E_i A_i} \tag{14-5}$$

式中,$F_{Ni}$、$l_i$、$E_i$ 和 $A_i$ 分别为结构中第 $i$ 根杆件的轴力、杆长、弹性模量和横截面面积。

2) 圆轴扭转时的应变能

长为 $l$,扭转刚度为 $GI_p$,扭矩为 $T$ 的圆轴中的应变能为

$$V_\varepsilon = W = \frac{1}{2}T \cdot \varphi = \frac{1}{2}T \cdot \frac{Tl}{GI_p} = \frac{T^2 l}{2GI_p} \tag{14-6}$$

当扭矩 $T$ 沿轴线变化时,应变能计算公式为

$$V_\varepsilon = \int_l \frac{T^2(x)}{2GI_p}dx \tag{14-7}$$

3) 弯曲梁的应变能

从横力弯曲梁上取一微梁段,梁段的变形及其上内力如图 14-1 所示。将梁段上弯矩 $M(x)$,剪力 $F_S(x)$ 看做外力,则微梁段的外力功等于 $M(x)$ 所做的外力功和 $F_S(x)$ 所做的外力功之和。由于剪力 $F_S(x)$ 的外力功较小,通常忽略不计,所以微梁段的应变能

$$dV_\varepsilon = \frac{1}{2}M(x) \cdot d\theta = \frac{1}{2}M(x) \cdot \frac{M(x)}{EI}dx = \frac{M^2(x)}{2EI}dx$$

整个梁的应变能为

$$V_\varepsilon = \int_l \frac{M^2(x)}{2EI}dx \tag{14-8}$$

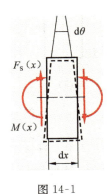

图 14-1

4) 圆截面杆组合变形时的应变能

取微杆段 $dx$,如图 14-2 所示。微段上轴力、扭矩、弯矩和剪力分别为 $F_N(x)$、$T(x)$、$M(x)$ 和 $F_S(x)$。将上述各内力看做微杆段所受的外力,$F_N(x)$、$T(x)$、$M(x)$ 分别引起微杆段轴向变形 $d\delta$、扭转变形 $d\varphi$、截面转角 $d\theta$,忽略剪力 $F_S(x)$ 所引起的变形,则微段的应变能为

$$dV_\varepsilon = dW = \frac{1}{2}F_N(x)d\delta + \frac{1}{2}T(x)d\varphi + \frac{1}{2}M(x)d\theta = \frac{F_N^2(x)}{2EA}dx + \frac{T^2(x)}{2GI_p}dx + \frac{M^2(x)}{2EI}dx$$

整个杆件的应变能则为

$$V_\varepsilon = \int_l \frac{F_N^2(x)}{2EA}dx + \int_l \frac{T^2(x)}{2GI_p}dx + \int_l \frac{M^2(x)}{2EI}dx \tag{14-9}$$

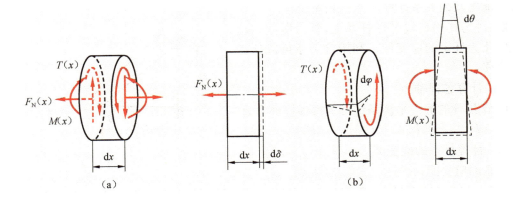

图 14-2

**例题 14-1** 已知图 14-3 所示杆的拉压刚度为 $EA$,试比较下列情况下杆的应变能:(1) 仅考虑杆的自重 $F$;(2) 不考虑自重,而在杆的下端作用一力 $F$;(3) 考虑杆的自重 $F$,同时在杆下端作用一力 $F$。

**解**:(1) 首先计算仅考虑杆自重的情况。

考虑重力作用时,轴力沿杆轴线性变化。单位长度上重力为 $q = F/l$(图 14-3(a)),于是杆的 $x$ 截面上的轴力为(图 14-3(b))

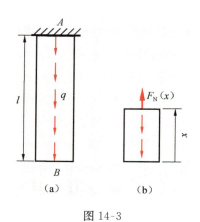

图 14-3

$$F_N(x) = q \cdot x = \frac{F}{l} \cdot x$$

杆的应变能为

$$V_\varepsilon^{(1)} = \int_0^l \frac{F_N^2(x)}{2EA}\mathrm{d}x = \frac{1}{2EA}\int_0^l \frac{F^2}{l^2}x^2\,\mathrm{d}x = \frac{F^2 l}{6EA}$$

（2）计算不考虑杆自重,而在 $B$ 端施加力 $F$ 情况下的应变能。

这种情况下,杆的轴力沿轴线为一常量,即 $F_N(x) = F$。所以杆的应变能为

$$V_\varepsilon^{(2)} = \frac{F^2 l}{2EA}$$

是仅考虑杆自重时应变能的三倍。

（3）计算考虑杆的自重 $F$,同时在杆下端作用一力 $F$ 时的应变能。

这种情况下,杆的 $x$ 截面上的轴力为前两种情况轴力的叠加,即

$$F_N(x) = \frac{F}{l} \cdot x + F$$

于是应变能为

$$V_\varepsilon = \int_0^l \frac{F_N^2(x)}{2EA}\mathrm{d}x = \int_0^l \frac{F^2(x/l+1)^2}{2EA}\mathrm{d}x = \frac{7F^2 l}{6EA} \neq V_\varepsilon^{(1)} + V_\varepsilon^{(2)}$$

**讨论**:①计算表明,第三种情况下,杆的轴力可以通过第一、第二情况下的轴力叠加得到,而应变能是不能叠加的。②一般情况下,引起构件同一种变形形式的多个载荷,构件的相应内力可以通过这几个载荷各自的内力叠加得到,而构件的应变能不能由上述各个载荷单独引起的应变能叠加得到。

**例题 14-2** 线弹性杆件受力如图 14-4 所示,若两杆的拉压刚度均为 $EA$。试利用外力功与应变能之间的关系计算 $B$ 点的铅垂位移。

**解**:外力作用在线弹性杆系上,外力所做的功完全转化为杆系的应变能。利用该关系可以计算 $B$ 点位移。

（1）计算各杆轴力。

由节点 $B$ 的静力平衡条件可求得各杆轴力为

$$F_{N,AB} = 5F/4, \quad F_{N,BC} = 3F/4$$

（2）计算杆系的应变能。

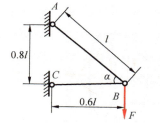

图 14-4

杆系的应变能为两杆应变能之和,即

$$V_\varepsilon = V_{\varepsilon,AB} + V_{\varepsilon,BC} = \frac{F_{N,AB}^2 l_{AB}}{2EA} + \frac{F_{N,BC}^2 l_{BC}}{2EA}$$

式中 $l_{AB} = l$, $l_{BC} = 0.6l$,则

$$V_\varepsilon = \frac{(5F/4)^2 l}{2EA} + \frac{(3F/4)^2(0.6l)}{2EA} = \frac{1.9F^2 l}{2EA}$$

（3）计算 $B$ 点位移。

设 $B$ 点铅垂位移为 $\Delta_B$,外力 $F$ 由零逐渐增加过程中,$F$ 与 $\Delta_B$ 始终保持正比关系,外力所做的功为 $W = F\Delta_B/2$,并和杆系的总应变能相等,即

$$F\Delta_B/2 = 1.9F^2l/(2EA)$$

得

$$\Delta_B = 1.9Fl/(EA)$$

讨论:只有当构件承受唯一载荷时,才能用功能原理求出位移,而且也只能求出该载荷作用方向上的位移。

## 14.2 莫尔定理与单位载荷法

图 14-5(a)所示的简支梁在一组集中力 $F_1$、$F_2$、$\cdots$、$F_n$ 作用下发生弯曲变形,各个力作用点处位移分别为 $\Delta_1$、$\Delta_2$、$\cdots$、$\Delta_n$。设梁的弯矩为 $M(x)$,则在线弹性变形范围内,梁的应变能为

$$V_\varepsilon^{(0)} = \int_l \frac{M^2(x)}{2EI}\mathrm{d}x \tag{14-10a}$$

现在欲计算梁上任一点 $C$ 处的位移 $\Delta$。

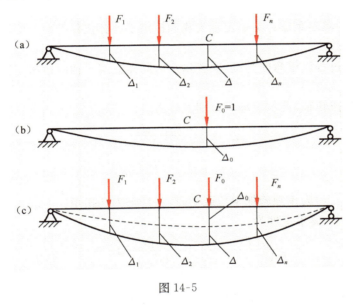

图 14-5

考虑如下加载情况:首先在梁上 $C$ 处施加一单位集中力 $F_0$(即 $F_0=1$),设此时 $C$ 处的位移为 $\Delta_0$,如图 14-5(b)所示。此时梁的弯矩为 $\overline{M}(x)$,则梁的应变能为

$$\overline{V}_\varepsilon = \int_l \frac{\overline{M}^2(x)}{2EI}\mathrm{d}x \tag{14-10b}$$

然后,再将原来梁上的一组载荷 $F_1$、$F_2$、$\cdots$、$F_n$ 施加到图 14-5(b)中的梁上,则梁在 $F_1$、$F_2$、$\cdots$、$F_n$ 作用点处位移值增加了 $\Delta_1$、$\Delta_2$、$\cdots$、$\Delta_n$,$C$ 处的位移增加了 $\Delta$。根据叠加原理,这时梁中弯矩应为 $[M(x)+\overline{M}(x)]$,于是梁的应变能为

$$V_\varepsilon^{(1)} = \int_l \frac{[M(x)+\overline{M}(x)]^2}{2EI}\mathrm{d}x = \int_l \frac{M^2(x)}{2EI}\mathrm{d}x + \int_l \frac{\overline{M}^2(x)}{2EI}\mathrm{d}x + \int_l \frac{M(x)\overline{M}(x)}{EI}\mathrm{d}x$$

$$= V_\varepsilon^{(0)} + \overline{V}_\varepsilon + \int_l \frac{M(x)\overline{M}(x)}{EI}\mathrm{d}x \tag{14-10c}$$

现在计算上述加载过程中的外力功。施加 $F_0$ 过程中,$F_0$ 所做的功为 $F_0\Delta_0/2$;施加 $F_1$、

$F_2$、$\cdots$、$F_n$ 过程中,除了 $F_1$、$F_2$、$\cdots$、$F_n$ 做功外,$F_0$ 也做功,其大小为 $F_0\Delta$。所以总的外力功为

$$W = \frac{1}{2}F_0\Delta_0 + \frac{1}{2}\sum_{i=1}^{n} F_i\Delta_i + F_0\Delta \tag{14-10d}$$

该外力功数值上等于应变能 $V_{\varepsilon}^{(1)}$,即

$$\frac{1}{2}F_0\Delta_0 + \frac{1}{2}\sum_{i=1}^{n} F_i\Delta_i + F_0\Delta = V_{\varepsilon}^{(0)} + \overline{V}_{\varepsilon} + \int_l \frac{M(x)\overline{M}(x)}{EI}\mathrm{d}x$$

而

$$V_{\varepsilon}^{(0)} = W^{(0)} = \frac{1}{2}\sum_{i=1}^{n} F_i\Delta_i, \quad \overline{V}_{\varepsilon} = \overline{W} = \frac{1}{2}F_0\Delta_0$$

于是有

$$F_0\Delta = \int_l \frac{M(x)\overline{M}(x)}{EI}\mathrm{d}x$$

由于 $F_0 = 1$,所以得到 $C$ 点位移

$$\Delta = \int_l \frac{M(x)\overline{M}(x)}{EI}\mathrm{d}x \tag{14-11}$$

式(14-11)称为**莫尔定理**。莫尔定理为我们提供了计算位移的新方法,这就是**单位载荷法**或**单位力法**。

虽然上述推导过程以梁弯曲为例,但莫尔定理同样适用于轴向拉压变形、扭转变形和组合变形情况。

对桁架结构和扭转轴,莫尔定理可分别表述为

$$\Delta = \sum_{i=1}^{n} \frac{F_{\mathrm{N}i}\overline{F}_{\mathrm{N}i}l_i}{E_i A_i} \tag{14-12}$$

$$\Delta = \int_l \frac{T(x)\overline{T}(x)}{GI_\mathrm{P}}\mathrm{d}x \tag{14-13}$$

上两式中,$\overline{F}_{\mathrm{N}}(x)$,$\overline{T}(x)$ 为单独施加单位载荷时,各杆轴力和扭矩。

组合变形情况下,莫尔定理为

$$\Delta = \int_l \frac{F_{\mathrm{N}}(x)\overline{F}_{\mathrm{N}}(x)}{EA}\mathrm{d}x + \int_l \frac{T(x)\overline{T}(x)}{GI_\mathrm{p}}\mathrm{d}x + \int_l \frac{M(x)\overline{M}(x)}{EI}\mathrm{d}x \tag{14-14}$$

莫尔定理中的 $\Delta$ 应理解为广义位移,所施加的单位载荷必须是与 $\Delta$ 对应的广义力。例如,如果要计算梁某截面转角,则在该截面上所施加的单位载荷必须是单位力偶矩。

如果根据莫尔定理计算出的位移 $\Delta$ 为正,则表示该处实际位移与所加单位载荷方向相同;反之,则表示与所加单位载荷方向相反。

还需指出,这里仅仅以线弹性体为例推导出莫尔定理,但实际上莫尔定理也适用于非线弹性体。在上述推导过程中,式(14-10a)是梁在线弹性变形范围内的应变能表达式,由此推得的式(14-11)~式(14-14)也仅适用于线弹性范围。

**例题 14-3** 试计算图 14-6(a)所示简支梁跨度中点 $C$ 的挠度和端截面 $B$ 的转角。已知梁的弯曲刚度为 $EI$。

**解**:(1) 写出梁的弯矩方程。

$$M(x) = qlx/2 - qx^2/2$$

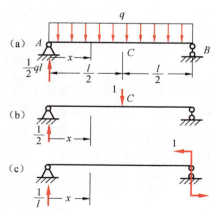

图 14-6

（2）计算 $C$ 截面挠度 $w_C$。

将图 14-6(a)中外载荷 $q$ 去掉，在 $C$ 处作用铅垂向下的单位集中力，如图 4-6(b)所示。

单位力作用下梁的弯矩为

$$\overline{M}(x) = x/2 \quad (0 \leqslant x \leqslant l/2)$$

根据莫尔定理，则有

$$w_C = 2\int_0^{\frac{l}{2}} \frac{M(x)\overline{M}(x)}{EI}\mathrm{d}x = \frac{2}{EI}\int_0^{\frac{l}{2}} \left(\frac{1}{2}qlx - \frac{1}{2}qx^2\right)\left(\frac{1}{2}x\right)\mathrm{d}x = \frac{5ql^4}{384EI}$$

结果为正值，表明 $C$ 处挠度与所施加的单位集中力方向一致，即向下。

（3）计算 $B$ 截面转角 $\theta_B$。

将图 14-6(a)中外载荷 $q$ 去掉，在 $B$ 处作用逆时针单位力偶矩，如图 14-6(c)所示。

单位力偶矩作用下梁的弯矩为

$$\overline{M}(x) = x/l$$

根据莫尔定理，则有

$$\theta_B = \int_0^l \frac{M(x)\overline{M}(x)}{EI}\mathrm{d}x = \frac{1}{EI}\int_0^l \left(\frac{1}{2}qlx - \frac{1}{2}qx^2\right)\left(\frac{1}{l}x\right)\mathrm{d}x = \frac{ql^3}{24EI}$$

结果为正值，表明 $B$ 截面转角与所施加的单位力偶矩方向一致，即逆时针方向。

**例题 14-4** 已知图 14-7 所示刚架各部分弯曲刚度均为 $EI$，试用单位载荷法计算 $B$ 点水平位移。不计轴力对刚架变形的影响。

**解**：本题中，弯矩方程必须分段列出。利用单位载荷法公式时，相应地要分段积分。$ED$ 部分除弯矩外还有轴力，按题意不考虑轴力对刚架变形的影响。首先计算支反力，并标注在图上。

（1）写出各段弯矩方程。

在 $AD$ 段，以 $A$ 为 $x$ 坐标原点： $M(x) = \dfrac{F}{4}x - \dfrac{Fx^2}{2a}$

在 $DE$ 段，以 $D$ 为 $x$ 坐标原点： $M(x) = -Fa/4$

在 $CB$ 段，以 $C$ 为 $x$ 坐标原点： $M(x) = -Fx$

在 $BE$ 段，以 $B$ 为 $x$ 坐标原点：

$$M(x) = 7Fx/4 - F(x+a) = 3Fx/4 - Fa$$

（2）计算 $B$ 点水平位移 $u_B$。

在 $B$ 点加水平单位力，则各段的 $\overline{M}(x)$ 为

在 $AD$ 段，以 $A$ 为原点： $\overline{M}(x) = -x/2$

在 $DE$ 段，以 $D$ 为原点： $\overline{M}(x) = -a/2 + x$

在 $CB$ 段，以 $C$ 为原点： $\overline{M}(x) = 0$

在 $BE$ 段，以 $B$ 为原点： $\overline{M}(x) = x/2$

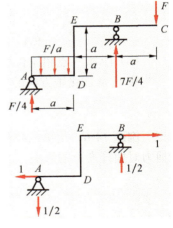

图 14-7

应用莫尔定理，得

$$u_B = \frac{1}{EI}\left[\int_0^a \left(\frac{F}{4}x - \frac{Fx^2}{2a}\right)\left(-\frac{x}{2}\right)\mathrm{d}x + \int_0^a \left(-\frac{Fa}{4}\right)\left(-\frac{a}{2} + x\right)\mathrm{d}x + \int_0^a \left(\frac{3}{4}Fx - Fa\right)\left(\frac{x}{2}\right)\mathrm{d}x\right]$$

$$= -\frac{5Fa^3}{48EI}$$

负号表示真实位移与所加单位力方向相反，即实际位移方向向左。

**讨论**：使用单位载荷法时，只要求同一积分号下的 $M(x)$ 与 $\overline{M}(x)$ 取的坐标系一致，不要求

一个构件采用一个统一的坐标系。所以,计算时可根据简便原则选取坐标系。

**例题 14-5** 在图 14-8(a)所示桁架中,五根杆的 $EA$ 相同,求 $F$ 力作用下节点 $A$ 的水平位移和铅垂位移。

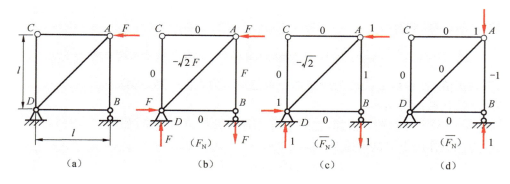

图 14-8

**解:**(1) 计算各杆的轴力 $F_{Ni}$,各杆轴力值标于图 14-8(b)中。

(2) 计算 $A$ 点水平位移 $u_A$。

在 $A$ 点加水平方向的单位力,计算 $\overline{F}_{Ni}(i=1,\cdots,5)$,各值标于图 14-8(c)中。

由 $\Delta=\sum\limits_{i=1}^{n}\dfrac{\overline{F}_{Ni}\cdot F_{Ni}l_i}{EA}$ 得

$$u_A=\sum\limits_{i=1}^{5}\frac{\overline{F}_{Ni}F_{Ni}l_i}{EA}=\frac{1}{EA}[F\cdot1\cdot l+(-\sqrt{2}F)(-\sqrt{2})\sqrt{2}l]=\frac{Fl}{EA}(1+2\sqrt{2})$$

(3) 计算 $A$ 点铅垂位移 $w_A$。

在 $A$ 点加铅垂方向的单位力,计算 $\overline{F}_{Ni}(i=1,\cdots,5)$,各值标于图 14-8(d)中。

$$w_A=\frac{l}{EA}(-1)F=-\frac{Fl}{EA}$$

**例题 14-6** 用单位载荷法求图 14-9 所示曲杆 $A$、$B$ 两点间的相对位移 $\Delta_{AB}$。忽略轴力及剪力对曲杆变形的影响。

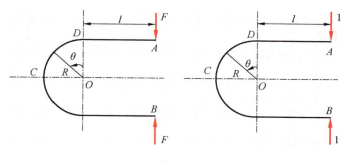

图 14-9

**解:**利用对称性,可以取曲杆一半计算,这样可以减少一半积分工作量。但是注意,在应用单位载荷法公式时,要在积分号前乘以 2。

(1) 列弯矩方程。

$AD$ 段以 $A$ 为 $x$ 坐标原点:

$$M(x)=Fx$$

$DC$ 段取极坐标如图示,则

$$M(\theta) = F(l + R\sin\theta) \qquad (0 \leqslant \theta \leqslant \pi/2)$$

(2) 计算 $A$、$B$ 两点的相对位移 $\Delta_{AB}$。

在 $A$、$B$ 两点加一对方向相反的单位力,则 $\overline{M}(x)$ 为

$AD$ 段: $\overline{M}(x) = x$

$DC$ 段: $\overline{M}(\theta) = l + R\sin\theta$

于是得

$$\Delta_{AB} = \frac{2}{EI}\left[\int_0^l Fx \cdot x\,\mathrm{d}x + \int_0^{\frac{\pi}{2}} F(l+R\sin\theta)^2 R\,\mathrm{d}\theta\right]$$

$$= \frac{2F}{EI}\left\{\frac{l^3}{3} + \left[l^2 R\theta - 2lR^2\cos\theta + R^3\left(\frac{\theta}{2} - \frac{\sin2\theta}{4}\right)\right]\Big|_0^{\frac{\pi}{2}}\right\}$$

$$= \frac{2F}{EI}\left[\frac{l^3}{3} + R\left(l^2\frac{\pi}{2} + \frac{\pi R^2}{4} + 2lR\right)\right]$$

# 14.3 卡氏第二定理

如图 14-10 所示,悬臂梁的应变能为

$$V_\varepsilon = \int_0^l \frac{(-Fx)^2}{2EI}\mathrm{d}x = \frac{F^2 l^3}{6EI}$$

应变能可以理解为载荷 $F$ 的函数,即

$$V_\varepsilon = V_\varepsilon(F)$$

计算 $V_\varepsilon$ 对 $F$ 的导数,得

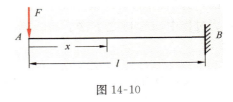

图 14-10

$$\frac{\mathrm{d}V_\varepsilon}{\mathrm{d}F} = \frac{\mathrm{d}}{\mathrm{d}F}\left(\frac{F^2 l^3}{6EI}\right) = \frac{Fl^3}{3EI}$$

从上式看出,应变能对 $F$ 的导数值正好等于集中力 $F$ 作用下该悬臂梁 $A$ 点的挠度值。这一结论并不是偶然巧合,而是线弹性体的普遍规律。这一规律称为**卡氏**(Castigliano, C. A. P. ,1847~1884)**第二定理**。卡氏第一定理是第二定理的逆形式。

下面以梁弯曲变形为例证明卡氏第二定理。

设图 14-11(a)所示的简支梁在一组力 $F_1$、$F_2$、$\cdots$、$F_k$、$\cdots$、$F_n$ 作用下发生弯曲变形,各力作用点处相应位移分别为 $\Delta_1$、$\Delta_2$、$\cdots$、$\Delta_k$、$\cdots$、$\Delta_n$,则梁的总应变能等于外力功 $W$,即

$$V_\varepsilon = W \tag{14-15a}$$

现在计算 $F_k$ 的作用点在 $F_k$ 方向上的位移 $\Delta_k$。

考虑给 $F_k$ 一个微增量 $\mathrm{d}F_k$,相应地 $\Delta_i$ 有微增量 $\mathrm{d}\Delta_i (i=1,2,\cdots,n)$。由于 $V_\varepsilon$ 可表示为 $F_1$、$F_2$、$\cdots$、$F_k$、$\cdots$、$F_n$ 的函数,即 $V_\varepsilon = V_\varepsilon(F_1, F_2, \cdots, F_k, \cdots, F_n)$,相应地,梁的应变能也产生一增量 $\mathrm{d}V_\varepsilon = \dfrac{\partial V_\varepsilon}{\partial F_k}\mathrm{d}F_k$,于是梁的应变能增为

$$V_\varepsilon + \frac{\partial V_\varepsilon}{\partial F_k}\mathrm{d}F_k \tag{14-15b}$$

如果将上述加载次序改变,即先作用 $\mathrm{d}F_k$,然后再施加 $F_1$、$F_2$、$\cdots$、$F_k$、$\cdots$、$F_n$。$\mathrm{d}F_k$ 引起的原 $F_1$、$F_2$、$\cdots$、$F_k$、$\cdots$、$F_n$ 作用点处作用力方向上位移为 $\mathrm{d}\Delta_1$、$\mathrm{d}\Delta_2$、$\cdots$、$\mathrm{d}\Delta_k$、$\cdots$、$\mathrm{d}\Delta_n$,此时梁中应变能为 $\dfrac{1}{2}\mathrm{d}F_k\mathrm{d}\Delta_k$。施加 $F_1$、$F_2$、$\cdots$、$F_k$、$\cdots$、$F_n$ 后,小变形情况下,各力作用点处力方向上产生

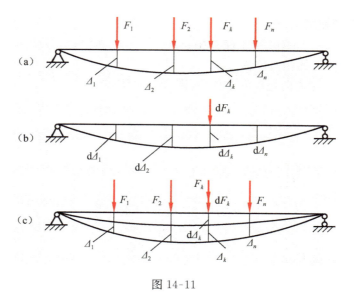

图 14-11

的附加位移仍为 $\Delta_1$、$\Delta_2$、$\cdots$、$\Delta_k$、$\cdots$、$\Delta_n$，而且，根据克拉比隆定理，所做外力功与式(14-15a)中的外力功相同，所以施加 $F_1$、$F_2$、$\cdots$、$F_k$、$\cdots$、$F_n$ 后引起的附加应变能仍为 $V_\varepsilon$。但是，在上述加力过程中，$\mathrm{d}F_k$ 随之下移了 $\mathrm{d}\Delta_k$，做的功为 $\mathrm{d}F_k\Delta_k$。所以，梁的总应变能为

$$\frac{1}{2}\mathrm{d}F_k\mathrm{d}\Delta_k + V_\varepsilon + \mathrm{d}F_k\Delta_k \tag{14-15c}$$

考虑到弹性体中应变能与加载次序无关，所以式(14-15b)和式(14-15c)应相等，即

$$\frac{1}{2}\mathrm{d}F_k\mathrm{d}\Delta_k + V_\varepsilon + \mathrm{d}F_k\Delta_k = V_\varepsilon + \frac{\partial V_\varepsilon}{\partial F_k}\mathrm{d}F_k$$

上式中，$\frac{1}{2}\mathrm{d}F_k\mathrm{d}\Delta_k$ 为二阶小量，可忽略不计，于是得

$$\Delta_k = \frac{\partial V_\varepsilon}{\partial F_k} \tag{14-16}$$

式(14-16)表明，应变能对任一载荷的偏导数，等于该载荷作用点处该载荷作用方向上的位移。此即卡氏第二定理。

在上述推导过程中，用到线弹性体条件，所以卡氏第二定理只适用于线弹性体。另外，卡氏第二定理中的载荷 $F_k$ 和位移 $\Delta_k$ 应理解为广义力和相应的广义位移。

如果式(14-16)计算得到的位移为正，则说明 $\Delta_k$ 与 $F_k$ 方向相同；为负则表示 $\Delta_k$ 与 $F_k$ 方向相反。

对应于拉压杆、桁架结构、轴和梁的卡氏第二定理表达式分别为

$$\Delta_k = \int_l \frac{F_N(x)}{EA}\frac{\partial F_N(x)}{\partial F_k}\mathrm{d}x \tag{14-17}$$

$$\Delta_k = \sum_{i=1}^n \frac{F_{Ni}l_i}{E_iA_i}\frac{\partial F_{Ni}}{\partial F_k} \tag{14-18}$$

$$\Delta_k = \int_l \frac{T(x)}{GI_P}\frac{\partial T(x)}{\partial F_k}\mathrm{d}x \tag{14-19}$$

$$\Delta_k = \int_l \frac{M(x)}{EI}\frac{\partial M(x)}{\partial F_k}\mathrm{d}x \tag{14-20}$$

将式(14-11)、式(14-12)和式(14-13)分别与式(14-20)、式(14-18)、式(14-19)比较,发现
$\dfrac{\partial M(x)}{\partial F_k}=\overline{M}(x)$,$\dfrac{\partial F_N(x)}{\partial F_k}=\overline{F}_N(x)$,$\dfrac{\partial T(x)}{\partial F_k}=\overline{T}(x)$。可见,对于线弹性体,卡氏第二定理与莫尔定理是相通的。

**例题 14-7** 已知图 14-12 所示梁的弯曲刚度 $EI$ 和支座 $B$ 的弹簧常量 $k$(引起单位变形所需的力),试求 $C$ 点的挠度。

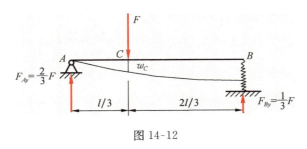

图 14-12

**解**:$C$ 处有挠度方向上的作用力,采用卡氏第二定理较方便。但注意,要用整个系统(包括梁和弹簧)的应变能计算。

(1) 计算支反力。
$$F_{Ay} = 2F/3, \quad F_{By} = F/3$$

(2) 写出梁的弯矩方程。
$AC$ 段,以 $A$ 为 $x$ 坐标原点: $M(x)=F_{Ay}x=2Fx/3$
$BC$ 段,以 $B$ 为 $x$ 坐标原点: $M(x)=F_{By}x=Fx/3$
弹簧的变形为 $\Delta = F/(3k)$

(3) 计算应变能。
梁的应变能为
$$V_{\varepsilon 1} = \int_l \frac{M^2(x)}{2EI}\mathrm{d}x = \frac{1}{2EI}\left[\int_0^{\frac{l}{3}}\left(\frac{2}{3}Fx\right)^2\mathrm{d}x + \int_0^{\frac{2l}{3}}\left(\frac{1}{3}Fx\right)^2\mathrm{d}x\right] = \frac{2F^2l^3}{243EI}$$

弹簧应变能等于外力对弹簧做的功,作用在弹簧上的力为 $F_{By}$,弹簧的变形为
$$\Delta = F_{By}/k = F/(3k)$$

所以弹簧应变能为
$$V_{\varepsilon 2} = \frac{1}{2}F_{By}\cdot\Delta = \frac{F^2}{18k}$$

总应变能
$$V_{\varepsilon} = V_{\varepsilon 1} + V_{\varepsilon 2} = \frac{2F^2l^3}{243EI} + \frac{F^2}{18k}$$

(4) 计算 $C$ 点挠度。
由卡氏第二定理式(14-16),得
$$w_C = \frac{\partial V_{\varepsilon}}{\partial F} = \frac{4Fl^3}{243EI} + \frac{F}{9k}$$

采用卡氏第二定理求结构某处某方向位移时,该处该方向需要有相应的载荷。如果该处该方向上没有与所求位移相应的载荷,则可以附加一个假想载荷或虚载荷,然后计算结构附加虚载荷后的应变能,并应用卡氏定理计算所需位移。最后,令所附加的虚载荷为零,即得到结构的真实位移。这种处理办法称为**"虚载荷法"**或**"附加力法"**。下面通过例子来说明"虚载荷

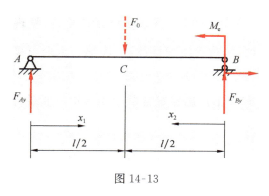

图 14-13

法"的基本步骤。

**例题 14-8**　试应用卡氏第二定理计算图 14-13 所示简支梁跨度中点 $C$ 处的挠度。已知全梁 $EI$ 为常数。

**解**：由于在简支梁的 $C$ 处没有与挠度对应的集中力，为了应用卡氏定理，在 $C$ 处附加一集中力 $F_0$。

（1）计算支反力。

在外载荷 $M_e$ 和虚载荷 $F_0$ 共同作用下，支座处反力为

$$F_{Ay} = F_0/2 + M_e/l, \quad F_{By} = F_0/2 - M_e/l$$

（2）写出弯矩方程。

$AC$ 段：　$M_1(x) = (F_0/2 + M_e/l)x_1 \quad (0 \leqslant x_1 \leqslant l/2), \quad \dfrac{\partial M_1}{\partial F_0} = \dfrac{x_1}{2}$

$BC$ 段：　$M_2(x) = (F_0/2 - M_e/l)x_2 + M_e \quad (0 \leqslant x_2 \leqslant l/2), \quad \dfrac{\partial M_2}{\partial F_0} = \dfrac{x_2}{2}$

（3）应用卡氏定理计算 $C$ 处挠度 $w_C$。

由卡氏第二定理式（14-20），得

$$w_C = \left( \int_l \frac{M(x)}{EI} \frac{\partial M(x)}{\partial F_0} \mathrm{d}x \right)_{F_0 \equiv 0} = \frac{1}{EI} \left[ \int_0^{\frac{l}{2}} \frac{M_e}{l} x_1 \cdot \frac{x_1}{2} \mathrm{d}x_1 + \int_0^{\frac{l}{2}} \left( M_e - \frac{M_e}{l} x_2 \right) \cdot \frac{x_2}{2} \mathrm{d}x_2 \right] = \frac{M_e l^2}{16EI}$$

结果为正值，表明 $C$ 处挠度与虚载荷 $F_0$ 方向一致。

从该例题看出，对附加载荷求完偏导后，即令其为零，代入积分式，可使计算简化。

## 14.4　互 等 定 理

本节利用克拉比隆定理建立关于线弹性体的两个重要定理：**功的互等定理**与**位移互等定理**。

考虑同一简支梁分别受力 $F_1$ 和 $F_2$ 作用。设 $F_1$ 引起在其作用点 1 处位移为 $\Delta_{11}$，在 $F_2$ 作用点 2 处为 $\Delta_{21}$，如图 14-14(a)所示。在另一受力状态（图 14-14(b)），设 $F_2$ 引起在 1 点处位移为 $\Delta_{12}$，在 2 点处位移为 $\Delta_{22}$。这里 $\Delta_{ij}$ 的标记规则为：第一个下标 $i$ 表示位移发生的位置，第二个下标 $j$ 表示引起该位移的载荷。

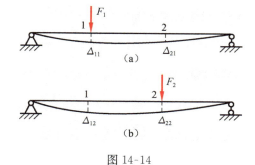

图 14-14

现在考虑第三种受力状态（图 14-15(a)）：先在 1 处加力 $F_1$，然后在 2 处加力 $F_2$。据前述，加 $F_1$ 后，1、2 处位移分别为 $\Delta_{11}$、$\Delta_{21}$；加 $F_2$ 后，1、2 处附加位移应为 $\Delta_{12}$、$\Delta_{22}$，这时梁的应变能为

$$V_\varepsilon^{(1)} = \frac{1}{2} F_1 \Delta_{11} + \frac{1}{2} F_2 \Delta_{22} + F_1 \Delta_{12} \tag{14-21a}$$

考虑第四种受力状态（图 14-15(b)）：先在 2 处加 $F_2$，再在 1 处加 $F_1$，类似地，此时梁的应变能为

$$V_{\varepsilon}^{(2)} = \frac{1}{2}F_2\Delta_{22} + \frac{1}{2}F_1\Delta_{11} + F_2\Delta_{21}$$

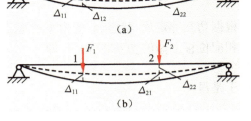

$$(14\text{-}21\text{b})$$

由于线弹性体的应变能与加载次序无关，所以第三种受力状态的应变能应该和第四种受力状态的应变能相等，所以

$$V_{\varepsilon}^{(1)} = V_{\varepsilon}^{(2)}$$

即

$$F_1\Delta_{12} = F_2\Delta_{21} \qquad (14\text{-}22)$$

图 14-15

式(14-22)表明，对于线弹性体，$F_1$ 在由 $F_2$ 引起的位移 $\Delta_{12}$ 上所做的功等于 $F_2$ 在由 $F_1$ 引起的位移 $\Delta_{21}$ 上所做的功。此即**功的互等定理**。当 $F_1$ 与 $F_2$ 数值上相等时，由式(14-22)得

$$\Delta_{12} = \Delta_{21} \qquad (14\text{-}23)$$

式(14-23)表明，若作用与线弹性体上的两个力 $F_1$ 和 $F_2$ 数值相等，则 $F_1$ 在 $F_2$ 作用处引起的位移 $\Delta_{21}$ 等于 $F_2$ 在 $F_1$ 作用处引起的位移 $\Delta_{12}$。此即**位移互等定理**。

功互等定理的力和位移均应理解为广义力和相应的广义位移。图 14-16 所示简支梁，已知 $C$ 点作用力 $F$ 时，$B$ 截面转角 $\theta_B = Fl^2/(16EI)$；同一梁，如果在 $B$ 截面作用力偶矩 $M_e$，根据功的互等定理，力 $F$ 在 $M_e$ 所引起的位移所做的功等于 $M_e$ 在 $F$ 力所引起的位移（角位移）上所做的功，即 $Fw_C = M_e\theta_B$。

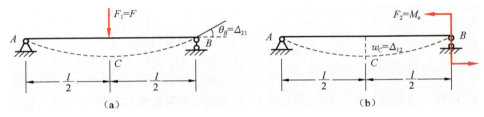

图 14-16

**例题 14-9** 图 14-17(a)所示任意形状的弹性体，弹性模量为 $E$，泊松比为 $\nu$，沿直线 $l$ 两端作用一对集中力 $F$，试计算物体体积的改变。

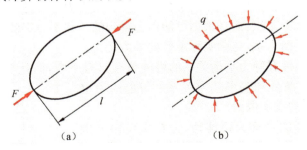

图 14-17

**解**：设图(a)中力 $F$ 引起的体积改变为 $\Delta V$。为计算 $\Delta V$，考虑同一物体在表面施加静水压力 $q$(图(b))。静水压力作用下，物体内任意点应力均为

$$\sigma_x = \sigma_y = \sigma_z = -q$$

由广义胡克定律，应变为

$$\varepsilon_x = \varepsilon_y = \varepsilon_z = -\frac{1-2\nu}{E}q$$

直线 $l$ 的缩短量为

$$\Delta l = -\frac{1-2\nu}{E}ql$$

根据功互等定理,状态(a)的力 $F$ 在状态(b)位移上做的功 $F\Delta l$ 应该和状态(b)的力在状态(a)相应位移上做的功 $q\Delta V$ 相等,即

$$F\Delta l = q\Delta V$$

于是得

$$\Delta V = -\frac{1-2\nu}{E}Fl$$

## *14.5 虚 功 原 理

虚功原理是变形体力学的重要能量原理,许多现代数值计算方法如有限元方法的基本格式都可以基于虚功原理建立。本节先介绍虚位移和虚功的基本概念,然后给出虚功原理并讨论其含义。虚功原理的严格证明可参考有关弹性理论的书籍。

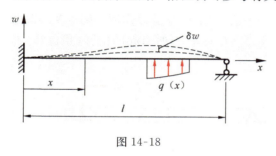

图 14-18

图 14-18 所示为一个静不定结构,其位移边界条件为

$$x=0: \quad w(0)=0, \quad \theta(0)=\frac{\mathrm{d}w}{\mathrm{d}x}=0;$$

$$x=l: \quad w(l)=0 \qquad (14\text{-}24)$$

力边界条件为

$$x=l: \quad M(l)=0 \qquad (14\text{-}25)$$

满足位移边界条件式(14-24)和转角挠度几何关系(即转角方程式(8-1))的任意位移 $w$ 称为该梁的**可能位移**。可能位移与梁的受力之间可以没有任何关系。显然,梁的可能位移有无穷多个,而且根据可能位移得到的内力不一定满足该梁的静力平衡方程。两个相邻的可能位移 $w$ 和 $w+\delta w$ 之间的差 $\delta w$ 称为**虚位移**或位移函数 $w$ 的**变分**。

类似地,仅仅满足力边界条件和静力平衡关系的一组内力称为**静力可能内力**,或简称**可能内力**。可能内力也有无穷多组,而且根据可能内力得到的位移不一定满足梁的位移边界条件。可能内力只是一个自平衡力系,与梁实际承受的外力无关。

满足梁的力边界条件和静力平衡关系的可能位移只有一个,而且就是梁的真实位移。同样,满足梁的位移边界条件和变形几何关系的可能内力也只有一组,而且就是梁的真实内力。

力在可能位移上做的功称为**可能功**,力在虚位移上做的功称为**虚功**。通过图 14-19 的简单例子,可以说明变形功、可能功和虚功的主要区别。在图 14-19(a)中,梁的挠度 $w$ 由 $P$ 引起,所以 $P$ 在 $w$ 上做的功为 $A=Pw/2$;图 14-19(b)中,$w$ 是人为给定的可能位移,与 $P$ 之间不存在因果关系,所以 $P$ 在 $w$ 上做的可能功为 $A=Pw$;图 14-19(c)中两条虚线表示梁的两个相邻的可能位移,虚位移 $\delta w$ 与 $P$ 没有关系,所以 $P$ 在 $\delta w$ 上做的功为 $\delta A=P\delta w$。虚功本质上是

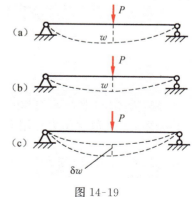

图 14-19

可能功。

外力在虚位移上做的功称为外力虚功或**外虚功**,用 $W_e$ 表示;内力在虚位移上做的功称为内力虚功或**内虚功**,用 $W_i$ 表示。变形体虚功原理表明,当结构发生虚位移时,结构上所有外力所做的外虚功恒等于可能内力所做的内虚功,即

$$W_e = W_i \tag{14-26}$$

式(14-26)称为**虚功方程**。

设虚位移引起杆件微段 $dx$ 发生类似于图 14-2 所示的轴向虚变形 $d(\delta\lambda)$、扭转虚变形 $d(\delta\varphi)$ 和弯曲虚变形 $d(\delta\theta)$,设杆件中的可能内力为轴力 $F_N$、扭矩 $T$ 和弯矩 $M$,则整个杆件的内虚功为

$$W_i = \int_l F_N d(\delta\lambda) + \int_l T d(\delta\varphi) + \int_l M d(\delta\theta) \tag{14-27}$$

式中,$l$ 为杆件的长度;式中没有考虑剪力 $F_s$ 所做的内虚功,因为其值比较而言较小。如果杆件还存在其他内力,则应将它们的内力虚功也计入式(14-27)右端。

设图 14-18 中梁的可能内力为弯矩 $M$ 和剪力 $F_s$,由于剪力的内虚功较小,忽略不计,则梁的内虚功为

$$W_i = \int_l M d(\delta\theta) \tag{14-28a}$$

考虑到梁微段的虚变形与梁的虚位移 $\delta w$ 满足以下关系

$$d(\delta\theta) = d\left(\frac{d\delta w}{dx}\right) = \frac{d}{dx}\left(\frac{d\delta w}{dx}\right)dx$$

代入式(14-28a),得

$$W_i = \int_l M d(\delta\theta) = \int_l M \frac{d}{dx}\left(\frac{d\delta w}{dx}\right)dx$$

利用两次分部积分,最后得到

$$W_i = \left[M\delta\theta\right]\Big|_0^l - \left[\frac{dM}{dx}\delta w\right]\Big|_0^l + \int_l \frac{d^2 M}{dx^2}\delta w dx \tag{14-28b}$$

式(14-28b)中,$\delta w$ 和 $\delta\theta$ 均为虚位移,它们应满足梁的位移边界条件式(14-24)。因此,式(14-28b)进一步可写为

$$W_i = M(l)\delta\theta(l) + \int_l \frac{d^2 M}{dx^2}\delta w dx \tag{14-28c}$$

式(14-28c)中,$M(l)$ 和 $\delta\theta(l)$ 分别为可能弯矩和虚转角在梁右端点的值。由于可能内力 $M$ 应满足力边界条件式(14-25)以及静力平衡方程关系式(6-5),

$$\frac{dM}{dx} = F_s \tag{14-28d}$$

所以式(14-28c)进一步可写为

$$W_i = \int_l \frac{d^2 M}{dx^2}\delta w dx = \int_l \frac{dF_s}{dx}\delta w dx \tag{14-28e}$$

梁的外虚功为

$$W_e = \int_l q \delta w dx \tag{14-28f}$$

将式(14-28f)和式(14-28e)代入虚功方程式(14-26),得

$$\int_l q \delta w dx = \int_l \frac{d^2 M}{dx^2}\delta w dx \quad \text{或} \quad \int_l q \delta w dx = \int_l \frac{dF_s}{dx}\delta w dx$$

比较上式左右两端,并考虑到虚位移 $\delta w$ 的任意性,得到

$$\frac{\mathrm{d}^2 M}{\mathrm{d}x^2} = q, \qquad \frac{\mathrm{d}F_\mathrm{S}}{\mathrm{d}x} = q \tag{14-28g}$$

式(14-28g)实质上就是作用于梁的外力 $q$ 与梁内力之间的静力平衡关系。可见,从虚功原理可以导出梁的平衡方程,或者说,虚功方程等价于平衡方程。因此,虚功原理可表述为:对于一切可能的虚位移,如果有一组可能内力能使虚功方程始终成立,则该组内力必是与给定外载荷相平衡的可能内力,也是问题的真实内力。

虚功原理适用于线弹性体,也适用于非线性弹性体和非弹性体。

**例题 14-10** 试利用虚功原理导出莫尔定理。

**解**:图 14-20(a)所示简支梁,设在外力作用下梁的弯矩为 $M(x)$,$C$ 点的挠度为 $\triangle$,现在利用虚功原理计算其大小。将原梁上的所有外力去掉,然后在同样梁的 $C$ 点施加单位集中力,如图 14-20(b)所示,并设单位载荷作用下梁的弯矩为 $\overline{M}(x)$。

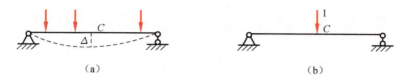

图 14-20

现在将图 14-20(a)中 $C$ 点的真实挠度 $\triangle$ 设想为图 14-20(b)中梁在 $C$ 点的虚位移,并选取单位载荷作用下梁的内力作用一组可能内力,则由虚功方程式(14-26)和式(14-27)得

$$1 \cdot \triangle = \int \overline{M}(x)\mathrm{d}\theta \text{ 或} \triangle = \int \overline{M}(x)\mathrm{d}\theta \tag{14-29a}$$

式(14-29a)适用于任何应力应变关系的材料。对于线弹性体,有关系

$$\mathrm{d}\theta = \frac{M(x)}{EI}\mathrm{d}x \tag{14-29b}$$

代入式(14-29a),得

$$\triangle = \int \frac{M(x)\overline{M}(x)}{EI}\mathrm{d}x \tag{14-29c}$$

式(14-29c)即为线弹性体的莫尔定理,与式(14-11)完全相同。对于应力应变关系为非线性的材料,只要将式(14-29b)用相应的内力与变形间的关系表示,并代入式(14-29a)即可。

**例题 14-11** 图 14-21(a)所示简支梁,跨度为 $l$,梁高为 $h$。设梁从初始温度 $t_0$ 开始升温,升温后温度沿梁高度方向线性变化,梁上表面温度为 $t_1$,下表面温度为 $t_2$,且 $t_2 > t_1$。试计算温度引起的梁跨中点 $C$ 处的挠度。

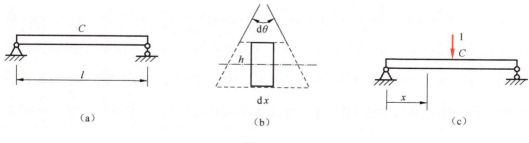

图 14-21

**解**：由于梁的下表面温度高于上表面，致使下表面伸长量大于上表面，所以梁发生下凸弯曲变形。截取微梁段 $\mathrm{d}x$，设梁的温度膨胀系数为 $\alpha$，则微梁段下表面伸长量为 $\alpha(t_2-t_0)\mathrm{d}x$，上表面伸长量为 $\alpha(t_1-t_0)\mathrm{d}x$。升温后微梁段两侧原来平行的两个边形成夹角 $\mathrm{d}\theta$，则从图 14-21(b)所示的几何关系可知

$$\mathrm{d}\theta = \frac{\alpha(t_2-t_1)}{h}\mathrm{d}x \qquad (14\text{-}30a)$$

设 $C$ 点挠度为 $w_C$，类似于例题 14-10，将图 14-21(a)中 $C$ 点的真实挠度 $w_C$ 设想为图 14-21(c)中梁在 $C$ 点的虚位移，并选取单位载荷作用下梁的内力作用一组可能内力，则由虚功方程得

$$w_C = \int \overline{M}(x)\mathrm{d}\theta \qquad (14\text{-}30b)$$

将式(14-30a)和 $\overline{M}(x)=\dfrac{1}{2}x$ 代入式(14-30b)积分，得到

$$w_C = \int \overline{M}(x)\mathrm{d}\theta = 2\int_0^{l/2} \frac{1}{2}x\frac{\alpha(t_2-t_1)}{h}\mathrm{d}x = \frac{\alpha(t_2-t_1)l^2}{8h}$$

例题 14-10 和例题 14-11 的计算过程表明，在应用虚功原理时，虚位移和可能内力可以选取同一结构的两个完全不同的变形或受力状态。

# *14.6  用单位载荷法求解静不定问题

对于比较复杂的静不定结构，用基于能量原理的单位载荷法求解较为方便。

1）静不定问题的基本解法

静不定问题大致分为三类：仅在结构外部存在多余约束，即支反力是静不定的，称为**外力静不定**；仅在结构内部存在多余约束，内力是静不定的，称为**内力静不定**；在结构外部和内部均存在多余约束，即外力和内力都是静不定的。

如图 14-22(a)所示结构，$A$、$B$ 处各有三个支反力，有效平衡方程只有三个，而且当支反力确定后即可确定任一截面上内力，所以为三次外力静不定问题。图 14-22(b)所示结构，圆环各截面上的三个内力不能由静力平衡方程完全确定，是三次内力静不定问题。图 14-22(c)所示结构，$A$、$B$ 处各有三个支反力，有效平衡方程三个，为外力三次静不定；另外，即使已知所有支反力，仍不能完全确定结构截面上的三个内力，又是内力三次静不定。所以该结构是六次静不定问题。

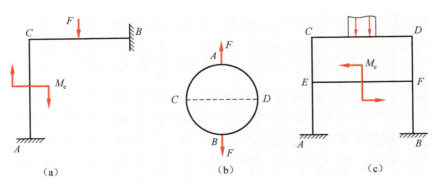

图 14-22

分析静不定问题的基本方法有**力法**和**位移法**两种。在力法中,以多余未知力为基本未知量;在位移法中,以结构中的某些位移为基本未知量。本节主要介绍力法。

用力法分析静不定问题的要点是:首先,将静不定结构的多余约束解除,而以相应的未知反力代替其作用,得到原梁的**相当系统**;然后,利用相当系统在多余约束处所应满足的变形协调条件,采用单位载荷法建立补充方程;最后,利用补充方程确定多余未知力,并通过相当系统计算原静不定结构的内力、应力与位移等。解除多余约束后的静定结构(不包括载荷),称为原结构的**基本系统**或**静定基**。

**例题 14-12** 图 14-23(a)所示梁,弯曲刚度 $EI$ 为常数。试计算梁中点 $C$ 的挠度。

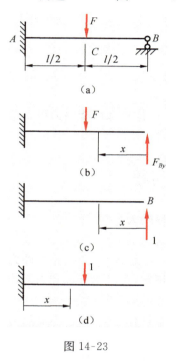

图 14-23

**解:**(1)确定静不定次数。

对静不定问题,首先要确定静不定次数。对本题而言,$A$、$B$ 处共有四个支反力,而 $AB$ 梁的有效平衡方程只有三个,所以是一次静不定问题。

(2)选定相当系统。

因为是一次外力静不定问题,所以需要解除一个约束,可以选取四个约束中的任一个,例如选取 $B$ 点约束。该约束解除后用一力 $F_{By}$ 代替,得原问题的相当系统如图 14-23(b)所示。

(3)列变形协调方程。

将 $B$ 端约束去掉后,只有当 $\Delta_{By}=0$ 条件下,相当系统才和原问题等价。所以,变形协调方程为 $\Delta_{By}=0$。

这里注意,解除约束不同,变形协调方程也会不同。

(4)求解支反力 $F_{By}$。

在静定基的 $B$ 点加单位集中力,如图 14-23(c)所示,得
$$\overline{M}(x)=1\cdot x \qquad (0\leqslant x\leqslant l)$$
在相当系统中梁的弯矩为
$$M(x)=F_{By}x \qquad (0\leqslant x\leqslant l/2)$$
$$M(x)=F_{By}x-F(x-l/2) \qquad (l/2\leqslant x\leqslant l)$$

于是由单位载荷法得

$$\Delta_{By}=\frac{1}{EI}\left(\int_0^{\frac{l}{2}}F_{By}x\cdot x\mathrm{d}x+\int_{\frac{l}{2}}^l\left[F_{By}x-F\left(x-\frac{l}{2}\right)\right]x\mathrm{d}x\right)=\frac{F_{By}l^3}{3EI}-\frac{5Fl^3}{48EI}$$

将上式代入变形协调方程,得

$$F_{By}=\frac{5}{16}F$$

上式中,$F_{By}$ 为正说明真实支反力方向与所加单位集中力方向相同。

(5)计算 $C$ 点挠度。

在静定基的 $C$ 点上施加单位集中力,如图 14-23(d)所示,则
$$\overline{M}(x)=x-l/2 \qquad (0\leqslant x\leqslant l/2)$$
在相当系统上取与图 14-23(d)一致的坐标系,则
$$M(x)=\frac{1}{16}F(11x-3l) \qquad (0\leqslant x\leqslant l/2)$$

于是由单位载荷法,得

$$\Delta_{Cy} = \int_0^l \frac{M(x)\overline{M}(x)}{EI}\mathrm{d}x = \frac{1}{EI}\int_0^{\frac{l}{2}} \frac{1}{16}F(11x-3l)\left(x-\frac{l}{2}\right)\mathrm{d}x = \frac{7Fl^3}{768EI}$$

其方向与图 14-23(d)中单位集中力方向一致,即竖直向下。

**例题 14-13** 试求图 14-24(a)所示双铰圆拱的支座反力及中点 $C$ 沿 $F$ 力方向的位移,$EI$ 为已知。

**解**:去掉 $B$ 点水平位移约束,结构变为静定结构,所以该圆拱为一次外力静不定问题。

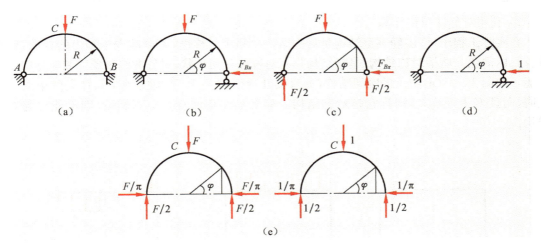

图 14-24

(1) 变形协调方程。

去掉 $B$ 点水平位移约束,用未知力 $F_{Bx}$ 代替,得相当系统如图 14-24(b)所示。变形协调方程为 $B$ 点水平位移为零,即 $\Delta_B = 0$。

(2) 确定约束反力。

由对称性知,$A$、$B$ 两点铅垂方向约束反力大小为 $F/2$,方向向上,如图 14-24(c)所示。

$$M(\varphi) = -\frac{F}{2}R(1-\cos\varphi) + F_{Bx}R\sin\varphi \qquad (0 \leqslant \varphi \leqslant \pi/2)$$

在相当系统中,去掉所有外力,即为基本系统。在基本系统 $B$ 点加水平单位力(图 14-24 (d)),则

$$\overline{M}(\varphi) = 1 \cdot R\sin\varphi \qquad (0 \leqslant \varphi \leqslant \pi/2)$$

由单位载荷法,$B$ 点水平位移(下式利用了对称性,只对 1/4 圆积分,然后乘以 2)为

$$\Delta_B = \frac{1}{EI}\int_s M(\varphi)\overline{M}(\varphi)\mathrm{d}s = \frac{2}{EI}\int_0^{\frac{\pi}{2}} \left[-\frac{F}{2}R(1-\cos\varphi) + F_{Bx}R \cdot \sin\varphi\right] \cdot 1 \cdot R\sin\varphi \cdot R\mathrm{d}\varphi$$

$$= -\frac{FR^3}{2EI} + \frac{F_{Bx}\pi R^3}{2EI}$$

由变形协调条件 $\Delta_B = 0$,得

$$F_{Bx} = \frac{F}{\pi}$$

(3) 计算 $C$ 点沿 $F$ 力方向的位移 $\Delta_C$。

在相当系统上,有

$$M(\varphi) = -\frac{F}{2}R(1-\cos\varphi) + \frac{F}{\pi}R\sin\varphi \qquad \left(0 \leqslant \varphi \leqslant \frac{\pi}{2}\right)$$

在基本系统 $C$ 点处沿 $F$ 力方向加单位集中力(图 14-24(e)),则

$$\overline{M}(\varphi) = -\frac{1}{2}R(1-\cos\varphi) + \frac{1}{\pi}R\sin\varphi \qquad \left(0 \leqslant \varphi \leqslant \frac{\pi}{2}\right)$$

由单位载荷法,得

$$\Delta_C = \frac{1}{EI}\int_s M(\varphi)\overline{M}(\varphi)\mathrm{d}s = \frac{2}{EI}\int_0^{\frac{\pi}{2}} FR^2\left[-\frac{1}{2}(1-\cos\varphi) + \frac{1}{\pi}\sin\varphi\right]^2 R\mathrm{d}\varphi = \frac{FR^3}{EI}\left(\frac{3\pi^2-8\pi-4}{8\pi}\right)$$

2) 利用对称性简化计算

在实际工程中,许多静不定结构是对称结构。利用对称性,可以减少未知力的个数,使得计算得以简化。所谓**对称结构**,是指结构具有对称的几何形状、对称的约束条件和对称的力学性能。如图 14-25(a)所示的刚架结构,如果其几何形状关于 $CC$ 轴对称,$A$、$B$ 处约束条件也相同,而且 $E_1I_1 = E_2I_2$,则称它是对称结构。如果上述条件有一个不满足,则不能称为对称结构。

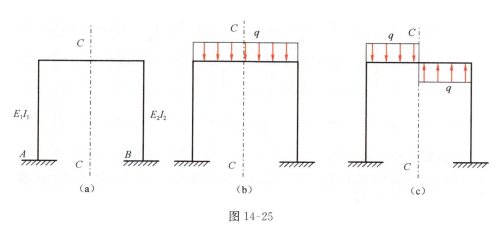

图 14-25

作用在对称结构上的载荷可以多种多样,其中比较特殊的有**对称载荷**与**反对称载荷**。图 14-25(b)中的载荷为对称载荷;图 14-25(c)中的载荷为反对称载荷。

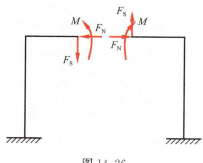

图 14-26

无论在对称结构上作用的是对称载荷或是反对称载荷,都可以利用对称性简化计算。先考虑对称载荷情况。将图 14-25(b)中刚架沿 $CC$ 轴截开,由于结构对称,载荷对称,其变形对称,所以内力也必然对称,于是在截开截面上内力(图 14-26)中反对称的量 $F_S$ 必然为零。这样只有轴力 $F_N$ 和弯矩 $M$ 两个内力。于是就把该截面上的三个未知内力简化到两个。

当结构对称、载荷为反对称时,其变形反对称,截开截面两侧的内力也必然是反对称的,只有对称内力即轴力 $F_N$ 和弯矩 $M$ 必为零,才能满足上述反对称要求。于是,在反对称载荷作用下,原来的三个未知力被简化为一个。

**例题 14-14** 试求图 14-27(a)所示刚架的支反力,刚架的 $EI$ 为常数。

**解**:该刚架为对称结构承受反对称载荷情况。沿对称轴将刚架截开,则根据反对称条件在 $C$ 截面上只有剪力 $F_{SC}$,如图 14-27(b)所示。

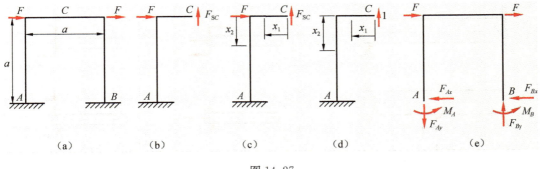

图 14-27

另外,由于载荷为反对称,刚架的变形也必为反对称,所以在 $C$ 处竖直方向上位移必为零,即 $\Delta_{Cy}=0$。可根据该变形协调条件确定 $F_{SC}$ 的大小。

在图 14-27(c)所示的相当系统中,各段的弯矩方程为

$$M(x) = F_{SC}x_1 \qquad (0 \leqslant x_1 \leqslant a/2)$$
$$M(x) = F_{SC}(a/2) - Fx_2 \qquad (0 \leqslant x_2 \leqslant a)$$

在图 14-27(d)所示的静定基上的 $C$ 点施加向上的单位集中力,于是

$$\overline{M}(x) = x_1 \qquad (0 \leqslant x_1 \leqslant a/2)$$
$$\overline{M}(x) = a/2 \qquad (0 \leqslant x_2 \leqslant a)$$

由单位载荷法,得

$$\Delta_{Cy} = \int_l \frac{M(x)\overline{M}(x)}{EI}\mathrm{d}x = \frac{1}{EI}\int_0^{\frac{a}{2}} F_{SC}x_1 \cdot x_1 \mathrm{d}x_1 + \frac{1}{EI}\int_{\frac{l}{2}}^{l}\left(F_{SC} \cdot \frac{a}{2} - Fx_2\right)\frac{a}{2}\mathrm{d}x_2$$
$$= \frac{7F_{SC}a^3}{24EI} - \frac{Fa^3}{3EI}$$

将上式代入变形协调方程 $\Delta_{Cy}=0$,得

$$F_{SC} = 6F/7$$

由平衡方程可求得

$$F_{Ax} = F_{Bx} = F, \quad F_{Ay} = F_{By} = 6F/7, \quad M_A = M_B = 4Fa/7$$

各反力的方向如图 14-27(e)所示。

## 思 考 题

14-1 思考题 14-1 图所示悬臂梁,当单独作用力 $F$ 时,截面 $B$ 的转角为 $\theta$,若先加 $M_e$,后加 $F$,则在加 $F$ 的过程中,力偶 $M_e$ _____。

A. 不做功;

B. 做正功;

C. 做负功,其值为 $M_e\theta$;

D. 做负功,其值为 $M_e\theta/2$。

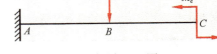

思考题 14-1 图

14-2 一圆轴在思考题 14-2 图所示两种受扭情况下,其_____。

A. 应变能相同,自由端扭转角不同;　　　B. 应变能不同,自由端扭转角相同;

C. 应变能和自由端扭转角均相同;　　　　D. 应变能和自由端扭转角均不同。

14-3 一杆同时承受集中力 $F$ 和力偶 $M$,设单独作用 $F$ 时,杆的变形能为 $V_\varepsilon(F)$;单独作用 $M$ 时,杆的变形能为 $V_\varepsilon(M)$。在 $F$ 和 $M$ 共同作用下,对于思考题 14-3 图_____所示的载荷作用方式,杆的应变能 $V_\varepsilon(F,M) \neq V(F) + V_\varepsilon(M)$。

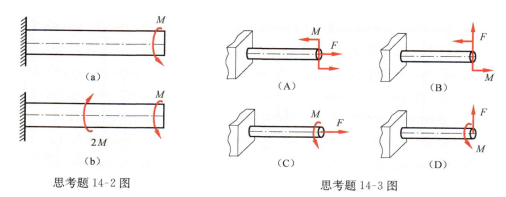

思考题 14-2 图                    思考题 14-3 图

14-4　思考题 14-4 图所示结构中,水平梁 $ACB$ 的弯曲刚度为 $EI$,斜杆 $CD$ 的长度为 $l$,拉压刚度为 $EA$,若单位力按图示方式施加,如果不计梁 $AC$ 段轴力引起的变形,则按单位载荷法,$B$ 点的垂直位移为 $\Delta = \dfrac{F_N \cdot \overline{F}_N l}{EA} + \int_{l_{AB}} \dfrac{M(x)\overline{M}(x)}{EI}\mathrm{d}x$,式中第一项表示_____。

A. $C$ 点的总位移;

B. $C$ 点沿 $CD$ 方向的位移;

C. $C$ 点的铅垂位移;

D. $CD$ 杆缩短引起 $B$ 点的铅垂位移。

14-5　思考题 14-5 图所示小曲率曲杆,弯曲刚度为 $EI$,在 $M_e$ 作用下的弯矩方程为 $M(\theta)$,设 $\Delta = \dfrac{1}{EI}\int_0^\pi M(\theta)R\mathrm{d}\theta$,则 $\Delta$ 是_____。

A. 截面 $A$ 的转角 $\theta_A$;

B. 截面 $B$ 的转角 $\theta_A$;

C. 截面 $B$、$A$ 的相对转角 $\theta_{AB}$;

D. 截面 $B$ 形心的水平位移 $\Delta_B$。

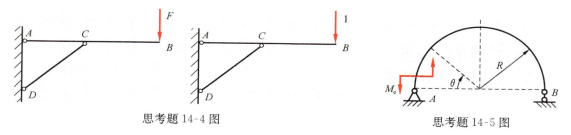

思考题 14-4 图                    思考题 14-5 图

14-6　思考题 14-6 图所示等直杆,受一对大小相等、方向相反的力 $F$ 作用。若已知杆的拉压刚度为 $EA$ 和材料的泊松比为 $\nu$,则由功的互等定理可知,该杆的轴向变形 $\Delta l =$_____。（提示:在杆的轴向施加另一组拉力 $F$。）

A. 0;　　　　B. $\dfrac{Fb}{EA}$;　　　　C. $\dfrac{\nu Fb}{EA}$;　　　　D. 无法确定。

14-7　思考题 14-7 图所示悬臂梁在 $A$、$C$ 分别作用两个集中力,大小均为 $F$。设梁的应变能为 $V_\varepsilon$,则根据卡氏第二定理,$\dfrac{\mathrm{d}V_\varepsilon}{\mathrm{d}F}$ 的物理意义是_____。

A. 截面 $A$ 的挠度;

B. 截面 $C$ 的挠度;

C. 截面 $A$、$C$ 挠度的代数和;

D. 无意义。

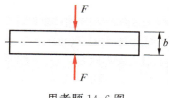

思考题 14-6 图

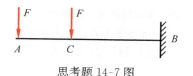

思考题 14-7 图

# 习　　题

14.1-1　桁架如习题 14.1-1 图示,各杆材料、截面面积均相同,若 $E=200\text{GPa}$,$A=200\text{mm}^2$,$F=40\text{kN}$, $a=1\text{m}$,试利用外力功和应变能之间关系求 $D$ 点的铅垂位移。

14.1-2　习题 14.1-2 图所示梁的 $EI$ 为常数,试利用外力功和应变能之间关系求各梁载荷作用点处与载荷对应的广义位移。

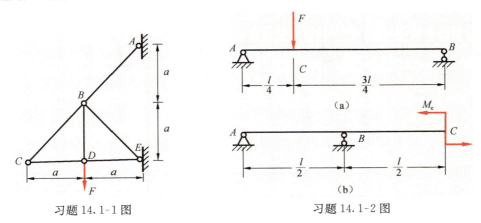

习题 14.1-1 图　　　　　　　　　　　　习题 14.1-2 图

14.1-3　习题 14.1-3 图所示块体 $B$ 被力 $P$ 推动压缩固定在墙壁上的 3 根弹簧。中间弹簧稍长,弹簧常数为 $k_1$,上下两根弹簧长度相同,弹簧常数均为 $k_2$。试:(1) 绘出力 $P$ 与块体位移 $x$ 之间的关系图;(2) 计算当 $x=2s$ 时弹簧中的应变能 $V_\varepsilon$,并解释弹簧应变能 $V_\varepsilon$ 为什么不等于 $Px/2=Ps$。

14.2-1　刚架如习题 14.2-1 图所示,$EI$ 为常数,试用莫尔定理求 $K$ 点的水平位移和铅垂位移。

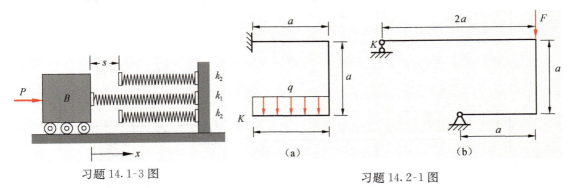

习题 14.1-3 图　　　　　　　　　　　　习题 14.2-1 图

14.2-2　用莫尔定理求习题 14.2-2 图所示各梁中 $B$ 点挠度和 $C$ 点转角。已知梁的弯曲刚度为 $EI$。

14.2-3　用莫尔定理求习题 14.2-3 图所示小曲率杆 $A$ 截面的水平和铅垂位移。已知 $EI$ 为常数。

14.2-4　习题 14.2-4 图所示变截面悬臂梁,其截面宽度 $b$ 不变,而截面高度 $h$ 线性变化。试用莫尔定理计算 $A$ 点挠度。

14.2-5　试求习题 14.2-5 图所示结构中 $A$、$B$ 两点的相对铅垂位移。已知各段 $EI$ 为常数。

14.2-6　试求习题 14.2-6 图所示梁中间铰链 $B$ 处左右两截面的相对转角。已知 $EI$ 为常数。

14.3-1　试用卡氏第二定理求习题 14.3-1 图所示梁 $C$ 处的挠度。已知梁的 $EI$ 为常数,右端 $B$ 支座处弹簧的弹簧常数为 $k$。

14.3-2　习题 14.3-2 图所示梁支承在弹簧常量分别为 $k_1$ 和 $k_2$ 的 $B$、$C$ 两弹簧上,试用卡氏第二定理求 $A$ 截面的铅垂位移。$EI$ 为已知。

14.6-1　平均半径为 $R$ 的小曲率开口圆环,在其切口处嵌入块体,使其张开位移为 $e$。已知圆环弯曲刚度 $EI$,试求环中的最大弯矩(习题 14.6-1 图)。

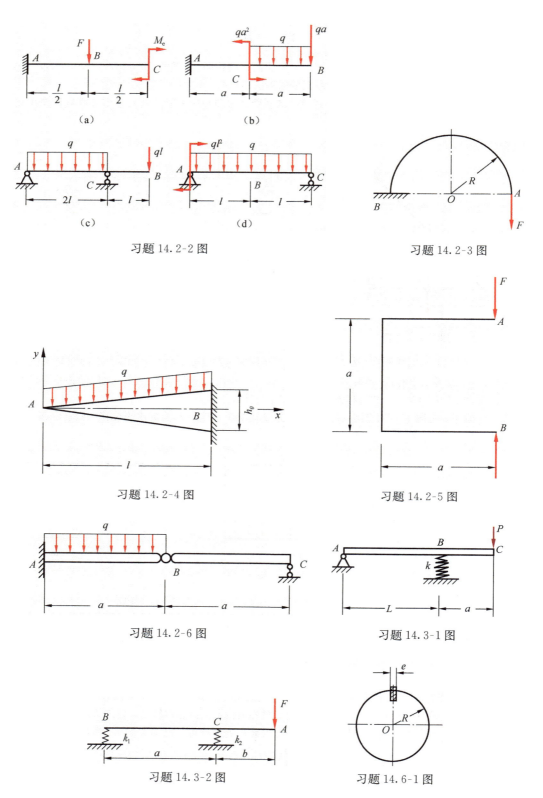

习题 14.2-2 图

习题 14.2-3 图

习题 14.2-4 图

习题 14.2-5 图

习题 14.2-6 图

习题 14.3-1 图

习题 14.3-2 图

习题 14.6-1 图

14.6-2　习题 14.6-2 图所示三支座等截面轴,由于制造误差,轴的位置有高有低。设轴的 $EI$、$\delta$ 和 $l$ 均为已知,试确定两种情况下轴的最大弯矩。

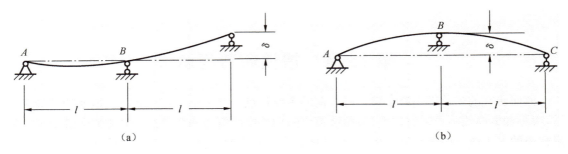

(a)

(b)

习题 14.6-2 图

14.6-3 已知各小曲率杆的 $EI$ 均为常数,试求支座反力(习题 14.6-3 图)。

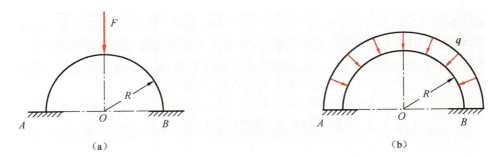

(a)

(b)

习题 14.6-3 图

14.6-4 习题 14.6-4 图所示结构,已知曲杆弯曲刚度为 $EI$,弹簧常数为 $k$,且 $k=EI/R^3$,试求支座反力。

14.6-5 习题 14.6-5 图所示刚架截面为圆形,直径 $d=20\text{mm}$,$a=0.2\text{m}$,$l=1\text{m}$,$F=650\text{N}$,$E=200\text{GPa}$,$G=80\text{GPa}$,试求 $F$ 力作用点处的铅垂位移。

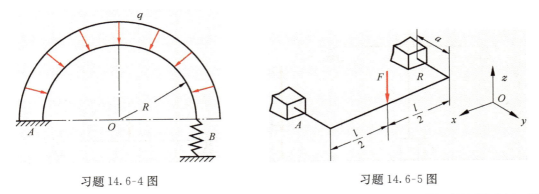

习题 14.6-4 图

习题 14.6-5 图

14.6-6 将厚度为 $t$ 的平直钢板如习题 14.6-6 图所示插入半径为 $r$ 等间距布置的刚性圆桩之间。设钢板弹性模量为 $E$,试计算插入后钢板的最大弯曲正应力。

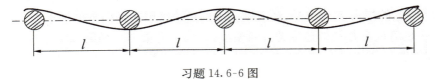

习题 14.6-6 图

# 第 15 章　惯性载荷问题

前面研究的载荷都是**静载荷**。静载荷的主要特点是其大小从零开始缓慢地增加到最终值后,大小和方向均不再随时间变化;静载荷引起构件中的应力和变形称为**静应力和静变形**。如果载荷的大小或方向随时间发生变化,这样的载荷称为**动载荷**;动载荷引起构件中的应力和变形称为**动应力和动变形**。动应力和动变形的大小和方向也是随时间变化的,因此动载荷问题中必然存在加速度,有加速度就会产生**惯性效应**或**惯性载荷**。

第 13 章讨论的循环载荷也是动载荷,但是由于载荷随时间变化过程较为缓慢,或者我们只关注循环载荷引起的构件疲劳问题,因此忽略了惯性效应。而对于地震载荷、振动载荷、冲击载荷等,则必须考虑加速度引起的惯性效应,因此这类问题又称为**惯性载荷问题**。

本章研究两类惯性载荷问题:一类是加速度容易计算的,如等加速直线运动或等角速度转动中的惯性载荷问题;另一类是加速度不容易计算的,如冲击问题。

## 15.1　等加速度运动构件的惯性载荷问题

### 15.1.1　等加速直线运动构件的惯性载荷问题

如图 15-1(a)所示正在起重的吊车 $C$,当吊车以匀速吊起重物时,绳索所受的力等于重物的重力 $W$。设绳索的横截面面积为 $A$,则绳索横截面中的静应力 $\sigma_{st}$ 为

$$\sigma_{st} = \frac{W}{A} \tag{15-1}$$

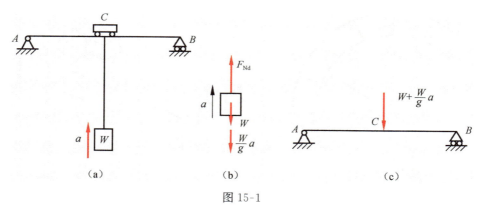

图 15-1

当吊车以加速度 $a$ 吊起重物时绳中的应力又是多少呢? 取重物为研究对象,则其受力为:自身重力 $W$,绳索的拉力 $F_{Nd}$;另外,还有因向上的加速度引起的向下的惯性力,如图 15-1(b)所示。惯性力的方向总是与加速度的方向相反,其大小可根据牛顿第二定律计算,即 $(W/g)a$($g$ 为重力加速度)。所以,重物在竖直方向上的力平衡方程为

$$F_{Nd} - W - \frac{W}{g}a = 0$$

解得

$$F_{\text{Nd}} = W\left(1 + \frac{a}{g}\right) \tag{15-2}$$

于是绳索横截面中动应力为

$$\sigma_{\text{d}} = \frac{F_{\text{Nd}}}{A} = \frac{W}{A}\left(1 + \frac{a}{g}\right) \tag{15-3}$$

将式(15-1)代入式(15-3),得

$$\sigma_{\text{d}} = \left(1 + \frac{a}{g}\right)\sigma_{\text{st}} \tag{15-4}$$

令

$$k_{\text{d}} = 1 + \frac{a}{g} \tag{15-5}$$

则式(15-4)可写成

$$\sigma_{\text{d}} = k_{\text{d}}\sigma_{\text{st}} \tag{15-6}$$

式(15-6)表明,动载荷作用下的应力可以用相应的静应力乘以一个大于1的系数 $k_{\text{d}}$ 得到。$k_{\text{d}}$ 称为**动荷因数**。动荷因数反映了动载荷与相应静载荷大小的比值。

在上述计算过程中,将加速度引起的惯性力当做静载荷施加在研究对象上,这种处理方法称为**动静法**。

采用动静法可以计算吊车横梁的动应力和变形。设梁上起吊设备 $C$ 的重力为 $P$,不计梁的自重,则在没有加速度 $a$ 时,梁承受静载荷($P+W$),梁中应力为 $\sigma_{\text{st}}$;当以加速度 $a$ 提升重物时,梁承受的载荷为 $[P+W+(W/g)a]$。于是,动静载荷之比,即动荷因数为

$$k_{\text{d}} = 1 + \frac{Wa}{(P+W)g}$$

然后,即可用公式(15-6)计算梁中动应力。

对于线弹性结构,其变形、应力等均与载荷成线性比例关系。所以当载荷增大到原来的 $k_{\text{d}}$ 倍时,变形和应力也相应增大到原来的 $k_{\text{d}}$ 倍。设静载荷作用下梁某截面处挠度为 $w_{\text{st}}$,则动载荷下该处挠度为

$$w_{\text{d}} = k_{\text{d}}w_{\text{st}} \tag{15-7}$$

可见,对上述动载荷问题,归结为计算动荷因数 $k_{\text{d}}$,并将动载荷看成放大 $k_{\text{d}}$ 倍的静载荷,构件的变形和动应力等均可以通过将相应的静变形和静应力乘以动荷因数得到。这种分析方法,称为**动荷因数法**。

### 15.1.2　等角速度旋转构件的惯性载荷问题

某些工程问题,可能不存在相应的静载荷,也就无法计算其动荷因数。如图 15-2(a)所示的圆环,以等角速度 $\omega$ 旋转。由于存在向心加速度,所以圆环承受惯性载荷。

当圆环的平均直径 $D$ 远大于厚度 $\delta$ 时,可以近似认为环内各点的向心加速度大小相等,均为 $a_{\text{n}} = (D/2)\omega^2$。设圆环横截面面积为 $A$,密度为 $\rho$,则作用在圆环中心线单位长度上的惯性力为

$$q_{\text{d}} = A\rho a_{\text{n}} = A\rho D\omega^2/2$$

其方向与向心加速度方向相反,且沿圆环中心线上各点大小相等,如图 15-2(b)所示。

为计算圆环中应力,将圆环沿任一直径切开(图 15-2(c)),并设切开后截面上拉力为 $F_{\text{Nd}}$,则由上半部分平衡方程 $\sum F_y = 0$ 得

$$2F_{Nd} = \int_0^\pi q_d \sin\varphi \frac{D}{2} \mathrm{d}\varphi = q_d D$$

即

$$F_{Nd} = q_d D/2 = A\rho D^2 \omega^2/4$$

于是圆环横截面上应力为

$$\sigma_d = \frac{F_{Nd}}{A} = \frac{1}{4}\rho D^2 \omega^2 = \rho v^2 \qquad (15\text{-}8)$$

式(15-8)中,$v = D\omega/2$,为圆环中心线上各点处的切向线速度。式(15-8)表明,圆环中应力仅与材料密度 $\rho$ 和切向线速度 $v$ 有关,而与圆环横截面面积无关。这意味着增大圆环横截面面积并不能改善圆环强度。

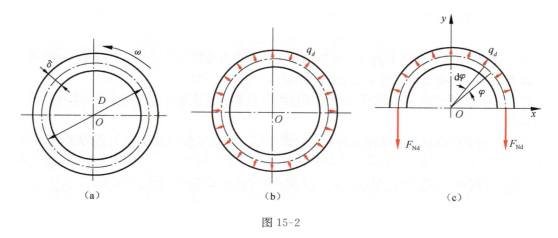

图 15-2

**例题 15-1**  图 15-3 所示一圆杆以角速度 $\omega_0$ 绕 $A$ 轴在铅垂平面内旋转。圆杆的 $B$ 端有一集中质量 $m$,已知 $m = 10\mathrm{kg}$,$\omega_0 = 0.1\mathrm{rad/s}$,$l = 1\mathrm{m}$,$b = 0.9\mathrm{m}$,圆杆直径 $d = 10\mathrm{mm}$。若杆在 $C$ 点受力而使杆的转速在时间 $t = 0.05\mathrm{s}$ 内均匀地减为零,试求杆内最大动应力 $\sigma_{d,\max}$。忽略杆本身质量;重力加速度 $g = 9.8\mathrm{m/s}^2$。

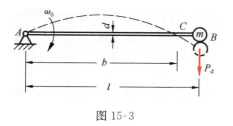

图 15-3

**解:**(1)计算 $B$ 点的切向加速度。

杆的角加速度大小为

$$\beta = \frac{\omega_0}{t} = \frac{0.1\mathrm{rad/s}}{0.05\mathrm{s}} = 2\mathrm{rad/s}^2$$

于是,$B$ 点切向加速度的大小为

$$a = l\beta = 1\mathrm{m} \times 2\mathrm{rad/s}^2 = 2\mathrm{m/s}^2$$

(2)计算杆内最大动应力。

作用在 $B$ 端集中质量 $m$ 上的惯性力大小为

$$P_d = ma = 10\mathrm{kg} \times 2\mathrm{m/s}^2 = 20\mathrm{N}$$

在 $P_d$ 作用下,在圆杆 $C$ 截面弯矩最大,其值为$(P_d + mg)(l - b)$,所以,杆中最大动应力发生在 $C$ 截面,其大小为

$$\sigma_{d,\max} = \frac{(P_d + mg)(l - b)}{W_z} = \frac{32(P_d + mg)(l - b)}{\pi d^3}$$

$$= \frac{32(20\mathrm{N} + 10\mathrm{kg} \times 9.8\mathrm{m/s}^2)(1\mathrm{m} - 0.9\mathrm{m})}{\pi(0.01\mathrm{m})^3}$$

$$= 120.2 \times 10^6 \text{Pa} = 120.2\text{MPa}$$

**例题 15-2** 图 15-4(a)所示涡轮叶片,当涡轮等速旋转时承受离心力作用。设叶片根部半径为 $R_i$,叶顶半径为 $R_o$,叶片的横截面面积为 $A$,弹性模量为 $E$,密度为 $\rho$,涡轮的角速度为 $\omega$。试计算叶片横截面上的正应力与轴向变形。

**解**:(1) 叶片的外力。

沿叶片轴线建立 $r$ 坐标轴,并在坐标 $r$ 处取一段长为 $dr$ 的叶片。设该微段的质量为 $dm$,由于该处的向心加速度为 $r\omega^2$,则作用于其上的离心力为

$$dF = r\omega^2 dm = \omega^2 \rho A r dr$$

(2) 叶片的内力与应力。

利用截面法,在任一横截面 $m\text{-}m$ 处将叶片切开,并取上面部分为研究对象,其受力如图 15-4(b)所示。设截面 $m\text{-}m$ 离涡轮轴心的距离为 $x$,则由上式与径向平衡方程 $\sum F_x = 0$ 可知,该截面的轴力为

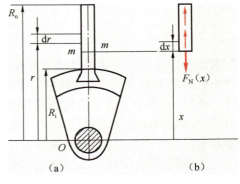

图 15-4

$$F_N(x) = \omega^2 \rho A \int_x^{R_o} r dr = \frac{\omega^2 \rho A}{2}(R_o^2 - x^2)$$

而正应力则为

$$\sigma(x) = \frac{\omega^2 \rho}{2}(R_o^2 - x^2)$$

可见,叶片中应力只与半径有关,而与叶片的横截面面积无关。

(3) 叶片的变形。

为了计算叶片的轴向变形,在 $x$ 截面处,切取一段长度为 $dx$ 的微段,该微段的伸长为

$$d(\Delta l) = \frac{F_N(x)dx}{EA}$$

由此得叶片的总伸长为

$$\Delta l = \frac{1}{EA}\int_{R_i}^{R_o} F_N(x)dx$$

将 $F_N(x)$ 表达式代入并积分,得

$$\Delta l = \frac{\omega^2 \rho}{2E}\int_{R_i}^{R_o}(R_o^2 - x^2)dx = \frac{\omega^2 \rho}{6E}(2R_o^3 - 3R_o^2 R_i + R_i^3)$$

## 15.2 构件受冲击时应力和变形的计算

前面一节所研究的问题中,加速度容易计算,所以其分析方法是将加速度引起的惯性力作为静载荷施加在构件上,进而分析构件的应力和变形。

对有些工程问题,计算加速度本身就是件困难的事情。例如,运动的物体(冲击物)以一定的速度作用到构件上(被冲击物),由于被冲击物的阻碍,冲击物的速度在极短时间(千分之几秒)内变为零。这时,冲击物和被冲击物之间产生很大的相互作用力。这类问题称为**冲击**。冲击物和被冲击物之间的相互作用力,称为**冲击载荷**。显然,冲击过程中冲击物的加速度及其变化情况很难确定。

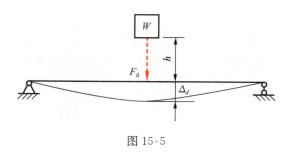

图 15-5

对于冲击问题，工程中通常采用能量守恒原理进行分析。现在以图 15-5 所示问题为例，说明冲击过程中能量的相互转换关系。初速度为零、重为 $W$ 的物体从高度为 $h$ 的位置自由落下，在重物触碰到被冲击物的瞬间，重物 $W$ 的势能 $Wh$ 转化为动能，这时其速度最大。当它与被冲击物接触后，对梁产生一个冲击载荷，使梁发生变形。当冲击物速度减为零时，梁所受的冲击载荷达到最大，梁的变形也达到最大。设冲击载荷最大值为 $F_d$，对应的梁的变形为 $\Delta_d$，此时，重物的势能继续减小了 $W\Delta_d$，而动能减为零。所以，从开始下落的位置到最后的位置，重物的势能减少了 $W(h+\Delta_d)$。这些能量绝大部分转化为梁的应变能，少部分以声、热以及局部塑性变形等形式耗散掉了。另外，如果冲击物本身也发生变形的话，还有一部分转化为冲击物的应变能。可见，实际的冲击过程非常复杂。

为简化分析，工程中通常作如下假设：①冲击物为刚体，即不计冲击物本身变形引起的应变能；②忽略被冲击物的质量，即不考虑冲击过程中被冲击物的动能；③忽略其他形式的能量损失，即不计冲击过程中发声、发热以及局部塑性变形等消耗的能量。根据上述假设，可以认为冲击物减少的能量完全转化为被冲击物的应变能。即

$$\Delta E = \Delta V_\varepsilon \qquad (15\text{-}9)$$

式(15-9)中，$\Delta E$ 表示冲击物冲击前后能量的变化量，通常包括动能变化量 $\Delta E_k$ 和势能变化量 $\Delta E_p$，即 $\Delta E = \Delta E_k + \Delta E_p$；$\Delta V_\varepsilon$ 表示被冲击物应变能的变化量。公式(15-9)称为**冲击问题的能量守恒方程**，是分析冲击问题的基本方程。

根据前面的分析，当梁的变形最大时，重物能量改变量为

$$\Delta E = \Delta E_k + \Delta E_p = 0 + W(h+\Delta_d)$$

而梁的应变能从零变为

$$V_\varepsilon = F_d\Delta_d/2$$

于是，由公式(15-9)得

$$F_d\Delta_d - 2W\Delta_d - 2Wh = 0 \qquad (15\text{-}10\text{a})$$

设重物 $W$ 静置在该梁上和被冲击点同一位置时，梁在冲击方向上的静位移为 $\Delta_{st}$，梁中应力为 $\sigma_{st}$，则根据前一节的分析，对小变形、线弹性体而言，$F_d$、$\Delta_d$ 以及动应力 $\sigma_d$ 分别与静载荷 $W$、$\Delta_{st}$、静应力 $\sigma_{st}$ 成固定的比例关系，即

$$\frac{F_d}{W} = \frac{\Delta_d}{\Delta_{st}} = \frac{\sigma_d}{\sigma_{st}} = k_d \qquad (15\text{-}10\text{b})$$

式(15-10b)中，$k_d$ 为动荷因数。将式(15-10b)代入式(15-10a)，得

$$\Delta_{st}k_d^2 - 2\Delta_{st}k_d - 2h = 0$$

解得

$$k_d = 1 \pm \sqrt{1 + 2h/\Delta_{st}}$$

取其中大于 1 的解，为

$$k_d = 1 + \sqrt{1 + 2h/\Delta_{st}} \qquad (15\text{-}11)$$

式(15-11)即为自由落体冲击问题动荷因数计算公式。式中，$h$ 为冲击物距被冲击构件的距离；$\Delta_{st}$ 为冲击物作为静载荷作用在冲击方向时，引起的被冲击构件在冲击点处沿冲击方向的位移。计算出 $k_d$ 后，可由式(15-10b)计算其他所需的量。

值得指出,不同的冲击形式,动荷因数 $k_d$ 的计算公式也不相同,不可盲目套用公式(15-11)。重要的是从能量守恒方程(15-9)出发,具体问题具体分析。

下面讨论几种特例的动荷因数计算公式。

1) 突加载荷情况

$h=0$,由公式(15-11)得

$$k_d = 1 + \sqrt{1+0} = 2$$

可见,突加载荷情况下,构件的变形和应力是相应静载荷作用时的两倍。

2) 水平冲击问题

重力为 $W$ 的物体以水平速度 $v$ 冲击构件,如图 15-6 所示。在构件被冲击变形最大时,冲击物的初始动能完全转化为构件的应变能,于是由能量守恒方程(15-9)和式(5-10b)得到

$$k_d = \sqrt{\frac{v^2}{g\Delta_{st}}} \tag{15-12}$$

式(15-12)中,$\Delta_{st}$ 为大小等于 $W$ 的水平力作用在构件的被冲击点时,引起的水平方向(即冲击方向)的静位移。

3) 突然刹车问题

如图 15-7 所示的重物 $W$,在匀速下降过程中突然刹车。设重物 $W$ 静止悬挂在绳索时,绳索的变形为 $\Delta_{st}$,突然刹车后,绳索中最大拉力为 $F_d$,最大变形为 $\Delta_d$,则重物刹车前后能量减小为

$$\Delta E = \Delta E_k + \Delta E_p = \frac{1}{2}\frac{W}{g}v^2 + W(\Delta_d - \Delta_{st})$$

绳索应变能增加量为

$$\Delta V_\varepsilon = F_d\Delta_d/2 - W\Delta_{st}/2$$

代入方程(15-9),解得

$$k_d = 1 + \sqrt{\frac{v^2}{g\Delta_{st}}} \tag{15-13}$$

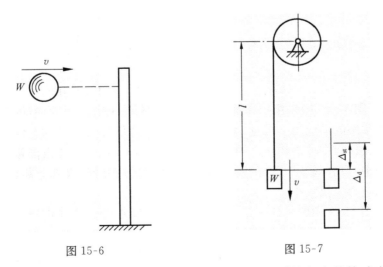

图 15-6　　　　　　　　　图 15-7

**例题 15-3**　如图 15-8(a)、(b)所示两个相同的钢梁受相同的自由落体冲击,图 15-8(a)中梁简支在刚性支座上;图 15-8(b)中的梁简支于弹簧常数 $k=100\text{N/mm}$ 的弹簧上,已知 $l=$

$3\mathrm{m}, h=50\mathrm{mm}, W=1\mathrm{kN}$,钢梁的 $I=34\times10^6\mathrm{mm}^4, W_z=309\times10^3\mathrm{mm}^3, E=200\mathrm{GPa}$,试比较两梁的动应力。

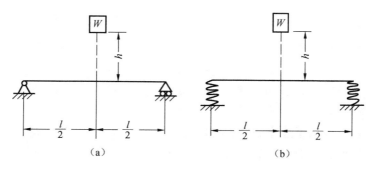

图 15-8

**解:**属自由落体冲击问题,动荷系数为

$$k_{\mathrm{d}}=1+\sqrt{1+2h/\Delta_{\mathrm{st}}}$$

对于图 15-8(a)中的梁

$$\Delta_{\mathrm{st}}=\frac{Wl^3}{48EI}=\frac{(1\times10^3\mathrm{N})\times(3\mathrm{m})^3}{48\times(200\times10^9\mathrm{Pa})\times(3400\times10^{-8}\mathrm{m}^4)}=8.27\times10^{-5}\mathrm{m}=0.0827\mathrm{mm}$$

$$k_{\mathrm{d}}=1+\sqrt{1+\frac{2\times(5\times10^{-2}\mathrm{m})}{8.27\times10^{-5}\mathrm{m}}}=35.8$$

$$\sigma_{\mathrm{st,max}}=\frac{Wl}{4W_z}=\frac{(1\times10^3\mathrm{N})\times3\mathrm{m}}{4\times(309\times10^{-6}\mathrm{m}^3)}=2.43\times10^6\mathrm{Pa}=2.43\mathrm{MPa}$$

于是得

$$\sigma_{\mathrm{d,max}}=k_{\mathrm{d}}\sigma_{\mathrm{st,max}}=35.8(2.43\times\mathrm{MPa})=86.9\mathrm{MPa}$$

对于图 15-8(b)中的梁

$$\Delta_{\mathrm{st}}=\frac{Wl^3}{48EI}+\frac{W}{2k}=8.27\times10^{-5}\mathrm{m}+\frac{(1\times10^3\mathrm{N})}{2(100\times10^3\mathrm{N/m})}=5.0827\times10^{-3}\mathrm{m}=5.0827\mathrm{mm}$$

$$k_{\mathrm{d}}=1+\sqrt{1+\frac{2\times(5\times10^{-2}\mathrm{m})}{5.0827\times10^{-3}\mathrm{m}}}=5.55$$

于是得

$$\sigma_{\mathrm{d,max}}=k_{\mathrm{d}}\sigma_{\mathrm{st,max}}=5.55(2.43\mathrm{MPa})=13.5\mathrm{MPa}$$

**讨论:**①由于图 15-8(b)采用了弹簧支座,减小了系统的刚度,因而使动荷因数大幅减小,从而大大降低了梁中的动应力。可见,增加柔性支座是降低冲击应力的有效方法。②从能量角度分析,图(a)、图(b)中冲击物输入的能量相同,但图 15-8(a)中,冲击能量完全转化为梁的应变能;而图(b)中,只有很小一部分冲击能量转化为梁的应变能,大部分能量被弹簧吸收,从而使得该梁的动应力大幅减小。

**例题 15-4** 图 15-9 中的 $AB$ 轴在 $A$ 端突然刹车(即 $A$ 端突然停止转动),试求轴内最大动应力。

**解:**当 $A$ 端紧急刹车时,$B$ 端飞轮具有动能,因而 $AB$ 轴受扭转冲击,发生扭转变形。在冲击过程中,飞轮的角速度最后降到零,它的动能全部变为轴的应变能。设飞轮转动惯量为 $I_{\mathrm{m}}$,则飞轮动能的改变为 $\Delta E_{\mathrm{k}}=I_{\mathrm{m}}\omega^2/2$。$AB$ 轴的扭转应变能从零增加到 $V_{\varepsilon}=T_{\mathrm{d}}^2 l/(2GI_{\mathrm{p}})$。

根据能量守恒方程有

$$\frac{1}{2}I_{\mathrm m}\omega^2 = \frac{T_{\mathrm d}^2 l}{2GI_{\mathrm p}}$$

由此求得

$$T_{\mathrm d} = \omega\,\sqrt{I_{\mathrm m}GI_{\mathrm p}/l}$$

轴内最大扭转冲击切应力为

$$\tau_{\mathrm{d,max}} = \frac{T_{\mathrm d}}{W_{\mathrm p}} = \omega\sqrt{\frac{I_{\mathrm m}GI_{\mathrm p}}{lW_{\mathrm p}^2}}$$

对于圆轴

$$\frac{I_{\mathrm p}}{W_{\mathrm p}^2} = \frac{\pi d^4/32}{(\pi d^3/16)^2} = \frac{2}{\pi d^2/4} = \frac{2}{A}$$

式中 $A$ 为轴的横截面面积。于是

$$\tau_{\mathrm{d,max}} = \omega\sqrt{\frac{2I_{\mathrm m}G}{Al}}$$

可见,冲击时轴内的最大动应力 $\tau_{\mathrm{d,max}}$ 与轴的体积 $Al$ 有关。体积 $Al$ 越大,$\tau_{\mathrm{d,max}}$ 越小。

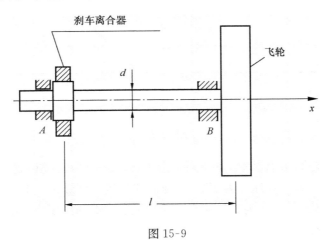

图 15-9

**例题 15-5** 一个橡胶小球重 $W = 0.3\mathrm{N}$,用一橡皮筋连在一木拍上,橡皮筋长 $L_0 = 300\mathrm{mm}$,横截面面积 $A = 1.6\mathrm{mm}^2$,弹性模量 $E = 2.0\times10^6\mathrm{MPa}$。用木拍击打小球后,小球拉动橡皮筋,使橡皮筋总长达到 $L_1 = 1.0\mathrm{m}$,试问小球离开木拍瞬间的速度是多少? 假设橡皮筋为线弹性体,而且忽略小球的势能。

**解:**木拍击打小球是冲击载荷问题。小球受木拍撞击飞出,将连接小球和木拍的橡皮筋拉长。小球离开木拍的瞬间有一个初速度,橡皮筋被拉长的同时,小球速度不断减小,当小球速度为零时,橡皮筋被拉至最长。假设不考虑小球的势能变化,则小球离开木拍瞬间的动能完全转化为橡皮筋的应变能。即 $\Delta E_{\mathrm k} = \Delta V_{\varepsilon}$。

设小球离开木拍瞬间速度为 $v$,则其动能 $E_{\mathrm k} = \dfrac{1}{2}\dfrac{W}{g}v^2$;而橡皮筋被拉至最长时应变能 $V_{\varepsilon} = F\cdot\Delta L/2$,其中 $F$ 为小球速度为零时橡皮筋所受拉力。由于假设橡皮筋为线弹性变形,所以 $F = \sigma A = E\varepsilon A = \dfrac{\Delta L}{L_0}EA$,于是 $V_{\varepsilon} = \dfrac{EA}{2L_0}(\Delta L)^2$,代入能量守恒方程 $\Delta E_{\mathrm k} = \Delta V_{\varepsilon}$,得

$$\frac{1}{2}\frac{W}{g}v^2 = \frac{EA}{2L_0}(\Delta L)^2$$

$$v = \sqrt{\frac{EAg}{WL_0}(\Delta L)^2} = \sqrt{\frac{EAg}{WL_0}(L_1 - L_0)^2}$$

$$= \sqrt{\frac{(2.0\times10^6\,\mathrm{Pa})(1.6\times10^{-6}\,\mathrm{m}^2)(9.8\,\mathrm{m/s}^2)}{(0.3\mathrm{N})(0.300\mathrm{m})}(1.0\mathrm{m}-0.300\mathrm{m})^2} = 13.1\mathrm{m/s}$$

**讨论**：本题中，橡皮筋最后伸长是原长的3倍多，显然小变形假设已经不成立。假设放弃线弹性假设，上面的应变能计算公式不再成立，而能量守恒方程依然成立。

**例题 15-6** 图 15-10(a)所示一刚性杆 $AB$，质量 $m=1.0$kg，长 $L=0.5$m，在 $A$ 端铰接，$B$ 端用尼龙绳 $BC$ 悬挂在 $C$ 点，如图所示。设尼龙绳横截面面积为 $A=30$mm$^2$，长 $b=0.25$m，弹性模量 $E=2.1$GPa。现将杆 $AB$ 抬起到它的最高位置，然后释放，则尼龙绳中最大应力是多少？

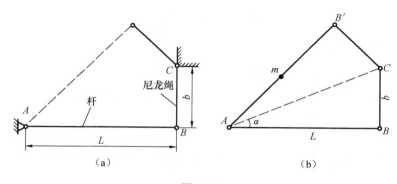

图 15-10

**解**：杆 $AB$ 被抬起后，具有势能，落下后，到图 15-10(a)中实线位置时，对尼龙绳造成冲击，将尼龙绳拉长，直到杆 $AB$ 速度为零时，尼龙绳伸长量达到最大。由于 $AB$ 为刚性杆，并且不计其他形式能量损失，可以认为其势能完全转化为尼龙绳的应变能。即：$E_p = V_\varepsilon$。

（1）计算杆 $AB$ 的势能。

如图 15-10(b)所示，设 $AB$ 杆的质量集中在杆 $AB$ 质心上，质心到 $AB$ 的垂直距离为 $\frac{1}{2}L\sin2\alpha$，其中 $\alpha=\arctan\frac{b}{L}$。设尼龙绳被冲击后最大伸长量为 $\Delta_d$，则杆 $AB$ 总势能

$$E_p = mg\left(\frac{1}{2}L\sin2\alpha + \frac{1}{2}\Delta_d\right) = \frac{1}{2}mg(\Delta_d + L\sin2\alpha)$$

（2）计算尼龙绳的应变能。

尼龙绳最大伸长量为 $\Delta_d$，这时其应变能 $V_\varepsilon = \frac{1}{2}F_d\Delta_d = \frac{EA}{2b}(\Delta_d)^2$，其中 $F_d$ 为尼龙绳变形为 $\Delta_d$ 时绳的拉力。

（3）计算尼龙绳中最大应力。

由能量守恒有

$$\frac{1}{2}mg(\Delta_d + L\sin2\alpha) = \frac{EA}{2b}(\Delta_d)^2$$

解得

$$\Delta_d = \frac{bmg}{2EA}\left(1 + \sqrt{1 + \frac{2L\sin2\alpha}{\left(\dfrac{bmg}{2EA}\right)}}\right)$$

其中，

$$\frac{bmg}{2EA} = \frac{(0.25\text{m})(1.0\text{kg})(9.8\text{m/s}^2)}{2(2.1\times10^9\text{Pa})(30\times10^{-6}\text{m}^2)} = 1.944\times10^{-5}\text{m}$$

$$2L\sin2\alpha = 2L\frac{2bL}{L^2+b^2} = \frac{4bL^2}{L^2+b^2} = \frac{4(0.25\text{m})(0.5\text{m})^2}{(0.5\text{m})^2+(0.25\text{m})^2} = 0.8\text{m}$$

$$\Delta_d = 1.944\times10^{-5}\text{m}\left(1+\sqrt{1+\frac{0.8\text{m}}{1.944\times10^{-5}\text{m}}}\right) = 3.963\times10^{-3}\text{m}$$

考虑到 $F_d = \dfrac{EA}{b}\cdot\Delta_d$，所以绳中最大应力

$$\sigma_d = \frac{F_d}{A} = \frac{E}{b}\cdot\Delta_d = \frac{2.1\times10^9\text{Pa}}{0.25\text{m}}\times3.963\times10^{-3}\text{m} = 33.3\times10^6\text{Pa} = 33.3\text{MPa}$$

## 15.3 提高构件抗冲击能力的措施

**1) 降低动荷因数**

前面的分析表明，冲击时构件中动应力的大小与动荷因数有关，所以，要提高构件的抗冲击能力，主要从降低冲击动荷因数着手。

从动荷因数的计算公式(15-11)可知，被冲击构件的静位移 $\Delta_{st}$ 越大，动荷因数越小。这是因为产生较大静位移的构件，其刚度较小，能吸收较多的冲击能量，从而增大构件的缓冲能力。所以，减小构件刚度可以达到降低冲击动应力的目的。但是，为了减小构件刚度，如果采用缩减截面尺寸，则又会使应力增大，其结果未必能达到降低冲击动应力的目的。因此，工程上往往是在受冲击构件上增设缓冲装置，如缓冲弹簧、橡胶垫、弹性支座等。

北京颐和园风景优美，园中的昆明湖碧波荡漾。初春时节，在湖中划船赏景更是惬意。你注意到没有，在船靠岸的码头边有许多废旧汽车轮胎，这些轮胎有什么作用呢？

**2) 提高构件吸收能量的能力**

从能量角度考虑，当输入构件的外力功一定时，构件的应变能越大，说明构件通过弹性变形吸收能量的能力越强，构件抵抗冲击的能力越强。因此，设计时通过计算构件的应变能，能初步评估设计方案抗冲击载荷的能力。下面通过例题说明。

**例题 15-7** 承受相同载荷 $P$ 的三根圆截面杆，长度均为 $L$，但有不同的形状，分别如图 15-11(a)、(b)、(c)所示。设三杆均为线弹性材料，试比较三杆的应变能(不考虑应力集中和杆的自重)。

**解:**(1) 计算图 15-11(a)中杆的应变能。由式(14-3)得

$$V_\varepsilon^{(a)} = \frac{F_N^2 l}{2EA} = \frac{P^2 L}{2EA} \qquad (15\text{-}14a)$$

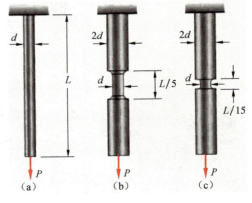

图 15-11

式中，$A$ 为图(a)中杆的横截面面积，$A=\pi d^2/4$。

（2）计算图 15-11(b)中杆的应变能：

$$V_\varepsilon^{(b)} = \sum_{i=1}^n \frac{F_{Ni}^2 l_i}{2E_i A_i} = \frac{P^2(L/5)}{2EA} + \frac{P^2(4L/5)}{2E(4A)} = \frac{P^2 L}{5EA} = \frac{2}{5}V_\varepsilon^{(a)} \tag{15-14b}$$

可见，图(b)中杆的应变能只有图(a)的 40%。

（3）计算图 15-11(c)中杆的应变能：

$$V_\varepsilon^{(c)} = \sum_{i=1}^n \frac{F_{Ni}^2 l_i}{2E_i A_i} = \frac{P^2(L/15)}{2EA} + \frac{P^2(14L/15)}{2E(4A)} = \frac{3P^2 L}{20EA} = \frac{3}{10}V_\varepsilon^{(a)} \tag{15-14c}$$

这种情况下杆的应变能只有图 15-11(a)的 30%。

**讨论**：①比较上述计算结果发现，增加杆的横截面面积，所用材料越多，杆的应变能反而下降。如果将图 15-11(c)中的槽宽度进一步减小，则该杆的应变能会进一步下降。②在最大应力相同的情况下，构件应变能越大，说明构件吸收能量的能力越强，相应地，构件抗冲击的能力越强；反之，如果构件应变能越小，则说明吸收能量的能力越弱，抗冲击能力也越弱。本例中，三根杆中的应力均相同，但第三根杆(图 15-11(c))的应变能只有第一根杆的 30%。换句话说，当三根杆作用相同的冲击载荷(即输入的冲击能量相同)时，只有 30%的输入能量使第三根杆产生弹性变形，而另外 70%的能量则可能以使杆件发生塑性变形、断裂等破坏形式消耗掉，因此，第三根杆的抗冲击能力最弱。

**例题 15-8**　图 15-12(a)所示为空气压缩机的气缸结构，气缸两端采用螺栓法兰结构密封。图 15-12(b)为螺栓法兰连接部分的尺寸图，已知螺杆直径 $d=13\text{mm}$，螺纹根部直径 $d_r=11\text{mm}$，法兰间距 $g=38\text{mm}$，螺纹部分长度 $t=6\text{mm}$。考虑到气缸工作时高压和低压循环发生，螺栓受到冲击可能断裂。为降低螺栓破坏的可能，工程师提出两种改进设计的方案：（1）如图 15-12(c)所示，在原设计基础上将螺杆部分直径从 $d$ 减小到 $d_r$；（2）如图 15-12(d)

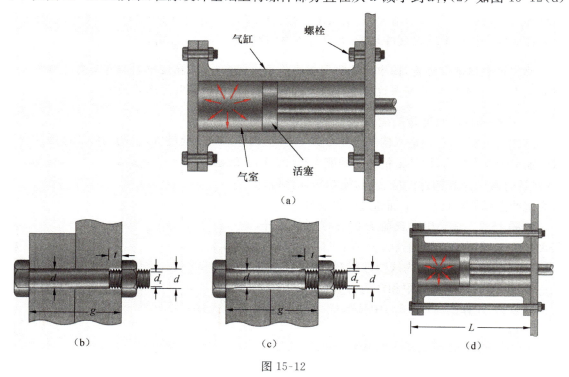

图 15-12

所示,将原来的螺栓加长,改用一根 $L=343\text{mm}$ 的长螺栓连接。试比较原设计和两种改进设计后螺栓结构的能量吸收能力。

**解:**应变能越大,吸收能量的能力越强,抗冲击载荷的能力越强,也是好的设计方案。下面计算三种设计方案中螺栓的应变能。

(1) 原设计方案下螺栓的应变能。

设螺栓轴向拉力为 $P$,则将螺栓受力部分分为无螺纹部分和有螺纹部分,螺栓应变能等于这两部分的应变能之和,即

$$V_\varepsilon^{(1)} = \sum_{i=1}^n \frac{F_{\mathrm{N}i}^2 l_i}{2E_i A_i} = \frac{P^2(g-t)}{2EA_\mathrm{s}} + \frac{P^2 t}{2EA_\mathrm{r}} \tag{15-15a}$$

式中,$A_\mathrm{s}$ 为螺杆无螺纹部分横截面积,$A_\mathrm{r}$ 为有螺纹部分横截面积。它们分别等于

$$A_\mathrm{s} = \pi d^2/4, \quad A_\mathrm{r} = \pi d_\mathrm{r}^2/4 \tag{15-15b}$$

将式(15-15b)代入式(15-15a),得

$$V_\varepsilon^{(1)} = \frac{2P^2(g-t)}{\pi E d^2} + \frac{2P^2 t}{\pi E d_\mathrm{r}^2} \tag{15-15c}$$

(2) 第一种改进设计方案下螺栓的应变能。

该方案是将螺杆无螺纹部分的直径车去一部分,使得 $d=d_\mathrm{r}$。因此,螺栓应变能为

$$V_\varepsilon^{(2)} = \frac{P^2 g}{2EA_\mathrm{r}} = \frac{2P^2 g}{\pi E d_\mathrm{r}^2} \tag{15-15d}$$

比较原方案和第一改进方案的应变能,有

$$\frac{V_\varepsilon^{(2)}}{V_\varepsilon^{(1)}} = \frac{g d^2}{(g-t)d_\mathrm{r}^2 + t d^2} \tag{15-15e}$$

代入数值计算,得

$$\frac{V_\varepsilon^{(2)}}{V_\varepsilon^{(1)}} = \frac{(38\text{mm})(13\text{mm})^2}{(38\text{mm}-6\text{mm})(11\text{mm})^2 + (6\text{mm})(13\text{mm})^2} = 1.31$$

可见,减缩螺杆部分的直径能提高 31% 吸收能量的能力,相应地,能降低螺栓在冲击载荷下破坏的可能。

(3) 第二种改进设计方案下螺栓的应变能。

第二种改进方案是采用原方案的螺栓型号,但增加螺杆的长度。应变能为

$$V_\varepsilon^{(3)} = \frac{2P^2(L-t)}{\pi E d^2} + \frac{2P^2 t}{\pi E d_\mathrm{r}^2} \tag{15-15f}$$

由于用一个长螺栓代替原方案中两个短螺栓,比较应变能时应计算

$$\frac{V_\varepsilon^{(3)}}{2V_\varepsilon^{(1)}} = \frac{(L-t)d_\mathrm{r}^2 + t d^2}{2(g-t)d_\mathrm{r}^2 + 2t d^2} \tag{15-15g}$$

代入数值计算得

$$\frac{V_\varepsilon^{(3)}}{2V_\varepsilon^{(1)}} = \frac{(343\text{mm}-6\text{mm})(11\text{mm})^2 + (6\text{mm})(13\text{mm})^2}{2(38\text{mm}-6\text{mm})(11\text{mm})^2 + 2(6\text{mm})(13\text{mm})^2} = 4.28$$

可见,采用长螺栓后,螺栓吸收能量的能力比原设计提高 328%,可以大幅提高螺栓抗击冲击载荷的能力。

## 思 考 题

15-1 在用能量法计算冲击应力问题时,以下假设中_____是不必要的。

A. 冲击物的变形很小,可将其视为刚体;

B. 被冲击物的质量可以忽略,变形是线弹性的;

C. 冲击过程中只有应变能、势能和动能的转化,无其他能量损失;

D. 被冲击物只能是杆件。

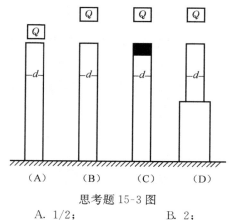

思考题 15-3 图

15-2 在冲击应力和变形实用计算的能量法中,因不计被冲击物的质量,所以计算结果与实际情况相比_____。

A. 冲击应力偏大,冲击变形偏小;

B. 冲击应力偏小,冲击变形偏大;

C. 冲击应力和变形均偏大;

D. 冲击应力和变形均偏小。

15-3 四种圆柱及其冲击载荷情况如思考题 15-3 图所示,柱(C)上端有一橡胶垫。其中柱_____内的最大动应力最大。

15-4 竖直放置的简支梁及其水平冲击载荷如思考题 15-4 图所示,其中梁的横截面为直径等于 $d$ 的圆形。若将直径 $d$ 加粗为 $2d$,其他条件不变,其最大冲击应力则变为原来的_____倍。

A. 1/2;           B. 2;           C. 1/4;           D. 4。

15-5 思考题 15-5 图所示两立柱的材料和横截面均相同。欲使其冲击强度也相同,则应使两立柱的长度比 $l_1/l=$ _____。

A. 1/2;           B. 2;           C. 1/4;           D. 4。

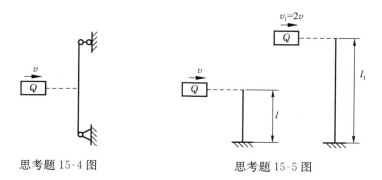

思考题 15-4 图                思考题 15-5 图

## 习　题

15.1-1 习题 15.1-1 图所示框架 ABC 以加速度 $a_0$ 水平运动。设竖直杆 AB 长度为 L,厚度为 $t$,密度为 $\rho$,试推导杆 AB 最大正应力计算公式。

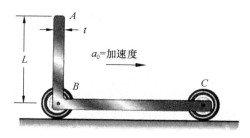

习题 15.1-1 图

15.1-2 轴上装有一铜质圆盘,盘上有一圆孔。轴和盘以等角速度 $\omega=40\text{rad/s}$ 旋转,试求轴内由该圆孔引起的最大正应力(习题 15.1-2 图)。

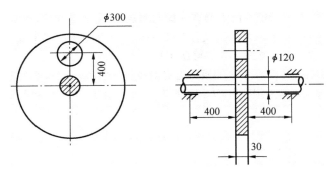

习题 15.1-2 图

15.1-3　习题 15.1-3 图所示长度为 $2L$ 的圆杆 $ACB$ 以匀角速度 $\omega$ 绕通过其中点 $C$ 的轴线旋转。设杆单位体积重力为 $\gamma$，(1) 试推导杆中应力 $\sigma_x$ 与距离 $x$ 之间的关系式，$x$ 为计算应力 $\sigma_x$ 所在的截面到 $C$ 点的距离；(2) 最大应力 $\sigma_{max}$ 为多少？

15.1-4　绕 $C$ 点以匀角速度 $\omega$ 在平面内旋转的直杆，长为 $L$，在杆端有一质量 $M_1$。设杆的密度为 $\rho$，许用拉应力为 $\sigma_t$，试确定杆的横截面面积 $A$（习题 15.1-4 图）。

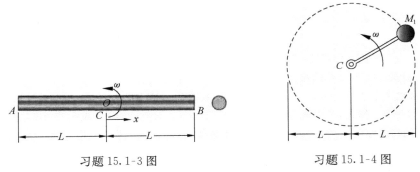

习题 15.1-3 图　　　　　　习题 15.1-4 图

15.1-5　习题 15.1-5 图所示半径为 $R$ 的刚性圆盘，以角速度 $\omega$ 匀速旋转。在圆盘上安装长度为 $L$ 的六个完全相同的叶片。设叶片密度为 $\rho$，弹性模量为 $E$，试证明叶片的伸长量为

$$\delta = \frac{\rho \omega^2 L^2}{6E}(3R + 2L)$$

15.2-1　重力 $P=1kN$ 的物体，从 $h=40mm$ 的高度自由下落，试求梁的最大冲击应力。已知梁的长度 $l=2m$，弹性模量 $E=10GPa$，梁的横截面为矩形，尺寸如习题 15.2-1 图所示。

15.2-2　重为 $P$ 的物体自由下落在习题 15.2-2 图所示曲杆的 $B$ 点，已知曲杆 $EI$ 为常数，试求冲击点的铅垂位移。

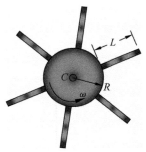

习题 15.1-5 图

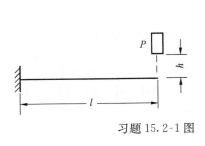

习题 15.2-1 图

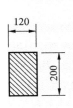

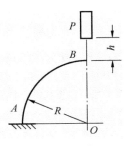

习题 15.2-2 图

15.2-3　习题 15.2-3 图所示钢杆的下端有一固定圆盘,盘上放置弹簧,弹簧在 1kN 的静载下缩短 0.625mm,钢杆直径 $d=40$mm,$l=4$m,许用应力$[\sigma]=120$MPa,$E=200$GPa。若有重 $P=15$kN 的重物自由下落,试求其许可高度 $H$。又若没有弹簧时,则许可高度 $H$ 等于多大?

15.2-4　悬臂梁在自由端安装一吊车,将重力为 $P$ 的重物以匀速 $v$ 下降,令吊车突然制动,试求绳索中的动应力。已知梁的长度为 $l$,弯曲刚度为 $EI$,绳索长为 $l_1$,拉压刚度 $EA$。不计梁、吊车和绳索的质量(习题 15.2-4 图)。

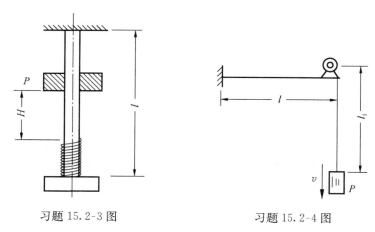

习题 15.2-3 图　　　　　　　　习题 15.2-4 图

15.2-5　重力为 $P$ 的重物固接在竖杆的一端,并绕梁的 $A$ 端转动,当竖杆在铅垂位置时,重物具有水平速度 $v$。若梁 $AB$ 的 $EI$、$W_z$、$l$ 均已知,试求重物落在梁上后梁内的最大弯曲动应力(习题 15.2-5 图)。

15.2-6　圆轴直径 $d=60$mm,$l=2$m。左端固定,右端有一直径 $D=400$mm 的鼓轮。轮上绕有钢绳,绳子的端点 $A$ 悬挂吊盘。绳长 $l_1=10$m,横截面面积 $A=120$mm²,$E=200$GPa。轴的剪切模量 $G=80$GPa,有一重力 $P=800$N 的物体自高 $h=200$mm 处自由下落在吊盘上。试求轴的最大切应力和绳横截面的正应力(习题 15.2-6 图)。

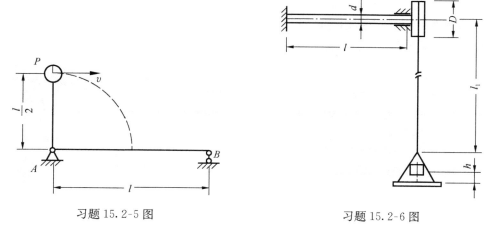

习题 15.2-5 图　　　　　　　　习题 15.2-6 图

15.2-7　如习题 15.2-7 图所示,一重物 $W$ 与绳索相连,绳索另一端牢牢固定在墙上。重物原静止放在墙上,现将其推下,使其自由下落。设绳索横截面面积为 $A$,弹性模量为 $E$。(1) 试推导本问题的动荷因数计算公式;(2) 如果该重物静止挂在绳索下端时,绳子的变形是其原长的 1/60,试计算动荷因数的大小。

15.2-8　习题 15.2-8 图所示长度为 $L$,直径为 $d$ 的轴,在右端刚性连接一转动惯量为 $I_m$ 的飞轮,飞轮以转速 $n$(r/min)旋转。试计算当轴承 $A$ 突然卡死后轴的最大扭转角和最大切应力。设轴的剪切弹性模量为 $G$,忽略轴的质量和 $BC$ 处的摩擦阻力。

习题 15.2-7 图　　　　　　　　　　　　　　习题 15.2-8 图

15.2-9　习题 15.2-9 图所示飞轮以角速度 $\omega$ 旋转,轮轴与简支梁 $AB$ 的 $B$ 端相连。设梁的弯曲刚度为 $EI$,飞轮转动惯量为 $I_m$。试计算飞轮突然停止时在梁 $A$ 端的支反力 $R$。

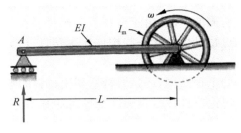

习题 15.2-9 图

15.2-10　质量为 50kg 的跳蹦极者,从距水面 60m 的高处跳下。设橡皮绳拉伸刚度 $EA = 2.1\text{kN}$,试问:要保证落下后距水面有 10m 的余量,橡皮绳的长度应该是多少?

# 第 16 章　简单弹塑性问题

前面各章限定构件在弹性变形范围内,并将构件发生塑性屈服认为是强度失效。这种强度设计方法,称为**弹性设计**。而实际上,大部分工程构件发生局部塑性变形后仍然能安全工作,因此弹性设计是一种以牺牲经济性为代价的偏安全的设计方法。考虑构件塑性变形的**弹塑性设计**则可以充分利用材料,提高设计的经济性。

塑性变形在实际工程结构中普遍存在,而且也有其利用价值。在机械工程中,压延成型正是利用金属的塑性变形加工所需的产品;由于材料发生塑性变形时可以吸收较多能量,因此,在抗震和防护工程中可以通过特别设计让一些构件发生塑性变形吸收能量,从而达到保护其他重要构件的目的。

无论是为了设计更经济的工程结构,还是要特意利用材料的塑性变形,都需要首先了解构件的弹塑性力学行为。本章讨论杆件发生弹塑性变形时的基本分析方法和相关基本概念。

## 16.1　材料的弹塑性应力应变关系

为了研究构件的弹塑性力学行为,首先需要知道材料的弹塑性应力应变关系。在第 2 章,我们通过试验方法得到了常见塑性材料(如低碳钢等)的应力应变关系。基于这些试验曲线,人们提出了各种描述材料弹塑性力学行为的简化模型。

1) 理想弹塑性模型

如图 16-1(a)所示,应力应变曲线由斜直线和水平线两部分组成。当 $\sigma < \sigma_S$ 时,应力应变之间为线弹性关系,即 $\sigma = E\varepsilon$;当 $\sigma = \sigma_S$ 时,材料发生屈服。屈服后,不需增加任何载荷,即应力值保持 $\sigma_S$ 不变,而应变自由增加。用数学公式表示为

$$\varepsilon = \frac{\sigma}{E} \qquad (\sigma < \sigma_S) \tag{16-1a}$$

$$\varepsilon = \frac{\sigma_S}{E} + \lambda \qquad (\sigma = \sigma_S) \tag{16-1b}$$

式中,$E$ 为弹性模量,$\lambda$ 为一正的标量。这一模型广泛应用于结构钢。

该模型忽略了塑性材料应力应变曲线的强化阶段(可参见图 2-13),但模拟了屈服平台区。当弹性变形与塑性变形相比较小时,也可以忽略弹性应变部分,应力应变曲线为一条水平线,如图 16-1(b)所示。这种应力应变关系称为**理想刚塑性模型**。

2) 弹性-线性硬化模型

该模型用两段线性关系分别模拟应力应变关系的弹性阶段和强化阶段。如图 16-1(c)所示,第一段直线斜率为 $E_0$,亦即材料的弹性模量 $E$;第二段直线以理想化的直线模拟材料的硬化过程,其斜率为 $E_1$,它比 $E_0$ 小得多。该模型的数学表示为

$$\varepsilon = \frac{\sigma}{E} \qquad (\sigma \leqslant \sigma_S) \tag{16-2a}$$

$$\varepsilon = \frac{\sigma_S}{E_0} + \frac{1}{E_1}(\sigma - \sigma_S) \qquad (\sigma > \sigma_S) \tag{16-2b}$$

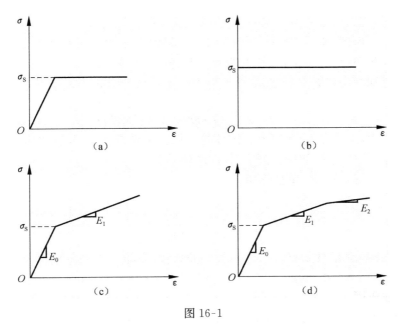

图 16-1

该模型可以扩展到三段直线(图 16-1(d)的三线性硬化模型)或更多段的情况。

3) 弹性-幂次硬化模型

多数金属材料的硬化特性可以用幂函数描述

$$\sigma = E\varepsilon \qquad (\sigma \leqslant \sigma_S) \tag{16-3a}$$

$$\sigma = k\varepsilon^n \qquad (\sigma > \sigma_S) \tag{16-3b}$$

式(16-3b)中,$k$ 和 $n$ 是根据试验曲线拟合出的材料参数。根据图 16-2(a),当 $\sigma = \sigma_S$ 时,直线段和幂次曲线段必须连续,应有 $\sigma_S = k\varepsilon^n = k(\sigma_S/E)^n$。因此,该模型的材料参数 $k$ 和 $n$ 并不是独立的。

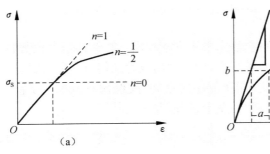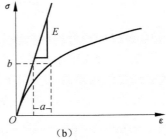

图 16-2

4) Ramberg-Osgood 模型

如图 16-2(b)所示,该模型的应力应变是非线性关系

$$\varepsilon = \frac{\sigma}{E} + a\left(\frac{\sigma}{b}\right)^n \tag{16-4}$$

式中,$a$、$b$、$n$ 为材料常数。该模型对屈服点没有明确定义,但初始曲线斜率值取弹性模量,而且随应力增大,曲线斜率单调减小。

本章主要采用图 16-1(a)所示的理想弹塑性材料模型,即假设材料的工作应力小于屈服强度 $\sigma_S$ 时,应力应变关系为直线,服从胡克定律,发生弹性变形;当工作应力达到屈服强度 $\sigma_S$

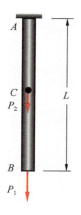

图 16-3

时，应力应变关系为水平直线，发生无限制塑性变形。

**例题 16-1** 图 16-3 所示杆，上端固定，下端自由。杆长 $L=2.2\text{m}$，横截面面积 $A=480\text{mm}^2$，在杆下端 $B$ 点和杆中点 $C$ 施加力 $P_1=108\text{kN}$ 和 $P_2=27\text{kN}$。已知杆由铝合金制成，非线性应力应变关系可用 Ramberg-Osgood 模型表示为

$$\varepsilon=\frac{\sigma}{70000}+\frac{1}{628.2}\left(\frac{\sigma}{260}\right)^{10}。$$

式中，应力单位为 MPa。试计算下面三种情况下 $B$ 点的位移 $\delta_B$：①$P_1$ 单独作用；②$P_2$ 单独作用；③$P_1$、$P_2$ 同时作用。

**解：**（1）$P_1$ 单独作用。

杆中应力为

$$\sigma=\frac{P_1}{A}=\frac{108\times10^3\text{N}}{480\text{ mm}^2}=225\text{MPa}$$

代入应力应变关系得到应变 $\varepsilon=0.003589$，杆的伸长量，亦即 $B$ 点的位移为

$$\delta_B=\varepsilon L=(0.003589)(2.2\text{m})=7.90\text{mm}$$

（2）$P_2$ 单独作用。

只有上半段有应力，应力大小为 $\sigma=P_2/A=56.25\text{MPa}$，应变 $\varepsilon=0.0008036$，所以

$$\delta_B=\varepsilon L/2=(0.0008036)(1.1\text{m})=0.884\text{mm}$$

（3）$P_1$、$P_2$ 同时作用。

下半段杆中应力为 $P_1/A=225\text{MPa}$，上半段应力为 $(P_1+P_2)/A=281.25\text{MPa}$；对应的应变分别为 0.003589 和 0.007510，所以有

$$\delta_B=(0.003589)(1.1\text{m})+(0.007510)(1.1\text{m})=12.2\text{mm}$$

比较三种情况的结果发现，$P_1$、$P_2$ 同时作用情况下 $B$ 点的位移不等于 $P_1$、$P_2$ 单独作用引起 $B$ 点位移的叠加。这是非线性问题与线弹性问题的重要区别。

## 16.2  简单桁架的弹塑性分析

对于静定桁架，各杆的轴力均可由静力平衡方程求出。在继续增大载荷的情况下，应力最大的杆件将首先屈服，出现无限制塑性变形，桁架因而成为几何可变的"机构"，丧失承载能力。这时的载荷也就是结构的**极限载荷**。对于静不定桁架，问题比较复杂。下面以图 16-4(a) 所示的一度静不定桁架为例，分析其弹塑性变形过程，并确定其极限载荷。

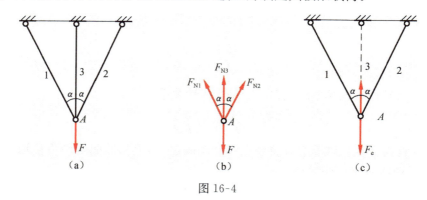

图 16-4

设三根杆的材料相同，且服从理想弹塑性材料模型，屈服应力为 $\sigma_\text{S}$，弹性模量为 $E$，杆的横

截面面积均为 $A$。当力 $F$ 较小时,各杆均发生弹性变形。由图 16-4(b)所示的受力图和静不定问题的求解方法(参见第 3 章相关内容),可得到桁架各杆的轴力为

$$F_{N1} = F_{N2} = \frac{F\cos^2\alpha}{1 + 2\cos^3\alpha}, \quad F_{N3} = \frac{F}{1 + 2\cos^3\alpha} \tag{16-5}$$

从式(16-5)看出,$F_{N3} > F_{N1} = F_{N2}$。当继续增大载荷时,杆 3 将首先屈服,这时桁架的载荷 $F$ 称为**弹性极限载荷**,用 $F_e$ 表示。

屈服后,杆 3 的轴力为 $F_{N3} = \sigma_S A$,并保持不变。将其代入式(16-5)第二式,可得桁架的弹性极限载荷为

$$F_e = \sigma_S A(1 + 2\cos^3\alpha) \tag{16-6}$$

虽然杆 3 已进入塑性变形阶段,但杆 1、2 仍处在弹性变形阶段,因此桁架仍然具有承载能力。

继续增大载荷时,杆 3 的轴力保持不变,所增加的载荷将全部由杆 1、2 承担。当杆 1、2 也发生屈服时,整个桁架完全失去承载能力,这时对应的载荷 $F$ 称为**塑性极限载荷或极限载荷**,用 $F_p$ 表示。三根杆全部屈服后,它们的轴力均为 $\sigma_S A$。由节点 $A$ 的平衡条件可得塑性极限载荷为

$$F_p = \sigma_S A(1 + 2\cos\alpha) \tag{16-7}$$

比较式(16-6)和式(16-7),得

$$\frac{F_p}{F_e} = \frac{1 + 2\cos\alpha}{1 + 2\cos^3\alpha} \tag{16-8}$$

当夹角 $\alpha = 30°$ 时,$F_p/F_e = 1.19$;$\alpha = 45°$ 时,$F_p/F_e = 1.41$。可见,在各杆材料和横截面面积相同的情况下,桁架的塑性极限载荷 $F_p$ 比弹性极限载荷 $F_e$ 分别提高 19% 和 41%。因此,采用弹塑性设计,可以充分利用结构的承载能力。

总结以上分析过程并与弹性变形分析过程比较发现,在杆件的弹性变形阶段,应力应变关系采用胡克定律;在杆件的塑性变形阶段,应力应变关系则需采用理想弹塑性模型或其他模型。而无论杆件处于弹性或是塑性变形阶段,静力平衡关系和变形协调关系始终成立。

**例题 16-2** 图 16-5(a)中 $AB$ 为刚性杆,杆 1 和杆 2 材料的应力应变曲线如图 16-5(b)所示,两杆横截面面积均为 $A = 100\text{mm}^2$,在 $F$ 力作用下它们的伸长量分别为 $\Delta l_1 = 1.8\text{mm}$ 和 $\Delta l_2 = 0.9\text{mm}$,试问:(1) 此时结构所承受载荷 $F$ 为多少?(2) 若将载荷全部卸除,杆 1 和杆 2 中有无应力?若有,各是多少?(3) 该结构的极限载荷是多少?

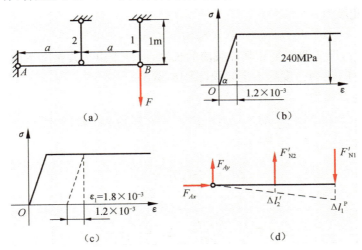

图 16-5

解题分析:杆1、杆2材料的应力应变关系为理想弹塑性模型。已知杆的变形,可从应变判断杆件是否进入塑性变形。

**解**:(1) 确定杆1、杆2是否进入塑性。

由应力-应变关系知当 $\varepsilon > 1.2 \times 10^{-3}$ 时,杆将进入塑性变形阶段。

杆1的应变为

$$\varepsilon_1 = \frac{\Delta l_1}{l_1} = \frac{1.8 \times 10^{-3} \text{m}}{1\text{m}} = 1.8 \times 10^{-3} > 1.2 \times 10^{-3}$$

所以,杆1已进入塑性变形。

杆2的应变为

$$\varepsilon_2 = \frac{\Delta l_2}{l_2} = \frac{0.9 \times 10^{-3} \text{m}}{1\text{m}} = 0.9 \times 10^{-3} < 1.2 \times 10^{-3}$$

杆2处于弹性变形阶段。

(2) 计算载荷 $F$ 的大小。

按给定的应力应变关系,杆1已进入塑性,所以其应力为

$$\sigma_1 = \sigma_S = 240 \text{MPa}$$

$$F_{N1} = A \cdot \sigma_S = 100 \times 10^{-6} \text{m}^2 \times 240 \times 10^6 \text{Pa} = 24 \times 10^3 \text{N}$$

杆2处于弹性阶段,所以其应力为

$$\sigma_2 = E \cdot \varepsilon_2$$

$$F_{N2} = \sigma_2 \cdot A = E \cdot \varepsilon_2 \cdot A = \frac{240 \times 10^6 \text{Pa}}{1.2 \times 10^{-3}} \times 0.9 \times 10^{-3} \times 100 \times 10^{-6} \text{m}^2 = 18 \times 10^3 \text{N}$$

考虑杆 $AB$ 的静力平衡关系,有

$$\sum M_A = 0: \quad -F \cdot 2a + F_{N1} \cdot 2a + F_{N2} \cdot a = 0$$

$$F = F_{N1} + \frac{1}{2} F_{N2} = 24 \times 10^3 \text{N} + \frac{1}{2} \times 18 \times 10^3 \text{N} = 33 \times 10^3 \text{N}$$

(3) 计算杆1、杆2中应力。

由于杆1已发生塑性变形,只有弹性变形部分可以恢复,残余的塑性应变为(图 16-5(c))

$$\varepsilon_p = 1.8 \times 10^{-3} - 1.2 \times 10^{-3} = 0.6 \times 10^{-3}$$

杆1的残留变形为

$$\Delta l_1^p = \varepsilon_p \cdot l_1 = 0.6 \times 10^{-3} \times 1\text{m} = 0.6 \times 10^{-3} \text{m}。$$

外力 $F$ 卸除后,杆2要恢复到其加载前的长度,而杆1由于残余变形阻止杆2恢复,所以杆2受拉,杆1受压,仍为一度静不定问题(图 16-5(d))。

杆 $AB$ 的平衡方程为

$$\sum M_A = 0: \quad F'_{N2} \cdot a - F'_{N1} \cdot 2a = 0$$

变形协调方程为

$$\Delta l'_2 = \frac{1}{2}(\Delta l_1^p - \Delta l'_1)$$

物性关系为

$$\Delta l'_2 = \frac{F'_{N2} l_2}{EA} \qquad \Delta l'_1 = \frac{F'_{N1} l_1}{EA}$$

联立求解,得

$$F'_{N1} = \frac{EA}{5l} \cdot \Delta l_1^p = \frac{(200 \times 10^9 \text{Pa})(100 \times 10^{-6} \text{m}^2)}{5(1\text{m})} \times (0.6 \times 10^{-3} \text{m}) = 2400\text{N}(压力)$$

$$F'_{N2} = 2F'_{N1} = 4800\text{N}(拉力)$$

$$\sigma'_1 = \frac{F'_{N1}}{A} = \frac{2400\text{N}}{100 \times 10^{-6} \text{m}^2} = 24 \times 10^6 \text{Pa}(压应力)$$

$$\sigma'_2 = \frac{F'_{N2}}{A} = \frac{4800\text{N}}{100 \times 10^{-6} \text{m}^2} = 48 \times 10^6 \text{Pa}(拉应力)$$

（4）计算极限载荷。

当杆 1、杆 2 均进入塑性变形时,结构失去承载能力,这时的 $F$ 值即为结构的极限载荷。这时,

$$F_{N1} = F_{N2} = \sigma_s A = (240 \times 10^6 \text{Pa})(100 \times 10^{-6} \text{m}^2) = 240 \times 10^3 \text{N}$$

由静力平衡关系 $\sum M_A = 0$ 得

$$F_p = F_{N1} + \frac{1}{2}F_{N2} = 24 \times 10^3 \text{N} + \frac{1}{2} \times 24 \times 10^3 \text{N} = 36 \times 10^3 \text{N} = 36\text{kN}$$

## 16.3　圆轴的弹塑性扭转

当材料处于线弹性变形情况下,圆轴扭转时横截面上切应力公式为(图 16-6(a))

$$\tau_\rho = \frac{T\rho}{I_p} \tag{16-9}$$

随着扭矩 $T$ 的逐渐增加,截面边缘的最大切应力首先达到剪切屈服强度 $\tau_S$(图 16-6(b)),

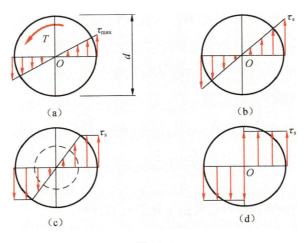

图 16-6

这时相应的扭矩为弹性极限扭矩 $T_e$。由式(16-9)知 $\tau_S = \frac{T_e d}{I_p 2}$,从而得

$$T_e = \frac{\pi d^3}{16}\tau_S \tag{16-10}$$

设材料符合理想弹塑性模型,切应力 $\tau$ 和切应变 $\gamma$ 的关系如图 16-7 所示。

当继续增大扭矩时横截面靠近边缘部分应力达到 $\tau_S$,相继屈服,形成**塑性区**,这时横截面

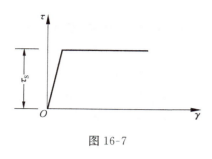

图 16-7

上的切应力分布如图 16-6(c)所示。若再继续增大扭矩,横截面上切应力均达到 $\tau_S$,形成如图 16-6(d)所示的塑性极限状态,圆轴丧失抵抗扭转变形的能力。这时的扭矩称为**塑性极限扭矩**,用 $T_p$ 表示,其值为

$$T_p = \int_A \rho \tau_S \mathrm{d}A = \tau_S \int_0^{d/2} 2\pi\rho^2 \mathrm{d}\rho = \frac{\pi d^3}{12}\tau_S \quad (16\text{-}11)$$

比较式(16-10)和式(16-11),得

$$T_p/T_e = 4/3 \quad (16\text{-}12)$$

式(16-12)表明,按极限载荷法对圆轴扭转进行强度设计时,可将圆轴承载能力提高 33.3%。

**例题 16-3** 图 16-8(a)所示空心圆轴,外径为 $D$,内径为 $d$,且 $d/D=\alpha$,材料剪切屈服强度为 $\tau_S$。试求圆轴的弹性极限扭矩和塑性极限扭矩,并进行比较。

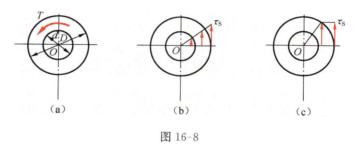

图 16-8

**解**:(1) 弹性极限扭矩(图 16-8(b))由公式

$$\tau_S = \frac{T_e}{W_p} = \frac{16T_e}{\pi D^3(1-\alpha^4)}$$

得

$$T_e = \frac{1}{16}\pi D^3(1-\alpha^4) \cdot \tau_S$$

(2) 塑性极限扭矩(图 16-8(c))为

$$T_p = \int_A \rho \tau_S \mathrm{d}A = \tau_S \int_{d/2}^{D/2} 2\pi\rho^2 \mathrm{d}\rho = \frac{\pi D^3}{12}(1-\alpha^3)\tau_S$$

$$\frac{T_p}{T_e} = \frac{4(1-\alpha^3)}{3(1-\alpha^4)}$$

当 $\alpha=0.8$ 时,$T_p/T_e=1.10$;$\alpha=0.6$ 时,$T_p/T_e=1.20$。结果表明,当圆轴内外径之比 $\alpha$ 取 0.8 和 0.6 时,塑性极限扭矩比弹性极限扭矩分别大 10% 和 20%。

# 16.4 梁的弹塑性弯曲

### 16.4.1 矩形截面梁的弹塑性分析、塑性铰

以图 16-9(a)所示的矩形截面简支梁为例。梁的中间截面弯矩最大,是危险截面,屈服首先发生在该截面上。最大弯矩 $M_{\max}$ 随着载荷 $F$ 的增加而逐渐增大时,在该截面上将相继出现以下三种应力分布状态。

(1) 弹性状态:当载荷 $F$ 较小时,横截面上应力为线性分布,最大正应力为

$$\sigma_{\max} = \frac{M_{\max}}{W_z} \leqslant \sigma_{\mathrm{S}}$$

当 $\sigma_{\max} = \sigma_{\mathrm{S}}$ 时,达到弹性极限状态(图 16-9(b))。此时,危险截面的上、下边缘各点的材料开始屈服,相应的弯矩 $M_{\mathrm{e}}$ 为**弹性极限弯矩**,其值为

$$M = W_z \sigma_{\mathrm{S}} = \frac{bh^2}{6}\sigma_{\mathrm{S}} \tag{16-13}$$

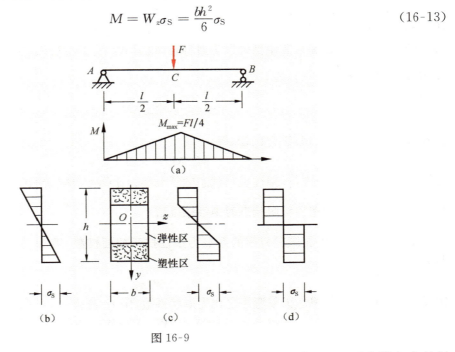

图 16-9

(2) 弹塑性状态:在继续增大载荷 $F$ 时,$M_{\max} > M_{\mathrm{e}}$,危险截面上靠近上、下边缘各点的材料相继屈服,形成塑性区,在此区域内各点的正应力为 $\sigma_{\mathrm{S}}$。在中性轴附近,仍为弹性区,$\sigma < \sigma_{\mathrm{S}}$,这部分横截面上正应力仍为线性分布(图 16-9(c))。

(3) 塑性极限状态:载荷 $F$ 继续增大时,塑性区扩及整个截面,各点正应力均达到 $\sigma_{\mathrm{S}}$(图 16-9(d)),梁处于塑性极限状态。相应的弯矩为**塑性极限弯矩**,用 $M_{\mathrm{p}}$ 表示。此时尽管载荷不再增加,而危险截面各点的应变却可继续增大。整个梁将绕此截面的中性轴发生转动,就好像在那里出现了一个铰链一样,使梁成为几何可变机构,丧失了承载能力。我们把这种截面上材料全部屈服而产生的变形状态称为"**塑性铰**"(图 16-10)。

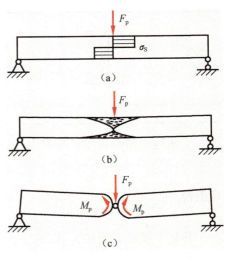

图 16-10

塑性铰与普通铰链不同,具有以下特点:①塑性铰是单向铰,只有使梁沿屈服的方向转动时才无约束,若反向加载则恢复约束;②塑性铰可承受 $M = M_{\mathrm{p}}$ 的弯矩,对梁来说,这相当于阻力矩。而一般铰链是不能承受弯矩的。

显然,静定梁如果出现一个塑性铰,即成为机构,丧失承载能力。

塑性铰形成时的塑性极限弯矩为

$$M_p = \int_{A+} \sigma_S y \mathrm{d}A + \int_{A-} \sigma_S y \mathrm{d}A = \sigma_S \left( \int_{A+} y \mathrm{d}A + \int_{A-} y \mathrm{d}A \right)$$

或

$$M_p = \sigma_S (S_+ + S_-) \tag{16-14}$$

式中，$A_+$、$A_-$分别代表梁在塑性极限状态时横截面上中性轴两侧拉应力区和压应力区的面积。$S_+$、$S_-$分别代表 $A_+$、$A_-$对中性轴的静矩（都按正值计算）。对于有两个对称轴（例如矩形、圆形、工字形等截面），其中性轴恒为对称轴，这时式(16-14)中 $S_+ = S_- = S_{max}$，于是 $M_p = \sigma_S 2 S_{max} = \sigma_S 2 \left( b \cdot \dfrac{h}{2} \cdot \dfrac{h}{4} \right)$，或

$$M_p = \frac{bh^2}{4} \sigma_S \tag{16-15}$$

将式(16-13)与式(16-15)进行比较，得

$$M_p / M_e = 1.5 \tag{16-16}$$

可见，对矩形截面梁来说，其塑性极限状态的承载能力比弹性极限状态时提高 50%。

### 16.4.2　形状系数和塑性极限状态时中性轴位置

定义式(16-15)中屈服应力前的系数为**塑性抗弯截面模量**，用 $W_S$ 表示。则式(16-15)可写为

$$M_p = W_S \sigma_S \tag{16-17}$$

定义塑性极限弯矩与弹性极限弯矩之比为**形状系数**，用 $K$ 表示

$$K = \frac{M_p}{M_e} = \frac{W_S \sigma_S}{W_z \sigma_S} = \frac{W_S}{W_z} \tag{16-18}$$

式(16-18)表明，形状系数 $K$ 只与截面形状有关。形状系数越大，说明这种截面形状梁的塑性承载能力比其弹性承载能力提高得越多。表 16-1 中列出几种常见截面的形状系数。

**表 16-1　几种常见截面的形状系数**

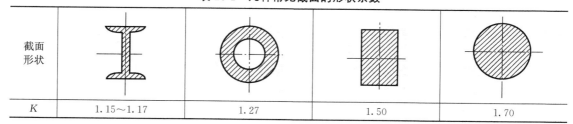

| 截面形状 | | | | |
|---|---|---|---|---|
| $K$ | 1.15～1.17 | 1.27 | 1.50 | 1.70 |

下面讨论塑性极限状态时中性轴的位置。由于梁的横截面上的轴力总为零，因此有

$$F_N = \int_{A+} \sigma_S \mathrm{d}A + \int_{A-} \sigma_S \mathrm{d}A = 0$$

从而得

$$A_+ = A_-$$

若整个横截面面积为 $A$，则应有

$$A_+ = A_- = A/2 \tag{16-19}$$

式(16-19)表明，梁的横截面处于塑性极限状态时，该截面上拉应力区的面积与压应力区的面积相等。因此，当截面有两个对称轴时（如矩形等），与弹性状态时一样，中性轴为一对称轴（即形心轴）；若截面只有一个对称轴（如 T 字形、槽形截面等），且载荷作用在此对称平面

时,由于必须满足式(16-9)的关系,则中性轴必将偏离形心轴。如图 16-11 所示的 T 字形截面,其塑性中性轴偏离其弹性中性轴(形心轴)。

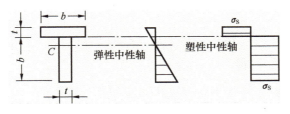

图 16-11

### 16.4.3 梁的极限载荷

弹塑性设计时确定结构的极限载荷十分重要。求解结构极限载荷常用**极限定理法**。具体解法是:设定结构各种可能的极限状态,根据虚功原理,计算出每个极限状态相应的极限载荷,取其中最小的极限载荷为结构的极限载荷。下面举例说明梁的极限载荷计算方法。

前面讨论过的图 16-9(a)中的梁为静定梁,其最大弯矩为 $M_{max}=Fl/4$。当 $M_{max}$ 到达塑性极限弯矩 $M_p$ 时,梁就在最大弯矩的截面上出现塑性铰,这时对应的载荷也就是梁的**极限载荷** $F_p$。因此,令 $M_{max}=F_p l/4=M_p$,即可确定极限载荷的大小 $F_p=4M_p/l$。对矩形截面梁,$M_p=(bh^2/4)\sigma_S$,于是极限载荷为

$$F_p=\frac{bh^2}{l}\sigma_S \qquad (16\text{-}20)$$

静不定梁由于有多余约束,一般说,对 $n$ 次(指转动约束)静不定梁,要出现($n+1$)个塑性铰,梁才会变成几何可变的机构,达到极限状态。现以图 16-12(a)所示梁为例,说明静不定梁极限载荷的计算方法。

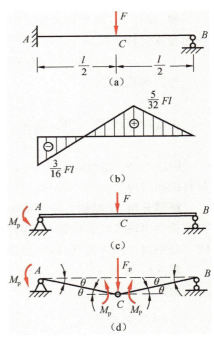

图 16-12

在线弹性阶段,按一般静不定梁的分析方法,可作出该梁的弯矩图,如图 16-12(b)所示。梁的最大弯矩发生在左边固定端截面。当载荷 $F$ 逐渐增加时,在固定端截面 $A$ 处首先出现塑性铰。但在 $A$ 处形成塑性铰后,原来的静不定梁相当于图 16-12(c)中的静定梁,并未丧失承载能力。载荷 $F$ 仍然可以继续增加,直到在截面 $C$ 处再形成一个塑性铰(图 16-12(d)),梁才变成几何可变机构,达到其承载的极限状态。这时的载荷即是极限载荷。

为了求出极限载荷,一般无需研究从弹性到塑性的全过程以及塑性铰出现的先后次序,可以根据极限定理求出极限载荷。

对本例题,由于静不定次数为 1,需出现的塑性铰数为 2 时才能成为极限状态。而塑性铰可能出现的位置只能是弯矩最大的固定端截面及集中力作用的截面,即 $A$、$C$ 两截面。判断出塑性铰的可能位置后,即可利用虚功原理求出极限载荷。在极限状态下,略去梁的弹性变形,把梁看做由塑性铰 $A$ 和 $C$ 相连接的刚性杆 $AC$ 和 $CB$ 组成的机构。设杆 $AC$

沿机构运动方向产生虚角位移 $\theta$，杆 $CB$ 也随之转动 $\theta$ 角(图 16-12(d))，则外力 $F$ 所做虚功为

$$W_e = F \cdot \theta \frac{l}{2}$$

内力虚功为

$$W_i = M_p \cdot \theta + M_p \cdot \theta + M_p \cdot \theta$$

由虚功原理，$W_e = W_i$，可得

$$F \cdot \theta \frac{l}{2} = M_p\theta + M_p\theta + M_p\theta$$

所以

$$F_p = 6M_p/l$$

**例题 16-4** 试求图 16-13(a)所示静不定梁的极限载荷 $F_p$。

**解题分析**：此问题为 3 度静不定问题，但在小变形条件下，忽略水平方向的支座反力后成为 2 度静不定。只有出现 $2+1=3$ 个塑性铰，上述结构才会变成塑性机构。梁可能出现塑性铰的位置只有三个，即 $A$、$B$、$C$ 处。

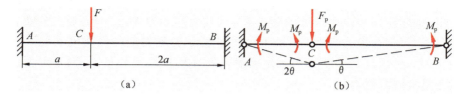

图 16-13

**解**：设杆 $BC$ 沿机构运动方向产生一虚位移 $\theta$，则杆 $AC$ 虚位移为 $2\theta$，$C$ 点虚位移为 $2a\theta$。内力在虚位移上做功为

$$W_i = M_p \cdot 2\theta + M_p \cdot 2\theta + M_p \cdot \theta + M_p \cdot \theta = 6M_p\theta$$

外力虚功为

$$W_e = F_p \cdot 2a\theta$$

由虚功原理，$W_e = W_i$，则有

$$F_p \cdot 2a\theta = 6M_p\theta, \quad F_p = 3M_p/a$$

**例题 16-5** 矩形截面(50mm×75mm)简支梁，承受的载荷如图 16-14(a)所示，$q=1\text{kN/m}$，材料的屈服应力 $\sigma_S = 250\text{MPa}$，试求梁的极限载荷。

**解题分析**：该结构为静定结构，只要有一个塑性铰，就成为达到其承载极限状态。问题是：塑性铰会出现在什么位置？有两种可能性：一是塑性铰出现在 $C$ 点；二是塑性铰出现在 $AB$ 之间。分别讨论两种情况，取较小者为梁的极限载荷。矩形截面形状系数为 1.5。

**解**：(1) 计算 $M_p$。

由式(16-15)得

$$M_p = \frac{1}{4}bh^2\sigma_S = \frac{1}{4}(0.050\text{m})(0.075\text{m})^2(250 \times 10^6\text{Pa}) = 17578.125\text{N} \cdot \text{m}$$

(2) 塑性铰出现在 $C$ 点(图 16-14(b))。

设杆 $AC$ 虚转角为 $\theta$，则外力 $F_p$ 的虚功为 $F_p \cdot 6 \cdot \theta$；均布载荷的虚功为

$$\int_0^4 x\theta q\,\mathrm{d}x = 8q\theta$$

内力虚功为

$$M_p \cdot \theta + M_p \cdot 3\theta = M_p \cdot 4\theta$$

由虚功原理得

$$F_p \cdot 6\theta + 8q\theta = 4M_p \cdot \theta, \quad F_p = (4M_p - 8q)/6$$

将 $M_p$ 和 $q$ 的数值代入得

$$F_p = 10.4\text{kN}$$

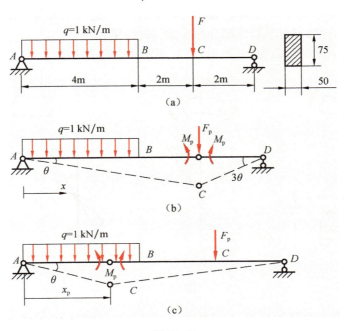

图 16-14

(3) 塑性铰出现在 $AB$ 之间(图 16-14(c))。

设塑性铰离 $A$ 点距离为 $x_p$,给如图示的虚位移 $\theta$,均布载荷虚功为

$$\int_0^{x_p} x \cdot \theta q \mathrm{d}x + \int_{x_p}^4 \frac{x_p}{8-x_p} \theta \times (8-x) q \mathrm{d}x = \frac{1}{2} x_p^2 q\theta + \frac{x_p \cdot \theta}{8-x_p} q(24 - 8x_p + 0.5x_p^2)$$

$F_p$ 的虚功为 $F_p \times \dfrac{x_p}{8-x_p} \times \theta \times 2$,内力虚功为 $M_p \cdot \theta + \dfrac{x_p}{8-x_p} M_p \cdot \theta = \dfrac{8}{8-x_p} M_p \cdot \theta$。由虚功

原理得

$$F_p \frac{2\theta x_p}{8-x_p} + \frac{1}{2} x_p^2 \cdot q\theta + \frac{x_p\theta}{8-x_p} q(24 - 8x_p + 0.5x_p^2) = \frac{8}{8-x_p} M_p\theta$$

$$F_p = 4\frac{M_p}{x_p} + 2qx_p - 10q$$

根据真正的极限载荷为极小值的特点,令 $\dfrac{\mathrm{d}F_p}{\mathrm{d}x_p} = 0$,得

$$x_p^2 = \frac{2}{q} M_p, \quad x_p = 5.93\text{m} > 4\text{m}$$

这说明塑性铰不可能发生在 $AB$ 之间,即第二种情况不存在,所以该结构的极限载荷为塑性铰发生在 $C$ 点时的极限载荷:$F_p = 10.4\text{kN}$。

**讨论**:$x_p = 5.93\text{m}$ 时,$F_p = 11.7\text{kN}$,大于塑性铰在 $C$ 点的 $F_p = 10.4\text{kN}$。这说明 $C$ 点出现

塑性铰是真实的极限状态。

## *16.5　残余应力的概念

在载荷作用下,当构件局部的应力超过屈服强度时,这些部位将产生塑性变形。但构件的其余部分还是弹性的。如再将载荷卸除,已经发生塑性变形的部分不能恢复其原来形状,必将阻碍弹性部分的变形恢复,从而引起内部相互作用的应力,这种应力称为**残余应力**。残余应力不是载荷所致,而是弹性部分与塑性部分相互制约的结果。

现以矩形截面梁受纯弯曲为例(图16-15),说明残余应力的概念。

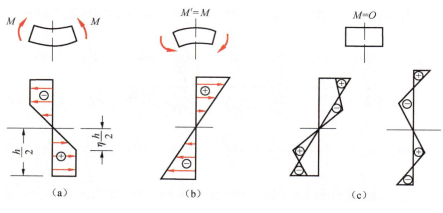

图 16-15

设梁的材料为理想弹塑性材料,且设梁在 $M$ 作用下处于弹塑性状态,即截面上已有部分面积为塑性区(图16-15(a))。如把卸载过程设想为在梁上作用一个逐渐增加的弯矩 $M'$,其方向与加载时弯矩的方向相反,当这一弯矩在数据上等于原来的弯矩,即 $M=M'$ 时,载荷即已完全卸除。但是在卸载过程中,应力应变关系是线弹性的,因而与上述卸载弯矩 $M'$ 对应的应力 $\sigma'$ 是按线性规律分布的(图16-15(b))。将加载和卸载两种应力叠加,得卸载后残留的应力如图16-15(c)所示,这就是残余应力。即梁的残余应力等于按加载规律引起的应力和按卸载时线性规律引起的应力的代数和。以 $\sigma_r$ 表示残余应力,有

$$\sigma_r = \sigma + \sigma' \tag{16-21}$$

图16-15 所示梁下半部的残余应力 $\sigma_r$,表达式为

$$\sigma_r = \sigma_S - \frac{M}{I}y \qquad \left(\eta\frac{h}{2} \leqslant y \leqslant \frac{h}{2}\right)$$

$$\sigma_r = \frac{\sigma_S y}{\eta(h/2)} - \frac{M}{I}y \qquad \left(0 \leqslant y \leqslant \eta\frac{h}{2}\right)$$

式中,$0 \leqslant \eta \leqslant 1$。

对具有残余应力的梁,如再作用一个与第一次加载方向相同的弯矩时,新增加的应力沿梁截面高度也是线性分布的。就最外层的纤维而言,直到新增加的应力与残余应力叠加的结果等于 $\sigma_S$ 时,才再次出现塑性变形。可见,只要第二次加载与第一次加载方向相同,则因第一次加载出现的残余应力,提高了第二次加载的弹性范围。这就是工程上常用的"**自增强技术**"的原理。

上述关于弯曲变形残余应力的讨论,只要略作改变,就可用于圆轴扭转问题。

对于静定桁架,杆件若发生塑性变形后卸载,虽存在残余应变,但由于没有多余约束,所以不会出现残余应力。对于静不定桁架,若某些杆件发生塑性变形后卸载,也将引起残余应力。例如图 16-4(a)所示桁架,若在杆 3 已发生塑性变形,而杆 1、2 仍然是弹性的情况下卸载,则杆 3 的塑性变形将阻碍杆 1、2 恢复长度,这就必然引起残余应力。这与由于杆 3 有加工误差而引起装配应力是相似的。在例题 16-2 中,卸载后杆 1、2 中的应力就是残余应力。

## 思 考 题

16-1  关于理想弹塑性假设,下列说法正确的是_____。

A. 当应力 $\sigma = \sigma_s$ 时,胡克定律仍然成立;

B. 塑性屈服后,增大载荷,应力也相应增大;

C. 塑性屈服后,应力不变,应变无限增大;

D. 进入塑性状态后卸载,应力为零,应变也为零。

16-2  已知思考题 16-2 图所示桁架各杆横截面面积均为 $A$,材料屈服强度均为 $\sigma_s$,其极限载荷 $F_p$ 等于_____。

A. $5A\sigma_s$;

B. $A\sigma_s(1+4\cos\alpha)$;

C. $A\sigma_s(1+\cos\alpha+\cos2\alpha)$;

D. $A\sigma_s(1+2\cos\alpha+2\cos2\alpha)$。

16-3  思考题 16-3 图所示三种横截面形状的梁。问当截面上弯矩由弹性向塑性过渡时,其中性轴将向哪个方向移动? 正确的是_____。

A. (a) 向下,(b) 向下,(c) 向上;

B. (a) 向下,(b) 向下,(c) 向下;

C. (a) 向下,(b) 向上,(c) 不动;

D. (a) 向下,(b) 向下,(c) 不动。

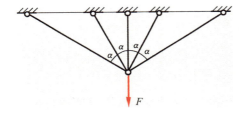

思考题 16-2 图

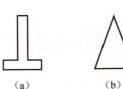

(a)　　　　(b)　　　　(c)

思考题 16-3 图

16-4  $n$ 度静不定梁,成为塑性机构的条件是出现_____个塑性铰。

A. $n-1$ 个;　　　B. $n$ 个;　　　C. $n+1$ 个;　　　D. $2n$ 个。

16-5  梁弯曲时,在某截面处形成塑性铰时,下面不正确的结论是_____。

A. 整个截面都进入屈服状态;

B. 该截面上最大应力等于屈服应力;

C. 该截面上最大压应力等于屈服应力;

D. 该截面上弯矩为零。

16-6  比较塑性铰与真实铰,我们发现_____。

A. 两者都不能传递弯矩;

B. 塑性铰两侧梁截面转角必须连续,而真实铰则不一定;

C. 梁截面可以绕真实铰自由转动,塑性铰也可以;

D. 两者都可以传递剪力。

16-7  思考题 16-7 图中给出了几个塑性铰,极限弯矩 $M_p$ 标注正确的是_____。

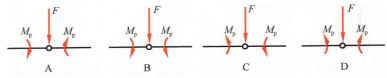

　　　A　　　　　　B　　　　　　C　　　　　　D

思考题 16-7 图

16.1-1　习题 16.1-1 图(a)所示桁架,两杆长均为 $l$,材料的应力—应变关系可用方程 $\sigma^n = B\varepsilon$ 表示(习题 16.1-1 图(b)),其中 $n$ 和 $B$ 为由实验测得的已知常数。试求节点 $C$ 的铅垂位移。设各杆的横截面面积均为 $A$。

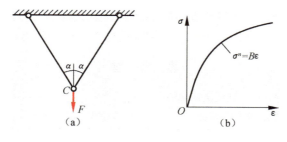

习题 16.1-1 图

16.1-2　直径 $d=10\text{mm}$、长度 $L=2.5\text{m}$ 的圆杆承受轴向拉力 $P=20\text{kN}$。杆由铝合金制成,其应力应变关系可用数学公式表示为

$$\varepsilon = \frac{\sigma}{70000}\left[1 + \frac{3}{7}\left(\frac{\sigma}{270}\right)^9\right]$$

式中应力的单位为 MPa。试:(1) 绘出该材料的应力应变曲线;(2) 计算拉力 $P$ 作用下杆的伸长量;(3) 确定卸载后该杆的长度;(4) 确定再次加载时材料的比例极限。

16.1-3　习题 16.1-3 图所示长为 $L$ 的杆 $AB$ 竖直悬挂在 $A$ 端,已知杆单位体积重力为 $\gamma$,材料的应力应变关系满足 Ramberg-Osgood 模型

$$\varepsilon = \frac{\sigma}{E} + \frac{\sigma_0 \alpha}{E}\left(\frac{\sigma}{\sigma_0}\right)^m$$

试证明杆在自重作用下的伸长量为

$$\delta = \frac{\gamma L^2}{2E} + \frac{\sigma_0 \alpha L}{(m+1)E}\left(\frac{\gamma L}{\sigma_0}\right)^m$$

16.1-4　习题 16.1-4 图所示结构,$AB$ 为刚性杆,$CD$ 为钢丝,在 $B$ 点施加力 $P$。钢丝直径 $d=3\text{mm}$,长度 $L=1.0\text{m}$,弹性模量 $E=210\text{GPa}$,屈服应力 $\sigma_S=820\text{MPa}$,其应力应变关系为弹性—幂次硬化模型

$$\sigma = E\varepsilon \qquad (\sigma \leqslant \sigma_S)$$
$$\sigma = \sigma_S(E\varepsilon/\sigma_S)^n \qquad (\sigma > \sigma_S)$$

(1) 取 $n=0.2$,计算当载荷 $P$ 从 2.4kN 增加到 5.6kN 过程中 $B$ 点的位移 $\delta_B$(取载荷增量步为 0.8kN);

(2) 绘出载荷 $P$ 和 $\delta_B$ 间的关系曲线。

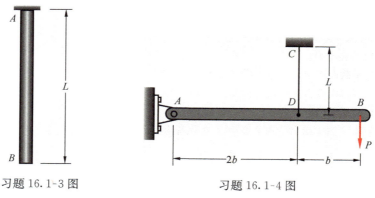

习题 16.1-3 图　　　　　习题 16.1-4 图

16.2-1　习题 16.2-1 图所示结构,$AB$ 为刚杆,杆 1、2 由同一理想弹塑性材料制成,横截面面积为 $A$,屈服强度为 $\sigma_S$,试求结构弹性极限载荷 $F_e$ 和塑性极限载荷 $F_p$。

16.2-2 习题 16.2-2 图所示直杆左端固定,右端与固定支座间有 $\Delta = 0.02\text{mm}$ 的间隙。材料为理想弹塑性材料,$E = 200\text{GPa}$,$\sigma_S = 220\text{MPa}$,杆件 $AB$ 部分横截面面积 $A_1 = 200\text{mm}^2$,$BC$ 部分 $A_2 = 100\text{mm}^2$,试求杆件的弹性极限载荷 $F_e$ 和塑性极限载荷 $F_p$。

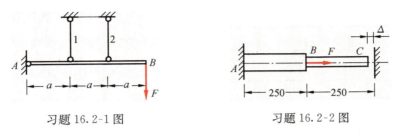

习题 16.2-1 图 　　　　　　　　　习题 16.2-2 图

16.2-3 习题 16.2-3 图所示结构,$AB$ 为刚性杆,杆 1、3 为钢制,$\sigma_{S1} = 240\text{MPa}$;杆 2 为铜制,$\sigma_{S2} = 180\text{MPa}$,两杆横截面面积之比 $A_1 : A_2 = 1 : 1.5$。$F = 100\text{kN}$,安全因数 $n = 1.5$,试按极限载荷法确定各杆的横截面面积。

16.2-4 习题 16.2-4 图所示结构,$ABCD$ 为刚性杆,杆 1、2、3 材料相同,为理想弹塑性材料,弹性模量为 $E$、屈服强度 $\sigma_S$ 均为已知量;杆长 $l$,横截面面积均为 $A$,试求结构的弹性极限载荷 $F_e$ 和塑性极限载荷 $F_p$。

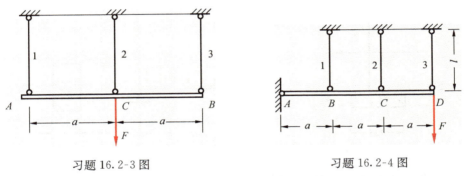

习题 16.2-3 图 　　　　　　　　　习题 16.2-4 图

16.2-5 习题 16.2-5 图所示结构,由四根相同材料杆件铰接组成,在 $E$ 点承受载荷 $P$。设外侧两杆的横截面面积为 $200\text{mm}^2$,内侧两杆横截面面积为 $400\text{mm}^2$。材料服从理想弹塑性模型,屈服应力 $\sigma_S = 250\text{MPa}$,试确定结构的塑性极限载荷 $P_p$。

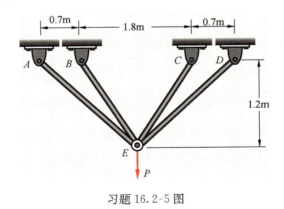

习题 16.2-5 图

16.3-1 习题 16.3-1 图所示理想弹塑性材料的实心圆轴,直径为 $d$,受 3 个相等的外力偶矩 $M_0$ 作用,材料剪切屈服强度为 $\tau_S$,试求 $M_0$ 的极限值 $M_{0p}$。

16.3-2 由理想弹塑性材料制成的圆轴,受扭时横截面上已形成塑性区,沿半径应力分布如习题 16.3-2 图所示。试证明相应的扭矩的表达式是

$$T = \frac{2}{3}\pi r^3 \tau_S \left(1 - \frac{1}{4}\frac{c^3}{r^3}\right)$$

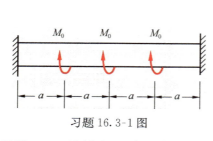

习题 16.3-1 图

习题 16.3-2 图

16.4-1　习题 16.4-1 图所示一工字梁横截面的各部分尺寸。已知截面 $I_z = 85 \times 10^{-6}\,\mathrm{m}^4$，材料的 $\sigma_S = 250\mathrm{MPa}$，试计算截面的形状系数 $K$ 及极限弯矩 $M_p$。

16.4-2　习题 16.4-2 图所示矩形截面简支梁，跨度为 $2l$，高度为 $2h$，宽度为 $2b$。材料为理想弹塑性材料，屈服强度为 $\sigma_S$。梁上作用均布载荷 $q$，试求：(1) 弹性极限载荷 $q_e$ 和塑性极限载荷 $q_p$；(2) 当截面上弹性区坐标高度为 $h/2$ 时，截面上的弯矩值。

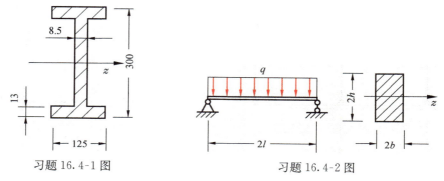

习题 16.4-1 图　　　　　　　习题 16.4-2 图

16.4-3　习题 16.4-3 图所示矩形截面简支梁，已知材料的 $\sigma_S = 250\mathrm{MPa}$，试求使梁跨中截面 $C$ 的顶部和底部的屈服深度达到 12mm 时载荷 $F$ 值。

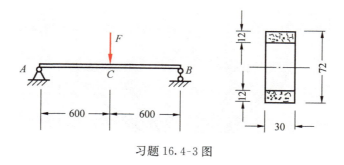

习题 16.4-3 图

16.4-4　试求习题 16.4-4 图所示梁的极限载荷 $F_p$。已知梁截面为矩形，高为 $h$，宽为 $b$，材料的屈服应力为 $\sigma_S$。

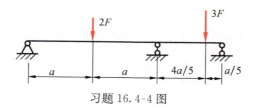

习题 16.4-4 图

# 参 考 文 献

范钦珊. 2000. 材料力学. 北京:高等教育出版社

胡增强,万德连. 1991. 材料力学检测题集. 北京:中国矿业大学出版社

老亮. 1991. 中国古代材料力学史. 长沙:国防科技大学出版社

刘鸿文. 1987a. 材料力学:上册. 2 版. 北京:高等教育出版社

刘鸿文. 1987b. 材料力学:下册. 2 版. 北京:高等教育出版社

秦飞,吴斌. 2011. 弹性与塑性理论基础. 北京:科学出版社

邱棣华. 2004. 材料力学. 北京:高等教育出版社

邱棣华,秦飞. 2004. 材料力学学习指导书. 北京:高等教育出版社

单辉祖. 2002a. 材料力学:上册. 北京:高等教育出版社

单辉祖. 2002b. 材料力学:下册. 北京:高等教育出版社

孙训方,方孝淑,关来泰. 2002a. 材料力学:上册. 4 版. 北京:高等教育出版社

孙训方,方孝淑,关来泰. 2002b. 材料力学:下册. 4 版. 北京:高等教育出版社

王春香. 2007. 基础材料力学. 北京:科学出版社

武际可. 2010. 力学史. 上海:上海辞书出版社

郑承沛. 1999. 材料力学(修订版). 北京:北京工业大学出版社

James M G. 2001. Mechanics of Materials. 5th ed. Pacific Grove:Brooks/Cole

# 附录 A　平面图形的几何性质

　　构件的横截面是具有一定形状和尺寸的平面图形,如圆形、矩形、工字型等等。平面图形的几何性质或几何特性可以通过其面积、形心位置、静矩、极惯性矩、惯性积以及惯性矩等量描述。构件截面的这些几何性质与其强度、刚度和稳定性密切相关,在工程中常用改变构件截面几何性质的方法提高构件的强度、刚度和稳定性。本附录讨论构件截面几何性质的定义和计算方法。

## A.1　静矩和形心

　　1) 平面图形的静矩

　　图 A-1 所示的任意平面图形,$Oyz$ 为任意选取的直角坐标系。设其面积为 $A$,形心 $C$ 坐标为$(y_C,z_C)$。在坐标为$(y,z)$的任一点处,取面积微元 $dA$,则下述积分

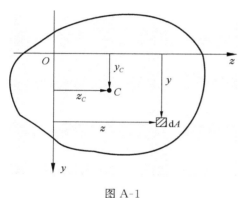

图 A-1

$$S_y = \int_A z\,dA, \quad S_z = \int_A y\,dA \qquad (A\text{-}1)$$

分别称为平面图形对 $y$ 轴与 $z$ 轴的**静矩**或**一次矩**。由式(A-1)可以看出,平面图形的静矩可能为正,可能为负,也可能为零;静矩的量纲为长度的三次方。

　　2) 平面图形的形心

　　根据合力矩定理可知,均质等厚度薄板的重心在 $Oyz$ 坐标系中的坐标为

$$y_C = \frac{\int_A y\,dA}{A}, \quad z_C = \frac{\int_A z\,dA}{A} \qquad (A\text{-}2)$$

　　式(A-2)即为图 A-1 中形心 $C$ 的坐标计算公式。将式(A-1)代入式(A-2)得

$$y_C = S_z/A, \quad z_C = S_y/A \qquad (A\text{-}3)$$

或

$$S_z = y_C \cdot A, \quad S_y = z_C \cdot A \qquad (A\text{-}4)$$

　　从式(A-4)看出,当形心坐标 $y_C$ 为零时,即坐标轴 $z$ 通过图形的形心,则 $S_z=0$,即图形对 $z$ 轴的静矩为零;当形心坐标 $z_C$ 为零时,即坐标轴 $y$ 通过图形的形心,则 $S_y=0$,即图形对 $y$ 轴的静矩为零。反之,如果截面对某个轴的静矩为零,则该轴必定通过形心。

　　通过形心的坐标轴称为**形心轴**。

　　**例题 A-1**　图 A-2 所示半圆形截面,半径为 $R$,坐标轴如图所示,试计算该截面对 $z$ 轴的静矩及形心 $C$ 的纵坐标 $y_C$。

　　**解**:在纵坐标 $y$ 处,图形的半宽度为

$$z = \sqrt{R^2 - y^2}$$

如果取图 A-2 所示高为 $dy$,宽为 $2z$,且与 $z$ 轴平行的狭长条为面积微元,则

$$dA = 2zdy = 2\sqrt{R^2 - y^2}dy$$

代入式(A-1),得

$$S_z = \int_A ydA = \int_0^R 2y\sqrt{R^2 - y^2}dy = 2R^3/3$$

由式(A-3)即得形心 $C$ 的纵坐标

$$y_C = \frac{S_z}{A} = \frac{2R^3}{3}\frac{2}{\pi R^2} = \frac{4R}{3\pi}$$

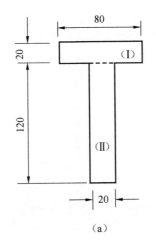

图 A-2

本题中,$y$ 轴通过形心,所以 $S_y = 0$。

3) 组合图形的静矩和形心计算

设面积为 $A$ 的图形由 $n$ 个面积分别为 $A_1$、$A_2$、$\cdots$、$A_n$ 的图形组成,且图形 $A_i$ 的形心坐标为 $(y_G, z_G)$,则该图形的静矩为

$$S_y = \sum_{i=1}^{n} S_{yi} = \sum_{i=1}^{n} A_i z_{Ci}, \quad S_z = \sum_{i=1}^{n} S_{zi} = \sum_{i=1}^{n} A_i y_{Ci} \tag{A-5}$$

形心坐标为

$$y_C = \frac{S_z}{A} = \frac{\sum\limits_{i=1}^{n} A_i y_{Ci}}{\sum\limits_{i=1}^{n} A_i}, \quad z_C = \frac{S_y}{A} = \frac{\sum\limits_{i=1}^{n} A_i z_{Ci}}{\sum\limits_{i=1}^{n} A_i} \tag{A-6}$$

**例题 A-2** 试确定图 A-3 所示 T 形截面的形心位置。

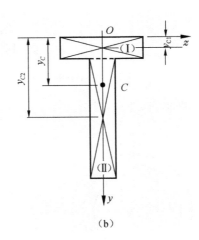

（a）　　　　　　　　　　（b）

图 A-3

**解**:该几何图形铅垂方向有一对称轴,形心必位于该对称轴上。建立坐标系 $Oyz$ 如图 A-3(b)所示,$y$ 轴为对图形的对称轴,所以形心的 $z$ 坐标为零。将截面划分为(Ⅰ)和(Ⅱ)两个矩形,矩形(Ⅰ)的面积与形心 $y$ 坐标分别为

$$A_1 = (20\text{mm})(80\text{mm}) = 1600\text{mm}^2, \quad y_{C1} = 10\text{mm}$$

矩形(Ⅱ)的面积和形心坐标分别为

$$A_2 = (20\text{mm})(120\text{mm}) = 2400\text{mm}^2, \quad y_{C2} = 20\text{mm} + 60\text{mm} = 80\text{mm}$$

由式(A-6)知图形的形心 $C$ 的纵坐标为

$$y_C = \frac{\sum_{i=1}^{n} A_i y_{Ci}}{\sum_{i=1}^{n} A_i} = \frac{1600\text{mm}^2 \times 10\text{mm} + 2400\text{mm}^2 \times 80\text{mm}}{(1600\text{mm}^2) + (2400\text{mm}^2)} = 51\text{mm}$$

# A.2 极惯性矩

1) 平面图形的极惯性矩

图 A-4 所示的任意图形,其面积为 $A$,在矢径为 $\rho$ 的任一点处,取面积微元 $\mathrm{d}A$,定义积分

$$I_\mathrm{p} = \int_A \rho^2 \mathrm{d}A \tag{A-7}$$

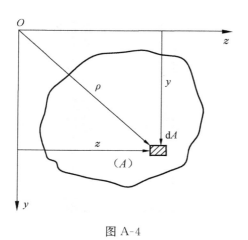

图 A-4

为图形对原点 $O$ 的**极惯性矩**。式(A-7)表明,图形的极惯性矩恒为非负,其量纲为长度的四次方。

2) 圆截面的极惯性矩

如图 A-5 所示,为直径为 $d$ 的实心圆截面,将坐标原点 $O$ 取在其形心即圆心处,并取宽度为 $\mathrm{d}\rho$ 的环形区域为面积微元,即

$$\mathrm{d}A = 2\pi\rho\mathrm{d}\rho$$

则由式(A-7)可得其极惯性矩为

$$I_\mathrm{p} = \int_A \rho^2 \mathrm{d}A = \int_0^{\frac{d}{2}} \rho^2 2\pi\rho\mathrm{d}\rho = \pi d^4/32 \tag{A-8}$$

对于图 A-6 所示内径为 $d$、外径为 $D$ 的空心圆截面,其极惯性矩为

$$I_\mathrm{p} = \int_A \rho^2 \mathrm{d}A = \int_{\frac{d}{2}}^{\frac{D}{2}} \rho^2 2\pi\rho\mathrm{d}\rho = \pi d^4(1-\alpha^4)/32 \tag{A-9}$$

式中,$\alpha = d/D$,表示内、外径之比。

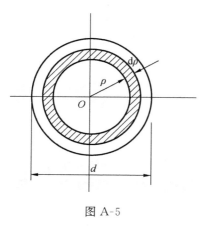

图 A-5

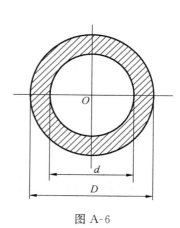

图 A-6

空心圆截面的极惯性矩也可以用下面方法计算:将空心部分看做"**负面积**",则空心圆截面的极惯性矩就等于直径为 $D$ 的实心圆截面的极惯性矩减去直径为 $d$ 的实心圆截面的极惯性矩,即

$$I_p = \pi D^4/32 - \pi d^4/32 = \pi D^4(1-\alpha^4)/32$$

上式与积分得到的结果相同。负面积的概念可应用于计算所有的几何性质,如面积、形心、静矩、极惯性矩,以及后面要讨论的惯性矩等。

# A.3 惯性矩与惯性积

1) 平面图形的惯性矩

在图 A-4 中,定义积分

$$I_y = \int_A z^2 \mathrm{d}A \qquad\qquad\qquad (A\text{-}10)$$

$$I_z = \int_A y^2 \mathrm{d}A \qquad\qquad\qquad (A\text{-}11)$$

分别为图形对 $y$ 轴与 $z$ 轴的**惯性矩**。类似于极惯性矩,惯性矩的值也是恒为非负,其量纲也是长度的四次方。

由于 $\rho^2 = y^2 + z^2$,所以有

$$I_p = \int_A \rho^2 \mathrm{d}A = \int_A (z^2 + y^2)\mathrm{d}A = I_y + I_z \qquad\qquad (A\text{-}12)$$

式(A-12)表明,截面对任一点的极惯性矩,恒等于截面对以该点为坐标原点的直角坐标系的两坐标轴的惯性矩之和。

2) 几种常见截面的惯性矩

常见的截面形状有矩形、圆形和三角形等截面,利用式(A-10)、式(A-11)可以计算其惯性矩。

图 A-7 所示矩形截面,宽为 $b$,高为 $h$。取宽为 $b$、高为 $\mathrm{d}y$,平行于 $z$ 轴的狭长条形为面积微元

$$\mathrm{d}A = b\mathrm{d}y$$

由式(A-11)可求得对 $z$ 轴的惯性矩为

$$I_z = \int_{-\frac{h}{2}}^{\frac{h}{2}} y^2 \cdot b\mathrm{d}y = \frac{1}{12}bh^3 \qquad (A\text{-}13)$$

同理,对 $y$ 轴的惯性矩为

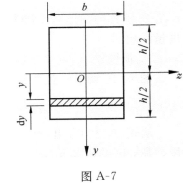

图 A-7

$$I_y = \int_{-\frac{b}{2}}^{\frac{b}{2}} z^2 \cdot h\mathrm{d}z = \frac{1}{12}hb^3$$

图 A-8 所示直径为 $D$ 的圆截面,取距 $z$ 轴为 $y$,平行于 $z$ 轴的狭长条为面积微元,该狭长条可近似看做一小矩形,长为 $2\sqrt{(D/2)^2 - y^2}$,高为 $\mathrm{d}y$,则

$$\mathrm{d}A = 2\sqrt{(D/2)^2 - y^2}\mathrm{d}y$$

由式(A-10)、式(A-11)求得对 $y$ 轴或 $z$ 轴的惯性矩为

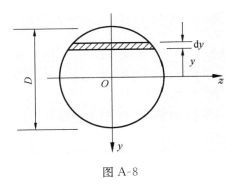

图 A-8

$$I_y = I_z = \int_{-\frac{D}{2}}^{\frac{D}{2}} 2\sqrt{(D/2)^2 - y^2}\mathrm{d}y \cdot y^2 = \frac{\pi D^4}{64}$$

$$(A\text{-}14)$$

同理,空心圆截面对 $z$ 轴或 $y$ 轴的惯性矩为

$$I_y = I_z = \pi D^4 (1 - \alpha^4)/64 \tag{A-15}$$

式中，$D$ 代表空心圆截面的外径，$\alpha$ 代表内、外径的比值。

其他常见截面形状的惯性矩列于附录 B。

如果某截面是由几个简单图形 $A_1, A_2 \cdots A_n$ 组合而成，则其对某轴的惯性矩等于各简单图形对该轴的惯性矩之和，即

$$I_z = I_{z_1} + I_{z_2} + \cdots + I_{z_n}, \quad I_y = I_{y_1} + I_{y_2} + \cdots + I_{y_n} \tag{A-16}$$

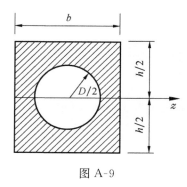

图 A-9

从一宽为 $b$、高为 $h$ 的矩形截面中间挖去直径为 $D$ 的圆形，得到图 A-9 所示的阴影部分。则按照负面积的概念，该图形的面积为 $A = A_1 - A_2$，$A_1$ 为矩形的面积，$A_2$ 为挖去的圆形的面积；该图形对 $z$ 轴的惯性矩为

$$I_z = \int_A y^2 \mathrm{d}A = \int_{A_1 - A_2} y^2 \mathrm{d}A = \int_{A_1} y^2 \mathrm{d}A - \int_{A_2} y^2 \mathrm{d}A$$

$$= I_{z1} - I_{z2} = \frac{1}{12} bh^3 - \frac{1}{64} \pi D^4$$

式中，$I_{z1}$ 为矩形面积对 $z$ 轴的惯性矩，$I_{z2}$ 为挖去的圆形对 $z$ 轴的惯性矩。可见，负面积概念同样适用于图形的惯性矩计算。

3）惯性半径

图形的**惯性半径**定义为

$$i_y = \sqrt{I_y/A}, \quad i_z = \sqrt{I_z/A} \tag{A-17}$$

$i_y$、$i_z$ 分别称为图形对 $y$ 轴和 $z$ 轴的惯性半径，其量纲与长度量纲相同。

4）惯性积

图 A-10 所示任意平面图形的**惯性积**定义为

$$I_{yz} = \int_A y \cdot z \mathrm{d}A \tag{A-18}$$

从式（A-18）看出，惯性积 $I_{yz}$ 可正可负，也可能为零，其量纲是长度的四次方。

如果两个坐标轴中有一个是图形的对称轴，则该图形的惯性积为零。

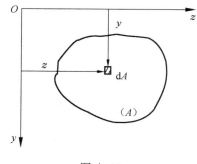

图 A-10

# A.4 平行移轴定理

如图 A-11 所示的面积为 $A$ 的任意图形，$y$、$z$ 是通过图形形心 $C$ 的形心轴；$y_1$、$z_1$ 轴为分别平行于 $y$、$z$ 轴另外一对坐标轴。设图形形心 $C$ 在 $Oy_1z_1$ 坐标系中的坐标为 $(a,b)$，对形心轴 $y$、$z$ 的惯性矩分别为 $I_y$，$I_z$，现在来计算该图形对 $y_1$、$z_1$ 轴的惯性矩 $I_{y_1}$ 和 $I_{z_1}$。

设面积微元 $\mathrm{d}A$ 在坐标系 $Oyz$ 中的坐标为 $(y,z)$，则 $\mathrm{d}A$ 在坐标系 $Oy_1z_1$ 中的坐标为

$$y_1 = y + a, \quad z_1 = z + b \tag{A-19a}$$

将式（A-19a）代入式（A-11），得

$$I_{z_1} = \int_A y_1^2 \mathrm{d}A = \int_A (y+a)^2 \mathrm{d}A = \int_A y^2 \mathrm{d}A + 2a \int_A y \mathrm{d}A + Aa^2 = I_z + 2aS_z + Aa^2$$

$$\tag{A-19b}$$

考虑到 $z$ 轴是形心轴，所以有 $S_z = 0$，于是式（A-19b）简化为

$$I_{z_1} = I_z + Aa^2 \qquad \text{(A-20a)}$$

同理可得

$$I_{y_1} = I_y + Ab^2 \qquad \text{(A-20b)}$$

式（A-20）即为惯性矩的**平行移轴定理**。在已知图形对其形心轴的惯性矩时，可以根据平行移轴定理快速计算出图形对其他平行坐标轴的惯性矩。因此，平行移轴定理在计算组合图形的惯性矩时得到广泛应用。

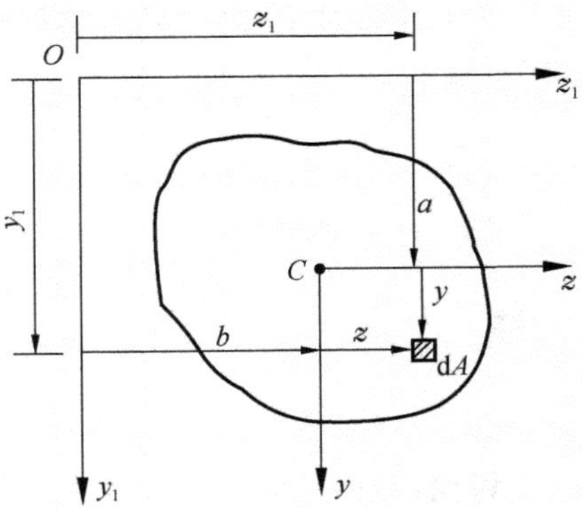

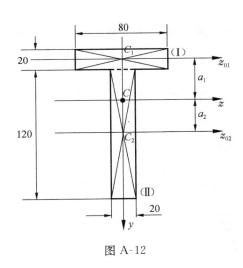

图 A-11

类似地，惯性积的平行移轴定理为

$$I_{y_1 z_1} = I_{yz} + abA \qquad \text{(A-21)}$$

式（A-21）中，$a$、$b$ 表示形心 $C$ 在 $Oy_1z_1$ 坐标系中的坐标，因此应始终以它们的代数值代入公式计算。

**例题 A-3**　试求例题 A-2 中 T 形截面对其形心轴 $z$ 轴的惯性矩 $I_z$。

**解**：例题 A-2 中的 T 形截面尺寸如图 A-12 所示。在例题 A-2 中已求得其形心 $C$ 距顶边的距离为 51mm，故可知 $a_1 = 41$mm，$a_2 = 29$mm。

仍然将图形看做由矩形（Ⅰ）和矩形（Ⅱ）组成的组合图形。矩形（Ⅰ）对自身形心轴 $z_{01}$ 的惯性矩

$$I_{z0}^{(1)} = \frac{1}{12}(80\text{mm})(20\text{mm})^3 = 5.333 \times 10^4 \text{mm}^4$$

由平行移轴定理知，矩形（Ⅰ）对 $z$ 轴的惯性矩为

$$I_z^{(1)} = I_{z0}^{(1)} + a_1^2 A = 5.333 \times 10^4 \text{mm}^4$$
$$+ (41\text{mm})^2(80\text{mm} \times 20\text{mm}) = 274 \times 10^4 \text{mm}^4$$

矩形（Ⅱ）对其形心轴 $z_{02}$ 的惯性矩为

$$I_{z0}^{(2)} = \frac{1}{12}(20\text{mm})(120\text{mm})^3 = 288 \times 10^4 \text{mm}^4$$

由平行轴定理知，矩形（Ⅱ）对 $z$ 轴的惯性矩

$$I_z^{(2)} = I_{z0}^{(2)} + a_2^2 A = 274 \times 10^4 \text{mm}^4 + (29\text{mm})^2(20\text{mm} \times 120\text{mm}) = 490 \times 10^4 \text{mm}^4$$

整个图形对其形心轴 $z$ 的惯性矩为

$$I_z = I_z^{(1)} + I_z^{(2)} = 274 \times 10^4 \text{mm}^4 + 490 \times 10^4 \text{mm}^4$$
$$= 764 \times 10^4 \text{mm}^4$$

图 A-12

**例题 A-4**　试求图 A-13 所示三角形：（1）对 $y$ 轴静矩；（2）对 $y$ 轴的惯性矩；（3）对 $y'$ 的惯性矩。

**解题分析**：利用直角三角形是矩形一半的条件可以简化计算。

**解**：（1）计算对 $y$ 轴静矩：

$$S_y = Az_C = \frac{bh}{2}\left(\frac{h}{2} - \frac{h}{3}\right) = \frac{bh^2}{12}$$

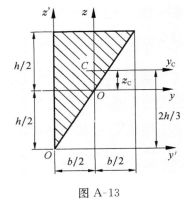

图 A-13

（2）计算对 $y$ 轴惯性矩：将要计算的三角形看成矩形的一半，则其惯性矩也为矩形的一半，于是

$$I_y = \frac{1}{2} \frac{bh^3}{12} = \frac{bh^3}{24}$$

（3）对 $y'$ 轴惯性矩：

$$I_{y'} = I_{yC} + \left(\frac{2h}{3}\right)^2 \times \frac{bh}{2}, \quad I_{yC} = I_y - \left(\frac{2h}{3} - \frac{h}{2}\right)^2 \times \frac{bh}{2} = \frac{bh^3}{24} - \frac{bh^3}{72} = \frac{bh^3}{36}$$

$$I_{y'} = \frac{bh^3}{36} + \frac{2bh^3}{9} = \frac{bh^3}{4}$$

**讨论**：截面几何性质计算主要归结为数学问题，但是可以利用组合图形截面几何性质的特点大大简化计算。

# A.5　转轴公式与主惯性矩

1）惯性矩与惯性积的转轴公式

平行移轴公式给出了平行轴之间惯性矩的内在联系，转轴公式将给出同原点但相差 $\alpha$ 角的轴之间的惯性矩、惯性积之间的内在联系。

图 A-14 所示直角坐标系 $Oyz$ 与直角坐标系 $Oy_\alpha z_\alpha$ 具有同一原点 $O$，$z$ 轴与 $z_\alpha$ 轴之间的夹角为 $\alpha$。设图形对 $y$、$z$ 坐标轴的惯性矩和惯性积分别为 $I_y$、$I_z$ 和 $I_{yz}$；对 $y_\alpha$、$z_\alpha$ 坐标轴的惯性矩和惯性积分别为 $I_{y_\alpha}$、$I_{z_\alpha}$ 和 $I_{y_\alpha z_\alpha}$。

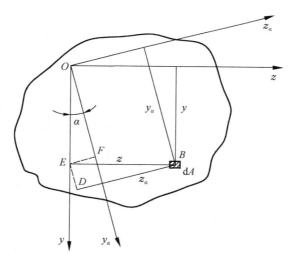

图 A-14

设微面积 $dA$ 在 $Oyz$ 坐标系中的坐标为 $(y, z)$，在 $Oy_\alpha z_\alpha$ 坐标系中的坐标则为

$$y_\alpha = y\cos\alpha + z\sin\alpha, \quad z_\alpha = -y\sin\alpha + z\cos\alpha$$

图形对 $z_\alpha$ 坐标轴的惯性矩为

$$I_{z_\alpha} = \int_A y_\alpha^2 \, dA = \int_A (y\cos\alpha + z\sin\alpha)^2 \, dA = \cos^2\alpha \int_A y^2 \, dA + 2\sin\alpha\cos\alpha \int_A yz \, dA + \sin^2\alpha \int_A z^2 \, dA$$

$$= \frac{I_y + I_z}{2} - \frac{I_y - I_z}{2}\cos 2\alpha + I_{yz}\sin 2\alpha$$

即

$$I_{z_\alpha} = \frac{I_y + I_z}{2} - \frac{I_y - I_z}{2}\cos2\alpha + I_{yz}\sin2\alpha \tag{A-22a}$$

同理可得

$$I_{y_\alpha} = \frac{I_y + I_z}{2} + \frac{I_y - I_z}{2}\cos2\alpha - I_{yz}\sin2\alpha \tag{A-22b}$$

$$I_{y_\alpha z_\alpha} = \frac{I_y - I_z}{2}\sin2\alpha + I_{yz}\cos2\alpha \tag{A-23}$$

式(A-22)即为惯性矩的**转轴公式**,式(A-23)为惯性积的转轴公式。

将式(A-22a)和式(A-22b)相加,得到

$$I_{z_\alpha} + I_{y_\alpha} = I_z + I_y = I_p$$

上式表明,图形对于通过同一点的任意两个直角坐标轴的惯性矩之和为常数,即该图形的极惯性矩。

2) 主轴与主惯性矩

假定坐标系 $Oyz$ 固定,而坐标系 $Oy_\alpha z_\alpha$ 绕 $O$ 点旋转,则由式(A-23)知,当 $\alpha=0$ 时,$I_{y_\alpha z_\alpha} = I_{yz}$;当 $\alpha=90°$ 时,$I_{y_\alpha z_\alpha} = -I_{yz}$,即平面图形惯性积改变其正负号。而由于变化的过程是连续的,所以必定存在一个角度 $\alpha_0$,当坐标系 $Oy_\alpha z_\alpha$ 旋转到该方位时,平面图形的惯性积为零。这时的坐标轴 $y_{\alpha_0}$、$z_{\alpha_0}$ 称为平面图形的**主惯性轴**或简称**主轴**。平面图形对主轴的惯性矩称为**主惯性矩**。通过平面图形形心的主轴称为**主形心轴**,平面图形对主形心轴的惯性矩称为**主形心惯性矩**。

根据惯性积的性质,当 $y$、$z$ 轴中有一个为平面图形的对称轴时,必有 $I_{yz}=0$;同时,该对称轴也必然通过图形形心,所以,该轴必是主形心轴,且与该轴垂直的任一坐标轴都是主轴。当 $y$、$z$ 轴均为平面图形的对称轴时,则此二对称轴即为**主形心轴**。如果图形没有对称轴,其主轴需通过计算确定。

在图 A-14 中,如果选取参考坐标系的 $y$ 轴和 $z$ 轴为形心轴,设 $y_{\alpha_0}$ 轴和 $z_{\alpha_0}$ 轴为主形心轴,则有

$$I_{y_{\alpha_0} z_{\alpha_0}} = \frac{I_y - I_z}{2}\sin2\alpha_0 + I_{yz}\cos2\alpha_0 = 0$$

从而求得

$$\tan2\alpha_0 = 2I_{yz}/(I_z - I_y) \tag{A-24}$$

从式(A-24)求出的 $\alpha_0$ 有两个值,两者相差 $90°$。这表明平面图形有两个相互垂直的主轴。由三角公式和式(A-24)可知

$$\cos2\alpha_0 = \frac{1}{\sqrt{1 + \tan^2 2\alpha_0}} = \frac{I_z - I_y}{\sqrt{(I_z - I_y)^2 + 4I_{yz}^2}}$$

$$\sin2\alpha_0 = \frac{\tan2\alpha_0}{\sqrt{1 + \tan^2 2\alpha_0}} = \frac{2I_{yz}}{\sqrt{(I_z - I_y)^2 + 4I_{yz}^2}}$$

将它们代入式(A-22a)和式(A-22b),得到平面图形对主轴 $z_{\alpha_0}$ 和 $y_{\alpha_0}$ 的惯性矩,即主惯性矩为

$$\left.\begin{aligned} I_{z_{\alpha_0}} \\ I_{y_{\alpha_0}} \end{aligned}\right\} = \frac{I_z + I_y}{2} \pm \sqrt{\left(\frac{I_z - I_y}{2}\right)^2 + I_{yz}^2} \tag{A-25}$$

将式(A-22a)中的 $I_{z_a}$ 对 $\alpha$ 求导,并令 $\mathrm{d}I_{z_a}/\mathrm{d}\alpha=0$,得

$$\frac{\mathrm{d}I_{z_a}}{\mathrm{d}\alpha} = (I_z - I_y)(-\sin2\alpha) + 2I_{yz}\cos2\alpha = 0$$

或

$$\tan2\alpha = 2I_{yz}/(I_z - I_y) \tag{A-26}$$

比较式(A-26)和式(A-24)发现,$I_{z_a}$ 取得极值时的 $\alpha$ 正好等于 $\alpha_0$。可见,平面图形的主惯性矩是该图形所有惯性矩中的最大值和最小值。于是,式(A-25)可写为

$$\left.\begin{array}{c}I_{\max}\\I_{\min}\end{array}\right\} = \frac{I_z + I_y}{2} \pm \sqrt{\left(\frac{I_z - I_y}{2}\right)^2 + I_{yz}^2} \tag{A-27}$$

**例题 A-5** 图 A-15(a)所示 Z 形截面,已知 $h=120\mathrm{mm}$,$b=60\mathrm{mm}$,$\delta=10\mathrm{mm}$。试确定截面的主形心轴,并计算主形心惯性矩。

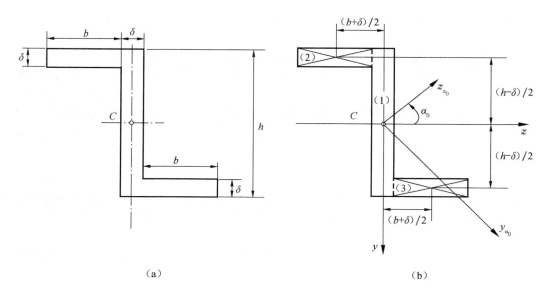

（a）　　　　　　　　　　（b）

图 A-15

**解**:(1) 确定图形形心位置。

图形为反对称的,其形心 $C$ 位于图形的对称中心,如图 A-15(a)所示。

(2) 计算图形对形心轴 $y$、$z$ 的惯性矩和惯性积。

形心轴 $y$、$z$ 如图 A-15(b)所示。将图形看做由矩形(1)、矩形(2)和矩形(3)组成的组合图形,它们的形心位置标注在图 A-15(b)。由平行移轴定理,得

$$I_y = I_y^{(1)} + 2I_y^{(2)} = \frac{h\delta^3}{12} + 2\left[\frac{\delta b^3}{12} + b\delta\left(\frac{b+\delta}{2}\right)^2\right]$$

$$I_z = I_z^{(1)} + 2I_z^{(2)} = \frac{h\delta^3}{12} + 2\left[\frac{b\delta^3}{12} + b\delta\left(\frac{h-\delta}{2}\right)^2\right]$$

$$I_{yz} = I_{yz}^{(1)} + I_{yz}^{(2)} + I_{yz}^{(3)} = 0 + b\delta\left(-\frac{h-\delta}{2}\right)\left(-\frac{b+\delta}{2}\right) + b\delta\left(\frac{h-\delta}{2}\right)\left(\frac{b+\delta}{2}\right)$$

$$= b\delta(h-\delta)(b+\delta)/2$$

将数据代入,得

$$I_y = 1.84 \times 10^{-6}\,\text{m}^4, \quad I_z = 5.08 \times 10^{-6}\,\text{m}^4, \quad I_{yz} = 2.31 \times 10^{-6}\,\text{m}^4$$

（3）确定主形心惯性轴的位置。

由式（A-24），得

$$\tan 2\alpha_0 = \frac{2I_{yz}}{I_z - I_y} = \frac{2 \times (2.31 \times 10^{-6}\,\text{m}^4)}{(5.08 \times 10^{-6}\,\text{m}^4) - (5.08 \times 10^{-6}\,\text{m}^4)} = 1.426$$

$$\alpha_0 = 27°29'$$

$\alpha_0$ 为正值，所以将 $y$ 轴或 $z$ 轴逆时针旋转 $27°29'$，即得到形心主惯性轴的位置，如图 A-15(b)所示。

（4）计算形心主惯性矩。

由式（A-25）或式（A-27），得

$$\left.\begin{array}{c} I_{\max} = I_{z_{\alpha_0}} \\ I_{\min} = I_{y_{\alpha_0}} \end{array}\right\} = \frac{I_z + I_y}{2} \pm \sqrt{\left(\frac{I_z - I_y}{2}\right)^2 + I_{yz}^2}$$

$$= \frac{(5.08 + 1.84) \times 10^{-6}\,\text{m}^4}{2} \pm \sqrt{\left[\frac{(5.08 - 1.84) \times 10^{-6}\,\text{m}^4}{2}\right]^2 + (2.31 \times 10^{-6}\,\text{m}^4)^2}$$

由此得截面的主形心惯性矩为

$$I_{y_{\alpha_0}} = 0.64 \times 10^{-6}\,\text{m}^4, \quad I_{z_{\alpha_0}} = 6.28 \times 10^{-6}\,\text{m}^4$$

3）主点

考虑图 A-16(a)所示的矩形，其长边正好是短边的 2 倍。选取 $O$ 点为坐标系原点，则 $y$ 轴和 $z$ 轴是该矩形的主轴，因为 $z$ 轴是对称轴。容易证明，$y'$ 轴和 $z'$ 轴也是该矩形的主轴。如果过图形的同一个点存在两个互不正交的主轴，则称该点为图形的**主点**。如图 A-16(a)中的 $O$ 点为该矩形的主点。类似地，过图 A-16(b)中的正方形的形心以及过图 A-16(c)中正三角形的形心 $C$ 点均存在两对主轴，所以形心 $C$ 就是它们的主点。

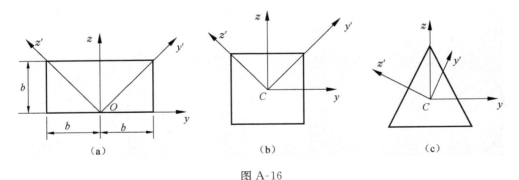

图 A-16

由于图形对主轴的惯性矩为最大或最小，如果一个图形存在两对主轴，可以断定：①这两对主轴对应的惯性矩一定相等；②过主点的任意坐标轴也都是图形的主轴；③过主点的所有坐标轴的惯性矩都相等。

**思 考 题**

A-1 在下列关于平面图形的结论中，_____ 是错误的。

A. 图形的对称轴必定通过形心；

B. 图形两个对称轴的交点必为形心；

C. 图形对对称轴的静矩为零；

D. 使静矩为零的轴必为对称轴。

A-2 在平面图形的几何性质中，_____的值可正、可负、也可为零。

A. 静矩和惯性矩；

B. 极惯性矩和惯性矩；

C. 惯性矩和惯性积；

D. 静矩和惯性积。

A-3 思考题 A-3 图所示任意形状截面，它的一个形心轴 $z_C$ 把截面分成 I 和 II 两部分，在以下各式中，_____ 一定成立。

A. $I_{z_C}^{I} + I_{z_C}^{II} = 0$；
B. $I_{z_C}^{I} - I_{z_C}^{II} = 0$；
C. $S_{z_C}^{I} + S_{z_C}^{II} = 0$；
D. $A^{I} = A^{II}$。

A-4 思考题 A-4 图（a）、（b）所示的矩形截面和正方形截面具有相同面积。设它们对对称轴 $y$ 的惯性矩分别为 $I_y^a, I_y^b$，对对称轴 $z$ 的惯性矩分别为 $I_z^a, I_z^b$，则_____。

A. $I_z^a > I_z^b, I_y^a < I_y^b$；
B. $I_z^a > I_z^b, I_y^a > I_y^b$；
C. $I_z^a < I_z^b, I_y^a > I_y^b$；
D. $I_z^a < I_z^b, I_y^a < I_y^b$。

思考题 A-3 图

思考题 A-4 图

A-5 思考题 A-5 图所示半圆形，若圆心位于坐标原点，则_____。

A. $S_y = S_z, I_y \neq I_z$；
B. $S_y = S_z, I_y = I_z$；
C. $S_y \neq S_z, I_y \neq I_z$；
D. $S_y \neq S_z, I_y = I_z$。

A-6 任意图形的面积为 $A$（思考题 A-6 图），$z_0$ 轴通过形心 $C$，$z_1$ 轴和 $z_0$ 轴平行，并相距 $a$，已知图形对 $z_1$ 轴的惯性矩是 $I_1$，则对 $z_0$ 轴的惯性矩为_____。

A. $I_{z_0} = 0$；
B. $I_{z_0} = I_1 - Aa^2$；
C. $I_{z_0} = I_1 + Aa^2$；
D. $I_{z_0} = I_1 + Aa$。

A-7 设思考题 A-7 图所示截面对 $y$ 轴和 $z$ 轴的惯性矩分别为 $I_y$、$I_z$，则二者的大小关系是_____。

A. $I_y < I_z$；
B. $I_y = I_z$；
C. $I_y > I_z$；
D. 不确定。

思考题 A-5 图

思考题 A-6 图

思考题 A-7 图

A-8 思考题 A-8 图所示任意形状截面，若 $Oxy$ 轴为一对主形心轴，则_____不是一对主轴。

A. $Oxy$；
B. $O_1 x y_1$；
C. $O_2 x_1 y_1$；
D. $O_3 x_1 y$。

A-9 任意图形，若对某一对正交坐标轴的惯性积为零，则这一对坐标轴一定是该图形的_____。

A. 形心轴；
B. 主轴；
C. 主形心轴；
D. 对称轴。

A-10 在思考题 A-10 图所示开口薄壁截面图形中，当_____时，$y$-$z$ 轴始终保持为一对主轴。

A. $y$ 轴不动，$z$ 轴平移；

B. $z$ 轴不动，$y$ 轴平移；

C. $z$ 轴不动，$y$ 轴任意移动；

D. $y$、$z$ 同时平移。

A-11 思考题 A-11 图所示等边三角形的形心为 $C$ 点。若已知它对于对称轴 $z$ 的惯性矩为 $I$，则它对 $z_1$ 轴的惯性矩_____。

A. 小于 $I$；　　　　　　B. 等于 $I$；　　　　　　C. 大于 $I$；　　　　　　D. 无法确定。

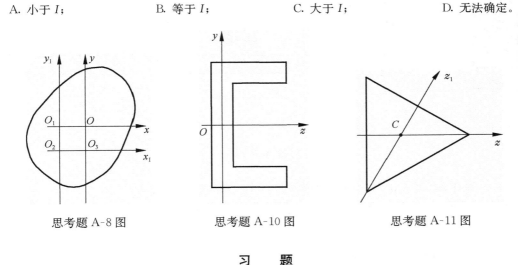

思考题 A-8 图　　　　　　　思考题 A-10 图　　　　　　　思考题 A-11 图

# 习　题

A.1-1　试计算习题 A.1-1 图所示图形的形心坐标。

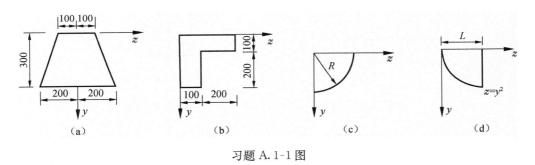

（a）　　　　　　　（b）　　　　　　　（c）　　　　　　　（d）

习题 A.1-1 图

A.1-2　试求习题 A.1-2 图所示图形的形心坐标 $y_C$ 和 $z_C$。以 $y$ 和 $z$ 为参考坐标。

A.1-3　平面图形如习题 A.1-3 图所示。(1) 试计算其形心坐标；(2) 欲使图形的形心位于 $B\text{-}B$ 线上，尺寸 $a$、$b$、$c$ 应满足什么关系？

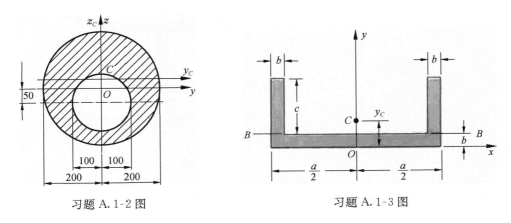

习题 A.1-2 图　　　　　　　习题 A.1-3 图

A.3-1　试求习题 A.3-1 图所示图形对水平形心轴的惯性矩。

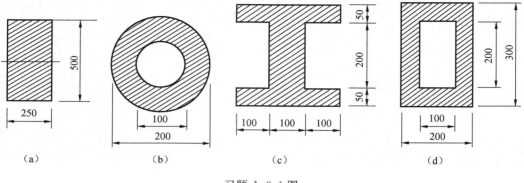

（a）  （b）  （c）  （d）

习题 A.3-1 图

A.3-2 试计算习题 A.3-2 图所示截面对水平形心轴 $z$ 轴的惯性矩。

A.3-3 试计算习题 A.3-3 图所示正六边形截面对形心轴 $z$ 的惯性矩。

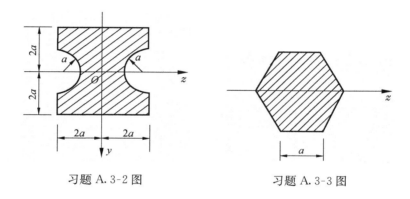

习题 A.3-2 图  习题 A.3-3 图

A.3-4 计算习题 A.3-4 图所示图形对 $z$ 轴的惯性矩，已知三个直径分别为 50mm、100mm 和 150mm。

A.3-5 习题 A.3-5 图所示图形，试确定尺寸 $b$，使得图形对 $z$ 轴的惯性矩与过 $y$ 轴的惯性矩之比为 3∶1。

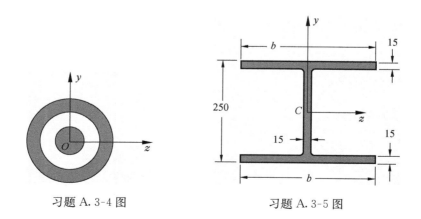

习题 A.3-4 图  习题 A.3-5 图

A.3-6 试利用圆形 $I_p$、$I_y$ 和 $I_z$ 间的关系，求直角扇形的 $I_y$ 和 $I_z$（习题 A.3-6 图）。

A.3-7 试求习题 A.3-7 图所示图形对 $z$ 轴的惯性矩。

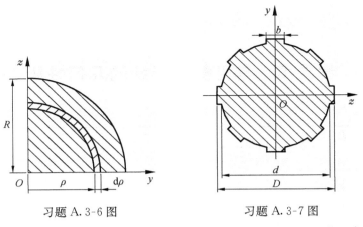

习题 A.3-6 图          习题 A.3-7 图

A.4-1 习题 A.4-1 图所示截面由四根 $160\times160\times16$ 的等边角钢组成,试计算组合截面对水平形心轴 $z$ 的惯性矩。

A.4-2 习题 A.4-2 图所示为缺了四分之一面积的边长为 $a$ 的正方形。(1) 试计算图形形心 $C$ 的坐标;(2) 计算图形对过 $C$ 点且平行于 $z$ 轴轴线的惯性矩。

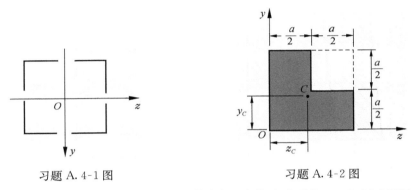

习题 A.4-1 图          习题 A.4-2 图

A.4-3 习题 A.4-3 图所示由两个 20a 号槽钢构成的组合截面,若要使 $I_y=I_z$,试求间距 $a$ 应有的大小。

A.5-1 习题 A.5-1 图所示矩形截面,试求 $I_{z_a}$、$I_{y_a}$,$\alpha=45°$,并与 $I_z$、$I_y$ 进行比较。

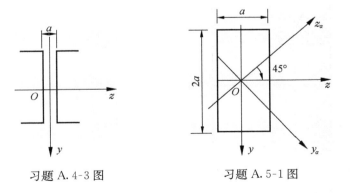

习题 A.4-3 图          习题 A.5-1 图

# 附录 B  常见截面形状的几何性质

| | 截面形状 | 形心位置 | 惯性矩 |
|---|---|---|---|
| 1 | | 截面中心 | $I_z=\dfrac{bh^3}{12}$ |
| 2 | | 截面中心 | $I_z=\dfrac{bh^3}{12}$ |
| 3 | | $y_C=\dfrac{h}{3}$ | $I_z=\dfrac{bh^3}{36}$ |
| 4 | | $y_C=\dfrac{h(2a+b)}{3(a+b)}$ | $I_z=\dfrac{h^3(a^2+4ab+b^2)}{3b(a+b)}$ |

| | 截面形状 | 形心位置 | 惯性矩 |
|---|---|---|---|
| 5 | | 圆心处 | $I_z = \dfrac{\pi d^4}{64}$ |
| 6 | | 圆心处 | $I_z = \dfrac{\pi(D^4 - d^4)}{64} = \dfrac{\pi D^4}{64}(1 - \alpha^4)$ <br> $\alpha = d/D$ |
| 7 | | 圆心处 | $I_z = \pi R_0^3 \delta$ |
| 8 | | $y_C = \dfrac{4R}{3\pi}$ | $I_z = \dfrac{(9\pi^2 - 64)R^4}{72\pi} = 0.1098 R^4$ |
| 9 | | $y_C = \dfrac{2R\sin\alpha}{3\alpha}$ | $I_z = \dfrac{R^4}{4}\left(\alpha + \sin\alpha\cos\alpha - \dfrac{16\sin^2\alpha}{9\alpha}\right)$ |
| 10 | | 椭圆中心处 | $I_z = \dfrac{1}{4}\pi a b^3$ <br> $I_y = \dfrac{1}{4}\pi a^3 b$ |

# 附录 C　常用材料的力学性能

材料的性质与制造工艺、化学成分、内部缺陷、使用温度、受载历史、服役时间、试件尺寸等因素有关。本附录给出的材料性能参数只是典型范围值。用于实际工程分析或工程设计时，请咨询材料制造商或供应商。

除非特别说明，本附录给出的弹性模量、屈服强度均指拉伸时的值。

表 C-1　材料的弹性模量、泊松比、密度和热膨胀系数

| 材料名称 | 弹性模量 $E$ /GPa | 泊松比 $\nu$ | 密度 $\rho$ /(kg/m³) | 热膨胀系数 $\alpha$ /($10^{-6}$/℃) |
|---|---|---|---|---|
| 铝合金 | 70～79 | 0.33 | 2600～2800 | 23 |
| 黄铜 | 96～110 | 0.34 | 8400～8600 | 19.1～21.2 |
| 青铜 | 96～120 | 0.34 | 8200～8800 | 18～21 |
| 铸铁 | 83～170 | 0.2～0.3 | 7000～7400 | 9.9～12 |
| 混凝土（压）<br>普通<br>增强<br>轻质 | 17～31 | 0.1～0.2 | <br>2300<br>2400<br>1100～1800 | 7～14 |
| 铜及其合金 | 110～120 | 0.33～0.36 | 8900 | 16.6～17.6 |
| 玻璃 | 48～83 | 0.17～0.27 | 2400～2800 | 5～11 |
| 镁合金 | 41～45 | 0.35 | 1760～1830 | 26.1～28.8 |
| 镍合金（蒙乃尔铜） | 170 | 0.32 | 8800 | 14 |
| 镍 | 210 | 0.31 | 8800 | 13 |
| 塑料<br>尼龙<br>聚乙烯 | <br>2.1～3.4<br>0.7～1.4 | <br>0.4<br>0.4 | <br>880～1100<br>960～1400 | <br>70～140<br>140～290 |
| 岩石（压）<br>花岗岩、大理石、石英石<br>石灰石、沙石 | <br>40～100<br>20～70 | <br>0.2～0.3<br>0.2～0.3 | <br>2600～2900<br>2000～2900 | 5～9 |
| 橡胶 | 0.0007～0.004 | 0.45～0.5 | 960～1300 | 130～200 |
| 沙、土壤、砂砾 | | | 1200～2200 | |
| 钢<br>高强钢<br>不锈钢<br>结构钢 | 190～210 | 0.27～0.30 | 7850 | 10～18<br>14<br>17<br>12 |
| 钛合金 | 100～120 | 0.33 | 4500 | 8.1～11 |
| 钨 | 340～380 | 0.2 | 1900 | 4.3 |
| 木材（弯曲）<br>杉木<br>橡木<br>松木 | <br>11～13<br>11～12<br>11～14 | | <br>480～560<br>640～720<br>560～640 | |

## 表 C-2　材料的力学性能

| 材料名称/牌号 | 屈服强度 $\sigma_s$/MPa | 抗拉强度 $\sigma_b$/MPa | 伸长率 $\delta_s$/% | 备注 |
|---|---|---|---|---|
| 铝合金<br>LY12 | 35～500<br>274 | 100～550<br>412 | 1～45<br>19 | 硬铝 |
| 黄铜 | 70～550 | 200～620 | 4～60 | |
| 青铜 | 82～690 | 200～830 | 5～60 | |
| 铸铁(拉伸)<br>HT150<br>HT250 | 120～290 | 69～480<br>150<br>250 | 0～1 | |
| 铸铁(压缩) | | 340～1400 | | |
| 混凝土(压缩) | | 10～70 | | |
| 铜及其合金 | 55～760 | 230～830 | 4～50 | |
| 玻璃<br>　平板玻璃<br>　玻璃纤维 | | 30～1000<br>70<br>7000～20000 | 0 | |
| 镁合金 | 80～280 | 140～340 | 2～20 | |
| 镍合金(蒙乃尔铜) | 170～1100 | 450～1200 | 2～50 | |
| 镍 | 100～620 | 310～760 | 2～50 | |
| 塑料<br>　尼龙<br>　聚乙烯 | | 40～80<br>7～28 | 20～100<br>15～300 | |
| 岩石(压缩)<br>　花岗岩、大理石、石英石<br>　石灰石、沙石 | | 50～280<br>20～200 | | |
| 橡胶 | 1～7 | 7～20 | 100～800 | |
| 普通碳素钢<br>　Q215<br>　Q235<br>　Q255<br>　Q275 | 215<br>235<br>255<br>275 | 335～450<br>375～500<br>410～550<br>490～630 | 26～31<br>21～26<br>19～24<br>15～20 | 旧牌号 A2<br>旧牌号 A3<br>旧牌号 A4<br>旧牌号 A5 |
| 优质碳素钢<br>　25<br>　35<br>　45<br>　55 | 275<br>315<br>355<br>380 | 450<br>530<br>600<br>645 | 23<br>20<br>16<br>13 | 25 号钢<br>35 号钢<br>45 号钢<br>55 号钢 |
| 低合金钢<br>　15MnV<br>　16Mn | 390<br>345 | 530<br>510 | 18<br>21 | 15 锰钒<br>16 锰 |
| 合金钢<br>　20Cr<br>　40Cr<br>　30CrMnSi | 540<br>785<br>885 | 835<br>980<br>1080 | 10<br>9<br>10 | 20 铬<br>40 铬<br>30 铬锰硅 |
| 铸钢<br>　ZG200～400<br>　ZG270～500 | 200<br>270 | 400<br>500 | 25<br>18 | |
| 钢线 | 280～1000 | 550～1400 | 5～40 | |
| 钛合金 | 760～1000 | 900～1200 | 10 | |
| 钨 | | 1400～4000 | 0～4 | |
| 木材(弯曲)<br>　杉木<br>　橡木<br>　松木 | 30～50<br>30～40<br>30～50 | 40～70<br>30～50<br>40～70 | | |

# 附录 D 简单载荷下梁的挠度与转角

| 序号 | 梁的简图 | 挠曲轴方程 | 挠度和转角 |
|---|---|---|---|
| 1 | | $w=\dfrac{Fx^2}{6EI}(x-3l)$ | $w_B=-\dfrac{Fl^3}{3EI},\quad \theta_B=-\dfrac{Fl^2}{2EI}$ |
| 2 | | $w=\dfrac{Fx^2}{6EI}(x-3a)\,(0\leqslant x\leqslant a)$ <br> $w=\dfrac{Fa^2}{6EI}(a-3x)\,(a\leqslant x\leqslant l)$ | $w_B=-\dfrac{Fa^2}{6EI}(3l-a)$ <br> $\theta_B=-\dfrac{Fa^2}{2EI}$ |
| 3 | | $w=\dfrac{qx^2}{24EI}(4lx-6l^2-x^2)$ | $w_B=-\dfrac{ql^4}{8EI}$ <br> $\theta_B=-\dfrac{ql^3}{6EI}$ |
| 4 | | $w=-\dfrac{M_e x^2}{2EI}$ | $w_B=-\dfrac{M_e l^2}{2EI}$ <br> $\theta_B=-\dfrac{M_e l}{EI}$ |
| 5 | | $w=-\dfrac{M_e x^2}{2EI}\,(0\leqslant x\leqslant a)$ <br> $w=-\dfrac{M_e a}{EI}\left(\dfrac{a}{2}-x\right)(a\leqslant x\leqslant l)$ | $w_B=-\dfrac{M_e a}{EI}\left(l-\dfrac{a}{2}\right)$ <br> $\theta_B=-\dfrac{M_e a}{EI}$ |
| 6 | | $w=\dfrac{Fx}{12EI}\left(x^2-\dfrac{3l^2}{4}\right)$ <br> $\left(0\leqslant x\leqslant\dfrac{l}{2}\right)$ | $w_C=-\dfrac{Fl^3}{48EI}$ <br> $\theta_A=-\theta_B=-\dfrac{Fl^2}{16EI}$ |
| 7 | | $w=\dfrac{Fbx}{6lEI}(x^2-l^2+b^2)$ <br> $(0\leqslant x\leqslant a)$ <br> $w=\dfrac{Fa(l-x)}{6lEI}(x^2+a^2-2lx)$ <br> $(a\leqslant x\leqslant l)$ | $\delta=-\dfrac{Fb\,(l^2-a^2)^{\frac{3}{2}}}{9\sqrt{3}\,lEI}$ <br> $\left(\text{位于}\ x=\sqrt{\dfrac{l^2-b^2}{3}}\ \text{处}\right)$ <br> $\theta_A=-\dfrac{Fb(l^2-b^2)}{6lEI}$ <br> $\theta_B=\dfrac{Fa(l^2-a^2)}{6lEI}$ |
| 8 | | $w=\dfrac{qx}{24EI}(2lx^2-x^3-l^3)$ | $\delta=-\dfrac{5ql^4}{384EI}$ <br> $\theta_A=-\theta_B=-\dfrac{ql^3}{24EI}$ |

| 序号 | 梁的简图 | 挠曲轴方程 | 挠度和转角 |
|------|----------|------------|------------|
| 9 | | $w=\dfrac{M_{e}x}{6lEI}(l^2-x^2)$ | $\delta=\dfrac{M_{e}l^2}{9\sqrt{3}EI}$ <br> （位于 $x=l/\sqrt{3}$ 处） <br> $\theta_A=\dfrac{M_{e}l}{6EI}$ <br> $\theta_B=-\dfrac{M_{e}l}{3EI}$ |
| 10 | | $w=\dfrac{M_{e}x}{6lEI}(l^2-3b^2-x^2)$ <br> $(0\leqslant x\leqslant a)$ <br> $w=\dfrac{M_{e}(l-x)}{6lEI}(3a^2-2lx+x^2)$ <br> $(a\leqslant x\leqslant l)$ | $\delta_1=\dfrac{M_{e}(l^2-3b^2)^{\frac{3}{2}}}{9\sqrt{3}lEI}$ <br> （位于 $x=\sqrt{l^2-3b^2}/\sqrt{3}$ 处） <br> $\delta_2=-\dfrac{M_{e}(l^2-3a^2)^{\frac{3}{2}}}{9\sqrt{3}lEI}$ <br> $\left(\begin{array}{c}\text{位于距 } B \text{ 端} \\ \bar{x}=\sqrt{l^2-3a^2}/\sqrt{3}\text{处}\end{array}\right)$ <br> $\theta_A=\dfrac{M_{e}(l^2-3b^2)}{6lEI}$ <br> $\theta_B=\dfrac{M_{e}(l^2-3a^2)}{6lEI}$ <br> $\theta_C=\dfrac{M_{e}(l^2-3a^2-3b^2)}{6lEI}$ |

# 附录 E 型 钢 表

## 表 E-1 热轧等边角钢（GB 9787—88）

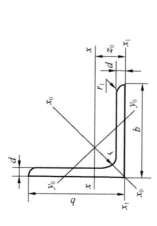

符号意义：$b$——边宽度；
$d$——边厚度；
$r$——内圆弧半径；
$r_1$——边端内圆弧半径；
$I$——惯性矩；
$i$——惯性半径；
$W$——抗弯截面系数；
$z_0$——重心距离。

| 角钢号数 | 尺寸/mm | | | 截面面积/cm² | 理论质量/(kg/m) | 外表面积/(m²/m) | 参考数值 | | | | | | | | | | |
| --- | --- | --- | --- | --- | --- | --- | --- | --- | --- | --- | --- | --- | --- | --- | --- | --- | --- |
| | | | | | | | $x-x$ | | | $x_0-x_0$ | | | $y_0-y_0$ | | | $x_1-x_1$ | $z_0$/cm |
| | $b$ | $d$ | $r$ | | | | $I_x$/cm⁴ | $i_x$/cm | $W_x$/cm³ | $I_{x0}$/cm⁴ | $i_{x0}$/cm | $W_{x0}$/cm³ | $I_{y0}$/cm⁴ | $i_{y0}$/cm | $W_{y0}$/cm³ | $I_{x1}$/cm⁴ | |
| 2 | 20 | 3 | 3.5 | 1.132 | 0.889 | 0.078 | 0.40 | 0.59 | 0.29 | 0.63 | 0.75 | 0.45 | 0.17 | 0.39 | 0.20 | 0.81 | 0.60 |
| | | 4 | | 1.459 | 1.145 | 0.077 | 0.50 | 0.58 | 0.36 | 0.78 | 0.73 | 0.55 | 0.22 | 0.38 | 0.24 | 1.09 | 0.64 |
| 2.5 | 25 | 3 | 3.5 | 1.432 | 1.124 | 0.098 | 0.82 | 0.76 | 0.46 | 1.29 | 0.95 | 0.73 | 0.34 | 0.49 | 0.33 | 1.57 | 0.73 |
| | | 4 | | 1.859 | 1.459 | 0.097 | 1.03 | 0.74 | 0.59 | 1.62 | 0.93 | 0.92 | 0.43 | 0.48 | 0.40 | 2.11 | 0.76 |

| 角钢号数 | 尺寸/mm | | | 截面面积/cm² | 理论质量/(kg/m) | 外表面积/(m²/m) | 参考数值 | | | | | | | | | | |
| | b | d | r | | | | x-x | | | x₀-x₀ | | | y₀-y₀ | | | x₁-x₁ | z₀/cm |
| | | | | | | | $I_x$/cm⁴ | $i_x$/cm | $W_x$/cm³ | $I_{x0}$/cm⁴ | $i_{x0}$/cm | $W_{x0}$/cm³ | $I_{y0}$/cm⁴ | $i_{y0}$/cm | $W_{y0}$/cm³ | $I_{x1}$/cm⁴ | |
| 3 | 30 | 3 | 4.5 | 1.749 | 1.373 | 0.117 | 1.46 | 0.91 | 0.68 | 2.31 | 1.15 | 1.09 | 0.61 | 0.59 | 0.51 | 2.71 | 0.85 |
| | | 4 | | 2.276 | 1.786 | 0.117 | 1.84 | 0.90 | 0.87 | 2.92 | 1.13 | 1.37 | 0.77 | 0.58 | 0.62 | 3.63 | 0.89 |
| 3.6 | 36 | 3 | | 2.109 | 1.656 | 0.141 | 2.58 | 1.11 | 0.99 | 4.09 | 1.39 | 1.61 | 1.07 | 0.71 | 0.76 | 4.68 | 1.00 |
| | | 4 | | 2.756 | 2.163 | 0.141 | 3.29 | 1.09 | 1.28 | 5.22 | 1.38 | 2.05 | 1.37 | 0.70 | 0.93 | 6.25 | 1.04 |
| | | 5 | | 3.382 | 2.654 | 0.141 | 3.95 | 1.08 | 1.56 | 6.24 | 1.36 | 2.45 | 1.65 | 0.70 | 1.09 | 7.84 | 1.07 |
| 4 | 40 | 3 | 5 | 2.359 | 1.852 | 0.157 | 3.58 | 1.23 | 1.23 | 5.69 | 1.55 | 2.01 | 1.49 | 0.79 | 0.96 | 6.41 | 1.09 |
| | | 4 | | 3.086 | 2.422 | 0.157 | 4.60 | 1.22 | 1.60 | 7.29 | 1.54 | 2.58 | 1.91 | 0.79 | 1.19 | 8.56 | 1.13 |
| | | 5 | | 3.791 | 2.976 | 0.156 | 5.53 | 1.21 | 1.96 | 8.76 | 1.52 | 3.10 | 2.30 | 0.78 | 1.39 | 10.74 | 1.17 |
| 4.5 | 45 | 3 | | 2.659 | 2.088 | 0.177 | 5.17 | 1.40 | 1.58 | 8.20 | 1.76 | 2.58 | 2.14 | 0.89 | 1.24 | 9.12 | 1.22 |
| | | 4 | | 3.486 | 2.736 | 0.177 | 6.65 | 1.38 | 2.05 | 10.56 | 1.74 | 3.32 | 2.75 | 0.89 | 1.54 | 12.18 | 1.26 |
| | | 5 | | 4.292 | 3.369 | 0.176 | 8.04 | 1.37 | 2.51 | 12.74 | 1.72 | 4.00 | 3.33 | 0.88 | 1.81 | 15.25 | 1.30 |
| | | 6 | | 5.076 | 3.985 | 0.176 | 9.33 | 1.36 | 2.95 | 14.76 | 1.70 | 4.64 | 3.89 | 0.88 | 2.06 | 18.36 | 1.33 |
| 5 | 50 | 3 | 5.5 | 2.971 | 2.332 | 0.197 | 7.18 | 1.55 | 1.96 | 11.37 | 1.96 | 3.22 | 2.98 | 1.00 | 1.57 | 12.50 | 1.34 |
| | | 4 | | 3.897 | 3.059 | 0.197 | 9.26 | 1.54 | 2.56 | 14.70 | 1.94 | 4.16 | 3.82 | 0.99 | 1.96 | 16.69 | 1.38 |
| | | 5 | | 4.803 | 3.770 | 0.196 | 11.21 | 1.53 | 3.13 | 17.79 | 1.92 | 5.03 | 4.64 | 0.98 | 2.31 | 20.90 | 1.42 |
| | | 6 | | 5.688 | 4.465 | 0.196 | 13.05 | 1.52 | 3.68 | 20.68 | 1.91 | 5.85 | 5.42 | 0.98 | 2.63 | 25.14 | 1.46 |
| 5.6 | 56 | 3 | 6 | 3.343 | 2.624 | 0.221 | 10.19 | 1.75 | 2.48 | 16.14 | 2.20 | 4.08 | 4.24 | 1.13 | 2.02 | 17.56 | 1.48 |
| | | 4 | | 4.390 | 3.446 | 0.220 | 13.18 | 1.73 | 3.24 | 20.92 | 2.18 | 5.28 | 5.46 | 1.11 | 2.52 | 23.43 | 1.53 |
| | | 5 | | 5.415 | 4.251 | 0.220 | 16.02 | 1.72 | 3.97 | 25.42 | 2.17 | 6.42 | 6.61 | 1.10 | 2.98 | 29.33 | 1.57 |
| | | 6 | | 8.367 | 6.568 | 0.219 | 23.63 | 1.68 | 6.03 | 37.37 | 2.11 | 9.44 | 9.89 | 1.09 | 4.16 | 46.24 | 1.68 |

| 角钢号数 | 尺寸/mm b | d | r | 截面面积/cm² | 理论质量/(kg/m) | 外表面积/(m²/m) | 参考数值 x-x $I_x$/cm⁴ | $i_x$/cm | $W_x$/cm³ | $x_0$-$x_0$ $I_{x0}$/cm⁴ | $i_{x0}$/cm | $W_{x0}$/cm³ | $y_0$-$y_0$ $I_{y0}$/cm⁴ | $i_{y0}$/cm | $W_{y0}$/cm³ | $x_1$-$x_1$ $I_{x1}$/cm⁴ | $z_0$/cm |
|---|---|---|---|---|---|---|---|---|---|---|---|---|---|---|---|---|---|
| 6.3 | 63 | 4 | 7 | 4.978 | 3.907 | 0.248 | 19.03 | 1.96 | 4.13 | 30.17 | 2.46 | 6.78 | 7.89 | 1.26 | 3.29 | 33.35 | 1.70 |
| | | 5 | | 6.143 | 4.822 | 0.248 | 23.17 | 1.94 | 5.08 | 36.77 | 2.45 | 8.25 | 9.57 | 1.25 | 3.90 | 41.73 | 1.74 |
| | | 6 | | 7.288 | 5.721 | 0.247 | 27.12 | 1.93 | 6.00 | 43.03 | 2.43 | 9.66 | 11.20 | 1.24 | 4.46 | 50.14 | 1.78 |
| | | 8 | | 9.515 | 7.469 | 0.247 | 34.46 | 1.90 | 7.75 | 54.56 | 2.40 | 12.25 | 14.33 | 1.23 | 5.47 | 67.11 | 1.85 |
| | | 10 | | 11.657 | 9.151 | 0.246 | 41.09 | 1.88 | 9.39 | 64.85 | 2.36 | 14.56 | 17.33 | 1.22 | 6.36 | 84.31 | 1.93 |
| 7 | 70 | 4 | 8 | 5.570 | 4.372 | 0.275 | 26.39 | 2.18 | 5.14 | 41.80 | 2.74 | 8.44 | 10.99 | 1.40 | 4.17 | 45.74 | 1.86 |
| | | 5 | | 6.875 | 5.397 | 0.275 | 32.21 | 2.16 | 6.32 | 51.08 | 2.73 | 10.32 | 13.34 | 1.39 | 4.95 | 57.21 | 1.91 |
| | | 6 | | 8.160 | 6.406 | 0.275 | 37.77 | 2.15 | 7.48 | 59.93 | 2.71 | 12.11 | 15.61 | 1.38 | 5.67 | 68.73 | 1.95 |
| | | 7 | | 9.424 | 7.398 | 0.275 | 43.09 | 2.14 | 8.59 | 68.35 | 2.69 | 13.81 | 17.82 | 1.38 | 6.34 | 80.29 | 1.99 |
| | | 8 | | 10.667 | 8.373 | 0.274 | 48.17 | 2.12 | 9.68 | 76.37 | 2.68 | 15.43 | 19.98 | 1.37 | 6.98 | 91.92 | 2.03 |
| 7.5 | 75 | 5 | 9 | 7.412 | 5.818 | 0.295 | 37.97 | 2.33 | 7.32 | 63.30 | 2.92 | 11.94 | 16.63 | 1.50 | 5.77 | 70.56 | 2.04 |
| | | 6 | | 8.797 | 6.905 | 0.294 | 46.95 | 2.31 | 8.64 | 74.38 | 2.90 | 14.02 | 19.51 | 1.49 | 6.67 | 84.55 | 2.07 |
| | | 7 | | 10.160 | 7.976 | 0.294 | 53.57 | 2.30 | 9.93 | 84.96 | 2.89 | 16.02 | 22.18 | 1.48 | 7.44 | 98.71 | 2.11 |
| | | 8 | | 11.503 | 9.030 | 0.294 | 59.96 | 2.28 | 11.20 | 95.07 | 2.88 | 17.93 | 24.86 | 1.47 | 8.19 | 112.97 | 2.15 |
| | | 10 | | 14.126 | 11.089 | 0.293 | 71.98 | 2.26 | 13.64 | 113.92 | 2.84 | 21.48 | 30.05 | 1.46 | 9.56 | 141.71 | 2.71 |
| 8 | 80 | 5 | 9 | 7.912 | 6.211 | 0.315 | 48.79 | 2.48 | 8.34 | 77.33 | 3.13 | 13.67 | 20.25 | 1.60 | 6.66 | 85.36 | 2.15 |
| | | 6 | | 9.397 | 7.376 | 0.314 | 57.35 | 2.47 | 9.87 | 90.98 | 3.11 | 16.08 | 23.72 | 1.59 | 7.65 | 102.50 | 2.19 |
| | | 7 | | 10.860 | 8.525 | 0.314 | 65.58 | 2.46 | 11.37 | 104.07 | 3.10 | 18.40 | 27.09 | 1.58 | 8.58 | 119.70 | 2.23 |
| | | 8 | | 12.303 | 9.658 | 0.314 | 73.49 | 2.44 | 12.83 | 116.60 | 3.08 | 20.61 | 30.39 | 1.57 | 9.46 | 136.97 | 2.27 |
| | | 10 | | 15.126 | 11.874 | 0.313 | 88.43 | 2.42 | 15.64 | 140.09 | 3.04 | 24.76 | 36.77 | 1.56 | 11.08 | 171.74 | 2.35 |

| 角钢号数 | 尺寸/mm | | | 截面面积/cm² | 理论质量/(kg/m) | 外表面积/(m²/m) | 参考数值 | | | | | | | | | | |
| | b | d | r | | | | x-x | | | x₀-x₀ | | | y₀-y₀ | | | x₁-x₁ | z₀/cm |
| | | | | | | | $I_x$/cm⁴ | $i_x$/cm | $W_x$/cm³ | $I_{x0}$/cm⁴ | $i_{x0}$/cm | $W_{x0}$/cm³ | $I_{y0}$/cm⁴ | $i_{y0}$/cm | $W_{y0}$/cm³ | $I_{x1}$/cm⁴ | |
| 9 | 90 | 6 | 10 | 10.637 | 8.350 | 0.354 | 82.77 | 2.79 | 12.61 | 131.36 | 3.51 | 20.63 | 34.28 | 1.80 | 9.95 | 145.87 | 2.44 |
| | | 7 | | 12.301 | 9.656 | 0.354 | 94.83 | 2.78 | 14.54 | 150.47 | 3.50 | 23.64 | 39.18 | 1.78 | 11.19 | 170.30 | 2.48 |
| | | 8 | | 13.944 | 10.946 | 0.353 | 106.47 | 2.76 | 16.42 | 168.97 | 3.48 | 26.55 | 43.97 | 1.78 | 12.35 | 194.80 | 2.52 |
| | | 10 | | 17.167 | 13.476 | 0.353 | 128.58 | 2.74 | 20.07 | 203.90 | 3.45 | 32.04 | 53.26 | 1.76 | 14.52 | 244.07 | 2.59 |
| | | 12 | | 20.306 | 15.940 | 0.352 | 149.22 | 2.71 | 23.57 | 236.21 | 3.41 | 37.12 | 62.22 | 1.75 | 16.49 | 293.76 | 2.67 |
| 10 | 100 | 6 | 12 | 11.932 | 9.366 | 0.393 | 114.95 | 3.10 | 15.68 | 181.98 | 3.90 | 25.74 | 47.92 | 2.00 | 12.69 | 200.07 | 2.67 |
| | | 7 | | 13.796 | 10.830 | 0.393 | 131.86 | 3.09 | 18.10 | 208.97 | 3.89 | 29.55 | 54.74 | 1.99 | 14.26 | 233.54 | 2.71 |
| | | 8 | | 15.638 | 12.276 | 0.393 | 148.24 | 3.08 | 20.47 | 235.07 | 3.88 | 33.24 | 61.41 | 1.98 | 15.75 | 267.09 | 2.76 |
| | | 10 | | 19.261 | 15.120 | 0.392 | 179.51 | 3.05 | 25.06 | 284.68 | 3.84 | 40.26 | 74.35 | 1.96 | 18.54 | 334.48 | 2.84 |
| | | 12 | | 22.800 | 17.898 | 0.391 | 208.90 | 3.03 | 29.48 | 330.95 | 3.81 | 46.80 | 86.84 | 1.95 | 21.08 | 402.34 | 2.91 |
| | | 14 | | 26.256 | 20.611 | 0.391 | 236.53 | 3.00 | 33.73 | 374.06 | 3.77 | 52.90 | 99.00 | 1.94 | 23.44 | 470.75 | 2.99 |
| | | 16 | | 29.267 | 23.257 | 0.390 | 262.53 | 2.98 | 37.82 | 414.16 | 3.74 | 58.57 | 110.89 | 1.94 | 25.63 | 539.80 | 3.06 |
| 11 | 110 | 7 | 12 | 15.169 | 11.928 | 0.433 | 177.16 | 3.41 | 22.05 | 280.94 | 4.30 | 36.12 | 73.38 | 2.20 | 17.51 | 310.64 | 2.96 |
| | | 8 | | 17.238 | 13.532 | 0.433 | 199.46 | 3.40 | 24.95 | 316.49 | 4.28 | 40.69 | 82.42 | 2.19 | 19.39 | 355.20 | 3.01 |
| | | 10 | | 21.261 | 16.690 | 0.432 | 242.19 | 3.39 | 30.60 | 384.39 | 4.25 | 49.42 | 99.98 | 2.17 | 22.91 | 444.65 | 3.09 |
| | | 12 | | 25.200 | 19.782 | 0.431 | 282.55 | 3.35 | 36.05 | 448.17 | 4.22 | 57.62 | 116.93 | 2.15 | 26.15 | 534.60 | 3.16 |
| | | 14 | | 29.056 | 22.809 | 0.431 | 320.71 | 3.32 | 41.31 | 508.01 | 4.18 | 65.31 | 133.40 | 2.14 | 29.14 | 625.16 | 3.24 |

| 角钢号数 | 尺寸/mm | | | 截面面积/cm² | 理论质量/(kg/m) | 外表面积/(m²/m) | 参考数值 | | | | | | | | | | |
| | b | d | r | | | | x-x | | | x₀-x₀ | | | y₀-y₀ | | | x₁-x₁ | z₀/cm |
| | | | | | | | $I_x$/cm⁴ | $i_x$/cm | $W_x$/cm³ | $I_{x0}$/cm⁴ | $i_{x0}$/cm | $W_{x0}$/cm³ | $I_{y0}$/cm⁴ | $i_{y0}$/cm | $W_{y0}$/cm³ | $I_{x1}$/cm⁴ | |
| 12.5 | 125 | 8 | 14 | 19.750 | 15.504 | 0.492 | 297.03 | 3.88 | 32.52 | 470.89 | 4.88 | 53.28 | 123.16 | 2.50 | 25.86 | 521.01 | 3.37 |
| | | 10 | | 24.373 | 19.133 | 0.491 | 361.67 | 3.85 | 39.97 | 573.89 | 4.85 | 64.93 | 149.46 | 2.48 | 30.62 | 651.93 | 3.45 |
| | | 12 | | 28.912 | 22.696 | 0.491 | 423.16 | 3.83 | 41.17 | 671.44 | 4.82 | 75.96 | 174.88 | 2.46 | 35.03 | 783.42 | 3.53 |
| | | 14 | | 33.367 | 26.193 | 0.490 | 481.65 | 3.80 | 54.16 | 763.73 | 4.78 | 86.41 | 199.57 | 2.45 | 39.13 | 915.61 | 3.61 |
| 14 | 140 | 10 | 14 | 27.373 | 21.488 | 0.551 | 514.65 | 4.34 | 50.58 | 817.27 | 5.46 | 82.56 | 212.04 | 2.78 | 39.20 | 915.11 | 3.82 |
| | | 12 | | 32.512 | 25.522 | 0.551 | 603.68 | 4.31 | 59.80 | 958.79 | 5.43 | 96.85 | 248.57 | 2.76 | 45.02 | 1099.28 | 3.90 |
| | | 14 | | 37.567 | 29.490 | 0.550 | 688.81 | 4.28 | 68.75 | 1093.56 | 5.40 | 110.47 | 284.06 | 2.75 | 50.45 | 1284.22 | 3.98 |
| | | 16 | | 42.539 | 33.393 | 0.549 | 770.24 | 4.26 | 77.46 | 1221.81 | 5.36 | 123.42 | 318.67 | 2.74 | 55.55 | 1470.07 | 4.06 |
| 16 | 160 | 10 | 16 | 31.502 | 24.729 | 0.630 | 779.53 | 4.98 | 66.70 | 1237.30 | 6.27 | 109.36 | 321.73 | 3.20 | 52.76 | 1365.33 | 4.31 |
| | | 12 | | 37.441 | 29.391 | 0.630 | 916.58 | 4.95 | 78.98 | 1455.68 | 6.24 | 128.67 | 377.49 | 3.18 | 60.74 | 1639.57 | 4.39 |
| | | 14 | | 43.296 | 33.987 | 0.629 | 1048.36 | 4.92 | 90.95 | 1665.02 | 6.20 | 147.17 | 431.70 | 3.16 | 68.24 | 1914.68 | 4.47 |
| | | 16 | | 49.067 | 38.518 | 0.629 | 1175.08 | 4.89 | 102.63 | 1865.57 | 6.17 | 164.89 | 484.59 | 3.14 | 75.31 | 2190.82 | 4.55 |
| 18 | 180 | 12 | 16 | 42.241 | 33.159 | 0.710 | 1321.35 | 5.59 | 100.82 | 2100.10 | 7.05 | 165.00 | 542.61 | 3.58 | 78.41 | 2332.82 | 4.89 |
| | | 14 | | 48.896 | 38.383 | 0.709 | 1514.48 | 5.56 | 116.25 | 2407.42 | 7.02 | 189.14 | 621.53 | 3.56 | 88.38 | 2723.48 | 4.97 |
| | | 16 | | 55.467 | 43.542 | 0.709 | 1700.99 | 5.54 | 131.13 | 2703.37 | 6.98 | 212.40 | 698.60 | 3.55 | 97.83 | 3115.29 | 5.05 |
| | | 18 | | 61.955 | 48.634 | 0.708 | 1875.12 | 5.50 | 145.64 | 2988.24 | 6.94 | 234.78 | 762.01 | 3.51 | 105.14 | 3502.43 | 5.13 |
| 20 | 200 | 14 | 18 | 54.642 | 42.894 | 0.788 | 2103.55 | 6.20 | 144.70 | 3343.26 | 7.82 | 236.40 | 863.83 | 3.98 | 111.82 | 3734.10 | 5.46 |
| | | 16 | | 62.013 | 48.680 | 0.788 | 2366.15 | 6.18 | 163.65 | 3760.89 | 7.79 | 265.93 | 971.41 | 3.96 | 123.96 | 4270.39 | 5.54 |
| | | 18 | | 69.301 | 54.401 | 0.787 | 2620.64 | 6.15 | 182.22 | 4164.54 | 7.75 | 294.48 | 1076.74 | 3.74 | 135.52 | 4808.13 | 5.62 |
| | | 20 | | 76.505 | 60.056 | 0.787 | 2867.30 | 6.12 | 200.42 | 4554.55 | 7.72 | 322.06 | 1180.04 | 3.93 | 146.55 | 5347.51 | 5.69 |
| | | 24 | | 90.661 | 71.168 | 0.785 | 3338.25 | 6.07 | 236.17 | 5294.97 | 7.64 | 374.41 | 1381.53 | 3.90 | 166.65 | 6457.16 | 5.87 |

注:截面图中的 $r_1 = d/3$ 及表中 $r$ 值,用于孔型设计,不作为交货条件。

# 表 E-2 热轧不等边角钢（GB 9788—88）

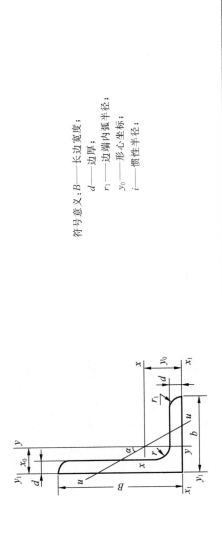

符号意义：B—长边宽度；
b—短边宽度；
d—边厚；
r₁—边端内弧半径；
r—内圆弧半径；
x₀—形心坐标；
y₀—形心坐标；
I—惯性矩；
i—惯性半径；
W—抗弯截面系数。

| 角钢号数 | 尺寸/mm | | | | 截面面积/cm² | 理论质量/(kg/m) | 外表面积/(m²/m) | 参考数值 | | | | | | | | | | | | | |
| --- | --- | --- | --- | --- | --- | --- | --- | --- | --- | --- | --- | --- | --- | --- | --- | --- | --- | --- | --- | --- | --- |
| | | | | | | | | x-x | | | y-y | | | x₁-x₁ | | y₁-y₁ | | u-u | | | |
| | B | b | d | r | | | | $I_x$/cm⁴ | $i_x$/cm | $W_x$/cm³ | $I_y$/cm⁴ | $i_y$/cm | $W_y$/cm³ | $I_{x1}$/cm⁴ | $y_0$/cm | $I_{y1}$/cm⁴ | $x_0$/cm | $I_x$/cm⁴ | $i_u$/cm | $W_u$/cm³ | $\tan\alpha$ |
| 2.5/1.6 | 25 | 16 | 3 | 3.5 | 1.162 | 0.912 | 0.080 | 0.70 | 0.78 | 0.43 | 0.22 | 0.44 | 0.19 | 1.56 | 0.86 | 0.43 | 0.42 | 0.14 | 0.34 | 0.16 | 0.392 |
| | | | 4 | | 1.499 | 1.176 | 0.079 | 0.88 | 0.77 | 0.55 | 0.27 | 0.43 | 0.24 | 2.09 | 0.90 | 0.59 | 0.46 | 0.17 | 0.34 | 0.20 | 0.381 |
| 3.2/2 | 32 | 20 | 3 | | 1.492 | 1.171 | 0.102 | 1.53 | 1.01 | 0.72 | 0.46 | 0.55 | 0.30 | 3.27 | 1.08 | 0.82 | 0.49 | 0.28 | 0.43 | 0.25 | 0.382 |
| | | | 4 | | 1.939 | 1.22 | 0.101 | 1.93 | 1.00 | 0.93 | 0.57 | 0.54 | 0.39 | 4.37 | 1.12 | 1.12 | 0.53 | 0.35 | 0.42 | 0.32 | 0.374 |
| 4/2.5 | 40 | 25 | 3 | 4 | 1.890 | 1.484 | 0.127 | 3.08 | 1.28 | 1.15 | 0.93 | 0.70 | 0.49 | 5.39 | 1.32 | 1.59 | 0.59 | 0.56 | 0.54 | 0.40 | 0.385 |
| | | | 4 | | 2.467 | 1.936 | 0.127 | 3.93 | 1.26 | 1.49 | 1.18 | 0.69 | 0.63 | 8.53 | 1.37 | 2.14 | 0.63 | 0.71 | 0.54 | 0.52 | 0.381 |
| 4.5/2.8 | 45 | 28 | 3 | 5 | 2.149 | 1.687 | 0.143 | 4.45 | 1.44 | 1.47 | 1.34 | 0.79 | 0.62 | 9.10 | 1.47 | 2.23 | 0.64 | 0.80 | 0.61 | 0.51 | 0.383 |
| | | | 4 | | 2.806 | 2.203 | 0.143 | 5.69 | 1.42 | 1.91 | 1.70 | 0.78 | 0.80 | 12.13 | 1.51 | 3.00 | 0.68 | 1.02 | 0.60 | 0.66 | 0.380 |

| 角钢号数 | 尺寸/mm B | b | d | r | 截面面积/cm² | 理论质量/(kg/m) | 外表面积/(m²/m) | 参考数值 x-x $I_x$/cm⁴ | $i_x$/cm | $W_x$/cm³ | y-y $I_y$/cm⁴ | $i_y$/cm | $W_y$/cm³ | $x_1$-$x_1$ $I_{x1}$/cm⁴ | $y_0$/cm | $y_1$-$y_1$ $I_{y1}$/cm⁴ | $x_0$/cm | u-u $I_u$/cm⁴ | $i_u$/cm | $W_u$/cm³ | tanα |
|---|---|---|---|---|---|---|---|---|---|---|---|---|---|---|---|---|---|---|---|---|---|
| 5/3.2 | 50 | 32 | 3 | 5.5 | 2.431 | 1.908 | 0.161 | 6.24 | 1.60 | 1.84 | 2.02 | 0.91 | 0.82 | 12.49 | 1.60 | 3.31 | 0.73 | 1.20 | 0.70 | 0.68 | 0.404 |
|  |  |  | 4 |  | 3.177 | 2.494 | 0.160 | 8.02 | 1.59 | 2.39 | 2.58 | 0.90 | 1.06 | 16.65 | 1.65 | 4.45 | 0.77 | 1.53 | 0.69 | 0.87 | 0.402 |
| 5.6/3.6 | 56 | 36 | 3 | 6 | 2.743 | 2.153 | 0.181 | 8.88 | 1.80 | 2.32 | 2.92 | 1.03 | 1.05 | 17.54 | 1.78 | 4.70 | 0.80 | 1.73 | 0.79 | 0.87 | 0.408 |
|  |  |  | 4 |  | 3.590 | 2.818 | 0.180 | 11.45 | 1.78 | 3.03 | 3.76 | 1.02 | 1.37 | 23.39 | 1.82 | 6.33 | 0.85 | 2.23 | 0.79 | 1.13 | 0.408 |
|  |  |  | 5 |  | 4.415 | 3.466 | 0.180 | 13.86 | 1.77 | 3.71 | 4.49 | 1.01 | 1.65 | 29.25 | 1.87 | 7.94 | 0.88 | 2.67 | 0.79 | 1.36 | 0.404 |
| 6.3/4 | 63 | 40 | 4 | 7 | 4.058 | 3.185 | 0.202 | 16.49 | 2.02 | 3.87 | 5.23 | 1.14 | 1.70 | 33.30 | 2.04 | 8.63 | 0.92 | 3.12 | 0.88 | 1.40 | 0.398 |
|  |  |  | 5 |  | 4.993 | 3.920 | 0.202 | 20.02 | 2.00 | 4.74 | 6.31 | 1.12 | 2.71 | 41.63 | 2.08 | 10.86 | 0.95 | 3.76 | 0.87 | 1.71 | 0.396 |
|  |  |  | 6 |  | 5.908 | 4.638 | 0.201 | 23.36 | 1.96 | 5.59 | 7.29 | 1.11 | 2.43 | 49.98 | 2.12 | 13.12 | 0.99 | 4.34 | 0.86 | 1.99 | 0.393 |
|  |  |  | 7 |  | 6.802 | 5.339 | 0.201 | 26.53 | 1.98 | 6.40 | 8.24 | 1.10 | 2.78 | 58.07 | 2.15 | 15.47 | 1.03 | 4.97 | 0.86 | 2.29 | 0.389 |
| 7/4.5 | 70 | 45 | 4 | 7.5 | 4.547 | 3.570 | 0.226 | 23.17 | 2.26 | 4.86 | 7.55 | 1.29 | 2.17 | 45.92 | 2.24 | 12.26 | 1.02 | 4.40 | 0.98 | 1.77 | 0.410 |
|  |  |  | 5 |  | 5.609 | 4.403 | 0.225 | 27.95 | 2.23 | 5.92 | 9.13 | 1.28 | 2.65 | 57.10 | 2.28 | 15.39 | 1.06 | 5.40 | 0.98 | 2.19 | 0.407 |
|  |  |  | 6 |  | 6.647 | 5.218 | 0.225 | 32.54 | 2.21 | 6.95 | 10.62 | 1.26 | 3.12 | 68.35 | 2.32 | 18.58 | 1.09 | 6.35 | 0.93 | 2.59 | 0.404 |
|  |  |  | 7 |  | 7.657 | 6.011 | 0.225 | 37.22 | 2.20 | 8.03 | 12.01 | 1.25 | 3.57 | 79.99 | 2.36 | 21.84 | 1.13 | 7.16 | 0.97 | 2.94 | 0.402 |
| (7.5/5) | 75 | 50 | 5 | 8 | 6.125 | 4.808 | 0.245 | 34.86 | 2.39 | 6.83 | 12.61 | 1.44 | 3.30 | 70.00 | 2.40 | 21.04 | 1.17 | 7.41 | 1.10 | 2.74 | 0.435 |
|  |  |  | 6 |  | 7.260 | 5.699 | 0.245 | 41.12 | 2.38 | 8.12 | 14.70 | 1.42 | 3.88 | 84.30 | 2.44 | 25.37 | 1.21 | 8.54 | 1.08 | 3.19 | 0.435 |
|  |  |  | 8 |  | 9.467 | 7.431 | 0.244 | 52.39 | 2.35 | 10.52 | 18.53 | 1.40 | 4.99 | 112.50 | 2.52 | 34.23 | 1.29 | 10.87 | 1.07 | 4.10 | 0.429 |
|  |  |  | 10 |  | 11.590 | 9.098 | 0.244 | 62.71 | 2.33 | 12.79 | 21.96 | 1.38 | 6.04 | 140.80 | 2.60 | 43.43 | 1.36 | 13.10 | 1.06 | 4.99 | 0.423 |

| 角钢号数 | 尺寸/mm | | | | 截面面积/cm² | 理论质量/(kg/m) | 外表面积/(m²/m) | 参考数值 | | | | | | | | | | | | | | |
|---|---|---|---|---|---|---|---|---|---|---|---|---|---|---|---|---|---|---|---|---|---|---|
| | B | b | d | r | | | | x-x | | | y-y | | | $x_1-x_1$ | | $y_1-y_1$ | | u-u | | | |
| | | | | | | | | $I_x$/cm⁴ | $i_x$/cm | $W_x$/cm³ | $I_y$/cm⁴ | $i_y$/cm | $W_y$/cm³ | $I_{x1}$/cm⁴ | $y_0$/cm | $I_{y1}$/cm⁴ | $x_0$/cm | $I_x$/cm⁴ | $i_u$/cm | $W_u$/cm³ | tanα |
| 8/5 | 80 | 50 | 5 | 8 | 6.375 | 5.005 | 0.255 | 41.96 | 2.56 | 7.78 | 12.82 | 1.42 | 3.32 | 85.21 | 2.60 | 21.06 | 1.14 | 7.66 | 1.10 | 2.74 | 0.388 |
| | | | 6 | | 7.560 | 5.935 | 0.255 | 49.49 | 2.56 | 9.25 | 14.95 | 1.41 | 3.91 | 102.53 | 2.65 | 25.41 | 1.18 | 8.85 | 1.08 | 3.20 | 0.387 |
| | | | 7 | | 8.724 | 6.848 | 0.255 | 56.16 | 2.54 | 10.58 | 16.96 | 1.39 | 4.48 | 119.33 | 2.69 | 29.82 | 1.21 | 10.18 | 1.08 | 3.70 | 0.384 |
| | | | 8 | | 9.867 | 7.745 | 0.254 | 62.83 | 2.52 | 11.92 | 18.85 | 1.38 | 5.03 | 136.41 | 2.73 | 34.32 | 1.25 | 11.38 | 1.07 | 4.16 | 0.381 |
| 9/5.6 | 90 | 56 | 5 | 9 | 7.212 | 5.661 | 0.287 | 60.45 | 2.90 | 9.92 | 18.32 | 1.59 | 4.21 | 121.32 | 2.91 | 29.53 | 1.25 | 10.98 | 1.23 | 3.49 | 0.385 |
| | | | 6 | | 8.557 | 6.717 | 0.286 | 71.03 | 2.88 | 11.74 | 21.42 | 1.58 | 4.96 | 145.59 | 2.95 | 35.58 | 1.29 | 12.90 | 1.23 | 4.18 | 0.384 |
| | | | 7 | | 9.880 | 7.756 | 0.286 | 81.01 | 2.86 | 13.49 | 24.36 | 1.57 | 5.70 | 169.66 | 3.00 | 41.71 | 1.33 | 14.67 | 1.22 | 4.72 | 0.382 |
| | | | 8 | | 11.183 | 8.779 | 0.286 | 91.03 | 2.85 | 15.27 | 27.15 | 1.56 | 6.41 | 194.17 | 3.04 | 47.93 | 1.36 | 16.34 | 1.21 | 5.29 | 0.380 |
| 10/6.3 | 100 | 63 | 6 | 10 | 9.617 | 7.550 | 0.320 | 99.06 | 3.21 | 14.64 | 30.94 | 1.79 | 6.35 | 199.71 | 3.24 | 50.50 | 1.43 | 18.42 | 1.38 | 5.25 | 0.394 |
| | | | 7 | | 11.111 | 8.722 | 0.320 | 113.45 | 3.20 | 16.88 | 35.26 | 1.78 | 7.29 | 233.00 | 3.28 | 59.14 | 1.47 | 21.00 | 1.38 | 6.02 | 0.394 |
| | | | 8 | | 12.584 | 9.878 | 0.319 | 127.37 | 3.18 | 19.08 | 39.39 | 1.77 | 8.21 | 266.32 | 3.32 | 67.88 | 1.50 | 23.50 | 1.37 | 6.78 | 0.391 |
| | | | 10 | | 15.467 | 12.142 | 0.319 | 153.81 | 3.15 | 23.32 | 47.12 | 1.74 | 9.98 | 333.06 | 3.40 | 85.73 | 1.58 | 28.33 | 1.35 | 8.24 | 0.387 |
| 10/8 | 100 | 80 | 6 | 10 | 10.637 | 8.350 | 0.354 | 107.04 | 3.17 | 15.19 | 61.24 | 2.40 | 10.16 | 199.83 | 2.95 | 102.68 | 1.97 | 31.65 | 1.72 | 8.37 | 0.627 |
| | | | 7 | | 12.301 | 9.656 | 0.354 | 122.73 | 3.16 | 17.52 | 70.08 | 2.39 | 11.71 | 233.20 | 3.00 | 119.98 | 2.01 | 36.17 | 1.72 | 9.60 | 0.626 |
| | | | 8 | | 13.944 | 10.946 | 0.353 | 137.92 | 3.14 | 19.81 | 75.58 | 2.37 | 13.21 | 266.61 | 3.04 | 137.37 | 2.05 | 40.58 | 1.71 | 10.80 | 0.625 |
| | | | 10 | | 17.167 | 13.476 | 0.353 | 166.87 | 3.12 | 24.24 | 94.65 | 2.35 | 16.12 | 333.63 | 3.12 | 172.48 | 2.13 | 49.10 | 1.69 | 13.12 | 0.622 |
| 11/7 | 110 | 70 | 6 | 10 | 10.637 | 8.350 | 0.354 | 133.37 | 3.54 | 17.85 | 42.92 | 2.01 | 7.90 | 265.78 | 3.53 | 69.08 | 1.57 | 25.36 | 1.54 | 6.53 | 0.403 |
| | | | 7 | | 12.301 | 9.656 | 0.354 | 153.00 | 5.53 | 20.60 | 49.01 | 2.00 | 9.09 | 310.07 | 3.57 | 80.82 | 1.61 | 28.95 | 1.53 | 7.50 | 0.402 |
| | | | 8 | | 13.944 | 10.916 | 0.353 | 172.04 | 3.51 | 23.30 | 54.87 | 1.98 | 10.25 | 354.39 | 3.62 | 92.70 | 1.65 | 32.45 | 1.53 | 8.45 | 0.401 |
| | | | 10 | | 17.167 | 13.467 | 0.353 | 208.39 | 3.48 | 28.54 | 65.88 | 1.96 | 12.48 | 443.13 | 3.70 | 116.83 | 1.72 | 39.20 | 1.51 | 10.29 | 0.397 |

| 角钢号数 | 尺寸/mm | | | | 截面面积/cm² | 理论质量/(kg/m) | 外表面积/(m²/m) | 参考数值 | | | | | | | | | | | | |
|---|---|---|---|---|---|---|---|---|---|---|---|---|---|---|---|---|---|---|---|---|
| | B | b | d | r | | | | x-x | | | y-y | | | x1-x1 | | y1-y1 | | u-u | | | |
| | | | | | | | | $I_x$/cm⁴ | $i_x$/cm | $W_x$/cm³ | $I_y$/cm⁴ | $i_y$/cm | $W_y$/cm³ | $I_{x1}$/cm⁴ | $y_0$/cm | $I_{y1}$/cm⁴ | $x_0$/cm | $I_x$/cm⁴ | $i_u$/cm | $W_u$/cm³ | tanα |
| 12.5/8 | 125 | 80 | 7 | 11 | 14.096 | 11.066 | 0.403 | 227.98 | 4.02 | 26.86 | 74.42 | 2.30 | 12.01 | 454.99 | 4.01 | 120.32 | 1.80 | 43.81 | 1.76 | 9.92 | 0.408 |
| | | | 8 | | 15.989 | 12.551 | 0.403 | 256.77 | 4.01 | 30.41 | 83.49 | 2.28 | 13.56 | 519.99 | 4.06 | 137.85 | 1.84 | 49.15 | 1.75 | 11.18 | 0.407 |
| | | | 10 | | 19.712 | 15.474 | 0.402 | 312.04 | 3.98 | 37.33 | 100.67 | 2.26 | 16.56 | 650.09 | 4.14 | 173.40 | 1.92 | 59.45 | 1.74 | 13.64 | 0.404 |
| | | | 12 | | 23.351 | 18.330 | 0.402 | 364.41 | 3.95 | 44.01 | 116.67 | 2.24 | 19.43 | 780.39 | 4.22 | 209.67 | 2.00 | 69.35 | 1.72 | 16.01 | 0.400 |
| 14/8 | 140 | 90 | 8 | 12 | 18.038 | 14.160 | 0.453 | 365.64 | 4.50 | 38.48 | 120.69 | 2.59 | 17.34 | 730.53 | 4.50 | 195.79 | 2.04 | 70.83 | 1.98 | 14.31 | 0.411 |
| | | | 10 | | 22.261 | 17.475 | 0.452 | 445.50 | 4.47 | 47.31 | 146.03 | 2.56 | 21.22 | 913.20 | 4.58 | 245.92 | 2.21 | 85.82 | 1.96 | 17.48 | 0.409 |
| | | | 12 | | 26.400 | 20.724 | 0.451 | 521.59 | 4.44 | 55.87 | 169.79 | 2.54 | 24.95 | 1096.09 | 4.66 | 296.89 | 2.19 | 100.21 | 1.95 | 20.54 | 0.406 |
| | | | 14 | | 30.456 | 23.908 | 0.451 | 594.10 | 4.42 | 64.18 | 192.10 | 2.51 | 28.54 | 1279.26 | 4.74 | 348.82 | 2.27 | 114.13 | 1.94 | 23.52 | 0.403 |
| 16/10 | 160 | 100 | 10 | 13 | 25.315 | 19.872 | 0.512 | 668.69 | 5.14 | 62.13 | 205.03 | 2.85 | 26.56 | 1362.89 | 5.24 | 336.59 | 2.28 | 121.74 | 2.19 | 21.92 | 0.390 |
| | | | 12 | | 30.054 | 23.592 | 0.511 | 784.91 | 5.11 | 73.49 | 239.09 | 2.82 | 31.28 | 1635.56 | 5.32 | 405.94 | 2.36 | 142.33 | 2.17 | 25.79 | 0.388 |
| | | | 14 | | 34.709 | 27.247 | 0.510 | 896.30 | 5.08 | 84.56 | 271.20 | 2.80 | 35.83 | 1908.50 | 5.40 | 476.42 | 2.43 | 162.23 | 2.16 | 29.56 | 0.385 |
| | | | 16 | | 39.281 | 30.835 | 0.510 | 1003.04 | 5.05 | 95.33 | 301.60 | 2.77 | 40.24 | 2181.79 | 5.48 | 548.22 | 2.51 | 182.57 | 2.16 | 33.44 | 0.382 |
| 18/11 | 180 | 110 | 10 | 14 | 28.373 | 22.273 | 0.571 | 956.25 | 5.80 | 78.96 | 278.11 | 3.13 | 32.49 | 1940.40 | 5.89 | 447.22 | 2.44 | 166.50 | 2.42 | 26.88 | 0.376 |
| | | | 12 | | 33.712 | 26.464 | 0.571 | 1124.72 | 5.78 | 93.53 | 325.03 | 3.10 | 38.32 | 2328.35 | 5.98 | 538.94 | 2.52 | 194.87 | 2.40 | 31.66 | 0.374 |
| | | | 14 | | 38.967 | 30.589 | 0.570 | 1286.91 | 5.75 | 107.76 | 369.55 | 3.08 | 43.97 | 2716.60 | 6.06 | 631.95 | 2.59 | 222.30 | 2.39 | 36.32 | 0.372 |
| | | | 16 | | 44.139 | 34.649 | 0.569 | 1443.06 | 5.72 | 121.64 | 411.85 | 3.06 | 49.44 | 3105.15 | 6.14 | 726.46 | 2.67 | 248.84 | 2.38 | 40.87 | 0.369 |
| 20/12.5 | 200 | 125 | 12 | 14 | 37.912 | 29.761 | 0.641 | 1570.90 | 6.44 | 116.73 | 483.16 | 3.57 | 49.99 | 3193.85 | 6.54 | 787.74 | 2.83 | 285.79 | 2.74 | 41.23 | 0.392 |
| | | | 14 | | 43.867 | 34.436 | 0.640 | 1800.97 | 6.41 | 134.65 | 550.83 | 3.54 | 57.44 | 3726.17 | 6.62 | 922.47 | 2.91 | 326.58 | 2.73 | 47.34 | 0.390 |
| | | | 16 | | 49.739 | 39.045 | 0.639 | 2023.35 | 6.38 | 152.18 | 615.44 | 3.52 | 64.69 | 4258.86 | 6.70 | 1058.86 | 2.99 | 366.21 | 2.71 | 53.32 | 0.388 |
| | | | 18 | | 55.526 | 43.588 | 0.639 | 2238.30 | 6.35 | 169.33 | 677.19 | 3.49 | 71.74 | 4972.00 | 6.78 | 1197.13 | 3.06 | 404.83 | 2.70 | 59.18 | 0.385 |

注:1. 括号内型号不推荐使用。

2. 截面图中的 $r_1=d/3$ 及表中 $r$ 值,用于孔型设计,不作为交货条件。

## 表 E-3　热轧槽钢（GB 707—88）

符号意义：$h$——高度；
　　　　　$b$——腿宽度；
　　　　　$d$——腰厚度；
　　　　　$t$——平均腿厚度；
　　　　　$r$——内圆弧半径；
　　　　　$r_1$——腿端圆弧半径；
　　　　　$I$——惯性矩；
　　　　　$W$——抗弯截面系数；
　　　　　$i$——惯性半径；
　　　　　$z_0$——$y$-$y$ 轴与 $y_1$-$y_1$ 轴间距。

| 型号 | 尺寸/mm | | | | | | 截面面积/cm² | 理论质量/(kg/m) | 参考数值 | | | | | | | | |
| | $h$ | $b$ | $d$ | $t$ | $r$ | $r_1$ | | | $x$-$x$ | | | $y$-$y$ | | | | $y_1$-$y_1$ | $z_0$/cm |
| | | | | | | | | | $W_x$/cm³ | $I_x$/cm⁴ | $i_x$/cm | $W_y$/cm³ | $I_y$/cm⁴ | $i_y$/cm | | $I_{y1}$/cm⁴ | |
| 5 | 50 | 37 | 4.5 | 7 | 7.0 | 3.5 | 6.928 | 5.438 | 10.4 | 26.0 | 1.94 | 3.55 | 8.30 | 1.10 | | 20.9 | 1.35 |
| 6.3 | 63 | 40 | 4.8 | 7.5 | 7.5 | 3.8 | 8.451 | 6.634 | 16.1 | 50.8 | 2.45 | 4.50 | 11.9 | 1.19 | | 28.4 | 1.36 |
| 8 | 80 | 43 | 5.0 | 8 | 8.0 | 4.0 | 10.248 | 8.045 | 25.3 | 101 | 3.15 | 5.79 | 16.6 | 1.27 | | 37.4 | 1.43 |
| 10 | 100 | 48 | 5.3 | 8.5 | 8.5 | 4.2 | 12.748 | 10.007 | 39.7 | 198 | 3.95 | 7.8 | 25.6 | 1.41 | | 54.9 | 1.52 |
| 12.6 | 126 | 53 | 5.5 | 9 | 9.0 | 4.5 | 15.692 | 12.318 | 62.1 | 391 | 4.95 | 10.2 | 38.0 | 1.57 | | 77.1 | 1.59 |
| 14 a | 140 | 58 | 6.0 | 9.5 | 9.5 | 4.8 | 18.516 | 14.535 | 80.5 | 564 | 5.52 | 13.0 | 53.2 | 1.70 | | 107 | 1.71 |
| 14 b | 140 | 60 | 8.0 | 9.5 | 9.5 | 4.8 | 21.316 | 16.733 | 87.1 | 609 | 5.35 | 14.1 | 61.1 | 1.69 | | 121 | 1.67 |
| 16a | 160 | 63 | 6.5 | 10 | 10.0 | 5.0 | 21.962 | 17.240 | 108 | 866 | 6.28 | 16.3 | 73.3 | 1.83 | | 144 | 1.80 |
| 16 | 160 | 65 | 8.5 | 10 | 10.0 | 5.0 | 25.162 | 19.752 | 117 | 935 | 6.10 | 17.6 | 83.4 | 1.82 | | 161 | 1.75 |
| 18a | 180 | 68 | 7.0 | 10.5 | 10.5 | 5.2 | 25.699 | 20.174 | 141 | 1270 | 7.04 | 20.2 | 98.6 | 1.96 | | 190 | 1.88 |
| 18 | 180 | 70 | 9.0 | 10.5 | 10.5 | 5.2 | 29.299 | 23.000 | 152 | 1370 | 6.84 | 21.5 | 111 | 1.95 | | 210 | 1.84 |

| 型号 | 尺寸/mm | | | | | | 截面面积/cm² | 理论质量/(kg/m) | 参考数值 | | | | | | | |
| | h | b | d | t | r | $r_1$ | | | $x-x$ | | | $y-y$ | | | $y_1-y_1$ | $z_0$/cm |
| | | | | | | | | | $W_x$/cm³ | $I_x$/cm⁴ | $i_x$/cm | $W_y$/cm³ | $I_y$/cm⁴ | $i_y$/cm | $I_{y1}$/cm⁴ | |
| 20a | 200 | 73 | 7.0 | 11 | 11.0 | 5.5 | 28.837 | 22.637 | 178 | 1780 | 7.86 | 24.2 | 128 | 2.11 | 244 | 2.01 |
| 20 | 200 | 75 | 9.0 | 11 | 11.0 | 5.5 | 32.837 | 25.777 | 191 | 1910 | 7.64 | 25.9 | 144 | 2.09 | 268 | 1.95 |
| 22a | 220 | 77 | 7.0 | 11.5 | 11.5 | 5.8 | 31.846 | 24.999 | 218 | 2390 | 8.67 | 28.2 | 158 | 2.23 | 298 | 2.10 |
| 22 | 220 | 79 | 9.0 | 11.5 | 11.5 | 5.8 | 36.246 | 28.453 | 234 | 2570 | 8.42 | 30.1 | 176 | 2.21 | 326 | 2.03 |
| a | 250 | 78 | 7.0 | 12 | 12.0 | 6.0 | 34.917 | 27.410 | 270 | 3370 | 9.82 | 30.6 | 176 | 2.24 | 322 | 2.07 |
| 25b | 250 | 80 | 9.0 | 12 | 12.0 | 6.0 | 39.917 | 31.335 | 282 | 3530 | 9.41 | 32.7 | 196 | 2.22 | 353 | 1.98 |
| c | 250 | 82 | 11.0 | 12 | 12.0 | 6.0 | 44.917 | 35.260 | 295 | 3690 | 9.07 | 35.9 | 218 | 2.21 | 384 | 1.92 |
| a | 280 | 82 | 7.5 | 12.5 | 12.5 | 6.2 | 40.034 | 31.427 | 340 | 4760 | 10.9 | 35.7 | 218 | 2.33 | 388 | 2.10 |
| 28b | 280 | 84 | 9.5 | 12.5 | 12.5 | 6.2 | 45.634 | 35.823 | 366 | 5130 | 10.6 | 37.9 | 242 | 2.30 | 428 | 2.02 |
| c | 280 | 86 | 11.5 | 12.5 | 12.5 | 6.2 | 51.234 | 40.219 | 393 | 5500 | 10.4 | 40.3 | 268 | 2.29 | 463 | 1.95 |
| a | 320 | 88 | 8.0 | 14 | 14.0 | 7.0 | 48.513 | 38.083 | 475 | 7600 | 12.5 | 46.5 | 305 | 2.50 | 552 | 2.24 |
| 32b | 320 | 90 | 10.0 | 14 | 14.0 | 7.0 | 54.913 | 43.107 | 509 | 8140 | 12.2 | 59.2 | 336 | 2.47 | 593 | 2.16 |
| c | 320 | 92 | 12.0 | 14 | 14.0 | 7.0 | 61.313 | 48.131 | 543 | 8690 | 11.9 | 52.6 | 374 | 2.47 | 643 | 2.09 |
| a | 360 | 96 | 9.0 | 16 | 16.0 | 8.0 | 60.910 | 47.814 | 660 | 11900 | 14.0 | 63.5 | 455 | 2.73 | 818 | 2.44 |
| 36b | 360 | 98 | 11.0 | 16 | 16.0 | 8.0 | 68.110 | 53.466 | 703 | 12700 | 13.6 | 66.9 | 497 | 2.70 | 880 | 2.37 |
| c | 360 | 100 | 13.0 | 16 | 16.0 | 8.0 | 75.310 | 59.118 | 746 | 13400 | 13.4 | 70.0 | 536 | 2.67 | 948 | 2.34 |
| a | 400 | 100 | 10.5 | 18 | 18.0 | 9.0 | 75.068 | 58.928 | 879 | 17600 | 15.3 | 78.8 | 592 | 2.81 | 1070 | 2.49 |
| 40b | 400 | 102 | 12.5 | 18 | 18.0 | 9.0 | 83.068 | 65.208 | 932 | 18600 | 15.0 | 82.5 | 640 | 2.78 | 1140 | 2.44 |
| c | 400 | 104 | 14.5 | 18 | 18.0 | 9.0 | 91.068 | 71.488 | 986 | 19700 | 14.7 | 86.2 | 688 | 2.75 | 1220 | 2.42 |

表 E-4　热轧工字钢（GB 706—88）

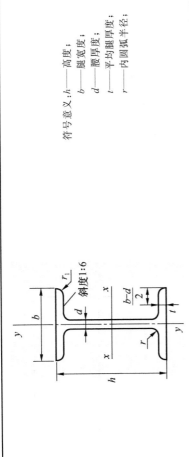

符号意义：$h$——高度；
$b$——腿宽度；
$d$——腰厚度；
$t$——平均腿厚度；
$r$——内圆弧半径；
$r_1$——腿端圆弧半径；
$I$——惯性矩；
$W$——抗弯截面系数；
$i$——惯性半径；
$S$——半截面的静力矩。

| 型号 | 尺寸/mm | | | | | | 截面面积 /cm² | 理论质量 /(kg/m) | 参考数值 | | | | | | |
|---|---|---|---|---|---|---|---|---|---|---|---|---|---|---|---|
| | | | | | | | | | $x$-$x$ | | | | $y$-$y$ | | |
| | $h$ | $b$ | $d$ | $t$ | $r$ | $r_1$ | | | $I_x$ /cm⁴ | $W_x$ /cm³ | $i_x$ /cm | $I_x:S_x$ /cm | $I_y$ /cm⁴ | $W_y$ /cm³ | $i_y$ /cm |
| 10 | 100 | 68 | 4.5 | 7.6 | 6.5 | 3.3 | 14.345 | 11.261 | 245 | 49.0 | 4.14 | 8.59 | 33.0 | 9.72 | 1.52 |
| 12.6 | 126 | 74 | 5.0 | 8.4 | 7.0 | 3.5 | 18.118 | 14.223 | 488 | 77.5 | 5.20 | 10.8 | 46.9 | 12.7 | 1.61 |
| 14 | 140 | 80 | 5.5 | 9.1 | 7.5 | 3.8 | 21.516 | 16.890 | 712 | 102 | 5.76 | 12.0 | 64.4 | 16.1 | 1.73 |
| 16 | 160 | 88 | 6.0 | 9.9 | 8.0 | 4.0 | 26.131 | 20.513 | 1130 | 141 | 6.58 | 13.8 | 93.1 | 21.2 | 1.89 |
| 18 | 180 | 94 | 6.5 | 10.7 | 8.5 | 4.3 | 30.756 | 24.143 | 1660 | 185 | 7.36 | 15.4 | 122 | 26.0 | 2.00 |
| 20a | 200 | 100 | 7.0 | 11.4 | 9.0 | 4.5 | 35.578 | 27.929 | 2370 | 237 | 8.15 | 17.2 | 158 | 31.5 | 3.12 |
| 20b | 200 | 102 | 9.0 | 11.4 | 9.0 | 4.5 | 39.578 | 31.069 | 2500 | 250 | 7.96 | 16.9 | 169 | 33.1 | 2.06 |
| 22a | 220 | 110 | 7.5 | 12.3 | 9.5 | 4.8 | 42.128 | 33.070 | 3400 | 309 | 8.99 | 18.9 | 225 | 40.9 | 2.31 |
| 22b | 220 | 112 | 9.5 | 12.3 | 9.5 | 4.8 | 46.528 | 36.524 | 3570 | 325 | 7.78 | 18.7 | 239 | 42.7 | 2.27 |
| 25a | 250 | 116 | 8.0 | 13.0 | 10.0 | 5.0 | 48.541 | 38.105 | 5020 | 402 | 10.2 | 21.6 | 280 | 48.3 | 2.40 |
| 25b | 250 | 118 | 10.0 | 13.0 | 10.0 | 5.0 | 53.541 | 42.030 | 5280 | 423 | 9.94 | 21.3 | 309 | 52.4 | 2.40 |

| 型号 | 尺寸/mm | | | | | | 截面面积/cm² | 理论质量/(kg/m) | 参考数值 | | | | | | |
|---|---|---|---|---|---|---|---|---|---|---|---|---|---|---|---|
| | | | | | | | | | x-x | | | | y-y | | |
| | $h$ | $b$ | $d$ | $t$ | $r$ | $r_1$ | | | $I_x$ /cm⁴ | $W_x$ /cm³ | $i_x$ /cm | $I_x : S_x$ /cm | $I_y$ /cm⁴ | $W_y$ /cm³ | $i_y$ /cm |
| 28a | 280 | 122 | 8.5 | 13.7 | 10.5 | 5.3 | 55.404 | 43.492 | 7110 | 508 | 11.3 | 24.6 | 345 | 56.6 | 2.50 |
| 28b | 280 | 124 | 10.5 | 13.7 | 10.5 | 5.3 | 61.004 | 47.888 | 7480 | 534 | 11.1 | 24.2 | 379 | 61.2 | 2.49 |
| 32a | 320 | 130 | 9.5 | 15.0 | 11.5 | 5.8 | 67.156 | 52.717 | 11100 | 692 | 12.8 | 27.5 | 460 | 70.8 | 2.62 |
| 32b | 320 | 132 | 11.5 | 15.0 | 11.5 | 5.8 | 73.556 | 57.741 | 11600 | 726 | 12.6 | 27.1 | 502 | 76.0 | 2.61 |
| 32c | 320 | 134 | 13.5 | 15.0 | 11.5 | 5.8 | 79.956 | 62.765 | 12200 | 760 | 12.3 | 26.3 | 544 | 81.2 | 2.61 |
| 36a | 360 | 136 | 10.0 | 15.8 | 12.0 | 6.0 | 76.480 | 60.037 | 15800 | 875 | 14.4 | 30.7 | 552 | 81.2 | 2.69 |
| 36b | 360 | 138 | 12.0 | 15.8 | 12.0 | 6.0 | 83.680 | 65.689 | 16500 | 919 | 14.1 | 30.3 | 582 | 84.3 | 2.64 |
| 36c | 360 | 140 | 14.0 | 15.8 | 12.0 | 6.0 | 90.880 | 71.341 | 17300 | 962 | 13.8 | 29.9 | 612 | 87.4 | 2.60 |
| 40a | 400 | 142 | 10.5 | 16.5 | 12.5 | 6.3 | 86.112 | 67.598 | 21700 | 1090 | 15.9 | 34.1 | 660 | 93.2 | 2.77 |
| 40b | 400 | 144 | 12.5 | 16.5 | 12.5 | 6.3 | 94.112 | 73.878 | 22800 | 1140 | 16.5 | 33.6 | 692 | 96.2 | 2.71 |
| 40c | 400 | 146 | 14.5 | 16.5 | 12.5 | 6.3 | 102.112 | 80.158 | 23900 | 1190 | 15.2 | 33.2 | 727 | 99.6 | 2.65 |
| 45a | 450 | 150 | 11.5 | 18.0 | 13.5 | 6.8 | 102.446 | 80.420 | 32200 | 1430 | 17.7 | 38.6 | 855 | 114 | 2.89 |
| 45b | 450 | 152 | 13.5 | 18.0 | 13.5 | 6.8 | 111.446 | 87.485 | 33800 | 1500 | 17.4 | 38.0 | 894 | 118 | 2.84 |
| 45c | 450 | 154 | 15.5 | 18.0 | 13.5 | 6.8 | 120.446 | 94.550 | 35300 | 1570 | 17.1 | 37.6 | 938 | 122 | 2.79 |
| 50a | 500 | 158 | 12.0 | 20.4 | 14.0 | 7.0 | 119.304 | 93.654 | 46500 | 1860 | 19.7 | 42.8 | 1120 | 142 | 3.07 |
| 50b | 500 | 160 | 14.0 | 20.0 | 14.0 | 7.0 | 129.304 | 101.504 | 48600 | 1940 | 19.4 | 42.4 | 1170 | 146 | 3.01 |
| 50c | 500 | 162 | 16.0 | 20.0 | 14.0 | 7.0 | 139.304 | 109.354 | 50600 | 2080 | 19.0 | 41.8 | 1220 | 151 | 2.96 |
| 56a | 560 | 166 | 12.5 | 21.0 | 14.5 | 7.3 | 135.435 | 106.316 | 65600 | 2340 | 22.0 | 47.7 | 1370 | 165 | 3.18 |
| 56b | 560 | 168 | 14.5 | 21.0 | 14.5 | 7.3 | 146.635 | 115.108 | 68500 | 2450 | 21.6 | 47.2 | 1490 | 174 | 3.16 |
| 56c | 560 | 170 | 16.5 | 21.0 | 14.5 | 7.3 | 157.835 | 123.900 | 71400 | 2550 | 21.3 | 46.7 | 1560 | 183 | 3.16 |
| 63a | 630 | 176 | 13.0 | 22.0 | 15.0 | 7.5 | 154.658 | 121.407 | 93900 | 2980 | 24.5 | 54.2 | 1700 | 193 | 3.31 |
| 63b | 630 | 178 | 15.0 | 22.0 | 15.0 | 7.5 | 167.258 | 131.298 | 98100 | 3160 | 24.2 | 53.5 | 1810 | 204 | 3.29 |
| 63c | 630 | 180 | 17.0 | 22.0 | 15.0 | 7.5 | 179.858 | 141.189 | 102000 | 3300 | 23.8 | 52.9 | 1920 | 214 | 3.27 |

注：截面图和表中标注的圆弧半径 $r$ 和 $r_1$ 值，用于孔型设计，不作为交货条件。

# 附录 F  量度单位换算表

科学计算和工程设计中经常遇到不同量度单位制之间的转换问题。本附录列出了目前使用的不同量度单位制的转换系数，并以列表形式给出了工程中常用单位的简写、简称，以方便读者查找。

**表 F-1  量度单位换算表**

| 长 度 | |
|---|---|
| $1m = 10^{10} \text{Å}$(埃) | $1\text{Å} = 10^{-10}m$(米) |
| $1m = 10^9 nm$(纳米) | $1nm = 10^{-9}m$(米) |
| $1m = 10^6 \mu m$(微米) | $1\mu m = 10^{-6}m$(米) |
| $1m = 10^3 mm$(毫米) | $1mm = 10^{-3}m$(米) |
| $1m = 10^2 cm$(厘米) | $1cm = 10^{-2}m$(米) |
| $1mm = 0.0394 \text{ in}$(英寸) | $1in = 25.4mm$(毫米) |
| $1cm = 0.394 \text{ in}$(英寸) | $1in = 2.54cm$(厘米) |
| $1m = 39.4in = 3.28ft$(英尺) | $1ft = 12in = 0.3048m$(米) |
| $1mm = 39.37mil$(密尔) | $1mil = 10^{-3}in = 0.0254mm = 25.4\mu m$ |
| $1\mu m = 39.37\mu in$(微英寸) | $1\mu in = 0.0254\mu m$(微米) |

| 面 积 | |
|---|---|
| $1m^2 = 10^4 cm^2$(平方厘米) | $1cm^2 = 10^{-4}m^2$(平方米) |
| $1cm^2 = 10^2 mm^2$(平方毫米) | $1mm^2 = 10^{-2}cm^2$(平方厘米) |
| $1m^2 = 10.76ft^2$(平方英尺) | $1ft^2 = 0.093m^2$ |
| $1cm^2 = 0.1550in^2$(平方英寸) | $1in^2 = 6.452cm^2$ |

| 体 积 | |
|---|---|
| $1m^3 = 10^6 cm^3$(立方厘米) | $1cm^3 = 10^{-6}m^3$(立方米) |
| $1cm^3 = 10^3 mm^3$(立方毫米) | $1mm^3 = 10^{-3}cm^3$(立方厘米) |
| $1m^3 = 35.32ft^3$(立方英尺) | $1ft^3 = 0.0283m^3$(立方米) |
| $1cm^3 = 0.0610in^3$(立方英寸) | $1in^3 = 16.39cm^3$(立方厘米) |

| 质 量 | |
|---|---|
| $1Mg = 1t = 10^3 kg$(千克) | $1kg = 10^{-3}t$(吨)$= 10^{-3}Mg$(兆克) |
| $1kg = 10^3 g$(克) | $1g = 10^{-3}kg$(千克) |
| $1kg = 2.205lbm$(磅质量) | $1lbm = 0.4536kg$(千克) |
| $1g = 2.205 \times 10^{-3}lbm$(磅质量) | $1lbm = 453.6g$(克) |
| $1g = 0.035oz$(盎司) | $1oz = 28.35g$(克) |

| 密 度 | |
|---|---|
| $1kg/m^3 = 10^{-3}g/cm^3$ | $1g/cm^3 = 10^3 kg/m^3$ |
| $1Mg/m^3 = 1t/m^3 = 1g/cm^3$ | $1g/cm^3 = 1t/m^3 = 1Mg/m^3$ |
| $1kg/m^3 = 0.0624lbm/ft^3$ | $1lbm/ft^3 = 16.02kg/m^3$ |
| $1g/cm^3 = 62.4lbm/ft^3$ | $1lbm/ft^3 = 1.602 \times 10^{-2}g/cm^3$ |
| $1g/cm^3 = 0.0361lbm/in^3$ | $1lbm/in^3 = 27.7g/cm^3$ |

## 力

| | |
|---|---|
| 1N=0.102kgf(公斤力) | 1kgf=9.801N(牛顿,牛) |
| 1N=$10^5$dyn(达因) | 1dyn=$10^{-5}$N=10$\mu$N(微牛) |
| 1N=0.2248lbf(磅力) | 1lbf=4.448N(牛) |
| 1N=0.0002248k(kip)(千磅力) | 1k=1000lbf=4.448kN(千牛) |

## 压力、应力、压强

| | |
|---|---|
| 1Pa=1N/m²=10dyn/cm² | 1dyn/cm²=0.10Pa(帕斯卡,帕) |
| 1MPa=145psi(磅力每平方英寸) | 1psi=1lbf/in²=6.90×$10^{-3}$MPa(兆帕) |
| 1MPa=0.102kgf/mm²(公斤力每平方毫米) | 1kgf/mm²=9.807MPa(兆帕) |
| 1kgf/mm²=1422psi(磅力每平方英寸) | 1psi=7.03×$10^{-4}$kgf/mm²(公斤力每平方毫米) |
| 1kPa=0.00987atm(大气压) | 1atm=101.325kPa(千帕) |
| 1kPa=0.01ba(巴) | 1bar=100kPa=0.1MPa(兆帕) |
| 1Pa=0.0075torr(托)=0.0075mmHg(毫米汞柱) | 1torr=1mmHg=133.322Pa(帕) |
| 1Pa=145ksi(千磅力每平方英寸) | 1ksi=6.90MPa(兆帕) |

## 断裂韧性

| | |
|---|---|
| 1MPa·(m)$^{1/2}$=910psi·(in)$^{1/2}$ | 1psi·(in)$^{1/2}$=1.099×$10^{-3}$MPa·(m)$^{1/2}$ |

## 能量、功、热

| | |
|---|---|
| 1J=$10^7$erg(尔格) | 1erg=$10^{-7}$J(焦耳,焦) |
| 1J=6.24×$10^{18}$eV(电子伏) | 1eV=1.602×$10^{-19}$J(焦) |
| 1J=0.239cal(卡路里,卡) | 1cal=4.187J(焦) |
| 1J=9.48×$10^{-4}$Btu(英热量单位) | 1Btu=1054J(焦) |
| 1J=0.738ft·lbf(英尺·磅力) | 1ft·lbf=1.356J(焦) |
| 1eV=3.82×$10^{-20}$cal(卡) | 1cal=2.61×$10^{19}$eV(电子伏) |
| 1cal=3.97×$10^{-3}$Btu(英热量单位) | 1Btu=252.0cal(卡) |

## 功率

| | |
|---|---|
| 1W=1.01kgf·m/s | 1kgf·m/s=9.807W(瓦特,瓦) |
| 1W=1.36×$10^{-3}$马力 | 1马力=735.5W(瓦) |
| 1W=0.239cal/s(卡每秒) | 1cal/s=4.187W(瓦) |
| 1W=3.414Btu/h(英热量单位每小时) | 1Btu/h=0.293W(瓦) |
| 1cal/s=14.29Btu/h(英热量单位每小时) | 1Btu/h=0.070cal/s(卡每秒) |
| 1W=$10^7$erg/s(尔格每秒)=1J/s(焦每秒) | 1erg/s=$10^{-7}$W(瓦) |

## 黏度

| | |
|---|---|
| 1Pa·s=10P(泊) | 1P=0.1Pa·s(帕·秒) |
| 1mPa·s=1cP(厘泊) | 1cP=$10^{-3}$Pa·s(帕·秒) |

## 温度 $T$

| | |
|---|---|
| $T(K)=273.15+T(℃)$ | $T(℃)=T(K)-273.15$ |
| $T(K)=\frac{5}{9}[T(℉)-32]+273.15$ | $T(℉)=\frac{9}{5}[T(K)-273.15]+32$ |
| $T(℃)=\frac{5}{9}[T(℉)-32]$ | $T(℉)=\frac{9}{5}[T(℃)+32]$ |

## 比热容

| | |
|---|---|
| 1J/(kg·K)=2.29×$10^{-4}$cal/(g·K) | 1cal/(g·K)=4184J/(kg·K) |
| 1J/(kg·K)=2.29×$10^{-4}$Btu/(lbm·℉) | 1Btu/(lbm·℉)=4184J/(kg·K) |
| 1cal/(g·℃)=1.0Btu(lbm·℉) | 1Btu/(lbm·℉)=1.0cal/(g·K) |

| 热导率 | |
|---|---|
| $1W/(m \cdot K) = 2.39 \times 10^{-3} cal/(cm \cdot s \cdot K)$ | $1cal/(cm \cdot s \cdot K) = 418.4W/(m \cdot K)$ |
| $1W/(m \cdot K) = 0.578Btu/(ft \cdot h \cdot °F)$ | $1Btu/(ft \cdot h \cdot °F) = 1.730W/(m \cdot K)$ |
| $1cal/(cm \cdot s \cdot k) = 241.8Btu/(ft \cdot h \cdot °F)$ | $1Btu/(ft \cdot h \cdot °F) = 4.136 \times 10^{-3} cal/(cm \cdot s \cdot K)$ |

### 表 F-2　单位符号及其中文名称

| | | |
|---|---|---|
| A,安(培) | Gb,吉(伯) | mm,毫米 |
| Å,埃 | Gy,戈(瑞) | nm,纳米 |
| bar,巴 | h,(小)时 | N,牛(顿) |
| Btu,英热量单位 | H,亨(利) | Oe,奥(斯特) |
| C,库(仑) | Hz,赫(兹) | psi,磅力每平方英寸 |
| ℃,摄氏度 | in,英寸 | P,泊 |
| cal,卡(路里) | J,焦(耳) | Pa,帕(斯卡) |
| cm 厘米 | K,开(尔文) | rad,拉德 |
| cP,厘泊 | kgf,千克力 | s,秒 |
| dB,分贝 | kpsi,千磅每平方英寸 | S,西(门子) |
| dyn,达因 | L,升 | T,特(斯拉) |
| erg,尔格 | lbf,磅力 | torr,托 |
| eV,电子伏 | lbm,磅(质量) | min,分(钟) |
| F,法(拉) | m,米 | V,伏(特) |
| °F,华氏度 | Mg,兆克 | W,瓦(特) |
| ft,英尺 | MPa,兆帕 | Wb,韦(伯) |
| g,克 | mil,密耳 | Ω,欧(姆) |

### 表 F-3　国际单位制中常用的词头的符号

| 因数 | 词头 | | |
|---|---|---|---|
| | 英文名称 | 中文名称 | 符号 |
| $10^9$ | giga | 吉 | G |
| $10^6$ | mega | 兆 | M |
| $10^3$ | kilo | 千 | k |
| $10^{-2}$ | centi | 厘 | c |
| $10^{-3}$ | milli | 毫 | m |
| $10^{-6}$ | micro | 微 | $\mu$ |
| $10^{-9}$ | nano | 纳 | n |
| $10^{-12}$ | pico | 皮 | p |

### 表 F-4　常用其他符号

| | |
|---|---|
| ppm | $1 \times 10^{-6}$ |
| ppb | $1 \times 10^{-9}$ |

# 附录 G 材料力学名词中英文对照
## （按汉语拼音字母顺序）

## A

安全因数　safety factor

## B

闭口薄壁杆　thin-walled tube
比例极限　proportional limit
边界条件　boundary condition
变截面梁　beam of variable cross section
变形　deformation
变形协调方程　compatibility equation
标距　gage length
泊松比　Poisson's ratio
补偿块　compensating block

## C

材料力学　mechanics of materials
残余应力　residual stress
残余变形　residual deformation
冲击载荷　impact load
初应力,预应力　initial stress
纯剪切　pure shear
纯弯曲　pure bending
脆性材料　brittle material

## D

大柔度杆　long column
单位载荷　unit load
单位力偶　unit couple
单位载荷法　unit-load method
单向应力,单向受力　uniaxial stress
单元体　element volume
等强度梁　fully stressed beam
等效长度　equivalent length
等效应力　equivalent stress
低周疲劳　low-cycle fatigue
电桥平衡　bridge balancing

电阻应变计　resistance strain gage
电阻应变仪　resistance strain indicator
叠加法　superposition method
叠加原理　superposition principle
动载荷　dynamic load
断裂　fracture
断面收缩率　percentage reduction in area
多余约束　redundant restraint

## E

二向应力状态　state of biaxial stress

## F

分布力　distributed force
复杂应力状态　state of triaxial stress
复合材料　composite material

## G

杆,杆件　bar
刚度　stiffness
刚架,构架　frame
刚结点　rigid joint
高周疲劳　high-cycle fatigue
各向同性材料　isotropical material
各向异性材料　anisotropic material
功的互等定理　reciprocal-work theorem
工作应力　working stress
构件　structural member
惯性半径　radius of gyration of an area
惯性积　product of inertia
惯性矩,截面二次轴距　moment of inertia
惯性载荷　inertial load
广义胡克定律　generalized Hook's law

## H

横向变形　lateral deformation
胡克定律　Hook's law

滑移线　slip-lines

## J

基本系统　primary system

畸变能理论　distortion strain energy theory

畸变能密度　distortional strain energy density

极惯性矩，截面二次极矩　polar moment of inertia

极限应力　ultimate stress

极限载荷　limit load

挤压应力　bearing stress

剪力　shear force

剪力方程　equation of shear force

剪力图　shear force diagram

剪流　shear flow

剪切　shear

剪切胡克定律　Hook's law in shear

剪切弹性模量　shear modulus of elasticity

加载　loading

交变应力，循环应力　cyclic stress

结构　structure

截面法　method of section

截面几何性质　geometrical properties of an area

截面核心　core of section

静不定结构，超静定结构　statically indeterminate structure

静不定次（度）数，超静定次（度）数　degree of a statically indeterminate problem

静不定问题，超静定问题　statically indeterminate problem

静定结构　statically determinate structure

静力可能状态　admissible equilibrium state

静载荷　static load

静矩，一次矩　first moment

颈缩　necking

局部影响原理　principle of local effect

## K

开口薄壁杆　bar of thin-walled open cross section

抗拉强度　ultimate tension stress(UTS)

抗扭截面模量　section modulus in torsion

抗扭强度　ultimate stress in torsion

抗弯截面模量　section modulus in bending

可能功　admissible work

## L

拉压刚度　axial rigidity

拉压杆，轴向承载杆　axially loaded bar

理想弹塑性假设　elastic-perfectly plastic assumption

力法　force method

力学性能　mechanical property

连续梁　continuous beam

连续条件　continuity condition

梁　beam

临界应力　critical stress

临界载荷　critical load

## M

迈因纳定律　Miner's law

名义屈服强度　offset yielding stress

名义应力　nominal stress

莫尔强度理论　Mohr theory of failure

## N

挠度　deflection

挠曲轴　deflection curve

挠曲轴方程　equation of deflection curve

挠曲轴近似微分方程　approximately differential equation of the deflection curve

内力　internal force

内力功　internal work

扭力矩　twisting moment

扭矩　torsional moment

扭矩图　torque diagram

扭转　torsion

扭转极限应力　ultimate stress in torsion

扭转角　angel of twist

扭转屈服强度　yielding stress in torsion

扭转刚度　torsional rigidity

## O

欧拉公式　Euler's formula

## P

疲劳　fatigue

疲劳极限，条件疲劳极限　endurance limit

疲劳破坏　fatigue rupture

疲劳寿命　fatigue life

偏心拉伸　eccentric tension

偏心压缩　eccentric compression

偏斜应力　deviation stress

平均应力　average stress

平面弯曲　plane bending

平面应变状态　state of plane strain

平面应力状态　state of plane stress

平行移轴定理　parallel axis theorem

平面假设　plane cross-section assumption

## Q

强度　strength

强度理论　theory of strength

强度条件　strength condition

切变模量,剪切弹性模量　shear modulus

切应变　shear strain

切应力　shear stress

切应力互等定理　theorem of conjugate shearing stress

屈服　yield

屈服强度　yield strength

屈服应力　yield stress

屈曲,失稳　buckling

## R

热应力　thermal stress

Ramberg Osgood 模型　Ramberg Osgood Model

## S

三向应力状态　state of triaxial stress

失稳,屈曲　buckling

伸长率　elongation

圣维南原理　Saint-Venant's principle

塑性变形　plastic deformation

塑性材料,延性材料　ductile material

塑性铰　plastic hinge

## T

弹性体　elastic body

弹性变形　elastic deformation

弹性模量,杨氏模量　modulus of elasticity, Young's modulus

体积力　body force

体积改变能密度　density of strain energy of volume change

体应变　volume strain

## W

外力功　external work

弯曲　bending

弯矩　bending moment

弯矩方程　equation of bending moment

弯矩图　bending moment diagram

弯曲刚度　flexural rigidity

弯曲正应力　normal stress in bending

弯曲切应力　shear stress in bending

弯曲中心　shear center

位移法　displacement method

位移互等定理　reciprocal-displacement theorem

稳定条件　stability condition

稳定性　stability

稳定安全因数　safety factor for stability

## X

细长比,柔度　slenderness ratio

线性弹性体　linear elastic body

小变形　infinitesimal deformation

小柔度杆　short column

卸载　unloading

形心轴　centroidal axis

形状系数　shape factor

虚功　virtual work

虚功原理　principle of virtual work

虚位移　virtual displacement

许用应力　allowable stress

许用载荷　allowable load

## Y

应变花　strain rosette

应变计　strain gage

应变能　strain energy

应变能密度　strain energy density

应力　stress

应力比　stress ratio

应力幅　stress amplitude

应力状态　state of stress

应力集中　stress concentration

应力集中因数　stress concentration factor
应力-寿命曲线,S—N 曲线　stress—cycle curve
应力-应变曲线图　stress-strain curve
应力圆,莫尔圆　Mohr's circle for stresses
硬化　hardening
约束扭转　constraint torsion

## Z

载荷　load
正应变　normal strain
正应力　normal stress
中面　middle plane
中柔度杆　intermediate column
中性层　neutral surface
中性轴　neutral axis
轴　shaft
轴力　axial force
轴力图　axial force diagram
轴向变形　axial deformation

轴向拉伸　axial tension
轴向压缩　axial compression
主平面　principal plane
主应力　principal stress
主应力迹线　principal stress trajectory
主轴　principal axis
主惯性矩　principal moment of inertia
主形心惯性矩　principal centroidal moments of inertia
主形心轴　principal centroidal axis
转角　angel of rotation
转轴公式　transformation equation
自由扭转　free torsion
组合变形　combined deformation
组合截面　composite area
最大切应力　maximum shear stress
最大拉应变　maximum tensile strain
最大拉应力　maximum tensile stress

# 思考题与习题答案

## 第1章 绪 论

**思考题**

1-1 C; 1-2 C; 1-3 D; 1-4 D; 1-5 B; 1-6 C; 1-7 D; 1-8 B; 1-9 A; 1-10 C; 1-11 C; 1-12 B; 1-13 A; 1-14 D; 1-15 D; 1-16 A; 1-17 D; 1-18 A

**习题**

1.3-1 (a) $F_N = 2F\cos\alpha$; (b) $T = M_e$

1.4-1 轴力 $F_N = 785$kN, 与轴线重合

1.4-2 (1) $\varepsilon = -2 \times 10^{-4}$; (2) 6MPa; (3) 30GPa

1.4-3 剪力, $F_S = 2bh\tau_0/3$

1.5-1 0.02618rad

1.5-2 0.001rad

1.5-3 正应变 $\varepsilon_x = \dfrac{\partial u}{\partial x}$, $\varepsilon_y = \dfrac{\partial v}{\partial y}$; 切应变 $\gamma_{xy} = \alpha + \beta = \dfrac{\partial u}{\partial y} + \dfrac{\partial v}{\partial x}$

## 第2章 轴向拉压应力与材料的力学性能

**思考题**

2-1 D; 2-2 D; 2-3 B; 2-4 D; 2-5 B; 2-6 C; 2-7 A; 2-8 D; 2-9 D; 2-10 A

**习题**

2.1-1 (a) $F_{N,AB} = F, F_{N,BC} = 0, F_{N,CD} = F$; (b) $F_{N,AB} = F, F_{N,BC} = -3F, F_{N,CD} = -F$;
   (c) $F_{N,AB} = -20$kN, $F_{N,BC} = 10$kN, $F_{N,CD} = 30$kN;
   (d) $F_{N,AB} = 40$kN, $F_{N,BC} = 20$kN, $F_{N,CD} = -10$kN

2.1-2 (1) 不考虑自重时:
   (a) $F_{N,AB} = 10\rho gAa$, $F_{N,BC} = 0$;
   (b) $F_{N,AB} = -20\rho gAa$, $F_{N,BC} = 20\rho gAa$;
   (c) $F_{N,AB} = -10\rho gAa$, $F_{N,BC} = -30\rho gAa$, $F_{N,CD} = -60\rho gAa$
   (2) 考虑自重时:
   (a) $F_{N,A} = 13\rho gAa$, $F_{N,B上} = 11\rho gAa$, $F_{N,B下} = \rho gAa$, $F_{N,C} = 0$;
   (b) $F_{N,A} = -16\rho gAa$, $F_{N,B上} = -18\rho gAa$, $F_{N,B下} = 22\rho gAa$, $F_{N,C} = 20\rho gAa$;
   (c) $F_{N,A} = -10\rho gAa$, $F_{N,B上} = -11\rho gAa$, $F_{N,B下} = -31\rho gAa$,
       $F_{N,C上} = -32\rho gAa$, $F_{N,C下} = -62\rho gAa$, $F_{N,D} = -63\rho gAa$

2.2-1 $\sigma_c = 9.55$MPa

2.2-2 (1) 78.6MPa; (2) 39.3MPa

2.2-3 $0°$: $\sigma_x = -0.896$MPa; $22.5°$: $\sigma_\theta = -0.765$MPa, $\tau_\theta = 0.317$MPa;
   $45°$: $\sigma_\theta = -0.448$MPa, $\tau_\theta = 0.448$MPa

2.2-4 $\sigma_{max} = 100$MPa

2.2-5 $\sigma_{max} = 100$MPa

2.3-1 伸长率 $= 9.0, 26.4, 38.8$; 断面收缩率 $= 8.8, 37.6, 74.5$; 塑性, 塑性, 塑性

2.3-2 $\sigma_p = 47$MPa, $E = 2.4$GPa, $\sigma_{0.2} = 47$MPa

2.4-1　112mm

2.4-2　(1) 30.96°；　(2) 18.4kN

2.4-3　$\sigma=5.63$MPa$<[\sigma]$,安全

2.4-4　$a=398$mm,$b=228$mm

2.4-5　杆 $AB$:$A=1094$mm²,选 10 号槽钢;杆 $AC$:$A=3500$mm²,选 20a 号工字钢

2.4-6　$[F]=58.3$kN

2.4-7　45°

2.4-8　29.1°

2.4-9　80N

2.5-1　(1) 26MPa,29MPa；　(2) 25MPa,22MPa

2.5-2　(1) $P_1=25.1$kN,$P_2=14.4$kN；　(2) $d_0=15.1$mm

# 第 3 章　轴向拉压变形

思考题

3-1 C；　3-2 B；　3-3 A；　3-4 A；　3-5 B；　3-6 B；　3-7 A；　3-8 A

习题

3.1-1　$E=70$GPa,$\nu=0.33$

3.1-2　$F=61.6$kN

3.1-3　$\Delta d=8.57\times10^3$mm(减小)

3.1-4　$\Delta l=\dfrac{Fl}{E\delta(b_2-b_1)}\ln\dfrac{b_2}{b_1}$

3.1-5　(1) 0.27mm；　(2) 34.6kN

3.1-6　801.5mm

3.1-7　(1) 751.77mm；　(2) 160MPa

3.1-8　$\Delta d=0.0233$mm,$P=120$kN

3.1-9　(1) $E=200$GPa；　(2) 0.30

3.1-10　(1) $(b/L)(E-\nu\sigma)/(E+\sigma)$；　(2) $bL\sigma(1-\nu)/E$；　(3) $2bt\sigma\nu/E$

3.1-11　(1) $\delta=PL/(2EA)$；　(2) $\sigma=Py/(AL)$

3.1-12　(1) 略；　(2) 0.304mm

3.2-1　$\delta=7PL/(6Ebt)$

3.3-1　$\cot2\theta=-1.414A_2/A_1$

3.3-2　(a) $\Delta_{Ax}=\dfrac{2Fl}{EA}$,$\Delta_{Ay}=0$；　(b) $\Delta_{Ax}=(1+2\sqrt{2})\dfrac{Fa}{EA}$,$\Delta_{Ay}=\dfrac{Fa}{EA}$

3.3-3　120mm

3.3-4　$\Delta_{BC}=\dfrac{Fl}{EA}\cdot\left(1-\dfrac{2x}{a}+\dfrac{3x^2}{2a^2}\right)$

3.3-5　(1) $F=53.1$kN；　(2) $[F]=56.5$kN,$\Delta_{Dy}=1.524$mm

3.4-1　(1) $P=104.2$kN；　(2) 116kN

3.4-2　(1) 2.39mm；　(2) 1.70mm；　(3) 3.42mm

3.4-3　(1) $P_1=PE_1/(E_1+E_2)$；　(2) $e=b(E_2-E_1)/[2(E_2+E_1)]$；　(3) $\sigma_1/\sigma_2=E_1/E_2$

3.4-4　$F_{N1}=F/5$(拉),$F_{N2}=-2F/5$(压)

3.4-5　$F_{N,AB}=85$kN,$F_{N,BC}=25$kN,$F_{N,CD}=-15$kN

3.4-6　钢筋:60kN;混凝土:240kN

3.4-7　$\sigma_1=\sigma_3=8$MPa(压),$\sigma_2=2$MPa(压)

3.5-1　$\sigma_c=E\alpha(\Delta T_1)/3$

3.5-2　(1) 51.8kN；　(2) 26.4MPa；　(3) 0.314mm,向左

3.5-3　$\sigma_s=(15/19)\sigma_0,\sigma_c=(5/190)\sigma_0$

3.5-4　单元体 $A:\sigma_x=126$MPa;单元体 $B:\tau_{max}=63$MPa

3.5-5　$F_{N1}=F_{N2}=\dfrac{\delta E_1 A_1 E_3 A_3 \cos^2\alpha}{(2E_1 A_1 \cos^3\alpha+E_3 A_3)l}$，$F_{N3}=\dfrac{2\delta E_1 A_1 E_3 A_3 \cos^3\alpha}{(2E_1 A_1 \cos^3\alpha+E_3 A_3)l}$

3.5-6　$A_1=1384$mm$^2$,$A_2=692$mm$^2$

3.5-7　$\sigma_1=60$MPa,$\sigma_2=120$MPa

3.5-8　131MPa

## 第4章　连接件强度的实用计算

**思考题**

4-1 D；　4-2 C；　4-3 D

**习题**

4.2-1　$\delta\geqslant80$mm

4.2-2　$d\leqslant5.95$mm

4.2-3　$\tau=162$MPa

4.2-4　795N

4.2-5　19.8mm

4.2-6　(1) 22.3mm；　(2) $P_{max}=18.6$kN

4.2-7　如果 $L/R=1.8,T=1440$N,$\tau=147$MPa

4.2-8　(1) $\tau=P/(2\pi rh)$；　(2) $\delta=P/(2\pi hG)\ln(b/d)$

4.2-9　1.66MPa

4.2-10　(1) 0.301；　(2) $\delta=3.61$mm

4.3-1　$[F]=37.7$kN

4.3-2　$a\geqslant11$mm,$l\geqslant87.7$mm

4.3-3　$\tau=43.3$MPa,$\sigma_{bs}=59.5$MPa

4.3-4　$\sigma_{bs}=50.0$MPa,$\tau=50.9$MPa

4.3-5　$l=200$mm,$\delta=20$mm,$h=90$mm

4.3-6　$\sigma=125$MPa$<[\sigma]$,$\tau=99.5$MPa$<[\tau]$,$\sigma_{bs}=125$MPa$<[\sigma_{bs}]$,安全

4.3-7　(1) 108.1MPa；　(2) 58.4kN

4.3-8　(1) 63.7MPa；　(2) 100MPa

4.3-9　$\tau=30.3$MPa$<[\tau]$,$\sigma_{bs}=44$MPa$<[\sigma_{bs}]$,安全

## 第5章　扭　　转

**思考题**

5-1 D；　5-2 C；　5-3 B；　5-4 D；　5-5 C；　5-6 C；　5-7 B；　5-8 A；　5-9 C；　5-10 D

**习题**

5.2-2　$\tau_A=63.7$MPa,$\tau_{max}=84.9$MPa,$\tau_{min}=42.4$MPa

5.2-3　$P=33.7$kW

5.2-4　(1) 45.0MPa；　(2) 31.2mm

5.2-5　(1) 20.2MPa；　(2) 312kW

5.2-6　$d_1=1.221d$

5.2-7　$d_1=54$mm,$D_2=76$mm,$d_2=68.7$mm

5.2-8　$T_{铝}/T_{钢}=1.06$

5.2-9  $d_1 \geqslant 45\text{mm}, D_2 \geqslant 46\text{mm}$

5.2-10  $d_1/d_2 = 1.186$

5.2-11  $M_e = 572\text{kN} \cdot \text{m}$

5.3-1  (1) $\tau_{max} = 66.0\text{MPa}$;  (2) $2.45°$

5.3-2  (1) $25.5\text{mm}$;  (2) $22.6\text{mm}$

5.3-3  $\tau_{max} = 126\text{MPa}$

5.3-4  $\tau_{max} = 23.9\text{MPa} < [\tau], \theta = 0.43(°)/\text{m} < [\theta]$,安全

5.3-5  $d = 64.7\text{mm}$

5.3-6  $D = 79\text{mm}, d = 63\text{mm}$

5.3-7  $\tau_{max实}/\tau_{max空} = 2.733$，$\theta_实/\theta_空 = 4.56$

5.3-8  $d \geqslant 100\text{mm}$

5.3-9  $\varphi_B = ml^2/(2GI_p)$

5.3-10  $l_2 = 212\text{mm}$

5.3-11  $\varphi_{max} = 22.46Tl/(G\pi d_2^4)$，按平均值计算 $\varphi_{max} = 21.86Tl/(G\pi d_2^4)$

5.3-12  $\nu = 0.3$

5.3-13  $d = 75\text{mm}$

5.3-14  $T_{max} = 9900\text{N} \cdot \text{m}, \tau_{max} = 54\text{MPa}$

5.3-15  $\tau_{max} = 34.5\text{MPa}, \varphi_{CA} = 0.124°, \varphi_{CB} = 0.247°$

5.3-16  $C_左: \tau_{max} = 59.8\text{MPa}; C_右: \tau_{max} = 29.9\text{MPa}; \varphi_{CA} = 0.713°$

5.3-17  $753\text{mm}$

5.3-18  (1) $23.6\text{MPa}, 35.5\text{MPa}$;  (2) $0.564°$;  (3) $50.8\text{kN} \cdot \text{m}$

5.3-19  $582\text{N} \cdot \text{m}$

5.3-20  $T = G\beta I_{pA} I_{pB}/[L(I_{pA} + I_{pB})]$

5.4-1  $\tau_{max} = 25.6\text{MPa}$

5.4-2  (1) 许用外力偶 $M_e = 108 \times 10^2 \text{N} \cdot \text{m}$;  (2) 减至 $M_e = 14.4 \times 10^2 \text{N} \cdot \text{m}$

5.4-3  圆杆 $\tau_{max} = 31.9\text{MPa}, A_1 = 12.6 \text{cm}^2$;矩形杆 $\tau_{max} = 62.4\text{MPa}, A_2 = 12 \text{cm}^2$

5.4-4  $\tau_{矩max} : \tau_{方max} : \tau_{圆max} = 1.432 : 1.273 : 1, \varphi_矩 : \varphi_方 : \varphi_圆 = 2.05 : 1.621 : 1$

5.4-5  $\tau_{max} = T/(2\pi r^2 t_0), \phi = TL/(G\pi^2 r^3 t_0)$

5.5-1  $4.0\text{mm}$

## 第6章  弯曲内力

思考题

6-1 C;  6-2 A;  6-3 D

习题

6.1-1  (a) $F_{S1} = 30\text{kN}, F_{S2} = 0, M_1 = -15\text{kN} \cdot \text{m}, M_2 = 0$;

(b) $F_{S1} = 10\text{kN}, F_{S2} = 0, F_{S3} = 0, M_1 = 4\text{kN} \cdot \text{m}, M_2 = 4\text{kN} \cdot \text{m}, M_3 = 4\text{kN} \cdot \text{m}$;

(c) $F_{S1} = 1\text{kN}, F_{S2} = -8\text{kN}, M_1 = 9\text{kN} \cdot \text{m}, M_2 = 0$;

(d) $F_{S1} = 20\text{kN}, F_{S2} = 0, F_{S3} = 0, M_1 = 40\text{kN} \cdot \text{m}, M_2 = 40\text{kN} \cdot \text{m}, M_3 = 40\text{kN} \cdot \text{m}$;

(e) $F_{S1} = 1\text{kN}, F_{S2} = -3\text{kN}, F_{S3} = 0, M_1 = 2\text{kN} \cdot \text{m}, M_2 = -8\text{kN} \cdot \text{m}, M_3 = 0$;

(f) $F_{S1} = 5\text{kN}, F_{S2} = -5\text{kN}, F_{S3} = 8\text{kN} \cdot \text{m}, M_1 = 10\text{kN} \cdot \text{m}, M_2 = 0, M_3 = -8\text{kN} \cdot \text{m}$

6.2-1  (a) $F_{S,max} = 2F, M_{max} = Fa$;  (b) $F_{S,max} = qa, M_{max} = 0.5qa^2$;

(c) $F_{S,max} = qa, M_{max} = qa^2$;  (d) $F_{S,max} = 0.5q_0 a, M_{max} = 0.167q_0 a^2$;

(e) $F_{S,max} = 2.25q_0 a, M_{max} = 1.53q_0 a^2$;  (f) $F_{S,max} = qa, M_{max} = qa^2$

6.3-1  (a) $F_{S,max} = 2qa, M_{max} = qa^2$;  (b) $F_{S,max} = 1.5qa, M_{max} = 0.5qa^2$;

(c) $F_{S,max}=20kN, M_{max}=20kN \cdot m$;　(d) $F_{S,max}=110kN, M_{max}=151.25kN \cdot m$;

(e) $F_{S,max}=12kN, M_{max}=37.1kN \cdot m$;　(f) $F_{S,max}=5kN, M_{max}=6kN \cdot m$

(g) $F_{S,max}=5kN, M_{max}=-6kN \cdot m$;　(h) $F_{S,max}=50kN, M_{max}=42.5kN \cdot m$

6.3-2　(a) $F_A=3.0kN(\uparrow), F_B=1.0kN(\uparrow)$,

　　　　　$AC$ 段 $q=2.0kN/m$ 向下, $M_{max}=M_D=2.25kN \cdot m$

　　　(b) $F_A=5.0kN(\downarrow), F_B=10kN(\uparrow)$,

　　　　　$M_{max}=10kN \cdot m, AC$ 段 $q=10kN/m$ 向下, $DB$ 段 $q=5kN/m$ 向下

6.3-3　$M_{max}=27kN \cdot m$

6.3-4　（略）

6.3-5　$M_{max}=PL$ 或 $-qL^2$

6.3-6　(1) $x=9.6m, F_{S,max}=28kN$;　(2) $x=4.0m, M_{max}=78.4kN \cdot m$

6.3-7　$24kN, 8.0kN, 33.6kN \cdot m$

6.3-8　最大剪力 $F_{S,max}=P/2$, 最大弯矩 $M_{max}=3PL/8$

6.4-1　（略）

6.4-2　（略）

6.4-3　$125N \cdot m$

# 第 7 章　弯 曲 应 力

思考题

7-1 D；　7-2 A；　7-3 B；　7-4 D；　7-5 D；　7-6 A；　7-7 B；　7-8 D

习题

7.1-1　$2.36m$

7.1-2　$\rho=62.5m, \delta=11.5mm$

7.1-3　89 微应变

7.1-4　(1) $\sigma_{max}=355MPa$;　(2) 增大

7.1-5　$M_{max}=74kN \cdot m, \sigma_{c,max}=55MPa$

7.1-6　Ⅰ-Ⅰ 截面：$\sigma_A=-7.41MPa, \sigma_B=4.92MPa, \sigma_C=0, \sigma_D=-\sigma_A$;

　　　　　Ⅱ-Ⅱ 截面：$\sigma_A=9.26MPa, \sigma_B=-6.17MPa$

7.1-7　$q=14.6kN/m$

7.1-8　(1) $[F]=309.8kN$;　(2) $\Delta l=0.25mm$

7.1-9　$d=115mm$

7.1-10　$F=45.1kN$

7.1-11　$\sigma_{c,max}=30.2MPa, \sigma_{t,max}=30.2MPa$

7.1-12　$\sigma_{t,max}=30.1MPa, \sigma_{c,max}=43.7MPa$

7.1-13　$25.1MPa, 17.8MPa, -23.5MPa$

7.1-15　(1) $b=9.95mm$;　(2) $b=9.96mm$

7.1-16　$a=1.39m$

7.1-17　$F=2F'$

7.2-1　$\tau_{max}=0.63MPa, \sigma_{max}=4.41MPa$

7.2-2　$\tau_{max}=0.50MPa$

7.2-3　(1) $b=99.8mm$;　(2) $b=71.8mm$

7.2-4　$A: 78.3mm$;　$B: 97.9mm$

7.2-5　(1) $n=20$ 个；　(2) $\sigma_C=4MPa$

7.2-6　(1) 略；　(2) $\sigma_{t,max}=108MPa, \sigma_{c,max}=125MPa$;　(3) $\tau_{max}=12.8MPa$

7.3-1　$h/b=\sqrt{2}\approx 3/2$

7.3-2　(1) 1-1 轴；　(2) 1.184

7.3-3　$d/h>0.6861$,弯曲强度增加；$d/h<0.6861$,弯曲强度下降

7.3-4　(1) $\beta=1/9$；　(2) 5.35%

7.3-5　$h_x=h_Bx/L$

7.3-6　$b_x=2b_Bx/L$

7.4-1　$\tau=F_S(1-\cos\theta)/(\pi r_0\varepsilon)$

7.5-1　(1) $d=16$mm；81MPa；　(2) $R=4$mm；200MPa

# 第8章　弯曲变形

思考题

8-1 B；　8-2 D；　8-3 D；　8-4 B；　8-5 C；　8-6 D；　8-7 B；　8-8 B；　8-9 D；　8-10 C

习题

8.1-1　向下作用的三角形分布载荷 $q=q_0x/L$

8.1-2　$P_A=2PL/(3d)$,$P_B=PL/(3d)$

8.2-1　$\delta_B=5qL^4/(24EI)$

8.2-2　$w(x)=-q_0(L/\pi)^4\sin(\pi x/L)$,$w_{max}=q_0(L/\pi)^4(\downarrow)$

8.2-3　$w_B=4ql^3/(Eh^2)(\uparrow)$

8.3-1　$\theta_C=19ql^3/(24EI)$,$w_C=15ql^4/(24EI)(\downarrow)$

8.3-2　$w_B=5a^2M/(4EI)(\downarrow)$

8.3-3　(1) $x=0.152l$；　(2) $x=0.167l$

8.3-4　$E_g=48.2$GPa

8.3-5　(1) $\delta_1=11PL^3/(144EI)$；　(2) $\delta_2=25PL^3/(384EI)$

8.3-6　(1) $a/L=2/3$；　(2) $a/L=1/2$

8.3-7　25mm

8.3-8　$y=Px^2(L-x)^2/(3LEI)$

8.3-9　(1) $\delta_C=PH^2(L+H)/(3EI)$；　(2) $\delta_{max}=PHL^2/(9\sqrt{3}EI)$

8.3-10　$\delta=19WL^3/(31104EI)$

8.3-11　$P=64$kN,$Q=3.2$kN

8.3-12　$b/L=0.4030$,$\delta_C=0.002870qL^4/(EI)$

8.3-13　$\delta_{max}=39PL^3/(1024EI)$

8.3-14　$\delta=PL^2(2L+3a)/(3EI)$

8.3-15　$F=5$kN

8.3-16　$\Delta_{Cy}=ql^3(l+4l)/(8EI)(\downarrow)$

8.4-1　$d=167$mm

8.5-1　(a) $F_{By}=7F/4(\downarrow)$,$F_{Cy}=3F/4(\downarrow)$,$M_C=Fl/4$；　(b) $F_{Cy}=5ql/8(\uparrow)$

8.5-2　$\sigma_{max}=109.1$MPa,$\sigma_{BC}=31.0$MPa,$w_c=8.03$mm

8.6-1　$w=\alpha(T_2-T_1)x^2/(2h)$,$\theta_B=\alpha L(T_2-T_1)/h$,$\delta_B=\alpha L^2(T_2-T_1)/(2h)$

# 第9章　应力状态分析与广义胡克定律

思考题

9-1 A；　9-2 D；　9-3 B；　9-4 A；　9-5 D；　9-6 C；　9-7 A；　9-8 B；　9-9 A；　9-10 B

习题

9.1-1　(略)

9.1-2 $\sigma_{50°} = -51.6\text{MPa}, \tau_{50°} = -61.6\text{MPa}$

9.2-1 (a) $\sigma_a = -10\text{MPa}, \tau_a = -17.3\text{MPa}$; (b) $\sigma_a = -0.680\text{MPa}, \tau_a = 20.4\text{MPa}$;

(c) $\sigma_a = 40\text{MPa}, \tau_a = 10\text{MPa}$

9.2-2 $\sigma_w = -2\text{MPa}, \tau_w = 30\text{MPa}$

9.2-3 (1) $\sigma_1 = 150\text{MPa}, \sigma_2 = 75\text{MPa}, \tau_{max} = 37.5\text{MPa}$; (2) $\sigma = 131.25\text{MPa}, \tau = -32.5\text{MPa}$

9.2-4 $[p] = 2.7\text{MPa}$；未降低

9.2-5 (a) $\sigma_1 = 11.2\text{MPa}, \sigma_3 = -71.2\text{MPa}; \alpha = 52°$; (b) $\sigma_1 = 25\text{MPa}, \sigma_3 = -25\text{MPa}, \alpha = 45°$;

(c) $\sigma_1 = 52\text{MPa}, \sigma_3 = -2\text{MPa}, \alpha = -10.9°$

9.2-6 (1) $\sigma_1 = 1.17\text{MPa}, \alpha_1 = 20°$; (2) $\tau_{max} = 5.02\text{MPa}, \theta = 65°$

9.2-7 $\sigma_w = 8.0\text{MPa}, \tau_w = -5.0\text{MPa}$

9.2-8 $\theta = 56.31°, \theta = -56.31°$

9.2-9 $\sigma_y = -19.3\text{MPa}, \tau_{xy} = -40.6\text{MPa}$

9.2-10 $\sigma_y = 9.856\text{MPa}, \sigma_3 = -84.74\text{MPa}(-22.51°)$

9.2-11 $\sigma_1 = 50\text{MPa}$，其方向为由下表面法线方向逆时针转 $60°$；$\sigma_2 = 10\text{MPa}$

9.2-12 $\alpha = 135°$

9.3-1 (a) $\sigma_1 = 80\text{MPa}, \sigma_2 = 50\text{MPa}, \sigma_3 = -50\text{MPa}, \tau_{max} = 65\text{MPa}$;

(b) $\sigma_1 = \sigma_2 = \sigma_3 = 50\text{MPa}, \tau_{max} = 0$;

(c) $\sigma_1 = 50\text{MPa}, \sigma_2 = 44.7\text{MPa}, \sigma_3 = -44.7\text{MPa}, \alpha_2 = 31.7°$

9.3-2 $\sigma_1 = \sigma_2 = pR/(2\delta), \sigma_3 = 0$

9.4-1 $\varepsilon_{45°} = \dfrac{\sigma}{2E}(1-\nu), \varepsilon_{135°} = \dfrac{\sigma}{2E}(1-\nu)$

9.4-2 $p = 2.4\text{MPa}$

9.4-3 $\varepsilon_1 = 400 \times 10^{-6}$

9.4-4 $G = 82.8\text{GPa}$

9.4-5 $F = 85.4\text{kN}$

9.4-6 $\Delta t = -1860 \times 10^{-6}\text{mm}; \sigma_x = 82.5\text{MPa}, \sigma_y = 41.8\text{MPa}$

9.4-7 (1) $\varepsilon_z = -\nu(\varepsilon_x + \varepsilon_y)/(1-\nu)$; (2) $\theta = (1-2\nu)(\varepsilon_x + \varepsilon_y)/(1-\nu)$

9.4-8 $E = 45\text{GPa}, \nu = 0.35$

9.4-9 (1) $\gamma_{max} = 1510 \times 10^{-6}$; (2) $\Delta t = -2970 \times 10^{-6}\text{mm}$; (3) $\Delta V = 184\text{mm}^3$

9.4-10 $\Delta l = 1.29\text{mm}, \Delta d = 2.59 \times 10^{-2}\text{mm}, \Delta V = 0$

9.4-11 $V = 8.20 \times 10^{-6}m^3, \Delta V = 6.57 \times 10^{-10}\text{m}^3$

9.4-12 (1) $\Delta V_t = 3PL^2(1-2\nu)/(4Eh)$; (2) $\Delta V_c = -\Delta V_t$; (3) 0

9.5-1 $\sigma_1 = 97.5\text{MPa}, \sigma_2 = 0\text{MPa}, \sigma_3 = -24.6\text{MPa}, \alpha_1 = -14.6°$；面内 $\tau_{max} = 61.0\text{MPa}$

9.6-1 (1) $p = \nu p_0$; (2) $v_\varepsilon = \dfrac{1-\nu^2}{2E}p_0^2$; (3) $v_V = 0, v_d = \dfrac{3}{8E}p_0^2$

9.6-3 $\Delta V = -30.7\text{mm}^3$ 存储；$U = 2.38\text{J}$

9.6-4 $\Delta V = 2000\text{mm}^3; U = 58.5\text{J}$

9.6-5 (1) $\Delta ac = 0.0745\text{mm}$; (2) $\Delta bd = -0.00056\text{mm}$; (3) $\Delta t = -0.00381\text{mm}$;

(4) $\Delta V = 573\text{mm}^3$; (5) $U = 25.0\text{J}$

# 第 10 章 强 度 理 论

思考题

10-1 B; 10-2 A; 10-3 B; 10-4 B; 10-5 A; 10-6 B; 10-7 A

习题

10.2-1  $M_e = \pi d^3 \sigma_b / 16$

10.2-2  $\sigma_1 = 312\mathrm{MPa}$,断裂面与水平面的夹角为 $25.7°$

10.2-3  (1) $\sigma_{r1} = 30\mathrm{MPa} < [\sigma]$,安全;  (2) $\sigma_{r2} = 40\mathrm{MPa} < [\sigma]$,安全;

10.2-4  $[F] = 763\mathrm{kN}$

10.3-1  (1) $\sigma_{r3} = 100\mathrm{MPa} < [\sigma]$,安全;  (2) $\sigma_{r3} = 104 < 1.05 \times [\sigma] = 105\mathrm{MPa}$,安全

10.3-2  $\tau_{max} = 77.2\mathrm{MPa}$,$\sigma_{max} = 165\mathrm{MPa}$,翼缘与腹板交界点 $\sigma_{r4} = 179\mathrm{MPa}$

10.3-3  $\sigma_{r3} = 108\mathrm{MPa}$,$\sigma_{r4} = 106\mathrm{MPa}$;不满足强度条件

10.3-4  按第三强度理论,$[F] = 1154\mathrm{kN}$;按第四强度理论,$[F] = 1197\mathrm{kN}$

10.4-1  $\sigma_1 = 150\mathrm{MPa}$,$\sigma_2 = 0$,$\sigma_3 = -450\mathrm{MPa}$

10.4-2  $\sigma_{r2} = 34.4\mathrm{MPa} < [\sigma_t]$;$\sigma_{rM} = 34.8\mathrm{MPa} < [\sigma_t]$

10.5-1  $\sigma_{r1} = \sigma_1 = 90\mathrm{MPa}$,$\sigma_{r2} = 84\mathrm{MPa}$,$\sigma_{r3} = 100\mathrm{MPa}$,$\sigma_{r4} = 87.2\mathrm{MPa}$

10.5-2  $\delta = 8\mathrm{mm}$

# 第 11 章  组 合 变 形

思考题

11-1 D；  11-2 D；  11-3 C；  11-4 C；  11-5 D；  11-6 C；  11-7 D

习题

11.1-1  $\sigma_{t,max} = 6.68\mathrm{MPa}$,$\sigma_{c,max} = -7.06\mathrm{MPa}$

11.1-2  $\sigma_{max} = 55\mathrm{MPa}$,$\sigma'_{max} = 45.7\mathrm{MPa}$

11.1-3  $F = 18.38\mathrm{kN}$,$\delta = 1.785\mathrm{mm}$

11.1-4  $h = 0.674l$

11.1-5  (1) $\sigma = 3.183\mathrm{MPa}$；  (2)增加 33 倍

11.1-6  $0.74\mathrm{MPa}$,$-0.99\mathrm{MPa}$

11.1-7  $12.38\mathrm{mm}$

11.1-8  $66.2\mathrm{kN}$

11.1-9  (1) $\sigma_t = 8P/b^2$,$\sigma_c = -4P/b^2$；  (2) $\sigma_t = 9.11P/b^2$,$\sigma_c = -6.36P/b^2$

11.1-10  $P = 125\mathrm{kN}$,$\alpha = 30°$

11.2-1  $\sigma_1 = 135\mathrm{MPa}$,$\sigma_2 = 0$,$\sigma_3 = -71\mathrm{MPa}$

11.2-2  $41\mathrm{mm}$

11.2-3  $0.228\mathrm{rad}$

11.3-1  $b = 75\mathrm{mm}$,$h = 112\mathrm{mm}$

11.3-2  $b = 90\mathrm{mm}$,$h = 180\mathrm{mm}$

11.4-1  $\sigma_{r3} = 107.4\mathrm{MPa}$

11.4-2  按第三强度理论 $d = 112\mathrm{mm}$;按第四强度理论 $d = 111\mathrm{mm}$

11.4-3  $\sigma_{r3} = 81.04\mathrm{MPa}$,轴的强度满足要求。

11.4-4  $d = 23.6\mathrm{mm}$

11.4-5  $\sigma_1 = 32\mathrm{MPa}$,$\sigma_2 = 0$,$\sigma_3 = -184\mathrm{MPa}$

11.4-6  $\tau_A = 86.8\mathrm{MPa}$,$\tau_B = 22.6\mathrm{MPa}$,$\tau_C = 26.4\mathrm{MPa}$

11.4-7  $\sigma_1 = 6.1\mathrm{MPa}$,$\sigma_2 = 0$,$\sigma_3 = -65.1\mathrm{MPa}$

11.5-1  $\sigma_{r2} = 35.5\mathrm{MPa} < [\sigma]$,安全

11.5-2  $[q] = 45.7\mathrm{kN/m}$

11.5-3  $29.4\mathrm{kN}$

## 第 12 章　压杆的稳定性

**思考题**

12-1 B；　12-2 B；　12-3 C；　12-4 A；　12-5 D；　12-6 A；　12-7 D；　12-8 A；　12-9 B；　12-10 D

**习题**

12.3-1　（略）

12.3-2　(1) $F_{cr}=37.8\mathrm{kN}$；　(2) $F_{cr}=52.6\mathrm{kN}$；　(3) $F_{cr}=459\mathrm{kN}$

12.3-3　$a=43.2\mathrm{mm}$，$F_{cr}=489\mathrm{kN}$

12.3-4　$F_{cr}=595\mathrm{kN}$，$F_{cr}=303\mathrm{kN}$（反向时）

12.3-5　$[P]=694\mathrm{kN}$

12.3-6　$\theta=\arctan(\cot^2\beta)$，$\theta=18.43°$

12.4-1　$\lambda_p=92.64$，$\lambda_0=52.46$

12.4-2　51.4℃

12.4-3　$l/D=65$，$F_{cr}=47.37D^2$

12.5-1　梁 $AB$：$\sigma_{max}=129\mathrm{MPa}<[\sigma]$，杆 $CD$：$n=1.75<n_{st}$，稳定性不够

12.5-2　杆 1：$\sigma=67.5\mathrm{MPa}<[\sigma]$；杆 2：$n=2.87>n_{st}$，能安全工作。

12.5-3　(1) $[F]=316\mathrm{kN}$；　(2) $[F]=673\mathrm{kN}$，2.13 倍

## 第 13 章　疲　劳　强　度

**思考题**

13-1 B；　13-2 D；　13-3 B；　13-4 A；　13-5 C；　13-6 B；　13-7 C

**习题**

13.1-1　$\sigma_m=-20\mathrm{MPa}$；$\sigma_a=30\mathrm{MPa}$；$r=-5$

13.1-2　$\sigma_{max}=50\mathrm{MPa}$；$\sigma_{min}=-30\mathrm{MPa}$；$r=-3/5$

13.1-3　$r_\sigma=-1$；$r_\tau=1$

13.1-4　$r=0.8$

13.1-5　$\sigma_{max}=2\sigma_a/(1-r)$

13.1-6　$\sigma_{max}=60\mathrm{MPa}$，$r=2/3$。

13.1-7　$r=(d-4l)/(d+4l)$

13.2-1　13.88 小时

13.4-1　$n_\sigma=2.92>n_f$，安全

13.4-2　$[F]=212\mathrm{kN}$

13.4-3　$n_\sigma=1.4$

13.4-4　（略）

13.5-1　(1) $\lambda=2.94$ 年；　(2) $\sigma_{max}=418.94\mathrm{MPa}$

## 第 14 章　能　量　原　理

**思考题**

14-1 C；　14-2 A；　14-3 B；　14-4 D；　14-5 C；　14-6 C；　14-7 C

**习题**

14.1-1　$\Delta_{Dy}=2.414\times10^{-3}\mathrm{m}$

14.1-2　(a) $w_C=3Fl^3/(256EI)(\downarrow)$；　(b) $\theta_C=2M_el/(3EI)$

14.1-3　(1) $P=2(k_1+k_2)s$；　(2) $V_\varepsilon=(2k_1+k_2)s^2$

14.2-1　(a) $\Delta_{Kx}=\dfrac{qa^4}{4EI}$，$\Delta_{Ky}=\dfrac{17qa^4}{24EI}$；　(b) $\Delta_{Kx}=\dfrac{19Fa^3}{3EI}$，$\Delta_{Ky}=0$

14. 2-2　(a) $w_B=\dfrac{M_\mathrm{e}l^2}{8EI}+\dfrac{Fl^3}{24EI}(\downarrow),\theta_C=\dfrac{M_\mathrm{e}l}{EI}+\dfrac{Fl^2}{8EI}$;　(b) $w_B=\dfrac{23qa^4}{8EI}(\downarrow),\theta_C=\dfrac{3qa^3}{2EI}$

　　　　(c) $w_B=\dfrac{2ql^4}{3EI}(\downarrow),\theta_C=\dfrac{ql^3}{3EI}$;　(d) $w_B=\dfrac{11ql^4}{24EI}(\downarrow),\theta_C=\dfrac{2ql^3}{3EI}$

14. 2-3　$u_A=2FR^3/(EI)(\leftarrow),v_A=3\pi FR^3/(2EI)(\downarrow)$

14. 2-4　$w_A=6ql^4/(Ebh_0^3)(\downarrow)$

14. 2-5　$\Delta_{AB}=5Fa^3/(3EI)$

14. 2-6　$\Delta\theta_B=7qa^3/(24EI)$

14. 3-1　$w_C=Pa^2(L+a)/(3EI)+P(L+a)^2/(kL^2)(\downarrow)$

14. 3-2　$Fb^2(a+b)/(3EI)+F[b^2/k_1+(a+b)^2/k_2]/a^2$

14. 6-1　$M_{\max}=2eEI/(3\pi R^2)$

14. 6-2　(a) $M_B=\dfrac{3EI}{2l^2}\delta$;　(b) $M_B=-\dfrac{3EI}{l^2}\delta$

14. 6-3　(a) $F_{Bx}=0.7F,F_{By}=0.5F,M_B=0.2FR$;　(b) $F_{Ay}=F_{By}=qR$

14. 6-4　$F_{By}=3\pi qR/(3\pi+2R)$

14. 6-5　$w_C=4.86\mathrm{mm}$

14. 6-6　$\sigma_{\max}=6Etr/l^2$

## 第 15 章　惯性载荷问题

**思考题**

15-1 D;　15-2 C;　15-3 D;　15-4 A;　15-5 D

**习题**

15. 1-1　$\sigma_{\max}=3\rho L^2a_0/t$

15. 1-2　$\sigma_{\mathrm{dmax}}=12.5\mathrm{MPa}$

15. 1-3　(1) $\sigma_x=\gamma\omega^2(L^2-x^2)/(2g)$;　(2) $\sigma_{\max}=\gamma\omega^2L^2/(2g)$

15. 1-4　$A=2M_1L\omega^2/(2\sigma_\mathrm{t}-\rho L^2\omega^2)$

15. 2-1　$\sigma_{\mathrm{dmax}}=15\mathrm{MPa}$

15. 2-2　$\Delta_B=\left(1+\sqrt{1+\dfrac{8EIh}{\pi PR^3}}\right)\dfrac{\pi PR^3}{4EI}$

15. 2-3　有弹簧时 $H=388\mathrm{mm}$,无弹簧时 $H=9.75\mathrm{mm}$

15. 2-4　$\sigma_\mathrm{d}=\dfrac{P}{A}\left(1+\sqrt{\dfrac{v^2}{g\left(\dfrac{Pl^3}{3EI}+\dfrac{Pl_1}{EA}\right)}}\right)$

15. 2-5　$\sigma_{\mathrm{d},max}=\dfrac{Pl}{4W_z}\left(1+\sqrt{1+\dfrac{48(v^2+gl)EI}{gPl^3}}\right)$

15. 2-6　轴 $\tau_\mathrm{d}=80.7\mathrm{MPa}$,绳 $\sigma_\mathrm{d}=142.5\mathrm{MPa}$

15. 2-7　(1) $k_\mathrm{d}=1+\sqrt{1+2EA/W}$;　(2) $k_\mathrm{d}=12$

15. 2-8　$\phi=\dfrac{2n}{15d^2}\sqrt{\dfrac{2\pi I_\mathrm{m}L}{G}},\tau_{\max}=\dfrac{n}{15d}\sqrt{\dfrac{2\pi GI_\mathrm{m}}{L}}$

15. 2-9　$R=\sqrt{3EII_\mathrm{m}\omega^2/L^3}$

15. 2-10　$25.6\mathrm{m}$

## 第 16 章　简单弹塑性问题

**思考题**

16-1 C;　16-2 D;　16-3 D;　16-4 C;　16-5 D;　16-6 D;　16-7 D

习题

16.1-1　$\Delta_{Cy} = \dfrac{F^n l}{2^n A^n B \cos^{n+1}\alpha}$

16.1-2　(1) 略；　(2) 11.4mm；　(3) 2502.3mm；　(4) 255MPa

16.1-4　$P=3.2\text{kN}, \delta_B=4.85\text{mm}; P=4.8\text{kN}, \delta_B=17.3\text{mm}$

16.2-1　$F_e=5\sigma_s A/6, F_p=\sigma_s A$

16.2-2　$F_e=64.4\text{kN}, F_p=66\text{kN}$

16.2-3　$A_{\text{钢}}=200\text{ mm}^2, A_{\text{铜}}=300\text{ mm}^2$

16.2-4　$F_e=14\sigma_s A/9, F_p=2\sigma_s A$

16.2-5　$P_p=220\text{kN}$

16.3-1　$M_{0p}=\pi d^3 \tau_s/18$

16.4-1　$K=1.11, M_p=157.3\text{kN}\cdot\text{m}$

16.4-2　(1) $q_e=8\sigma_s bh^2/(3l), q_p=3\sigma_s bh^2/l$；　(2) $M=11bh^2\sigma_s/6$

16.4-3　$F=31\text{kN}$

16.4-4　$F_p=5bh^2\sigma_s/(8a)$

# 附录 A　平面图形的几何性质

**思考题**

A-1 D；　A-2 D；　A-3 C；　A-4 C；　A-5 D；　A-6 B；　A-7 B；　A-8 C；　A-9 B；　A-10 B；　A-11 B

**习题**

A.1-1　(a) $y_C=166.7\text{mm}$；　(b) $y_C=110\text{mm}, z_C=110\text{mm}$；

(c) $y_C=4R/(3\pi), z_C=4R/(3\pi)$；　(d) $y_C=3\sqrt{l}/8, z_C=3l/5$

A.1-2　$y_C=0, z_C=16.67\text{mm}$

A.1-3　(1) $y_C=\dfrac{4bc+2c^2+ab}{2(2c+a)}$；　(2) $c=\sqrt{ab/2}$

A.3-1　(a) $I_z=260.42\times10^7\text{ mm}^4$；　(b) $I_z=735.94\times10^5\text{ mm}^4$；

(c) $I_z=541.67\times10^6\text{ mm}^4$；　(d) $I_z=383.33\times10^8\text{ mm}^4$

A.3-2　$I_z=(256-3\pi)a^4/12$

A.3-3　$I_z=5\sqrt{3}a^4/16$

A.3-4　$I_z=20.2\times10^6\text{ mm}^4$

A.3-5　$b=250\text{mm}$

A.3-6　$I_z=I_y=\pi R^4/16$

A.3-7　$I_z=\pi d^4/64+b(D-d)(D+d)^2/8$

A.4-1　$I_z=3.0431\times10^4\text{ cm}^4$

A.4-2　(1) $z_C=y_C=5a/12$；　(2) $I_{Cz}=11a^4/192$

A.4-3　$a=120.5\text{mm}$

A.5-1　$I_{y_\alpha}=5a^4/12, I_{z_\alpha}=5a^4/12$